# 현대 치즈학

치즈과학의 깊은 이해와 연구의 좋은 길잡이

The Contemporary Cheese Science

# 현대 치즈학

사이토 타다오, 이고시 케이지, 도사코 슌이치 엮고 씀
윤세억, 문성필, 윤순일, 김영훈 옮김

전북대학교출판문화원

# 번역에 부쳐

『현대 치즈학』을 처음 접하였을 때 내용의 광범위함과 깊이에 반가움을 느꼈습니다. 치즈에 관한 기초지식이 잘 정리되어 있고, 치즈에 관한 연구결과가 소상히 소개되어 있으며, 복잡한 치즈 제조기술이 정연히 정리되어 있을 뿐만 아니라, 신개념 치즈 제조의 가능성 제시, 치즈 제조 부산물의 창조적 이용에 관한 소개, 그리고 법령에 이르기까지 치즈와 관련된 모든 내용이 수록되어 있는 것으로 생각됩니다. 내용이 학술성이 높으면서도 치즈의 역사와 문화에 관련된 부분은 마치 교양서를 읽는 듯하며 재미를 느끼게 해 줍니다.

이 책이 대학원 강의용으로나 일선 전문가들의 참고용으로 매우 유용하겠다는 생각이 들긴 하였지만 번역서를 내야겠다는 생각에는 미치지 못하였습니다. 간행된 지 상당 기간이 지났어도 번역본을 내면 유용하게 이용될 것이라는 지인의 의견에 동감은 하였지만, 몇 가지 난점 때문에 번역에 착수하기까지 상당 기간 주저하였습니다. 이 번역서가 수요가 많지 않겠고 책이 방대하여 고가가 될 수밖에 없으므로 출판이 쉽지 않을 것으로 생각되었습니다. 그러나 판권 주장 없이 번역 출판에 동의한다는 저작권자로부터의 회답은 번역을 시작하도록 용기를 주었습니다. "이 책이 한국의 치즈 전공자들에게 도움이 될 수 있다면 보람이겠다."면서 호의를 보여 준 사이토 교수(도호쿠대학)에게 감사를 드립니다. 더욱 다행스럽게도 전북대학교출판문화원의 지원과 선진문화사의 판매망 제공 약속 덕분으로 이 번역서를 세상에 내놓을 수 있게 되었습니다. 내용이 방대하여 한 사람이 일을 감당하기에는 벅차기 때문에 이 분야에 연구경험이 있는 효소학 전공자, 식품미생물학 전공자, 생리활성물질을 연구하는 목재화학 전공자, 그리고 유산균을 연구하는 유가공학 전공자 등 4인이 협력하였습니다. 전문 분야에 맞추어 분담하고 수시로 토론을 거치면서 오역이 없도록 노력하였습니다. 번역자들의 노력에도 불구하고 천학의 소치로 잘못 번역되거나 표현이 미흡하여 읽기에 불편함이 있을 것이라는 염려가 있습니다. 제현들의 지적과 지도를 부탁드립니다. 기회가 되는 대로 개선된 책으로 거듭나도록 노력하겠습니다.

젖은 신이 우리에게 먹으라고 허락한 유일한 물질이 아닌가 합니다. 우리가 먹는 여타의 식량은 인간이 생존을 위해 착취하는 것이라 생각할 수 있지 않을까요? 특별히 허락받은 젖은 간단한 화합물로 되어 있으며 매우 안정적인 물질이므로 그 특성을 규명하기가 용이할 것 같으나, 실제로는 밝혀지지 않은 점이 많은 불가사의한 물질입니다. 인류에게 너무나 중요한 물질이므로 수많은 연구가 행해져 왔지만 아직도 밝혀지지 않은 점이 많습니다. 신이 허락한 유일한 식량인 젖이야말로 이상적인 식량임에 틀림없으므로 젖에 관한 연구는 식품학도들에게 주어진 커다란 과제일 것으로 여겨집니다.

젖은 갓난아이의 뱃속에서 일단 고형질 상태로 만들어지고 효소의 작용으로 비로소 영양으로 흡수되어 성장의 원동력이 됩니다. 이상적인 식품은 일단 고형질이 되어야 하는 것 같습니다. 젖의 형태로 섭취할 수 없을 때에는 젖의 농축 고형물인 치즈로 만들어 먹는 것이 젖의 이상적인 섭취행위에 접근한 것 같습니다. 치즈가 연출하는 수많은 현상의 이해는 식품을 이해하기 위한 매우 중요한 과제일 것입니다.

고대로부터 가열 솥과 통을 쓰는 거의가 수작업이었던 치즈 제조가, 20세기 중반 이후가 되면서 솥과 통은 스테인리스 재질의 배트로 바뀌고 열교환기가 도입되었으며, 응고·절단·교반 등의 작업이 자동화되는 등으로 진보되어 왔습니다(본문 참조). 그러나 치즈 제조의 결정적 진보는 미생물 기원 응유효소의 발견과 뒤이은 유전자조작 응유효소의 제조일 것입니다. 특히 유전자조작 응유효소는 수용에의 문제가 있지만 응유효소 렌넷의 만성적 부족과 맛의 문제점을 혁명적으로 해결해 줌으로써 양질의 치즈를 값싸게 먹을 수 있게 해 준 공로자입니다. 1960년대 중반 렌넷 대체효소를 얻기 위해 전 세계적으로 활발한 연구가 행하여졌습니다. 당시 일본 도쿄대학에 유학 중이던 고 유주현 교수(연세대)가 세계 최초로 렌넷 유사 응유효소를 생산하는 미생물을 발견하고 이 효소를 동정(同定)함으로써 학계를 흥분시켰습니다. 이 연구의 결과는 어린 송아지의 희생을 줄여 준 미생물 기원 응유효소의 시대를 열었습니다.

치즈에는 많은 비밀이 숨겨져 있습니다. 치즈 공정에도 개선해야 할 점이 많습니다. 또한 젖이 더욱 소중하게 이용될 수 있는 방법을 잘 모르고 있습니다. 식품학도들의 통찰과 수고가 기다려지고 있습니다. 본 번역서는 치즈과학의 친절한 교과서이자 연구결과의 성실한 모음집입니다. 부디 이 책이 치즈과학의 깊은 이해와 연구의 좋은 길잡이가 되기를 희망합니다.

2020. 7.

옮긴이 일동

## 『현대 치즈학』의 한국어 번역 출판을 축하하며

**사이토 타다오(齋藤忠夫)**
도호쿠(東北)대학 명예교수
아시아 유산균학회연합(AFSLAB) 일본 대표이사
일본 낙농학회(JDSA) 회장

『현대 치즈학』은 2008년에 일본에서 간행되었다. 이 서적의 전신은 1989년에 출판된 『신설 치즈학』[호소노 아키요시(細野明義), 나카자와 유지(中澤勇二) 감수]이었다. 당시, 호소노 선생님은 신슈(信州)대학 교수, 나카자와 선생님은 교리츠(共立)여자대학 교수로서 일본을 대표하는 유(乳)과학 전문가에 의해 정리된 전문서적이었다. 두 선생님 모두 저와 같은 연구실(도호쿠대학 농학부 축산과 축산물 이용학 강좌) 출신의 동문 선배이며, 제2대째의 나카니시 다케오(中西武雄) 교수의 직속 제자에 해당한다. 나카니시 선생님의 평생 소원은 일본인에 맞는 치즈의 개발과 치즈 소비 확대였다.

이번에, 『신설 치즈학』의 간행으로부터 약 20년이 경과했기 때문에 그 이후 20년의 연구 성과를 보완한 『현대 치즈학』의 출판 기획이 식품자재연구회(주)에 의해 제기되었다. 편집은 일본을 대표하는 치즈 연구자인 도카이(東海)대학 농학부의 이고시 케이지(井越敬司) 교수와 일본에서 유일하게 치즈연구소를 보유하고 있는 주식회사 유키지루시(雪印)유업 기술연구소의 도사코 슌이치(堂迫俊一) 소장 및 저를 포함한 3명이 전체 집필자의 인선, 원고 전체의 편집 및 감수를 하였다. 분담 집필은 일본의 주요 대학 연구자 및 주요 유업회사 연구소, 기업 연구자 총 33명의 여러 분에게 부탁하였다. 이들 집필 멤버는 일본 유(乳)과학 연구의 제일선에서 활약 중인 분들을 중심으로 산학관(産学官)으로 모인 현재 일본의 낙농과학 연구를 떠받치고 있는 분들이다.

이런 분들에 의한 일본 치즈 연구 지혜의 집대성인 이 책이 이번에 한국 전북대학교 교수님들의 기획에 의해서 한국어로 번역되는 기회를 얻은 것은 정말 명예로운 일이며, 저자를 대표해서 진심으로 깊이 감사드리고 싶다.

일본과 한국은 치즈의 소비량이 거의 같으며, 향후 치즈 생산과 소비가 더욱 확대될 나라임이 확실시되고 있다. 장래에 한국의 치즈 연구자들에 의한 연구 서적이 발간되고, 그것을 일본어로 번역하고, 상호간 학술 진전을 도모할 수 있기를 꿈꾸고 있다.

이 책이 한국의 치즈 관련 연구자 가운데 한 사람이라도 더 많은 분들에게 읽혀 양국의 치즈에 대한 이해가 깊어져, 장래 치즈 생산과 소비가 더욱 활발하게 되기를 진심으로 바라마지 않는다.

2018. 4.

# 차례

번역에 부쳐 5
『현대 치즈학』의 한국어 번역 출판을 축하하며 8

**Part 1.**
**치즈의 역사, 식문화, 분류 및 생산**

1-1. 치즈의 기원과 역사 15
1-2. 치즈의 식문화 27
1-3. 치즈의 분류와 명칭 38
1-4. 세계의 치즈 생산 · 수출입과 소비 49

**Part 2.**
**치즈의 기초과학**

2-1. 우유의 성분과학 65
2-2. 치즈 제조의 기본 공정 88
2-3. 유산균 스타터의 과학 110
2-4. 키모신(Chymosin)에 의한 응유기작 128
2-5. 치즈의 숙성기구 138

**Part 3.**
**치즈의 제조기술과 위생관리**

3-1. 크림 치즈 161
3-2. 모차렐라(Mozzarella) 치즈 176
3-3. 코티지(Cottage) 치즈 198
3-4. 숙성형 치즈 214
3-5. 키모신(Chymosin) 효소 이용의 현황 234
3-6. 가공(Process)치즈 243
3-7. 치즈의 포장기술 269
3 8. 치즈 제조의 위생관리 287

Part 4.
**치즈의 기능성**

4-1. 치즈의 미세구조 313
4-2. 1차 기능 332
4-3. 2차 기능 352
4-4. 3차 기능 362
4-5. 치즈와 유청에 함유된 단백질의 면역과학 379

Part 5.
**유청 성분의 고도이용**

5-1. 치즈 유청과 그 성분별 조제기술 397
5-2. 기능성 올리고당 419
5-3. 기능성 유청 된장 433

Part 6.
**치즈의 제반 제도와 지적재산권**

6-1. 치즈의 규격 기준과 표시 규제 453
6-2. 치즈의 지적재산권 480

Part 7.
**가까운 미래의 치즈학**

7-1. 치즈 제조기술의 변천과 진보 499
7-2. 가까운 미래의 치즈 제조기술 513
7-3. 새로운 타입의 기능성 치즈의 개발 526
7-4. 개시제(스타터) 유산균에 있어서 유전자 재조합기술의 응용 536

치즈 이름 544
치즈 타입별 제품들 545
색인 546

# Part 1

# 치즈의 역사, 식문화, 분류 및 생산

# 1-1 치즈의 기원과 역사

신슈(信州)대학 대학원 농학연구과
오타니 하지메(大谷 元)

치즈는 오래전부터 영양적 가치가 높은 식품으로 여겨지고 있는데 최근의 식품 가치 기준인 감각기능이나 생체 조절기능에 있어서도 우수한 식품이다. 우리들이 통상적으로 접할 수 있는 치즈의 수는 제한적이지만 서구형 치즈로서 유명한 것만 해도 그 종류는 1,000여 종을 넘는다.

"치즈는 유제품의 하나인데 사람들이 매일 섭취하는 양 이상의 젖을 생산할 수 있는 지역에서는 어디에서나 제조되고 있다. 대부분의 치즈는 우유를 원료로 하고 있는데 이는 단지 젖소가 다른 동물보다 다량의 젖을 생산하기 때문이다. 실제 치즈를 낙타, 당나귀, 말, 물소 등의 젖으로 만들고 있는 지역도 있다." 이는 G.P. Sanders의 저서[1] 중 한 문구이다. 현상적으로는 그가 서술한 대로이다. 그러나 식습관이나 식생활은 국민성(민족성)이나 풍토에 따라 크게 영향을 받는다. 특히 치즈는 그 대표적인 것으로, 그 때문에 종류가 다양하다고 생각된다.

여기에서는 현재의 식품기능학적 평가 기준에서 높이 평가되는 치즈의 기원과 역사를 치즈의 다양성에서 고찰하고자 한다.

## 1. 치즈의 기원

치즈는 유가공식품 중에서도 역사적으로 가장 오래된 것 가운데 하나다. 따라서 치즈는 언제, 어디서, 누가, 어떻게 하여 만들기 시작하였는지를 알 수가 없다. 치즈의 기원은 인류가 야생동물을 길들여 가축화한 기원전 6000년 정도라고 알려져 있다. 가축화는 서아시아에서 발생한 것으로 여겨지므로 치즈 제조도 서아시아에서 생겨났을 것으로 추측된다. 어떻게 하여 치즈가 생겨났는지에 관하여는 어린 동물의 위에서 우연히 발견된 렌넷 커드(rennet curd)에 단서를 두거나, 아라비아 상인들의 체험에 단서를 둔 설 등 몇 가지 설이 있지만 어느 것이 정확하다고 말할 수는 없는 실정이다.[2] 아라비아에 상인이 출현한 것은 기원전 12~13세기 정도라고 하기 때문에 만일 아라비아 상인들의 체험이 치즈 제조의 발단이라고 한다면 치즈가 만들어지기 시작한 것은 기원전 12~13세기 정도가 된다.[5]

아라비아 상인들이 발견했다고 하는 설이 나온 것은 다음과 같은 민화의 한 구절에 기인한다.

> 아라비아 상인들이 건조시킨 염소의 위장으로 만든 자루에 양젖을 넣어 낙타에 싣고 사막을 횡단하는 여행에 나섰다. 하루의 여행을 마치고 양젖을 마시려고 자루를 열었더니 양젖은 투명한 액체와 희고 부드러운 응고물로 되어 있었다. 상인들은 투명한 액체로 목의 갈증을 풀었고 희고 부드러운 응고물로 배고픔을 채웠다.

이 문장을 보면 위장의 내부에 있는 렌넷이 젖에 녹아 나왔고 태양열이 젖을 데워 주었기 때문에 젖은 응고하였으며, 낙타가 움직이면서 진동에 의해 커드와 유청으로 분리되었을 것으로 여겨진다. 치즈의 정확한 기원이 무엇인지는 알 수 없으나 일상생활 중에서 우연히 발견되었던 것임은 틀림없는 것 같다.

서아시아에서 생겨난 젖(乳) 이용문화는 크게 세 개의 경로로 세계에 퍼졌다고 한다.[6] 우선 첫 번째 경로는 서아시아에서 북동쪽 몽골로 전해진 것이다. 몽골에서의 치즈 제조의 특징은 응유효소를 쓰지 않고 가열이나 산에 의해 젖을 응고시키는 것이다. 사막이나 건조한 지대의 혹독한 조건하에서 생활하는 몽골 유목민은 젖에 대한 의존도가 매우 높은데

**표 1.** 치즈 제조 연표[3, 4]

| 구분 | 연도 | 내용 |
|---|---|---|
| 기원전 | 3500년 | 로칼 치즈(메소포타미아, 이집트, 인도) |
| | 1500년～1000년경 | 페타 치즈(그리스) |
| | 100년경 | 헬베티커스 치즈(스위스), 스프린츠 치즈(스위스) |
| | 58년 | 에멘탈 치즈(스위스) |
| 서력 | 481년～751년경 | 랑그르 치즈(프랑스) |
| | 879년 | 고르곤졸라(이탈리아) |
| | 900년경 | 파르메산 치즈(이탈리아) |
| | 1079년 | 로퀴포르 치즈(프랑스) |
| | 12세기 | 파르미지아노 레지아노 치즈(이탈리아) |
| | 14세기 | 브리 치즈(프랑스) |
| | 1440년 | 에멘탈 치즈의 본격적 제조 개시(스위스) |
| | 1540년 | 체다 치즈의 본격적 제조 개시(이탈리아) |
| | 1771년 | 카망베르 치즈(프랑스) |
| | 1851년 | 체다 치즈 공장 생산 개시(미국) |
| | 1875년 | 가열형 치즈 건우락(乾牛酪) 시제품(일본) |
| | 1904년 | 고다 치즈 시제품(일본) |
| | 1905년 | 가공치즈의 공업적 생산 개시(스위스) |
| | 1932년 | 가공치즈 시제품(일본) |
| | 1942년 | 쿠알크 치즈(독일) |
| | 1948년 | 체다 치즈 및 에멘탈 치즈 생산 개시(일본) |
| | 1950년 | 블루 치즈 생산 개시(일본) |
| | 1956년 | 파르메산 치즈 생산 개시(일본) |
| | 1959년 | 고다 치즈 생산 개시(일본) |
| | 1962년 | 카망베르 치즈 생산 개시(일본) |
| | 1963년 | 스위스 치즈 생산 개시(일본) |

젖으로부터 여러 모로 보전성이 좋은 유제품을 만들어 내고 있다. 호로트라 불리는 경질 치즈 모양의 것은 젖을 가열 농축하여 응고시킨 것이다. 비야스락이라 불리는 경질 치즈 유사물은 젖을 산 응고시킨 것이다.

젖 이용문화가 세계에 퍼진 두 번째 경로는 서아시아로부터 동남 방향에 위치한 인도나 티베트로 전해진 경로이다. 인도의 치즈 제조의 특징은 가열이나 산에 의해 응고된 젖으로 만드는 것과 식물성 응유효소를 사용하여 만드는 것이다. 인도에서 현재도 만들어지고 있는 파닐이나 챠나라고 불리는 치즈는 산 응고형 치즈이다.

세 번째 경로는 서아시아로부터 그리스를 거쳐 이탈리아를 시작으로 유럽에 전해진 경로이다. 이 경로의 치즈 제조의 특징은 렌넷으로 대표되는 응유효소를 사용하는 것이다. 현재 우리가 먹고 있는 치즈의 제조 방식은 긴 역사 속에서 서구에서 자라난 것이다.

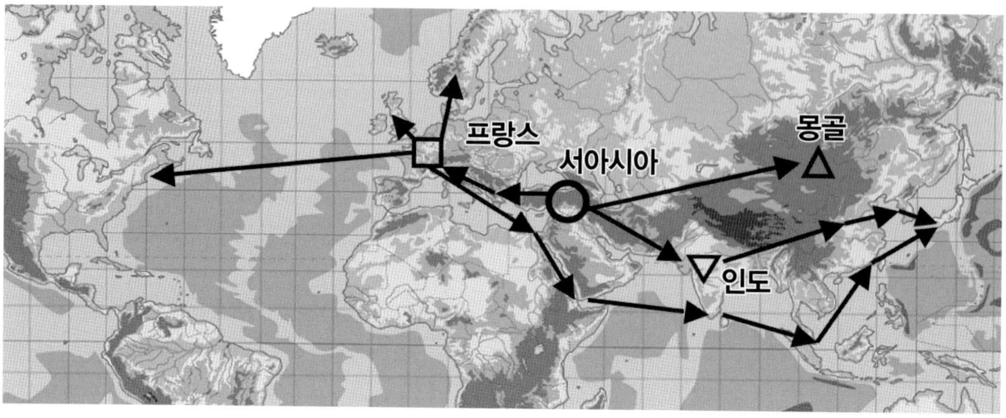


**그림 1.** 젖(乳) 이용문화의 흐름

○ : 응유효소형 치즈문화의 발상지 □ : 응유효소형 치즈문화의 숙성지
△ : 가열형 치즈문화의 발상지 ▽ : 가열 및 식물성 응유효소형 치즈문화의 발상지

## 2. 서구형 치즈의 역사[3, 4, 7]

서아시아에서 생겨난 젖 이용문화가 유럽으로 건너가 우리가 현재 먹고 있는 향기롭고 맛있는 풍미를 가진 치즈가 탄생하였다. 그러나 서아시아로부터 어떤 경로로 유럽 각지로 퍼졌는지, 어떻게 하여 현재의 치즈가 되었는지는 추측할 수 없다. 또한, 유럽 각지로 퍼진 경로도 여러 가지인 것으로 알려져 있다.

### 1) 그리스, 이탈리아

염소나 양이 많이 사육되고 있던 터키로부터, 마찬가지로 가축이 많은 그리스로 전해진 젖 이용문화는 그리스에서 그들이 기르는 가축의 젖으로 만드는 여러 가지 치즈를 새로 만들어 내었다. 그리스의 대표적인 치즈로 양유를 원료로 한 '페타 치즈'가 있다. 페타 치즈는 기원전 1500~1000년부터 만들어지고 있었다고 한다. 로마제국의 위대한 세력과 함께 치즈 제조기술은 그리스로부터 이탈리아로 전해졌다.

로마인의 이상할 만큼 강한 미식에 대한 집착은 현재의 유럽형 치즈 제조의 기초를 쌓아 올렸다고 일컬어진다. 예를 들면 세계 3대 블루 치즈의 하나인 '고르곤졸라 치즈'는 879년 이탈리아에서 생겨났다. 또한 초경질 치즈로 유명한 '파르메산 치즈'도 이 무렵에 이탈리아에서 생겨났다. 10세기경의 유럽에서의 치즈 제조는 이탈리아를 중심으로 전개되었다고 한다.

한편 로마제국의 정복기에는 유럽 각지에 로마 군대가 주둔하고 있었다. 이 때문에 로마 군대와 함께 치즈 제조기술은 스위스, 프랑스, 네덜란드, 영국으로 전해졌다고 일컬어진다. 또한, 로마제국의 멸망 후 아메리카 대륙이 발견되기까지 서구에서의 치즈 제조는 수도원의 신부가 중심적 역할을 하고 있었다고 전해진다.

### 2) 스위스

스위스의 낙농에는 전통이 있는데 지금부터 2,000년 이상 전에 '헬베티커스 치즈'라고 불리는 스위스 치즈가 있는 것을 당시의 로마인이 알고 있었다고 한다. 또한, 알프스의 헬베티족이 기원전 58년에 '에멘탈 치즈'를 만들기 시작했다고 하는데, 초경질인 '스프린츠 치즈'는 그것보다 전인 기원전 100년경부터 만들어지고 있었다고 한다. 스위스에서의 치즈 제조는 경제활동을 목적으로 하는 협동조합 형식으로 알프스 지방에서 집중적으로 행하여져 왔다. 유럽의 여러 나라에서는 치즈가 주부에 의해 만들어졌으므로 이런 점이 스위스 치즈 제조의 특징이라고 할 수 있겠다.

로마 시대 무렵 스위스에서의 치즈 제조는 알프스산에서 행해졌지만 중세가 되면서 소를 키우는 낙농가와 치즈를 만드는 전문 직업인으로 분업하게 되었다. 20여 곳의 낙농가가 하나의 그룹이 되어 치즈 제조를 위한 건물을 세우고 치즈 전문인에게 치즈 제조를 맡겼다. 이러한 형태로 치즈 제조를 맡은 전문인은 국가가 세운 치즈 전문 양성학교에서 기술을 몸에 익힌 사람이었다고 한다. 13세기에는 알프스의 고타르 고개가 치즈 수출 창구로서 이름을 날렸다고 한다. 본격적인 에멘탈 치즈 제조는 에멘탈 계곡에서 1440년에 시작되었고, 1905년에는 스위스에서 가공(process)치즈의 공업적 생산이 시작되었다고 한다.

최근의 조사에 의하면 4인 가족의 스위스 가정에서는 일주일 동안 약 1 kg의 치즈를 소비하는데 그중 90%는 에멘탈(Emmental) 치즈, 그뤼에르(Gruyere) 치즈, 스프린츠(Sprinz) 치즈, 아펜젤라(Appengella) 치즈, 로이알프(Royalp) 치즈 등 경질 치즈이고 나머지 10%가 카망베르 치즈를 위시한 연질 곰팡이 치즈이다. 스위스 사람들에게 치즈는 불가결의 식품임과 동시에 교역에 의한 경제원으로서의 중심적 역할을 담당하였다. 또한 스위스에서 치즈는 협동작업 정신을 배양하는 동시에 농업의 발달에 크게 이바지하였다.

### 3) 프랑스

프랑스가 2대 발효산물인 치즈와 와인의 질적 · 양적 최대 생산국임은 잘 알려져 있다. 로마인에 의해 전해진 치즈 제조기술은 프랑스인의 개성적인 민족성에 의해 다양하고 특색 있는 치즈를 만들어 내었다. 프랑스에서 역사적으로 가장 오래된 치즈는 '랑그르 치즈'라 불리는 것으로서 프랑크왕국 메로빙왕조 시대(481~751)에 만들어지고 있었다고 한다.

3대 블루 치즈의 하나인 '로퀴포르 치즈'는 로퀴포르 마을에서 1079년부터, 그리고 흰곰팡이 치즈인 '브리 치즈'는 14세기경부터 만들어지기 시작했다고 한다. 흰곰팡이 치즈인 '카망베르 치즈'는 카망베르 마을에서 1771년부터 생산이 시작되었다. 다른 나라에 비해 프랑스에서는 흰곰팡이 치즈의 종류가 많은 것이 특징인데 이들 중 다수는 농가의 주부가 개발하였다고 한다. 푸른곰팡이 치즈인 로퀴포르 치즈나 블루 치즈는 모두 동부 산악지방에서 우유나 양유를 원료로 하여 만들어지고 있다.

프랑스에서 생산되는 치즈의 특징은 소프트형과 반경질형이 중심이라는 것이다. 소프트 치즈인 흰곰팡이 치즈의 다수는 농장의 주부에 의해 만들어졌음은 이미 서술하였는데 반경질 치즈는 주로 교회나 수도원에서 만들어지고 있었다. 드골 대통령이, 400종류나 되는 치즈를 사랑하는 국민을 통치하는 일은 어려운 일이라고 한 일화는 유명한데, 종류가 많은 것도 프랑스 치즈의 특징이라고 할 수 있다.

### 4) 네덜란드, 영국, 독일

네덜란드 북해 연안에는 광대한 초지평야가 펼쳐져 있는데 이곳이 낙농의 중심이 되어 있다. 네덜란드는 본래 게르만인을 중심으로 시작되었으나 후에 라틴계 인종도 들어왔다. 현재 네덜란드에는 약 30여 종류의 치즈가 있다고 하는데 이들 중에서 가장 유명한 것으로 '에담 치즈'와 '고다 치즈'가 있다. 또한, 1184년에는 네덜란드의 치즈가 파리에 수출되었다는 기록이 있다고 한다. 일본에는 난학(蘭学)과 함께 고다 치즈가 들어왔다. 현재 고다 치즈는 일본 가공치즈의 주재료가 되어 있다. 그런데 에담 치즈는 붉은 구슬 치즈로, 고다 치즈는 황색 구슬 치즈로 친숙한데 이들 치즈는 당초의 본질을 보존하면서 개선된

견실한 치즈로 일컬어지며 현재 많은 나라에서 만들어지고 있다.

영국에서도 역시 로마인의 손에 의해 서력 100~300년 사이에 치즈 제조가 시작되었는데 후에는 영국인 자신의 손으로 만들게 되었다. 중세에는 영국 치즈의 대표인 체스타 치즈나 체다 치즈가 만들어지기 시작하였는데, 1540년에 본격적인 '체다(Cheddar) 치즈'의 제조가 시작되었다고 한다. 영국인은 음식에 대해 극히 보수적이어서 식민지에도 자기들의 전통음식을 가지고 가는 습성이 있었다고 한다. 영국 이주민들이 미국으로 건너갈 때에 탔던 메이플라워호도 예외가 아니어서 영국 치즈를 다량으로 싣고 있었다. 이러한 민족의식 때문에 체다계 치즈는 영국인에 의해 미국, 캐나다, 호주, 뉴질랜드로 전해졌다. 또한, 체다 계열의 치즈는 영국 식민지에서 대량으로 생산되게 됨으로써 그 생산량은 현재도 가장 많으며 제조기술도 가장 앞서 있는 것으로 일컬어지고 있다.

로마제국은 게르만민족의 침략으로 쇠퇴의 길을 걸었는데 일부 로마인들은 그들이 키워온 치즈 제조기술을 가지고 수도원에 숨어 들어갔다고 한다. 중세가 되어 독일에서도 우유의 생산량이 증가하여 치즈가 만들어지게 되었는데 수도원에서 치즈 제조가 행하여졌다. 1579~1597년 사이에 독일의 파르메산형 치즈 제조법이 확립되었다. 일반적으로 독일 치즈에는 이탈리아 치즈와 같은 전통과 개성이 없다고 한다. 게르만계 민족은 고트왕국 시대에 가축문화에 힘을 기울인 것으로 추정되지만 치즈에는 그다지 힘을 쏟지 않은 것으로 여겨진다.

### 5) 북유럽제국

노르웨이에서는 탈지유로 만든 '가말 오스트'(오스트는 치즈라는 의미)라든지 '풀트 오스트'라고 불리는 치즈가 서력 10세기경에 만들어졌는데 이들이 중세 노르웨이의 주요한 치즈였다. 서아시아에서 생겨난 치즈 제조기술의 덴마크와 스웨덴에로의 전래는 13세기경이었다. 양국에서는 그 무렵 홀스타인종 소에 의한 우유 생산체제가 확립되어 있었다. 그러나 이들 나라의 주요 유제품은 버터이고 치즈는 버터를 만들고 남은 탈지유로 만들어졌다. 스칸디나비아 국가에서의 중세 유제품의 중심은 버터이고 치즈는 탈지유로 만드는 것이 일반적이었다. 그렇기 때문에 이들 나라에서는 18~20세기가 되어서야 비로소 스위스형이나 영국형 치즈가 만들어지게 된 것으로 추정된다.

핀란드에서도 유제품은 버터가 중심으로서 치즈로는 '코케리'라 불리는 탈지유를 원료로 한 산 응고 치즈가 중심이었다. 이들 기후적으로 추운 북유럽 국가에서는 에너지 효율이 좋은 버터의 생산이 불가피하므로 치즈는 버터 제조 후의 탈지유로 만들 수밖에 없는 상황이었을지도 모른다.

### 6) 아메리카 대륙

미국에서의 치즈 제조기술은 이미 서술했듯이 영국 이민자들에 의해 들어왔다. 미국에서도 치즈는 19세기 중반까지는 지방의 농장에서 남는 우유를 사용하여 주부들에 의해 만들어지고 있었다. 1851년 미국에서의 최초 치즈 공장으로 체다 치즈 제조공장이 뉴욕주에 설립되었다. 그 후 50년간, 뉴욕주는 미국에서 치즈 제조의 중심지가 되었다. 그러나 인구가 증가함에 따라 치즈산업의 중심지는 서부로 옮겨졌고 이후 위스콘신의 농업지대가 치즈 제조의 중심지로 되었다. 또한 이 무렵이 되어 미국을 위시한 주요 치즈 생산국의 치즈 제조는 거의가 공장 생산 형태로 되었다.

이상과 같이 기원전 6000년 무렵에 서아시아에서 생겨난 치즈 제조기술은 유럽으로 전해졌다. 그리하여 렌닛을 대표로 한 응유효소를 사용하여 만드는 치즈 제조법을 확립하였다. 19세기까지 우리들이 지금 먹고 있는 대부분의 치즈가 생겨났다. 또한 같은 응유효소를 써서 만드는 치즈라도 스위스나 영국에서는 보존성이 좋은 경질 타입의 치즈가 주류가 되었다. 그러나 프랑스에서는 보존성이 나쁘지만 빨리 숙성하는 소프트 타입의 치즈가 주류가 되었다. 이렇게 국가에 따라 치즈 타입이 다른 것은 민족성의 차이나 풍토의 차이를 반영하고 있는 것으로 여겨진다. 종합하면 렌닛을 사용하여 만드는, 현대의 주류를 이루는 서구형 치즈는 이탈리아에서 생겨나 프랑스에서 성숙되었다고 할 수 있을 것 같다.

### 7) 19세기 이후 서구형 치즈 제조의 동향

18세기까지의 치즈 역사는 주로 치즈의 다양화와 제조법 확립의 역사라고 할 수 있다. 그러나 19세기가 되면서 공장에서의 안정적인 치즈 생산기술 확립에 눈을 돌리게 되었다. 1870년에 덴마크의 한센에 의해 렌닛의 역가검정법이 확립됨으로써 렌닛 제품이 판매되기 시작하였다. 1880년에는 순수배양한 유산균 스타터가 치즈 제조에 이용되게 되었다.

1899년에는 산도의 측정법이 치즈 제조에 도입되었다. 1857년에 파스퇴르에 의해 와인의 변패 예방을 위해 발견된 저온살균법은 1930년대가 되어 치즈 제조에도 응용되게 되었다.

20세기에 들어 치즈의 보존성을 좋게 하려는 데에 눈을 돌리게 되었다. 스위스에서 1911년에 그류이엘 치즈에 구연산나트륨이라든지 인산염을 가하고 가열하면 보존성이 좋아짐을 발견하였다. 이 식견은 가공치즈의 공업적 생산에 이용되었다. 1916년에는 미국에서 크래프트사가 체다 치즈를 원료로 한 가공치즈를 제조, 판매하게 되었다. 이렇게 19세기 이후에는 세계 수준에서 치즈의 제조기술이 현저하게 발전하였고 대량 생산하는 공장에서도 양질의 치즈 제조가 가능해졌다.

고대로부터 가열 솥과 통을 쓰는 거의가 수작업이었던 치즈 제조가, 20세기 중반 이후가 되면서 솥과 통은 스테인리스 재질의 배트로 바뀌고 열교환기가 도입되었으며 응고·절단·교반 등의 작업이 자동화되었다. 치즈 숙성 중의 화학적·물리적·미생물학적 특성 부여나 풍미 성분의 동정이 활발히 행해졌다. 또한 렌넷의 공급원이었던 송아지가 식육용으로 비육되게 되면서 만성적인 렌넷 부족에 빠져 들어감에 따라 렌넷 대체품의 탐색이 활발하게 행해졌다.

## 3. 일본에서의 치즈 역사[3, 4]

서아시아에 있어서의 치즈 제조 역사는 기원전 6000년에 시작되었는데 일본의 치즈 제조 역사는 제2차 세계대전 후에 시작되었다고 하여도 과언이 아니다. 일본에서 치즈 제조가 2차대전 후까지 시작되지 않았던 원인은 일본에서는 소를 길러도 그 젖을 이용한다고 하는 발상이 없었고, 소는 농경을 위한 노동력으로 생각했기 때문이다. 그렇기는 하지만 전후까지 우유의 이용이 전혀 행해지지 않았던 것은 아니다. 서기 539년 조정에 백제로부터 유제품(酥와 牛酪)이 전래되었다. 긴메이 천황(欽明天皇, 서기 510~571) 시대에는 한반도로부터 착유기술이 전해졌다. 헤이안조(天安朝) 시대에는 조정이 우유를 영양식품으로서 중요시했던 것으로 여겨지고 있다. 그러나 가마쿠라(鎌倉) 시대 이후는 조정의 권력이 쇠하고 전국시대로 들어가자 무사들은 소보다도 전쟁에 쓸 수 있는 말을 키우게 되어 일본에서의 젖 이용문화는 끊어지게 되었다.

도쿠가와(徳川) 시대 8대 장군 요시무네(吉宗)의 시대인 1717년 흰소가 수입되면서 일본에서의 유(乳)문화가 재개되었다. 백우락(白牛酪)이라고 불리는 버터 모양 유제품이 만들어지게 되었고, 11대 장군 이에나리(家斉)의 시대인 1787년에는 젖소 70두가 사육되고 백우락이 제조되었다. 또한 1792년에는 일본 최초의 젖 이용에 관한 서적인 『백우락고(白牛酪考)』가 간행되었으며, 1866년에 간행된 『서양사정』에는 건우락(乾牛酪)이라고 하는 우유의 가열 농축형 치즈가 소개되었다. 1875년에는 건우락이 일본에서도 제조되었다. 그러나 건우락은 렌넷을 대표로 하는 응유효소를 써서 만드는 치즈와는 전혀 다른 것이었다.

메이지(明治) 시대가 되어 문명개화의 기운이 높아짐과 함께 치즈를 일반 서민이 먹을 수 있는 상황이 처음으로 갖추어졌다. 그러나 젖 이용문화는 일본의 풍토, 문화, 관습에는 맞지 않아 치즈는 별로 보급되지 않았다.

메이지유신에 의해 나베시마 나오마사(鍋島直正) 총독하에서 시작된 홋카이도(北海道) 및 사할린의 개척사업은 낙농 개척사업이라고 일컬어지고 있다. 이 사업에 의해 1875년에는 홋카이도 가메다(亀田)군 나나에(七重)의 권업시험장에서, 1900년에는 하코다테(函館)의 트라피스트(Trappist) 수도원에서 치즈가 제조되었다. 1919년에는 독일인의 지도로 보소(房総)반도에 있는 메이지제과 다테야마(館山) 공장(후의 메이지유업 다테야마 공장)에서 고다(Gouda) 타입의 브릭(Brick) 치즈가 제조되었다고 한다. 또한, 10년 후인 1929년에는 홋카이도 제낙조합연합회(후의 유키지루시유업)의 삿포로(札幌) 공장에서 브릭 치즈가 제조되었다.

1932년이 되자 일본에서도 본격적인 치즈의 공업 생산이 가능해졌는데 홋카이도 제낙조합연합회 도아사(遠浅) 공장과 메이지우유(후의 메이지유업) 료고쿠(両国) 공장이 가공치즈의 양산을 개시하였다. 그 후 가공치즈의 원료로 쓰기 위해 유키지루시유업은 주로 고다 치즈를, 메이지유업은 주로 체다 치즈 제조기술을 확립하였다. 1948년에는 메이지유업이 체다 치즈를, 1950년에는 유키지루시유업이 블루 치즈를, 그리고 1959년에는 메이지유업이 카망베르(Cammembert) 치즈를 제조 판매하기에 이르렀다.

한편 1963년에는 '일본치즈협회'가 발족하여 치즈의 보급에 나서게 되었지만 일본에서의 치즈 소비가 크게 늘지는 않았다. 따라서 치즈 제조공장이 확대되지 못하고 일본의 치즈 시장은 수입 치즈나 고다 치즈 또는 체다 치즈를 원료로 하여 제조된 가공치즈가 차지하게 되었다.

1970년대에 들어 음용유의 소비 정체나 유제품 소비가 늘지 않는 가운데 일본산 치즈를 생산하고 이의 소비를 확대시키려는 기운이 높았다. 1980년에 (사)중앙낙농협회의 주최로 제1회 치즈제조기술연수회가 자오산(蔵王山) 기슭에 있는 (재)자오(蔵王)낙농센터에서 처음으로 개최되었다.[8] 그 후 연수회의 횟수가 늘어감에 따라 연수회에 참가한 사람들 중에서 치즈 제조에 종사하여 한마을한제품 운동에 동참하는 사람들이 생기게 되었다.

스위스에서는 치즈 직종의 지원자는 우선 치즈를 제조하고 있는 전문가의 제자로 들어가 그 밑에서 수년간 치즈 제조를 체험하지 않으면 안 된다고 한다. 그러한 체험 후 치즈 전문 양성학교에 들어가 이론을 배우고 나서 전문가시험에 합격하여야 치즈 제조업을 할 수 있으며 제자를 받을 수가 있다. 현재도 (재)자오(蔵王)낙농센터에서 행해지는 자연치즈 제조 기술자연수회는 일본의 풍토에 맞는 치즈 제조 장인을 배출해 내고 있을 것으로 기대된다.

* * *

치즈의 기원 및 현재 시판되고 있는 치즈의 탄생과 근대까지의 발달 역사를 중심으로 서술하였다. 2003년의 일본인 일인당 치즈 소비량은 연간 2.1 kg으로 15년 전의 연간 1 kg과 비교하여 증가하였다. 그러나 일본인 일인당 치즈 소비량은 EU 국가의 10분의 1 정도이다.[9]

EU 국가의 가정에서 소비하는 치즈는 자연치즈가 중심이지만 일본의 가정에서 소비되는 치즈는 가공치즈가 중심이다. 일본에 있어서의 가공치즈의 최근 소비 동향은 보존성이나 사용의 편리성에서 특화된 것이다. 일본의 최근 자연치즈 소비량을 보면 가공하지 않고 직접 소비하는 일본산 치즈의 양은 10년 전과 비교하여 거의 변하지 않았으나 외국에서 수입한 것은 약 1.5배로 증가되었다.[9]

치즈의 발생지로 보는 서아시아 지역의 유목민족인 베두인은 최근에도 염소와 함께 유목생활을 하는데 염소젖으로 만든 치즈는 매일의 식생활에서 불가피한 존재로 되어 있다.[10] 이는 기원전부터 키우던 염소와 인간과의 공존생활에서의 신뢰성의 깊이를 말해 주고 있다. 그러나 사방이 바다로 둘러싸인 온습한 기후의 일본에서는 유문화는 전혀 자라나지 않고 쌀, 장류, 어류 중심의 식문화가 확립되었다. 이 때문에 일본인의 소에 대한 감정은 다양한 경제활동의 한 수단으로서의 가축에 불과하다. 그리고 식품으로서의 치즈의 위치는 많은 기호품의 하나에 지나지 않는다.

치즈와 유사한 발효유제품인 발효유는 많은 일본인들의 큰 관심사였던 건강 지향 분위기를 맞아 비약적으로 소비량을 늘려 왔다. 한편 일본에서의 자연치즈 제조공방의 수는 1988년 57개소로서 규모가 작은 제조소가 많은데, 2001년에는 109개가 되었다. 또한 이들 제조공방에서 제조된 치즈의 종류도 종래의 유명한 치즈에 더하여 일반적으로 일본인에게는 그다지 알려져 있지 않은 특징 있는 여러 가지 치즈가 포함되어 있다. 따라서 발효유와 같이 여러 가지 생체 조절기능을 강화한 치즈의 개발이나 지역 브랜드 치즈의 개발을 활성화함으로써 일본의 기후 풍토나 국민성에 부합하는 치즈 문화가 융성해지기를 기대한다.

## 참 / 고 / 문 / 헌


1) Gorge P. Sanders 著, (財)日本乳業技術協会訳：チーズの種類とその解説, (財)日本乳業技術協会, 1-2, 1963.
2) 鴇田文三郎：チーズのきた道, (株)河出書房新社, 13-217, 1977.
3) 中西武雄：チーズの歴史, チーズの製造技術, 中西武雄・有馬俊六郎・鴇田文三郎・中江利孝・下村正巳・杉浦楊(執筆), (社)中央酪農会議, 1-16, 1980.
4) 中澤勇二：チーズの歴史, 新設チーズ科学, 中澤勇二・細野明義 (編), (株)食品材料研究会, 1-13, 1989.
5) 鴇田文三郎・松平博雄：はじめてのチーズづくり, 雄鶏社(編), 10-39, 1989.
6) クレインブロデュース編集・制作：チーズ工房, (株)平凡社, 26-27, 1989.
7) 鴇田文三郎：チーズの歴史, チーズ, 鴇田文三郎・松平博雄・ミッシェルドゥレビンム(著) ゴブラン会, 5-24, 1998.
8) (財)蔵王酪農センター：いま熟成の時~国産ナチュラルチーズの開発の歩み, (財)蔵王酪農センター, 1989.
9) 川崎功博：近代のチーズ消費動向と開発動向, 乳業技術, 53, 69-76, 2003.
10) NHKエンタープライズ企画制作・発売：NHKビジュアルブック食のルーツ, 5万キロの旅 3 遊牧の民の遺産 (乳製品), 鎌倉スーパーステーション (制作), ビジュアルブック事務局, ISBN4-88276-003-7.
11) 社団法人 蔵王酪農センター：ナチュラルチーズ製造技術マニュアル, http://www.zao-cheese.or.jp/manual/nal_qa01.html, 2007年8月

1-2

# 치즈의 식문화

치즈 오피즘/치즈 프로페셔널 협회
무라야마 시게노부(村山 重信)

## 1. 역사적 배경

인간이 최초로 입에 무는 것은 어머니의 젖. 이는 누구로부터도 배운 적이 없는 본능적인 행위이다. 그 젖은 갓난아이의 뱃속에서 일단 치즈와 같은 상태로 만들어지고, 효소의 작용으로 이것이 영양분으로 흡수되어 성장의 원동력이 된다. 새끼의 성장에 없어서는 안 되는 젖은 마치 신이 준 신성한 것으로 여겨진다. 사람의 젖과 동물의 젖의 공통성을 알아차린 것은 아기를 낳은 여성이었을지도 모른다.

송아지와 인간의 아기가 다정하게 엄마소의 젖을 빨고 있는 모습을 그린 기원전(BC) 4000년경의 이집트 벽화가 이를 말해 주고 있다. 고대에 이집트에서는 남성만이 파라오(왕)가 될 수 있었다. 고대 이집트 왕조 유일의 여왕인 하트셉수트(Hatshepsut) 여왕은 제18대 왕조 투트모세 1세의 딸로 태어났는데 왕위를 정당화하기 위해, 자신은 신의 자식이다, 신인 '소'의 젖을 먹을 수 있는 것은 신의 자식이라는 증거다라고 주장했다. 하트셉수트 여왕 무덤에는 아름다움의 신 '소'의 젖을 직접 빨고 있는 벽화가 있다.

하트셉수트 여왕에 관하여 이집트 문화부는 2007년 6월 27일 룩소르(Luxol) 서안에 있는 왕가의 묘에서 출토된 미라([그림 1])를 공개하면서 하트셉수트 여왕(재위 BC 1503~1482년)이라고 발표하였다. 이집트 고고학 최고평의회의 자히 하와스(Zahi Hawass) 사무국장은

1922년 발견된 투탕카멘 왕 이래의 중요한 발견이라고 하였다. 젖(乳) 이용의 시대 고증으로서도 중요한 발표였다.

고대 로마에도 동물과 젖에 관한 일화가 있다. BC 5세기경 걸작 에트루리아 조각상 '루파로마나(로마의 암컷 늑대)'에 로마 건국의 대업을 이룬 군신 마루스의 아들 로물루스(Romulus)와 로무스(Romus) 쌍둥이 형제의 유명한 전설에 기초한 조각상([그림 2])이 그것이다. 어린 형제는 조부를 죽이고 왕위를 뺏은 아무리우스에 의해 테베강에 버려졌는데 우연히 나타난 한 마리의 암늑대에게 구조되어 그의 젖을 먹고 성장하게 되고 이윽고 건장한 성인이 된 형제는 조부의 적을 물리치고 로마를 통일했다고 전해지고 있다.

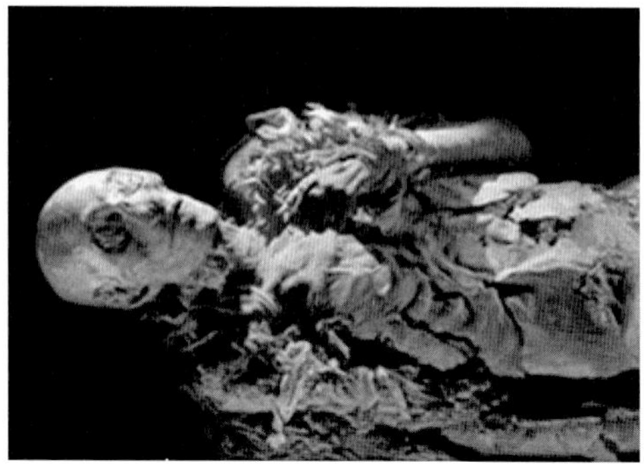

**그림 1.** 하트셉수트 여왕의 미라

**그림 2.** 루파로마나(로마의 암컷 늑대)의 상

젖(乳) 이용의 발견은 BC 8000년경 북이라크 카림 샤힐(Karim Shahir) 유적에서 볼 수 있는 원시농경목축이 이뤄지던 시대였을 가능성도 있는데, 젖 이용이 정착된 것은 BC 5000~4000년경으로 장소는 중앙아시아로부터 중동에 걸친 지역으로 추정되고 있다.

아시아는 면적이 넓다. 세계 여러 가지 기후 풍토를 가지며 거기에는 많은 부족이 존재하므로 각각의 이질문화 속에서 독특한 젖(乳) 이용 방법이 전승되고 있다. 가축의 종류도 많아 서쪽 사막 지대에는 '낙타', 에베레스트를 안고 있는 티베트나 네팔의 고지에서는 '야크', 북쪽 툰드라 지대에는 '순록'(지금은 환상의 젖. 과거를 생각게 하는 순록을 곁들인 상표가 붙은 노르웨이 치즈가 있다.), 남쪽 습지대에는 '물소', 중앙 몽골에는 '말'을 시작으로 '산양'·'양'·'소'가 널리 분포되어 있다. 목축민 식생활의 중심이 된 것은 젖이지 고기가 아니다. 고기는 수컷의 거세육밖에 먹지 않는다. 거세된 '고환'을 버리지 않는다. 밀크에 넣어 끓이면 강장식이 된다고 한다. 낙타의 고환은 왠지 먹지 않는 것 같다.

젖을 제공해 주는 암컷은 재산, 말하자면 원금이다. 젖은 '이자'라고 생각하면, 이자를 운용하는 노하우가 곧 여러 유가공 기술이라 할 수 있겠다. 아시아에는 유가공 기술이 계승되어 현재도 많은 지역에서 생활 가운데 반영되어 있다. 몽골 울란바토르시 출신의 요코즈나, 아사소류가 우승하고 귀국했을 때 축하 장면(TV 화면)에서 커다란 잔에 가득 부은 흰 액체는 지금도 축하 시에 빠질 수 없는 '마유주' 바로 그것이다.

유청을 발효시켜 유주를 만드는 기술은 유럽에는 없다. 이 기술은 아시아가 젖 이용의 선진지대라는 증거라고 말할 수 있는 이유이다. 몽골에 열 종류가 넘는 치즈가 있는 것 같은데 일반적인 것은 '호로트'라 불리는 건조시킨 치즈이다. 언젠가 유라시아 대륙의 거의 대부분을 지배한 대몽골제국을 세운 기마군단의 활약은 스테미너원인 호로트가 휴대군량으로서 커다란 위력을 발휘했기 때문이라고 여겨진다. 그 후에 유목민에게 호로트는 오늘날도 중요한 보존음식이다. 호로트에는 슨 호로트 '젖 호로트'와 후치티 호로트 '시큼한 호로트' 등 두 종류가 있다. 이 두 가지 호로트를 비교한 적이 있다. 슨도 후치티도 저자가 알 수 없는 치즈의 맛이었다. 슨은 우유를 단순히 농축시킨 맛으로 치즈 본래의 맛도 없고 염미도 없다. 호로트는 햇빛에 건조시키기 때문에 발효 숙성시킨 치즈처럼 염을 써서 부패를 방지하고 숙성을 컨트롤할 필요가 없기 때문일 것이다. 귀중한 염을 쓰지 않는 자연 햇볕 건조의 발상은 생활의 지혜에서 온 것 같다.

한편 후치티는 입에 넣는 순간 매실장아찌를 맛보았을 때와 같이 입안 깊숙한 곳으로부터 시큼하여 침이 나오는 그러한 맛이었다. 매우 시어진 요구르트를 건조시킨 것 같았다. 후치티 호로트는 요리의 조미료로만 쓰이고 있다. 착유 시기에 만들어지는 신선 타입은 일상의 식생활에 빠질 수 없는 귀중한 단백질원으로서 치즈 모양 유제품은 유목민의 중심적 음식으로 되어 있다. 몽골인들은 유제품을 총칭하여 '하얀 음식'이라고 부르는데 이는 성스러운 식품으로서 죄를 씻어 주는 것이라고 여기고 있다. 신년이 '하얀 달'이라고 불리는 것도 유제품을 얼마나 중요시하고 있는가를 말해 준다.

도키타 후미사부로(鴇田文三郎) 박사의 『치즈가 걸어온 길』에서, 치즈 역사상 가장 오래되고 세계적으로 보급되어 있는 것은, 유산발효에 의한 산 응유 방법이라고 한다. 티베트의 '츄르피(Churpi)'라고 불리는 야크젖의 치즈도 그중 하나이다. 츄르피 제조 방법은 산 응고된 커드를 손으로 조그맣게 꽉 쥐어 짜서 바구니 위에서 자연 햇빛 건조시킨다. 또는 캐러멜 크기로 하여 목걸이처럼 야크 털실에 여러 개 꿰어서 건조시키는 방법도 있다([그림 3]). 단단하게 건조시킨 것을 쇠망치로 부수어 차에 넣어 마시거나 캐러멜처럼 먹는다. 물론 버터도 만든다. 이들 유제품은 시장에서 생활필수품과 교환하거나 현금으로 바꾸면서 생활의 양식이 되는 것이다. 가축의 유용성을 최고의 가치로 여기며 자연을 그대로 받아들이고 젖을 중심으로 한 생활이 지금도 영위되고 있는 부족이 있다. 그야말로 '음식 세계유산'이라 할 수 있는 생활을 영위하고 있다. 야크는 고도가 제일 높은 곳에서 살 수 있는 착유 가축이다. 표고 3,800미터의 히말라야 네팔, 란탄계곡 칸잔마을의 야크젖 치즈 제조소는 세계에서 가장 높은 곳에 있다. 여름 시즌은 양질의 풀을 먹이기 위하여 표고 5,400미터까지 이동하여 기른다고 한다.

**그림 3.** 야크 털실에 연결한 야크젖(乳) 치즈의 'Churpi'

네팔을 좌측에, 파키스탄을 우측에 둔 인도 대륙도 넓다. 인도는 고대 오리엔트에 필적하는 유(乳) 식품문화가 있었다고 하는데, 인도는 축산대국이다. 인도의 생유 생산량은 1998년 미국을 제치고 세계 1위가 된 이래로 지금까지 그 지위를 내놓지 않고 있다(낙농축산업진흥기구 ALIC Report). 소의 수효도 국제식량농업기구(FAO)의 2005년 통계에 의하면, 세계 2위인 1억 9천만 두로 전 세계의 14%를 차지하는데, 물소의 경우 1억 마리 정도로 실로 세계의 약 60%를 차지하고 있다. 이외에 1억 2천만 두를 넘는 양(세계 1위), 5억 마리의 가금 등 다양한 종류의 가축, 가금이 널리 사육되고 있다. 인도에서 사육되고 있는 물소의 거의 대부분은 동남아시아, 중국 등에 분포되어 있는 작은 규모의 늪지형과는 달리 하천형이라고 불리우는 것으로서 생유 생산을 주목적으로 하여 사육되고 있다.

인도는 식성에 있어 종교적인 영향이 매우 큰 것이 특징이다. 인도의 1991년도 종교별 인구통계자료(국세조사는 10년에 한 번)에 의하면, 힌두교가 전체의 8할 이상을 차지한다(82.8%). 그중에서도 상위층일수록, 유제품 이외의 동물성 단백질을 섭취하지 않는 성향이 강하다고 하는데 낙농은 인도 국민의 식생활에 있어서 매우 중요한 위치에 있다. 인도는 모든 유가공품에 '100% vegetablc'이거나 'non vegetable' 표시가 의무화되어 있다. 단, 동물 유래의 가공식품이라도 동물을 해하지 않고 얻어지는 것은 베지터블(vegetable)로 인식되기 때문에 우유 및 유제품도 기본적으로는 100% 베지터블로 취급되고 있다. 인도는 세계 최대 유지방 소비국으로서 버터 및 기(Ghee, 순도 100%에 가까운 액상의 무염 버터)의 연간 소비량은 255만 8,000톤(2003년)이나 되고 있다. '기'는 카레를 만들 때의 볶음용으로 쓰이며, 난이라든지 차파티(Chapati)에 바르기도 하고, 볶은 백반에 섞는 등으로 소비되고 있다. 인도에서는 열 종류 이상의 치즈가 제조되고 있는데 대표적인 것은 '파니르(Panir)'인 것 같다. 산 응고시켜 제조한 파니르는 코티지(Cottage) 치즈를 굳힌 것 같은 치즈로서 요리에 널리 사용되고 있다.

아시아 서단 아랍 요르단의 베두인(Bedouin)은 극심한 사막 가운데서 낙타를 중심으로 한 유목생활을 영위하고 있다. 낙타의 비유 기간은 1년 정도로서, 1년 동안 성분이 일정한 젖을 제공해 줄 수 있는 그야말로 건조한 사막에 적합한 동물이다. 낙타젖으로부터 치즈도 만들어지지만 주로 음용이고 치즈용으로는 염소젖이나 양젖이 많이 사용되었다. 몇 세기 동안 이어져 온 낙타를 중심으로 한 유목생활과 식형태의 모습은 현재는 사라져 가고 있다. 아라비아 민화에 등장하는 낙타 상인들에 의한 운송은 자동차나 항공기에 밀려 변했기 때문이다.

오래된 아라비아 민화에서 치즈 탄생에 얽힌 이야기는 유명하다. 그 기원은 문명의 십자로 메소포타미아 시대인 것 같다. "아라비아 상인이 양의 위장으로 만든 자루에 젖을 넣어 낙타 등에 묶고 여행을 나섰는데 잠시 후 자루 속의 젖으로 목을 축이려고 했더니…… 황색에 가까운 물과 흰 응고물이 나왔다." 여기에서 중요한 것은 양의 위장에 함유되어 있던 '응유효소'에 의해 젖이 응고된 점이다. 이 원리는 몇 천 년이 지난 지금도 근대적인 치즈 제조에 적용되고 있는 세기적인 발견이다.

'살기 위한 영양원으로서의 치즈'로부터 '숙성된 맛을 가진 치즈'로의 전환이 시작되었다. 이윽고 역사의 주역이 유럽으로 옮겨져 치즈의 식문화도 큰 변화를 맞이하였다. 유럽에서 치즈가 세상에 알려지게 된 것은 BC 6세기 중반 무렵인 것 같다. 당시의 그리스 우화작가 이솝의 「까마귀와 여우」에 치즈가 등장하고 있다. "까마귀가 어디에서 치즈를 물고 와서, 높은 나무 위에 머물러 있었는데 이것을 본 여우는 치즈에 욕심이 나 견딜 수가 없었다. 나무 밑을 왔다 갔다 하면서 '까마귀야 너는 외모도 예쁘고 눈도 아름답다. 게다가 새까만 날개는 언제나 눈부시게 아름다워서 마치 새의 왕 같다. 여기에 소리까지도 아름답다면 틀림없이 새의 왕이 되는 거야'라고 한껏 칭찬을 하였다. 까마귀는 아주 기분이 좋아져서 그렇다면 하고 입을 크게 벌려 '까—악.' 바로 그때 치즈가 떨어지고 여우의 것으로……." 이솝우화에는 이 밖에도 치즈가 등장함으로써 치즈가 시민의 사랑을 받고 있었음을 말해 주고 있다.

고대 그리스의 유명한 서정시인 호메로스도 가끔 치즈를 등장시키고 있다. "남자는 용기와 힘을 부여받았고 여자는 아름다움과 지혜를 받았다."라고 치즈의 파워를 노래하고 있다. 고대 그리스의 식생활 중에서 이미 신의 제물이나 살기 위해서만 먹는 치즈는 아니었던 것 같다. BC 9세기에 활약했던 올림푸스의 신들 중 한 명인 무장의 여신 아테네(아테네 도시의 수호신)는 아름다운 젖소의 눈을 하고 있고, 요정 가라티아는 커드보다 하얀 피부를 하고 있다며 치즈의 효용을 인용하고 있다. 카이사르의 힘으로 이집트 여왕이 된 세기의 미녀 클레오파트라도 치즈를 먹었음이 틀림없다.

전통적인 그리스의 치즈라고 한다면 염소젖으로 만든 페타가 대표적이라 할 수 있다. 보기에도, 식감도 목면두부(木綿豆腐)를 단단하게 만든 것 같은 치즈로서 보존성을 좋게 하기 위하여 염수에 절인 모습은 두부로 보일 정도이다. 가장 알려진 요리는 올리브유를 듬뿍 써서 감자와 가지, 소나 양의 다진 고기를 섞어 구운 후 치즈를 듬뿍 뿌린 '무사카'(아라비아어에서 파생한, 항상 맛있다는 뜻)이다. 야채를 요구르트로 버무린 '디이프'는 알렉산더 대왕의 동쪽 정벌 후에 터키나 페르시아로부터 들어왔다고 한다. 그리스인들은 아무튼 치즈를 많이 먹는다. 현재 1인당 23 kg 이상의 연간 소비량은 프랑스와 세계 정상을 다투고 있다.

음식과 요리와 식사는 문화의 척도라고 일컬어지고 있는데 고대에 가장 눈부신 발전을 한 그리스, 로마의 문화에 관한 니누마 쿄지(新沼杏二)의 저서 『치즈 산보』에는 "로마(이탈리아 요리)도 파리(프랑스 요리)도 모두 그리스 요리에서 시작되었다."라고 쓰여 있다. 레스토랑의 요리사가 쓰고 있는 흰 모자의 기원도 그리스라고 한다. 당시 난세의 근심으로 수도원으로 도피한 유명한 요리사들이 그리스정교의 수도사가 쓰는 검은 모자와 같은 형태의 흰 모자를 쓰도록 허락받아 쓴 것이 기원이라고 한다. 화이트 소스의 발명자 오리온도, 브라운 소스를 만든 랜프리 앤더스도, 그리고 생선을 세 장으로 떠서 요리한 로데스섬의 아그레스 등도 그리스인이라고(사실인지는 모르겠으나) 현지에서는 전해지고 있다. 요리법이 요리 기술이라고 하는 데에 어울리게 질적으로 향상된 것은 앞에 등장한 알렉산더 대왕(BC 356~323년) 시대라고 일컬어지고 있다. 그리스는 로마의 지배하에 들어갔어도 그리스인의 문화적 우위는 변하지 않아 가정교사와 요리사는 그리스인이라고 하는 인식이 있었다. 영화로운 시대의 최고봉이었던 로마제국 시대에는 서력연대(AD)에 들어와 그리스의 치즈가 고가로 로마에 수출됨과 함께 치즈 제조기술도 전해졌다. 왕후귀족이나 상류사회의 식문화는 먹는 것도 뜻대로 되지 않는 서민의 식문화와는 정반대로, 풍요함을 넘어 지위와 권세를 과시하기 위한 호화로운 것이었다.

연회(케나)의 식사 방법은 특징적이다. 가장 권위 있는 식사 방법은 긴 의자에 눕기도 하고 팔베개에 기대어 앞에 놓인 식탁에서 손가락으로 집어 먹는다. 마구 먹는다. 더 이상 먹을 수 없게 되면 노예가 불려나와 새의 깃털이라든지 기다란 이파리 등을 손에 쥐고, 입을 크게 벌린 손님의 목구멍 깊숙이 집어넣는다. 그 결과는 예상대로이다. 먹기 위해 토하고 토하기 위해 먹는 것이다! 참으로 어처구니없는 의례라 할 수 있다. 사치삼매인 케나만으로 식사가 끝이 아니다. 물론 아침과 점심은 가볍게 빵과 치즈만으로 끝내는 수도 있다.

아무튼 치즈의 제조기술은 각지에 침투하여 뿌리내리게 되었다. 유럽 전체가 치즈 제조에 적합한 자연조건을 갖추고 있는 동시에 지형이나 토지, 기후의 미세한 차이에 따라 지역성이 풍부한 다양성으로 나타나고 있다. 농민이나 일반서민의 식사는 아주 빈약한데 그런 속에서 치즈는 일 년 동안 식생활을 안정시켰을 뿐만 아니라 치즈 낙농가를 만들 정도로 발전을 이룬 것이다.

역사의 흐름 속에서 놓칠 수 없는 것은 예수 그리스도의 탄생이다. 예수의 포교활동의 광대함은 세계의 '치즈 식문화'를 움직이는 커다란 영향력이 되었다. 당시 예수 그리스도교인의 수는 정확히 알 수는 없으나 현재에 이르러 그리스도 교인의 수는 21억 명(1993년 통계)으로 이슬람교인 11억 명, 힌두교인 10.5억 명을 훨씬 넘는 세계 제1의 종교단체이다. 이러한 사실로부터도 당시 그 영향력의 크기를 알 수 있다. 이슬람교는 알코올 음료와 돼지고기는 터부시한다. 그리스도교는 특정한 날에 단식이나 육식을 금지하는 것을 가르치고 있지만 엄한 규율은 아닌 것 같다. 미사에서 와인을 그리스도의 피로 상징하여 사용하고 있는 것에서 알 수 있다. 그런데 몸을 상징하는 빵 대신에 치즈였더라면……. 쉐브르(양젖 치즈의 총칭)의 발상지는 프랑스로 생각하기 쉬우나 실은 아랍 지역인 이스라엘의 베들레헴, 그리스도의 탄생지로 알려져 있다. 그곳에서는 지금도 양의 사육 방법이 옛날과 다름 없다. 수풀이 많은 대자연 그대로의 구릉지를 매일 아침 10 km 정도, 200두나 되는 양 무리를 한 명의 목동이 이끌고 있다. 양은 군데군데 군생하는 노란 유채와 비슷한 겨자 꽃과 꽃봉오리를 즐겨 먹는다.

치즈 공방에서 일하는 여성의 모습은 위생적으로도 좋은 아랍 여성 특유의 흰 도포를 몸에 두른 스타일이다. 식물성 응유효소를 써서 만들어진 치즈의 이름은 '부숀'. 그 이름대로 형태도 크기도 와인의 코르크 마개와 비슷하다. 조금 딱딱해지면서 숙성되는 그 맛은 겨자 꽃의 영향인지 얼얼하게 맵고 양 냄새를 풍기는 쉐브르 특유의 풍미이다. 봉밀을 넣는 것이 예부터 이 지방의 식습관이다. 2007년 여름, 이스라엘의 히브류대학이 요르단 국경 부근의 레호브에서 약 3,000년 전의 양봉장 흔적을 발견하였다고 보도(2007/9/5 스포츠호치)하였다. 쉐브르에 봉밀은 과연 '고대의 맛'으로서 구약성서의 '젖과 꿀이 흐르는 땅'이 아니고서는 낼 수 없는 맛인 것 같다.

예수 그리스도와의 관련성은 이뿐만이 아니다. 529년 누르시아(이탈리아)의 베네딕토우스가 몬테 카르시노에 가장 오래된 가톨릭교회 수도회를 창설하였다. 베네딕트회 수도사는 검은 수도복을 입으므로 '검은 수도사'라고도 불린다. 그들이 수도원 생활의 규범으로 한 성 베네딕트의 규율은 이후 많은 수도회 회헌 회칙의 모델이 되었다. 베네딕트 파생형으로 탄생한 시트회 등은 세척 타입(표면을 세척하여 만든다.)을 위시하여 보존성 있는 치즈의 발상지로서 많이 등장한다. 초기의 수도사는 농민 출신이 가장 많고 또한 수도원은 산야에서의 자급자족을 으뜸으로 하였으므로 수도원 식사는 기본적으로 농민 식사에 가깝고 육식은 병약자 이외에는 금지되었던 것 같다. 치즈나 밀크는 동물로부터 얻는 것이지만 "와인이 포도가 아니듯이 치즈나 버터는 이미 육류가 아니다."라고 말하는 그럴듯한 이유를 생각해 낸 수도사들은 이것을 매우 상용하였다. 또 여분의 밀크를 보존하기 위해 필요했던 치즈 제조기술은 이후 유럽에서 퍼졌다. 수도원 치즈는 지금도 일본에 각국의 상표가 수입되고 있다. 영국의 웬즈리데일(체다와 유사), 프랑스의 마루월 · 퐁레베크 · 뮌스테르 · 에포아스, 벨기에의 시메이 등이 비교적 얻기 용이하다.

『라루스 치즈사전』[로벨 그루티누 저, 마츠모토 슈우시(松本修司) 번역]에는 수도원에서 탄생한 치즈가 책머리에 상세히 소개되어 있다. 요약하면 샤를마뉴 대제(칼 대제)가 회교도

(이슬람교) 정벌 시, 가끔 금요일에 알비 주교관에 들렀다고 한다. 주교는 돈도 물자도 없었기 때문에 대제에게 로쿼포르 치즈, 과일, 그리고 가렛(비스킷 유사물)밖에 드릴 것이 없었다. 그 후 2세기 반이 지난 1060년에는 콘크(Conques)의 대수도원에 치즈 제조를 직업으로 하는 사람이 있어서 경지의 소작료로 바블 주교에게 2개의 록휄을 지불했다는 기록이 남아 있다. 실제 대수도원에서 치즈산업이 많이 생겨난 것이다. (중략) 그 유명한 '데트 도우 모앙누(사제의 머리라는 의미)'라고 하는 치즈가 처음으로 만들어진 것도 벨레이(Bellelay) 대수도원이다.

농민이나 수도승의 구세주라고도 할 수 있었던 치즈는 그들 자신이 만들어 낼 수 있는 중요한 영양원이었다. 생활의 근저에 '배고플 때 언제나 치즈', '치즈만은 확보'가 있어 매일 먹을 수 있는 양질의 치즈를 즐겼다. 남이탈리아의 크레타페스타(고전민족인형)인 〈치즈 팔이〉의 모습이 이 상황을 말해 주고 있다([그림 4]). 구두 대신에 발에 헝겊을 두르고 끈으로 묶었는데, 의복도 발과 똑같이 헝겊을 두른 것 같은 남루한 것이다. 그리고 손에는 리코타(유청을 굳힌 신선 치즈)가 들어 있는 카네스트로네(등으로 짠 바구니)를 안고 어깨에는 끈으로 묶은 카쵸카바로(호리병박을 매달고 있는 것 같은 치즈)를 나누어 짊어진 야윈 얼굴은 아무리 보아도 슬프고 초라한 얼굴이다. 그야말로 시대를 반영하는 모습이라 할 수 있다.

또한, 중세 이탈리아의 사회 정세를 말해 주는 치즈가 있다. 이곳은 아드리아해에 접한 휴양지, 리미니 마을에서 가까운 마르케주 홀리현 소리아노 알 루비코네 마을이다. 당시 외국인의 습격이라든지 이 지역을 정복하려는 군대로부터 지켜내기 위해 농민은 안마당에 커다란 굴을 파고 여기에 치즈를 숨겼다. 이름도 과연 '혈(穴) 치즈(Fromoaggio di Fossa)'였다. 혀를 찌르는 강렬한 풍미를 가진 포싸(Fossa)는 그대로는 너무 강하므로 잼을 발라 먹거나, 파스타에 이 지역 특유의 전통적 조미료로서 계승되고 있다.

**그림 4.** 고전민족인형인 〈치즈 팔이〉

서민에게 이렇게 중요한 치즈는 14~15세기의 왕후귀족이나 부유계층 사이에서는 천한 음식으로 여겨졌던 것 같다. 치즈뿐만 아니라 땅속에 있는 뿌리를 먹는 야채류는 최하층 농민의 음식으로 여겨졌다. 어떻든 '땅'은 가장 천한 것으로 여겼던 시대였다. 이런 경향은 제2차 세계대전이 끝나는 무렵까지 계속되었다고 프랑스 국립사회과학고등학연구소 교수 프랑소와즈 사반은 말하고 있다. 그러나 모든 부유층이 치즈를 싫어했다고는 말할 수 없다. 니시무라 노부오(西村暢夫)의 『근대 이탈리아 요리의 성립』에 기술되어 있는 내용이 이를 말해 준다. 내용인즉, 발트로메 사끼의 『존중해야 할 기쁨과 건강에 관하여』의 제415장 「식후 가장 마지막에 무엇을 먹어야 할까」에서는 고기를 먹은 사람은 사과나 배를 먹으면 좋고 또한 무순도 소화를 도우므로 유효하다고 쓰여 있다. 또한 치즈도 식후에 좋다고 권장하고 있다. 의학자이기도 한 그의 발언은 부유층의 은밀한 치즈 애호가들에게 크게 환영받았음이 틀림없다.

율반 듀보아(1818~1901)는 보기에도 호화롭게 만든 요리를 늘어놓는 프랑스식 서비스로부터, 한 접시씩 순서대로 나오는 더운 음식이건 찬 음식을 맛있게 먹는 러시아식 서비스로 일신하였다. 듀보아는 프러시아(현재의 독일)의 궁정이라든지 페테르스부르크(제정 러시아의 수도, 현 상트페테르부르크)에서 활동했던 현대 프랑스 요리에 가까운 요리사로 여겨지고 있다.

프랑스혁명 이후에 일자리를 잃은 요리사는 18세기 말부터 19세기에 걸쳐서 파리를 중심으로 각 도시에 레스토랑을 개업하게 된다. 자유와 경제감각을 가진 요리사는 농민이 쓴 신선한 소재를 사용하여 요리를 간소화하여 요리 기술의 혁명을 일으켰다. 오귀스트 에스코피에(1847~1935)는 일반시민도 입문하기 쉽고 현재에도 통하는 코스 메뉴를 체계화하였다. 코스 메뉴의 메인 요리 후의 프로마주는 유제품에 한번 손을 댄 푸딩이나 바바루아를 가리키는 것으로 치즈 그 자체는 아니었다. 치즈 그 자체를 디저트로 집어넣는 것은 에스코피에 요리를 더욱 진화시킨 누벨 퀴진의 기수인 유명한 요리사 폴 보큐즈(1926~)로서 아랑 샤페르, 도로와그 형제에로 이어진다. 지금은 에스코피에식 요리는 클래식 프랑스 요리로 불리고 있다.

궁내청의 프랑스 요리는 클래식 스타일이 주류인 것 같다. 1974년 11월, 포드 대통령이 미국 현직 대통령으로는 처음으로 일본을 방문하였다. 그때 궁중연회의 메뉴에는 치즈가 등장하지 않았다. 그런데 포드 대통령이 베푼 영빈관에서의 답례연회의 메뉴에는 디저트로 치즈가 준비되었다. 이때의 요리는 오쿠라 호텔에서 담당하였는데, 당시의 셰프에게 필자가 프랑스의 브리 치즈를 전달하였다. 또한 1975년 5월, 궁내청에 스틸톤 치즈를 전달하였다. 엘리자베스 여왕을 영접한 궁내 만찬회에는 엘리자베스 여왕이 매우 좋아하는 이 치즈가 코스에 들어갔다.

프랑스는 이탈리아에 비해 치즈를 요리의 소재로 그다지 사용하지 않는다. 치즈는 완성된 음식이라고 여기고 있는 것 같다. 그러나 이러한 프랑스에서도 치즈 산지에서는 지역에서 많이 나는 치즈 요리가 많이 있다. 오베르뉴 지방의 숙성 전의 라이올이나 칸달 치즈와 으깬 포테이토를 가열 중의 냄비 안에서 섞어, 갓 친 찹쌀떡처럼 만든 요리인 '아리고', 그리고 사부아 지방의 삶은 감자 · 양파 · 베이컨을 볶고 넉넉하게 루베루숑 치즈를 넣어 만든 '탈티후렛'은 치즈를 중심으로 한 시골 요리이다. 치즈는 크록무슈(치즈 토스트)나 오니온그라단 수프에는 없어서는 안 된다. 콘티 치즈(열을 가하면 실처럼 늘리기가 쉽다)는 프랑스에서 가장 많이 생산되고 있다. 치즈는 프랑스의 농촌 지역에 한하지 않고 아직 교통이 불편한 지역에서는 주식에 가까운 존재로서, 지방색이 짙은 요리는 다른 쓸데 없는 것을 내지 않는 요리 방법이라고 말할 수 있다.

스위스의 퐁듀는 남은 치즈를 어느 것이라도 넣을 수 있는 요리이다. 남은 빵은 빵 가방에 넣어 두었다가 주말에 굳어 버린 빵으로 치즈와 함께 따끈한 브렛 스페(빵스프 또는 빵죽)를 만든다. 남은 삶은 감자는 으깨어 프라이팬에서 가열하여 고로케 모양의 핫슈포테이토를 만든다. 핫슈포테이토 위에 에멘탈(Emmental) 치즈나 그뤼에르(Gruyere) 치즈를 얹어 먹는 집도 있다. 이렇듯 치즈를 사용한 요리는 세계 어느 요리이건 모두 맛이 있다. 치즈의 중심적인 맛 성분은 아미노산인 글루탐산이다. 글루탐산은 일반적으로 장기 숙성 치즈일수록 함량이 많다. 이케다 기쿠나에(池田菊苗) 박사가 다시마로부터 글루탐산을 발견한 덕분에 'UMAMI(감칠맛)'는 국제용어로 되어 있다.

일본인은 표고버섯, 다시마, 가다랑어포 각각의 맛을 잘 조합하여 요리의 '맛국물'로 일상적으로 사용하고 있다. 감칠맛은 매일 먹어도 물리지 않는 맛이다. 치즈에는 '걸쭉한 느낌'도 있고 '깊은 맛'으로 통한다. 그대로도 맛이 있고, 게다가 테크닉이 필요 없는 실패하지 않는 복합조미료이며, 어느 식재료, 음료와도 매우 잘 어울린다. 치즈는 일본 식사와도 통하는 감칠맛을 지니고 있음을 알았으니 더욱 더 폭넓게 이용될 것이다. 생명의 유지로부터 발전하여 온 치즈는 자연식이 빈약한 현대의 식문화 속에서 대체품이 없는 존재로 되어 있다.

# 1-3 치즈의 분류와 명칭

치즈 오피즘/치즈 프로페셔널 협회
무라야마 시게노부(村山重信)

치즈의 종류는 세계보건기구(WHO)와 국제식량농업기구(FAO)의 합동위원회에 의한 치즈 정의가 전제된다. 치즈란 신선 또는 숙성시킨 고형 또는 반고형의 제품으로서 아래의 기술에 기초하여 제조된 것이다.

(ⅰ) 렌넷 혹은 그 외의 상응하는 응고제의 작용에 의해 젖, 탈지유, 부분탈지유, 크림, 유청 크림, 버터밀크 또는 이들의 혼합물을 응고시킨 후 분리되는 유청을 부분적으로 유출시킨 것

(ⅱ) 젖 및(또는) 젖으로부터 얻어지는 원재료를 사용하여 응고시키는 가공기술에 의해 (ⅰ)에 규정되어 있는 제품과 동일한 화학적 · 물리적 · 관능적 특성을 갖도록 제조된 것

일본에서의 치즈 정의는 후생노동성의 「식품위생법」의 '젖 및 유제품의 성분규격 등에 관한 법령'(유등법령)에 치즈의 기본적인 조건이 명시되어 있다.

**제2조 1 : 이 법령에서 '젖'이란 생유, 우유, 특별우유, 생(生)산양유, 무균산양유, 생(生)면양유, 성분조정우유, 저지방우유, 무지방우유 및 가공유를 말한다.**

**제2조 15 : 이 법령에서 '치즈'란 자연치즈 및 가공치즈를 말한다.**

**제2조 16 : '자연치즈'란 다음의 것을 말한다.**

( i ) 젖 · 버터밀크(버터를 제조할 때 생긴 지방입자 이외의 부분을 말한다. 이하 동일) 또는 크림을 유산균으로 발효시켜, 또는 젖 · 버터밀크 혹은 크림에 효소를 가하여 얻어진 응유로부터 유청을 제거하여 고체 상태로 만든 것 또는 이것을 숙성시킨 것

( ii ) 전호(前號)에 기술한 것 이외에 젖 · 버터밀크, 또는 크림을 원료로 하여 응고작용을 포함한 제조기술을 써서 제조한 것으로서, 동호(同號)에 기술한 것과 동일한 화학적 · 물리적 및 관능적 특성을 갖는 것

**제2조 17 : '가공치즈'란 자연치즈를 분쇄하여 가열용융한 후 유화시킨 것을 말한다.**

상기의 문구에서 일본에서 치즈로 불리는 것은 우유, 산양유, 양유를 사용한 것으로서 이 이외의 젖을 사용한 것은 치즈로 인정되지 않는다. 따라서 물소젖으로 만든 모차렐라 치즈는 본래 '물소젖 가공품'이라고 표기해야 마땅한데 현실은 치즈로 판매되고 있음을 고려하여 여기에서는 물소젖으로 만든 것도 치즈류로 취급하기로 하였다.

일본에서는 자연치즈와 가공치즈가 확실하게 구분되어 있다. 제법이 다르기도 하고 수입관세(소규모 판매용)도 각각 29.8%와 40%로 다르다.

자연치즈의 분류는 제조 방법, 젖의 종류, 미생물, 숙성 시의 단백질 분해 차, 제품의 단단하거나 무른 정도 등의 기준이 있으나 어느 것도 치즈 전체상을 파악하기 어렵다. 치즈는 먹는 것이다. 어느 치즈가 어떠한 풍미 특징이 있으며 그 맛의 강약은 어떠한가가 가장 알고 싶은 것이다.

일본에서의 일반적인 분류는 가공치즈를 하나의 타입으로 하고 자연치즈의 형태, 풍미 특성을 일곱 가지 타입으로 나누는 방법이 정착되어 있다. 이 분류법은 비교적 간단하여 알기 쉬우므로 애호가나 일반 소비자가 치즈를 이해하는 데 도움이 되고 있다.

## 1. 자연치즈 7타입 분류

### (1) 신선 타입(fresh type) : 숙성시키지 않은 치즈류

신선한, 제조 직후의 맛을 즐긴다. 밀크의 향을 그대로 지니면서 약간 단맛도 있고 상쾌한 가벼운 산미를 갖는 치즈(프로마주 블랑, 코티지 등)와 산미를 느끼지 못하는 치즈(마스카르포네, 리코타)가 있다. 형상(조직)은 요구르트상, 과립상, 미립자상, 페이스트상, 두부상 및 섬유상으로 찢어지는 조직 등 여러 가지가 있다. 반죽하기 쉬운 조직을 가진 신선 치즈에는 목초류, 향신료, 과일류 등을 반죽하여 넣은 것도 있다.

### (2) 흰곰팡이 타입 : 표면이 흰곰팡이에 싸여 있는 소프트 치즈류

전통적인 제법인 클래식 스타일(카망베르 드 노르망디, 브리 드 모 등)이나 근대 제조법을 대표하는 스태비라이즈 스타일[스프렘, 카프리스 데 듀(Caprice des Dieux) 등], 롱라이프라 불리는 캔이나 플라스틱 용기에 넣어서 가열처리된 치즈 외에, 가장 새로운 제조법인 한외여과(ultrafiltration)에 의한 치즈 파베 다피노아(Pave d'Affinois)가 있다. 전통적인 제조법에서는 숙성의 진행과 함께 흰곰팡이가 곳곳에 붉은 차색으로 변색함과 아울러 암모니아 향이 강해진다. 근대 제조법은 우유 맛도 있으면서 은은한 풍미가 오래 가는 고지방(고형분 중 유지방 60~75%)의 치즈가 많다. 흰곰팡이에는 표층의 두께, 단백질 분해 정도의 강약, 균사의 장단, 색의 다양함(순백, 크림색) 등의 차이가 있는데 이들이 치즈의 개성을 만들어 내는 커다란 요인이 되고 있다.

### (3) 세척 타입(washed type) : 치즈 표면에 특수한 미생물을 접종하고(자연부착도 있음), 염수나 토속주로 '세척하는' 작업을 행하는 소프트 치즈류

표층이 까칠한 건조한 것과 촉촉한 습윤한 것이 있다. 이탈리아의 탈레지오는 표면에 찍은 상표의 패인 곳에 푸른곰팡이가 발생하는데 "이 푸른곰팡이는 맛을 내는 곰팡이로서 맛의 도장"이라고 생산자는 말하고 있다. 소프트 치즈 중에서도 가장 냄새가 나는 타입이다. 냄새의 표현이 어려우나 프랑스에서는 "신의 발 향기"라고 하는 독특한 표현이 있다. 미국에서는 "earthy(대지의 향기)"라고 하는 표현도 있다. 악취의 대부분은 표피로부터 나오므로, 표피를 떼어냄으로써 보다 풍성한 맛을 즐길 수 있다.

### (4) 쉐브르 타입 : 산양유로부터 만들어지는 치즈류

염소젖으로 만들어지는 치즈는 신선 타입으로부터 경질 타입까지 각종 타입이 만들어지는데 그 종류가 매우 풍부하며 '쉐브르 타입'으로 구분하고 있다. 형태는 자연건조 표면, 흰곰팡이, 목탄분을 묻힌 치즈 등이 있는데 어느 타입이나 안의 조직은 새하얀 것이 쉐브르의 특징이라고 할 수 있다. 요구르트상의 프레쉬 타입은 염소젖 특유한 동물취가 적고, 목탄가루를 묻힌 타입도 알맹이는 상쾌하게 혀 위에서 녹는 느낌을 주며 먹기 편하다. 흰곰팡이 타입은 숙성이 되어 갈수록 흰곰팡이 바로 아래의 투명해 보이는 부분이 많아지고 염소젖의 향이 강해지면서 개성적인 맛이 된다. 딱딱하게 건조되면서 숙성되어 단단하게 조여진 알맹이는 진하고 자극적인 맛이 된다. 이 중에는 산양우리가 튀어 들어온 것 같은 강렬한 냄새의 치즈도 있다.

### (5) 푸른곰팡이 타입 : 소위 블루 치즈로서 푸른곰팡이를 증식시켜 그 작용에 의해 내부로부터 풍미를 만들어 내는 치즈류

푸른곰팡이 육성에는 공기가 필요하므로 치즈 본체에 통기공(천공)을 많이 뚫는다. 절단하면 '파세리 모양', '대리석 모양' 속에 몇 개의 푸른곰팡이 선이 있는 것은 그 통기공의 증거이다. 전통적인 제조법으로 만든 것은 염미(염분 3.6~4.6%)가 강하고 개성 있는 자극적인 맛, 코를 자극하는 향이 특징이다. 한편 최근 세계적인 추세로 은은한 풍미가 있는 것이 인기가 있다. 카망베르와 고르곤졸라의 특징을 동시에 가지는 그 이름도 유니크한 '캄보졸라'가 대표적이다. 염분을 통상 반 정도로 줄여서 향도 은은하고 크림 같은 맛을 내고 있다.

### (6) 반경질 타입(semi-hard type) : 수분이 줄면서 밀착되어 탄력이 있는 조직을 특징으로 하는 치즈류

형상은 표피가 자연곰팡이로 덮여 있거나 왁스를 씌워 놓거나 또는 통칭 린드레스 타입이라고 불리는 비닐팩으로 싸여, 표피가 없는 치즈가 있다. 조직의 색은 흰색, 아이보리에서 황색까지 다양하다. 덴마크에서는 이러한 타입을 옐로 치즈라 부르는 이유이다. 단면의 기공은 쌀알 크기로부터 호두 크기까지 여러 가지인데 그 수도 많은 것, 적은 것 등 다양하다. 일본인에게 가장 친근한 타입의 치즈이다. 마일드한 것이 많은데 그대로 먹어도 맛이 좋고 또한 녹기 쉬우므로 요리에도 쓰기 쉽기 때문에 이용 범위가 넓다. 피자용으로 일본에서 처음으로 사용된 치즈가 네덜란드의 고다 치즈이다. 가공치즈의 원료로도 이 고다 치즈나 에담 치즈가 사용되고 있다.

**(7) 경질 타입(hard type) : 치즈 가운데 가장 단단하고 숙성 기간은 반년부터 긴 것은 2년 이상, 장기간의 보존에 견딜 수 있는 치즈류**

숙성 중에 몇 번이고 뒤집어서 표면을 닦아 주면서 풍미가 높아지기를 기다린다. 경질 타입의 기원은 고대 로마시대까지 올라간다. 로마 정복 군인들의 휴대 보존 식사로 사랑받았는데 알프스를 넘어 각지의 풍토와 어우러져 지역마다의 개성적인 치즈로 모습을 바꿔 갔다고 여겨지고 있다. 치즈 퐁듀에 없어서는 안 될 에멘탈이나 그뤼에르, 프랑스의 콩테, 보포르라고 하는 치즈가 탄생하였다. 장기 숙성에 의해 단백질이 아미노산(글루탐산이 중심적인 맛)으로 분해되어 깊은 감칠맛과 풍부한 영양소를 함유하여 요리에는 조미료의 역할을 한다. 파르메산계의 감칠맛은 '밀크 가다랑어포'라고 할 수 있다.

## 2. 자연치즈 5타입 분류(CPA 방식)

다음에 서술하는 분류법은 정보를 조금 더 이용한 '5타입의 분류법'이다. 근래에는 많은 나라로부터 다양한 치즈가 수입되고 또한 일본산도 늘어나 상기의 7타입 분류법으로는 적절히 대응할 수 없는 경우가 종종 있다. 이탈리아에는 파스타 필라타라고 하는 독특한 타입이 있으며 스페인, 독일, 덴마크, 호주, 미국 등 그 나라만의 독자적인 분류법을 쓰고 있다. 전 세계 치즈에 공통적으로 쓸 수 있는 분류법이 바람직한데 실제적으로는 그렇지 못한 실정이다.

따라서 'NPO 치즈 프로페셔널 협회(CPA)'(2000년 설립, 치즈의 보급 계몽과 그 추진역이 되는 치즈 전문가 육성을 목적)에서는 각 치즈의 특징을 보다 세분화 · 구체화하여 판매자에게도 대응할 수 있는, CPA 방식이라고도 말할 수 있는 5타입 분류법을 제안하고 있다. 역시 2003년 EU 발간자료에서도 유사한 분류법이 채용되고 있다.

### (1) 신선 타입(연질비숙성)

수분 함유율: 60~80%

유종: 우유, 산양유, 양유, 물소젖, 혼합유, 유청

지방 함유율: 0~75%

(a) 치즈 제조의 최초 단계의 것(프로마주 블랑, 쉐브르 푸레, 쉐브레트 등)

(b) 유청으로 제조(리코타, 브로치오 등)

(c) 향초 등을 혼합(부루산, 쉐브르 허브 등)

(d) 반죽하여 제조. '파스타 필라타(이탈리아), 커드스트레칭(호주)이라고 불리는 제법'(모차렐라 등)

### (2) 소프트 타입(연질숙성)

수분 함유율: 50~60%

유종: 우유, 산양유, 양유, 물소젖, 혼합유

지방 함유율: 40~75%

(a) 표면에 흰곰팡이를 묻힘(카망베르, 브리, 샤우르스 등)

(b) 표면을 세척(뮌스테르, 퐁레베크, 탈레지오 등)

(c) 표면이 자연 그대로의 것(생 마르셀란, 크로탱, 피코동 등)

(d) 표면에 목탄분을 묻히거나 잎으로 포장(생 모르 드 투렌느, 바농 등)

(e) 향초 등을 넣음(가브론, 보니파스 등)

(f) 반죽하여 제조(스카모르차 등)

※ 롱라이프카망베르, 대부분의 염소젖을 이용한 치즈도 이 타입에 들어감.

### (3) 푸른곰팡이 타입(경질, 반경질의 푸른곰팡이 숙성)

수분 함유율: 35~60%

유종: 우유, 산양유, 양유, 혼합유

지방 함유율: 45~75%

(a) 외피가 없음(로퀴포르, 다나블루 등)

(b) 자연 그대로의 표피를 가진 것(푸름 당베르, 고르곤졸라 등)

(c) 표면에 흰곰팡이를 묻힘(캄보졸라, 블루 드 블레스 등)

**(4) 압착 타입(반경질, 경질) <커드 처리 온도 42°C 이하>**

수분 함유율: 40~50%

유종: 우유, 산양유, 양유, 혼합유

지방 함유율: 35~50%

(a) 표피를 세척하여 숙성시킴(르블로숑 등)

(b) 자연적인 표피를 가짐(생 넥테르, 톰-드-사보이 등)

(c) 체다링을 함(체다류 등)

(d) 체다링을 하여 표피를 브러싱(brushing)함(캉탈, 살레 등)

(e) 왁스 가공함(고다, 단보 등)

(f) 파스타 피라타함(라크사노 등)

**(5) 가열압착 타입(경질, 초경질) <커드 처리 온도 43°C 이상>**

수분 함유율: 40% 이하

유종: 우유, 양유

지방 함유율: 30~45%

(a) 염을 바르면서 표피를 만듦(콩테, 보포르 등)

(b) 브러싱하여 숙성시킴(파르미지아노 레지아노, 그라나 파다노 등)

(c) 프로피온산균 발효(에멘탈, 얄스버그 등)

상기의 '자연치즈 7타입 분류'와 '자연치즈 5타입 분류(CPA 방식)' 두 가지를 도식화하면 '타입별 상관도' [그림 1]과 같이 된다.

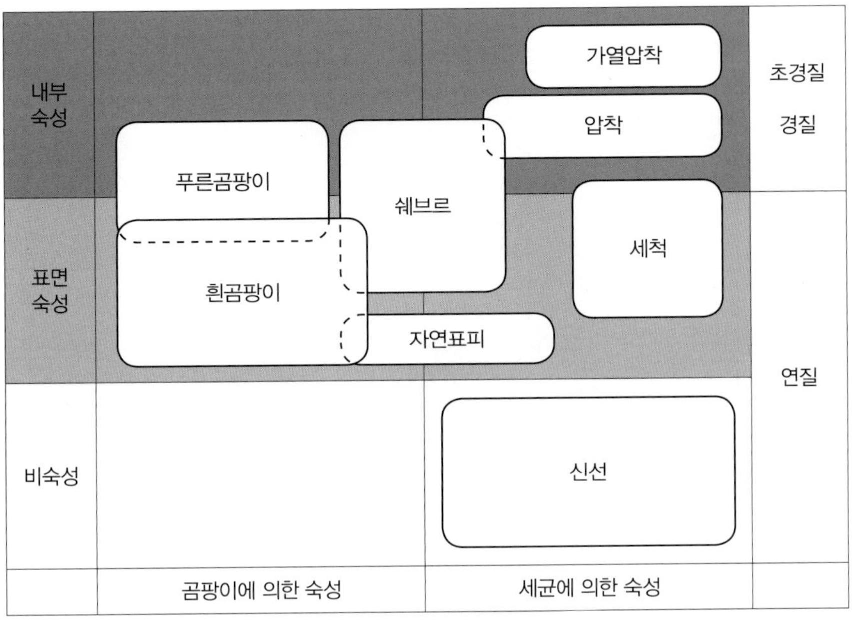


**그림 1.** 자연치즈의 타입별 상관도

각 타입의 자연치즈를 도식화함으로써 각 타입의 위치관계가 명확해지는데 형상에 관한 대체적인 정보가 대부분을 차지한다. 그러나 미각에 관한 정보는 없다. 치즈는 먹는 음식이므로 가장 알고 싶은 것은 미각 정보라 할 수 있다. 미각 분류법은 유일하게 이탈리아에서 '미각 특성(Sensorial profile)'이라는 레이더 그래프(Radar graph)에 표기한 것이 있다. 미각에 관하여 14항목(4미, 식감, 입안에서 녹는 감 등)으로 나누어 각각 5단계의 강약으로 나누는 방법이다. 평가는 상당한 숙련이 필요하므로 일반적이지는 않다.

## 4. 미각 3요소에 의한 분류 차트

치즈의 중요한 미각 3요소의 분류를 패턴화하여 나타내었다([그림 2]). 치즈가 나타내는 풍미의 특징을 알기 쉽게 각 타입별로 도식화하고 각 타입 그림의 표면 배분은 그 종류의 많고 적음을 나타내고 있다.

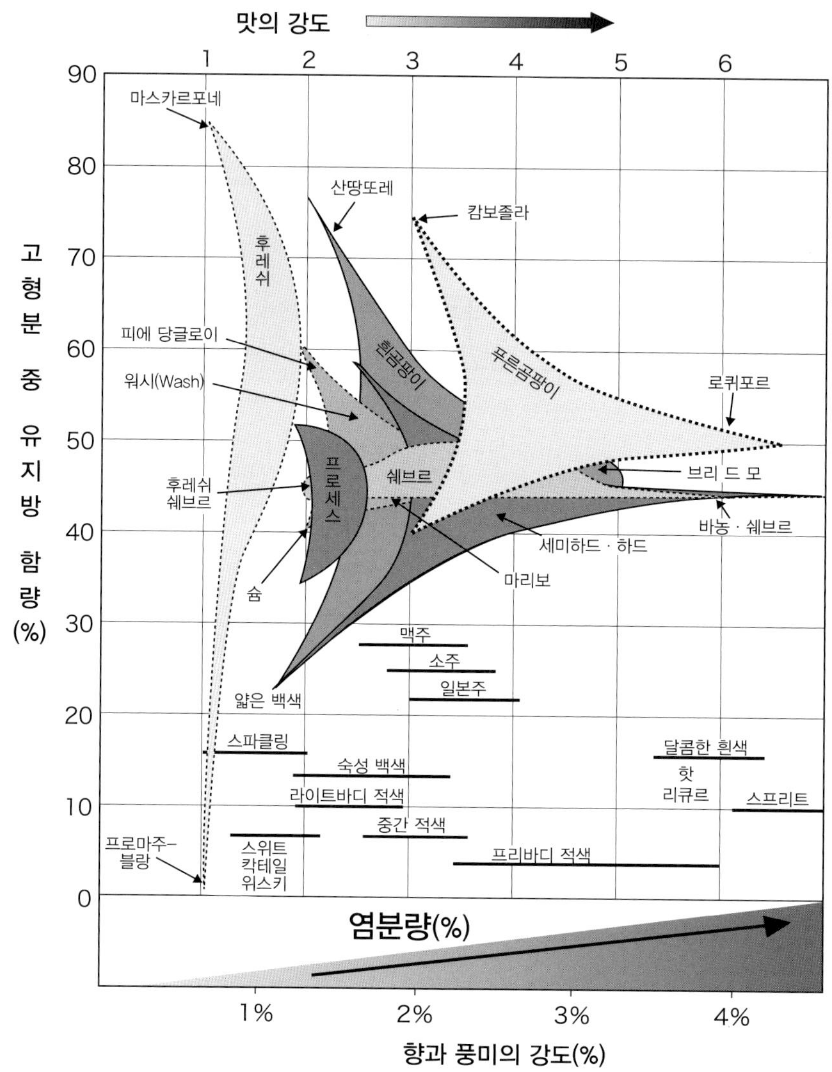


**그림 2.** 치즈의 미각 3요소의 분류 차트

세로축은 고형분 중의 유지방 함량(%)을 나타내는데, 그림의 아래부터 0~90%로서 숫자가 커질수록 크림 같은 맛의 치즈가 된다. 마스카르포네, 크림 치즈 등이 진하고 크림 같은 맛 치즈의 대표라고 할 수 있다.

가로축은 향과 맛의 강도를 나타내고 있다. 일본에서 판매되고 있는 유통기한 내의 치즈는 맛의 강도는 대략 6%까지로 여겨진다. 각 타입의 가로에 쓰인 이름이 그 대표 치즈이다. 그림 아래의 기울임 선은 치즈의 염분도를 나타내고 있다. 푸른곰팡이의 로퀴포르 치즈 화살표를 수직으로 차트 아래로 내리면 염분 4%에 해당하므로, 치즈로서는 매우 염분이 많은 치즈라는 것이 된다. 치즈는 단독으로 먹기보다는 음료나 빵 또는 요리의 소재로 조합하여 먹는 경우가 많으므로 그 짠 정도가 다른 식품과의 조화에 가장 큰 영향력을 가지고 있다. 치즈의 대략적인 염분도를 알아내는 기준은 그리 어렵지 않다. 치즈 단독으로 먹을 경우 1.0% 전후의 염분이다. 크림 치즈나 일본산의 카망베르가 여기에 해당된다. 기분 좋은 염분도는 1.5% 전후로 여겨지는데 일반적인 가공치즈나 반경질 타입의 마리보나 고다 치즈 등이 여기에 해당한다.

빵과 함께 먹는 편이 좋지 않을까 하고 망설여지는 염미는 1.8% 전후이다. 완숙의 카망베르나 고르곤졸라 등 마일드한 블루 치즈가 이에 해당한다. 그렇다면 맛의 강도가 6% 이상의 것은 어떠한 치즈인가? 지방 함량이 많은 치즈에는 6% 이상의 것은 보이지 않는다. 그 이유는 고지방 타입은 장기 숙성에 견딜 수 없기 때문이다. 장기간 숙성 치즈에는 고지방 타입이 없다. 특히 쉐브르, 반경질 및 경질 타입은 일본에서 말하는 유통기한을 지나가더라도 풍미는 매우 자극적이고 강해져서 애호가가 좋아하는 깊은 맛이 된다. 염미는 아니나 강한 맛에는 고추 계열의 '매운맛'이 있다. 미국에서 지금 인기 급상승 중인 할라페뇨나 하바넬로가 들어간 매운 치즈는 일본에서 최근 화제가 되고 있다. 이 매운 치즈인 반경질 타입은 특이한 존재로서 이 차트에서는 해당 장소가 없다.

마지막으로 치즈의 발전을 돕고 있는 분류 방법이 있다([표 1]). 이는 생산자를 위한 분류 방법이라고도 할 수 있다. 세계 치즈 생산자단체는 제조기술, 품질의 향상을 목표로 소비자 수요에 관한 정보교환의 장을 갖고 있다. 그 하나가 치즈 콘테스트이다. 콘테스트는 세계 각지에서 개최되고 있는데 그중에서 치즈의 월드컵이라고 할 수 있는 세계 최대의 국제 치즈 콘테스트는 미국 위스콘신주 매디슨시에서 2년에 한 번 개최되는 '세계 챔피언십 치즈 콘테스트(World championship cheese contest)'로 50년의 역사를 갖고 있다. 치즈는 77개로 구분되어 있다. 제조 방법, 숙성 방법, 숙성 기간에 따라 동일 타입에서도 비교 불가능한 치즈가 있기 때문에 [표 1]과 같은 분류 방법으로 되어 있다.

표 1. 세계 챔피언십, 치즈 콘테스트의 77 그룹별 분류(2008년)

| COW'S MILK CHEESES | |
|---|---|
| 1. Cheddar, 'Mild'(0-3 months)<br>2. Cheddar, 'Medium'(3 to 6 months)<br>3. Cheddar, 'Sharp'(6 month to 1 year)<br>4. Cheddar, Aged One to Two years<br>5. Cheddar, Aged Two Years<br>6. Bandaged Cheddar, Mild to Medium<br>7. Bandaged Cheddar, Sharp<br>8. Bandaged Cheddar, Aged<br>9. Colby<br>10. Monterey Jack<br>11. Marbled Curd Cheese<br>12. Rinded Swiss Style Cheese<br>13. Rindless Swiss Style Cheese<br>14. Mozzarella<br>15. Mozzarella, Part Skim<br>16. Provolone, Mild<br>17. Provolone, Aged<br>18. Ricotta<br>19. Parmesan<br>20. Baby Swiss Style<br>21. Feta<br>22. Feta, Flavored<br>23. Havarti<br>24. Havarti, Flavored<br>25. Gorgonzola<br>26. Gruyere<br>27. String Cheese<br>28. Cottage Cheese<br>29. Fresh Mozzarella<br>30. Blue Veined, Exterior Molding<br>31. Blue Veined<br>32. Brick, Muenster<br>33. Brie<br>34. Camembert & Other Surface(Mold) Ripened Cheese<br>35. Edam<br>36. Gouda<br>37. Gouda, Aged<br>38. Gouda, Flavored<br>39. Quesos Frescos<br>40. Quesos Para Fundir<br>41. Smear Ripended Soft & Semi-Soft Cheeses<br>42. Smear Ripended Hard Cheeses<br>43. Pepper Flavored 'American' Style Cheeses (Cheddar, Corby, Jack) | 44. Pepper Flavored Cheeses (Other Natural Styles)<br>45. Flavored Soft Cheeses<br>46. Flavored Semi-Soft Cheeses<br>47. Flavored Hard Cheeses<br>48. Flavored Cheeses With Sweet or 'Dessert' Condiments<br>49. Smoked Cheeses<br>50. Open Class Soft Cheeses<br>51. Open Class Semi-Soft Cheeses<br>52. Open Class Hard Cheeses<br>53. Reduced Fat Cheese<br>54. Lowfat Cheese<br>55. Cold Pack Cheese<br>56. Spreadable Cheeses<br>57. Flavored Spreadable Cheeses<br>58. Pasteurized Process Cheeses<br>59. Flavored Pasteurized Process Cheeses<br>**GOAT'S MILK CHEESES**<br>60. Soft Goat's Milk Cheeses<br>61. Flavored Soft Goat's Milk Cheeses<br>62. Surface (Mold) Ripened Goat's Milk Cheeses<br>63. Semi-Soft Goat's Milk Cheeses<br>64. Flavored Semi-Soft Goat's Milk Cheeses<br>65. Hard Goat's Milk Cheeses<br>**SHEEP' & MIXED MILK CHEESES**<br>66. Soft Sheep's Milk & Mixed Milk Chesses<br>67. Flavored Soft Sheep's Milk & Mixed Milk Cheeses<br>68. Surface (Mold) Ripened Sheep's Milk & Mixed Milk Cheeses<br>69. Semi-Soft Sheep's Milk & Mixed Milk Cheeses<br>70. Flavored Semi-Soft Sheep's Milk & Mixed Milk Cheeses<br>71. Hard Sheep's Milk Cheeses<br>72. Hard Mixed Milk Cheeses<br>**DEMONSTRATION CLASSES**<br>73. Retail Packaging<br>74. Snack Cheeses<br>75. Open Class Shredded Cheese<br>76. Open Class For Flavored, Shredded Cheese<br>77. Open Class Grated Cheese |

# 1-4 세계의 치즈 생산·수출입과 소비

치즈보급협의회
이토 신지(伊藤晋治)

## 1. 세계의 치즈 생산 개요

현재 세계 각국에서 치즈가 생산되고 있는데 전 세계 2005년 생산량은 약 1,540만 톤으로 전년 대비 2% 증가되어 있다. 또한 2000년 대비로는 110%나 크게 신장되어 있다([표 1]). 이 가운데 약 50%가 EU 국가(25개국)에서의 생산이고, 이어 북미가 약 30%, 러시아를 포함한 동구권 국가가 6%, 남미가 6%, 그리고 오세아니아가 4%의 순으로 되어 있다. 국가별로는 미국이 414만 톤으로 세계의 27%를 점하고 있다.

2005년 축종별 생유 생산량([표 2])은 우유가 84.0%, 물소젖이 12.4%, 양젖이 2.0%, 염소젖이 1.4%, 그리고 기타가 0.4%로 되어 있는데, 특히 물소젖은 약 50%가 인도, 파키스탄, 이집트, 이탈리아 순으로 되어 있다. 물소젖 치즈는 인도, 이탈리아 등에서 생산되며 양젖 치즈는 프랑스, 이탈리아, 오스트리아 등지에서 생산된다. 또한 염소젖 치즈는 프랑스, 이탈리아, 스페인, 키프러스 등지에서 생산되고 있다.

### 1) 세계 주요국의 치즈 생산량과 수출입량

2005년 세계 치즈 수출입량은 약 158만 톤([표 1, 3, 4])으로 되어 있다.

### (1) 미국

체다, 모차렐라가 각각 약 30%씩 생산되며 몬트레작, 콜비 등 아메리카 기원의 치즈 및 가공치즈도 생산하고 있는 것이 특징이다. 또한 코티지 치즈 생산량은 약 10%를 점한다. 수출량은 6.1만 톤으로 매우 적으나 2004년([표 5])에는 멕시코, 일본, 캐나다 등지에 많이 수출하고 있다. 또한 수입량은 러시아, 일본에 이어 세 번째로 20.9만 톤이나 되는 등 국내 수요가 활발하다.

### (2) EU(25개국)

2005년은 779.3만 톤으로 2000년 대비로는 생산량이 109.1% 신장하고 있다. 수출량은 119%, 수입량은 68.9%로 EU 신규 가맹국의 경제발전 등에 따라 생산량이 향상되고 있다.

### (3) 러시아

2005년 생산량은 37.1만 톤으로 2000년 대비 167%라는 매우 큰 신장을 보이고 있다. 국내 경제발전에 발맞추어 수입량도 26만 톤으로 2000년 대비하여 7배나 늘어난 세계 최대의 치즈 수입국이다.

### (4) 호주

계속되는 가뭄으로 인해 최근 3년 정도 생산량이 감소되어 있다. 2005년 생산량 36.3만 톤 가운데 약 65%인 24.7만 톤을 수출하는 수출대국이다. 주된 수출 국가는([표 5]) 일본이 제일 많고 이어 사우디아라비아, 미국의 순으로 되어 있다. 종류로는 가공치즈 원료용인 체다 치즈가 가장 많다.

**표 1.** 세계 주요 나라의 치즈 생산량(2000년, 2004년, 2005년)과 수출입량(2005년) (단위: 천 톤)

| 순위 | 국가명 | 생산량 | | | 수출량 | 수입량 |
|---|---|---|---|---|---|---|
| | | 2000년도 | 2004년도 | 2005년도 | | |
| 1 | EU연합 | 7,142 | 7,656 | 7,793 | 545 | 102 |
| 2 | 미국 | 3,747 | 4,025 | 4,140 | 58 | 209 |
| 3 | 브라질 | 445 | 468 | 476 | | 3 |
| 4 | 호주 | 376 | 386 | 363 | 247 | 58 |
| 5 | 아르헨티나 | 453 | 371 | 400 | 47 | |
| 6 | 러시아 | 221 | 348 | 371 | | 260 |
| 7 | 캐나다 | 328 | 346 | 352 | 10 | 21 |
| 8 | 뉴질랜드 | 289 | 290 | 280 | 291 | |
| 9 | 우크라이나 | 67 | 223 | 271 | 110 | |
| 10 | 스위스 | 146 | 162 | 168 | 57 | 33 |
| 11 | 멕시코 | 134 | 135 | 143 | | 70 |
| 12 | 일본 | 126 | 120 | 123 | 0 | 212 |
| 13 | 이스라엘 | 99 | 104 | - | | |
| 14 | 노르웨이 | 81 | 84 | 86 | 18 | |
| 15 | 불가리아 | 56 | 84 | 84 | | |
| 16 | 칠레 | 52 | 67 | 78 | | |
| 17 | 벨라루스 | 53 | 64 | - | | |
| 18 | 루마니아 | 51 | 53 | 55 | | |
| 19 | 남아프리카공화국 | 43 | 46 | - | | |
| 20 | 크로아티아 | 19 | 22 | 26 | | |
| 21 | 중국 | - | 15 | 15 | | |
| 22 | 한국 | - | 13 | 12 | | 44 |
| 23 | 아이슬란드 | 6 | 7 | 7 | | |
| 24 | 짐바브웨 | 7 | - | - | | |
| 25 | 기타 | | | | 197 | 568 |
| 합계(세계 합) | | 13,940 | 15,086 | 15,241 | 1,580 | 1,580 |

주석: 순위는 2004년 생산량순(생산량 자료: ZMP, IDF국내위원회 및 기타 국내 통계, EUROSTAT, Faostat data 2006, USDA)
수입량 자료: ZMP, IDF국내위원회 및 기타 국내 통계, EUROSTAT, USDA, GTA
수출량 자료: ZMP, IDF국내위원회 및 기타 국내 통계, EUROSTAT, USDA, GTA

**표 2.** 축종별 생유 생산량 (단위: 백만 톤)

| 유 종류 \ 연도 | 1995 | 1996 | 1997 | 1998 | 1999 | 2000 | 2001 | 2002 | 2003 | 2004 | 2005 | 2006 |
|---|---|---|---|---|---|---|---|---|---|---|---|---|
| 우유 | 465.2 | 464.4 | 469.9 | 476.9 | 483.1 | 489.4 | 495.2 | 508.7 | 516.7 | 521.3 | 531.3 | 541.0 |
| 물소유 | 54.5 | 57.2 | 59.5 | 61.9 | 64.4 | 66.6 | 69.0 | 72.3 | 75.5 | 76.5 | 78.6 | 80.5 |
| 야크유 | 11.7 | 11.8 | 12.1 | 11.6 | 11.4 | 11.6 | 12.0 | 12.2 | 12.5 | 12.5 | 12.4 | 12.5 |
| 양유 | 8.0 | 8.3 | 8.2 | 8.2 | 8.2 | 8.0 | 8.3 | 8.1 | 8.3 | 8.6 | 8.6 | 8.6 |
| 기타 지역의 유 | 1.3 | 1.3 | 1.3 | 1.3 | 1.3 | 1.3 | 1.3 | 1.3 | 1.3 | 1.3 | 1.3 | 1.3 |
| 계 | 540.7 | 542.9 | 551.0 | 559.9 | 568.4 | 576.9 | 585.8 | 602.6 | 614.3 | 620.2 | 632.2 | 643.9 |

자료: Foastat data 2006, IDF국내위원회 및 기타 국내 통계자료에 기초한 ZMP 자료 첨가

**표 3.** 치즈 수출량

(단위: 천 톤)

| 국명 \ 연도 | 2000 | 2001 | 2002 | 2003 | 2004 | 2005 |
|---|---|---|---|---|---|---|
| 세계 합 | 1,252 | 1,361 | 1,389 | 1,500 | 1,588 | 1,580 |
| EU | 485 | 470 | 484 | 509 | 576 | 545 |
| 스위스 | 58 | 58 | 55 | 55 | 56 | 57 |
| 우크라이나 | 12 | 31 | 37 | 61 | 94 | 110 |
| 호주 | 223 | 217 | 207 | 212 | 247 | 247 |
| 뉴질랜드 | 262 | 262 | 290 | 308 | 291 | 291 |
| 미국 | 48 | 52 | 54 | 52 | 61 | 58 |
| 기타 국가 | 203 | 302 | 300 | 364 | 357 | 383 |

자료: ZMP, IDF국내위원회 및 기타 국내 통계, EUROSTAT, USDA, GTA

**표 4.** 치즈 수입량

(단위: 천 톤)

| 국명 \ 연도 | 2000 | 2001 | 2002 | 2003 | 2004 | 2005 |
|---|---|---|---|---|---|---|
| 세계 합 | 1,252 | 1,361 | 1,389 | 1,500 | 1,588 | 1,580 |
| EU | 148 | 174 | 156 | 175 | 112 | 102 |
| 스위스 | 31 | 31 | 31 | 32 | 32 | 33 |
| 러시아 | 36 | 112 | 98 | 176 | 213 | 260 |
| 미국 | 189 | 215 | 216 | 216 | 214 | 209 |
| 브라질 | 16 | 8 | 19 | 7 | 5 | 3 |
| 멕시코 | 54 | 66 | 72 | 78 | 74 | 70 |
| 이집트 | 15 | 9 | 9 | 12 | 9 | 10 |
| 일본 | 205 | 202 | 204 | 194 | 219 | 212 |
| 한국 | 30 | 34 | 31 | 36 | 41 | 44 |
| 사우디아라비아 | 73 | 67 | 75 | 79 | – | – |
| 호주 | 33 | 38 | 50 | 49 | 50 | 58 |

자료: ZMP, IDF국내위원회 및 기타 국내 통계, EUROSTAT, USDA, GTA

**표 5.** 치즈 주요 수출 상대국

| 수출국 | 상대국 1 | share(%) 시장점유율 | 상대국 2 | share(%) 시장점유율 | 상대국 3 | share(%) 시장점유율 |
|---|---|---|---|---|---|---|
| 미국 | 멕시코 | 34.8 | 일본 | 15.4 | 캐나다 | 9.7 |
| EU | 미국 | 21.6 | 러시아 | 18.5 | 일본 | 9.9 |
| 호주 | 일본 | 46.9 | 사우디아라비아 | 7.5 | 미국 | 5.2 |
| 뉴질랜드 | 일본 | 20.8 | 호주 | 14.0 | 미국 | 12.2 |

미국 자료: USDA「Dairy, Livestock and Poultry: US Trade and Prospects」,「Import and Export Data by Commodity」
EU 자료: ZMP「Dairy Review」
호주 자료: DA「In focus」
뉴질랜드 자료: Statistics NZ「Overseas Trade Statistics」

## 2) 세계의 치즈 소비동향

### (1) 국가별 총소비량([표 6])

세계 최대 생산국인 미국이 소비량에서도 최고로 459.2만 톤을 소비한다. 이어 독일, 프랑스, 이탈리아와 EU 가맹국으로 이어지며 일본은 26.5만 톤으로 되어 있다.

### (2) 1인당 소비량([표 7])

2004년 세계 주요국 1인당 치즈 소비량 제1위에서 5위는 그리스(28.7 kg), 아이슬란드(24.7 kg), 프랑스(23.0 kg), 이탈리아(24.5 kg), 독일(21.9 kg)로 되어 있다. 일본의 1인당 치즈 소비량은 2.0 kg으로 되어 있다.

**표 6.** 주요국의 치즈 총소비량(2004년)

(단위: 천 톤)

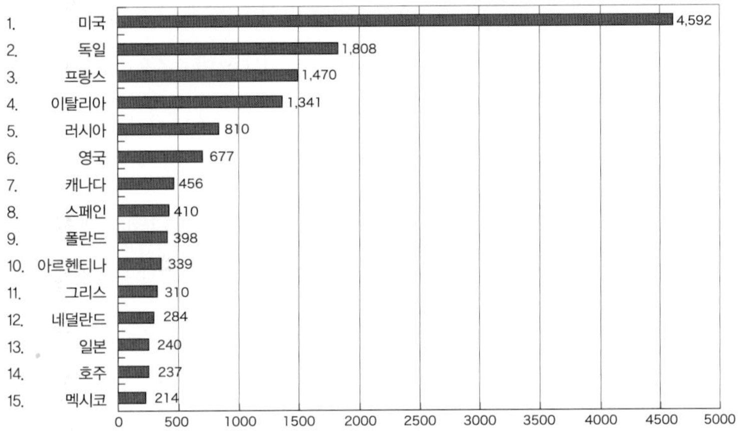


자료: IDF국내위원회, ZMP, USDA

**표 7.** 주요국의 1인당 치즈 소비량(2004년)

(단위: kg)

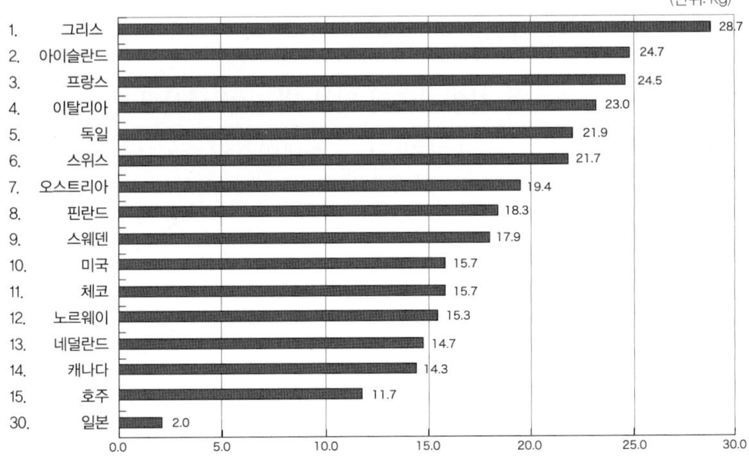


자료: IDF국내위원회, ZMP, USDA

## 2. 일본의 치즈 생산과 소비

### 1) 일본의 치즈 생산 추세

#### (1) 치즈 생산의 역사

일본의 메이지(明治) 이후 생산 역사를 보면 1875년 홋카이도개척청 나나에(七重)권업 시험장에서 치즈가 시험 제작되었고, 1900년 하코다테(函館)의 트라피스트수도원에서 자연치즈가 생산되었다. 다이쇼(大正) 시대에도 시험 제작이 이어졌으며, 쇼와(昭和)에 들어와 1928년에 홋카이도 낙농제조판매조합연합회(유키지루시의 전신)에서 치즈의 시험 제작을 반복하여 체다와 브릭 치즈의 생산을 개시하였다. 1929년 12월에 병에 넣은 피멘토 치즈(Pimento cheese)를 생산 판매하였다. 본격적인 공장은 1932년 11월에 메이지제과가 도쿄(東京)에, 1933년 8월에 낙농연합이 홋카이도 도아사(遠浅)에 치즈 전문 공장을 건설했으며, 이어 1934년 4월에 모리나가연유가 홋카이도 이부리(胆振)에 공장을 신설하여 체다나 고다 등 자연치즈 및 가공치즈의 본격적인 생산체제에 들어갔다. 그러나 제2차 세계대전 전까지의 치즈 생산량은 미미하여 1940년의 최고 생산량은 겨우 262톤이었다. 전후 생산량은 1950~1951년경에 전후의 피크 정도까지 회복하였고, 1963년에는 1만 톤을 넘었으며, 그 후 급속히 증가하여 2006년에는 124,159톤(일본 내 직접 소비용 자연치즈와 일본 내 가공치즈 생산량의 합계)까지 되었다.

### 2) 일본의 치즈 생산과 수출입 현황

#### (1) 생산량(일본 내 직접 소비용 자연치즈와 일본 내 가공 생산량의 합계)의 추이([표 8])

1999년의 124,941톤을 피크로 하여 약간 감소 추세였으나 2001년 이후에는 약간 증가하는 경향에 있다.

#### (2) 일본산 자연치즈의 생산량([표 9])

2006년 일본 자연치즈 생산량은 39,076톤으로 10년 전의 121%, 15년 전의 136% 양이었다. 가장 많이 생산된 것은 고다로서 37%, 이어서 체다 30%, 카망베르 12% 순이었다.

고다는 1993년 17,158톤을 피크로 감소 추세에 있으나, 역으로 체다는 2006년 최고인

11,567톤 생산되어 10년 전의 157%로 생산이 증가하였다. 또한, 카망베르는 2006년에 전년 대비 115%인 4,746톤으로 최고 생산량이었다.

**표 8.** 치즈 수급표

(단위: 톤, %)

| 항목 \ 연도 | 1987 | 1988 | 1996 | 1999 | 2001 | 2005 | 2006 |
|---|---|---|---|---|---|---|---|
| 일본산 자연치즈 생산량① (②+③) | 25,021 | 26,399 | 33,161 | 36,512 | 34,347 | 38,574 | 39,802 |
| 가공치즈 원료용② | 16,879 | 16,262 | 21,438 | 20,534 | 20,188 | 24,633 | 23,562 |
| 직접 소비용③ | 8,142 | 10,137 | 11,723 | 15,978 | 14,159 | 13,941 | 16,240 |
| 수입 자연치즈 생산량④ (⑤+⑥) | 97,202 | 116,804 | 163,911 | 184,543 | 199,551 | 197,585 | 204,374 |
| 가공치즈 원료용⑤ | 42,223 | 45,420 | 61,319 | 71,808 | 66,424 | 67,934 | 67,895 |
| 일본 측 관세할당 중에서 | 28,790 | 32,164 | 49,264 | 50,518 | 47,162 | 52,420 | 55,853 |
| 직접 소비용⑥ | 54,979 | 71,384 | 102,592 | 112,735 | 133,127 | 129,651 | 136,479 |
| 직접 소비용 자연치즈 소비량⑦ (③+⑥) | 63,121 | 81,521 | 114,315 | 128,713 | 147,286 | 143,592 | 152,719 |
| 가공치즈 소비량⑧ (⑨+⑩) | 69,785 | 72,975 | 102,108 | 114,847 | 109,137 | 118,240 | 117,340 |
| 일본 내 생산량⑨ | 69,740 | 72,785 | 97,653 | 108,963 | 102,202 | 109,229 | 107,919 |
| 수입 수량⑩ | 45 | 190 | 4,455 | 5,884 | 6,935 | 9,011 | 9,421 |
| 치즈 총소비량⑪ (⑦+⑧) | 132,906 | 154,496 | 216,423 | 243,561 | 256,423 | 261,832 | 270,059 |
| 일본산 비율(%) | | | | | | | |
| 가공치즈 원료용②/(②+⑤) | 28.6 | 26.4 | 25.9 | 22.2 | 23.3 | 26.6 | 25.8 |
| 치즈 총소비량 | 20.5 | 18.4 | 16.5 | 16.2 | 14.3 | 15.8 | 15.8 |

자료: 생산국 축산부 우유유제품과 조사

주 1. 일본산 자연치즈 생산량 가운데 가공치즈 원료용 ②는, 재고 및 그해에 생산된 것 중에 원료로 사용된 양이다.
주 2. ③ 및 ⑥의 직접 소비용이란 가공치즈 원료용 이외의 것을 가리키며, 업무용, 그 외 원료용을 포함한 값으로 되어 있다.
주 3. 치즈 총소비량의 일본산 비율은, 자연치즈를 토대로 추량하고 있다.

**표 9.** 일본산 자연치즈 종류별 제조량

(단위: 톤, %)

| 연도 \ 종류 | Gouda | Cheddar | Edam | Blue | Camembert | Cream | Cottage | Quark | Mozzarella | Mascarpone | 그 외 | 합계 |
|---|---|---|---|---|---|---|---|---|---|---|---|---|
| 1991 | (107.4)<br>15,350 | (104.8)<br>5,580 | (80.0)<br>12 | (117.9)<br>33 | (130.5)<br>1,143 | (94.5)<br>2,576 | (95.4)<br>764 | (85.3)<br>1,970 | | | (127.9)<br>1,299 | (104.9)<br>28,727 |
| 1993 | (105.8)<br>17,158 | (114.7)<br>6,730 | (84.6)<br>11 | (93.8)<br>30 | (114.4)<br>1,692 | (99.4)<br>3,131 | (102.7)<br>851 | (105.7)<br>2,433 | | | (93.9)<br>1,399 | (106.6)<br>33,435 |
| 1996 | (102.6)<br>15,300 | (107.1)<br>7,333 | (87.5)<br>7 | (113.8)<br>33 | (109.0)<br>2,230 | (76.4)<br>1,953 | (105.2)<br>703 | (107.7)<br>2,740 | 177 | 25 | (102.5)<br>1,692 | (103.0)<br>32,193 |
| 2005 | (98.3)<br>14,758 | (110.4)<br>11,259 | (100.0)<br>5 | (110.0)<br>11 | (113.0)<br>4,133 | (123.9)<br>860 | (103.3)<br>824 | (69.2)<br>27 | (107.2)<br>1,512 | (417.6)<br>1,136 | (98.6)<br>3,689 | (106.6)<br>38,214 |
| 2006 | (98.6)<br>14,557 | (102.7)<br>11,567 | (102.1)<br>5 | (43.8)<br>5 | (114.8)<br>4,746 | (111.8)<br>962 | (96.5)<br>795 | (79.3)<br>21 | (128.7)<br>1,946 | (147.8)<br>1,679 | (75.7)<br>2,794 | (102.3)<br>39,076 |

자료: (독)농축산업진흥기구에서 조사함

주 1. ( ) 안은 전년 대비
주 2. '그 외'에 포함된 치즈의 종류는 스트링, 브리프로마주, 블랑 등(1995년 이전은 모차렐라, 마스카르포네를 포함한다)
주 3. 제조량은 그해 연도에 실제로 제조된 수량

**표 10.** 일본 자연치즈 국가별 수입량 연차별 추이(2000~2006년)

(단위: 톤)

| 나라명 \ 연도 | 2000 | 2001 | 2002 | 2003 | 2004 | 2005 | 2006 | 전년 대비 |
|---|---|---|---|---|---|---|---|---|
| 중국 | 72 | | | | | | | |
| 말레이시아 | | 3 | | | | | | |
| 태국 | | | 2 | | | | | |
| 한국 | | | | | 5 | | 2 | ∞ |
| 필리핀 | | | | | | 7 | 1 | 8 |
| 인도 | | | | 11 | 7 | 16 | 13 | 80 |
| 이란 | 0 | | | | 0 | 4 | 2 | 54 |
| 아랍에미레이트 | | | | | | | 0 | ∞ |
| 노르웨이 | 6,899 | 5,928 | 5,390 | 5,111 | 4,701 | 3,951 | 1,968 | 50 |
| 스웨덴 | 1 | | | 20 | 18 | 43 | 68 | 158 |
| 덴마크 | 11,761 | 12,795 | 11,541 | 11,589 | 9,965 | 8,580 | 8,183 | 95 |
| 영국 | 1,227 | 903 | 2,228 | 1,282 | 1,540 | 1,127 | 1,155 | 102 |
| 아일랜드 | 857 | 1,112 | 654 | 1,267 | 1,478 | 1,420 | 1,770 | 125 |
| 네덜란드 | 8,856 | 10,014 | 11,001 | 9,789 | 10,000 | 8,035 | 8,291 | 103 |
| 벨기에 | 604 | 327 | 1,477 | 2,105 | 2,708 | 2,155 | 1,086 | 50 |
| 프랑스 | 2,844 | 2,967 | 2,926 | 2,909 | 2,750 | 2,634 | 2,853 | 108 |
| 독일 | 10,178 | 11,535 | 12,023 | 12,885 | 13,674 | 12,626 | 11,312 | 90 |
| 스위스 | 412 | 412 | 446 | 452 | 855 | 603 | 733 | 122 |
| 포르투갈 | 0 | 0 | 0 | | | | | |
| 스페인 | 7 | 6 | 6 | 8 | 9 | 9 | 17 | 190 |
| 이탈리아 | 3,087 | 4,039 | 4,407 | 4,802 | 5,261 | 5,310 | 5,572 | 105 |
| 핀란드 | 49 | 62 | 65 | 51 | 47 | 40 | 53 | 131 |
| 폴란드 | | | | | | | 25 | ∞ |
| 오스트리아 | 222 | 140 | 131 | 97 | 110 | 63 | 97 | 156 |
| 헝가리 | 2,802 | 3,055 | 302 | 1,401 | 2,398 | 2,221 | 1,622 | 73 |
| 그리스 | 7 | 6 | 4 | 5 | 9 | 7 | 8 | 138 |
| 불가리아 | | | | | | | 0 | ∞ |
| 키프로스 | 1 | 1 | 1 | 1 | 2 | 2 | 2 | 92 |
| 터키 | | 2 | 11 | 8 | 8 | 11 | 10 | 89 |
| 리투아니아 | 3 | 3 | 27 | 88 | 35 | | 22 | ∞ |
| 우크라이나 | | 19 | | | | | 15 | ∞ |
| 캐나다 | 5,452 | 4,034 | 1,722 | 0 | 9 | 3 | 1 | 18 |
| 미국 | 3,782 | 3,975 | 3,924 | 3,394 | 3,942 | 3,544 | 4,516 | 127 |
| 앙골라 | | 17 | | | | | | |
| 칠레 | | | | | | 25 | 10 | 41 |
| 브라질 | 46 | 40 | 19 | 13 | 71 | 87 | 224 | 256 |
| 우루과이 | | 101 | | | 18 | 637 | 50 | 8 |
| 아르헨티나 | 77 | 166 | 80 | 88 | 170 | 2,590 | 5,084 | 196 |
| 남아프리카 | 188 | | 214 | | | | | |
| 호주 | 89,573 | 79,875 | 92,896 | 83,063 | 99,731 | 92,801 | 87,345 | 94 |
| 뉴질랜드 | 49,506 | 53,302 | 45,030 | 45,227 | 51,469 | 54,549 | 55,771 | 102 |
| **총계** | 198,514 | 194,840 | 196,574 | 185,666 | 210,990 | 203,100 | 197,879 | 97 |

자료: 재무성 '일본무역총계'

또한, 일본에서는 1970년부터 자연치즈의 생산을 촉진시키기 위해 가공치즈 원료용 수입 자연치즈에 관세할당제도(특정 제품의 원료용 제품 수입 시 일본산 원료제품을 일정량 사용한 경우에 그 양에 대하여 수입 원료제품의 관세율을 무세로 하거나 경감하는 제도)를 도입하였는데, 현재는 사용한 일본 자연치즈의 2.5배까지 가공치즈 원료용 수입 자연치즈는 무관세로 되어 있다.

#### (3) 수출입 현황

자연치즈의 국가별 수입량([표 10])을 보면 수입량은 2004년에 비하여 약간 감소 추세를 보이고 있다. 일본의 자연치즈 생산 신장과 반비례의 형태인데 이후에도 이러한 추세는 계속될 것으로 예상된다. 국가별로는 호주가 44%로 가장 많고 이어 뉴질랜드가 28%로 오세아니아에서 도합 72%의 구성비를 차지하고 있어 EU의 21%를 크게 앞서고 있다. 특히 오세아니아로부터의 수입치즈는 태반이 체다, 고다 등 경질계 치즈로서 가공치즈의 원료용이 되고 있다. 또한 근래에는 브라질, 아르헨티나 등 남미 국가로부터의 수입이 큰 신장세를 보이고 있다.

수출량은 재무성의 무역통계로는 2007년 상반기에 약 170톤 정도로 주로 중국이나 동남아시아에 수출되는데 대부분이 가공치즈이다. 농림수산성의 농산물 수출장려정책의 일환도 있어 이후에는 증가가 예상된다.

### 3) 일본 치즈 생산의 특징

① 총소비량의 43%를 점하는 가공치즈 원료용 자연치즈는 수입과 일본산 합쳐서 91,457톤(2006년)인데 이중 수입이 75%를 점하고 있으므로 해외생산국 의존형이 되어 있다.

② 57%의 직접 소비용 자연치즈의 일본 내 생산은 겨우 10%로 대부분이 수입품이다.

③ 가공치즈 원료 치즈를 외국에 의존해야 하는 현 상황에서 수입원료 치즈의 가격상승으로 일본 가공치즈 생산 비용은 크게 상승하고 있다. 그 요인으로는,

(ⅰ) BRICs(브라질, 러시아, 인도, 중국) 및 EU 신규 가맹국의 경제발전에 따른 유제품 수요의 증대

(ⅱ) 호주의 큰 가뭄에 의한 치즈 생산량의 감소

(ⅲ) EU 수출조성금의 폐지

(ⅳ) 달러 가격상승, 유로 가격상승, 엔화 하락 등 환율변동

(ⅴ) 치즈 생산으로부터, 가격상승하고 있는 탈지분유 등 다른 유가공자원 생산에로의 전환에 따라, 전년 대비 40% 이상(2006년 대비)의 가격상승과 물량 확보에의 어려움을 겪고 있다. 그런데 세계적인 수요와 공급의 불균형에 의한 가격상승은 이상과 같은 구조적인 문제를 배경으로 장기적으로 계속될 것으로 보이고 있다.

④ 또한 일본 내 대형유업은, 음용우유의 소비 감소에 따른 생유 생산의 감산과 해외 제품의 가격상승으로, 일본 자연치즈를 현 상황의 약 2배 증가체제를 구축하여 2008년부터 본격적인 가동에 들어갈 예정이다.

### 4) 치즈 소비 동향의 추이

#### (1) 소비량의 추이

농림수산성의 치즈 수급표([표 8])에 따르면 1995년에 20만 톤을 넘어 2006년에는 과거 대비 최고가 되는 27만 톤의 소비량으로 되었다. 10년 전인 1996년의 124% 증가, 20년 전(1987년)의 약 2배이다.

일본에서의 본격적인 치즈 소비는 제2차 세계대전 후의 생활방식의 서양화, 1955년에 들어오면서 치즈의 학교급식에의 도입, 1970년대 초중반부터 이용하기 쉬운 슬라이스 타입의 개발 등으로 가공치즈를 중심으로 순조롭게 확대되어 왔다. 이어 자연치즈도 순조롭게 소비가 증대되었는데 1988년에 자연치즈가 가공치즈를 상회하면서부터 2006년에는 소비 비율이 57:43으로 되었다.

일본의 자연치즈 소비 확대의 배경을 보면 서양 식문화의 확대를 베이스로 얼마간의 이벤트나 붐을 탔으며 또한 치즈를 사용한 요리의 보급과 함께 확대되어 왔다. 그 예를 들면,

- 1964년, 도쿄올림픽으로 호텔 건설이 활발했는데 해외관광객용으로 치즈의 도입이 촉진되었고 그중에서도 치즈를 녹여 먹는 피자가 소개되었는데 이는 자연치즈 소비의 점화 역할을 하

였다. 그 후 배달피자의 보급 확대가 이어졌다.

- 1990년, 잡지 『하나코』에서 소개되어 큰 붐을 일으킨 디저트 '티라미스'로, 이탈리아 마스카르포네 치즈(크림 치즈의 일종)가 정착되었다.
- 일본인에게 가장 사랑받는 케이크 중 하나로 치즈케이크가 정착하여 전문점도 증대되었다. 재료인 크림 치즈를 이용하여 가정에서도 손쉽게 만들 수 있어 소비가 확대되었는데, 근래에는 유지방 성분이 낮은 코티지 치즈와 같은 신선 치즈 등 여러 가지 치즈가 케이크 재료로 소개되어 있다.
- 1999년은 '일본에 있어서의 프랑스 해'로서 프랑스 와인의 판매가 촉진되었는데 와인에 많이 함유되는 폴리페놀의 항산화 효능이 어필되었다. 적색 와인의 소비가 급속히 확대되었는데 더불어 카망베르 등의 치즈 수요도 순조롭게 확대되어 누보 와인과 카망베르 치즈가 정착되었다.
- 프랑스 붐에 이어 이탈리아 붐으로 모차렐라, 파르미지아노 레지아노, 고르곤졸라 등의 치즈가 샐러드, 그라탕, 피자 등 이탈리아 요리에 없어서는 안 되는 치즈로 정착되었다.
- 해외여행이 일반화되면서 토속 치즈나 치즈 요리를 접하는 기회가 늘었다.
- 치즈 전문점의 등장, 치즈 및 와인 전문학교의 개설, 치즈요리 강습회 확대 등도 주된 요인이 되었다.

제2차 세계대전 후 일본에서는 가공치즈, 그 후 자연치즈의 소비량이 확대되어 왔으나 소비의 다양화, 고령화, 인구감소, 세계시장의 급격한 변화에 따른 가격상승 등도 있어 소비량은 최근 수년 신장률이 둔화되고 있다. 일본은 소비의 85%를 수입에 의존하므로 현재와 같은 가격상승, 불투명한 공급은 시장가격의 상승뿐만 아니라 생산 판매 물량의 확보도 중요한 과제가 될 것으로 예상된다. 일본의 대형 유업체 3개 회사는 일제히 홋카이도에 새로운 공장을 건설하여 2008년부터 본격 생산이 개시되었다. 이후 일본 자연치즈는 수입 자연치즈와 경제적으로도 충분히 대항할 수 있는 상품이 되어 WTO, FTA, EPA 등과의 체결에 의해 관세율이 내려도 마찬가지로 대항할 수 있는 상황이 될 것으로 예상된다.

### (2) 가정용 치즈의 카테고리별 내역

대다수의 일본인이 최근 접한 치즈는 가공치즈로서 학교급식에서도 채택되었기 때문에 더욱 친숙한 것으로 되어 있다. 그러나 소비량에서는 자연치즈가 57%, 가공치즈가 43%이며 신장률도 자연치즈 쪽이 높다. 가공치즈는 소비량의 92%가 일본 생산품으로 수입품은 겨우 8% 수준에 불과하다. 자연치즈는 수입품이 89%로 일본 제품의 11%를 크게 상회하고 있다. 또한 가공치즈는 가정에서의 소비가 압도적으로 높고 역으로 자연치즈는 업무용이 단연 많다.

**표 11.** 가정용 치즈 타입별 구성비(%) (2005년도 금액 기준)

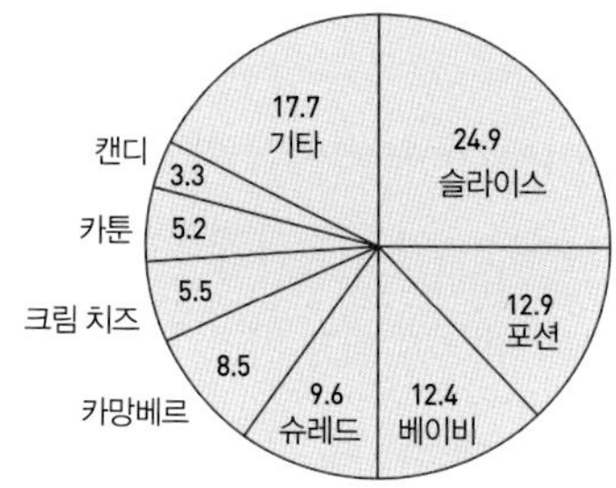


자료: 치즈보급협의회 추계

2005년의 구성비([표 11])에서는 슬라이스 치즈 타입이 약 4분의 1을 차지하며, 이어 포션 타입으로서, 그대로 먹을 수 있는 이용편이성이 높은 치즈의 구성비가 높다.

**표 12.** 2001년 영업용 치즈 업태별 판매량 (단위: 톤)

| | 제빵 | 양과자 | 피자 | 그라탕 | 수산 | 벤다 (자판기 식품) | 패밀리 레스토랑 | 패스트 푸드 | 호텔 | 기타 | 합계 |
|---|---|---|---|---|---|---|---|---|---|---|---|
| 블록 | 430 | 870 | 4,750 | 1,800 | 4,950 | 500 | 1,900 | 50 | 300 | 3,200 | 18,750 |
| 슈레드 | 700 | 50 | 18,050 | 950 | 200 | 950 | 3,650 | 200 | 650 | 1,750 | 27,150 |
| 다이스 | 2,050 | 50 | 4,750 | 200 | 800 | 1,200 | 500 | 0 | 300 | 1,250 | 11,100 |
| 슬라이스 | 1,450 | 0 | 0 | 0 | 50 | 850 | 2,250 | 12,900 | 300 | 1,250 | 19,050 |
| 파우더 | 1,550 | 250 | 100 | 500 | 0 | 800 | 500 | 100 | 450 | 3,800 | 8,050 |
| 페이스트 | 3,800 | 7,650 | 0 | 0 | 350 | 1,400 | 50 | 0 | 450 | 4,100 | 17,800 |
| 기타 | 1,300 | 300 | 0 | 0 | 850 | 650 | 50 | 0 | 1,050 | 5,100 | 9,300 |
| 합계 | 11,280 | 9,170 | 27,650 | 3,450 | 7,200 | 6,350 | 8,900 | 13,250 | 3,500 | 20,450 | 111,200 |

주. 피자는 배달피자를 포함함

자료: 치즈보급협의회 추계

### (3) 업무용 상품의 업태 업종별 동향

2001년 업무용 치즈의 업태별 판매량([표 12])을 보면 11.1만 톤 중 약 62%가 수입 자연치즈이며 일본산 가공치즈가 36%, 수입 가공치즈가 2%이다. 수입 자연치즈 중 38%가 피자 등에 사용되는 슈레드이다. 채널별로는 배달피자용이 19%로 가장 많고 이어 패스트푸드 레스토랑용이 12%, 제빵용이 10%의 순으로 되어 있다. 이후에도 자연치즈 슈레드 타입이나 파우더 타입이 신장할 것으로 예상되고 있다.

또한, [표 13]의 2004년 일본산 자연치즈와 가공치즈의 업종별 소비량을 보면 자연치즈에서는 44.8%가 가공치즈 원료를 주로 하는 사내 소비용이며 업무용이 35.8%인데, 가정용은 19.4%로서 비중이 낮다. 업무용에서는 피자, 수산가공품, 축산가공품 등 조리식품 메이커용이 10.4%로 가장 높았다. 한편 가공치즈는 가정용이 61.4%로 압도적으로 많고 업무용 중에서는 외식/호텔용이 19.2%로 단연 많았다.

**표 13.** 2004년도 자연치즈 및 가공치즈의 업종별 소비량

| 유업(乳業)제조사 사내 소비 | | 자연치즈 | | 가공치즈 | |
|---|---|---|---|---|---|
| | | 15,000(톤) | 44.8(%) | - (톤) | - (%) |
| 업무용 | 유업(注) / 아이스크림 | 1,700 | 5.1 | 5,400 | 5.0 |
| | 발효유유산균 자료 | 300 | 0.9 | 500 | 0.5 |
| | 가공유지 제조사 | 500 | 1.5 | 2,200 | 2.0 |
| | 제과/제빵 | 2,500 | 7.5 | 8,800 | 8.2 |
| | 음료 제조사 | 100 | 0.3 | 300 | 0.3 |
| | 조리식품 제조사 | 3,500 | 10.4 | 3,300 | 3.1 |
| | 외식/호텔 | 3,000 | 9.0 | 20,600 | 19.2 |
| | 그 외 | 400 | 1.2 | 400 | 0.4 |
| 가정용 | 소매업 | 6,500 | 19.4 | 65,900 | 61.4 |
| 합계 | | 33,500 | 100.0 | 107,400 | 100.0 |

주. 유업 중에 자연치즈 및 가공치즈를 생산하고 있지 않은 제조사

자료: (독일) 농축산업진흥기구 추계

**표 14.** 2004년 주요 국가별 수출 상대국

(단위: 천 톤)

| 구분 자료 출처 | 합계 | | 국명 | 수량 | 점유율 (%) | 국명 | 수량 | 점유율 (%) | 국명 | 수량 | 점유율 (%) |
|---|---|---|---|---|---|---|---|---|---|---|---|
| | 수량 | 전년비 (%) | | | | | | | | | |
| EU | 549.2 | 107.6 | 미국 | 118.8 | 21.6 | 러시아 | 101.8 | 18.5 | 일본 | 54.5 | 9.9 |
| 미국 | 61.4 | 117.8 | 멕시코 | 21.4 | 34.8 | 일본 | 9.4 | 15.4 | 캐나다 | 6.0 | 9.7 |
| 호주 | 227.7 | 107.4 | 일본 | 106.7 | 46.9 | 사우디 | 17.1 | 7.5 | 미국 | 11.9 | 5.2 |
| 뉴질랜드 | 266.0 | 89.8 | 일본 | 55.2 | 20.8 | 호주 | 37.4 | 14.0 | 미국 | 32.3 | 12.2 |

·EU 자료: ZMP「Dairy Review」
　주 1. 역외수출만
　주 2. 2004년은 잠정가
　주 3. 2004년 4월까지는 EU 15개국, 2004년 5월 이후는 EU 25개국
·아메리카(미국) 자료: USDA「Dairy, Livestock and Poultry: U.S.Trade and Prospects」,「Import and Export Data by Commodity」
　주 1. 카드를 포함한다.
·오스트레일리아(호주) 자료: DA「In focus」
　주 1. 연도는 7월~ 다음해 6월
　주 2. 합계 수량은 정리되지 않은 수치
·뉴질랜드 자료: Statistics NZ「Overseas Trade Statistics」
　주 1. 연도는 7월~ 다음해 6월

### 5) 일본 국내에서의 주된 보급활동

#### (1) (재)중앙낙농협회

2년에 한 번 전국 치즈 생산자를 대상으로 '일본산 자연치즈 콘테스트'를 도쿄에서 개최하고 있다.

#### (2) 일본 수입치즈 보급협회

치즈보급협의회와의 공동주최로 매년 11월 11일 '치즈의 날'에 도쿄, 아오야마(青山)에서 '치즈 페스타'를 개최하고 있다(1992년부터 중단).

#### (3) 치즈보급협의회

대형 조리사전문학교에서의 '치즈 강습회' 개최

(사)영양개선보급회와의 공동주최에 의한 주부를 대상으로 한 치즈요리 강습회 개최

일본 수입치즈 보급협회와의 공동주최에 의한 '치즈 페스티벌' 개최

'NHK 오늘의 요리'에서의 치즈요리 소개

일반 소비자용 소책자 발행 등을 실시하고 있다.

#### (4) (사)일본유업협회

영양사를 상대로 전국에서 '우유 · 유제품 세미나'를 개최하고 있다.

#### (5) (사)일본낙농유업협회(J 밀크)

'3-A-DAY'(우유, 요구르트, 치즈를 일일 3회 혹은 세 가지 유제품 먹기 운동)의 전개 및 전국에서 '우유 유제품 이용 요리콩쿠르'를 개최하고 있다.

#### (6) 홋카이도 우유보급협회

매년 '우유 및 자연치즈 품평회'를 삿포로(札幌)와 오비히로(帯広)에서 개최하고 있다.

# Part 2
# 치즈의 기초과학

# 2-1 우유의 성분과학

미야기(宮城)대학 식산업학부
이시다 미츠하루(石田光晴)

여기에서는 치즈 제조에 가장 많이 사용되는 우유의 성분을 중심으로 서술하고자 한다. 우유의 종류가 다르면 영양 성분도 크게 달라진다. [표 1]에서 나타내듯이 일본에서 가장 많이 사육되고 있는 홀스타인(Holstein)종(약 95%)과 다음으로 많이 사육되고 있는 저지(Jersey)종(약 5%)에서는, 저지종 쪽이 유지방 함량 및 단백질 함량이 높으므로 전체 고형분 함량도 높다. 그러나 유량은 홀스타인종이 매우 높다. 그런데 [표 2]에서 보여 주듯이 일본에서 시판되고 있는 성분 무조정 우유의 성분 조성은 홀스타인종의 우유 수치에 가깝다. 가공유인 농후우유, 저지방유, 탈지유에서는 전체 고형분이라든지 유지방 함량을 조정하고 있으므로 이들 값은 보통 우유와는 크게 다르다. 한편 모유는 우유에 비해 단백질 함량은 낮고 당질 함량은 높다. 염소유의 성분은 홀스타인종 우유와 거의 같다.

**표 1.** 소의 품종 차이에 의한 유성분 구성과 사육 마리 수

| 품종 | 전유 고형분 (%) | 지방 (%) | 단백질 (%) | 유당 (%) | 미네랄 (%) | 일본 내 사육 수[1] (단위: 천) | 평균 유량[2] (kg) |
|---|---|---|---|---|---|---|---|
| Holstein | 12.0 | 3.8 | 3.1 | 4.4 | 0.7 | 1,754.4 | 8,278 |
| Jersey | 14.3 | 5.5 | 3.7 | 4.4 | 0.7 | 9.9 | 5,581 |
| Guernsey | 13.6 | 4.6 | 3.5 | 4.8 | 0.7 | 0.1 | - |
| Ayrshire | 12.6 | 4.0 | 3.3 | 4.6 | 0.7 | <0.1 | - |
| Brown Swiss | 12.5 | 3.8 | 3.2 | 4.8 | 0.7 | 0.4 | - |
| 흑색일본소(육용종) | 12.0 | 2.7 | 4.1 | 4.5 | 0.7 | 649.6 | - |

[1] 2000년에 일본의 암소 사육 마리 수 (농림수산통계 데이터「우유유제품통계, 해외통계정보」)
[2] 1995년도 우군(牛群)검정자료로부터 발췌 (농림수산성 홈페이지 http://www.maff.go.jp/)

**표 2.** 액상유류의 영양 성분(100 g당)

| 우유 종류 | | 에너지 | | 수분 | 단백질 | 지질 | 탄수화물 | 회분 | 칼슘 | 콜레스테롤 |
|---|---|---|---|---|---|---|---|---|---|---|
| | | (Kcal) | (KJ) | (g) | (g) | (g) | (g) | (g) | (mg) | (mg) |
| 생유 | Jersey종 | 80 | 335 | 85.9 | 3.6 | 5.1 | 4.7 | 0.7 | 130 | 17 |
| | Holstein종 | 66 | 276 | 88.7 | 3.2 | 3.7 | 4.7 | 0.7 | 110 | 12 |
| 보통 우유 | | 67 | 280 | 87.4 | 3.3 | 3.8 | 4.8 | 0.7 | 110 | 12 |
| 가공유 | 농후 | 73 | 305 | 86.3 | 3.5 | 4.2 | 5.2 | 0.8 | 110 | 16 |
| | 저지방 | 46 | 192 | 88.8 | 3.8 | 1.0 | 5.5 | 0.9 | 130 | 6 |
| 탈지유 | | 33 | 138 | 91.1 | 3.4 | 0.1 | 4.7 | 0.7 | 100 | 3 |
| 모유 | | 65 | 272 | 88.0 | 1.1 | 3.5 | 7.2 | 0.2 | 27 | 15 |
| 염소유 | | 63 | 264 | 88.0 | 3.1 | 3.6 | 4.5 | 0.8 | 120 | 13 |

오정증보판 일본식품표준성분표로부터 발췌

## 1. 우유 조성의 변동 요인

우유의 성분 조성은 일정하지 않고 항상 변동한다. 변동 요인으로 유전적 · 생리적 및 환경적 요인을 들 수 있다.

### 1) 유전적 요인

우유는 품종, 계통(혈통), 개체능력의 차이 등에서 다양하다. 예를 들면 홀스타인종의 원산지는 네덜란드이나 일본에는 메이지 초기에 네덜란드나 미국으로부터 도입되어 일본 독자적으로 품종개량이 가해졌다. 그러나 일본 홀스타인종 우유의 성분치는 유럽이나 미국 유래의 개체보다 열등하다. 홀스타인종은 유량이 많고 적응성이 높다는 점 때문에 세계 각국에서 사육되고 있으나 국가나 지역의 육종개량 방침에 따라 성분치가 달라지고 있다.

### 2) 생리적 요인

#### (1) 비유기간과 비유기간 중의 성분 변화

분만 직후의 유즙을 초유라고 부르는데 일본의 우유등급제에서는, 분만 후 5일 이내의 유즙은 출하가 불가능한데, 통상 이 기간의 우유를 초유라고 하고 있다. 초유의 정의라든가 출하정지 기간은 국가에 따라 다르다.

초유는 상유와 비교하면 고형분 함량이 높고 비타민 A라든가 카로틴이 높고, 점조하며(밀도가 높으며) 황갈색을 보인다. 고형분 함량은 단백질과 지방의 비율이 높고 당질은 조금 낮다. 단백질 중에는 면역글로브린 함량이 매우 높다. 이는 소가 태반을 통하여 면역성을 얻는 것이 아니고 초유를 먹음으로써 획득하기 때문이다. 1~2일 이내에 면역글로브린을 장관으로부터 섭취할 필요가 있는데 송아지가 먹고 남은 초유를 냉동보존하여 유산균(플레인 요구르트 등)을 첨가하여 발효시켜 수일에 걸쳐 송아지에게 주는 방법도 있다. 이외에 카제인도 약간 증가하며 미네랄 함량도 증가한다.

상유가 되면 단백질 함량이라든가 비타민 A류의 함량은 저하되며 카제인과 유지방이 무수한 소립자로 되어 분산되며 유백색을 나타내게 되는데 각각의 성분 변동은 적어진다. 또한 비유말기(말기유)는 유량이 저하되며 상유보다도 지질, 단백질 함량이 약간 증가하는 경향을 보인다.

#### (2) 착유 간격, 착유 시간대에 의한 성분 변화

착유는 아침저녁 1일 2회 행해지는 경우가 많다. 아침우유와 저녁우유의 착유 간격(시간)이 다른 경우 아침우유 쪽이 유량이 많고 성분 함량은 약간 높아진다. 아침우유 쪽이 저녁우유로부터 간격이 길기 때문에 착유 시작 시의 지방률은 낮고 시간의 경과와 함께 상승한다. 착유를 정지하고 있는 사이에 유방 내의 축적된 유중의 지방이 균일하게 분포하지 않고 지방구(脂肪球)로 부상한 상태로 체류하고 있으므로 착유 개시 후 시간의 경과와 함께 부상한 지방층이 천천히 하강하기 때문이다. 단백질이라든지 유당 함량의 변동폭은 적다.

### 3) 환경적 요인

#### (1) 사료에 의한 성분 변화

반추동물 장관 중의 미생물 발효에 의해 생산된 휘발성 지방산(초산이나 낙산 등, Volatile Fatty Acid : VFA)은 반추동물의 에너지 대사에 이용될 뿐 아니라 유지방의 합성에 필요한 성분이다. 이들 휘발성 지방산의 생산에는 볏짚 등 조사료를 많이 필요로 한다. 농후사료를 많이 주면 에너지 과다가 되며 역으로 유지방 함량은 낮아지고 우유의 상태도 변화하는 수가 있다. 적절한 비율로 농후사료와 조사료를 가해 줌으로써 유량의 증가와 함께 유질도 유지할 수 있다. 착유우의 생리적 상태(임신 시, 분만 전후, 상유(常乳) 생산 시, 건유(乾乳) 기간 등)를 보고 사료배합이라든지 투여량을 잘 조정하지 않으면 안 된다.

#### (2) 계절에 의한 성분 변화

유성분은 계절(기온)에 따라 변동하기 쉽다. 원래 유우는 한랭한 기후를 좋아한다. 홀스타인종의 경우 하루 최고기온이 25°C를 넘는 여름철이 되면 식욕이 줄어 식사량이 저하하여 에너지 부족이 되며 유량, 유질이 함께 저하하게 된다. 일본처럼 여름철 고온다습이 지속되는 지역에서는 우사와 소를 쾌적한 상태로 관리하는 것이 필요하다.

#### (3) 질병에 의한 성분 변화

생리적 요인과도 관련이 있으나 유우에 가장 많은 질병은 유방염이다. 유해미생물이 유방에 침입함과 함께 이들이 증식함으로써 유방에 염증을 일으킨다. 유방염에 의해 유량과 유질이 함께 저하된다. 착유 시에는 세균감염을 막기 위해 감염유가 다른 정상유에 혼입되지 않도록 주의할 필요가 있다. 또한, 치료에 항생물질 등을 사용한 경우 약물이 우유에 이행하므로 일정 기간은 이들의 우유를 출하할 수 없다. 따라서 낙농농가의 경제적 손실이 커진다. 유선세포와 임파구 등의 체세포 수가 높아지면 유방염의 의심이 있으므로 이는 조기발견의 지표가 된다.

## 2. 우유의 화학적 성분 조성

### 1) 단백질

우유 중 단백질은 약 2~3% 함유되는데 산을 가하게 되면(pH 4.6) 침전하는 카제인과 상층의 유청(whey) 중에 함유되어 있는 유청 단백질로 대별된다. 어느 것이나 단일 종류의 단백질이 아니고 다양한 종류의, 성질이 다른 단백질로 구성된다.

### (1) 카제인 마이셀(casein micelle)의 조성과 특성

카제인은 우유단백질의 약 80%를 차지하는 주성분으로서 탈지유를 pH 4.6(20℃)으로 할 때 등전점침전을 하는 일종의 인단백질로 정의된다. 카제인은 요소 존재하에 전기영동을 실시하면 이동도가 빠른 순으로부터 $\alpha_{s}$-, β, γ, κ-카제인으로 분리된다. 이들 카제인은 칼슘과 쉽게 결합하는데 결합함으로써 응집하여 마이셀을 형성한다. 평균 직경 10~15 nm의 서브마이셀(submicelle) 간의 상호작용에 의해 거대한 집합체인 안전한 콜로이드 입자를 형성하고, 인산칼슘과 함께 카제인 마이셀(카제인-칼슘인산 복합체)이라 불리는 구형의 매크로(macro) 회합체로서의 입자가 된다. 카제인 마이셀은 현탁 상태로 존재하고 있는데 마이셀의 크기는 균일하지 않고 직경 20~600 nm(평균 150 nm)의 구형이다. 평균적인 크기의 카제인 마이셀은 1,000개 정도의 서브마이셀로 형성되어 있다. 카제인 마이셀의 내부에는 $\alpha_{s}$-, β-카제인을 주체로 하는 서브마이셀이 존재하고 그 측면에는 κ-카제인을 함유하는 서브마이셀이 배치되어 있다([그림 1]). 서브마이셀 간은 콜로이드성 인산칼슘의 가교에 의해 마이셀 전체가 형성되어 있다고 여겨지고 있다. 마이셀 표면에 존재하는 κ-카제인의 C-말단 측의 친수성영역(caseinoglycopeptide, CGP 부분)이 마이셀 표면으로 돌출되어 있는데, 이 부분의 인산기와 당쇄의 부전하와 친수성이 다른 마이셀과의 반발력이 되어 마이셀의 안정화에 기여하고 있다.

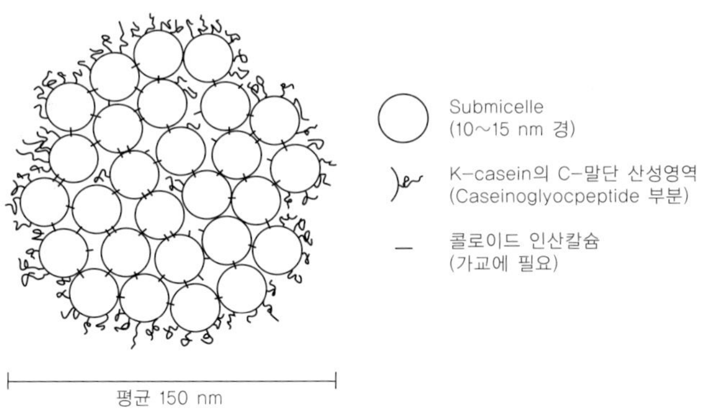


**그림 1.** 카제인 마이셀의 추정 구조(Walstra and Jenness, 1984)

### (2) 카제인 단백질의 종류와 성질

각 카제인의 종류와 주요 성질을 [표 3]에 나타내었다.

### ① $\alpha_{s1}$-카제인

$\alpha_{s1}$-카제인은 pH 7.0, 4℃, 0.04 M $CaCl_2$에서 침전하는 $\alpha_s$-카제인으로서 전기영동에 의해 분리되는 6성분 중 주요 성분이다. $\alpha_{s1}$-카제인은 전체 카제인의 36~37%를 차지하는데 아미노산 199잔기로 되어 있고 분자량은 약 23,600이다. 아미노산 배열이 부분적으로 다른 5개의 유전적 변이체(A, B, C, D, E)가 존재하는데 B가 주요 성분이다. $\alpha_{s1}$-카제인에는 인산기가 결합되어 있어 높은 칼슘 감수성을 보여 준다. 또한 $\alpha_{s1}$-카제인은 N-말단의 41~80 영역까지에 친수성 아미노산이 많으며 모든 인산기가 존재한다. 이 영역의 양측은 소수성 아미노산이 풍부한 소수 영역으로서 양친매성 구조를 하고 있다. 이러한 양친매성 구조는 다른 카제인도 마찬가지이다. $\alpha_{s1}$-카제인을 구성하는 아미노산의 특징은 라이신을 14잔기 함유하나 시스테인은 존재하지 않는 점이다.

### ② $\alpha_{s2}$-카제인

$\alpha_{s2}$-카제인은 전체 카제인의 약 10%를 차지하며 아미노산 207잔기로서 인산기를 10~13개 결합하며 분자량이 약 25,200이다. 4종의 유전적 변이체(A, B, C, D)가 존재하는데 A가 주요 성분이다. $\alpha_{s2}$-카제인의 평균 소수성은 다른 카제인과 비교하면 낮은데 칼슘 감수성은 가장 높다. 구성 아미노산은 시스테인 2잔기를 가지나 라이신은 카제인 중 가장 많은 24잔기를 함유하고 있다.

**표 3.** 카제인 성분의 종류와 주요 특징

| 성분 | 구성 (중량 %) | 유전적 변이체 | 분자량 (Da) | 아미노산 잔기 수 | 인산기 수 | 주요 특징 |
|---|---|---|---|---|---|---|
| $\alpha_{s1}$-casein | 38.1 | A, B, C, D, E | 23,614 (B 변이체) | 199 | 8~9 (변이체 B) | 높은 칼슘 감수성<br>양친매성 구조 |
| $\alpha_{s2}$-casein | 10.2 | A, B, C, D | 25,230 (A 변이체) | 207 | 10~13 (변이체 A) | Lysine 잔기가 높음 |
| β-casein | 35.7 | $A^1$, $A^2$, $A^3$, B, C, D, E | 23,983 (A2 변이체) | 209 | 5 (A2 변이체) | cluster(군집)를 형성<br>온도에 의한 가역적인 회합체를 구성 |
| (γ-casein) | (3.2) | $A^1$, $A^2$, $A^3$, B, C, D, E | 20,250 (γ1) | 180 | 1 (γ1) | β-casein의 분해물 |
| κ-casein | 12.8 | A, B | 19,039 (B 변이체) | 169 | 1~3 (변이체 B) | 당사슬을 결성하고 있으며, micelle의 안정에 기여 |

### ③ β-카제인

β-카제인은 전체 카제인의 35%를 차지하는데 아미노산 209잔기로서 인산기를 5개 함유하며 분자량은 대략 24,000이다. 12종의 유전적 변이체($A^1$, $A^2$, $A^3$, B, C, D, E, F, G, $H^1$, $H^2$, I)가 존재하는데 $A^2$가 주요 성분이다. N-말단부터 15~19번의 영역 내 세린 4잔기가 인산화되어 있고 클러스터를 형성하여 칼슘 섭취를 높여 주는 특성을 보여 주고 있다. 카제이노 포스포펩타이드(Caseinophosphopeptide, CPP). 구성 아미노산은 프롤린을 35잔기로 많이 함유하며 발린이라든지 로이신 같은 소수성 아미노산도 많다. 평균 소수성은 카제인 중에서 가장 높고 중성용액에서는 4℃에서 단량체로 존재하며, 온도 상승과 함께 카제인 마이셀로부터 이탈하여 가역적인 폴리머(polymer)를 형성한다.

### ④ γ-카제인

γ-카제인류는 β-카제인이 내인성 프로테아제(plasmin)에 의해 분해되어 생기는 이차적 부생산물로서 분해 위치에 따라 γ1-(29~209), γ2-(106~209) 및 γ3-(108~209)가 생긴다. 최근에는 유선세포 중에서 합성되는 성분이 아니므로 γ-카제인이라는 명칭을 폐지하고 β-카제인의 분해 성분으로 취급할 것을 제창하고 있다.

### ⑤ κ-카제인

κ-카제인은 전체 카제인의 약 12%를 차지하는데 아미노산 169잔기로서 인산기를 1~3개 결합하며 분자량은 약 19,000이다. 2종의 유전적 변이(A, B)가 존재한다. [그림 2]에 κ-카제인의 일차 구조를 나타내었다. 카제인 성분 중 당쇄를 결합하고 있는 유일한 당단백질로서 당 함량이 다름에 의해 전기영동에서는 복수의 밴드(band)로 검출된다. 다른 칼슘 감수성 카제인과 비교하였을 때 칼슘결합성이 낮다. κ-카제인은 치즈 제조상 가장 중요한 응유반응의 기질로서 렌넷(rennet)의 주성분 키모신(chymosin)에 의해 페닐알라닌(phenyalanine; 105) - 메치오닌(methionine; 106) 간의 펩타이드 결합이 한정적인 가수분해를 받아 소수성이 풍부한 N-말단부(1~105)의 폴리펩타이드(ploypeptide; kapa-casein)와 친수성인 카제이노글리코펩타이드(caseinoglycopeptide; 106~169; CGP)로 분해된다. CGP에는 갈락토스(Gal), N-아세틸갈락토사민(N-acetylgalactosamine;

GalNac) 및 N-아세틸뉴라민산(N-acetylneuraminic acid; NeuAc, sialic acid) 등 3종의 당이 단당에서 4당으로 131, 133, 및 135잔기째의 트레오닌에 O-글라이코사이드(glycoside) 결합하고 있다. 초유의 κ-카제인에는 N-아세틸글루코사민(GluNAc)도 결합되어 보다 복잡한 당쇄구조를 가지고 있다. 초유기와 상유기에 κ-카제인결합 당쇄의 분자량이 다른 이유는 알려져 있지 않다.

10 20
PyroGlu-Glu-Gln-Asn-Glu-Glu-Gln-Pro-Ile-Arg-Cys-Glu-Lys-Asp-Glu-Arg-Phe-Phe-Ser-Asp-Lys-Ile-Ala-Lys-Tyr-Ile-Pro-

30 40 50
Ile-Gln-Tyr-Val-Leu-Ser-Arg-Tyr-Pro-Ser-Tyr-Gly-Leu-Asn-Tyr-Tyr-Gln-Gln-Lys-Pro-Val-Ala-Leu-Ile-Asn-Asn-Gln-Phe-

60 70 80
Leu-Thr-Pro-Tyr-Pro-Tyr-Tyr-Ala-Lys-Pro-Ala-Ala-Val-Arg-Ser-Pro-Ala-Gln-Ile-Leu-Glu-Trp-Gln-Val-Leu-Ser-Asp-Thr-

90 100 105↓106 110
Val-Pro-Ala-Lys-Ser-Cys-Gln-Ala-Gln-Pro-Thr-Thr-Met-Ala-Arg-His-Pro-His-Pro-His-Leu-Ser-Phe-Met-Ala-Ile-Pro-Pro-

120 130 136
Lys-Lys-Asn-Gln-Asn-Lys-Thr-Glu-Ile-Pro-Thr-Ile-Asn-Thr-Ile-Ala-Ser-Gly-Glu-Pro-Thr-Ser-Thr-Pro-Thr-Ile-Glu-Ala-
Thr(variant A)

140 148 150 160
Val-Glu-Ser-Thr-Val-Ala-Thr-Leu-Glu-Ala-Ser-Pro-Glu-Val-Ile-Glu-Ser-Pro-Pro-Glu-Ile-Asn-Thr-Val-Gln-Val-Thr-Ser-
(variant A) Asp P

169
Thr-Ala-Val.OH

**그림 2.** κ-카제인 B의 아미노산 배열(1차 구조) (Eigel, W.N. 등, 1984)
□로 표시한 아미노산 잔기는 유전적 변이체 A의 아미노산 치환을 표시한다.
○로 표시한 Thr에 당쇄가 결합해 있고, 화살표는 키모신에 의해서 가수분해 위치(Phe[105]-Met[106])를 표시한다.

### (3) 유청 단백질의 종류와 성질

유청 단백질은 탈지유에 산을 첨가하여 pH 4.6, 20°C에서 카제인이 침전될 때 얻어지는 수용성 분획 유청에 함유되어 있는 단백질의 총칭이다. 전체 우유단백질의 약 20%를 차지하는데 각종 생리활성 단백질을 많이 함유하고 있다. 각 유청 단백질의 종류와 주된 성질은 [표 4]에 나타내었다.

**표 4.** 유청 단백질의 종류와 주요 특징

| 성분 | 함량 (g/kg) | 분자량 (Da) | 아미노산 잔기 수 | 주요 특징 |
|---|---|---|---|---|
| 전유청 단백질 | 4~7 | | | |
| β-락토글로브린 (β-lactoglobulin) | 2~4 | 18,000 | 1623 | SH기를 가짐<br>모유에는 존재하지 않음<br>레티놀(retinol)과 강하게 결합함 |
| α-락트알부민 (α-Lactalbumin) | 0.6~1.7 | 14,000 | 123 | 공고한 S-S결합을 가짐<br>유당합성에 필요 |
| 혈청알부민(BSA) | 0.1~0.4 | 66,000 | 582 | 삼투압 균형에 필요 |
| 프로테오스 펩톤 (Proteose Peptone) | 0.7~1.8 | - | - | 주로 β-casein의 분해물에서 나옴 |
| 면역글로브린 IgG | 0.72<br>(초유, 32~212) | 160,000 | | 송아지의 면역능력 획득에 필요 |
| 면역글로브린 분비형 IgA | 0.13<br>(초유 3.5) | 400,000 | | 송아지의 면역능력 획득에 필요 |
| 면역글로브린 IgM | 0.03~0.04<br>(초유 8.7) | 960,000 | | 송아지의 면역능력 획득에 필요 |
| 락토페린(lactoferrin) | 0.02~0.2<br>(초유 1) | 78,000 | 689 | 항균작용/세포증식촉진작용 등의 기능성을 가짐 |
| 그 외 | 0.02~0.1<br>(초유 0.5) | | | 효소, 세포 성장인자 등 |

Swasigood,H.E., 1992를 일부 변형

### ① β-락토글로브린(lactoglobulin)

β-락토글로브린(β-Lg)은 전체 단백질의 약 12%를 차지하며 유청 단백질의 약 50%를 차지하는 주요 단백질 성분이다. 아미노산 162잔기로 되어 있으며 분자량은 약 18,000이다. 4종의 유전적 변이체(A, B, C, D)가 존재하며 A 및 B가 주요 변이체이다. 구성 마이노산은 시스테인 5잔기를 함유하는데 그중 4개는 S-S결합을 하면서 존재하나 1개는 SH기(thiol기)로 유리되어 존재한다. SH기는 반응성이 높아 κ-카제인과의 회합이라든지 가열취에 관여한다. β-락토글로브린은 회합에 pH 의존성이 있는데 pH 5.5~7.5에서는 2량체로 존재하지만, pH 3.5~5.2가 되면 8량체를 형성하여 1분자당 1개의 레티놀(비타민 A)과 강하게 결합하는 운반체(carrier)가 된다. 또한 모유에 존재하지 않는 단백질이므로 우유 앨러지의 원인이 되는 경우가 있다.

### ② α-락토알부민

*α*-락토알부민(*α*-La)은 전체 유청 단백질의 약 20%를 차지하는데 아미노산 123잔기로 구성되며 분자량은 약 14,000의 단백질이다. 칼슘 1개와 강하게 결합하는 금속단백질로 분류된다. 시스테인 8잔기는 모두 S-S결합을 하고 있어 구조가 견고한데 열안정성에 크게 기여한다. 난백 라이소자임(lysozyme)과는 S-S결합의 위치를 포함하여 일차 구조에서 약 30%의 상동성을 보여 주고 있다. *α*-La는 유선세포 중에서의 유당의 생합성에 불가결한 갈락토스 전이효소(galactosyltranferase; $Gal^T$)와 함께 작용하여 유당을 합성한다.

### ③ 혈청알부민

혈청알부민(BSA)은 간에서 합성되어 혈청으로부터 우유 중으로 이행한 성분이다. 유청 단백질의 약 5%를 차지한다. 아미노산 582잔기로 되어 있으며 분자량은 약 66,000의 단백질이다.

### ⑤ 면역글로브린

우유 중의 면역글로브린은 유선세포에서 합성된 것이 아니라 혈액으로부터 이행된 것이기도 하고, 유선으로 이동된 플라즈마세포에 의해 합성된 것이다. 우유 중에는 서브클라스를 포함하여 다섯 종류의 면역글로브린(Ig), 즉 IgA, $IgG_1$, $IgG_2$, IgE 및 IgM이 존재하는데 $IgG_1$이 가장 많이 함유되어 있으며 특히 초유 중에 많다. 앞에서 언급하였듯이 송아지의 후천성면역능 획득(감염 방어)을 위해 필요한 성분이다.

### ⑤ 프로테오스-펩톤(proteose-peptone)

프로테오스-펩톤(PP)은 유청 단백질의 약 18~25%를 차지한다. 주요 단백질은 당질을 약 17% 함유한 불균일한 당단백질로서 지방구 피막단백질(NFGM) 유래로 여겨지며 락토페린(lactoferrin)으로 불린다. 그 외에 β-카제인의 단편으로서 플라스민(plasmin)에 의해 분해되어 생긴 펩타이드 단편이 있다. 최근에는 프로테오스-펩톤이라는 명칭은 유청 단백질로부터 제외되고 있다.

### ⑥ 락토페린

락토페린(LF)은 유선세포에서 합성되는데 소 유 1 kg당 20~200 mg, 초유에는 약 1 g 함유된다. 분자량은 약 78,000의 당단백질로서 2개의 철 원자가 결합하는데 철의 운반작용, 항균작용, 세포증식 촉진 등 다양한 생리기능이 알려져 있다.

### (4) 기타 미량 단백질

기타 우유 중에는 약 60종 이상의 효소(라이소자임 등), 세포 성장인자, 밀크뮤신, 비타민 결합단백질, 지방구 피막단백질(MFGM), 오스테오폰틴 등이 존재하는데 미량이지만 생리활성을 보여 주는 것이 있다.

## 2) 당질

우유에 함유된 당질의 99.8%는 유당(lactose)으로서 약 4.4~4.5% 함유되어 있다. 포유동물의 우유에만 존재한다. 또한, 유당 이외의 다종류의 유리 밀크 올리고당, 미량의 유리 글루코스, 갈락토스 및 단백질이라든지 지질에 결합한 당질이 함유되어 있다.

### (1) 유당의 화학구조와 물리적 성질

유당(lactose)은 D-포도당(Glc)과 D-갈락토스(Gal)가 β(1-4)결합하여 생긴 환원성 이당이다. 다른 화학적 명칭은 4-O-β-D-galactopyranosyl-D-glucopyranose이다. 유당 수용액에서는 환원말단부의 포도당의 첫 번째 탄소에 결합하는 수산기의 방향에 따라 α-형과 β-형 두 종류의 이성체(anomer)가 생긴다. [그림 3]에 이들의 화학구조식을 나타내었다.

α-유당 또는 β-유당 각각을 물에 녹인 직후에는 각각의 선광도를 나타내지만 그 후 α형으로부터 β형으로 또는 β형으로부터 α형으로 선광도가 변화하여 평형 상태가 된다(변선광이라 부름). 20℃에서 평형에 도달하였을 때의 선광도는 [α] D=55.3이며 α형과 β형의 존재비는 37.3%와 62.7%로 된다.

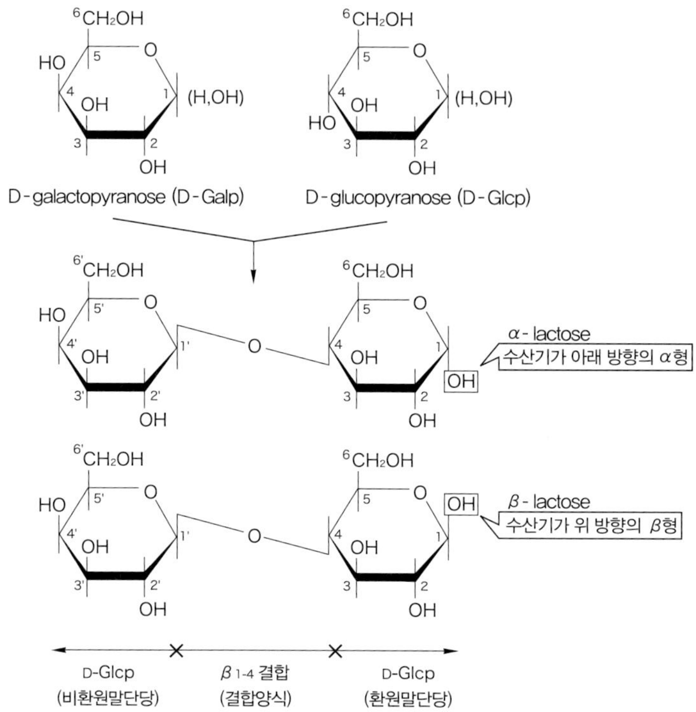


**그림 3.** 유당(lactose) [Galp (β1-4) Glcp]의 화학구조(Haworth 표시법에 의함)
Pyranose는 육탄당을 표시함(齋藤 등, 2006)

프락토스의 감미도는 설탕을 100으로 하여 비교하였을 경우 약 7분의 1인 16이다. β형이 α형보다 감미도가 약간 높다. 유중에서의 유당은 α형과 β형이 평형 상태로 존재하지만 결정화될 경우에는 어느 편의 이성체 단독으로 결정화한다. 유당의 결정 형태로는 α-유당 1수화물, 불안정형 α-무수물, 안정형 α-무수물, β-유당무수물 및 α와 β 혼합형 결정이 있다.

### 3) 유당의 소화성과 유당불내증

우유를 섭취했을 때 유당은 위에서는 거의 변화를 받지 않고 소장에 도달하여 소장점막 상피세포 미세모에 존재하는 β-갈락토시다제(lactase)에 의해 갈락토스와 글루코스로 분해된 후에 장관 상피세포로부터 흡수된다. 만일 장관의 효소활성이 저하되거나 또는 결여되어 있는 경우에는 유당의 소화 및 흡수불량이 원인이 되어 불쾌증상이 일어날 수 있는 경우가 있는데, 이를 '유당불내증' 또는 '저유당증'이라고 부른다. 유당불내증에서는 복부팽창, 복통 및 설사 등의 증상을 보인다. 유당이 소장에서 분해 흡수되지 않고 대장으로 이행하게 된다. 이렇기 때문에 장내의 삼투압이 높아지고 다량의 수분이 장내로 들어오게 된다. 이후 유당은 장내 세균에 의해 이산화탄소, 물, 그리고 단쇄 유기산으로 분해된다. 그 결과 발생한 가스가 팽창을 일으키며, 유기산은 장관을 자극하면서 장내의 수용해물과 함께 설사를 야기한다.

북부 유럽계 백인의 유당불내증의 비율은 10% 이하이지만 미국계 흑인은 65~100%, 라틴 아메리카인은 45~94%, 아시아계는 17~100%, 남부 유럽인은 30%, 일본인은 75~100%가 유당불내증이라 한다. 그러나 통상적으로 우유를 섭취하고 있는 사람에서는 장내 세균총이 변화하여 가스 생성균보다 유산과 유산 생성균이 많은 장내 환경으로 되어 불쾌증상이 나타나지 않는 경우가 많다.

### 4) 유당의 주된 생리적 역할

유당은 1 g당 4 kcal의 에너지를 만든다. 우유 중의 전체 칼로리의 약 30%를 차지한다. 유당은 유아에게 중요한 에너지원이 되는데 2당류이므로 미발달의 유아 소장에 있어서 저삼투압의 유지를 가능하게 해 준다. 또한 소화 속도가 늦기 때문에 급격히 혈당치가 상승하지 않으므로 당뇨병 환자의 에너지원으로도 우수하다.

우유 중 다량의 유당은 소아장관에서 유산균이라든지 비피더스균 등 유용세균이 우세한 장내 세균총을 형성하는 데에 이용되는데 이러한 균에 의한 산 생성의 결과 많은 잠재적인 병원성세균의 장내 증식이 제어된다.

유당을 구성하는 갈락토스는 유아의 뇌발달이라든지 수초(髓鞘) 형성에 이용된다. 갈락토스는 흡수되면 간에서 글루코스로 변환되어 에너지원으로 쓰인다. 일부 갈락토스는 뇌로 운반되어 수초 형성에 중요한 강글리오사이드(ganglioside) 등 당지질 중의 당쇄재료로 이용되는 것으로 추정된다.

유당은 장관에서의 칼슘이라든지 마그네슘, 철의 흡수를 촉진한다. 그러한 이유로서 장관에 남아 있는 유당이 장내 세균에 이용되어 유기산이 생성되면서 pH가 저하하므로 칼슘의 장관 내에서의 이온화가 촉진되기 때문이거나 유당 자체가 장관에 직접 작용하기도 하고 칼슘과 직접 킬레이트(chelate)를 만들기 때문인 것으로 추정되고 있다.

### 5) 우유 중의 유당 이외의 당질

우유 중에는 유당 이외에도 미량의 당질이 유리 상태로 함유된다. D-글루코스(Glc)의 양은 분만 후 15일 이내의 우유에서는 홀스타인종, 저지종 모두 18 mg/L, D-갈락토스(Gal)의 양은 홀스타인종에서 34.2 mg/L, 저지종에서는 46.8 mg/L로 산출되고 있다. 또한, N-아세틸글루코사민(acetylglucosamine; GlcNAc)도 우유 중에 11.2 mg/L 함유되어 있다.

유당 이외의 올리고당류는 초유에는 소량, 상유에는 미량 함유되어 있다. 초유에는 시알산(sialic acid), N-아세틸뉴라민산(acetylneuraminic acid; NeuAc)을 결합하고 있는 아홉 종류의 산성 올리고당이 존재한다. 분만 후 1일 이내에서 소멸한다. 여덟 종류의 산성 올리고당은 상유에는 거의 함유되어 있지 않으며 시알산은 14 mg/L이다. 이는 사람의 상유에 함유되어 있는 시알릴 올리고당(sialyl oligosaccharide) 내의 시알산 양의 1/10 이하로서 적은 양이다. 이들 올리고당에는 장내의 유용세균인 비피더스균의 증식을 촉진하는 것이 있는데 이 작용을 갖는 올리고당은 비피더스 인자(bifidus factor)라고 불린다. 비피더스균의 활성을 촉진하는 올리고당의 종류라든지 함유량은 우유보다 모유에 더 많다.

## 3. 지질

지질 성분은 중성지질과 극성지질로 대별된다. 주된 중성지질은 글리세롤지질(glycerolipid)인 트리아실글리세롤(triacylglycerol; triglyceride)과 프레닐(prenyl)지질인 이소프렌(isoprene)으로부터 생합성되는 콜레스테롤(cholesterol), 토코페롤(tocopherol) 등이 있다. 극성지질은 복합지질인 인지질이 주로서 스핑고지질(sphingolipid)인 스핑고마이엘린(sphingomyelin)이 포함된다. [표 5]에 홀스타인종의 우유지질 분류와 조성을 나타내었다.

### 1) 지질의 함량과 존재 형태

홀스타인종의 우유 중에는 약 3.3~4.7%의 지질이 함유되어 있다. 유지방의 주성분(98.3%)은 글리세롤지질로 분류되는 트리아실글리세롤이다. 트리아실글리세롤의 95% 이상은 지방구로서 수중유적형 이멀전(O/W)의 형태로 유장 중에 분산되어 존재하고 있고

**표 5.** 우유지질 성분과 조성

| 종류 | 구성(중량 %) | 함유량(전유 100 g당) |
|---|---|---|
| 1. 아실지질 | | |
| 글리세롤지질(glycerolipid) | | |
| 중성지방 | | |
| 트리아실글리세롤(triacylglycerol) | 98.3 | 3.24～3.27 g |
| 디아실글리세롤(diacylglycerol) | 0.3 | 0.001～0.002 g |
| 모노아실글리세롤(monoacylglycerol) | <0.1 | 0.53～1.27 mg |
| 유리지방산(free fatty acid) | 0.1 | 3.34～14.7 mg |
| 인지질(phospholipid) | | |
| 포스파티딜콜린(phosphatidylcholine) | 0.3 | |
| 포스파티딜에탄올아민(phosphatidylethanolamine) | 0.3 | 26.7～33.4 mg |
| 그 외의 인지질 | 0.1 | |
| 스핑고지질(sphingolipid) | | |
| 스핑고마이엘린(sphingomyelin) | 0.2 | 2.0 mg |
| 중성당지질 | 0.1 | |
| 산성당지질 | <0.1 | |
| 2. 프레닐(prenyl)지질 | | |
| 스테롤지질 | | |
| 유리콜레스테롤 | 0.3 | 4.35～13.69 mg |
| 아실스테롤 | <0.1 | |
| 그 외 | | |
| 토코페롤류 | <0.1 | 0.08 mg |
| 카로티노이드(carotenoid) | <0.1 | 0.0233～0.031 mg |

McBean and Speckmann, 1988

나머지 5%는 구 형태의 지질단백질(lipoprotein)로서 존재한다. 지방구에 함유되는 지질의 98~99%는 트리아실글리세롤, 소량의 다이(di-) 또는 모노(mono-) 아실글리세롤을 함유하고 미량의 스테롤(sterol)로 구성되는 코어(core) 지질과 이것을 싸는 지방구 피막으로 구성되어 있다. 우유가 백색인 것은 이러한 지방구와 카제인 마이셀 때문이다. 우유 중의 인지질 등 복합지질(전지질의 1% 정도)은 주로 지방구 피막을 구축하는 성분으로 존재한다.

## 2) 구성 지방산의 특징

우유로부터 400종류가 넘는 지방산이 트리아실글리세롤에 결합한 상태로 확인되고 있다. 그러나 주된 지방산은 팔미트산(16:0), 올레인산(18:1), 미리스틴산(14:0) 및 스테아린산

(18:0)으로서 다가(多価) 불포화지방산은 미량이다. 유지방은 필수지방산의 공급원으로서가 아니라 에너지원으로서 중요하다. [표 6]에 각종 동물유의 트리아실글리세롤 중에 함유된 지방산 조성을 나타내었다. 우유지질에는 모유와 비교하였을 때 불포화지방산 함량이 적다. 이는 사람 등 단위동물에서는 식사의 지질 내용물에 영향을 받는데, 이에 비해 소는 반추동물이기 때문에 사료 중의 불포화지방산이 제1 위 내의 장내(lumen) 미생물의 발효에 의해 수소 첨가를 받기 때문이다. 또한, 우유지방에는 휘발성 지방산(VFA)인 낙산(4:0)과 카프론산(capronic acid; 6:0) 등 저급 지방산이 비교적 많이 함유되어 있는 것이 단위동물의 유지방에서는 볼 수 없는 최대 특징이다. 리파제의 작용으로 유지방이 분해되면 이들 휘발성의 저급 지방산이 유리되어 산화되므로 '산화취(rancid flavor)'의 원인이 된다. 한편 유산균 등의 리파제 작용에 의해 유리된 저급 지방산은 이후 더욱 복잡한 반응에 의해 치즈 등의 독특한 풍미 성분의 원인으로 된다. 이외의 미량 성분으로는 기수지방산, 분지산, 트랜스불포화산 및 비피도록신(bifidoroxin)을 포함한 다수의 지방산이 존재하고 있다. 이들 지방산 중에는 기능성 지방산으로서 공액 리놀산(conjugated linoleic acid; CLA)이 있다.

**표 6.** 각종 동물 젖(乳)의 트리아실글리세롤 중에 포함된 지방산 구성 (중량 %)

| 지방산 | 생략 기호 C: | 융점 (℃) | 동물의 종류에 따른 우유(젖) | | | | | |
|---|---|---|---|---|---|---|---|---|
| | | | 소 | 양 | 염소 | 사람 | 돼지 | 쥐 |
| 낙산 | 4:0 | -7.3 | 3.3 | 4.0 | 2.6 | | | |
| 카프로산(caproic acid) | 6:0 | -3.4 | 1.6 | 2.8 | 2.9 | | | |
| 카프릴산(caprylic acid) | 8:0 | 16.7 | 1.3 | 2.7 | 2.7 | | | 1.1 |
| 카프르산(capric acid) | 10:0 | 31.6 | 3.0 | 9.0 | 8.4 | 1.3 | 0.7 | 7.0 |
| 라우르산(lauric acid) | 12:0 | 44.2 | 3.1 | 5.4 | 3.3 | 3.1 | 0.5 | 7.5 |
| 미리스틴산(myristic acid) | 14:0 | 53.9 | 9.5 | 11.8 | 10.3 | 5.1 | 4.0 | 8.2 |
| 팔미트산(palmitic acid) | 16:0 | 63.1 | 26.3 | 25.4 | 24.6 | 20.2 | 32.9 | 22.6 |
| 팔미톨레인산(palmitoleic acid) | 16:1 | 45.0 | 2.3 | 3.4 | 2.2 | 5.7 | 11.3 | 1.9 |
| 스테아르산(stearic acid) | 18:0 | 69.6 | 14.6 | 9.0 | 12.5 | 5.9 | 3.5 | 6.5 |
| 올레인산(oleic acid) | 18:1 | 13.4 | 29.8 | 20.0 | 28.5 | 46.4 | 35.2 | 26.7 |
| 리놀산(linoleic acid) | 18:2 | -5.2 | 2.4 | 2.1 | 2.2 | 13.0 | 11.9 | 16.3 |
| 리놀렌산 | 18:3 | -11.3 | 0.8 | 1.4 | | 0.7 | 0.7 | 0.8 |

Christie, W.W., 1995

### 3) 중성지질

#### (1) 트리아실글리세롤(triacylglycerol)

트리아실글리세롤은 전체 지질의 98% 이상을 차지하는데 미량의 디아실글리세롤과 모노아실글리세롤도 존재한다.

트리아실글리세롤의 분자종(지방산조합)은 글리세롤 잔기의 수산기에 결합하는 지방산의 분포성(sn-1, sn-2 및 sn-3)에 반영되는데, 확실히 일정한 유도합성 경향이 인정된다. 대표적인 트리아실글리세롤종은 2분자의 팔미트산과 1분자의 미리스틴산이 결합한 것, 올레인산, 팔미트산 및 미리스틴산 각 1분자가 결합한 것, 또한 2분자의 올레인산과 1분자의 팔미트산이 결합한 것으로서 각각 전체의 2~3%를 차지하고 있다. 이 외의 트리아실글리세롤도 모두 미리스틴산, 팔미트산 및 올레인산을 2분자 이상 함유한다. 또한, 낙산이라든지 카프론산 등 저급 지방산은 거의 모두가 sn-3 결합하고 있는데, 주요한 팔미트산은 그 90%가 같은 비율로 sn-1과 sn-2로 결합하며 올레인산의 70%가 sn-1과 sn-3로 결합하고 있다. 이렇게 결합하는 지방산의 분포성에 왜 일정한 경향이 있는지의 이유는 알려져 있지 않다.

#### (2) 프레닐(prenyl)지질

유지방에 함유하는 스테롤의 95%는 콜레스테롤로서 유리형과 에스테르형이 약 10:1의 비율로 존재한다. 총 콜레스테롤 함량은 13 mg/100 g이다. 토코페롤류(비타민 E, 95%는 $\alpha$-tocopherol)와 카로티노이드류는 평균으로 각각 100 ug과 58 ug/100 g(비타민 A를 함유)을 함유하고 있다. 지용성인 비타민 D나 K도 우유에 함유되지만 미량이다.

### 4) 극성지질

#### (1) 인지질

우유 중의 극성지질은 주로 지방구 피막에 함유되는데 그중의 글리세롤지질로서 포스파티딜콜린(phosphatidylcholine; lecithin), 포스파티딜에탄올아민(phosphatidylethanolamine; kepharin), 포스파티딜이노시톨(phosphatidylinositol) 등 인지질이 존재한다. 우유 중 인지질의 약 65%는 지방구 피막에 존재한다. 인지질의 주된 구성 지방산은 팔미트산(16:0, 약

32%), 올레인산(18:1, 약 30%) 및 리놀산(18:2, 약 9%)인데 불포화도는 레시틴보다 케파린에서 더 높다.

또한, 격렬한 교반이라든지 균질화 처리 등으로 지방구 피막이 펴지면서 유지방이 유리한다. 이때 리포프로테인 리파제(lipoprotein lipase)의 작용을 받으면 지방산이 유리하여 자동산화를 받기 때문에 산화취(rancid flavor)의 원인이 된다. 인지질은 트리아실글리세롤과 비교하면 10:0 이하의 저급 지방산을 거의 함유하지 않으며 기수지방산이나 다가 불포화지방산 함량이 높은 등의 특징이 있다.

#### (2) 스핑고지질

스핑고마이엘린 외에 대사상의 전구체인 세라미드(ceramide), 중성 당지질인 모노글리코실세라미드(monoglycosylceramide; cerebroside 등)와 다이글리코실세라미드(diglycosylceramide; lactosylceramide 등) 및 산성당지질(ganglioside 등)이 포함된다. 우유 중에는 시알산을 함유한 여덟 종류의 강글리오사이드(ganglioside)가 있다. 주요한 당지질은 락토실세라미드(lactosylceramide), GD3(lactosylceramide에 시알산이 2분자 결합한 강글리오사이드) 및 세레브로사이드(cerebroside)로서 각각 우유 100 g당 약 12, 7 및 6 mg 함유된다.

## 4. 미네랄

미네랄은 우유 중에 약 0.7% 함유된다. 주된 미네랄의 함량은 [표 7]에 나타내었다. 생체의 정상적인 발육이라든지 생명 유지에 중요한 역할을 하고 있는 원소를 함유한 염류가 많다. 미네랄 함량은 유우의 품종, 개체차, 비유기, 사료, 계절 및 미생물의 작용에 의해 변동한다. 비유기에 의한 영향이 일반적으로 큰데 Ca, Mg, P, Na 및 Cl 등은 초유와 말기유에서 높아지고 K는 반대로 나타난다.

미네랄은 가용성 성분(혹은 투과성 성분)으로서 유청 중에, 또는 콜로이드성 성분(혹은 불용성, 비투과성 성분)으로서 카제인이라든지 지방구에 결합하여 존재한다. 주요 미네랄인

K, Na의 90% 이상이, 염소는 100%가 이온상으로 해리되어 있다. Ca은 약 60%가 카제인 마이셀과 결합한 콜로이드 상태로 있고 약 30%가 구연산염 및 인산염이며 나머지는 해리(이온화)되어 있다. 카제인에 결합하는 Ca은 세린에 공유 결합하고 있는 인산기라든지 아스파라긴산, 글루탐산의 유리 카르복실기에 결합하여 있다. P는 약 40%가 콜로이드상의 인산칼슘으로, 약 30%가 가용성 인산염으로, 약 20%가 카제인에 결합한 인산염으로, 그리고 약 10%가 인지질 등에 인산에스테르로 존재하고 있다. Mg은 약 67%가 가용성인데 이 중 15%가 이온성이다. Ca도 Mg도 존재 형태의 평형 관계를 유지하고 있는데 온도, pH, 동결, 염류의 첨가 및 희석에 의해 각 상간을 이동한다.

Ca의 결핍은 골다공증, 동맥경화증 및 고혈압의 발병과 관계가 있다. 우유 및 유제품의 칼슘 흡수율은 약 40~60%로 높은데, 생선이라든지 야채로부터의 칼슘보다 흡수성이 높다. 우유 중에는 비타민 D, 유당, 카제인 포스포펩타이드(casein phosphopeptide; CPP), 라이신, 알기닌, 칼슘/인 비율 등 흡수를 촉진하는 많은 인자가 있다. 한편, 우유에는 피틴산, 옥살산염 및 식물섬유 등 저해인자가 존재하지 않는 것도 칼슘 흡수율을 높여 주고 있다.

**표 7.** 우유 중의 주요 미네랄 함량과 존재 형태

| 원소명 | 농도 (mg/L) | 가용성 (%) | 존재 형태 | 콜로이드성 (%) |
|---|---|---|---|---|
| 칼륨(K) | 1,450 | 92 | 이온성 | 8 |
| 칼슘(Ca) | 1,200 | 34 | 35% $Ca^{2+}$<br>55% 구연산염에 결합<br>10% 인산염에 결합 | 66 |
| 염소(Cl) | 1,200 | 100 | 이온성 | - |
| 인(P) | 750 | 43 | 10% Ca, Mg에 결합<br>51% $H_2PO^-$<br>1% $HPO_4^{2-}$ | 57 |
| 나트륨(Na) | 500 | 92 | 이온성 | 8 |
| 마그네슘(Mg) | 130 | 67 | Ca와 유사 | 33 |

Fox and MacSweeney, 1988을 일부 변형

## 5. 비타민

우유에는 알려진 비타민 모두가 함유되어 있는데 다른 식품에 비해 양적으로는 약간 적다. 주된 비타민 함량을 [표 8]에 나타내었다. 함량이 많은 것은 비타민 A류이며 $A_1$(레티놀; retinol) 및 카로틴(carotene)이 존재한다. 유지방의 담황색은 이들 비타민 A류라든지 다른 케라티노이드(keratinoid)에 의한 것으로 사료의 영향을 받기 쉽다. 비타민 E는 약 100 ug/100 ml 함유된다. 비타민 $B_2$(리보플라빈)는 65~95%가 유리형으로 존재하는데 유청의 황녹색의 원인이 된다. 리보플라빈은 효소, 열, 산에 안정하나 햇빛에 대해 불안정하여 급속히 루미크롬(lumichrome)으로 분해된다.

**표 8.** 우유 중의 주요 비타민과 함량

| 비타민명 | 함량(㎍/100 ml) |
|---|---|
| 지용성 비타민 | |
| $A_1$(레티놀) | 30～37 |
| 카로틴(carotene) | 12～21 |
| D(콜레칼시페롤 D7) | 0.08 |
| E(토코페롤) | 100～110 |
| K(필로키논) | 30～37 |
| 수용성 비타민 | |
| $B_1$(티아민) | 40～42 |
| $B_2$(리보플라빈) | 150～172 |
| $B_6$(피리독신) | 48 |
| $B_{12}$(코발아민) | 0.45 |
| 나이아신(B3) | 92～100 |
| 엽산(B9) | 5.3～11.5 |
| 판토텐산(B5) | 360 |
| 바이오틴(B7) | 3.6 |
| C(아스코르빈산) | 188～2,000 |

아다치(足立), 이토(伊藤), 1987을 일부 변형

## 6. 치즈의 성분 조성

치즈는 우유의 카제인 단백질이 응고한 것이므로 일반적으로 수분 함량이 낮고 단백질, 지질 함량이 높다. 당질은 거의 함유되어 있지 않다. 치즈의 성분은 같은 생유로 제조되어도 종류, 제조 방법, 제조지 등에 따라 크게 다르다. [표 9]에 일본에서 시판되고 있는 주요 치즈의 영양 성분을 나타내었다. 자연치즈는 수분의 차이에 따라 분류되는데 경질 치즈와 연질 치즈로 나뉜다. 수분이 낮은 치즈일수록 전체 고형분 함량이 커지므로 경질 치즈는 단백질, 지방 함량 모두 높아진다.

한편, 가공치즈는 혼합한 자연치즈의 비율이라든지 수분 함량, 사용 목적 등에 따라 크게 달라진다. 흔히 사용되는 고다 치즈, 체다 치즈 등의 성분에 가깝다. 또한, 자연치즈의 비율이 낮은 치즈 스프레드(cheese spread)도 있다.

코티지 치즈와 크림 치즈 등은 숙성시키지 않으나 체다 치즈, 고다 치즈, 카망베르 치즈 등은 상당한 기간 숙성시킨 후 먹게 된다. 치즈 중에는 스타터(starter) 유산균의 프로테아제와 리파제 등 여러 종류의 효소가 축적되어 있고 또한 우유 유래효소 및 키모신이 존재하고 있다. 커드 중의 카제인, 유지방 및 유당은 이들 효소에 의해 서서히 분해되어 풍미 성분으로 변환되어 고유의 풍미가 생성되게 된다. 동시에 조직도 탄력성이 감소하여 연하고 매끄러운 조직으로 변화되어 간다.

우유 중 대부분의 유당은 유청과 함께 배출되므로 치즈 커드 중에 남는 유당은 1~2% 정도이다. 이 잔존 유당은 유산균에 의해 분해되어 주로 유산이 되어 커드의 pH를 저하시킨다. 잡균의 증식 제어, pH 의존성 각종 효소의 활성에 영향을 끼침으로써 숙성 후 치즈 품질에 영향을 준다. 또한, 유당의 분해에 의해 유산 이외에 알코올, 알데하이드 등 풍미 성분도 생성시킨다.

치즈 중의 단백질(주로 카제인)은 숙성 중에 효소분해되어 펩타이드, 아미노산, 나아가 암모니아, 아민, 황화수소로의 저분자화가 서서히 진행된다. 지방도 숙성 중에 효소분해되어 유리지방산, 케톤, 락톤 및 알데하이드가 생성된다.

**표 9.** 치즈류의 영양 성분 (100 g당)

| 치즈 종류 | 에너지 | | 수분 (g) | 단백질 (g) | 지질 (g) | 탄수화물 (g) | 회분 (g) | 칼슘 (mg) | 콜레스테롤 (mg) |
|---|---|---|---|---|---|---|---|---|---|
| | Kcal | KJ | | | | | | | |
| 자연치즈 | | | | | | | | | |
| Edam | 356 | 1,490 | 41.0 | 28.9 | 25.0 | 1.4 | 3.7 | 660 | 65 |
| Emmental | 429 | 1,795 | 33.5 | 27.3 | 33.6 | 1.6 | 4.0 | 1,200 | 85 |
| Cottage | 105 | 439 | 79.0 | 13.3 | 4.5 | 1.9 | 1.3 | 55 | 20 |
| Camembert | 310 | 1,297 | 51.8 | 19.1 | 24.7 | 0.9 | 3.5 | 460 | 87 |
| Cream | 346 | 1,448 | 55.5 | 8.2 | 33.0 | 2.3 | 1.0 | 70 | 99 |
| Gouda | 380 | 1,590 | 40.0 | 25.8 | 29.0 | 1.4 | 3.8 | 680 | 83 |
| Cheddar | 423 | 1,770 | 35.3 | 25.7 | 33.8 | 1.4 | 3.8 | 740 | 100 |
| Parmesan | 475 | 1,987 | 15.4 | 44.0 | 30.8 | 1.9 | 7.9 | 1,300 | 96 |
| Blue | 349 | 1,460 | 45.6 | 18.8 | 29.0 | 1.0 | 5.6 | 590 | 90 |
| 가공치즈 | 339 | 1,418 | 45.0 | 22.7 | 26.0 | 1.3 | 5.0 | 630 | 78 |
| 치즈 스프레드 | 305 | 1,276 | 53.8 | 15.9 | 25.7 | 0.6 | 4.0 | 460 | 87 |
| 치즈 유청 파우더 | 362 | 1,515 | 2.2 | 12.5 | 1.2 | 77.0 | 7.1 | 620 | 28 |

오정증보판 일본식품표준성분표로부터 발췌

## 7. 훼이(유청)의 성분 조성

우유로부터 치즈 또는 카제인의 제조 시 우유를 응고시킨 커드를 절단할 때 배출되는 형광녹황색의 수용액을 총칭하여 유청이라고 한다. 수용성 비타민인 비타민 $B_2$(리보플라빈)의 색이 반영되어 형광을 나타낸다. 유청은 치즈 제조 시에 배출되는 감성 유청(치즈 유청)과 산 응고시킨 후에 나오는 산유청으로 나뉜다. 감성 유청은 pH 5.8~6.3으로서 pH가 높은데 고다 치즈 등 배트(vat) 계열의 치즈라든가 렌닛 카제인을 제조할 때 얻어진다. 또한 산유청은 pH 4.2~4.8로서 코티지 치즈 등 소프트 계열의 치즈라든가 산 카제인을 제조할 때 얻어진다. 치즈 유청 쪽이 약간 미네랄 함량이 낮다. 어느 것이나 카제인이 거의 함유되지 않으므로 주된 고형분은 유청 단백질과 유당이다. [표 10]에 유청의 성분 조성을 나타내었다.

공업적으로는 유청 분말(whey powder), 유청 단백질 농축물(whey protein concentrate; WPC), 유청 단백질 분리물(whey protein isolate; WPI) 등 여러 가지 유청 단백질 소재라든지 유당이 제조되는데, 이들은 우수한 기능 특성을 갖는 식품단백질이 되고 있다. 유청을 농축, 건조시킨 유청 분말은 영양가가 높은 단백질일 뿐만 아니라 70%를 넘는 유당과 높은 미네랄 함량을 가지므로 식용(영양 강화식품, 아이스크림 재료, 빵 등) 이외에 가축사료로 이용된다. 최근에는 막 분리기술을 응용하여 유청으로부터 유당과 미네랄을 제거함으로써 유청 단백질을 보다 널리 사용하기 위한 기술이 개발되고 있다.

**표 10.** 유청 및 건조유청의 화학적 구성(중량 %)

| 성분 | Sweet whey | Acid whey | 건조 Sweet whey | 건조 Acid whey |
|---|---|---|---|---|
| 수분 | 93.70 | 93.50 | 3.5 | 4.0 |
| 단백질 | 0.80 | 0.75 | 13.1 | 12.5 |
| 지방 | 0.50 | 0.04 | 0.8 | 0.6 |
| 유당 | 4.85 | 4.95 | 75.0 | 67.4 |
| 미네랄 | 0.50 | 0.80 | 7.3 | 11.8 |
| 유산 | 0.05 | 0.40 | 0.2 | 4.2 |

사이토(斉藤) 등, 2006

# 참 / 고 / 문 / 헌


1) 足立 達, 伊藤敞敏, 牛乳とその加工, p.93, 建帛社, 1987.
2) Christie, W.W., Advanced Dairy Chemistry 2, Lipids (ed, Fox, P.F.), pp.1-36, Chapman & Hall, 1995.
3) Eigel, W.N., Butler, J.E., Ermstrom, C.A., Farrell, H.M., Harwalkar, V.R., Jenness, R. and Whitney, R.M., Nomencalture of proteins of Cow's Milk, fifth revision, *J. Dairy Sci.,* 67, 1599-1631, 1984.
4) Fox and Mcsweeny, P.L.H., Dairy Chemistry and Biochemisty, 1998, Blackie Academic and Professional.
5) McBean and Speckmann, Fundamentals in Dairy Chemistry (Wong, N.P. et. al. eds.), p.343, Van Nostrand Reinhold, 1988.
6) 農林水産統計データ (牛乳乳製品統計, 海外統計情報), 農林水産省 (http://www.maff.go.jp/)
7) 五訂増補 日本食品標準成分表から抜粋
8) 齋藤忠夫, 西村敏英, 松田 幹編, 最新畜産物利用学, p.13, 2006.
9) 齋藤忠夫, 西村敏英, 松田 幹編, 最新畜産物利用学, p.45, 2006.
10) Swasigood, H.E., Method Gel Electrophoresis of Milk Proteins, p.33, American Dairy Science Association, 1975.
11) Swasigood, H.E., Advanced Dairy Chemistry, 1 (Fox, P.F. ed.), pp.63-110, Elsevier Applioed Science, 1992.
12) Walstra, P. and Jennes, R., Dairy Chemistry and Physics, John Wiley, 1984.

2-2

# 치즈 제조의 기본 공정

도호쿠(東北)대학 대학원 농학연구과
사이토 타다오(齋藤忠夫)

치즈의 주된 고형 성분은 유단백질의 주요한 부분을 점하는 '카제인' 및 지방이다. 유단백질에 대한 대표적인 질문으로 "우유는 어째서 희게 보이는 것일까?"가 있다. 이 질문에 간단히 답한다면 우유가 희게 보이는 원인에는 두 가지가 있다. 하나는 유지방으로서 지방구의 형태로 우유 안에 부유하여 존재하고 있기 때문이다. 그러나 탈지유도 희게 보이므로 지방구는 보조역이고 주역은 카제인이라 할 수 있다. 또 하나의 원인은 카제인이 카제인 마이셀이라고 하는 매크로(macro) 중합체의 형태로 존재하고 있기 때문이다. 이 두 가지, 즉 지방구와 카제인 마이셀의 존재 형태는 우유 중에 입사된 빛을 난반사시키기 때문에 희게 보이게 되는 것이다. 치즈의 주된 성분인 카제인과 지방이 우유를 희게 보이게 하는 것이다.

우유의 백색을 과학적으로 설명한다고 해도 카제인 존재 형태의 신비성에는 미치지 못한다. 현재도 카제인 마이셀의 진정한 존재 형태는 결정되어 있지 않으며 카제인 마이셀을 구성하는 작은 서브마이셀(submicelle)의 존재도 아직 확정적이지 않다고 주장하는 연구자도 있다. 이처럼 우유가 희게 보이는 데에 관한 질문에 현재의 과학으로 완전한 확답을 주기는 매우 어려운 것 같다. 왜냐하면 우유의 성상은 화학적으로도 물리학적으로도 매우 복잡한 성분으로 구성된 헤테로(hetero)적인 액상으로서 현재까지의 과학적 정보를 집약하여도 아직도 불명확한 점이 많기 때문이다.

여기에서 서술하는, 특히 서구형 치즈의 제조 프로세스에 있어서의 특징인 응유효소: 키모신(chymosin)을 사용하는 현상은 물리화학적으로나 효소화학적으로나 다른 분야에서는 볼 수 없는 물성의 변화를 수반한다. 이 효소는 카제인 마이셀의 존재 형태를 숙지하고 만들어진 효소라고도 생각되는데, 반응 후 카제인 마이셀 표면에 변화가 일어나고 우유는 액체에서 고체로 극적으로 변화한다. 이 응유현상은 한번 보게 되면 잊을 수 없는 인상으로 남는다.

이렇듯 현대의 과학 수준으로도 완전히 파악할 수 없는 동물유의 고도 이용에 대하여 우리들의 전 세대, 특히 유럽 민족은 현대 과학 수준을 뛰어넘는 경험으로부터 배운 지혜를 무기로 하여 우유로부터 겨우 3%에도 미치지 못하는 양의 카제인을 매우 확률 좋게 끄집어 내는 데에 성공하였으며, 영양가는 풍부하지만 보존성이 극히 나쁜 우유라고 하는 식품을 교묘히 가공하여 결과적으로 인류적 유산이라고도 말할 수 있는 멋진 발효 보존식품으로서의 '치즈'를 손에 넣었다.

세계에는 적어도 1,000종류에 가까운 다양한 종류의 치즈가 존재하는 것으로 일컬어지는데 크게 분류하면 유럽과 아메리카에서 주로 만들어지는 렌넷(rennet) 응고, 숙성형의 치즈군과 아시아에서 주로 만들어지고 있는 산 첨가 응고, 비숙성형의 치즈군으로 나눌 수 있다. 일반적으로 아시아 지역에서의 치즈 제조에 대해서는 다루지 않는 경우가 많은데 여기에서는 이에도 접근하여 세계 치즈 제조의 기본적인 제조 공정과 각 스텝별로 기본적으로 일어나는 현상에 관하여 고찰해 본다.

## 1. 서구 및 동양에서의 치즈 제조기술의 차이

근래 일본에서는 치즈라고 하는 유제품이 일반화되어 마치 일본 고대로부터 존재했던 것처럼 친숙하게 느껴지고 있다. 그러나 일본에서는 쇼와 초기까지는 치즈라는 표현보다는 '건낙'이라는 명칭으로 불리고 있었다. 일본에서는 숙성형 치즈보다 가공치즈가 먼저 도입되는 특이한 경위를 거쳤기 때문에 현재도 학교급식에는 가공치즈가 나오고 있으며 지금도 인기가 높다. 치즈에 관하여는 많은 우수한 서적이 있으며 분류상의 규정도 다양하다.

## 1) 동양형 치즈

동양 또는 아시아 지역에서도 우유를 이용하거나 우유의 가공이 활발한데 중국, 내몽골, 몽골 및 네팔 등지에서는 '동양형 치즈'가 만들어지고 있다. 여기에서 쓰이는 원료유는 소와 함께 물소, 낙타, 야크, 양, 염소, 말 등의 다양한 젖이 이용되고 있다. 이들 지역에서의 유생산량은 국제낙농연맹(IDF)에서 매년 발표되는 자료(세계낙농정황, IDF낙농정책·경제상설위원회보고)에서도 파악되어 있지 않은데, 상당한 양의 젖이 실제로는 아시아의 산악지역에서 생산·소비되고 있는 것으로 여겨진다. 이들 치즈는 중앙아시아가 기원이 되는데 젖산 발효와 가열만에 의한 산 응유 가공 기술을 이용했던 가장 오래되고 소박한 방법으로 제조되고 있다. 치즈라는 용어는 기원이 서아시아의 고대어 '치즈'에서 유래하는데 효소로 우유를 응고시킨 것을 가리키고 있다. 따라서 동양형 치즈라고 하는 표현 방법은 본질적으로는 오류라고 하기에 근거가 충분하지만 동양형 응유고형물이라는 기이한 표현을 피하기로 한다.

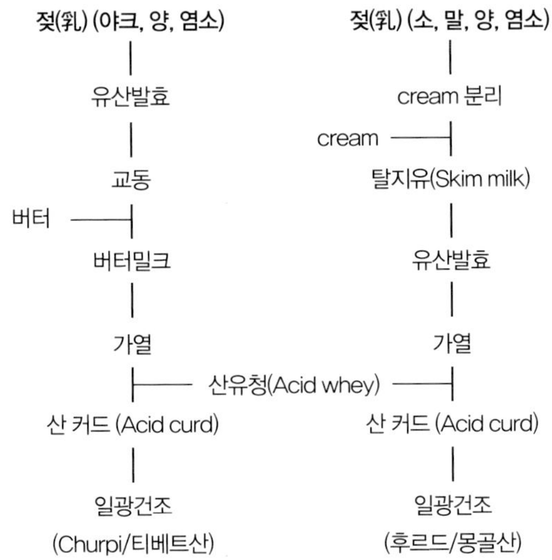


**그림 1.** 동양형 치즈의 제조 방법

동양형 치즈의 제조는 전유(물소, 야크, 낙타, 말)를 유산발효 전 또는 후에 교반(churning)함으로써 부상하는 유지방을 분별한 후 가열처리하여 얻어진 침전물, 커드를 성형한 후, 자연 또는 천일건조로 고형물을 얻는다. 이들은 귀중한 유지방을 이용하기 위하여 탈지유로부터 제조를 시작하는데 응유효소를 쓰지 않고 유산균이 생산한 유산에 의한 산성하에서 카제인과 유청 단백질의 가역변성과 농축 효과에 의해 고형화시키고 숙성 기간을 거치지 않고 즉시 자연건조 등을 이용한 독특한 건조법을 써서 부패를 막은 저장용의 연질 치즈이다. 따라서 동양형 치즈의 분류는 비숙성형 치즈이지만 프레쉬(fresh) 치즈로는 분류되지 않는다. 대표적인 동양형 치즈에는 몽골산인 후루드(Hurood) 및 티베트산인 추르피(churpi)가 있는데 이들의 제조에 관한 기본적인 제조 공정(flow)을 [그림 1]에 나타내었다.

동양형 치즈의 최대 특징은 우유를 응고시키는 방법으로 응유효소를 사용하지 않고 유산에 의한 산 응고법이라든가 가열변성법을 사용하는 점인데 나중에 언급하는 서구형 치즈의 제조 방법과는 결정적으로 다르다. 카제인은 그 구성 아미노산에 프로린(proline) 함량이 많기 때문에 무작위 구조를 취하게 되는데 이로 인해 열안정성이 매우 높은 단백질이 된다. 카제인은 100°C 가열로도 안정하지만 140°C 이상에서는 응고한다. 이러한 유단백질의 열응고는 pH가 낮으면 일어나기 쉬우므로 유산발효 후의 가열 농축 방법은 합리적이어서 전 단백질의 회수율도 95~97%로 매우 높고 변성도도 다른 식품에 비하여 낮다.

제2의 특징은 렌넷(rennet) 응고법을 사용하지 않으므로 치즈 유청의 손실 없이 '젖의 전이용'을 가능하게 하는 점이다. 게다가 아시아 민족에 많은 '유당불내증'에 관하여는 가열응고 시 유당은 고형물을 분별하는 단계에서 제거되므로 동양형 치즈는 이런 의미에서도 매우 바람직하게 여겨지고 있는 식품으로서 선조들의 지혜에 감탄하게 된다. 특히 몽골 등지에서 생산되는 우룸(Urum)은 보다 저온에서 우유 표면에 피막을 만드는 고유한 '람스덴 현상(Ramsden phenomenon)'을 이용하여 고형화시키기 때문에 면역글로브린 등 유청 단백질이라든가 영양 성분이 많은 초유를 이용할 수 있는 점에서 가치가 높다. 일본에서는 분만 후 5일까지 소의 초유는 법규에 의해 농가에서의 출하 및 상업적 유가공에의 사용이 금지되어 있지만 많은 초유는 송아지가 먹지 못한 채 폐기되고 있는 사실이 의외로 알려져 있지 않다. 자원이 적은 일본에서는 우유의 고도이용 면에서도 몽골의 지혜에서 배울 점이 있는 것이 아닌가 생각된다. 근래 세계에서 제조되는 서구형 치즈로부터 발생하는 치즈 유청은 막대한 양에 이르는데 선진국들을 제외한 많은 나라에서는 유청도 폐기해야 하는 대상이고 또한 초유의 많은 양도 폐기되고 있음을 고려하면 서구 목축민족이 확립한 제조기술에서는 볼 수 없는 유목민족 고유의 생활풍토에 맞는 멋진 지혜의 단면을 볼 수가 있다.

그러나 식품으로서 중요한 요건인 '맛'의 측면에서 보면 이들 동양형 치즈는 유목민의 특수성 때문에 단기간에 제조된 것으로서 식품으로의 미식성 추구보다도 냉장시설이 없는 지역에서 우유의 단기 산패를 막고 보존과 이용성 향상을 주목적으로 하여 개발된 것이므로 풍미가 떨어지고 조직이 단단하며 기호성이 낮은 것이 많다.

## 2) 서구형 치즈

본서에서도 치즈는 주로 서구에서 제조된 숙성형 자연치즈인 '서구형 치즈'를 가리키고 있다. 이러한 치즈는 기원전 5000년경 메소포타미아 지역을 중심으로 한 중동, 서아시아에서 생겨난 것으로 여겨지는데 그 제조기술은 터키, 그리스, 이탈리아를 경유하여 중구, 북구, 그리고 아메리카로 전승된 것으로 여겨진다.

이러한 서구형 치즈를 간단히 정의하면 동물성 우유(주로 가축화된 소의 젖 또는 물소의 젖)에 유산균을 접종, 증식시킨(유산발효, souring) 후에 응유효소(rennet, chymosin)를 첨가하여 응고시키고(rennetting) 일정 기간 보관 숙성시킨 유제품이다. 물론 유산발효 단계에서 끝내어 제조하는 비숙성형인 자연치즈(코티지나 크림 치즈)도 있는데 이들은 일반적으로 프레쉬 치즈(fresh cheese)라고 부르고 있다.

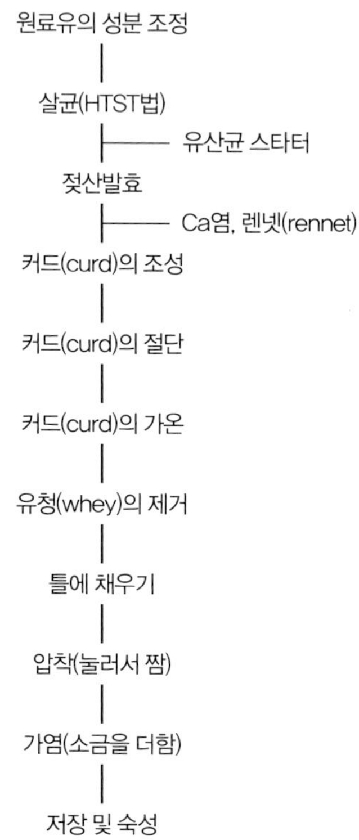


**그림 2.** 서구형 숙성 치즈의 일반적 제조 공정

서구형 치즈의 일반적인 제조 공정을 [그림 2]에 나타내었다. 이 치즈의 최대 특징은 우유를 응고시킬 때에 응유효소, 렌넷(rennet)을 사용하는 것으로, 이러한 '우유를 응고시키는 방법'이 전술한 동양형 치즈와 구별하는 기준 항목으로서 가장 중요한 것이 된다.

또한 제2의 특징은 그린 치즈(응고 직후의 카제인 덩어리)를 가염 후 일정한 온도와 습도 조건에서 정치하여 '숙성'시키는 것이다. 치즈 커드는 숙성 중에 유산균과 키모신의 공동작용으로 단백질이라든지 지방의 분해가 일어나고 그 외에 여러 가지 화학반응에 의해 각종 생산물이 생김으로써 풍미가 풍부해지며 기호성과 소화성도 좋아지게 된다. 유가공 기술의 관점에서 유산발효, 렌넷 응고 및 숙성을 조합시킨 서구형 치즈의 제조상의 조합을, 근대적인 젖 이용 방법으로 한다.

제3의 특징으로서 유지방을 함유하는 전유를 출발 재료로 하여 응유 후에 발생되는 유청은 원칙적으로 이용하지 않는(예외적으로는 리코타, 미스오스트, 노르, 홀트 등 유청을 가열한 소프트 타입의 유청 치즈도 존재한다.) 것도 서구형 치즈의 하나의 특징이라고 할 수 있다.

한편 일본에서는 가공치즈에 대해 인기도, 소비 경향도 높다. 이 치즈는 연질 자연치즈를 수종류 혼합하여 분쇄하고 인산염과 구연산염과 같은 용융염을 가하고 가열 용해한 후에 성형하여 제조한다. 가공치즈에서는 가열용융 과정에서 유산균은 사멸하고 응유효소도 실활되어 있으므로 더 이상의 숙성은 정지되므로 보존성과 휴대성 및 이용성이 향상되어 있다. 그러나 이러한 가공치즈의 원료는 체다라든지 고다 등 자연치즈이므로 특별한 분류는 하지 않고 자연치즈에 포함시키기로 한다.

## 2. 서구형 치즈 제조의 특징

서구형 치즈에는 크게 나누어 숙성하지 않고 먹는 프레쉬 타입 치즈와 단기간에서 장기간에 걸쳐 숙성하여 먹는 숙성형 치즈가 있다. 각각의 치즈에는 미세한 제조 방법과 특징이 있으므로 [그림 2]에 나타낸 각 제조 과정에서의 특징과 문제점을 생각해 본다.

### 1) 원료유의 종류

치즈용의 원료유(치즈밀크라고도 함)는 우유에 한정되지 않는다. 반추동물의 젖으로서 일반적으로는 비유량이 많은 우유, 염소젖, 양유 등이 일반적이다. 우유도 비유량이 많은 홀스타인종 우유의 사용이 일반적이나 해외에서는 치즈 제조공장의 근교에 특별계약 등으로 저지 · 브라운스위스종 소가 사육되어 유고형분 함량, 특히 단백질 함량이 많은 우유가 사용된다. 유럽 각국에서는 양이라든가 염소의 젖도 범용된다. 프랑스에서는 특히 염소젖을 사용한 쉐브르 치즈가 많이 제조되는데 일본 내에는 300~400종류의 치즈가 존재한다. 치즈의 중요한 구성 성분인 유지방은 반추위에 특징적인 휘발성 지방산(VFA)으로서의 낙산(C4:0), 카푸론산(C6:0), 카푸릴산(C8:0) 등을 구성지방산으로 함유한다. 이 VFA는 목초 등에 함유된 지방이 반추위의 제1 위에서 미생물에 의한 분해작용에 의해 생성된 것으로서 다른 어떠한 식물성 지방, 생선, 식육 등의 동물성 지방에서는 검출되지 않는다. 따라서 그 특유한 풍미를 갖는 치즈는 반추동물의 우유로부터만 가능하다고 말할 수 있다. 예를 들면 두유로부터의 치즈 유사식품은 가능하나 VFA가 함유되지 않으므로 치즈 특유의 풍미 등은 생겨나지 않는다.

원료유는 원료검사에서 '적합'으로 판정된 것을 사용한다. 생유를 즉시 사용하지 않는 곳에서는 입수 후에 저온 가열처리(60~65°C, 10~20초 가열)하는 가열처리(thermidization)를 행한다. 이렇게 함으로써 유해세균을 증식시키지 않고 온도 5~7°C에서 3일간 저장이 가능해진다.

### 2) 원료유의 성분 조정

원료유는 목적하는 치즈에 맞춰서 성분 조정을 하는 경우가 있다. 지방과 무지유 고형분의 비율로 표준화하는 것이 일반적이다. 그 후 우유는 원심 제균하여 유해균을 제거한다. 이는 유성분과 미생물의 비중 차에 의해 미생물, 특히 포자를 선택 제거하는 처리로 우유의 2~3%가 슬러지(sludge)로서 제거된다. 특히, 낙산균(*Clostridium butyricum*)의 낙산발효에 의한 팽창을 막는 것이 매우 중요하다. 낙산발효가 일어나기 쉬운 치즈의 제조에서는 초산염($NaNO_3$, $KNO_3$)이 첨가되는 경우가 있다. 초산염은 아초산염으로 환원되는데 산화환원 전위를 높이기 때문에 낙산균의 생육을 제어한다. 단 에멘탈에서는 치즈 눈(cheese eye)의 생성이 저해되므로 사용하지 않는다. 일반적으로 치즈 원료유에서는 커드를 연약하게 하므로 균질화는 행하지 않는다. 크림 치즈에서는 조직을 매끈하게 하기 위하여, 다나블루 등 일부 푸른곰팡이 치즈에서는 지방구 표면적의 증가와 리파제 활성화에 의한 풍미 생성의 촉진을 위하여 균질화를 실시한다.

### 3) 원료유의 가열살균

유성분을 표준화하고 원심 제균한 원료유는 일반적으로 가열살균된다. 일부 전통적인 치즈(스위스의 에멘탈, 프랑스의 로퀴포르 · 페르미에, 이탈리아의 펠미쟈노 레쟈노)에서는 품질이 좋은 생유를 그대로 살균 않고 사용하여 제조하는 예도 있으나, 위생상 및 품질 안정상 가열살균한 원료유를 사용하는 것이 오늘날 치즈 제조의 주류로 되어 있다. 일본의 우유 살균에는 가장 일반적인 초고온 살균(UHT)을 하지 않고 65°C, 30분 가열의 저온살균 또는

72~75℃, 15초 가열의 고온 단시간 살균(HTST)을 한다. 유청 단백질의 가열변성 정도가 가장 적은 것은 HTST이므로 치즈 제조에서의 원료유 살균에는 HTST가 가장 일반적으로 사용되고 있다.

HTST보다 고온에서의 살균은 유청 단백질 안의 S-S결합을 갖는 α-락토알부민이라든가 β-락토글로브린 등과 같은 단백질로부터 SH기(thiol기)를 만들어 내어 이들이 카제인 마이셀 표면에 존재하는 κ-카제인분자 중에 가열로 생긴 SH기와 반응하여 분자 간에 S-S결합을 만들어 결합한다. 그 결과 그 후에 첨가하는 응유효소, 키모신이 입체적으로 접근하지 않게 되어 효소반응의 촉진이 크게 지연되게 되거나 전혀 응고가 되지 않게 된다. 이외에도 원료유의 과도한 가열은 칼슘이온의 비이온화, 연약한 커드의 형성, 유청 배출 지연을 초래하여 과도한 쓴맛을 내는 등 치즈의 품질을 크게 저하시키므로 피하지 않으면 안 된다.

### 4) 유산균 스타터의 종류와 선택

원료유에는 스타터라 불리는 유산균 1종만의 단균(체다 등)이나 복수의 조합된 유산균에 의해 단시간에서의 유산발효를 행한다. 복수의 유산균으로 구성된 것을 혼합 스타터라고 한다. 많은 치즈에서는 이 혼합형이 사용되는데 파지(phage)의 영향을 받기 어렵고 산 생성을 안정화시키는 이점이 있다. 스타터로서 첨가되는 유산균은 적어도 3회 정도는 살균탈지유에 계대배양하여 유당 분해활성을 서서히 높인 후에 사용된다. 계대배양은 보통 3단계로 행해지는데 종배양액(seed culture), 마더 스타터(mother starter), 벌크 스타터(bulk starter)라고 불린다. 최후의 스타터를 최종 스타터로 원료유에 첨가한다. 혼합 스타터는 계대배양의 횟수가 증가하면 균종 발란스의 변화에 주의할 필요가 있다. 치즈 제조에 사용되는 유산균은 그 후에 숙성 과정에서 치즈의 조직과 풍미의 대부분을 결정한다고 해도 과언이 아닐 정도로 중요하다. 사용되는 중요한 유산균은 *Lc. lactis*라고 하는 유산구균을 중심으로 하나 많은 종류와의 조합이 있는데 개요를 [표 1]에 나

**그림 3.** 복합 유산균주로 구성된 스타터를 첨가

타내었다. 균의 선택, 접종량, 배양 온도 및 시간은 목적으로 하는 치즈에 따라 다르다.

형태로는 액상, 분말(동결건조) 및 동결의 세 가지가 있다. 분말 및 동결 스타터는 농축하여 균수를 높여서 벌크 스타터에 직접 접종할 수 있는 것과 보다 균수를 높여서 원료유에 직접 첨가할 수 있는 것이 있다. 농축 스타터는 작업성이 좋고 잡균이라든지 파지(phage) 오염의 위험성이 낮다.

**표 1.** 치즈 제조에 사용되는 스타터 유산균의 종류와 작용

| 스타터 | 균의 종류 | 작용 | 제조된 주된 치즈 |
|---|---|---|---|
| 유산균 | *Lactococcus lactis* 단독균 또는 복합균 | 산 생성 | 대부분의 치즈 |
| | *La. cremoris* 단독균 또는 복합균 | 산 생성 | 대부분의 치즈 |
| | *Lac. diacetylactis* 단독균 또는 복합균 | 산/향과 맛 생성 | 대부분의 치즈 |
| | *Lac. lactis + cremoris*의 2종 혼합 | 산 생성 | 대부분의 치즈 |
| | *Lac. lactis + cremoris + diacetylactis*의 3종 혼합 | 산/향과 맛 생성 | 대부분의 치즈 |
| | *Lac. lactis + cremoris + diacetylactis + Leuconostoc cremoris*의 4종 혼합 | 산/향과 맛 생성 | 대부분의 치즈 |
| | *Streptococcus thermophilus* | 산/향과 맛 생성 | 에멘탈 |
| | *Lac. bulgaricus* | 산/향과 맛 생성 | 에멘탈 |
| 프로피온 산균<br>점성균 | *Propionibacterium shermanii*<br>*Brevibacterium linens* | 산/향과 맛 생성<br>점질, 갈색<br>강한 향과 맛 | 에멘탈 점성균<br>브릭, 리바로, 림버거, 퐁레베크 |
| 곰팡이 | *Penicillium roqueforti* (푸른곰팡이) | 자극적인 향과 맛 | 로퀴포르, 블루, 스틸톤, 고르곤졸라 |
| | *Penicillum camemeberti* (흰곰팡이) | 특유의 향과 맛 | 카망베르, 블루 |
| 효모 | *Debaryomyces hansenii* | 에스테르 향 | 세척형 |
| | *Kluyveromyces lactis* | | |

## 5) 칼슘염의 첨가

원료유는 예를 들어 저온살균이라도 가열을 행하므로 우유 중의 칼슘염의 불용화를 일으키므로 유리 칼슘이온이 감소한다. 이는 키모신 첨가 후의 커드 제조 단계에서 응유의 지연을 가져온다. 따라서 식품첨가물로 허가된 안전한 시약인 염화칼슘($CaCl_2$)을 첨가하면 살균에 의해 불용화된 칼슘을 보충하게 되어 원료유 내 가용성 칼슘 대 콜로이드 칼슘의 비율을 적정화시키므로 응고를 양호하게 한다. 원료유 중의 칼슘 함량은 100 ml당 140~160 mg이 이상적이나 0.02% 이상의 첨가는 역으로 불안정화를 유발한다. 칼슘이온은 그 후에 유산발효에 의해 생기는 유산에 의해 pH가 낮아져 이온화율이 상승하기 때문에 이를 예상한 적정 최소량을 첨가한다.

### 6) 단기간의 유산발효

유산균 스타터는 치즈의 종류에 따라 유량의 0.05~5%를 첨가하고 일정하게 분산시킨 후 30℃ 전후로 온도를 유지하면서 15분에서 두 시간 정치하여 유산발효를 행한다. 그 후 렌넷을 첨가한다. 원료유의 적정 산도가 0.17~0.19로 상승한 시점에서 유산발효를 종료한다. 이렇게 적정 산도를 지표로 하여 유산발효의 종료 시점을 결정하는 '산도규제법'은 중요한 제조기술의 하나이다.

유산균은 우유 중의 유일한 당원인 수용성의 유당(lactose)을 β-갈락토시다제(galactosidase; lactase)로 글루코스와 갈락토스로 분해하는데, 전자는 EMP 경로를 거침으로써 유산으로 전환된다. 유산균은 키모신계 효소를 갖지 않으므로 에너지 획득은 유산발효로 행하며 아데노신-3-인산(adenosin-3-phosphate; ATP)의 형태로 끄집어낸다. 유당으로부터의 유산 생성과 그 과정에서의 ATP 생산성에 관해서는 [그림 4]에 나타내었다.

유산발효에 의해 젖산이 원료유 중에 축적되게 되면 수소이온 양은 증가하여 pH는 감소하므로 산도는 상승하게 된다. 유산균에 의한 단기간 발효의 역할은 이하와 같이 다섯 가지로 요약될 수 있다.

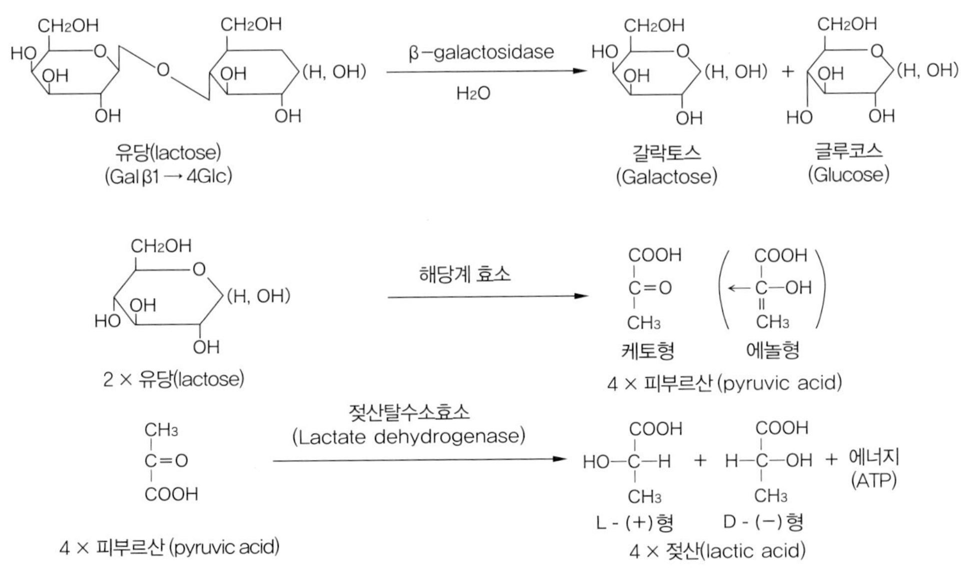


**그림 4.** 유산균에 의한 유당에서 젖산으로의 변환(Homo형 젖산발효)

### (1) 잡균에 의한 우유의 부패 방지

단시간의 발효로도 우유의 pH는 처음에 6.5~7.7보다는 산성 측으로 기울어 병원균 등 유해균의 생육을 억제한다. 따라서 스타터의 활성이 낮으면 이 시간이 오래 걸리며 그동안에 공중 낙하세균 등의 오염 기회가 늘어난다.

### (2) 칼슘이온의 유리

우유의 pH가 낮아지면 카제인 마이셀 내의 가교성인 인산칼슘으로부터 칼슘이온이 용출되어 카제인 마이셀에 새롭게 노출된 인산기의 중화를 행함으로써 표면을 소수성으로 변화시켜 응유 현상을 촉진한다.

### (3) 키모신의 적정 pH에로의 접근

응유효소인 키모신이 가장 활발하게 작용하는 pH(적정 pH라고 함)는 4 부근이다. 단기간의 유산발효에 의해 우유 중의 pH를 적어도 이러한 수치에 가깝게 함으로써 다음에 첨가하는 키모신의 양을 최소로 할 수 있어서 고가인 키모신 첨가량의 절약, 숙성 시의 단백질 분해 제어와 쓴맛 펩타이드의 생성을 감소시킬 수 있게 된다.

### (4) 커드의 수축과 유청의 배제

유산은 그 후의 가온하는 쿠킹(cooking) 과정에서 커드를 유효하게 수축시키는 역할을 하며 또한 그 후의 유청 제거(시네레시스)도 용이케 하는 중요한 역할을 한다.

### (5) 장래의 숙성에 관여하는 유산균의 증균

우유를 효소적으로 응유하고부터 유산균의 균체를 나중에 치즈 조직에 균일하게 첨가하는 것은 불가능하다. 따라서 그 후의 숙성 기간을 위하여 치즈 중에 유산균 수를 조금이라도 늘려 놓아 두는 것이 필요하다. 후에 이들 복수의 유산균이 남아 있는 유당을 당원으로 하여 증식한 후 곧 사멸하여 용균되는 과정에서 여러 가지 프로테아제와 라파제를 방출하는데 이들이 그 후의 복잡한 숙성기작에 영향을 준다.

### 7) 카제인 마이셀의 구조와 $\kappa$-카제인의 특징

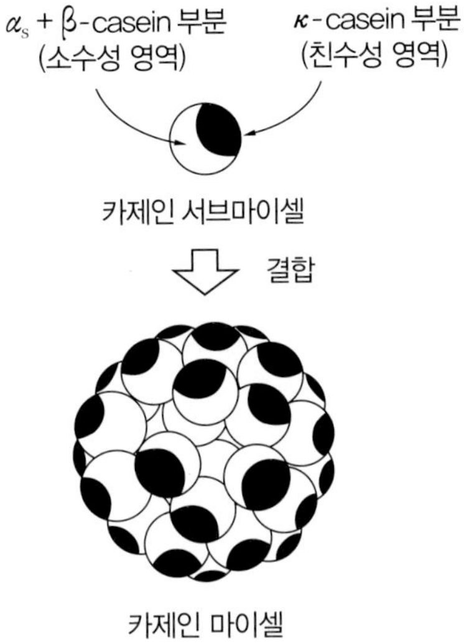


**그림 5.** Slattery의 카제인 마이셀 모델
(Slattery와 Evard, 1973)

우유가 희게 보이는 주요한 원인인 카제인 마이셀은 아직도 존재 형태가 불명확하지만 많은 신뢰성 높은 마이셀 모델이 제시되고 있다. 치즈의 응고 구조를 이해하기 위하여는 이 카제인 마이셀의 구조와 특성을 이해함이 필요하다. [그림 5]에 대표적인 카제인 마이셀의 하나를 나타내었다. Slattery와 Evard에 의해 제안된 모델은 개구리 알과 같은 흑백으로 색을 달리하는 카제인 서브마이셀(submicelle)이라고 하는 작은 마이셀로 되어 있다는 가설이다. 서브마이셀이 1,000개 정도 모이면 카제인 마이셀이 형성된다고 여겨지고 있다. 카제인은 인산화된 단백질로서 유전적 변이체까지 포함하여 약 30여 종류가 알려져 있는데 크게는 $\alpha_{s1}$-, $\alpha_{s2}$-, β- 및 $\kappa$-카제인 등 4개의 큰 그룹으로 나뉜다. Slattery 모델에서는 흰 부분은 $\alpha_s$-카제인과 β-카제인으로 구성된 소수성 부분이며 검은 부분은 $\kappa$-카제인으로 이루어진 친수성 부분이다. 마이셀은 작은 마이셀로부터 중간 마이셀을 거쳐 큰 마이셀까지 존재한다고 하는 크기 분포(size distribution)가 존재하는데 이 마이셀 지름의 가우스 분포가 이 모델에서는 쉽게 이해된다. 즉, 어느 크기의 마이셀에서나, 검은 부분이 서브마이셀의 표면을 모두 덮으면 마이셀 크기의 신장이 멈추게 된다.

$\kappa$-카제인의 분자구조에는 두 가지 큰 특징이 있다. 첫 번째는 폴리펩타이드상의 N-말단면의 약 3분의 2가 소수성 부위이며 나머지 3분의 1을 점하는 C-말단면이 강한 친수성을 가지는 '양친매성 구조'를 갖는 점이다. 이 특성 때문에 $\kappa$-카제인의 카제인 마이셀에 있어서의 특성은 [그림 6]에 나타낸 것과 같은 존재 형태가 고려되고 있다. 즉, 뒤에 언급할 응유에의 중요한 서브마이셀인 $\kappa$+$\alpha_s$ 서브마이셀을 보면 $\kappa$-카제인은 표면에 당쇄를 포함한 친수성 펩타이드 부분을 노출하고 내부에서는 $\kappa$-카제인의 소수성 펩타이드 부분과 $\alpha_s$-카제인이 서로 엉키어 존재하고 있는데 내부로 갈수록 소수성의 정도는 높다. 서브마이셀의 회합은 소수결합이 주를 이루므로 검은 부분을 피하여 흰 부분에서 결합하며 흰

부분의 많은 서브마이셀 정도 초기에 회합을 개시하는데, 중심부일수록 존재비가 높은 것을 알 수 있다.

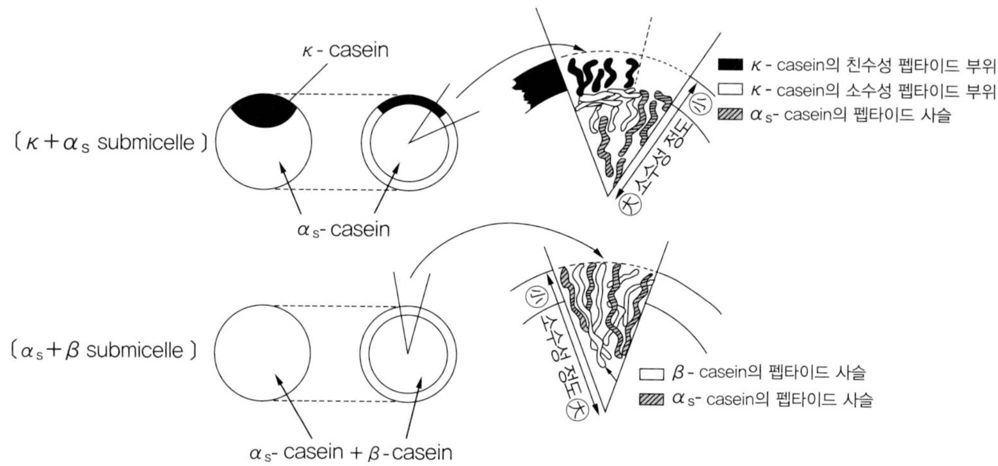


**그림 6.** 2종의 카제인 마이셀 내부 구조(추정 단면도)

### 8) 응유효소: 키모신

도살 직후의 송아지 제4 위로부터 염수추출로 얻어진 효소혼합물을 건조시킨 것을 렌넷(rennet)이라고 한다. 시판되는 렌넷의 주성분은 단백질을 분해하는 효소인 키모신(chymosin; EC 3.4.23.4)으로서 그 밖에 펩신(pepsin) 등의 효소도 공존한다. 이 효소의 본래 역할은 송아지가 먹은 젖을 제4 위에서 서서히 응고시켜 소장을 통과하는 시간을 길게 하는 것으로서 보다 소화 섭취를 높이는 것이다. 장관이 미성숙한 송아지에 있어서는 이치에 맞는 시스템이다. 송아지가 성장하여 이유기를 맞이할 시점에서는 키모신은 펩신으로 치환되어 가는 것도 자연의 섭리이다.

그런데 이 송아지 제4 위에서 일어나고 있는 생화학현상을 인위적으로 살균처리된 배트(vat) 내에서 일어나게 한 것을 현재의 치즈 제조기술에서 효율적으로 응용하고 있다. 키모신은 다른 단백질 분해효소(protease)와 비교하면 현저하게 다른 점을 갖는다. 이는 본 효소가 pH 6.0 근처에서 가수분해하는 것은 카제인 마이셀의 표면에 존재하는 κ-카제인의 105번째 Phe과 106번째 Met 사이의 펩타이드 결합에만 한정되어 있는 것이다. 이러한 한정적인 가수분해에 의해 κ-카제인이 분해되면 당쇄와 인산기의 결합에 의해 친수성이 풍부한 카제이노글리코펩타이드(caseinoglycopeptide; CGP; κ-casein f 106~169)와 파라-κ-카제인(para-κ-casein; κ-casein f 1~105)으로 된다.([그림 7] 참조)

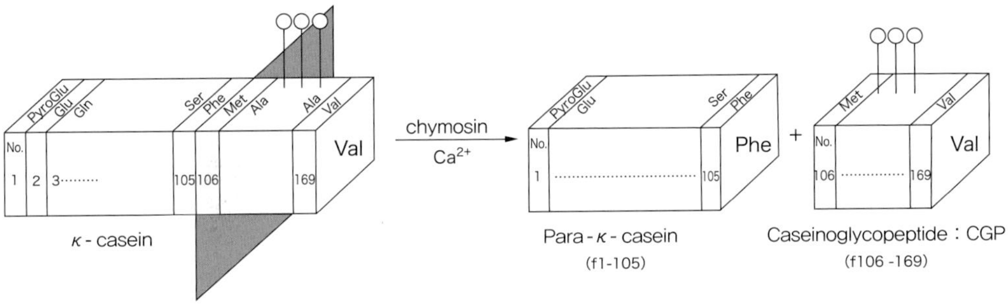


**그림 7.** 키모신에 의한 κ-casein의 절단(효소적 가수분해에 의한 일차 반응)
○ 표시는 결합하는 당사슬을 나타낸다.

키모신은 pH 6.0 근처에서는 κ-카제인의 펩타이드 결합 이외의 부분에 대한 가수분해성은 매우 약하지만 장시간에 걸친 숙성 과정에서 pH가 감소하면 다른 카제인 성분도 폭넓게 가수분해함으로써 유산균 기원의 각종 프로테아제(protease)와 함께 각종 펩타이드나 아미노산을 생산하여 풍미와 기능성을 향상시키는 역할을 한다.

**그림 8.** 계산량의 천연형 키모신 용액을 첨가

최근에는 천연물로서의 송아지 렌넷이 귀중하고 고가이기 때문에 송아지 렌넷의 대체품으로서 미생물 유래의 렌넷이나 유전자 조작을 통해 생산된 키모신이 주류가 되어 가고 있다. 후자는 유전자공학을 사용하여 대장균이나 효모, 곰팡이에서 만든 재조합체(recombinant)로서 근년에 주류가 되어 가고 있다. 이들의 일반적인 명칭 등은 [표 2]에 나타내었다.

**표 2.** 치즈 제조에 사용되는 각종 렌넷

| | |
|---|---|
| 동물 기원 | 송아지 렌넷, 소 렌넷, 돼지 펩신, 양 렌넷, 산양 렌넷, 닭 렌넷 |
| 미생물 기원 | *Rhizomucor miehei* 렌넷, *Rhizomucor pusillus* 렌넷, *Endothia parasitica* 렌넷 |
| 식물 기원 | 피친, 파파인, 브로메린(인도 등 종교적 이유로) 제한된 모양으로 폴란드, 프랑스 등에서 사용되고 있는 아티쵸크의 수술(포르투갈, 스페인 등) |

## 9) 응유

카제인 마이셀의 표면에 존재하는 κ-카제인이 키모신의 작용으로 특이적으로 가수분해되면 겉표면에 존재하고 있던 카제이노글리코펩타이드(caseionglycopeptide; CGP; κ-casein f 106~169)는 치즈 유청 중으로 유리된다. 이것 이외의 성분은 파라-κ-카제인(para-κ-casein; κ-casein f 1~105)으로서 카제인 마이셀에 남는다. 결합당쇄의 시알산(sialic acid)이나 펩타이드 중의 인산기 등 음전하를 갖는 CGP 부분이 소거되면, 카제인 마이셀의 표층에는 양으로 하전된 파라-κ-카제인이 노출되어 음으로 하전된 $\alpha_s$- 및 β-카제인 부위와 용이하게 정전기적 상호작용이 일어나면서 가속도적으로 마이셀의 응집이 개시된다. 이 반응계에 충분한 양의 이온화된 칼슘이온이 존재하면 새로이 노출된 마이셀 표면의 음전하를 소거하기 때문에 마이셀 응집이 촉진되어 결국 응고침전(응유)에 이른다. 이 응유 과정에서 일어나는 현상을 도식화하여 [그림 9]에 나타내었다.

이 응유 과정의 양상을, Kirchmeier는 마이셀의 유효반발전위의 측정 데이터로부터, '마이셀의 등전점침전'이라고 표현하고 있다.

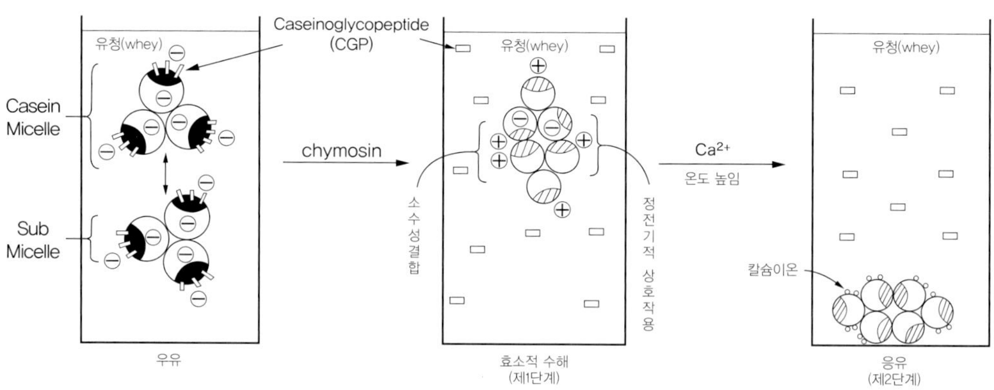


**그림 9.** 키모신에 의한 응유 메커니즘
서브마이셀의 위에 있는 검은 부분은 *k*-casein, 사선 부분은 노출된 para-*k*-casein 부분을 나타낸다.

### 10) 절단(cutting)과 가온(cooking)

유(乳)에의 키모신 작용으로 응고된 유는, 가는 스테인리스 선을 붙인 절단기(cutter)에 의해 세로 방향에 이어 가로 방향으로 잘리어 주사위 모양(cube)으로 되어 나뉜다. 커드의 절단에 의한 커드 표면적의 증가는 유청의 배출 촉진과 균일화를 가져온다. 30°C 정도의 저온에서는 절단된 커드로부터 치즈 유청이 용출되지 않으므로 점차적인 가온(cooking)이라는 조작을 행하는데, 동시에 잘게 잘린 응유물 전체를 조심스럽게 교반함으로써 유청의 침출을 촉진한다. 이 과정을 시네레시스(syneresis)라고 한다. 급격한 온도 상승은 커드가 축소되고(shrinking), 유청의 침출이 저해되므로 주의해야 한다. 유청의 배출이 불충분하면 수율은 상승하지만 그 후의 숙성에서 가스 발생성을 갖는 미생물의 증식 등에 의한 이상발효가 초래된다. 또한 유청이 과도하게 수거되면 그 후의 숙성 과정에서 증식하는 유산균 탄소원으로서의 유당 부족을 가져와 숙성이 진행되지 않으므로 배출량의 제어는 중요하다.

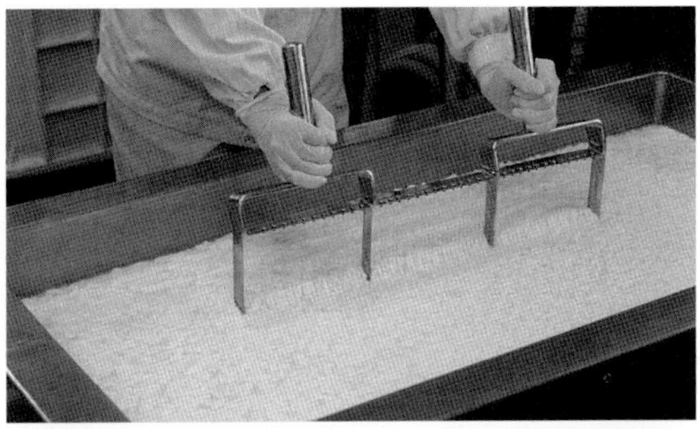

**그림 10.** 팽팽한 피아노 선이 장착된 칼로 커드를 절단

**그림 11.** 조금씩 가온, 교반하면서 유청을 제거

**그림 12.** 미니 고다 치즈의 틀에 넣기와 성형

**그림 13.** 고다 치즈를 소금물에 하룻밤 담가 가염

### 11) 유청 배출과 그의 이용

유청은 유 전체의 약 90%를 차지하므로 100톤의 치즈 밀크로 치즈를 제조할 경우

이론적으로는 90톤의 치즈 유청이 발생하는 것이 된다. 저개발국에서는 치즈 유청은 거의 전부가 폐수로 방출되고 있는데 그대로 배수하는 데에 따른 환경부하 및 환경오염의 원인이 되어 문제시되고 있다. 여러 선진국에서는 치즈 유청을 한외여과(UF)하여 유당이나 유청 단백질을 단리 정제하여 고도 이용하는 것이 일반적인데 유청 단백질 농축물(WPC)이나 유청 단백질 분리물(WPI)은 식품첨가물로서 널리 이용되고 있다. 예를 들면 WPC-34(단백질 함량이 34%)는 탈지분유의 대체품으로서 WPI-90(단백질 함량이 90%)은 난백의 대체품으로서 요구르트나 드레싱에 널리 이용되고 있다.

**그림 14.** 모차렐라 치즈의 커드에 건염(乾鹽)을 첨가해 가염

**그림 15.** 치즈 표층을 왁스로 반씩 코팅, 그 후에 숙성

**그림 16.** 숙성 중인 왁스로 덮여 있지 않은 고다 치즈

### 12) 그린 치즈의 제조와 성형 및 가염

유청 배출이 종료된 커드는 접착성이 있는데 전체로 합친 커드를 그린커드(green curd)라고 부른다. 열탕 중에서 비벼줌으로써 모차렐라 치즈를 만들기도 하고, 늘어나면서 방향성을 가지고 갈라지는(스트링) 치즈를 만드는 것도 가능하다.

커드를 틀에 넣어 정형할 때에 푸른곰팡이 계열의 블루 치즈에서는 내부에 푸른곰팡이를 접종하는 경우가 있다. 또한 정형 후에 흰곰팡이액을 분무하는 경우도 있다. 정형 후에는 염분을 가하는 조작인 '가염'을 행한다. 가염에는 분쇄한 커드에 건염을 가하기도 하고(스틸톤, 체다), 성형 후에 건염 또는 슬러리상의 식염을 균일하게 혼입시키기도 하며(카망베르, 푸른곰팡이 치즈), 성형 후에 염수에 담그기도 한다(카망베르, 고다). 가염 조작은 커드의 이장(離漿) 촉진(치즈의 수분 저하), 풍미 부여, 유해미생물의 증식 방지, 푸른곰팡이나 유산균 등의 생육과 활성 및 효소활성의 제어, 단백질의 생리적 변화(조직에 영향을 미치는 용해도, 구조) 등 많은 중요한 목적이 있다. 그린 치즈 표면에 왁스를 바르는 경우도 있으나 일반적으로는 그대로 숙성시킨다.

### 13) 숙성

이탈리아의 파르메산 치즈는 18개월의 숙성 기간을 거지치 않으면 이름을 붙일 수 없다고 한다. 치즈의 크기도 다르다. 고다 치즈 등은 일반적으로 3개월에서 5개월 정도가 숙성 기간이다. 체다 치즈에는 1년 이상의 빈티지(vintage)도 존재한다. 이렇듯 그린커드를 조직에 함유되어 있는 유산균이라든지 응유효소와 함께 장기간 보관함에 의해 복잡한 효소반응을 일으키는 조작을 행한다. 이 보관 기간을 '숙성'이라고 부르는데 이러한 단계를 거치는 치즈는 독특한 방향성(芳香性)과 미각 그리고 매끄러운 조직과 식감을 획득하게 된다. 숙성은 일반적으로 13~15°C의 저온과 80~90%의 고습도로 유지시킨 숙성실 내에서 3~6개월 정도 행한다. 숙성 중의 곰팡이 발생 방지에는 이들 온도와 습도의 관리 이외에 치즈의 표면 관리도 중요한 조건이다. 치즈 표면을 왁스로 덮는 방법이나 표면을 술이나 리넴스균액으로 세척하는 방법(워쉬 타입)도 있다.

무균적으로 제조한 치즈는 숙성되지 않는 사실로부터 숙성은 키모신이나 우유에 원래 함유되어 있는 내재성 효소(plasmin=alkaline protease 및 acid protease)에 더하여 스타터로 가한 유산균 등의 미생물 유래의 효소가 매우 중요한 역할을 한다는 것이 이해된다. 숙성 기간의 경과에 따라서 치즈 중의 미생물활동은 시시각각 변화하는데 사멸세포가 파괴됨에 따라 세포질 내로부터 많은 균체 내 프로테아제가 용출 생성되면서 카제인을 분해한다. 유산균으로부터의 효소는 아미노펩티다제(aminopeptidase)가 주체이지만 약간의 엔도(endo)형 펩티다제도 함유된다. 숙성 기간에 카제인의 저분자화가 진행되므로 펩타이드라든지 아미노산에 의해 치즈의 방향성과 정미성(呈味性)은 점점 복잡해진다.

숙성 과정의 여러 가지 성분 변화를 간단히 정리하면 [그림 17]과 같다. 카제인으로부터 펩타이드, 아미노산, 아민, 황화수소, 암모니아 등이 생기고 지방으로부터 휘발성 지방산, 비휘발성 지방산, 각종 케톤류가 만들어지며 유당으로부터는 유산, 피루브산(pyruvic acid) 등과 같은 유기산이 생겨난다. 또한, 숙성 기간의 진전과 함께 에스테르 반응이나 에테르 반응 등이 일어나 최종적으로는 깊고 넓은 맛, 이를테면 '숙미'가 생기는 데에까지 이른다.

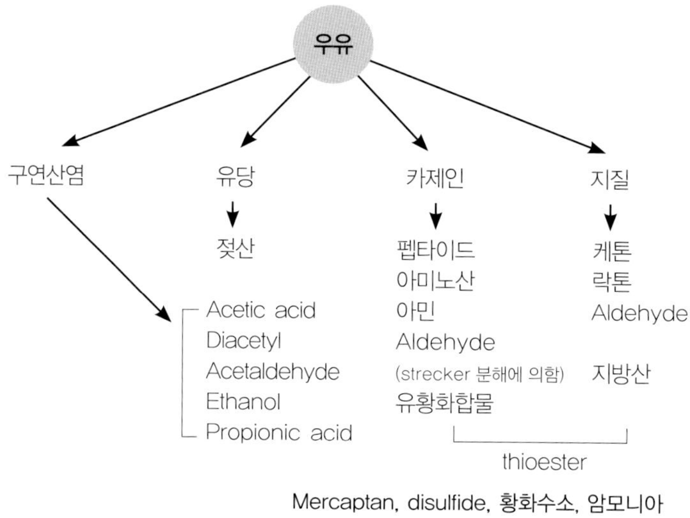


**그림 17.** 치즈의 풍미(향과 맛)물질의 주요 생성 경로

## 3. 치즈 제조에 관한 금후의 여러 문제

### 1) 원료유

우유는 88%가 수분인 만큼 수분이 매우 많은 식품이다. 우유고형분의 농축, 분리, 정제에는 이 수분을 제거하기 위한 다량의 에너지가 필요하다. 더구나 가열에 의해 수분을 제거하는 방법에서는 열에 약한 유청 단백질의 열변성, 가열에 의한 SH기의 상호작용에 의한 중합, 유당의 열분해, 유당과 유단백질 아미노기 간의 아미노-카르보닐 반응, 풍미(flavor)의 열화 및 가열취의 발생 등 난제를 안고 있다. 최근에는 막 처리기술이 크게 진보됨에 따라 막을 이용한 전기투석법, 한외여과법, 역삼투법 등의 처리기술이 유처리 분야에도 많이 도입되게 되었다. 이후는 체다 치즈의 제조에 한외여과법을 도입, 단백질을 농축함으로써 수율이 높은 에너지 손실을 줄인 양질의 제품화가 실용화될지도 모른다. 또한, 원료유 중의 유당을 사전에 β-갈락토시다제로 분해한 처리유를 사용함으로써 숙성 기간을 단축하는 등

숙성을 제어할 수 있는 방법도 적용될 수 있겠다. 치즈는 '시간의 선물'이라고 여겨지고 있으나 장래에는 숙성 기간을 제어할 수 있을지도 모른다.

### 2) 대체 렌넷(rennet)

저자는 2000년대에 보스턴 근교의 도살장에서 많은 송아지가 도살의 순번을 기다리고 있던 광경을 지금도 선명히 기억한다. 근래에는 수컷 송아지도 육용으로 사육하게 되어 렌넷을 제조할 목적만으로 도살하는 사례는 줄고 있다. 현재 미국에서는 피자용 모차렐라 치즈의 생산이 활발한데 천연의 송아지 렌넷은 부족하여 대체품으로서의 곰팡이나 세균 유래의 응유효소나, 유전자조작 재조합 키모신(recombinant chymosin)의 사용량은 시장의 약 60%에 이르고 있는 것으로 보인다. 그러나 곰팡이나 미생물 기원의 렌넷은 쓴맛의 발생이 강한 것으로 알려져 있어 이후에는 진품지향에 부합하는 재조합 키모신의 사용이 늘어 갈 것으로 추정된다. 송아지 렌넷의 사용량은 점차 일손의 부족이나 동물애호의 관점에서 감소하는데 일본도 장래에는 재조합 제품 등의 사용은 피할 수 없는 상황이 아닌가 여겨진다. 앞으로는 소비자의 수용이라는 사회적 문제의 해결이 남겨져 있을 뿐이다.

또한, 현재의 응유효소를 투입하는 제조법에서는 유청으로부터 효소를 회수하는 것이 거의 불가능하다. 사용한 키모신의 5~10%는 그린커드 중에 남고 나머지 약 90~95%는 유청과 함께 버려진다. 락타제(lactase) 처리유를 제조할 때에 실용화된, 키모신을 불용화담체에 고정화하는 '효소고정화법'이라든지 키모신을 생산하는 유전자조작 대장균 등을 고정화하는 '미생물고정화법'도 장래에 실용화될지 모르겠다.

### 3) 숙성에 관하여

치즈의 제조에는 시간이 걸리는 것이 문제이다. 경제학적으로는 숙성 기간을 조금이라도 짧게 하는 것이 중요하다. 1970년대에 들어오면서 치즈 숙성 관련 효소반응에 인위적으로 프로테아제, 펩티다제, 또는 리파제를 첨가하여 숙성 기간을 단축시키는 연구가 행해지고 있다. 첨가된 프로테아제는 범용유산균, *Pseudomonas fluorescens*, 또는 *Aspergillus oryzae* 유래품이거나 판크레아제(pancrease) 등이다. 리파제로는 특히 이탈리안 타입의 치즈 제조에 특유의 풍미를 만들어 내는 목적에서 소, 양 또는 염소의 위 유래의 에스터라제

(esterase)가 사용된다. 또한, 스타터 유산균의 균체를 유기용매로 처리하기도 하여 효소 공급원으로 첨가하는 방법도 있다.

이상에서와 같은 효소의 첨가에 의해 비교적 단시간에 치즈 풍미가 생성되지만 극단적인 쓴맛이라든지 냄새 등으로 기호성을 손상하는 수도 있어 이의 제어는 매우 어렵다. 장래에는 이상과 같은 기호성 제어가 가능해질는지도 모른다.

* * *

일본의 치즈 소비량은 아직 연간 1인당 2.0 kg을 넘지 않는다. 따라서 일본에서 치즈의 본격적인 제조와 소비는 지금부터의 문제이다. 자연치즈를 진정으로 즐길 시대가 올 것으로 기대된다. 그러나 낫토 제조에도 유전자조작된 콩을 결코 용인하려 하지 않는 일본 국민도, 장래에는 재조합 키모신을 사용하여 제조한 치즈나, 유전자조작 기술을 통해 파지(phage)에 강하게 하여 쓴맛을 내지 않은 슈퍼유산균으로 제조한 치즈 등을 수용할 수 있을지도 모른다. 한편 저자들도 치즈 중에 혈압을 강하시키는 펩타이드(강압 펩타이드)의 존재를 다수 보고하고 있으나 치즈는 생리활성 펩타이드의 보고라고도 말할 수 있다. 치즈의 다면적인 연구가 촉진되어 보다 좋은 맛과 건강에 기여하는 치즈의 제조와 소비가 장래 일본에서도 활발해질 것을 기대한다.

## 참 / 고 / 문 / 헌


1) 越智猛夫, 畠山英子, 松本憲一, 齋藤忠夫, 日本農芸化学会誌, 57, 881-890, 1983.
2) 足立 達, 齋藤忠夫 : 「動物成分利用集成」(奥山 隆編), 859-870, R&D プラニング社, 東京, 1987.
3) 齋藤忠夫 : チーズ製造の基本, 「新設チーズ科学」(中澤勇二, 細野明義編), 59-74, (株)食品材料研究会, 東京, 1989.
4) 齋藤忠夫 : 牛乳の成分の生合成, 牛乳の成分からの機能性成分, 「動物資源利用学」(伊藤敞敏, 渡邉乾二, 伊藤 良編), 55-62, 67-76, 文栄堂出版, 東京, 1998.
5) 齋藤忠夫 : ミルクの三次機能, 「ミルクの先端機能」(吉川正明, 細野明義, 中澤勇二, 中野覚共編), 175-187, 197-210, 弘学出版, 東京, 1998.

6) 齋藤忠夫：畜産物の生産と利用,「最新の畜産学」(水間 豊, 上原孝吉, 矢野英雄, 萬田正治編), 62-70, 朝倉書店, 東京, 1998.
7) 齋藤忠夫：国産ネチュラルチーズ製造技術研修会資料「ネチュラルチーズの製造」, 36-47, (財)蔵王酪農センター, 2001.
8) 齋藤忠夫：乳成分の性質,「発酵乳の科学」(乳酸菌の機能と保健効果) 細野明義編, 67-93, アイ・ケイコーポレーション, 東京, 2002.
9) 齋藤忠夫：牛乳からの機能性成分と利用,「最新畜産物利用学」(齋藤忠夫, 西村敏英, 松田 幹編), 79-89, 朝倉書店, 東京, 2002.
10) Tladao Saito, Antihypertensive peptides derived from bovine casein and whey proteins, in "Bioactive Components of Milk", ed. by Zsuzsanna Bösze, pp.295-317, Springer, New York, 2008.

2-3

# 유산균 스타터의 과학

오카야마(岡山)대학 대학원 자연과학연구과
미야모토 타쿠(宮本 炻)

광범위한 미생물이 인류에 의해 수천 년에 걸쳐 식품과 음료의 제조에 이용되어 왔다. Tamime[1)]에 의하면 식품과 유제품에 이용되는 미생물 스타터의 주된 기능은 다음과 같이 요약될 수 있다.

(a) 보존성을 향상시키며 안전성을 높이는 효과가 있는, 미생물의 발효작용에 의한 식품 보관기능

(b) 식품 보존제로서의 이용 가능성을 가지는 박테리오신(bacteriocin)을 생산하는 능력

(c) 제품의 관능적 특성을 강화(예를 들면 유기산이라든지 카르보닐 화합물의 생성 또는 단백질, 지방의 부분 가수분해물 등)

(d) 발효유제품의 물성학(rheology)적 특성의 개량(점성이나 경도 등)

(e) 프로바이오틱스(probiotics) 기능을 갖는 미생물의 이용에 의한 발효유제품에서의 영양적 · 생리적 기능의 부여

세계 각국에서 전통적인 제법 또는 공업적 규모로 제조되고 있는 발효유제품에는 각 지역 고유의 명칭이 붙어 있는데 이들 제품의 제법은 비슷한 것이 많다. 발효유제품의 제조에는 수종류의 미생물 스타터가 사용되고 있는데 각각의 제품에 우세를 점하는 미생물 또는 우유의 발효 방식을 고려할 때 발효제품은 크게 세 가지 영역으로 분류될 수 있다. 즉, 유산

균을 사용한 발효유제품, 효모와 유산균을 병용 혹은 곰팡이와 유산균을 병용한 발효유제품이 있다.

여기에서는 유산균 스타터 종류와 대사 특성 등을 설명하고 치즈용 유산균 스타터의 조제와 이용기술에 대해 기술하고자 한다.

## 1. 미생물 스타터의 종류

발효유제품의 제조에는 세균, 효모, 곰팡이 또는 이들을 병용한 미생물이 스타터로 사용된다. [표 1]은 스타터로 사용되는 주된 유산균과 비피더스(bifidus)균의 특징을 나타내고 있다.[2)]

### 1) 유산균 스타터

최근 유산균은 발효유의 제조에 사용되어 온 미생물의 대표적인 그룹으로서 주된 것으로 *Lactococcus*속, *Leuconostoc*속, *Pediococcus*속, *Streptococcus*속 및 *Lactobacillus*속이 포함된다. 형태에 기초하여 이들 미생물은 구균과 간균으로 분류된다.

또한 최적의 생육온도 요구성에 따라 중온성(20~30°C)과 고온성(37~45°C) 스타터로 분류된다. 중온성 스타터는 산 생성 유산구균(*Lactococcus lactis* subsp. *lactis*, *Lactococcus lactis* subsp. *cremoris*)만을 함유한 스타터(O 타입), 산 생성 유산구균과 풍미(flavor) 생성 유산구균(*Lactococcus lactis* subsp. *lactic* biovar *diacetylactis*)으로 된 혼합 스타터(D 타입), 이 풍미 생성균이 *Leuconostoc*속 균종만을 함유한 스타터(B 또는 L 타입) 및 양쪽 풍미 생성균을 함유한 스타터(BD 또는 LD 타입)로 나뉘어 각 종류의 발효유제품 제조에 사용되고 있다. 한편, 고온성 스타터는 요구르트 등 발효유라든지 치즈용으로 사용되고 있다.

종래, 유산균 스타터를 조합시킬 때에 사용할 수 있는 전통적 수법은 최적 생육온도에 기초하여 실시되어 왔으나 현재의 방법은 달라지고 있다. 즉, 벌크 스타터용 혹은 직접 사용형의 동결품이 입수 가능해짐에 따라 발효유 등의 제조에 종래와는 다른 유산균주를 조합시킬 기회가 많아졌다. 예를 들면 요구르트라든가 기타 유제품에의 프로바이오

**표 1.** 스타터로 이용된 주된 유산균과 비피더스균(*Bifidobacterium*)의 특징 (森地, 1999를 토대로 작성)

| 유산균의 균종 | 균의 형태 | 발효 형식 | 효소(酸素)와의 관계 | 상용 배양 온도(℃) | 우유 중의 산도(%) | 분포와 주된 용도 |
|---|---|---|---|---|---|---|
| *Lactococcus cremoris* | 연쇄구균(連鎖球菌) | Homo | | 20～25 | 0.7～0.9 | |
| *Lactococcus lactis* | 쌍구균(双球菌) | Homo | | 30 | 0.7～0.9 | 발효버터, 치즈 |
| *Lactococcus diacetylactis* | 쌍구균(双球菌) | Homo | | 30 | 0.7～0.9 | |
| *Streptococcus thermophilus* | 연쇄구균(連鎖球菌) | Homo | | 37～43 | 0.7～0.9 | 발효유, 치즈 |
| *Enterococcus faecium* | 쌍구균(双球菌) | Homo | | 37～40 | 0.5～0.8 | 장관(腸管), 치즈 |
| *Pediococcus cerevisiae* | 4련구균(4개가 닿은) | Homo | | 30 | 산을 생성하지 않음 | 양조식품, 식육가공 |
| *Leuconostoc cremoris* | 연쇄구균(連鎖球菌) | Hetero | 미호기성(산소가 부족한 환경을 좋아함) | 20～25 | 산을 생성하지 않음 | 발효버터, 신선 치즈, 발효유 |
| *Lactobacillus bulgaricus* | 간균(桿菌) | Homo | | 37～43 | 1.5～1.7 | 발효유, 유산균음료 |
| *Lactobacillus lactis* | 간균(桿菌) | Homo | | 37～43 | 1.5～1.7 | 치즈 |
| *Lactobacillus helveticus* | 간균(桿菌) | Homo | | 37～43 | 2.5～2.7 | 치즈 |
| *Lactobacillus jugurti* | 간균(桿菌) | Homo | | 37～43 | 2.5～2.7 | 발효유, 유산균음료 |
| *Lactobacillus acidophilus* | 간균(桿菌) | Homo | | 37～40 | 0.3～1.9 | 장관(腸管), 발효유, 유산균음료 |
| *Lactobacillus casei* | 간균(桿菌) | Homo | | 30 | 1.2～1.5 | 치즈, 유산균음료 |
| *Lactobacillus plantarum* | 간균(桿菌) | Homo | | 30 | 0.3～1.2 | 양조식품, 절임식품, 사일리지, 식육가공 |
| *Bifidobacterium bifidum* | 다형성간균(多形性桿菌) | Hetero | | 37 | | |
| *Bifidobacterium longum* | 다형성간균(多形性桿菌) | Hetero | 편성혐기성(공기의 존재하에서는 발육하지 않음) | 37 | 균주에 따라 달라짐. 거의 0에서 1.3～1.4%까지 | 유아 또는 성인의 장관(腸管), 발효유, 유산균음료 |
| *Bifidobacterium breve* | 다형성간균(多形性桿菌) | Hetero | | 37 | | |

주) *Lactococcus cremoris*의 현재의 학명은 *Lactococcus lactis* subsp. *cremoris*이며, 또한 *Lactobacillus bulgaricus*는 *Lactobacillus delbrueckii* subsp. *bulgaricus*가 분류학적으로 정확한 학명이다. 발효 소시지의 제조에 사용하는 *Pediococcus*는 현재의 분류에서는 *P. acidilactici*와 *P. pentosaceus*이다. 이 표에서는 그 외에도 같은 경우가 있지만, 실제로는 편의상 위와 같이 생략해서 이름을 붙여도 잘못이 생길 위험은 적다.
Homo: Homo-fermentation, Hetero: Hetero-fermentation

틱스(probiotics)의 첨가, 제품에 특징을 갖게 하기 위한 목적에서의 요구르트에의 중온성 미생물의 첨가 또는 사우어 크림(sour cream)의 점성을 증강시키기 위한 *Streptococcus thermophilus*의 첨가 등이다. 이 *Streptococcus thermophilus*는 체다 치즈 제조 시에 *Lactococcus* 간균종과의 혼합 스타터로 사용될 수도 있다. 이렇듯 발효유나 치즈의 제조에 사용되는 미생물은 단일균주이기도 하고, 2종 또는 복수균주, 다균종 · 다균주이기도 하므로, 다른 종류의 제품을 제공할 수 있게 된다.

### 2) 그 외의 용도로 사용되는 스타터

많은 세균이 특별한 용도를 위해 유제품용 스타터로 이용되고 있다. 예를 들면 *Lactobacillus*속, *Bifidobacterium*속 및 *Enterococcus*속이 있다. 이들 미생물은 소비자에게 건강 효과를 어필한 것으로서 발효유라든지 그 외의 유제품을 제조할 때에 사용된다. 프로피온산생산 박테리아(*Propionibacterium freuenreichiii* subsp. *shermanii*)도 역시 프로바이오틱스(probiotics)로 알려져 있는데 수종의 균주는 스위스 치즈의 제조에 사용되고 있다.

### 3) 효모와 유산균을 병용한 스타터

락토스발효성 효모와 유산균 등을 스타터로 하여 제조되는 알코올 발효유로 대표적인 것으로 구소련 코카서스 지방 원산의 케피어(kefir)라든가 몽골 등에서 시작되어 중앙아시아 일대에서 만들어지고 있는 쿠미스(Koumiss)가 있다.

#### (1) 케피어

케피어는 우유, 양유 또는 염소젖 등을 원료로 하여 복수의 유산균과 효모로 복합발효시키는 발효유로서 그 기원은 세계적인 장수촌이 있는 것으로 알려져 있는 북코카서스 지방이다. 전통적으로는 케피어 입자라고 불리는 종균을 스타터로 하여 양유의 위를 용기로 써서 반추 발효함으로써 제조되는데 상쾌하면서 부드러운 산미와 발포성이 있는 알코올성 건강음료가 만들어진다. 이중에는 유산(0.9~1.1%), 에탄올(0.3~1%) 및 가스(1%)가 함유된다.

스타터가 되는 케피어 입자는 '케피란'이라 불리는 점성 다당을 함유하는데 유산균, 효모 및 초산균 등의 미생물로 구성되어 있다. 케피어 입자의 미생물 균총은 많은 연구자에 의해 조사되고 있다. Wszolek 등[3]에 의하면 *Lactobacillus brevis*, *Lactobacillus kefiranofaciens*(케피란 생산균) 등 유산간균, *Streptococcus thermophilus*, *Lactooccus*속 및 *Leuconostoc*속 유산구균, *Acetobacter aceti*, *Acetobacter rasens* 등 초산균, 그리고 *Saccharomyces*속, *Kluyveromyces*속 및 *Candida*속 등 효모에 더하여 *Geotrichum candidum* 등 곰팡이도 검출된다고 한다. 현재는 이러한 전통적인 제법을 채용하지 않는 케피어의 제조가 서방을 비롯한 많은 나라에서 행하여지고 있다.

#### (2) 쿠미스, 아이락

쿠미스는 마유를 원료로 하여 제조되는 알코올성 발효유이다. 알코올 발효시킨 우유술을 몽골에서는 아이락(airag)이라고 부른다. 그중 마유의 아이락(마유주)을 치게(chigee) 또는 군 아이락(gun airag) 그리고 낙타유의 아이락(낙타유주)을 인긴 아이락(engin airag) 또는 호고르막(hogormag)이라고 부르고 있다. 아루히(aruhi)는 우유의 아이락(우유주)을 증류시켜 만든 증류주이다.

쿠미스의 미생물 균총에 대해서는 유산간균, 유당발효성 효모, 유당비발효성 효모 및 *Lactococcus*속 균종의 존재가 시사되고 있다. 한편 아이락 및 아이락 종균이 되는 후룬게에 관한 미생물 균총은 일본, 중국, 몽골의 연구자에 의해 조사되어 있다.[4] 공통성이 높은 것으로 *Lactococcus lactis*, *Leuconostoc mesenteroides*, *Enterococcus*속 균종 등 유산구균과 *Lactobacillus plantarum*, *Lactobacillus casei*, *Lactobacillus paracasei* 등 유산간균을 포함한다. 마유주, 낙타유 및 이들의 종균 후룬게(hurunge)에는 위에 언급한 유산균에 더하여 *Candida kefyr*, *Saccharomyces cerevisiase*, *Kluyveromyces marxianus* var. *lactis* 등 유당발효성 또는 유당비발효성 효모를 포함한다. 그 외에 검출되는 유산균으로는 *Lactobacillus helveticus*가 비교적 공통성이 높은 균종이다.

### 4) 곰팡이와 유산균을 병용한 스타터

빌리(viili)는 핀란드 원산의 발효유로서 *Lactobacoccus lactis* subsp. *lactis*, *Lactococcus lactis* subsp. *cremoris*, *Leuconostoc mesenteroides* subsp. *cremoris* 등 중온성 유산균 외에 곰팡이인 *Geotrichum candidum*이 스타터로 이용된다. 원료유를 균질화 하지 않은 채 정치발

효시키므로 부상하는 크림층의 위에 벨벳 모양으로 곰팡이가 생육하고 있다. 유산균은 균체 외 다당 생산능력을 갖는 *Lactococcus*속 균종을 함유하는데 끈적끈적한 상태의 발효유로 알려져 있다.

## 2. 유산균 스타터의 대사 특성[5)]

### 1) 유당(락토스)의 대사

유산균이 우유 중의 유당을 이용하는 경우 주로 퍼미아제(permease) 계열과 phophoethanolpyruvate(PEP) 의존성인 phosphotransferase(PTS) 계열로 불리는 두 종류의 다른 기구에 의해 세포 내로 들어간다. *Streptococcus thermophilus*와 *Leuconostoc*속 균종 등에서는 유당은 퍼미아제에 의해 세포 내로 들어가 β-galactosidase(β gal)에 의해 glucose와 galactose로 분해된 후 [그림 1]에 나타낸 바와 같은 EMP 경로(해당 경로라고도 불림) 또는 알코올 경로를 거쳐 대사된다. 이들 가운데 호모(homo)형 유산발효균에서는 1 mole의 유당으로부터 4 mole의 ATP를 생성하는데 소비된 유당 모두를 유산으로 변환한다. 한편 *Leuconostoc*속 균종 등의 헤테로(hetero)형 유산발효에서는 1 mole의 유당으로부터 2 mole의 ATP를 생성하는데 유산 이외에 에탄올과 이산화탄소 등의 대사산물을 생성한다. 이 경로는 HMP(hexose monophosphate 또는 6-phosphogluconic acid) 경로 또는 phosphoketolase 경로라고 불리는데 [그림 1]에 나타낸 바와 같이 아세틸인산으로부터 초산을 생성하는 경우도 있다.

PEP 의존성 PTS 계열에서는 유당은 세포막에서 인산화되어 세포 내로 들어가 phospho-β-galactosidase(p β gal)에 의해 glucose와 galactose-6-phosphate로 가수분해된다. 전자는 EMP 경로, 후자는 tagatose 경로를 거쳐 대사된다. PEP-PTS 계열은 *Lactococcus lactis*, *Lactobacillus casei*에 주로 존재하는데 인산전이효소(효소 I), histidine 융합 단백질 및 당인산화와 당수송활성을 갖는 효소(효소 II BC 또는 효소 II ABC)로 구성되어 있다.

*Lactobacillus*속 균종에는 호모형 유산발효균과 헤테로형 유산발효균이 존재한다. [그림 2]에 나타낸 EMP 경로만을 갖는 편성 호모형, HMP 경로만을 갖는 편성 헤테로형 및 두 가

지 모두를 보유하는 통성 헤테로형 등 세 가지 형태로 나뉜다.

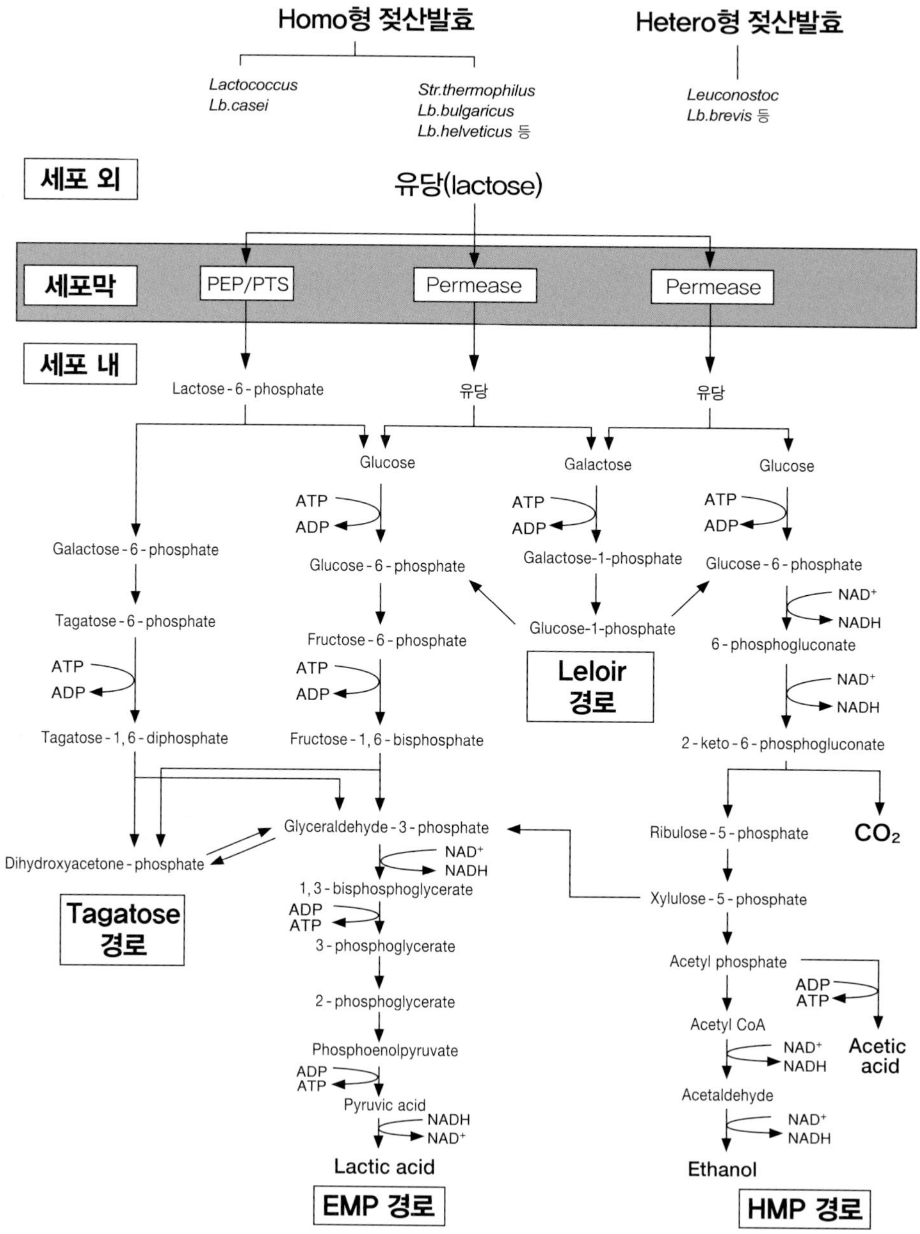


**그림 1.** 유산균 스타터에 있어서의 유당 대사 경로

유산균이 갖는 많은 대사기능 가운데 유당대사에 관한 유전적인 조절이라든지 제어 기구는 가장 잘 이해되고 있다. 퍼미아제(permease) 계열을 이용하는 유산균에서는 *lac S*(permease)와 *lac Z*(β gal) 등의 유전자를 포함한 lactose operon이 보고되어 있다. 또한, PTS 계열에 관여하는 많은 유전자가 플라스미드(plasmid)상에 있는데 이들 유전자는 복제(clone)화되어 염기배열도 결정되어져 있다. *Lactococcus lactis*에 있어 유당의 섭취와 이후의 대사에 관여하는 효소 II BC(옛날 표기로는 효소 II), 효소 II A(옛날 표기는 효소 III), 그리고 p β gal의 생산에 관련된 각각의 유전자 *lac E*, *lac F* 그리고 *lac G*는 lactose operon을 형성하고 있는데 *Escherichia coli*에서 보고된 operon과 매우 유사하다.

리프레서(repressor) 단백질 유전자(*lac R*)를 함유한 유전자 구조에서 볼 수 있듯이 glucose나 유당 등 당원의 양과 종류에 따라 두 방향의 전사단위(transcriptional unit)로 제어되고 있다. Tagatose 경로에 관여하는 효소도 동일한 operon 유전자(*lac A*, *lac B*, *lac C*, *lac D*)로 제어된다. *Lactobacillus casei*에서도 *lac E*, *lac G* 및 *lac F* 유전자가 복제되고 있다. operon의 유전자 배열이 다르지만 *Lactococcus lactis*와 유사하게 효소 생산에 관여한다는 것이 알려져 있다.

### 2) 프로테아제의 생산

유산균은 질소원으로서 단백질을 이용하므로 [그림 2]에 나타낸 바와 같은 효율적인 단백질 분해 시스템을 갖추고 있다.[6] 주된 유단백질인 카제인은 세포 내에 흡수되기 전에 세포벽에 결합된 균체 외 프로테이나제(proteinase)에 의해 가수분해되어 펩타이드로 분해된다. 커다란 펩타이드는 균체 외의 여러 펩티다제(peptidase)에 의해 분자량이 작은 펩타이드나 아미노산으로 분해된 후 흡수된다. 생성된 펩타이드라든가 아미노산의 흡수에 관하여는 크게 세 가지 경로가 알려져 있다. 즉, 아미노산 잔기 8개 이하의 올리고펩타이드의 흡수 시스템, 다이펩타이드 및 트리펩타이드의 흡수 시스템, 그리고 아미노산 흡수 시스템이다. 균체 내에 흡수된 펩타이드는 균체 내 펩티다제에 의해 아미노산으로 분해된 후 이용된다.

유산균의 유단백질 분해 시스템에 관여하는 프로테아제에 있어서는 프로테이나제와 펩티다제가 중요한데 특히 유산구균에서의 연구가 앞서 있다. 프로테이나제 생산에 관여하는 주된 유전자로는 *prt P*, *prt M*이 있다. *prt P*는 약 6 kb로서 2,000개의 아미노산 잔기를

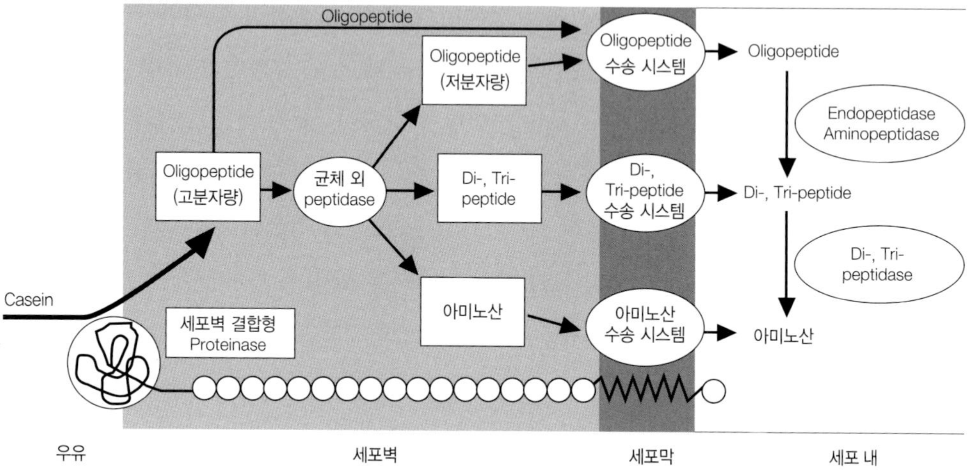


**그림 2.** 유산구균에 의한 우유단백질의 흡착 및 분해 시스템

갖는 효소단백질 P I 타입과 P III 타입의 생산에 관여하고 있다. P I 타입은 β-카제인만을 분해하는 효소이며, P III 타입은 β-카제인 이외에 $\alpha_s$-카제인과 $\kappa$-카제인도 분해하는 효소이다. 프로테이나제 활성의 발현에 필수적인 matulase 유전자(*prt M*)도 중요한 역할을 한다. 이 *prt M*은 *prt P* 유전자 바로 상류(upstream)에 위치하여 프로테이나제 전구체(pro-proteinase)에 구조변화를 하도록 함으로써 성숙 활성형의 프로테이나제로 전환시킨다.

한편, 펩티다제도 유단백질의 대사에서 중요한 효소이다. 현재까지 가장 많이 유전적 검사가 행해진 것은 X-prolineaminodipeptidase(XPDAP)에 관한 것이다. 이 효소는 치즈 숙성 중의 풍미 생산에 관여하는 역할이 크다. 관련된 유전자는 염색체상에 있는데 *Lactococcus lactis* subsp. *lactis* SK11나 *Lactococcus lactis* subsp. *cremoris* Wg2 유래의 유전자가 복제화되어 염기 배열이 결정되어 있다.

### 3) 구연산의 흡수

구연산발효성 *Lactococcus lactis*나 *Leuconostoc*속 균종에서는 구연산 퍼미아제(permease)에 의해 구연산은 세포 내로 흡수되고 피루빈산을 경유하여 방향성 물질인 diacetyl/acetoin을 생성한다. 구연산 퍼미아제 유전자(*cit P*)를 보유하고 있는 유산구균 유래의 플라스미드는 통상 분자량이 적으며 복제되는 수도 많은데 계대배양에서 그 성질을 잃게 되는 경우는 드물다. 이 유전자의 염기서열이 결정되어 있는데 *E. coli*에서 발현되는 것이 알려져 있다. 또한, 염기배열 정보로부터 막단백질에 필수조건인 소수성 단백질인 것으로 추정되고 있다.

### 4) 파지(phage)에 대한 내성

*Lactococcus lactis*에는 적어도 세 종류의 파지 내성기구가 알려져 있다. 즉, 수용체 변화에 의해 파지의 흡착을 저해(흡착저해계), 파지DNA를 분해(제한수식계), 또는 파지DNA의 증식을 저지(감염불전계)하는 기구로서, 어느 것이나 플라스미드상의 유전자에 조절되고 있다. 그러나 많은 경우 동일 플라스미드상에 두 종류의 내성기구가 존재하고 있다.

예를 들면 *LlaI*이라고 불리는 제한수식 계열 유전자를 보유하고 있는 파지내성 플라스미드 pTR2030에는 그 활성 발현에 필요한 6개의 유전자가 배열한 오페론(operon)이 있다. 이 오페론의 하류(down stream)에는 감염불전계에 관여하는 *abi A* 유전자가 존재한다. 따라서 pTR2030상에는 파지의 증식을 억제하기 위하여, 약 10 Kbp 상당의 염기배열 속에 적어도 7개의 유전자가 있는 것이 된다. 이러한 단일 플라스미드상에 있는 두 종류의 내성기구에 의해 숙주유산균은 높은 확률로 파지내성을 보이는 것이 된다. 이러한 성질에 의해 유산균 스타터는 파지 공격으로부터 자신을 지키고 있다.

그 외에도 감염불전계와 흡착저해계를 보유하는 pC1528과 제한수식계와 흡착저해계를 갖는 pAH90, 세 종류의 내성기구가 있는 pNT40 등 다원적인 내성기구를 갖춘 플라스미드의 존재가 알려져 있다. 또한, 같은 숙주세포 내에서 각각 다른 내성기구를 갖는 플라스미드를 보유하고 있는 경우도 있다. 예를 들면 *Lactococcus lactis* subsp. *lactis* ME2의 pTR2030과 pNT20은 모두 제한수식계와 감염불전계를 보유하며, pME0030은 흡착저해계에 관여하는 유전자를 가지고 있다. 이렇게 ME2는 여러 단계에서 파지의 증식을 억제하고 있다.

### 5) 박테리오신(bacteriocin)의 생산과 면역성

박테리오신(bacteriocin)은 리보솜(ribosome)상에서 합성되는 폴리펩타이드이다. 자신에게는 면역성(자기내성)을 가지나 가까운 종에 대하여 항균활성을 나타내는 세균 유래의 물질이다. 유산균이 생산하는 박테리오신은 분자량, 내열성, lanthionine의 존재 유무 및 일차 구조에 의해 class I~IV로 분류된다.[5] Class I은 lantiobiotics, Class II는 lanthionine을 함유하지 않는 내열성의 저분자량 박테리오신, Class III는 내열성이 낮은 고분자량의 박테리오신, 그리고 Class IV는 지질과 다당을 함유한 박테리오신이다.

박테리오신 생산균은 적어도 두 종류의 유전자를 가지고 있는데 그 하나는 생산에 관여하는 것이고 다른 하나는 자신이 생산한 박테리오신에 대해 자신을 지키는 면역성 유전자이다. 이들 관련 유전자는 플라스미드 DNA나 염색체 DNA상에 있다. 이 가운데 플라스미드상의 유전자에 의해 조절되고 있는 박테리오신 생산균으로 *Lactococcus lactis* subsp. *cremoris* 9B4에 관한 연구는 주목할 가치가 있다. 즉 p9B4-6 플라스미드상에는 lactococcin A, B, M 등 세 종류의 박테리오신 생산에 관여하는 고유의 박테리오신 operon이 존재하고 있다. 그 가운데 lactococcin A와 B에서는 각각의 박테리오신 생산은 한 개의 유전자에 의해 조절되고 있다. 한편 lactococcin M의 생산과 활성의 발현에는 2개의 유전자를 필요로 한다. 그러나 모든 lactococcin에 대한 면역성은 한 개의 유전자에 의존하고 있다. 나아가 활성을 갖는 박테리오신 분자의 전송 시스템에 관여하고 있는 플라스미드상의 유전자도 밝혀져 있다.

*Lactobacillus acidophilus* F(lactocin F), *Carnobacterium piscicola* LV17(carnobacteriocin LV13), *Lactobacillus sake* L45(lactocin S), *Leuconostoc gelidum* UAL187(Leucocin A-UAL187), *Pediococcus pentosaceus* FBB-61(pediocin A) 및 *Pediococcus acidilactici* H(pediocin AcH) 등 유산균에 있어서도 박테리오신의 생산이라든가 면역성이 플라스미드상의 유전자에 조절되고 있다.

### 6) 균체 외 다당의 생산

유산균 중에는 균체 외 다당(EPS; exopolysaccharide)을 합성하는 것이 알려져 있다. 균체 표면에 약하게 결합하고 있는 경우에는 협막다당이라고 불린다. EPS는 발효유제품의 물성과 조직의 개선에 기여하고 있다. 그 외에 파지의 공격, 건조, 삼투압에 대한 세포의 보존 효과도 생각할 수 있다. 또한 EPS는 프리바이오틱스(prebiotics)로서의 기능, 면역부활화작용, 항종양활성 또는 혈청 콜레스테롤 저하작용 등 유익한 건강효과를 나타내는 것으

로 보고되어 있다.[7]

EPS는 호모형 다당과 헤테로형 다당 등 두 가지 타입으로 분류될 수 있다. 호모형 다당은 한 종류의 단당으로 구성되어 있는데 fructan류와 glucan류로 분류된다. fructan류는 levan형 호모다당과 inulin형 호모다당을 함유한다. glucan류는 dextran, mutan 또는 β-1,3 glucan 등을 함유한다. 헤테로다당의 전구체는 세포 내에서 합성되어 당전환효소에 의해 막을 통과하여 세포 외에 모아진다. 일반적으로 헤테로다당은 D-glucose, D-galactose 및 L-rhamnose를 함유하며 이외에 N-acetylglucosamine, N-acetylgalactosamine 또는 gluconic acid 등을 함유하는 것으로 알려져 있다.

EPS의 생산량을 높이기 위하여 고발현주의 개발도 행해지고 있다. 그 전략으로는 EPS합성의 중심적 역할을 담당하는 UDPglucosepyrophosphorylase와 phosphoglucomutase유전자를 과잉발현(overexpression)시키는 것이다. *Lactococcus lactis* subsp. *lactis* NIZO B40의 *eps* 유전자는 이미 동정되어 있으며 플라스미드상에 코딩되어 있다. *eps* 유전자를 함유한 플라스미드인 NIZO B40균주 유래의 pNZ4000를 고(高)복제벡터(vector)인 pIL에 연결시킴으로써 동종의 유산균에서 발현시킬 수 있다. 이 경우는 343 mg/liter의 EPS를 생산하는데, 낮은 복제벡터에 삽입되는 경우에는 93 mg/liter의 EPS를 생산한다. 또한 *Streptococcus thermophilus* Sfi6 유래의 *eps* 유전자는 EPS 비생산균주인 *Lactococcus lactis* subsp. *lactis* MG1363에서 이종발현이 가능한 것이 확인됨으로써 새로운 EPS 생산성 프로바이오틱 유산균의 개발 가능성도 시사된다.

## 3. 치즈용 유산균 스타터의 제조와 이용기술

치즈의 제조에 있어서 유산균은 1차 스타터(primary culture)로 불리는데 치즈 제조의 초기에 유당으로부터 유산을 생산함과 동시에 숙성 중의 생화학적 변화로 치즈 특유의 풍미를 형성한다. 주된 균종으로 *Lactococcus lactis*, *Leuconostoc* sp., *Streptococcus thermophilus*, *Lactobacillus delbrueckii* subsp. *lactis*, *Lactobacillus delbrueckii* subsp. *bulgaricus* 및 *Lactobacillus helveticus* 등을 들 수 있다. 이 가운데 최초로 밝혀진 두 가지 균종은 중온성

스타터에 속하는데 현재 많은 치즈 스타터로 사용되고 있다. 이외의 유산균은 고온성 스타터로 불리는데 가온 온도가 높은 에멘탈, 팔미사노, 레사, 모차렐라 치즈 등의 제조에 사용된다. 한편 중동지역 국가 등에서 제조되는 가내공업 형태의 치즈에는 이와 다른 유산균인 *Lactobacillus casei*, *Lactobacillus plantarum*, *Enterococcus faecalis*, *Enterococcus faecium*, *Lactobacillus salivarius* 등이 포함되어 있으며 *Staphylococcus*속 균종도 검출된다.

치즈 제조에는 *Propionibacterium greudenteichii*, *Brevibacterium linens*, *Debaryomyces hansenii*, *Geotrichum candidum*, *Penicillium roqueforti* 및 *Penicillium camenberti* 등 다른 미생물도 검출되는데 이들은 2차 스타터(secondary culture)로 불린다. 주된 역할로서는 치즈의 내부 또는 표면에서의 관능적·생화학적 변화를 유발한다. 즉 에멘탈 치즈에서의 *Propionibacterium freudenreichiii*에 의한 치즈공포(eye)의 형성, 블루 치즈 내부에서 볼 수 있는 *Penicillium roqueforti*에 의한 대리석 모양(marble상) 또는 숙성 중의 카망베르 치즈 표면에 발생하는 *Penicillium camemberti*에 의한 벨벳 모양 피막의 형성 등이다.

### 1) 유산균 스타터의 배양

유산균 스타터의 조제에는 높은 균수의 유지와 우수한 활성(생육 속도, 유도기의 감소, 적절한 산 생성, 방향생산성, 단백질 분해활성 등)과 더불어 보존 중의 생존성 등에서 최적인 결과를 얻을 수 있도록 배지액의 선택이라든지 조작 조건에 주의를 기울일 필요가 있다. 치즈 제조용 스타터의 배지액으로는 일반적으로 항균성 물질을 함유하지 않은 환원탈지유(고형분 함량 10~14%)가 사용된다. 환원탈지유의 고형분 농도를 높게 하면 배지액의 완충능이 높아져 스타터의 생육성과 활성이 개선되는 것으로 알려져 있다. 통상 환원탈지유의 고형분 농도를 8%에서 16%로 하면 생균 수가 $5 \sim 7 \times 10^8$ cfu/ml에서 $1.0 \sim 1.4 \times 10^9$ cfu/ml로 2배가 되며 최종 pH도 4.5에서 4.7로 높아진다. 비슷한 효과가 한외여과 등 막 분리기술로 유고형분을 높인 탈지유에서도 인정된다.

스타터용 배지액은 우유라든가 유청 퍼미에이트(permeate도 이용된다)를 기본 성분으로 하여 유산균의 증식 촉진, 배지의 pH 제어 또는 파지오염 제어를 위해 당원이나 질소원 등 영양 성분, 효모 추출물 등 생육 촉진인자, 인산염이나 구연산염 등 킬레이트(chelate)제(우유 중 칼슘의 포착에 의한 파지증식 저지), 아스콜빈산이나 유산제일철 등 항산화제(과산화

수소에 의한 스트레스를 제어), 또는 인산3마그네슘이라든지 암모늄 등 완충제 · 중화제가 가해진다.

pH의 제어는 스타터의 균종, 산에 대한 스트레스나 활성의 저하에 중요한 영향을 미치므로 혼합 스타터에서는 균종 · 균주의 균형을 유지하는 데에 중요하다. 유산간균이나 *Leuconostoc*속 유산균은 산에 대하여 내성을 나타내나 중온성 및 고온성 구균의 생육은 pH가 5.5 이하로 되면 제어된다. 따라서 고온성 스타터에서의 간균과 구균의 비율은 배지의 pH나 pH 변화에 크게 영향을 받는다. pH 제어를 함으로써 배지의 탄소원의 완전소비와 냉장저장 중의 균수 유지 효과도 기대된다.

### 2) 유산균 스타터의 형태와 이용

체다 치즈 제조의 경우를 예로 들면 생산활성 등 대사활성에서 우수한 유산균 스타터를 원료유에 접종하면 초기 균수가 약 $1\sim5\times10^6$ cfu/ml이었던 것이 5~6시간 후의 성형 전 커드에서는 $1\sim10\times10^8$ cfu/ml로 된다. 대부분의 치즈에서는 pH가 6.6 근처에서 5.5 이하까지 감소하는데 접종 시에 충분한 활성이 없었거나 스트레스를 받은 세포에서는 유도기의 연장과 산 생성의 지연이 일어나 치즈 제조 시간이 길어진다.

자연 스타터를 사용하여 만드는 치즈 이외에 치즈 제조공장에서는 액상품, 동결품 또는 동결건조품 등의 형태로 시판되고 있는 '유산균 스타터'를 이용하고 있다. [그림 3]은 이들 유산균 스타터의 조제기술을 보여 주고 있다.

치즈용 원료유에 접종하기 위한 유산균 스타터의 전통적인 제조기술에서는, 소량의 보관배양액(stock culture) 1 ml 또는 1 g으로부터 대량의 벌크배양액(bulk culture, 100~1000리터)까지의 수단계의 계대 및 증균 처리를 필요로 한다. 이 경우 유산균 보관배양액(stock culture)을 마더 스타터(mother starter), 피더(중간) 스타터(feeder starter), 그리고 벌크 스타터(bulk starter)로 순차적으로 증균해 간다. 이러한 전통적인 증균 시스템도 근래에는 동결품이나 동결건조품을 벌크 스타터나 치즈 배트(cheese vat)에 직접 접종하는 시스템으로 바뀌고 있다. 수차례 계속적인 접종을 필요로 하는 전통적인 스타터 제조 시스템은 직접사용형 시스템(DVI: direct vat inoculation)보다 저렴하지만 숙련된 기술을 필요로 하며 또한 파지의 오염에 대한 위험성도 높다.

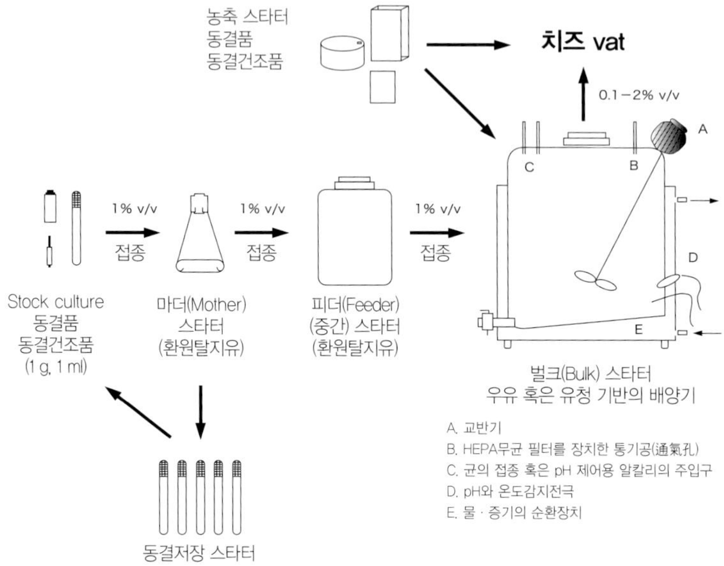


**그림 3.** 치즈용 유산균 스타터 제조법

### 3) 농축 스타터

통상의 방법으로 제조된 동결품이나 동결건조품에는 벌크 스타터 탱크나 치즈 배트에 직접 접종하기에 필요한 높은 균수를 함유하지 않는다. 그러나 이들 농축 스타터에는 각각 $10^{10}$~$10^{11}$ cfu/g(동결균) 및 $10^{11}$~$10^{12}$ cfu/g(동결건조균)의 균수를 함유하며 직접사용이 가능한 시판품으로 구입이 가능하므로 많은 치즈 제조공장에서 이용되고 있다. 농축 스타터의 이용은 보관배양액(stock culture)으로부터 제조하는 방법에 비해 고가이나 스타터 제조에 필요한 시간, 스타터 생산을 위한 기술적 또는 설비적 문제를 저감함과 동시에 파지오염의 위험성을 줄여 준다.

pH 제어된 우유라든지 유청 베이스(base)의 배지에서 생육된 스타터 균주는 원심 제균법이나 정밀여과법으로 농축하여 제조한다. 우유 베이스의 배지에서는 유단백질의 가용화제로서 구연산염(1%)을 가한다. 농축 스타터의 pH는 유산구균에서는 6.6이며 유산간균에서는 5.4~5.8이다. 회수된 균체는 동결방지제나 항산화제를 함유한 배지에 재현성 검증을 한 후 신속한 동결 내지는 동결건조를 행한다. 동결건조 스타터는 그 상태대로 또는 펠렛(pellet) 상태로 하여 포장한다. 동결건조 농축 스타터는 동결건조 후 벌크 스타터

(500~1,000 리터)용 또는 치즈 배트 1,000~1,500리터용으로 진공 또는 질소환경하에서 포장한다.

동결 농축 스타터는 그 용기를 실온에서 20분 정도 염소수(25~50 mg/kg)에 담근다. 해동에는 15~30분 정도가 필요하다. 동결건조 농축 스타터는 벌크 스타터나 치즈 배트에 직접 첨가할 수 있는데 소량의 우유에 현탁시킴으로써 접종 시 균의 분산을 효율적으로 할 수 있다. 직접사용형의 동결건조 스타터는 높은 활성을 유지하고 있으므로 치즈의 제조 시간을 늘리는 경우는 없다. 한편 동결건조에 의한 균체세포의 손상(damage)에 의해 치즈의 제조 시간이 0.5~1시간 정도 길어지는 경우도 알려져 있다. 그러나 동결건조품이 갖는 이러한 단점은 운용이나 조작의 편리성이라는 점에서 상쇄될 수 있다.

직접사용형의 농축 스타터에 관한 정보는 하기의 홈페이지(homepage) 등으로부터 입수가 가능하다.

Chr.Hansen http://www.chr-hansen.com/

Danlac http://www.danlac.com/starter-cultures.shtml

Rhodia Dairy http://rhodiadairy.co./products/

Swiss Federal Dairy Research Station http://www.sar.admin.ch/

* * *

치즈 제조용 유산균 스타터의 중요한 형질이 플라스미드상의 유전자에 지배되는 사실로부터 유산균의 육종개량 기술이 발전하여 유당발효성의 안정화, 프로테아제 활성의 조절·제어, 풍미의 개량, 파지(phage)에 의한 오염방어 등의 기술이 실용화 수준까지 도달하고 있다. 이후 유산균 스타터의 육종개량 기술은 식품 수준에서의 안전성을 확보하고 생산효율의 개선, 맛이나 건강효능의 추구를 향하여 더욱 발전할 것으로 생각된다. 한편으로 세계 각 지역에서 고유하게 발전하여 온 전통적인 발효유제품의 유산균 균총 분포를 자세히 파악하는 일은 신규 유산균 스타터의 탐색 또는 제품의 안정적인 제조 등에 있어 중요하다. 원래 전통적인 발효유제품은 긴 세월에 걸쳐 복수의 미생물로 이뤄진 안정한 균총 분포를 형성하고 있는 경우가 많은데 미생물끼리의 공생과 길항을 거친 결과로 여겨진다. 종래의 유산균 균총 분포의 조사에서는 시료를 단계희석 후에 한천배지에 배양하는 방법이 행해져 왔다. 이 방법에서는 우수한 종균에 가려져 검출되지 않는 균주도 존재한다. 이러한 적은 수로 존재하는 균주에는 발효유제품의 풍미나 조직 형성에 중요한 역할을 담당하는 균주도 있다. 근래에는 이러한 적은 수로 존재하는 균주의 존재를 확인하기 위해 분자생물학적인 분석 방법이 도입되어 왔다. 종래의 배양법에 더하여 시료를 배양하지 않고 DNA로부터 미생물 분포를 분석하는 방법과 병용함으로써 균주 수준에서의 유용 유산균의 발견이 증가할 것으로 기대된다.

## 참 / 고 / 문 / 헌


1) Tamime, A.Y. : Microbiology of starter cultures. Dairy Microbiology Handbook (ed. R.K. Robinson), pp.261-366, John Wiley & Sons Inc., New York, 2002.
2) 森地敏樹 : 乳酸菌スターターの利用技術, バイオプリジャリザベーション乳酸菌による食品微生物制御 ― (森地敏樹 · 松田敏生編), pp.25-41, 幸書房, 東京, 1999.
3) Wszolek, M., Kupiec-Teahan, B., Skov Guldager, H. and Tamime, A.Y. : Production of kefir, koumiss and other related products. Fermented Milks (ed. A.Y. Tamime), pp.174-216, Blackwell Publishing, Oxford, 2006.
4) 宮本 拓 : 世界の発酵乳とそれらの微生物フローラ, ミルクサイエンス, 55, 253-262, 2007.
5) 細野明義編 : 発酵乳の科学-乳酸菌の機能と保健効果-, 乳酸菌ならびにビフィズス菌の生産する抗菌物質 (戸羽隆宏著), pp.244-261, スターターの育種改善 (宮本 拓著), pp.262-276, アイ · ケイコーポレーション, 川崎, 2002.
6) Monnet, V., Condon, S., Cogan, T.M. and Gripon, I.C.: Metabolism of starter cultures. Dairy Starter Cultures (ed. T.M. Cogan and J.-P. Accolas), pp.47-99, VCH Publishers, New York, 1996.
7) O'Connor, E.B., Barrett, E., Fitagerald, G., Hill, C., Stanton, C. and Ross, R.P.: Production of vitamins, exopolysaccharides and bacteriocins by probiotic bacteria. Probiotic Dairy Products (ed. A.Y. Tamime) pp.167-194, Blackwell Publishing, Oxford, 2005.
8) Parente, E. and Cogan, T.M. : Starter culture : General aspects, Cheese : Chemistry, Physics and Microbiology (ed. P.F. Fox, P.L.H. McSweeney, T.M. Gogan and T.P. Guinee),

Vol.1, pp.123-147, Elsevier Academic Press, Amsterdam, 2004.
9) Temmerman, R., Masco, L., Huys, G. and Swing, J. : Application of repetitive element sequence-based(rep-) PCR and denaturing gradient gel electrophoresis for the identification of lactic acid bacteria in probiotic products. Probiotics in Food Safety and Human Health (ed. I. Goktepe, V.K. Juneja and M. Ahmedna), pp.207-228, CRC Press, Boca Raton, 2006.

# 2-4 키모신에 의한 응유기작

일본 수의생명과학대학 응용생명과학부
아쿠자와 료조(阿久澤良造)

키모신에 의한 우유의 응고는 반추동물의 위 속에 따뜻한 우유가 보존될 때 서서히 생기는 현상이 최초의 발견인 것으로 여겨지고 있다. 그 후 수천 년 동안 이러한 응유현상이 치즈 제조에 응용되고 있다. 종래 응유용 효소로는 생후 수주간 수유 중에 있는 송아지의 제4 위로부터 얻어지며, 주성분이 키모신이라고 하는 조효소 제제인 렌넷이 사용되어 왔다. 1950년대 이후 우유와 육류 수요의 증가에 따라 송아지와 소의 수는 감소하는 한편 치즈 생산은 증대하였기 때문에 렌넷 공급의 부족 가능성이 제기되었다. 이에 국제낙농연맹(IDF)과 국제식량농업기관(FAO)의 권고로 대체효소의 탐색이 행해져 동물장기, 식물, 미생물로부터 응유효소가 발견되고 있다. 또한, 1980년대 이후 유전자조작에 의해 송아지 키모신에 상응하는 효소가 제품화되고 있다.

현재 치즈의 상업적 생산에 이용되는 응유효소는 송아지 제4 위 기원의 렌넷, *Rhizomucor pusillus*, *R. miehei*, *Cryphonetria parasitica* 등 곰팡이 유래의 아스파틱 프로테아제(aspartic protease)와 함께 키모신 유전자의 복제화가 가능해진 지금 발효생산 키모신(유전자조작 키모신)도 시판되고 있는데, 여기에서는 치즈 제조의 필수 공정으로서 치즈의 다양성을 끌어내는 주요 원인이기도 한 응유효소에 관하여 송아지 키모신을 중심으로 효소학적 성질, 응유기작, 대체효소 등에 관하여 서술한다.

## 1. 키모신[2)]

키모신(EC 3.4.23.4)은 생후 수주간의 송아지 제4 위에 존재하는 아스파틱 프로테아제(aspartic protease)에 속하는 효소이다. 또한 생후 약 5주까지의 송아지의 제4 위로부터 얻어진 추출물을 송아지 렌넷이라 칭하는데 키모신을 주성분으로 하여 펩신 A(EC 3.4.23.1)와 매우 소량으로 존재하는 펩신 B(EC 3.4.23.2) 및 가스트리신(gastrisin, EC 3.4.23.3)이 여러 비율로 함유되어 있다. 신생 반추동물의 위에 존재하는 키모신의 단백질 분해활성에는 우유를 응고시키지만 면역글로브린을 파괴할 만큼의 강한 분해활성은 없다. 이러한 사실은 모유로부터 자기의 면역글로브린을 획득하기 위해 중요한 일이다. 키모신의 활성은 키모신전구체(prochymosin, 분자량 40,777)의 자기소화에 의해 N-말단부분의 42잔기가 절단되어 키모신(분자량 35,652)으로 전환됨으로써 발현된다. 키모신전구체로부터 키모신으로의 이행반응은 pH에 의존하는데, pH 2에서는 실온에서 5~10분에 종료하는 데에 비해 pH 5에서는 2~3일 걸린다. 많은 수의 아스파틱 프로테아제 활성의 최적 pH는 중성(6.5) 부근이지만 키모신의 단백질 분해활성의 최적 pH는 4 근처이다. 이는 우유의 pH 6.7에서의 강한 응유활성에 비해 단백질 분해활성이 약한 이유이다.

송아지 키모신은 다른 동물 종의 키모신 N-말단 아미노산 배열에서 보면 75~80%의 상동성을 보이며 펩신과도 50%의 상동성을 보인다. 키모신에는 N-말단으로부터 244번째에 위치하는 아미노산이 다른 A(Asp)와 B(Gly)의 유전적 변이체로서 키모신 A는 B보다 약 25% 높은 응유활성을 보여 준다. 키모신 A와 B 변이체의 발현율은 약 50%이지만 치즈 제조에 대한 차이는 없는 것으로 생각되고 있다.

**표 1.** 연령 및 사육법이 다른 송아지로부터의 제4 위 추출 키모신 및 펩신의 응유활성(pH 6.5)[3)]

| 송아지 사육법 | 연령(개월) | Chymosin(%) | Pepsin(%) |
|---|---|---|---|
| 수유 또는 밀크사료 | <3 | 90 | 10 |
| 방목 및 수유사료 | 6 | 75 | 25 |
| 농후사료 | 6 | 30 | 70 |
| 건초 및 농후사료 | >24 | 흔적 | 100 |

반추동물이 분비하는 응유효소는 키모신 이외에 펩신 등이 있다. 펩신은 응유활성과 함께 산성 조건에서는 강한 단백질 분해활성을 나타낸다. 키모신과 펩신은 함께 제4 위 점막 기저부 영역에서 불활성의 키모신전구체와 펩시노겐(pepsinogen) 상태로 분비된 후 위저선으로부터의 염산에 의한 낮은 pH에 의해 키모신 및 펩신으로서의 활성을 갖게 된다.

제4 위 점막의 키모신과 펩신의 비율은 출생 후 동물 연령과 사육법에 의존한다. 사육법에 따라 키모신은 출생 후 10에서 20주째에도 송아지의 제4 위의 우세한 단백질 분해효소로서 존재한다. 키모신의 존재 비율은 송아지가 수유하거나 우유만으로 사육되는 한은 약 90%를 차지한다. 어미소로부터 수유가 가능한 송아지는 6개월간 목초를 주어 사육하여도 키모신의 비율은 높은 수준(75%)으로 잔존한다. 그러나 이유시킨 송아지를 농후사료를 주어 사육시킨 경우 6개월 령의 송아지 키모신의 잔존 비율은 약 40%로 감소한다. 따라서 생후에 급여한 사료와 잔존 키모신과의 관계가 명확해졌다. 오늘날 반추동물 유래 렌넷은 주로 동결 제4 위를 원료로 하여 생산된다. 전에는 건조 위가 사용되었다. 응유효소는 잘게 부순 동결 제4 위로부터 3~10% 염화나트륨 용액에 침지 유출시킨다. 유출액 중의 효소전구체는 pH를 약 2로 낮추면 키모신과 펩신으로 활성화되는데 재차 pH 5.5로 조정 후 농축된다.

## 2. 응유기구[2)]

### 1) 카제인 마이셀

키모신에 의한 응유의 본체는 우유단백질의 주성분(80%)을 차지하는 카제인이다. 카제인은 거대한 복합체, 카제인 마이셀로서 안정한 콜로이드 입자를 형성하여 현탁되어 있다. 카제인 마이셀은 20~600 nm의 크고 작은 입자로 되어 있는데 이들은 작은 10~15 nm의 서브마이셀(submicelle)로 구성된다. 주된 구성 성분은 카제인($\alpha_{s1}$-, $\alpha_{s2}$-, β-, κ-casein)이며 이외에 콜로이드성인 인산칼슘(CCP), 구연산, 마그네슘 등도 포함되어 있다.

카제인은 우유단백질의 거의 80%를 차지하고 있으며 최대 함량(45%)의 $\alpha_s$-카제인은 칼슘이온에 대해 가장 감수성이 높아서 칼슘이온 존재하에서 침전하기 쉽다. 또한, 36%를 함유하는 β-카제인의 칼슘이온 감수성은 온도의존성으로서 칼슘이온 존재하의 4°C에서는 침전하지 않으나 35°C에서는 침전한다.

카제인 마이셀의 구조에 관하여는 몇 가지 모델이 제안되어 있으나 칼슘이온 감수성이 높은 $\alpha_s$-와 β-카제인이 내측면에, 그리고 친수성의 $\kappa$-카제인이 표면을 덮는 서브마이셀 구조 모델이 널리 받아들여지고 있다. $\alpha_{s1}$-, $\alpha_{s2}$- 및 β-카제인은 칼슘이온 결합친화성을 갖는 인산화된 세린잔기(phosphoserine)를 많이 가지므로 CCP를 다량으로 결합하여 응집함으로써 마이셀 중심부에서 핵(core)을 형성하게 된다. 인산기를 1개밖에 갖지 않는 $\kappa$-카제인은 CCP를 거의 결합하지 않기 때문에 카제인을 응집하는 역할 없이 마이셀 표면에 붙어 있게 된다. $\kappa$-카제인 분자의 C-말단부의 친수성 영역은 카제인 마이셀 표면에 노출되어 있고 음전하를 가지므로 마이셀끼리의 반발력이 되어 마이셀 안정화에 기여하고 있는 것으로 여겨지고 있다.

**표 2.** 우유 카제인 마이셀의 주요 구성 성분[4]

| 성분 | 함량(g/100 g micelle) |
|---|---|
| Casein | 93.3 |
| $\alpha_{s1}$-Casein | 35.6 |
| $\alpha_{s2}$-Casein | 9.9 |
| β-Casein (γ-Casein 포함) | 35.9 |
| κ-casein | 11.9 |
| 무기질 | 6.3 |
| 칼슘 | 2.87 |
| 인 | 2.89 |
| 마그네슘 | 0.11 |
| 나트륨 | 0.11 |
| 칼륨 | 0.26 |
| 그 외 | 0.06 |
| 구연산 | 0.4 |

## 2) 카제인 마이셀의 응집[5]

카제인 마이셀의 키모신에 의한 응고는 제1단계(효소에 의한 가수분해)와 제2단계(마이셀 간의 회합)로 나뉜다. 제1단계에서 키모신은 $\kappa$-카제인의 1차 구조 $Phe_{105}$-$Met_{106}$의 펩타이드 결합만을 가수분해하여 N-말단부($Glu_1$~$Phe_{105}$)의 소수성기를 많이 함유하고 있는 '파라-$\kappa$-카제인'이라고 불리는 불용성 펩타이드와 106번째 이후의 C-말단부($Met_{106}$~$Val_{169}$)에 있는 11개의 카복실(carboxyl)기와 당쇄가 붙어 있는 산성 펩타이드(CGP 또는 GMP: caseinoglyco(macro)peptide)로 분리된다. 카제인 마이셀 표면에 존재하는 CGP가 유리함에 따라 카제인 마이셀 표면은 소수성의 증가와 음전하의 감소에 의해 마이셀은 불안정화되어 제2단계인 응고로 이어진다.

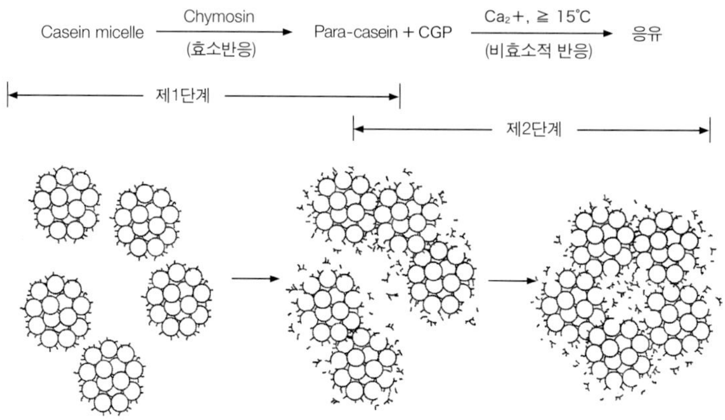


**그림 1.** 키모신에 따른 응유 모델[7]
(Walstra and Jenness의 카제인 마이셀 모델 구조[6]를 새롭게 그림)

키모신에 의한 $Phe_{105}$-$Met_{106}$ 결합의 가수분해 활성에 영향을 주는 κ-카제인의 ($His_{98}$~$Lys_{111}$) 영역은 중요하다. 키모신의 활성 중심은 N-말단 영역과 C-말단 영역의 내부에 있으므로 κ-카제인의 개열 부위는 키모신의 틈새로 들어간다. 이때 강한 소수성을 보이는 κ-카제인의($Leu_{103}$~$Ile_{108}$) 영역은 키모신 틈새 속의 소수성 영역과 결합함이 시사되고 있다. 또한, 키모신의 음전하 잔기는 κ-카제인의 양전하 잔기($His_{98}$~$His_{102}$와 $Ile_{108}$~$Lys_{112}$)와 정렬할 것으로 상상된다. 이 정전기적 상호작용의 근거는 염화나트륨을 첨가하면 키모신에 의한 응고 시간이 연장되는 사실로부터 설명될 수 있다.

키모신에 의해 불안정화된 카제인 마이셀은 칼슘이온과의 감수성이 높아져 3차원의 겔 네트워크(응고물)가 형성된다. 이 반응을 제2단계라고 부른다. 카제인 마이셀부터 CGP가 유리되면 마이셀 간의 정전기적 반발은 억제되는데 5~7 mV(약 50%)의 전위감소가 일어난다. 또한 CGP 영역이 절단됨에 따라 마이셀 지름은 약 5 nm 감소함이 관찰된다.

카제인 마이셀 응집력의 실체는 아직 완전히 밝혀져 있지 않은데 분자 간의 칼슘가교, 반 데르발스힘 및 소수성 상호작용 등이 서로 관여함이 시사되고 있다. 키모신에 의해 불안정화된 카제인 마이셀은 유리 칼슘이온의 존재로 응집하여 충분한 CCP의 존재에 의해 겔화가 일어난다. 또한, 응집은 온도에 크게 의존하는데 15°C 이상에서 응집한다. κ-카제인의 키모신에 의한 가수분해작용의 1차 단계와 칼슘가교에 의한 응집반응인 2차 단계 사이에는 중복이 있는데 그 정도는 pH, 온도 및 단백질 함유량 등에 의존한다.

### 3) 키모신의 기질특이성

$\alpha_{s1}$-, $\alpha_{s2}$-, β-카제인의 분해성은 pH나 이온강도에 따라 다르다. 일반적인 치즈 제조 시의 응유 과정에서는 $\alpha_{s1}$-, $\alpha_{s2}$-, β-카제인은 분해되지 않으나 응유커드 중에 잔존하는 키모신에 의해 숙성 기간 중에 분해된다. 커드 중의 잔존율은 응유효소와 치즈의 종류에 따라 다르다. $\alpha_{s1}$-카제인에 대한 키모신의 주요 분해 부위는 $Phe_{23}$-$Phe_{24}$이다. 이 결합의 분해는 치즈물성의 연화 측면에서 중요한 작용이다. 생성된 펩타이드($\alpha_{s1}$-casein: $Arg_1$~$Phe_{23}$)는 스타터 유래의 프로테아제에 의해 빠르게 분해된다. $\alpha_{s2}$-카제인은 키모신에 의한 분해성에 대하여 강한 저항성을 나타낸다.

β-카제인의 키모신에 의한 분해성에 관하여는 많은 보고가 있는데 $Leu_{192}$-$Tyr_{193}$ 결합에 대하여 특히 감수성이 높은 것으로 보고되고 있다. 또한 그 분해성은 염화나트륨 농도에 강한 영향을 받는데 5% NaCl에서 억제되며 10% NaCl에서는 완전히 억제되었다. 이처럼 염화나트륨에 의한 β-카제인 가수분해의 억제는 강한 쓴맛 펩타이드(β-casein: $Tyr_{193}$~$Val_{209}$)의 생성과 깊은 관련성이 있다.

## 3. 키모신 대체효소와 그 조건[8)]

대체를 위하여 상기 기질특이성은 물론 키모신이 갖는 성질과 유사한 이하에 언급하는 조건이 필요하다. ① 기질특이성이 높고, 응유력에 비하여 단백분해율이 약한 효소일 것. 이럼으로써 카제인으로부터 비 카제인태 질소의 소실을 방지할 수 있어 커드의 회수율이 높아진다. ② 내열성이 낮은 효소일 것. 이는 가온에 의해 활성을 잃음으로써, 생성 커드의 조직 형성, 쓴맛의 생성 방지, 지질의 유청에로의 유출을 방지할 수 있다.

이상과 같은 키모신의 성질을 완전히 갖춘 대체효소를 얻기는 어렵지만 유사한, 미생물 렌넷으로 총칭되는 *Rhizomucor (Mucor) pusillus, P. miehei, Cryphonetria (Endothia) parasitica* 등 3종의 산성 프로테아제가 각종 치즈 제조에 사용되는데 그중에서도 *R. miehei*가 널리 이용되고 있다. 아래의 [표 3]에 병용되고 있는 효소명을 나타내었다. 또한 근래에는 유전자조작 기술을 사용하여 송아지 키모신과 동등한 성질을 갖는 '유전자조작 키모신'

이 여러 가지 미생물 숙주에 의해 생산되어 이들의 이용이 확대되고 있다.

표 3. 시판하는 송아지 키모신의 대체효소[9]

| 대체효소 | 상품명 | 생산미생물 | DNA 기원 |
| --- | --- | --- | --- |
| 미생물 렌넷 | 각 당(各糖) 렌넷<br>Fromase TL/XL<br>Suparen/Surecurd | *Rhizomucor pusillus*<br>*Rhizomucor miehei*<br>*Cryphonetria parasitica* | |
| 유전자조작 렌넷 | Maxiren<br>Chymogen<br>Chymax | *Kluyveromyces lactis*<br>*Aspergillus niger*<br>*Escherichia coli* | Calf abomasum<br>Calf abomasum<br>합성 |

### 1) 미생물 렌넷

*R. pusillus*는 보리기울 50%를 함유한 반고형 배지에서 배양함으로써 응유효소 최대 회수율을 얻고 있다. *R. miehei*와 *E. parasitica*에는 수중배양이 각각의 생산성에 적합하다. 미생물 렌넷을 치즈 제조의 응유효소로서 사용할 경우는 pH를 낮춰 줌으로써 생육 중에 생성하는 리파제 활성을 실활시킬 필요가 있다. 치즈 제조에서의 미생물 렌넷의 이용은 렌넷과의 혼합사용이 일반적이다. 미생물 렌넷과 렌넷을 1:1 비율로 혼합한 효소를 체다 치즈 제조에 이용함으로써 고품질의 제품이 제조되고 있다. 단독으로 사용할 경우 기질 특이성이 낮기 때문에 숙성 초기에 다량의 고분자량 펩타이드가 생성되어 쓴맛 생성의 원인이 되는 문제점이 있다. 고품질 치즈를 제조함에 있어서는 펩티다제(peptidase) 제제를 병용하거나 높은 펩티다제 활성을 갖는 유산균 스타터를 사용할 필요가 있다.

*R. miehei* 렌넷은 전에 기술한 $\kappa$-카제인에 대한 특이적인 작용을 나타내는 데에 반하여 *R. pusillus*와 *C. parasitica* 렌넷은 비특이적이라는 사실이 보고되고 있다.

응유효소는 내열성이 낮고 불안정할 필요가 있다. *C. parasitica* 유래 효소(Suparen/Surecurd)는 본래의 생태에서도 불안정하여 특별히 불안정화를 위한 처리가 필요하지 않다. 응유효소가 에멘탈 치즈처럼 고온에서 가온을 필요로 하는 제조에 이용될 수 있는 것도 그 이유이다. 혹시 이 효소가 가온에 의해 실활되지 않았을 경우 이후 숙성 기간에 있어서의 단백질 분해에 대한 비특이성은 치즈의 풍미와 조직결함의 원인이 된다.

*Rhizomucor* 유래 효소는 가열에 의한 불활성화에 대해 열저항성이 강하므로 이용상 불리한 점이 있다. 그러나 *R. miehei* 유래 효소(Fromase)의 S-S결합을 산화처리함으로써

열에 불안정효소인 FromaseTL과 특히 더 불안정한 FromaseXL 등 2종의 효소가 개발되어 있다. FromaseXL(RennilaseXL)을 고다 치즈 제조에 사용했을 경우 송아지 렌넷과 유사한 결과가 얻어짐으로써 그 품질 향상이 증명되었다.

### 2) 유전자조작 렌넷

1980년대에 발전된 유전자조작 기술은 키모신 유전자의 복제화를 가능하게 하여 숙주 미생물 중에서 고품질 렌넷을 발현시키는 데에 성공하였다. 송아지 키모신전구체(pro-chymosin)의 유전자를 *Escherichia coli*(대장균)에서 복제화하고 유전자조작 균주의 성질과 유전자의 구조분석을 행하였다. 유전자조작 *E. coli* 키모신(chymosin A)의 효소학적 성질은 송아지 키모신과 완전히 일치하였다. 두 효소 모두 겔에서의 면역확산법에 의거하여 그 동일성이 증명되었지만 효소면역측정법에서는 약간의 차이가 관찰되었다.

키모신전구체의 유전자는 *Saccharomycetes cereuisiae*(효모)에서도 복제화되었다. 그 발현 수준은 총 효모단백질의 0.5~2.0%에 이르는 것으로 보고되고 있다. 효모 중의 활성화 키모신전구체의 약 20%가 가용성의 형태로 방출되고 80%가 괴사세포 편에 결합된 상태였다. 또한, 키모신전구체 유전자는 *K. lactis, Aspergillus nidulans, A. niger* 및 *Trichoderma reesei*(곰팡이)에서도 발현되고 있다. 또한, 미생물 렌넷이라 불리는 *R. pusillus* 아스파틱 프로테아제(aspatic protease)의 전구체는 효모 중에서, *R. miehei* 프로테아제는 *A. oryzae* 중에서 발현되고 있다. 유전자조작 렌넷 생산에서는 배양액 리터당 약 10~40 mg의 효소량이 얻어지는 것으로 보고되고 있다. 최근 *K. lactis*가 키모신의 대량생산에 유효한 숙주로 이용되어 키모신 B가 발효조작에 의해 생산되는 사실로부터 이러한 키모신에 대하여 국제낙농연맹(IDF)은 '발효생산 키모신: Fermentation-Produced Chymosin(FPC)'으로 호칭할 것을 제안하고 있다. FPC는 송아지 키모신과 아미노산 배열이 같기 때문에 특성도 같다. 단지 한 가지 다른 점은 숙주가 키모신 분자에 당쇄를 부가하는 점이기는 하지만 FPC의 특성을 변화시키지는 않는다. 이들 FPC를 사용하여 치즈 제조를 행하였을 경우 종래의 송아지 렌넷을 사용한 경우와 비교하여 수량, 물성, 향, 맛 등에서의 차이는 인정되지 않았다.

앞으로 여러 기업이 송아지를 기원으로 하는 유전자조작 렌넷을 여러 미생물을 숙주로 하여 대량생산을 검토할 것으로 보인다. 현재 시판되고 있는 대체효소는 40%를 차지하는데 20%를 차지하는 미생물 렌닛을 대신하여 FPC는 조금씩 사용량이 증가할 것으로 생각된다. 그러나 유전자조작 효소라는 사실에서 장래의 대체성은 소비자 측의 허용 상황에 따라 달라질 것이다. 시판 FPC에 관하여는 [표 3]에 나타내었다.

## 4. 응유겔의 시네레시스[10)]

키모신 처리에 의해 형성된 응유는 정치하면 수시간 안정하지만 응유 표면을 습하게 하기도 하고, 절단하면 즉시 시네레시스(수분 분리)가 일어난다. 시네레시스는 응고물로부터 수분을 제거하기 위한 중요한 처리 단계로서 제품의 수분 조절을 위한 유효수단이다. 또한, 치즈 종류 간의 차이를 이끌어내는 단계이기도 한데 커드 절단에 의한 커드 입자 사이즈, 쿠킹, 가온, 산 상승, 압착 및 가염 등에 의해 다양성이 생긴다. 시네레시스를 유발하는 겔 내압은 일정치 않은데 렌넷 첨가 후 상승하며 시간의 경과와 함께 감소한다. 시네레시스는 키모신 응유가 크게 관여하는데 겔 형성 후에 일어나는 카제인 네트워크의 재구축이 그 원인이다. 재구축은 고온과 낮은 pH(>5.1), 그리고 커드 절단, 쿠킹, 압착, 산 생성 및 온도 상승 등의 조건 전체가 겔 네트워크의 재구축에 관여하여 시네레시스를 촉진한다.

* * *

응유는 치즈 제조상 불가결한 단계로서 그 역할은 치즈의 종류에 따라 세 종류로 분류된다. ① 장시간의 유산균 작용에 의한 카제인의 등전점침전(코티지 치즈, 크림 치즈 등), ② pH 6.2 부근에서의 응유효소의 작용(스위스 치즈, 체다 치즈 등), ③ 가열(리코타 치즈 등). 이들의 조작에 의해 얻어진 커드(응유물)들은 다양한 치즈 생산에 있어서 중요한 제1 스텝이다. 세계적으로 생산되고 있는 치즈의 75%는 숙성을 필요로 하며 이러한 타입의 치즈 제조에는 응유효소에 의해 얻은 커드가 사용된다. 치즈 제조에 사용되고 있는 응유효소는 수많은 프로테아제 중에서도 겨우 일곱 종류[송아지 키모신, 곰팡이 유래 아스파틱 프로테아제 세 제품, FPC(유전자조작 렌넷) 세 종류]뿐이다. 치즈의 종류는 400종류 정도, 명칭으로 하면 2,000종 이상이라고 한다. 현재 상업적으로 사용되고 있는 응유효소는 이들 다수의 제품에 겨우 일곱 종류의 효소밖에 이용되지 못하고 있지만 그 반응은 복잡하면서 미세한 성분 간의 반응을 일으키고 있다는 데에 흥미가 깊다.

## 참 / 고 / 문 / 헌


1) 大谷 元：凝乳と酵素, 新設チーズ科学, 中澤勇二・細野明義(編), 東京, 食品資材研究会, 135-149, 1970.
2) Crabbe, M.J.C.：Rennet：General and molecular aspects, Fox P.F. *et. al.* (ed.), Cheese：Chemistry, physics and microbiology. third edition Vol.1, London, Elsevier Applied Science, 19-45, 2004
3) Andrén, A. and Björck, L.：Milk-feeding maintains the prochymosin production in cells of bovine abomasal mucosa. *Acta Physiol. Scand.,* 126, 419-427, 1986.
4) Schmidt, D.G.：Developments in dairy chemistry 1, Fox, P.F. (ed.), Elsevier Applied Science, 61-86, 1982.
5) Horne, D.S. and Banks, J.M.: Rennet-induced coagulation of milk. Fox P.F. *et. al.* (ed.) Cheese: Chemistry, physics and microbiology. Third edition Vol.1, London, Elsevier Applied Science, 47-70, 2004.
6) Walstra, P. and Lenness, R.：Dairy chemistry and physics. John Wiley & Sons, New York, 1984.
7) 阿久澤良造：チーズ類, 乳肉卵の機能と利用, 阿久澤ら (編) 東京, アイ・ケイコーポレーション, 56-63, 2005.
8) 阿久澤良造：微生物由来酵素の開発と利用, 乳業技術, 50, 133-144, 2000.
9) Teuber, M., :Int. Dairy Fed. Bull., 251, 3, 1990.
10) Dejmek, P. and Walstra, P.: The syneresis of rennet-coagulated curd. Fox. P.F. *et. al.* (ed.) Cheese：Chemistry, physics and microbiology. Third edition Vol.1, London, Elsevier Applied Science, 71-103, 2004.

2-5

# 치즈의 숙성기구

도카이(東海)대학 농학부
이고시 케이지(井越敬司)

치즈는 일반적으로 원료유를 살균하고(원료유를 살균하지 않고 제조되는 치즈도 있다), 스타터로서 유산균을 첨가한 후 응유효소로 응고, 교반, 가온, 성형, 압착, 숙성이라는 처리단계를 거쳐서 제조된다. 스타터로 유산균이 주로 사용되지만 이외에 프로피온산균(스위스 치즈), *Brevibacterium*균(워슈 치즈), *Penicillium requeforti*(푸른곰팡이 치즈), *Penicillium camemberti*(흰곰팡이 치즈) 등이 첨가되는 치즈도 있다. 최종적으로 압착 성형된 치즈(그린 치즈)는 일정한 습도와 온도에서 숙성된다. 이 숙성 과정에 따라서 치즈는 처음으로 치즈다워진다. 즉 검과 같은, 조직감과 풍미가 없는 그린 치즈는 숙성을 거쳐 치즈 고유의 풍미를 내며 치즈다운 조직을 갖게 된다. 숙성 기간 및 온도는 치즈의 종류에 따라 다르다. 일반적으로 연질 치즈는 기간이 짧고 반경질 및 경질 치즈에서는 길어진다([표 1]).

**표 1.** 각종 치즈의 숙성 조건 [18)]

| 치즈 | 온도(℃) | 상대습도(%) | 숙성 기간 |
|---|---|---|---|
| Camembert | 12～13 | 85～90 | 3～4주간 |
| Blue | 10 | 90～95 | 2개월 |
| Limburger | 15～20 | 90～95 | 2개월 |
| Brick | 16 | 90～95 | 2개월 |
| Edam | 13～15 | 85～90 | 6개월 |
| Gouda | 13～15 | 85～90 | 4～5개월 |

| Cheddar | 13～15 | 85～90 | 6개월 |
|---|---|---|---|
| Emmental | 21～23 | 80～85 | 5～8주간 |
| Parmesan | 12～15 | 80～85 | 14개월 이상 |

숙성 중의 치즈 성분의 생화학적 변화에서 중요한 점은 치즈 중의 주요 성분인 단백질 카제인과 지방의 분해이다. 이들 성분의 숙성 중의 변화는 치즈의 풍미 발현 및 조직 형성과 밀접한 관계가 있다. 최근에는 숙성 중의 변화가 치즈의 기능성 발현과도 관련되어 있음이 밝혀졌다. 예를 들면 고혈압 제제와 관계가 있는 안지오텐신 I(angiotensin I) 변환효소(ACE) 억제활성 펩타이드, 알러지원인 단백질인 β-락토글로브린(lactoglobulin)의 흡수를 저해하는 펩타이드, 많은 질병 발생에 관련된 활성효소를 소거하는 항산화성분, 그리고 항종양에 관련된 항변이원성 성분 및 암세포 증식억제 성분 등이 숙성 중의 카제인 혹은 유지방의 분해 과정에서 생성되고 있음이 밝혀져 있다. 따라서 치즈 제조공정을 보다 과학적으로 관리하고 제어하여, 품질의 향상과 건강에 도움이 되는 보다 좋은 치즈를 개발하기 위해서는 치즈 숙성 중의 생화학적 변화를 자세히 규명하고 이해하는 것이 중요하다고 생각된다. 숙성 중의 카제인과 지방 성분의 변화 및 풍미 성분의 생성에 관한 내용을 [그림 1]에 나타내었다.

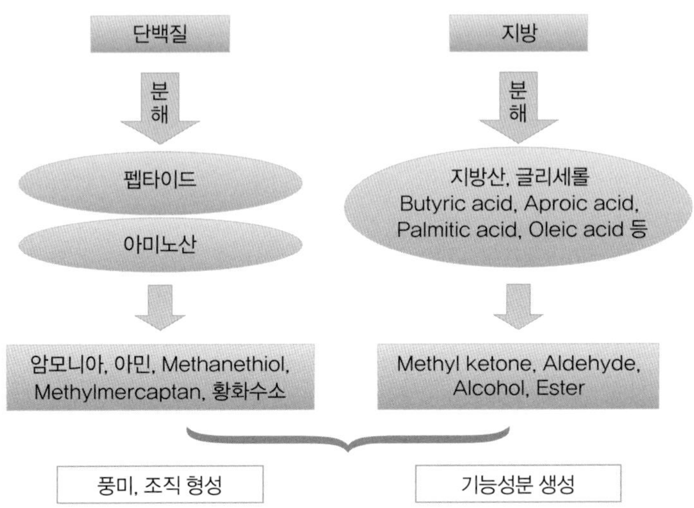


**그림 1.** 치즈 숙성 중 단백질과 지방 분해 및 생성 성분

## 1. 단백질 분해

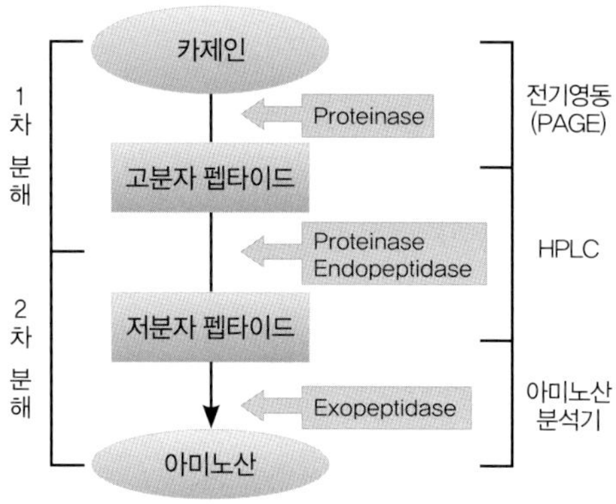


**그림 2.** 숙성 중의 단백질 분해 흐름과 분석기기

치즈 숙성 중의 단백질 분해는 크게 두 가지 프로세스로 나눌 수 있다([그림 2]). 치즈의 주된 단백질인 카제인은 우선 치즈의 프로테이나제에 의해 분자 내부의 펩타이드 결합이 절단되어 비교적 큰 펩타이드로 분해된다. 이 펩타이드는 다시 엔도 펩티다제 또는 프로테이나제에 의해 분해되고 생성된 저분자 펩타이드는 엑소 펩티다제의 작용에 의해 펩타이드의 N-말단부위 아미노산의 펩타이드 결합이 절단되면서 유리 아미노산으로 분해된다. 이 프로세스 중에서 초기 프로테이나제가 관여하는 분해를 '1차 분해'라고 하며 이 이후의 아미노산까지의 분해를 '2차 분해'라고 한다. 그러나 양자 간에는 명확한 경계는 없고 이 반응은 동시 병행하여 진행된다. 일반적으로는 전기영동법으로 검출될 수 있는 카제인 및 그 분해산물의 변화를 1차 분해, 이후 전기영동법으로 검출되지 않는 저분자량 펩타이드 및 유리 아미노산의 생성까지를 2차 분해로 받아들이고 있다. 2차 분해의 펩타이드 변화는 역상 컬럼(column)을 이용한 HPLC로, 최후 생성물인 아미노산은 아미노산분석계로 분석될 수 있다([그림 2]). 치즈 숙성 과정에서 단백질 분해반응은 기질 카제인이 고도회합 상태에 의해 응고하고 있는 것, 엔도 펩티다제와 엑소 펩티다제가 복잡하게 작용하고 있는 것 등 시험관 내 균일한 용액계에서의 카제인 분해보다 복잡하다. 여기에서는 경질 및 반경질 숙성 타입의 치즈(체다, 고다 치즈 등)에 관하여 서술한다.

### 1) 경질 · 반경질 치즈의 단백질 분해에 관여하는 효소[9]

경질 · 반경질 치즈의 단백질 분해에 관여하는 효소로서 젖(乳), 렌넷, 스타터 유산균, 그리고 비 스타터 일반생물 유래의 효소 등 네 종류의 기원을 생각할 수 있다. 여기에서는 젖, 렌넷, 그리고 스타터 유산균의 프로테아제에 대하여 설명한다.

### (1) 응유효소 키모신(EC 3.4.23.4)에 의한 카제인 분해

송아지의 제4 위로부터 얻어진 응유효소 렌넷의 주요 성분 키모신은 아스파틱 프로테아제(aspartic protease)에 속하는 효소이다. 키모신은 유단백질 카제인 중 $\kappa$-카제인(이하 $\kappa$-CN)의 $Phe_{105}$-$Met_{106}$ 펩타이드 결합을 우선적으로 절단하여 카제인 마이셀을 변화시킴으로써 우유를 응고시키는 역할을 한다. 생성된 카제인 글리코펩타이드(glycopeptide, $\kappa$-CNf 106~169)는 치즈 유청으로 이행하며, 파라-$\kappa$-CN($\kappa$-CNf 1~105)은 치즈 커드에 남는다. 젖을 응고시킨 후 키모신의 일부는 커드에 남아서 이후 치즈 숙성 중의 단백질 분해에 관여한다. 파라-$\kappa$-CN은 키모신에 의해 분해되는 결합 부위를 가지고 있지만 용액 및 치즈 중에서 분해되지 않는다.

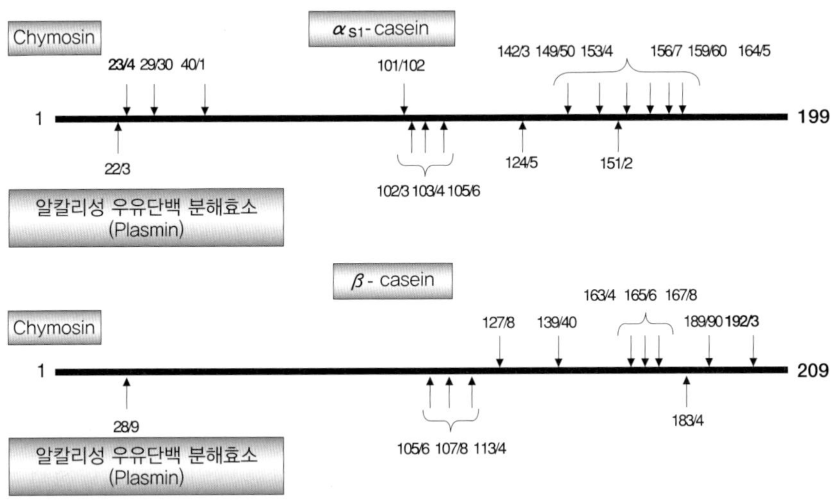


**그림 3.** 키모신과 알칼리성 우유단백 분해효소의 $\alpha_{S1}$-CN과 $\beta$-CN에 대한 분해 위치

$\alpha_{s1}$-카제인(이하 $\alpha_{s1}$-CN)에 대한 키모신의 작용은 $Phe_{23}$-$Phe_{24}$를 우선 분해하여 $\alpha_{s1}$-CNf 1~23과 $\alpha_{s1}$-CNf 24~199 두 종류의 펩타이드를 생성한다. 후자의 펩타이드는 $\alpha_{s1}$-I CN으로 불린다. 이것은 많은 치즈에서 폴리아크릴아마이드(polyacrylamide) 젤 전기영동법(PAGE)에 의해 검출되었다. 그러나 $\alpha_{s1}$-CNf 1~23은 전기영동법으로는 검출되지 않는다. $\alpha_{s1}$-CN의 $\alpha_{s1}$-I CN으로의 변환은 치즈의 물성에 크게 영향을 준다. $\alpha_{s1}$-I CN은 $\alpha_{s1}$-CN과는 달리 칼슘에 의한 응집성을 갖지 않으며 또한 유청의 네트워크 구조가 $\alpha_{s1}$-CN

으로부터 $\alpha_{s1}$-I CN에로의 변환에 의해 파괴되어 치즈의 물성을 물렁물렁하게 변화시킨다. $\alpha_{s1}$-I CN은 용액 중(pH 6.4, 0.1M 인산완충액)에서는 재차 키모신에 의해 분해된다([그림 3]). 또한, 5% NaCl을 함유한 pH 5.2, 초산완충액 중(치즈 제조 조건하에서)에서는 $\alpha_{s1}$-I CN은 [그림 3]의 분해 외에 새로운 $Leu_{11}$-$Pro_{12}$, $Phe_{32}$-$Gly_{33}$, $Leu_{101}$-$Lys_{102}$, $Leu_{142}$-$Ala_{143}$ 및 $Phe_{179}$-$Ser_{180}$ 등의 결합도 분해된다.

β-카제인(이하 β-CN)은 용액 상태(pH 5.4)에서 일곱 군데의 펩타이드 결합이 가수분해된다. 우선 $Leu_{192}$-$Tyr_{193}$이 빠르게 분해되어 β-CNf 193~209와 β-I CN으로 불리는 β-CNf 1~192가 생성된다. 계속해서 $Ala_{189}$~$Phe_{190}$, 나아가 $Leu_{165}$-$Ser_{166}$ ≥ $Gln_{167}$-$Ser_{168}$ ≥ $Leu_{163}$-$Ser_{164}$ 〉$Leu_{139}$-$Leu_{140}$ ≥ $Leu_{127}$-$Thr_{128}$으로 순차적으로 분해된다([그림 3]). 이 분해의 결과 생기는 β-CNg1~164/166/162 및 β-CNf 1~139 펩타이드는 β-II CN 및 β-III CN으로 각각 불리는데 전기영동법에 의해 검출된다. 키모신에 의한 β-CN의 분해는 pH에 의해 영향을 받으며, 또한 5% NaCl 농도에서 강하게, 10% NaCl 농도에서 완전히 저해된다.

### (2) 유유래 프로테아제에 의한 카제인의 분해

우유 중에는 적어도 '알칼리성 밀크프로테아제(AIMP)'와 '산성 밀크프로테아제(AcMP)'라고 불리는 두 종류의 효소가 존재한다. AIMP는 혈액 중의 플라스민(plasmin, EC 3.4.21.7)이 우유로 이행한 것으로서 적정 pH 7.5, 라이신 잔기를 함유한 펩타이드 결합에 대해 높은 특이성을 갖는 세린 프로테아제(serin protease)이다. 카제인 마이셀에 결합하며 또한 가열 내성이 있기 때문에 치즈 커드에 이행한 후에도 카제인의 1차 분해에 중요한 역할을 담당하고 있다. 이 효소는 용액 중에서는 β-CN으로부터 γ-CN(γ1-CN: β-CNf 29~209, γ2-CN: β-CNf 106~209, γ3-CN: β-CNf 108~209)과 프로테오스 펩톤(proteose peptone)으로 불리는 펩타이드를 생성한다([그림 4]).

한편 AcMP는 리소좀(risosome)에 있는 카텝신 D(cathepsin D, EC3.4.23.5)와 성질이 같은 아스파틱 프로테아제(aspartic protease)이다. AcMP의 카제인에 대한 작용은 키모신과 유사한데 $\alpha_{s1}$-I CN 및 β-I CN 등 분해산물을 생성하며 우유를 서서히 응고시킨다.

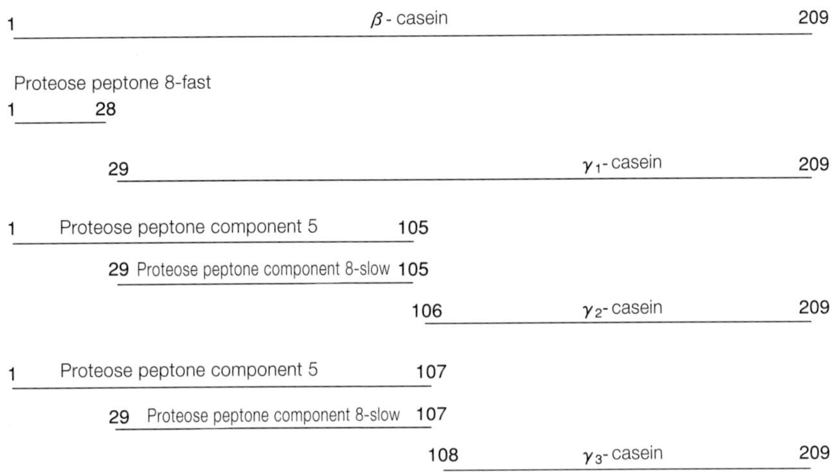


**그림 4.** γ-casein과 proteose peptone의 관계

### (3) 유산균 프로테아제에 의한 카제인의 분해

스타터로 사용되는 유산균에는 프로테이나제, 엔도 및 엑소 펩티다제가 존재한다. 무균 치즈를 사용한 일련의 연구로부터 스타터 유산균은 숙성 중의 카제인 1차 분해에서의 기여는 작고 저분자 펩타이드와 유리 아미노산을 생성하는 2차 분해에 있어서는 중요한 역할을 하는 것으로 알려져 왔다. 그러나 최근에는 숙성 중의 카제인 1차 분해에서의 기여도 무시할 수 없는 것으로 여겨지고 있다. 치즈 스타터로 가장 많이 사용되는 유산균은 유산구균인 *Lactococcus*속, 특히 *Lactococcus lactis(Lc. lactis)*이다. 따라서 본 균종의 프로테아제에 대해 설명하기로 한다.

*Lc. lactis*의 숙성 중의 단백질 분해에 중요한 효소는 '세포표층 프로테이나제(CEP: Cell Envelope Proteinase)'이다. 이 효소는 균체 외 단백질과 용이하게 접촉할 수 있도록 세포질막에 결합하여 세포벽으로부터 돌출된 상태로 존재하고 있다. *Lc. lactis*의 CEP는 카제인에 대한 작용의 관점에서 세 종류(P I, P III, P I/P II)로 분류된다. 어느 효소이건 활성 중심에 세린(serine)을 가지는 세린 프로테아제로서 분자량 18~19만, 지적 pH 6.0 근처이다. P I 타입은 β-CN을 분해하나 $\alpha_{s1}$-CN에는 약하고, P III 타입은 두 종류 카제인을 모두 잘 분해하는데 P I/P II는 그 중간의 성질을 갖는 효소이다. P I과 P III는 DNA 레벨에서는 매우 높은 상동성(98% 이상)이 인정되지만 β-CN에 대한 분해는 다르다. 두 효소 모두 β-CN에

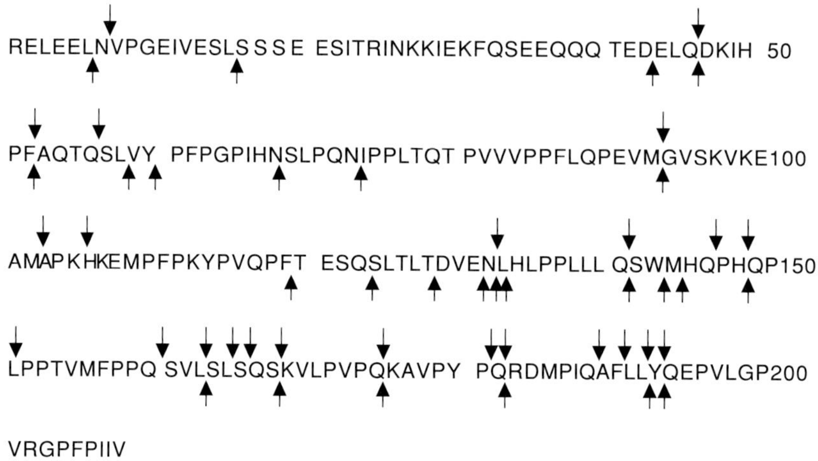


**그림 5.** *Lc. lactis* ssp. *cremoris* H2(P I 타입↓)와 *Lc. lactis* ssp. *cremoris* SK112 (pⅢ타입↑)의 β-casein에 대한 분해 위치[7)]

대한 작용을 [그림 5]에 나타내었다. P III는 P I 타입보다 광범위하게 β-CN을 분해하지만 가수분해 부위는 50% 가까이 동일하다. 그러나 β-CN의 초기 분해에서 P I과 P III는 다른 분해 패턴을 보인다. P I 타입은 흥미롭게도 $\alpha_{s1}$-CN에는 작용하지 않지만 키모신에 의해 분해 생성되는 $\alpha_{s1}$-CNf 1~23에는 작용한다. 그 외에 $\alpha_{s1}$-CNf 1~23에 작용하는 프로테아제로서 올리고엔도펩티다제(oligoendopeptidase)라 불리는 효소류를 *Lc. lactis*는 가지고 있다([표 2]).

스타터 유산균은 프로테이나제 및 엔도 펩티다제에 의해 생성된 저분자 펩타이드를 최종적으로는 엑소 펩티다제에 의해 아미노산으로 분해할 수 있다. 이 엑소 펩티다제는 현재까지 다수가 밝혀져 있는데([표 2]), 이들 효소는 서로 협력하여 저분자 펩타이드를 최종적으로 아미노산까지 분해한다. 엑소 펩티다제는 주로 *Lc. lactis*의 세포질에 존재한다. 따라서 유산균의 자기분해에 의해 이들 효소가 치즈 중에 방출되어 비로소 저분자 펩타이드에 작용할 수 있게 된다.

**표 2.** *Lc. lactis*의 endopeptidase와 exopeptidase[7)]

| 유산균<br>*Lactococcus lactis* ssp. | 공시기질 | 분자량<br>(kDa) | 적정 pH | 적정 온도<br>(℃) | 분류* |
|---|---|---|---|---|---|
| Oligoendoeptidase (LEP, MEO, NPOP, PepO) | | | | | |
| *cremoris* H61 | peptides | 98 | 7～7.5 | 40 | M |
| *cremoris* H61 | $\alpha_{s1}$-CNf 1-23 | 80 | 6 | 37 | M |
| *cremoris* Wg2 | Metenkephalin | 70 | 6～6.5 | 30～38 | M |
| *cremoris* HP | $\alpha_{s1}$-CNf 1-23 | 180 | 6.0～7.0 | 42 | M |
| *cremoris* C13 | $\alpha_{s1}$-CNf 1-23 | 70 | 6.0～7.0 | 35 | N |
| *cremoris* SK11 | Bradykinin | 70 | 6 | - | M |
| Aminopeptidases<br>Aminopeptidase N (General amonopeptidase, AMP, PepN) | | | | | |
| *cremoris* AC1 | Lys-p-Na | 36 | 7 | 40 | M |
| *cremoris* Wg2 | Lys-p-Na | 95 | 7 | 40 | M |
| Aminopepidase A (Glutamyl amnopeptidase, GAP, PepA) | | | | | |
| *cremoris* HP | Glu/Asp-p-NA | 130 | - | 50～55 | M |
| *lactis* NCD0712 | Glu-p-NA | 245 | 8 | 65 | M |
| Aminopeptidase C (Thiol aminopeptidase, PepC) | | | | | |
| *cremoris* AM2 | His-β-NA | 300 | 7 | 40 | |
| Pyrrolidonyl Carboxyl Peptidase (pyroglutamyl aminopeptidase, PCP) | | | | | |
| *cremoris* HP | Pyr-p-NA | 80 | 8～8.5 | 37 | S |
| X-Prolydipeptidyl aminopeptidase (XPDA, PPDA, XAP, PepX) | | | | | |
| *cremoris* P8-2-47 | X-Pro-p-NA | 180 | 7 | 45～50 | S |
| *lactis* NCDO763 | Ala-Pro-p-NA | 190 | 8.5 | 40～45 | S |
| *cremoris* AM2 | Gly-Pro-NH-Mec | 117 | 6～9 | - | S |
| *lactis* H1 | X-Pro-p-NA | 150 | 6～9 | - | S |
| Proline Iminopeptidase (PIP, PepI, X-Pro-p-NA) | | | | | |
| *lactis* HP | Pro-Gly-Gly | 100 | 8.5 | 378 | M |
| Dipeptidase (DIP) | | | | | |
| *cremoris* H61 | Keu-Gly | 100 | 8 | - | M |
| *cremoris* Wg2 | Dipeptides | 49 | 8 | 50 | M |
| Prolidase (PRD, PepQ) | | | | | |
| *cremoris* H61 | Leu-Pro | 43 | 6.5～7.5 | - | M |
| *cremoris* AM2 | Leu-Pro | 42 | 7.35～9.0 | - | M |
| Tripeptiase (TRP) | | | | | |
| *cremoris* Wg2 | Key-Leu-Leu | 103～105 | 7.5 | 35 | M |

(* M: 메탈, S: 세린)

## 2) 경질 · 반경질 유산균 숙성 치즈의 단백질 분해

경질 · 반경질의 대표적 치즈인 고다 치즈(응유효소로서 송아지 렌넷, 스타터로서 Hansen 사의 혼합 스타터가 사용되고 있다)를 재료로 이 치즈 숙성 중의 1차 분해가 폴리아크릴아마이드겔 전기영동(PAGE)으로 상세히 관찰되고 있다. 그 결과는 [그림 6-A]에 나타내었다. 고다 치즈의 주요 단백질 $\alpha_{s1}$-CN과 β-CN은 숙성의 진행과 함께 감소하는데 감소의 비율은 각기 다르다. 즉 β-CN은 숙성 기간을 통해 완만하게 분해하나, $\alpha_{s1}$-CN은 숙성 개시(0개월)에서 2개월 숙성 기간에 급격히 감소하고 4개월 숙성 치즈에서는 크게 소실된다. 이들 카제인의 감소에 동반하여 새로운 분해산물 a~h가 생겨난다. 이들은 γ-CN(b), β-I CN(c) 및 $\alpha_{s1}$-I CN(f)과 이동도가 같은 성분이다. 따라서 β-I CN(c) 및 $\alpha_{s1}$-I CN(f)은 응유효소 키모신, γ-CN(b)은 AIMP에 의해 생성되는 것으로 여겨진다. 실제 이들 분해산물을 생성하는 키모신 및 AIMP로 추정되는 프로테아제가 같은 치즈에서 분리되고 있다. 그 외에 불명확한 분해산물 d, e 및 g가 있는데 분해산물 e는 AIMP가 $\alpha_{s1}$-CN에서 생성되는 펩타이드와 이동도를 같이하는 사실로부터 AIMP가 관여하고 있는 것으로 여겨지고 있다. β-CN은 서서히 분해된다. 그러나 [그림 6-A]에 나타냈듯이 키모신에 의해 생성되는 β-I CN(c)의 생성은 미약하다. 또한, 몇 가지 시판되는 수입 경질 · 반경질 치즈에서도([그림 7]), γ-CN(b)의 생성이 인정되지만 β-I CN(c)의 생성은 명확히 확인할 수 없다. 키

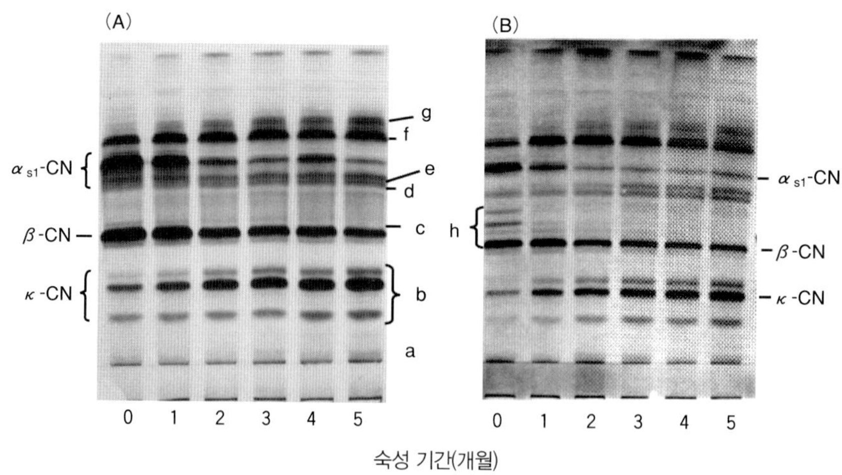


**그림 6.** 고다 치즈의 카제인 분해(A)와 같은 치즈로부터의 pH 7.0 가용성 펩타이드(B)의 전기영동

모신에 의한 β-CN의 분해는 치즈 중의 식염 농도, 커드의 pH, 이온 강도 및 수분 함량 등에 영향을 받기 때문에 실제 치즈에서의 키모신에 의한 β-CN의 분해는 크지 않은 것으로 여겨진다. 경질·반경질 치즈는 어느 것이나 γ-CN(b)가 명확히 생성된다([그림 6, 7]). 따라서 β-CN의 분해에는 키모신보다 AIMP의 기여가 크다.

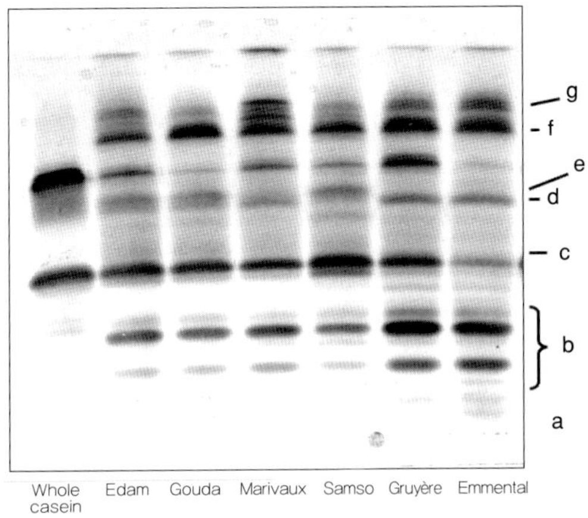


**그림 7.** 시판되는 경질·반경질 치즈의 전기영동

Fox 등[7]은 체다 치즈에서의 1차 분해를 전기영동법으로 조사함으로써 분해산물에 관하여 밝히고 있다. 고다 치즈와 마찬가지로 γ-CN, β-I CN 및 $\alpha_{s1}$-I CN과 이동도를 같이 하는 성분과 그 외에 $\alpha_{s1}$-CNf 102~?, $\alpha_{s1}$-CNf 33~?, $\alpha_{s1}$-CNf 60~?, $\alpha_{s1}$-CNf 110~?, $\alpha_{s1}$-CNf 24~?의 N-말단으로부터 시작하는 분해산물을 발견하고 있다. $\alpha_{s1}$-CNf 102~?, $\alpha_{s1}$-CNf 33~? 및 $\alpha_{s1}$-CNf 24~?는 키모신에 의해 분해되는 부위이므로 이들 분해산물의 생성에 키모신이 관여하고 있는 것으로 여겨진다. $\alpha_{s1}$-CNf 110~?은 키모신, AIMP 및 유산균의 CEP의 분해 부위와는 다르다. 이 펩타이드는 유전자조작 키모신을 사용한 치즈에서는 생성되지 않고 돼지 펩신을 사용한 치즈에서 발견되므로 응유효소 중의 펩신에 의한 것으로 여겨지고 있다.

저자들[9]은 고다 치즈 숙성 중에 생성되는 분해산물을 상세히 조사한 결과 숙성 초기에 β-CN과 $\alpha_{s1}$-CN 사이에 수종의 새로운 펩타이드 밴드를 전기영동법으로 확인하였다([그림 6-B]). 이 분해산물은 숙성이 진행됨과 함께 소실되었다. 또한, 이러한 펩타이드는 체다 치즈의 초기 숙성 치즈에서도 확인되었다. 또한 이들 분해산물을 생성하는 프로테아제가 같은 치즈로부터 분리됨으로써 이들 펩타이드는 β-CN으로부터 생성되고 있음이 명확해졌다. 이 효소는 지적 pH를 6.0으로 갖는 세린 프로테아제로서 숙성 초기부터 발견됨으로써 스타터로 사용된 유산구균의 유래로 여겨지고 있다.

치즈 중의 2차 분해에 관여하는 저분자 펩타이드가 HPLC에 의해 명확해졌다. 고다 치즈의 경우 숙성 개시(0개월)에 여러 펩타이드 피크가 검출되었는데 이들 펩타이드 피크는 치즈의 숙성 진행과 함께 증가, 증대한다([그림 8]). 그 주요한 펩타이드(피크 3, 4, 6, 7, 9, 10)는 모두 $\alpha_{s1}$-CN의 1~23 영역 내의 펩타이드이다. 비슷한 펩타이드가 Kaminogawa 등[11]에 의해 보고되었으며 또한 체다 치즈에서도 발견되고 있다.

이들 펩타이드는 $\alpha_{s1}$-CNf 1~23 영역 내의 펩타이드이므로 $\alpha_{s1}$-CNf 1~23이 기질이 되어 치즈의 엔도 펩티다제 또는 프로테이나제에 의해 생성된 것으로 여겨진다. *Lc. lactis*균의 CEP라든지 올리고 펩티다제는 $\alpha_{s1}$-CNf 1~23에 작용하여, 치즈에서 발견된 이러한 펩타이드를 생성한다. 따라서 고다와 체다 치즈에서 발견된 $\alpha_{s1}$-CNf 1~23 유래 펩타이드는 *Lc. lactis*균의 CEP 또는 올리고엔도펩티다제가 관여하고 있다.

Fox 등[7]은 아미노산 배열 분석과 질량분광법(MS)에 의한 방법으로 체다 치즈의 저분자 펩타이드를 다수 밝혀 냈는데 체다 치즈의 β-CN 유래의 저분자 펩타이드가 β-CN의 f 53~91영역에 다수 존재하는 것으로 보고하고 있다. 또한 이들 펩타이드의 N-말단이 유산구균의 CEP에 의해 절단되어 생기는 펩타이드의 N-말단과 정확하게 일치하는 사실로부터 유산구균의 CEP가 이들 펩타이드 생성에 관여하고 있다고 설명하고 있다. β-CN의 1차 분해에는 AIMP가 크게 역할을 하는데, β-CN을 분해하여 γ-CN과 프로테오스 펩톤을 생성한다. 체다 치즈에서 발견된 저분자 펩타이드인 β-CN의 f 53으로부터 91영역은 프로테오스 펩톤 영역과 거의 일치한다. 따라서 이들 저분자 펩타이드는 AIMP에 의해

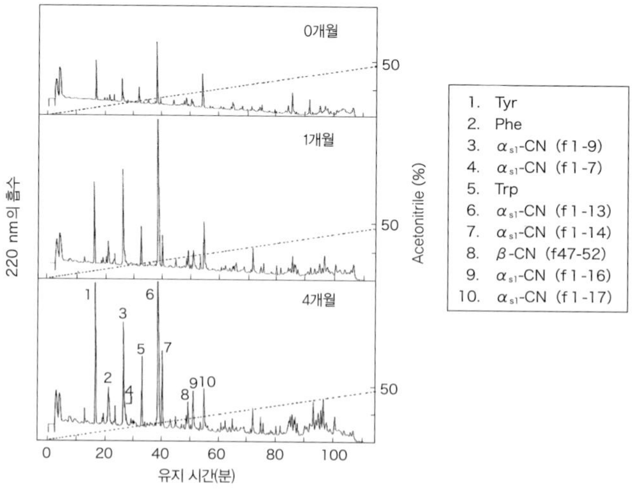


**그림 8.** 고다 치즈의 펩타이드 프로파일과 주요 peak의 구조

분해되어 생긴 프로테오스 펩톤에 CEP가 작용하여 생성되었을 가능성을 생각할 수 있다.

이상의 사실로부터 치즈의 $\alpha_{s1}$- 및 β-CN의 분해에 대하여 [그림 9]에 나타낸 분해기구가 제안되었다.

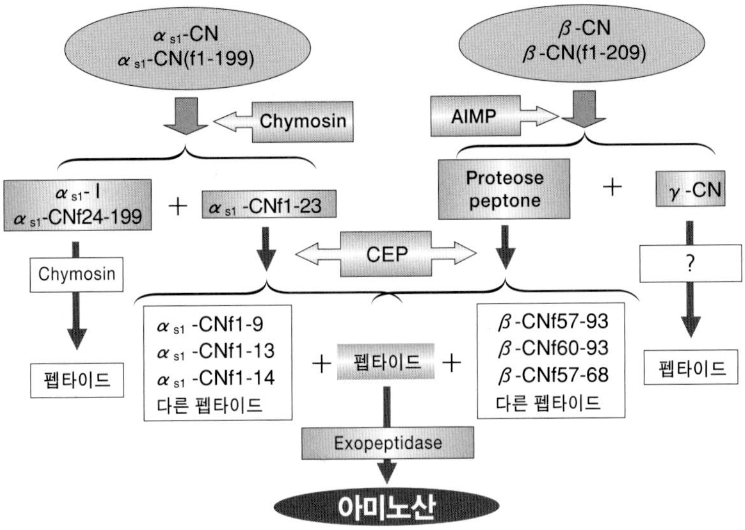


**그림 9.** 숙성 중의 $\alpha_{s1}$-casein 및 β-casein의 가수분해 예상도
AIMP : 알칼리성 우유단백 분해효소
CEP : 세포표층 Proteinase

단백질 분해의 최종 생산물인 유리 아미노산에 관련하여 고다 치즈의 유리 아미노산 분석 결과를 [그림 10]에 나타내었다. 아미노산으로 Glu가 많고 이어서 Leu, Lys, Phe의 순이었다. 카제인 단백질을 점하는 아미노산은 Glu가 가장 많고 이어서 Pro, Leu, Lys의 순이다. 따라서 Pro 및 Phe를 제외하면 유리 아미노산은 카제인을 점하는 아미노산의 비율과 잘 일치하고 있다. PepN 등 엑소 펩티다제는 Pro에 대하여는 작용하지 않으므로 Pro를 유리하기 위해서는 Pro 특이적 펩티다제([표 2]: PepX, PepI, PepQ 등)가 필요하다. 유산균 스타터에는 이 효소가 존재하고 있으므로 유산균 숙성 타입인 고다 및 체다 치즈에 있어서는 Pro가 많이 유리될 것으로 기대된다. 그러나 이들 치즈에서의 유리 Pro 양은 적다. Pro 특이적 펩티다제가 이들 치즈에서 충분히 작용하지 않는 것으로 추정된다. 최근 주목되고 있는 γ-아미노낙산(GABA)은 비교적 많이 존재한다. 이것은 유산균의 글루탐산 탈탄산효

소에 의해 Glu로부터 생성된다.

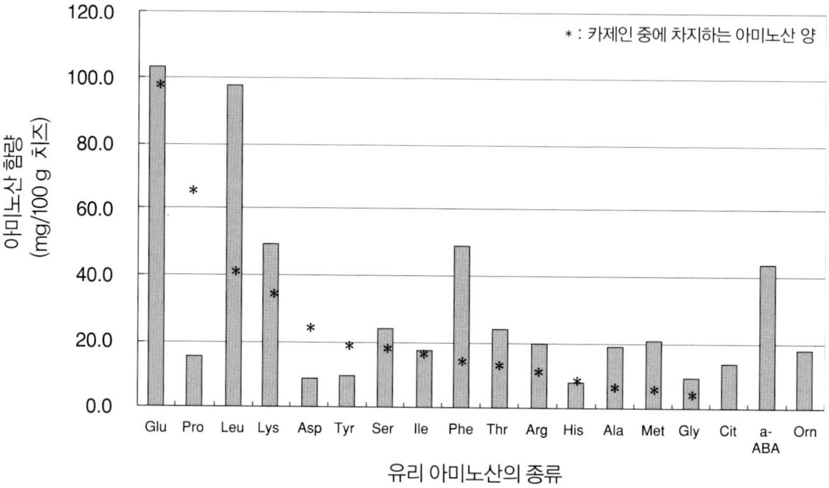


**그림 10.** 4개월 숙성 고다 치즈의 유리 아미노산 양

## 2. 지방 분해[12)]

치즈의 유지방은 젖(乳) 유래의 지방이다. 일반적인 홀스타인유는 유지방을 3.6~4.0% 함유하고 있는데 치즈에는 30% 전후가 된다. 유지방을 구성하는 지방산으로는 팔미트산과 올레인산을 가장 많이 함유하며 이어 스테아린산, 미리스틴산이 된다. 이들 지방산을 합하면 70%가 된다. 그 외에 낙산, 카프론산, 카프릴산 및 카프린산 등 단쇄지방산이 10% 정도 함유되어 있다([표 3]). 리놀산이나 아라키돈산 등 필수지방산은 매우 적다.

숙성 중의 지방 분해 반응은 치즈의 풍미 발현에 있어 매우 중요한 생화학 반응이다. 지방은 치즈에 존재하는 리파제에 의해 분해되어 구성 성분의 지방산과 글리세롤을 생성한다. 글리세롤은 달콤한 풍미를 갖는다. 생성된 지방산 가운데 낙산, 카프론산, 카프릴산 및 카프린산은 그 자체가 향미 성분이 된다. 또한, 지방산은 케톤, 메칠케톤, 알코올, 알데하이드, 에스테르 등 휘발성 화합물의 전구물질이 된다. 따라서 숙성 중의 지방 분해는 치즈의 품질에 크게 영향을 준다.

**표 3.** 치즈의 유리 지방산 양[12)]

| 치즈 | butyric acid $C_4$ | Hexane $C_6$ | Octanoic acid $C_8$ | Decanoic acid $C_{10}$ | Lauric acid $C_{12}$ | Myristic acid $C_{14}$ | Palmitic acid $C_{16}$ | Stearic acid $C_{18}$ | Oleic acid $C_{18:1}$ | 합계 |
|---|---|---|---|---|---|---|---|---|---|---|
| 우유 *1 | 3.3 | 1.6 | 1.3 | 3 | 3.1 | 9.5 | 26.3 | 14.6 | 29.8 | 92.5 |
| Cheddar | 15 (1.5) | 2 (0.2) | 6 (0.6) | 25 (2.5) | 37 (3.7) | 103 (10.3) | 285 (28.6) | 524*2 (52.6) | | 997 |
| Edam | 60 (16.9) | 8 (2.2) | 9 (2.5) | 14 (3.9) | 47 (13.2) | 39 (11.0) | 122 (34.3) | 57*2 (16.0) | | 356 |
| Parmesan | 1,055 (8.3) | 451 (3.5) | 243 (1.9) | 440 (3.5) | 439 (3.5) | 1,540 (12.1) | 3,896 (30.7) | 1,171 (9.2) | 3,471 (27.3) | 12,706 |
| Emmental | 112 (5.3) | 45 (2.1) | 71 (3.4) | - | 68 (3.2) | 207 (9.8) | 515 (24.3) | 256 (12.1) | 842 (39.8) | 2,116 |
| Gruyere | 1,037 (70.0) | 83 (5.6) | 6 (0.4) | 16 (1.1) | 13 (0.9) | 58 (3.9) | 193 (13) | 75*2 (5.1) | | 1,481 |
| Camembert | 361 (7.6) | 287 (6.1) | 160 (3.4) | 225 (4.7) | 298 (6.3) | 622 (13.1) | 1,442 (30.4) | 303 (6.4) | 1,043 (22.0) | 4,741 |
| Brie | 124 (4.6) | 9 (0.3) | 19 (0.7) | 44 (1.6) | 74 (2.8) | 255 (9.5) | 839 (31.3) | 1,314*2 (49.1) | | 2,678 |
| Blue | 1,146 (3.3) | 777 (2.2) | 546 (1.5) | 1,275 (3.6) | 1,835 (5.2) | 4,147 (11.8) | 11,416 (32.4) | 14,088*2 (40.0) | | 35,230 |
| Roquefort | 961 (4.0) | 526 (2.6) | 707 (3.0) | 2,280 (9.5) | 1,295 (5.4) | 3,185 (13.4) | 6,230 (26.2) | 2,241 (9.4) | 6,282 (26.4) | 23,807 |
| Limburger | 1,457 (34.8) | 688 (16.4) | 24 (0.5) | 50 (1.2) | 92 (2.2) | 662 (14.4) | 565 (13.5) | 709*2 (16.9) | | 4,187 |

mg/kg, 괄호 안은 합계에 대한 비율
*1: 우유의 숫자는 몰%, *2: $C_{18}+C_{18=1}+C_{18=2}+C_{18=3}$

치즈는 제조 및 숙성 조건 또는 착유 시기(계절)에 따라 유리하는 지방산 양은 크게 다르다. 대표적 치즈의 유리 지방산(이하 FFA)을 [표 3]에 나타내었다. 고다나 체다 치즈와 같은 유산균 숙성 타입에서는 FFA는 일반적으로 낮으나 파르메산 치즈와 같은 장기 숙성에서는 많다. 또한 블루 치즈와 같은 곰팡이 숙성 및 린불가 치즈 같은 표면 숙성 치즈에서도 FFA는 많은 것으로 인정된다. 생성되는 지방산은 어느 치즈나 $C_{18}$의 지방산류와 팔미트산의 양이 많다. 이는 유지방의 구성 지방산에 두 가지 지방산이 점하는 비율이 크기 때문이다. 낙산은 유지방에서 차지하는 비율이 낮음에도 불구하고 치즈에는 비교적 많다. 이는 유지방을 분해하는 치즈의 리파제의 특이성에 기인하는 것으로 여겨지고 있다.

치즈 숙성 중의 FFA는 치즈에 존재하는 리파제에 의해 생성된다. 치즈의 리파제는 스타터 미생물, 비 스타터 미생물, 젖 유래의 것들이 주된 것으로 여겨지나 응유제로 사용하는 렌닛 제제에도 리파제가 존재하므로 이러한 응유제를 사용한 치즈에는 렌닛 유래 리파제도 치즈 속에 존재하게 된다.

젖(乳) 유래 리포프로테인 리파제(lipoprotein lipase)는 분자량 50,000의 당단백질로서 지적 pH는 8.5~9.0, 지적 온도는 37℃이다. Apo II에 의해 활성화되며 1M NaCl 및 프로타민(protamin)에 의해 억제된다. 이 효소는 트리글리세롤에 작용하여 2-모노글리세롤(2-monoglycerol)과 지방산을 생성한다. 또한 $C_{18}$=0, $C_{18}$=1, $C_{18}$=2, $C_{18}$=3, $C_{20}$=0의 장쇄지방산을 함유한 트리글리세롤보다 $C_6$=0, $C_8$=0, $C_{10}$=0 및 $C_{12}$=0의 중쇄지방산을 함유한 트리아실글리세롤을 더 용이하게 분해한다. 이 효소는 카제인 마이셀에 결합하고 있으므로 치즈 커드 형성 시 커드 쪽에 많은 양이 존재한다. 따라서 생유를 사용한 치즈에서는 리포프로테인 리파제의 지방 분해에 대한 관여가 크다. 그러나 75°C, 20초의 HTST 살균 처리에 의해 거의 실활하므로 살균유 사용 치즈에서의 지방 분해에의 기여는 작을 것으로 여겨진다. 실제로 살균유를 사용한 치즈는 생유를 사용한 치즈보다 유리 지방산 양은 적다.

*Lc. lactis*는 균체 내에 지방산과 에스테르 화합물인 트리아실글리세롤(triacylglycerol), 디아실글리세롤(diacylglycerol) 및 모노아실글리세롤(monoacylglycerol)을 가수분해할 수 있는 리파제를 가지고 있다. 유산구균 및 간균의 리파제 활성은 그 외의 미생물과 비교하면 낮다는 사실로부터 치즈 숙성 중의 지방 분해에의 기여는 적은 것으로 여겨지고 있다. 그러나 무균적으로 만들어진 유산균 그린 치즈는 보통 치즈와 비교했을 때 지방산 양이 매우 낮기 때문에 스타터 유산균 유래의 리파제는 숙성 중의 지방 분해에 관여하고 있는 것으로 여겨지고 있다. 특히 살균유를 사용한 치즈에서는 젖 유래 리포프로테인 리파제(LPL)의 지방 분해에의 기여는 낮으므로 유산균 리파제가 중요한 역할을 맡고 있다. 스타터로 사용되는 *Lc. lactis* subsp. *lactis*나 *Lc. lactis* subsp. *cremoris*의 무세포 유출액에서 리파제 활성이 발견되는데 그 활성은 pH 7~8.5 및 37°C에서 가장 높은데 환원 글루타치온(glutathione)과 2% 정도의 NaCl에서 활성이 복원되나 고농도의 NaCl에서 저해된다.

## 3. 쓴맛 대책[13, 14]

치즈의 풍미 발현에 있어 가끔 문제가 되는 것이 쓴맛이다. 쓴맛 자체는 숙성 치즈의 맛 특성 중 하나로서 체다 치즈에 있어서는 그 치즈의 특성이 되어 있다. 그러나 지나친 쓴맛은 치즈의 풍미를 손상함과 함께 제품적 가치를 저하시킨다. 통상의 제조 방법에서 쓴맛은 생기지만 프로테아제 등을 첨가한 숙성촉진화 치즈 또는 저지방 치즈에서 특히 쓴맛은 발생하기 쉽다. 쓴맛을 제어하고 보다 좋은 품질의 치즈를 제조하기 위해서는 쓴맛 생성 기작을 명확하게 하고 대책을 강구할 필요가 있다.

치즈의 쓴맛은 펩타이드에서 유래한다. 즉, 치즈의 중요 단백질 카제인이 숙성 중 저분자화되면 그때까지 단백질 내부에 묻혀 있던 펩타이드의 아미노산의 소수성 부위가 노출되어 이것이 혀 또는 쓴맛 수용체를 자극함에 의해 쓴맛을 느끼게 된다. 그러나 모든 저분자 펩타이드가 쓴맛 펩타이드가 되는 것은 아니다. 지금까지 발견된 많은 쓴맛 펩타이드는 Ney가 제창한 Q법칙(Q값=ΣΔft/n, Q: 펩타이드의 평균 소수성도, Δft: 아미노산 부위의 평균 소수성도, n: 아미노산 잔기 수)에 따르는 것으로 알려졌다. 이 Q값은 펩타이드의 평균 소수성도를 나타내는데 Q > 1.4 kcal/mol(분자량: 100~6,000 Da)의 경우 그 펩타이드는 쓰고 Q < 1.3 kcal/mol(분자량 100~10,000)에서는 쓰지 않다고 하는 매우 단순한 지표이다. Q법칙에서는 동일 아미노산으로 가능한 모든 배열의 펩타이드는 같은 Q값을 가지게 되며 또한 크기와도 관계가 없다. 소수성 펩타이드 연결이 길어지면 일반적으로 쓴맛도 강해지며 아미노산 배열도 쓴맛 발현에 중요한 요소이다. 따라서 Q법칙이 쓴맛 펩타이드 모두에 대해 적용되지는 않는다. 그러나 펩타이드의 쓴맛을 예측함에 있어 정성적인 지표로 Q값을 이용하는 것이 가능하다.

지금까지 쓴맛 펩타이드에 관하여는 많은 연구가 행해져 왔다. 체다나 고다 치즈 등 몇 가지 치즈로부터 쓴맛 펩타이드가 분리 동정되어 있다([표 4]). 이들 펩타이드의 대다수는 1.4 kcal/mol 이상, 분자량 100~6,000 Da으로서 Q법칙에 해당한다. 이 쓴맛 펩타이드의 생성에는 치즈에 존재하는 카제인 분해에 관여하는 효소가 작용하고 있다. 스타터 유산균을 사용하지 않고 렌넷과 δ-글루콘산으로 제조한 치즈에는 쓴맛이 생긴다. 또한 응유 시간의 단축을 위하여 렌넷 양을 많이 첨가하면 매우 강한 쓴맛을 갖는 치즈가 생성된다. 한편 무균 조건하에서 렌넷을 사용하지 않고 일부 스타터 유산균만으로 제조된 치즈에 있어서도 쓴맛이 생긴다. 따라서 렌넷 및 스타터 유산균은 각각 독립된 쓴맛 펩타이드를 생성하거나 공동적으로 생성함이 알려져 있다.

쓴맛이 생기지 않는 치즈 제조의 대책으로서 다음 두 가지 방법이 고려될 수 있다. 하나

**표 4.** 체다 및 고다 치즈 중의 쓴맛 펩타이드[13)]

| 종류 | 카제인 기원 | 펩타이드의 아미노산 배열 | Q값 (cal/residue) |
|---|---|---|---|
| Cheddar | $\alpha_{s1}$-CN (f 14-17) | Glu-Val-Leu-Asn | 1,162 |
| Cheddar | $\alpha_{s1}$-CN (f 17-21) | Asn-Glu-Asn-Leu-Leu | 1,074 |
| Cheddar | $\alpha_{s1}$-CN (f 26-32) | Ala-Pro-Phe-Pro-Glu-Val-Phe | 1,930 |
| Cheddar | $\alpha_{s1}$-CN (f 26-33) | Ala-Pro-Phe-Pro-Glu-Val-Phe-Gly | 1,688 |
| Cheddar | β-CN (f 46-67) | Gln-Asp-Lys-Ile-His-Pro-Phe-Ala-Gln-Thr-Gln-Ser-Leu-Val-Tyr-Pro-Phe-Pro-Gly-Pro-Ile-Pro | 1,580 |
| Cheddar | β-CN (f 46-84) | Gln-Asp-Lys-Ile-His-Pro-Phe-Ala-Gln-Thr-Gln-Ser-Leu-Val-Tyr-Pro-Phe-Pro-Gly-Pro-Ile-Pro-Asn-Ser-Leu-Pro-Gln-Thr-Pro-Val-Val-Val | 1,508 |
| Cheddar | β-CN (f 193-209) | Tyr-Glu-Gln-Pro-Val-Leu-Gly-Pro-Val-Arg-Gly-Pro-Phe-Pro-Ile-Ile-Val | 1,762 |
| Cheddar | $\alpha_{s1}$-CN (f 26-32) | Arg-Pro-Lys-HIs-Pro-Ile-Lys-HIs-Gln | 1,427 |
| Cheddar | $\alpha_{s1}$-CN (f 26-32) | Arg-Pro-Lys-His-Pro-Ile-Lys-His-Gln-Gly-Leu-Pro-Gln | 1,363 |
| Cheddar | β-CN (f 61-96) | Pro-Phe-Pro-Gly-Pro-Ile-Pro-Asn-Ser | 1,792 |
| Gouda | β-CN (f 84-89) | Val-Pro-Pro-Phe-Leu-Gln | 1,983 |
| Gouda | β-CN (f 193-207) | Tyr-Gln-Gln-Pro-Val-Leu-Gly-Pro-Val-Arg-Gly-Pro-Phe-Pro-Ile | 1,687 |
| Gouda | β-CN (f 193-208) | Tyr-Gln-Gln-Pro-Val-Leu-Gly-Pro-Val-Arg-Gly-Pro-Phe-Pro-Ile-ile | 1,767 |
| Gouda | β-CN (f 193-209) | Tyr-Gln-Gln-Pro-Val-Leu-Gly-Pro-Val-Arg-Gly-Pro-Phe-Pro-Ile-Ile-Val | 1,762 |

는 쓴맛 펩타이드의 생성량(적어도 역치 이하)을 억제하는 것이다. 이 방법은 쓴맛 펩타이드 생성에 어떤 효소가 관여하고 있는가가 필요한 정보라고 할 수 있다. 또 하나는 생성된 쓴맛 펩타이드를 속히 분해함으로써 쓴맛 펩타이드 양을 줄이는 것이다.

체다 치즈에 있어서 β-CN193~209가 주요한 쓴맛 펩타이드 중 하나임이 알려져 있다. 이 펩타이드는 키모신에 의해 생성된다. 즉, 키모신은 β-CN의 분해 반응에서 β-CN의 192-193 결합을 분해하여 β-I CN(β-CNf 1~193)과 후반부의 β-CNf 193~209를 생성한다. 따라서 키모신에 의한 β-CN의 f 192-193 결합의 분해를 억제하면 쓴맛 펩타이드 β-CNf 193~209의 생성이 억제될 수 있어 치즈의 쓴맛이 감소될 것으로 여겨진다. 실제 이 펩타이드의 치즈 내 축적과 쓴맛 강도는 정의 상관성이 인정되고 있다. 응유효소 키모신은 통상 첨가량의 6~10%가 커드에 이행된다. 따라서 그 이행률을 저감할 수 있으면 쓴맛 펩타이드 β-CNf 193~209의 생성을 제어할 수 있다. 키모신의 치즈 커드에로의 이행은 커드 pH와 수분 양에 크게 영향을 받는다. 즉, 낮은 pH에서는 보다 많은 키모신이 커드에 존재하게 된다. 또한 커드 내 수분 함량이 많으면 치즈 커드로 이행하는 키모신 양이 많아진다. 따라서 ① 치즈 커드의 pH를 낮게 하지 않을 것, ② 치즈 커드의 수분 양을 많게 하지 않을 것이 제조상 중요한 주의점이 된다. 또한 키모신은 염 농도에 의해 강하게 영향을 받으므로 ③ 염 농도를 낮게 하지 않고 숙성시키는 것도 쓴맛 저감에 중요하다.

한편 생성된 쓴맛 펩타이드 β-CNf 193~209를 유산균의 균체 내 효소 엔도 및 엑소-펩티다제로 분해시켜 쓴맛을 제어하는 방법이 고려되고 있다. 치즈의 아미노 펩티다제(PepN) 활성과 β-CNf 193~209의 존재량은 높은 부의 상관성이 인정된다. 따라서 쓴맛 펩타이드 β-CNf 193~209의 분해에는 PepN이 유효한 수단으로 여겨진다. 그러나 이 효소는 프로린(Pro)을 함유하는 펩타이드를 완전히는 분해할 수 없다. 이러한 Pro를 함유하는 펩타이드를 완전히 분해하기 위해서는 Pro에 대해 특이적으로 작용하는 프로테아제의 협력이 필요하다. 즉, β-CNf 193~209는 그 분자 내에 Pro를 4잔기 함유하고 있으나 Pro 특이적 프로테아제와 아미노 펩티다제의 협동작용에 의해 β-CNf 193~209는 완전히 분해될 수 있다. 따라서 아미노 펩티다제 및 Pro 특이적 프로테아제 활성이 높은 스타터 유산균을 사용하면 β-CNf 193~209와 같은 쓴맛 펩타이드를 분해할 수 있어 치즈의 쓴맛 경감이 가능할 것으로 여겨진다. 현재 이러한 관점에서 유전자공학적 수법을 사용하여 스타터 유산균의 쓴맛제거 프로테아제 도입 연구가 행하여지고 있는 등 새로운 쓴맛 제거 스타터 유산균의 개발이 계속되고 있다.[17]

## 참 / 고 / 문 / 헌


1) Saito T., Nakamura T., Kitazawa H., *et al.* : Isolation and structural analysis of antihypertensive peptides that exsist naturally in Gouda cheese. *J. Dairy Sci.* 83:1434-1440, 2000.

2) Tanabe S., Tesaki S., Watanabe J., *et al.* : Isolation and structural elucidation of a peptide derived from Edam cheese that inhibits β-lactoglobulin transport. *J. Dairy Sci.* 86:464-468, 2003.

3) Igoshi K., Kondo Y., Kobayashi H., *et al.* : Antioxidative activity of cheese. *Milchwissenschaft* in press, 2008.
4) 近藤祐希, 細川恭子, 元賣睦美 他：ブルーチーズ由来抗酸化ペプテッドの同情とその抗酸化能, 日本畜産学会第106回大会講演要旨 p.146, 2006.
5) Yamada M., Nakazawa Y., Hosono A., : Desmutagenicity of commercial cheese against the Trp-P1-induced mutagenicity to Streptomysin-dependent strain SD510 of *Salmonella typhimurium* TA98. *Animal Sci. Technol.* 69:359-364, 1998.
6) 井越敬司, 大倉典之, 鈴木桂太 他；チーズのガン細胞増殖抑制成分の分離, 精製, およびにその構造, 日本畜産学会第107回大会の講演要旨, p.142, 2007.
7) Fox. P.F., O'Connor T.P., McSweeney P.L.H. : Cheese : physical, biochemical, and nutritional aspects. *Advances in Food and Nutritional Research* 39:163-328, 1996.
8) 上野川修一, 清水誠：乳蛋白質の機能特性, *New Food Industry* 25:67-75, 1983.
9) 井越敬司：乳発酵食品におけるタンパク質分解, ミルクサイエンス 53:1-8, 2004.
10) Igoshi K., Kaminogawa S., and Yamauchi, K. :Purification and properties of proteinase with optimum pH 6.0 from Gouda-type cheese Jpn. *J. Zootech. Sci.* 59:82-92, 1988.
11) Kaminogawa S., Yan T.R., Azuma N., *et al.* : Identification of low molecular weight peptides in Gouda-type cheese and evidence for the formation of these peptides from N-terminal residuces of $\alpha_{s1}$-casein by proteinases of *Streptococcus cremoris* H61, *J. Food Sci.* 51:1253-1256, 1986.
12) Collins Y.F., McSweeney P.L.H., Wilkinson M.G. : Lipolyusis and free fatty acid catabolism in cheese : a review of current knowledge. *Int. Dairy J.* 13:841-866, 2003.
13) Mohammad F.H., Byong H.L.: Bitterness in cheese : a review. *Critical Reviews in Food Science and Nutrition* 36:397-411, 1996.
14) Lemieux L., Simard R.E. :Bitter flavour in dairy products. II. A review of bitter peptides from caseins : their formation, isolation and identification, structure masking and inhibition. *Lait* 72:335-382, 1992.
15) Broadbent J.R., Barnes B., Brennand C.: Contribution *Lactococcus lactis* cell envelope proteinase specificity to peptide accumulation and bitterness in reduced-fat Cheddar cheese. *Appl. Environ. Microbiol.* 68:1778-1785, 2002.
16) Soeryapranata E, Powers J.R., Fajarrini F. *et al.* : Relationship between MALDI-TOF analysis of β-CNf 193-209 concentration and sensory evaluation of bitterness

intensity of aged Cheddar cheese. *J. Agri. Food Chem.* 50:4900-4905, 2002.

17) Sridhar V.R., Hughs J.E., Welker D.L., *et al.*: Identification of endopeptidase genes from the genomic sequence of *Lactobacillus helveticus* CNRZ32 and the role of these genes in hydrolysis of model bitter peptides, *Appl. Environ. Microbiol.* 71:3025-3032, 2005.

18) Fox. P.F., Singh T.K., and McSweeney P.L.H. : Proteolysis in cheese during ripening. Biochemistry of milk products. Andrews A.T. and Varley J. ed. London, Royal Society of Chemistry, p.6, 1994.

19) 中江利孝 : 世界のチーズ要覧. 東京, 三養出版貿易(株), p.69, 1982.

Part 3

# 치즈의 제조기술과 위생관리

3-1

# 크림 치즈

모리나가(森永)유업주식회사 식품기반연구소
이와츠키 케이지(岩附慧二)

1872년, 크림 치즈는 미국 뉴욕의 체스터(Chester) 치즈에서 처음으로 상업적으로 제조되었다. 크림 치즈는 크림만 사용하거나 또는 크림과 우유의 혼합액에 유산균 스타터를 첨가해서 생성된 젖산에 의해 응고시킨 숙성시키지 않은 부드러운 치즈이다. 치즈의 범위를 초경질 치즈, 경질 치즈, 반경질 치즈, 연질 치즈와 같이 경도의 차이로 나누면 '연질 치즈'로 분류되어 구미에서는 주로 샐러드에 넣거나, 샌드위치 등의 빵에 발라서 먹는다. 산 커드를 형성하는 자연 연질 치즈의 카테고리로서는 코티지(Cottage), 쿠알크(Quark), 트보로크(Tvorog, 동유럽에서의 쿠알크의 명칭), 베이커스(Baker's), 누샤텔(Neuchâtel) 등과 함께 알려져 있다. [그림 1]에는 제법이 다른 자연 연질 치즈의 분류를, 성분 비교는 [표 1]에 나타냈다.

코덱스(Codex)에서 크림 치즈 규격은 유지방 함량과 수분 함량으로 A, B, C의 세 종류로 구분하고 있다([표 2]).

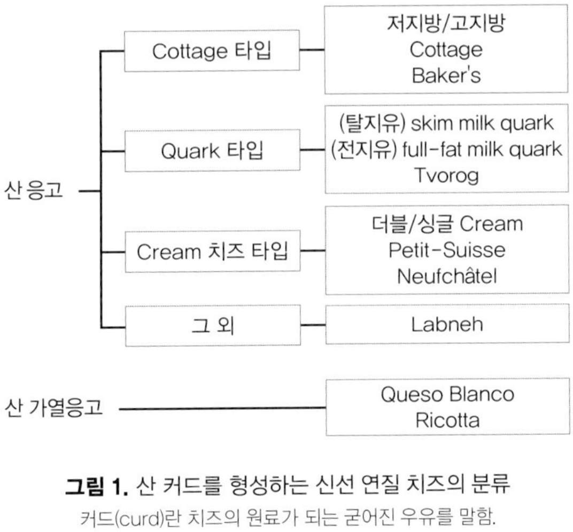


**그림 1.** 산 커드를 형성하는 신선 연질 치즈의 분류
커드(curd)란 치즈의 원료가 되는 굳어진 우유를 말함.

**표 1.** 신선 연질 치즈의 일반적인 성분 조성[1)]

| | 치즈의 종류 | | | | |
|---|---|---|---|---|---|
| | Quark | Baker's | Cottage | Neufchâte | Cream |
| 수분(%) | 82 | 74 | 79 | 64 | 54 |
| 지방(%) | 0.5 | 0.2-0.6 | 2 | 20 | 33-35 |
| 단백질(%) | 13 | 19 | 14 | 12 | 8-10 |
| 염분(%) | 0.1-0.7 | <0.1 | 1.0 | 0.75 | 0.7-1.2 |
| pH | 4.5 | 4.4-4.6 | 4.8-5.0 | 4.6 | 4.6 |

**표 2.** 코덱스(Codex) 규격에 의한 크림 치즈의 구분[2)]

| | A 크림 치즈 | B 크림 치즈 28% | C 크림 치즈 24% |
|---|---|---|---|
| 최소 지방 함량(%) | 33 | 28 | 24 |
| 최소 고형분 중 지방 함량(%) | 70 | 60 | 60 |
| 최대 수분 함량(%) | 55 | 58 | 62 |
| 최소 고형분 함량(%) | 45 | 42 | 38 |

B 및 C에 기재된 치즈는 예를 들면 '28% 크림 치즈' 또는 '크림 치즈 28%'와 같이 지방 함량에 따른 접두어 및 접미어를 붙이면 '크림 치즈'라고 총칭해도 좋다.

실제로는 나라마다 그 규격이나 호칭은 다르다. 미국에서는 식품의약품국에서 정해진 연방규칙집에 크림 치즈의 규격이 정해져 있다. 또 미국 농무성에서는 식품의 품질을 보증하기 위해 CID(Commercial Item Descriptions)가 규정되어 있다. 그 규정에는 크림 치즈와 그것과 관련된 제품의 규격을 유지방 함량과 수분 함량에 따라 크림 치즈, 누샤텔 치즈, 저지방 크림 치즈와 라이트(Light/lite) 크림 치즈로 구분하고 있다. 독일 규정에는 고형분 중 유지방 함량이 50% 이상인 제품이 싱글(single) 크림 치즈, 60~80%의 제품이 더블(double) 크림 치즈로 정의되어 있다. 일본에서는 크림 치즈의 규격은 존재하지 않고, 후생노동성의 유등성령(乳等省令, 한국의 우유 및 유제품 법령과 유사)에 따른 자연치즈의 규정만 있다.

자연치즈 제조량이 세계 1위인 미국에서는 크림 치즈의 제조량은 연간 31만 톤으로 모든 치즈 제조량의 약 7.5%를 차지한다(2005년도). 최근, 일본 내에서도 가정용 제품으로 스퀘어 포션(square portion), 200 g 정도의 마분지 박스, 플라스틱 컵(plastic cup), 스프레드 블루(spread blue) 타입 등의 크림 치즈가 시판되고 있다([그림 2]).

크림 치즈의 수입량은 연간 약 21,000톤(2006년)이고, 과거 2년은 매년 약 200톤이 증가하는 경향이었다. 한편, 일본 내 제조량은 연간 약 1,000톤(2006년)으로 적어서 일본 내 수요를 만족시키지는 못하였다.

**그림 2.** 시판되는 크림(Cream) 치즈 상품의 예

## 1. 제조기술

### 1) 제조법의 특징

1900년대 전반, 미국에서 최초의 제조 규격이 만들어진 후 커드 가열법이나 핫팩(hot-pack)법이 개발되었다. 현재, 전통적 제법과 공업적 제조에서는 시설 면에서 큰 차이가 있지만, 기본적인 제법의 원리는 거의 동일하다. 크림 치즈의 제조 공정에는 파르메산(Parmesan), 체다(Cheddar), 고다(Gouda) 등으로 대표되는 숙성형 초경질 치즈나 경질 치즈는 아래와 같이 다른 점이 있다.

- 치즈밀크의 균질화
- 포장, 분리기 등에 의한 유청의 분리
- 증점제의 사용
- 커드의 균질화

다만, 상기의 공정이 필수불가결한 것은 아니고 생략되는 경우도 있다.

### 2) 전통적 제법

Kosikowski[4] 등에 의한 전통적 제법의 한 예는 아래와 같다.

유지방분 11.5%, 무지유 고형분 7.8%가 되도록 크림 등을 가해서 조정한 치즈밀크를 71℃에서 30분간 가열 살균해, 압력 12.4~17.2 MPa에서 균질화 후 유산균 스타터의 발효에 적당한 온도가 되도록 냉각한다. 스타터 발효에 의한 응유법은 단시간 발효법과 장시간 발효법이 있다. 단시간 발효법의 경우, 치즈밀크를 31℃로 하고 치즈밀크에 대해 5%의 유산균 스타터를 첨가한다. 어느 정도 젖산 발효가 진행된 후, 100 kg의 치즈밀크에 대해 시판 렌넷 용액 4.4 ml를 40배의 물에 희석해서 첨가, 약 5시간 또는 pH가 최적으로 될 때까지 정치한다.

장시간 발효법의 경우는 치즈밀크를 22℃로 해서 1% 양의 유산균 스타터를 첨가, 렌넷은 첨가하지 않고, 22℃에서 12~16시간, 또는 pH가 4.6으로 내려갈 때까지 정치한다. 응고 후, 커드 갈퀴(curd rake) 또는 혼합기로 응유물질을 수분간 교반, 분쇄한다. 응유혼합물(커드와 유청)은 액체로 생각할 정도로 부드럽지만, pH가 목표치에 도달해 있다면 문제가 되지 않는다.

계속해서 유청의 배출을 촉진시키기 위해 가열하지만, 급속한 가열로 인해 가열취가 발생하지 않도록 응유혼합물을 74℃ 이하의 재킷수(jacket water)로 일정 속도로 교반하면서 54℃까지 가열한다. 넓은 주걱으로 응유혼합물을 건져내는 경우, 주걱으로부터 유청이 빨리 흘러 떨어지면 적절하게 유청을 분리할 수 있다는 것을 나타낸다. 그 후 재킷수를 냉수 또는 잠시 동안 빙수로 바꿔서 32℃까지 냉각해 응유혼합물의 약 4분의 1 양의 냉수를 더해서 7℃까지 낮춘다. 냉수 첨가로 유청의 점도를 낮춰 커드 압착 전의 유청 배출 시간을 5~6시간으로 단축할 수 있다. 응유혼합물을 포대에 넣고 포대자루를 짜서 유청을 배출한다. 어느 정도 커드가 건조해지면 팩을 겹쳐 쌓아올리고 각 층을 얼음으로 식힌다. 최종적으로 쌓아올린 포대 위에 유산지를 깔고 판으로 끼우고, 그 위에 물을 넣은 통 몇 개를 올려 커드를 압착한다.

충진에는 콜드팩(cold-pack)법과 핫팩(hot-pack)법의 두 가지 방법이 있다. 콜드팩은 냉각 후의 커드에 0.5%의 상온에서 녹는 증점제(sodium alginate 또는 propylene glycol alginate)와 1%의 식염을 더해 도우 믹서(dough mixer) 또는 반죽해서 넣을 수 있는 브랜더에 2분간 갈아 넣는다. 포장용기에 충진 후 4℃에서 냉장 보관한다. 콜드팩법으로 제조한 제품의 유통기한은 2, 3주간 정도이고 소비자가 좋아하는 향기, baked cheese cake에 적당한 물성과 향을 가진다.

한편 핫팩법에서는 더블 액션 에지테이터(double action agitator)를 갖춘 스팀 재킷 케틀(steam jacket kettle)에 포대 속의 커드를 투입한다. 제품당 1.0%의 식염과 0.35%의 증점제(로커스트 빈 검)의 혼합분을 커드에 첨가해 재킷 스팀(jacket steam)으로 74℃까지 급격하게 가열교반한다. 그 후 유지방분, 전고형분, pH를 확인해 pH를 4.6으로 유지한 채, 크림 등으로 성분 조정을 해서 74℃에서 30분 유지한다. 이것에 의해 로커스트 빈 검(locust bean gum)을 커드 내에 용해시키고, 또 첨가된 유산균을 사멸시킨다. 그 후 치즈를 펌프로 균질기에 이송해, 17.2 MPa에서 균질화 하고, 대량의 용기에 흘려보내 넣든지, 충진기로 개별포장해서 실온에서 6~7시간에 걸쳐서 서서히 냉각 후 냉장 보관한다. 핫팩법으로 제조한 제품은 통상 8℃ 이하에서 1개월 이상 품질을 유지할 수 있다.

### 3) 공업적 제법

[그림 3]에 West Phoria 회사의 더블 크림 치즈(double cream cheese) 제조 시스템을 나타냈다. 저유탱크(1)로부터 살균시킨 치즈밀크는 원심펌프(2)로 열교환기(3)에 보내지고, 50~55℃로 가온, 균질기(4)에서 17.5 MPa에서 균질화 시킨다. 그 후 25~27℃로 냉각, 발효탱크(5)에 송액해서, 1~1.5%의 유산균 스타터를 첨가해 젖산발효에 의해 응유를 행한다. 2시간 후에 치즈밀크 100리터에 대해 0.5 ml의 시판 렌넷 용액을 첨가해 pH 4.6~4.7에 달할 때까지 약 15~16시간 정치한다. 응유가 종료된 후 생성된 산 커드를 교반해 열교환기(7)를 통해서 80℃까지 가열 후, 교반기를 갖춘 반응탱크(8)에 송액해서 탱크 내부에서 서서히 교반하면서 15~20분간 유지한다. 그 후 분리기(10)에 연속적으로 송액해서 응유혼합물의 약 30%에 상당하는 커드(고형분 함량 약 44%)를 분리해 선별탱크(collecting tank)(11)에 송액한다.

수분 함량은 유청의 분리량에 따라서 조정이 가능하다. 선별탱크(11) 안에 식염과 안정제를 첨가한 후, 정량펌프(12)에 의해 혼합탱크(mixing tank)(15)에 송액된다. 적당한 물성을 얻기 위해서는 탱크 내에서 약 75℃, 30분의 교반이 필요하다. 허브, 시즈닝, 크림 등을

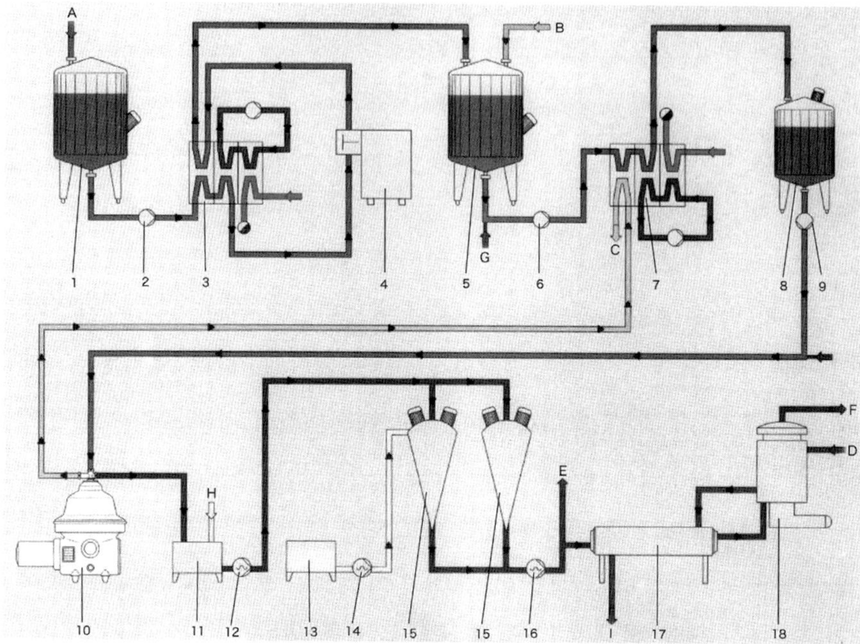


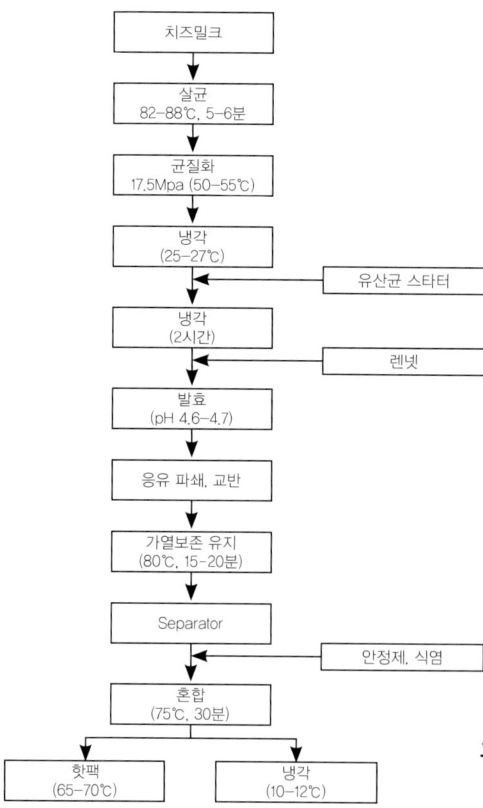


1. 저유탱크
2. 원심펌프
3. 평판형 열교환기
4. 균질기
5. 발효탱크
6. 원심펌프
7. 평판형 열교환기
8. 반응 탱크
9. 원심펌프
10. 분리기
11. 콜렉팅 탱크
12. 정량펌프
13. 크림, 재료첨가용 탱크
14. 정량펌프
15. 믹싱 탱크
16. 모노펌프
17. 전 냉각
18. 스크레퍼식 냉각기

A. 밀크피드
B. 유산균, 렌넷 첨가
C. 분리유청
D. 냉각매체 피드
E. 핫팩 충전기(주입기)
F. 충전기(주입기)로
G. 물 주입
H. 식염, 안정제 첨가
I. 냉각수 출구

**그림 3.** 더블 크림의 대규모 제조라인(위 그림)과 흐름도(왼쪽 그림)[5]

첨가하는 경우, 교반탱크(mixing tank)에서 혼합한다. 최종 제품은 hot-pack 되든지, 사전 냉각기(17)를 통과하고 스크레퍼(scraper)식 냉각기(18)에서 냉각 후 포장된다. 여기서는 제품 충진 전에 커드의 균질화 공정은 없지만 균질화 하는 경우도 있다.

## 2. 크림 치즈의 제조기술의 원리

### 1) 치즈밀크와 커드의 가열처리

렌넷 응고에 의해서 만들어진 체다, 고다, 모차렐라 치즈 등에서는 통상 치즈밀크의 살균은 HTST(74℃, 15분)나 LTLT(63℃, 30분)의 저온에서 행한다. 치즈밀크의 과도한 가열은 유청 단백질($\alpha$-lactoalbumine, $\beta$-lactoalbumine)의 열변성을 일으켜, 카제인 마이셀의 외측에 위치하는 $\kappa$-casein과 $\beta$-lactoglubuline의 disulfide(S-S) 결합 복합체의 형성을 촉진시킨다. 렌넷 자체의 응고에서는 그 입체적 장해가 렌넷(chymosin)의 $\kappa$-casein의 분해를 저해해 카제인 마이셀 사이의 응집을 방해한다. 그 결과, 형성된 커드는 수분을 다량 함유해서 쉽게 부서지게 된다. 더군다나 지방이나 미세한 커드가 유청으로 유실되어 수율의 저하를 가져온다.

한편, 산 응고의 경우 유산균에 의해 생성된 산 또는 첨가한 산에 의해 치즈밀크가 카제인의 등전점(약 pH 4.6)이 되고 카제인이 응집해 커드가 만들어진다. 크림 치즈나 쿠알크 치즈의 제조법으로서, 치즈밀크를 82~88℃, 5~6분간 살균함으로써 유청 단백질을 열변성시켜 커드에 들어가게 해서 커드의 수량을 증가시키는 방법이다. 이 방법에서는 유청 분리를 촉진시키기 위해 유청 분리 전의 응유혼합물의 가열(75℃, 2~3분)이 필요하다.[6] 이 응유혼합물의 가열 조작은 '가열처리(thermidization)'라고 불리며, 유청 분리를 촉진하기 위해서만이 아니고 유산균의 젖산 생성을 멈추게 해서 렌넷이나 유산균 유래의 효소를 실활시켜서 제품의 단백질 분해를 억제하고 유통기한을 연장시킬 수도 있다. 수량이 증가하고 유통 기간이 길어지고 품질 안전성을 개선할 수 있는 방법은 독일의 쿠알크 제조에 널리 사용되는 방법이다.[6]

### 2) 균질화

치즈밀크의 균질화는 일반적인 크림 치즈의 제조에서 중요한 공정이며 아래의 이점이 있다.[7]

- 발효 중의 지방 부상을 억제하여 커드 내의 성분 불균일성을 방지한다.
- 유청 분리의 경우에 지방의 유출을 경감시킨다.
- 지방이 겔 구조에 포함되어 커드에 매끄러움과 단단함을 더해 준다.

이것은 카제인이나 유청 단백질이 세분화된 지방을 코딩해서 지방이 유사단백질 입자(pseudo-protein particles)가 되는 원인이 된다. 따라서 증점제 등을 첨가하지 않는 크림 치즈(cold pack)에서는 특히 중요하다. Brightenti 등[8]에 의해 발효 온도와 치즈밀크의 균질압력이 크림 치즈의 물성에 미치는 영향에 관해 보고되었으며, 균질압력을 높이면(10~25 MPa), 발효온도가 낮은(약 20℃) 경우 크림 치즈의 단단함이 증가하며, 반대로 발효온도가 높으면(약 26℃) 치즈가 부드럽게 된다는 것을 나타내고 있다.

### 3) 응유

유산균 발효에서는 발효 최적온도가 약 40℃의 고온균(thermophilic starters)이나 발효 최적온도가 약 25℃의 중온균(mesophilic starters)을 사용한다. 고온균은 요구르트와 같은 풍미를 부여한다. 한편, 중온균은 고온균과 비교될 정도로 폭넓은 풍미를 생성한다. 일반적으로 크림 치즈에서는 중온균의 D-타입 또는 DL-타입의 혼합 스타터(*Lactococcus lactis* subsp. *lactis, Lactococcus lactis* subsp. *cremoris, Leuconostoc mesenteroides* subsp. *cremoris, Leucomostoc pseudomesenteroides, Lactococcus lactis* subsp. *lactis* biovar *diacetylactis*)가 사용된다. 크리스찬 한센(Christaian Hansen) 사에서는 디아세틸(diacetyl) 생성량이 다른 각종 혼합 스타터를 시판하고 있다([표 3]).

**표 3.** 크리스찬 한센 사로부터 시판되는 여러 가지 혼합 스타터

| 제품명 | 점성 및 바디감 | 풍미감 (diacetyl 생성) | 균의 종류 | | | | | |
|---|---|---|---|---|---|---|---|---|
| | | | *Lactococcus lactis* subsp. *lactis* | *Lactococcus lactis* subsp. *cremoris* | *Leuconostoc mesenteroides* subsp. *cremoris* | *Leuconostoc pseudo mesenteroides* | *Lactococcus lactis* subsp. *lactis* biovar *diacetylactis* | *Streptocossus thermophilus* |
| CH-N-11 | - | 중 | ■ | ■ | ■ | | ■ | |
| CH-N-19 | - | 중 | ■ | ■ | ■ | | ■ | |
| CH-N-22 | - | 고 | ■ | ■ | ■ | | ■ | |
| CH-N-12 | - | 중~고 | ■ | ■ | ■ | | ■ | |
| CH-N-14 | - | 중~고 | ■ | ■ | ■ | | ■ | |
| XT-202 | - | - - | ■ | ■ | | ■ | ■ | |
| XT203 | - | - - | ■ | ■ | ■ | | ■ | |
| XT-314 | - | 중~고 | ■ | ■ | ■ | ■ | ■ | |
| FMD-0046 | - | 고 | ■ | ■ | ■ | ■ | ■ | |
| FMD-0114 | - | 고 | ■ | ■ | ■ | ■ | ■ | |
| XPL-1 | ◎ | 중 | ■ | ■ | ■ | | ■ | ■ |

색을 칠한 부분은 각 제품의 사용 균종을 의미한다.

크림 치즈 제조에서는 응유 시에 소량의 렌넷을 첨가하는 경우가 있다. 적당량의 렌넷 첨가는 커드에 경도를 부여하고([그림 4]), 커드로부터 유청의 배출을 촉진시키고 커드 입자에 크기를 부여한다. 그러나 렌넷 첨가는 혼재하는 단백질 분해효소에 의해 쓴맛이 나는 펩타이드를 생성하는 것으로 알려져 있어, 고농도의 렌넷 첨가는 크림 치즈에 쓴맛을 부여하는 경우도 있다. 렌넷의 타입이나 역가에 따라 다르지만 일반적인 크림 치즈 제조에서는 치즈밀크에 대해 2~20 ppm이 되도록 첨가한다. 유산균에 의한 산 응고만으로 크림 치즈를 제조하는 경우 응유물은 통상 pH 4.5~4.7에서 분쇄하지만 적정량의 렌넷을 첨가한 경우 비교적 높은 pH 4.8~4.9에서 분쇄할 수 있다. 따라서 렌넷 첨가에 의해 과발효(over acidification)를 억제할 수 있다.[6]

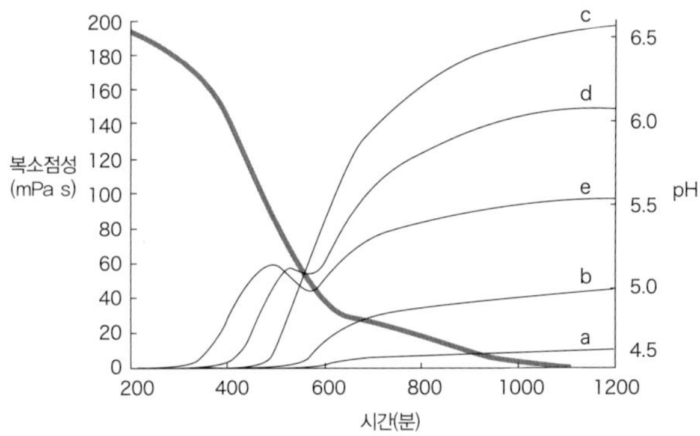


**그림 4.** 중온균 스타터와 각 렌넷 농도(a:0, b:0.5, c:2, d:9, e:20 ml/1000 L milk)에 의한 탈지유의 점성곡선(複素粘性) 및 pH 곡선(얇은선)[6]

### 4) 원심분리기에 의한 유청 분리

원심분리기에 의한 유청 분리는 통상 70~85℃에서 행해진다. West Phoria Ltd.에 의하면 싱글 크림 치즈와 더블 크림 치즈에서는 유청과 커드의 분리 방법이 다르다. 싱글 치즈에서는 치즈밀크의 유지방 함량을 3~5%로 조정해 균질화 한다. 그 커드는 유청에 비해 비중이 커서 원심분리의 외측을 통해 유청과 분리된다. 유청은 유지방산을 0.2~0.5% 함유하지만 더욱더 원심분리하게 되면 0.1%까지 감소시킬 수 있다. 분리기로 유청이 분리된 치즈는 고형분이 최대 약 28~30%, 또 고형분 중에는 유지방 함량이 44%를 차지한다. 한편, 더블 크림 치즈에서는 치즈밀크의 유지방 함량을 8~12%로 조정하기 때문에 커드 중의 지방 함량이 높고 커드의 비중은 유청보다 가볍다. 유청의 비중은 약 1.0245 kg/dm[3)] 커드는 약 0.93 kg/dm[3)]이다. 치즈밀크의 유지방 함량이 7%인 경우 커드와 유청의 비중차가 작기 때문에 원심에 의한 분리는 어렵게 된다.

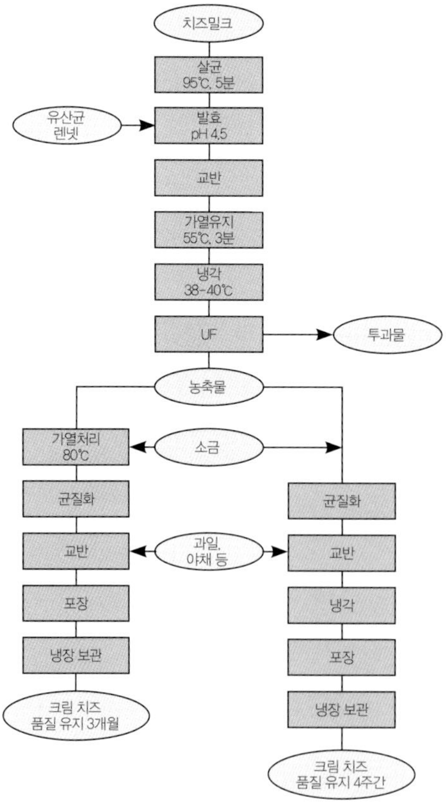

**그림 5.** APV 사의 한외여과(UF)를 이용한 크림 치즈 제조 과정(좌)과 UF 설비(우)

### 5) 한외여과(ultrafiltration: UF)에 의한 유청 분리

한외여과(UF)를 이용해 유청 분리를 하는 경우의 이점은 통상적으로는 유청으로 유출되어 버리는 유청 단백질을 커드 속으로 포함시킬 수 있다는 것이다. 원심분리를 이용한 제법과 비교하면 치즈의 수율은 6~8% 이상 높고 게다가 정확한 고형분의 조정이 가능하다. 한외여과 운전 시의 온도는 제품의 유지방 함량에 따라 다르고 40~60℃이다. 제품의 유지방 함량이 높은 경우 유속을 유지하기 위해 온도를 높여 운전한다. 응유 혼합액은 점도가 높기 때문에 한외여과는 다단계(2~3단계)가 일반적이다. APV 사에서는 크림 치즈 제조용 시설로 나선형 한외여과막을 사용한 시스템을 가지고 있기 때문에 순환펌프가 갖추어져 있지만 장시간 운전으로 투과액 유량이 저하해 운전효율이 악화되는 경우에는 CIP 세정을 실시하지 않으면 안 된다. 한외여과로 제조한 치즈는 전통적인 제법과 비교해 매끄럽고 부드러운 물성을 가지며 산미는 그렇게 강하지 않다.

또 한외여과를 조합시킨 크림 치즈의 제조법으로서 응유 전의 치즈밀크를 한외여과 처리해 얻어진 농축유에 스타터 및 렌넷을 첨가한 후 컵충진해서 용기 중에서 응유시키는 후발효 요구르트의 제법과 유사한 방법도 있다. 이 제법은 응유 후의 유청 분리 공정을 생략할 수 있다는 이점이 있다.

크림 치즈 제조에서 산 응고 후에 생긴 유청은 산유청(acid whey)이라고 부르며 렌넷 응고에 의해 제조되는 치즈에서 분리하는 통상의 감미유청(sweet whey)과는 구별된다. 산유청은 분무건조기 등으로 분말상의 산유청 파우더로 만들어 과일향의 음료나 발효유제품, 치즈 스프레드(cheese spread), 딥(dip), 샐러드 드레싱(salad dressing) 등에 이용할 수 있다. 그럼에도 불구하고 젖산을 많이 함유하는 산유청은 증발건조기나 건조기 내에 들러붙기 쉽고 취급이 어려운 것으로 알려져 있다.[9] 치즈밀크를 한외여과 농축하는 크림 치즈의 제법에서는 산유청의 처리를 필요로 하지 않지만 통상의 제법으로 얻어지는 일반적인 크림 치즈와는 물성이 다르다.

### 6) 증점제

일반적으로 핫팩법으로 제조된 크림 치즈의 제조 공정에서는 커드 가열 시에 식염과 함께 증점제를 첨가한다. 코덱스 규격에는 크림 치즈용으로 사용 가능한 증점제로 카라지난(karaginan), 구아 검(guar gum), 카라야 검(karaya gum), 로커스트 빈 검(locust bean gum), 트라잔트 검(traganth gum), 잔탄 검(xanthan gum), 알지네이트(alginate), 암모늄 알지네이트(ammonium alginate), 칼슘 알지네이트(calcium alginate), 칼륨 알지네이트(potassium alginate), 염화 알지네이트(sodium alginate), 젤라틴(gelatin), 펙틴(pectin) 및 프로필렌 글리콜 알지네이트(propylene glycol alginate) 등이 있고, 제품 중량의 0.5%를 상한으로 해서 첨가가 허가되고 있다. 증점제는 조직 형성에 기여해 보존 중에 단백질의 응집에 따른 조직의 결함, 물의 분리를 방지할 수 있다. 특히 로커스트 빈 검은 제조 시의 점도 조정 및 제품의 물성 조정에 적합하기 때문에 널리 사용되고 있다. 구아 검은 제조 시 점도가 높고 제품 조직을 부드럽게 한다.[10] 구아 검, 로커스트 빈 검은 잔탄 검과 병용하면 굳어서 안정한 물성으로 된다. 또한 로커스트 빈 검은 카파-카라지난($\kappa$-karaginan)과 병용하면 겔을 형성해 탄력성을 높일 수 있다. 그렇지만 비율과 양에 따라 탄력성이 너무 강해 실온에서 퍼짐성이 없는 물성이 되기 때문에 주의가 필요하다.

## 3. 제품의 품질

미국 농무성이 규정하는 CID(Commercial Item Descriptions)에 크림 치즈의 품질은 아래와 같이 정해져 있다.

> 미미한 젖산과 스타터 유래의 디아세틸(diacetyl) 풍미와 향기가 있고, 쓴맛, 무미건조한 맛, 황화물 냄새, 효모 냄새 등의 이취가 없고, 물성은 덩어리나 가루 형태의 느낌이 없는 부드러운 것, 치즈 표면의 작은 물방울은 허용할 수 있는 범위이기는 하지만 물방울이 모여 결로가 형성되지 않도록 하는 것이 바람직하고 틈이 벌어지고, 시네레시스가 있으면 안 된다.
>
> 또, 냉장 온도에서는 다소 단단하고 상온에서 신장성이 없으면 안 되지만 라벨에 '소프트'라고 표시하는 경우는 냉장 온도에서도 신장성이 필요하다. 또한, 색에 관해서는 얼룩이 없는 백색으로부터 엷은 크림색으로 다른 식품을 첨가하는 경우는 그 식품이 쏠리지 않고 치즈 내에 분산해 최종 제품에 부자연스런 색을 부여하지 않도록 한다. 또, 눈에 보이지 않는 곰팡이나 표면의 변

색이 없도록 하는 것이 필요하다.

크림 치즈의 결함에는 많은 원인이 있지만, 최근 많은 연구결과나 유업제조사의 경험에 의해 제조 조건이 제품 물성에 미치는 영향이 밝혀지고 있다. 아래에 그 일례를 기술한다.

- 고농도의 렌넷 첨가는 보존 형태에 따라서는 제품 중의 단백질 분해를 일으켜 치즈에 쓴맛을 줄 수 있다.[6]
- 제품의 pH가 과도하게 높으면(>4.7) 부드럽고 이취를 생성한다. pH가 너무 낮으면(<4.6) 입자상 조직으로 되고 강한 산미를 생성한다.[11]
- 커드 가열할 때 교반 속도를 올리거나 가열 시간을 늘리면 치즈가 단단하고 부서지기 쉬운 물성으로 된다.[12]
- 커드 가열 온도가 높으면 건조해 쉽게 부서지는 고무상의 물성으로 된다.[12]
- 저지방 타입의 크림 치즈는 보존 중에 시네레시스를 일으키기 쉬워 입상, 모래상 조직으로 되기 쉽다.[11]
- 커드의 균질화 시 압력이 높으면 제품은 백색으로 되고 크림 같은 느낌이 감소하게 된다.[13]
- 커드의 균질화 시에 압력이 낮으면(0~5 Mpa) 황색을 띠며 기름 투성이로 원하는 균일한 조직으로 되지 않는다.[13]
- 정치냉각에 의한 제품은 인라인 냉각기를 사용해 제조한 것과 비교해 보다 단단하고 탄력성이 있는 조직으로 된다.[14]
- 핫팩(hot-pack) 크림 치즈는 완만 냉각에 의해 제품의 헤드스페이스에 응축 수가 형성되는 결함을 일으키는 경우가 있다.[15]

크림 치즈의 결함은 주로 부적절한 제조 조건에 의해 생기지만 가게 앞에서 장기 보존이나 보존 온도의 변동, 수송 시의 진동, 상품의 난잡한 적제 등, 외부로부터의 스트레스에 의해서도 발생하는 수가 있다. 또 냉동보관하면 조직 내의 빙결정이 성장해 조직을 상하게 하여 해동의 경우에 물이 분리되어 취약한 물성으로 된다. 제조자는 이러한 다양한 요인을 고려해서 포장 형태, 보관, 수송 수단에 관해서도 검토할 필요가 있다.

## 4. 최근의 연구와 기술의 진전

최근에 나온 특허로서는 유청이나 WPC를 사용한 크림 치즈가 있다. 유청 단백질을 카제인 단백질로 대체해서 사용해 저가이면서 크림같이 입에서 잘 녹으며 보존 중에 응집이 잘 일어나지 않는 물성을 부여하는 기술[16]이나 유청과 카제인 단백질의 비율을 6:4 혹은 그 이상으로 함으로써 유청 분리, 발효, 증점제의 첨가 없이 원하는 물성을 얻는 기술이 있다.[17] 또 단백질 중의 글루타민 잔기와 라이신 잔기 사이의 가교를 촉매하는 효소인 트렌스글루타미나아제(transglutaminase)를 이용해 적정하게 단단하고, 보존 중에 응집하기 어려운 크림 치즈를 유청 분리나 증점제를 사용하지 않고 제조하는 기술도 있다.[18] 한편 유통기한 연장에 관한 연구도 행해지고 있어, *Lactobacillus paracasei*와 *Streptococcus thermophilus*를 사용한 경우의 효과에 관한 보고 사례가 있다.[19]

## 참 / 고 / 문 / 헌


1) J.A. Lucey: Acid and acid/heat coagulated cheese. Encyclopedia of diary science. Vol. 1. Academic Press, London. UK. 350-356, 2003.
2) Codex International individual standard for cream cheese. Codex standard C-31. 1973.
3) Käseverordnung. ドイツチーズ規格. Anon. 1986.
4) F.V. Kosikowski and V.V. Mistry: Bakers', Neufchatel, Cream, Quark and Ymer. cheese and fermented milk foods: Vol.II 3rd ed. Virginia. USA. F.V.Kosikowski, L.L.C. 42-54, 1999.
5) H.R. Lehmann, E. Dolle and H. Bücker: Processing lines for the production of soft cheese. 3rd ed. Westfalia Separator AG, Oelde, Germany. 1991.
6) D. Schulz-Collins and B. Senge: Acid- and acid/rennet-curd cheeses part A: Quark, Cream cheese and related varieties. cheese: Chemistry, Physics and Microbiology 3rd ed. Elsevier, London. UK. 301-328, 2004.
7) P.F. Fox, T.P. Guinee, T.M. Cogan *et al.* : fresh acid-curd cheese varieties, Fundamental of cheese science. Aspen Publisher, Inc. Maryland, US. 363-387, 2000.

8) M. Brighenti, S. Govindasamy-Lucey, J.J. Jaeggi *et al.* : Textural and rheological properties of cream cheese: effect of cream mix homogenization pressure and incubation temperature. *J. Dairy Sci.* 89, Suppl. 1, 2006.
9) M. Knipschildt and G.G. Andersen: Drying of milk and milk products. Modern Dairy Technology Vol. 1. Chapman & Hall. London, UK. 159-254, 1986.
10) C.C. Hunt and J.R. Maynes: Current issues in the stabilization of cultured dairy products. *J. Dairy Sci.* 80: 2639-2643, 1997.
11) J. A. Lucey: Formation, structrural properties and rheology of acid-coagulated milk gels. cheese: Chemistry, Physics and Microbiology 3rd ed. Elsevier, London. UK. 105-122, 2004.
12) E. Lundstedt: Manufacture of quality cream cheese: A means of utilizing some of our excess milk fat. *J. Dairy Sci.* 37: 243-246, 1954.
13) C. Sanchez, J.L. Beauregard, M.H. Chassagne *et al.*: Rheological and textural behaviour of double cream cheese part I: Effect of curd homogenization. *J. Food Eng.* 23: 579-594, 1994.
14) C. Sanchez, J.L. Beauregard, M.H. Chassagne *et al.*: Rheological and textural behaviour of double cream cheese part II : Effect of curd Cooling rate. *J. Food Eng.* 23: 595-608, 1994.
15) A. Bot, A.M. Kleinherenbrink, M. Mellema *et al.*: Cream cheese as an acidified protein-stabilized emulsion gel. Handbook of food products manufacturing. Wiley-Interscience. New Jersey. US. 651-672, 2007.
16) A. Wolfschoon-pompo, M. Rose, P. Habermeier *et al.,*: Cream cheese product and its method of preparation. International patent(WO 2006/057968). 2006.
17) X. Q. Han: Process for making cream cheese products without whey separation. United States Patent. US(6,406,736). 2002.
18) X. Q. Han, K. Pfeifer, and R.H. Lincourt: Process for making wheyless cream cheese using transglutaminase. United States Patent. US(6,416,797). 2002.
19) F.C.A. Buriti, H.R. Cardarelli, and S.M.I. Saad: Biopreservation by Lactobacillus paracasei in coculture with Streptococcus thermophilus in potentially probiotic and symbiotic fresh cream cheeses. *J. Food Prot.* 70: 228-235, 2007.

3-2

# 모차렐라 치즈

다카나시(タカナシ)유업주식회사 상품연구소
하시모토 히데오(橋本英夫)

## 1. 모차렐라 치즈의 특징

모차렐라(Mozzarella) 치즈는 제조 방법에 따른 분류에서는 파스타 필라타(pasta filata) 치즈의 카테고리에 속한다. 이 종류의 치즈는 이탈리아로부터 그리스, 발칸, 터키의 지중해 북부 일대가 기원으로, 사용된 젖은 소, 양, 염소나 물소로 다양하다. 모차렐라(Mozzarella)라고 하는 말의 유래는 '잡아당겨 찢다'를 의미하는 이탈리아어 '모차레(mozzare)'에서 유래한다는 설과, R. Andreoli 저술의 『나폴리 아탈리아어 어휘집』에 의하면 물소의 젖으로 만든 치즈라는 모차(Mozza)에서 파생한 것이라는 설도 있다. 역사가 있는 이탈리아의 독특한 치즈 중 하나이다. 이 치즈는 순백색으로 얇은 표피를 가지고 중심도 순백으로 부드러운 탄력성이 있는 바디로 수분 함량이 높고, 매끄럽고 치밀한 조직을 가진다. 또 먹을수록 좋은 짠맛의 크림 풍미를 가지며 은은해서 거부감이 없다. 이 치즈는 다른 치즈와는 다른 두 가지 특징을 가지고 있다.

첫 번째 특징은 원래 모차렐라 치즈는 물소의 젖으로 만들어진 것이라는 것이다. 물소 젖의 성분이나 색조는 소의 젖과는 다른 것이다. 물소의 젖만으로 만들어진 모차렐라 치즈는 수입품으로서 일본에서도 전문점에서 판매되고 있다. 이것들은 모차렐라 디 부팔라 캄파나(Mozzarella di Bufala Campana)로 일컬어져 우유로부터 만들어진 것과 구별되어 있다. 물소는 생육 조건으로 수욕이 필수적이고 그 때문에 착유 환경이 나쁘고, 제조에 발효 숙성 공정이 없으며, 또 다른 치즈와 같이 스타터를 첨가하지 않고 만들어지고 있기 때문에 보존성이 좋지 않다는 것이다. 이 같은 이유 때문에 당시에는 나폴리 근방으로부터 북이탈리아에 수송 판매하는 것도 어려웠다. 그러나 최근에는 젖의 살균 기술이나 스타터 첨가의 진보, 위생환경과 공정관리의 향상에 의한 저온유통시스템(cold chain)의 확대로 판매 범위가 확대되고 있다.

두 번째 특징은 그 제조 방법이 파스타 필라타(pasta filata)라고 하는 공정이 있어서 열수 중에서 빚어 실처럼 뽑아내듯이 잡아 늘리면서 부드럽게 하여 그 특징적인 물성·조직을 만드는 것이다. 파스타는 이탈리아어로 커드의 의미이고 필라타는 실을 뽑는 것처럼 늘린다는 표현이다. 파스타 필라타는 영어로는 스트레치커드(stretched-curd)로 된다. 열탕 중에서 커드를 반죽해 늘려서 둥글게 떼어내서 성형한다. 이 치즈는 가온되면 가소성을 가지기 때문에 형태는 구형, 난형, 직방체, 서양배 형태 등 여러 가지 형태로 만들어지고 있다.

세계 각지에서 이탈리아 요리점의 증가에 비례해서 이 치즈의 제조가 확대되어 최근 일본에서도 수입이나 생산이 증가하고 있다. 현재 제조되고 있는 모차렐라 치즈는 크게 나누면 보존액과 함께 충진되어 샐러드같이 먹는 신선 모차렐라(fresh Mozzarella) 치즈와 수분 함량을 적게 해서 진공 팩으로 처리한 피자용 모차렐라(Pizza Mozzarella) 치즈가 있다. 신선 모차렐라 치즈는 이탈리아 요리 전문점에서도 피자용으로 사용하는 경우에 수분이 많기 때문에 수분의 제거 방법을 고안해서 사용하고 있다. 그래서 최근에 저수분으로 제조하고 있는 것이 저수분 모차렐라(low-moisture Mozzarella) 치즈라고 부르기도 하고, 피자용 모차렐라 치즈라고도 한다. 이런 치즈의 대부분은 기계화된 설비로 대량으로 제조되고 있다.

### 1) 이탈리아의 물소[1)]

모차렐라 치즈의 특징은 원료유로 물소젖을 사용하는 것이다. 이탈리아 남부 지방에서는 물소의 사육이 한창 유행하고 있지만 이 물소가 어디에서 왔는지는 정확하지는 않다. 몇 가지의 설이 있지만 물소는 15세기에는 캄파니(Campani)주의 카세르타(Caserta)시 교외에 있는 카프라(Capra) 부근에 많이 정착한 것 같다. 이탈리아에 물소가 도입된 이유는, 이전에는 남이탈리아에서는 벼농사가 성행하고 있어 수전농경에 물소의 사용이 증가한 것이 그 요인이라고 한다. 현재는 농경을 위한 것은 아니고 많은 경우가 이 치즈의 원료유를 위해서 사육되고 있다. 이탈리아에서는 물소에서 제조한 것을 디 부팔라(di Bufala)라고 하지만 이탈리아 국내에서는 이 치즈의 소비량이 물소젖의 생산량을 넘고 있어 실제로는 우유를 첨가한 것이나 우유만으로 만든 것이 많이 팔리고 있다. 이탈리아 이외에서는 물소젖을 원료로 사용한 모차렐라 치즈는 거의 만들지 않고 거의 전부 우유로 만들고 있다. 일본에서 만들고 있는 모차렐라 치즈도 같은 형태이다.

물소젖의 특징은 우유보다 흰색이지만, 이것은 유지방에 용해되어 있는 카로틴(carotene)의 함유량이 적어 유지방 자체가 백색이기 때문에 기인한다. 물소젖은 푸른 풀로 사육해도 유지방 중의 카로텐 함량이 증가하지 않고 거의 변화하지 않는다. 한 마리당 젖의 양은 일반적으로는 우유의 약 반절이다.

또 물소는 특히 여름에 더위를 피하는데 물웅덩이 또는 샤워로 젖어 있어 유방을 비위생적으로 유지하는 경우가 있기 때문에 착유 전에 유방을 특별히 주의해서 세정하지 않으면 안 된다.

이탈리아의 물소젖과 일본 내의 우유(홀스타인)의 젖의 성분 비교는 [표 1]에 나타냈지만, 우유에 비해서는 전고형분이 17.8%로 약 1.4배 높다. 또 단백질은 약 1.3배인 4.3%이고 지방도 약 2배이기 때문에 치즈의 원료에 대한 제품 비율은 높게 된다. 또 카제인과 결합하고 있는 것과 유리되어 있는 파스타 필라타 공정에 영향을 미치는 칼슘의 합계는 200 mg으로 우유의 약 1.8배로 되어 있다. 따라서 이탈리아의 물소와 그 이외의 소로부터 만들어진 모차렐라 치즈는 [표 2]와 같은 차이가 생긴다. 단백질 함량은 물소의 경우 19~20%로

**표 1.** 이탈리아 물소(水牛)[1]와 홀스타인 젖(乳)의 성분 비교 (100 g 중의 성분 중량)

| 소의 종류 | 전고형분 [우유의 수분 모두를 제거한 나머지] (g) | 단백질 (g) | 지방질 (g) | 탄수화물 (g) | 회분 (g) | 칼슘 (mg) |
|---|---|---|---|---|---|---|
| 이탈리아 물소 | 17.8 | 4.3 | 7.5 | 4.8 | 0.8 | 200 |
| 홀스타인 | 12.3 | 3.2 | 3.7 | 4.7 | 0.7 | 110 |

오정증보판 일본식품표준성분표로부터 발췌

소보다 다소 많고 지방 함량은 2~3% 정도 많다. 물소로부터 제조된 것은 특징적인 밀크취가 강한 크림 풍미를 나타낸다.

**표 2.** 사용 유(乳)에 따른 모차렐라 치즈의 성분 조성[3)]

| 사용 원료유 (100 g당) | 물소 모차렐라 | 젖소 모차렐라 |
|---|---|---|
| 열량(kcal) | 280 | 265 |
| 수분(g) | 55-60 | 54-62 |
| 단백질(g) | 19-20 | 18-22 |
| 지방(g) | 25-27 | 18-24 |
| 당질(g) | 0.6 | 0.7 |
| 염류(g) | 0-1 | 0-1.5 |
| 철(mg) | 0.2 | 0.4 |
| 칼슘(mg) | 400 | 160 |
| 인(mg) | 240 | 350 |
| 비타민 B1(mg) | 0.05 | 0.03 |
| 리보플라빈(mg) | 0.51 | 0.27 |

## 2) 파스타 필라타의 화학

모차렐라 치즈는 제조법으로 분류하면 파스타 필라타형으로 발효취도 약해 대표적인 신선 치즈이다. 이탈리아 원산의 파스타 필라타 치즈는 몇 개의 종류가 있고 연질 타입의 스카모르차(Scamorza), 반연질 타입의 카치오카발로(Caciocavallo) 및 경질 타입의 프로볼로네(Provolone) 등이다.

여기에서는 아탈리아어의 파스타 필라타를 공식 명칭의 하나로 기술했지만, 유(乳) 중의 단백질이 모차렐라 치즈로 변화하는 공정은 대단히 흥미롭다. 파스타 필라타 공정의 특성과 물성의 설명은 유(乳) 중의 카제인의 화학적 변화에 따라 설명되고 있다. 유(乳) 중의 카제인은 칼슘-카제이네이트(Ca-caseinate) 상태로 존재하고 칼슘의 존재하에서 이것에 응유효소 렌넷(chymosin)이 작용해서 디칼슘-파라카제이네이트(2Ca-paracaseinate)로 되어 커드를 형성한다. 실제로 렌넷 커드의 형성은 pH 6.47 부근에서 이루어지고 있어 커드를 자른 후 유청을 배출해 커드를 응고시키지만 이 디칼슘-파라카제인에는 계속 가열해도 가소성으로는 되지 않는다. 첨가한 유산균의 추가적인 발효에 의해서 생긴 젖산 또는 직접 첨가한 구연산 용액 등에 의해 칼슘의 일부가 해리되어 모노칼슘-파라카제이네이트(Ca-paracaseinate)와 젖산칼슘 또는 구연산칼슘을 생성한다. 이 반응은 젖산의 생성과 함께 수시간에 디칼슘-카제이네이트로부터 모노칼슘-파라카제이네이트로 변환된다. 모노칼슘-파라카제이네이트 커드는 특수한 성질을 가지고 있다. 이것은 따뜻한 5% 염화나트륨액 중에서 용해성이 있고, 또 54℃ 이상으로 가열하면 매끄럽게 되고 유연성이 있어 길게 늘이면 섬유상으로 된다.

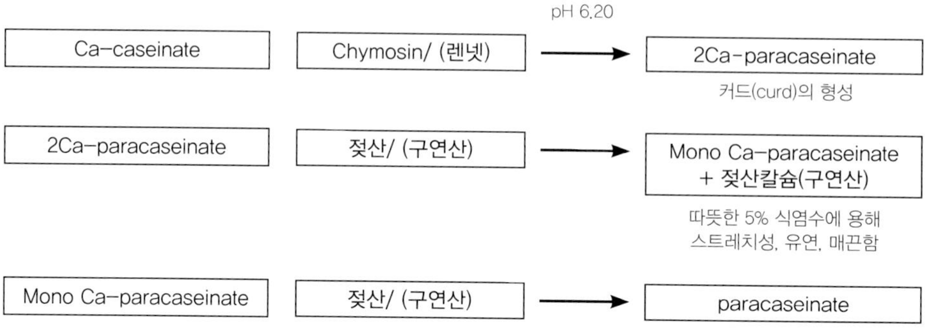


**그림 1.** 파스타 필라타 제조 공정에서 물리화학적 변화

이 모노칼슘-파라카제이네이트(Ca-paracaseinate)는 더욱더 젖산 발효의 진행으로 생성되는 젖산과 반응해서 파라카제이네이트(paracaseinate)로 되지만 이것은 가열해도 유연성이나 섬유상으로 되는 성질은 없다. 여기에 도달하면 파스타 필라타계의 정상적인 치즈로는 제조할 수 없다.[2, 3]

이와 같이 모차렐라 치즈 제조의 전통 기술에는 유(乳) 중의 카제인의 성상, 렌넷(chymosin)의 효소로서의 작용, 젖산 발효의 젖산과 pH, 카제인에 결합해 있는 칼슘이나 유리 칼슘, 열수 중에서의 파스타 필라타 공정, 이런 것들의 상호 관련 중에 복잡한 물리화학적 변화가 숨어 있다.

### 3) 제조 특성과 pH

캄파니아(Campania)주의 물소 젖의 pH는 6.63~6.75이고, 젖산 산도는 0.12~0.21%로서 이것은 홀스타인 젖과 약간 다르다. 모차렐라 치즈의 제조 공정에 따른 pH 변화는 [그림 2]와 같고 유산균(*Streptococcus thermophilus*)을 스타터로 첨가해 pH가 조금 떨어진 6.47 부근에서 렌넷을 가하면 치즈 커드가 형성된다. pH 6.44~6.45로 될 때 첫 번째의 커드 절단을 행한다. pH 6.42 부근이 되면 두 번째의 절단을 한다. pH 6.40 부근에서 유청을 배출한다.(1회만 절단하는 방법에서는 pH 6.44~6.42에서 한 번만 절단한다.) 그 후 유산균 발효를 계속하면 디칼슘-파라카제이네이트(2Ca-paracaseinate)는 유산균의 젖산 생성에 의해서 점차 모노칼슘-파라카제이네이트로 된다.

모노칼슘-파라카제이네이트화 되어 있는 커드를 블록 절단이나 체다링해서 pH 5.3 부근까지 유청 배출을 계속한다. pH 5.26 부근에서 열탕 속에 넣어 연화시켜 반죽해서 실처럼 늘린다(파스타 필라타). 유산균 스타터를 첨가해 제조하는 경우는 파스타 필라타계의 치즈 제조에서 지침이 되는 pH를 고려하는 것은 양호한 모차렐라 치즈를 얻는 가장 중요한 기본이다. 그 커드를 과도하게 숙성시킨 경우, 예를 들면, pH 5.1 이하에서는 모노칼슘-파라카제이네이트가 파라카제이네이트(paracaseinate)로 계속 이행되어 단백질과 지방의 매질은 지방을 보유하기가 어렵게 되어서 딱딱한 치즈로 산미가 강하게 된다. 신축성이 없게 되어 파스타 필라타계의 치즈를 제조하는 데는 커다란 문제가 된다.

따라서 목적에 맞는 모차렐라 치즈 제조에는 스타터의 선별, 렌넷의 첨가, 젖산발효 상황에서 변화가 발생하기 때문에 이 민감한 공정을 시간과 pH(발효)와 온도의 3축으로 조절해 갈 필요가 있다.

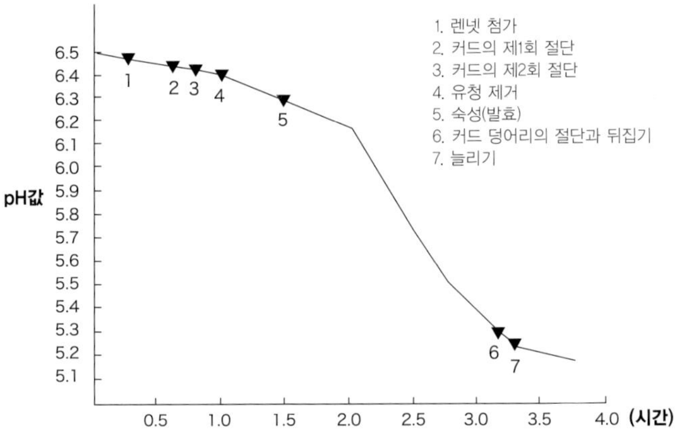


**그림 2.** 모차렐라 치즈의 스타터 유산균 첨가 후의 제조 공정에 있어서의 pH 변화[3]
(유지방률 3.4% 생유를 HTST 살균, *St. thermophilus* 첨가)

## 4) 스타터

모차렐라 치즈에 사용되는 유산균 스타터는 *Streptococcus thermophilus*, *Lactococcus lactis* ssp. *lactis*, *Lactococcus lactis* ssp. *cremoris*, *Enterococcus faecalis*, *Lactobacillus delbruekii* ssp. *blugaricus* 등이 사용되고 있다. 이 균들은 단독 또는 혼합 스타터로 사용하기도 하지만, 통상 발효유에 사용되는 유산균이라면 이용할 수 있다. 유산균 스타터의 연구는 여러 가지로 행해지고 있지만 피자용의 모차렐라 치즈에서 단백질 분해효소를 결손시킨

*L. debrueckii* ssp. *bulgaricus*를 단독으로 사용해 제조된 것을 단백질 분해효소를 가지고 있는 동종의 균주만으로 제조한 것과 비교하면 전자는 보다 높은 융점을 가지지만 신장도는 낮았다. 또 *L. delbrueckii* ssp. *bulgaricus* 단독 스타터를 사용한 모차렐라 치즈는 *L. delbrueckii* ssp. *bulgaricus*와 *St. thermophilus*의 혼합 스타터를 사용한 경우보다 높은 신장성을 나타내고 더군다나 훌륭한 용융성을 나타냈다는 보고가 있다.[4] 그러나 이러한 특질은 균주에 따라서 다른 것도 있기 때문에 주의해야 한다.

신선 모차렐라 치즈 스타터는 *St. thermophilus* 단독인 것이 많고 피자용에서는 일반적으로 *St. thermophilus* + *L. delbrueckii* ssp. *bulgaricus*와 같은 혼합 스타터가 이용되는 것이 많다. 그러나 풍미나 공정상의 이유로 다른 균종도 사용되고 있다. *L. delbrueckii* ssp. *bulagaricus* 스타터는 특히 저수분 모차렐라 치즈에 사용되는 경우가 많은데 그 이유는 산도의 상승이 빨라 고산도로 된다는 것 등이 선택되는 이유이다.

스타터의 일반적인 첨가량은 벌크 스타터로 0.5~2% 첨가되어 시판되는 다이렉트 스타터(농축동결이나 동결건조한 균)는 시방서에 따르지만 최근에는 고유산균 양을 가지고 발효시간을 단축시키는 것을 의도하는 것도 있다. 벌크 스타터를 첨가하는 제법에서는 스타터 첨가 시에 유(乳)의 pH는 크게 변화한다. 그러나 다이렉트 스타터의 첨가에서는 급속한 pH의 저하는 없고, 서서히 저하해 가는 것이기 때문에 그 후의 조작(렌넷의 첨가, 절단, 가열, 교반)의 폭을 넓힐 수 있게 되고, 산 생성이 급속히 과도하게 진행되는 것을 제어할 수 있다. 최근에는 취급이 간단하고 박테리오파지의 예방도 가능한 다이렉트 스타터법이 주류로 되어 있다.[5]

### 5) 렌넷(응유효소)

모차렐라 치즈에 사용하는 응유효소는 개선된 시판 응유효소제가 일반적으로 사용되고 있다. 치즈 제조에 사용되고 있는 시판 응유효소는 송아지로부터 얻어지는 렌넷 제제나 그 주성분인 키모신 제제, 미생물 유래의 효소 제제가 사용되고 있다. 렌넷은 생후 10일부터 30일령 송아지의 제4 위에서 추출되는 것으로 주성분인 키모신에 미량의 펩신이 포함되어 있는 조효소이다. 치즈의 생산량이 증가함에 따라 미생물에 의한 대용품도 사용되고 있지만, 유전자 조작한 박테리아로 키모신을 생산한 것이나 곰팡이인 *Rhizomucor miehei* 등으로부터의 추출물이 상품화되어 있다. 아메리카의 피처용 모차렐라 치즈에는 미생물 키모신을 사용하고 있는 경우가 많다.

여기에서는 응유현상을 일으키는 효소를 '응유효소'라고 기입하고, '렌넷'이란 송아지의 제4 위로부터의 추출물을 치즈 제조용으로 조제한 것이나, 미생물로부터 유래한 것은 'chymosin, EC. 3.4.23.4'라고 했다. 키모신은 최적 pH가 6.0으로 $\kappa$-casein의 105번째(Phe)와 106번째(Met) 사이의 펩타이드 결합 1개소만을 절단하지만, 이 반응은 치즈 제조상 극히 중요하다. 시판되고 있는 렌넷 제제의 첨가량은 시방서에 따르지만 첨가 전에 물 또는 식염수로 희석해서, 첨가한 후에 조용히 교반해 균일하게 분산시키며 첨가량은 제조 조건[pH나 유(乳)의 온도]에 따라 조정한다.

## 2. 신선 모차렐라 치즈의 제조 공정

전통적인 수작업 제조법을 기본으로 해서 일본에서 행해지고 있는 소규모의 신선 모차렐라 치즈 제법과 공정의 특징을 정리해서 설명했다. 이 치즈의 원료는 물소의 젖을 사용하는 것이 특징이지만, 일본에서는 소젖을 사용하고 있다. 이것에 스타터 유산균을 첨가해서 생성된 젖산으로 pH를 저하시켜 렌넷을 첨가해 커드를 형성시킨다. 유청을 서서히 배출해 치즈 커드를 만들고 커드로부터 유청이 잘 빠지도록 블록을 만들어 다시 유청을 배출시키면서 젖산 발효는 약하게 계속된다. 여기까지는 일반적인 치즈와 같은 공정이지만 모차렐라 치즈의 독특한 공정으로서 적절한 pH에 달할 때 열탕 중에서 파스타 필라타(반죽과 스트레칭)로 가소화시킨다. 부드러운 표면 조직이 되면 냉각시켜 염수에 침지해 포장한다. 다른 치즈에서는 볼 수 없는 특수한 제법으로 몇 가지 특수한 상품 형태이다. 이런 공정은 문헌이나 총설[2, 3, 5, 6)]마다 다르게 기재되어 있지만 사용하는 시설의 특징이나 목적하는 품질을 위한 제조상의 연구가 이루어지고 있다.

하나의 모델로서, [그림 3]에 제조 공정에 관련 사항을 함께 기재해, 각각의 프로세스에 따라 설명했다. 여기에서는 설명을 단순화하기 위해서 스타터(유산균) 첨가 방식만을 기재했다.

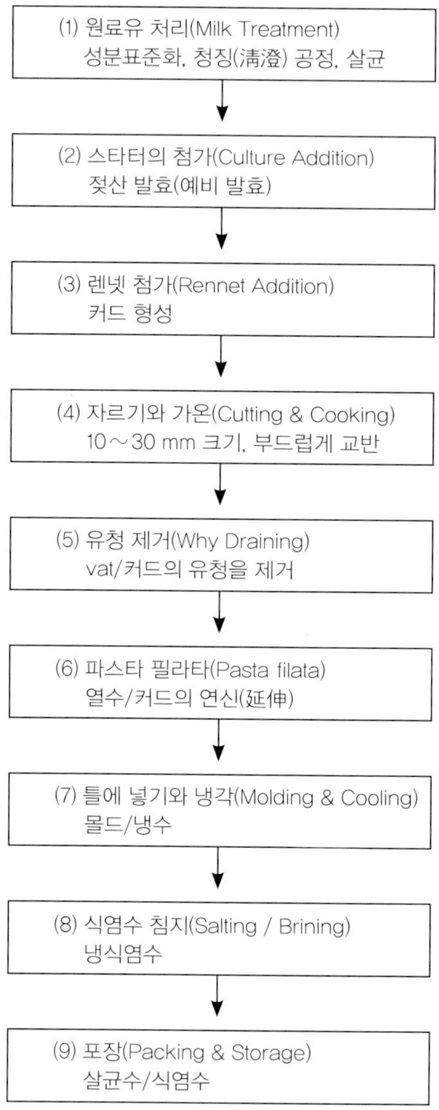


**그림 3.** 신선 모차렐라 치즈의 제조 공정

### 1) 원료유 처리

사용 원료유를 여과나 청징기로 청징화해서 HTST(초고온 단시간 살균, 72~75℃ 15초 가열) 살균 또는 LTST(저온 장시간살균, 62~65℃, 30분 가열) 살균을 행하고 사용하는 유산균 스타터의 생육 온도로 냉각해서 온도를 유지한다. 일반적으로는 신선 타입 모차렐라 치즈에서는 거의 유(乳) 성분의 조정을 하지 않지만 풍미의 개량이나 사용 목적에 따라서 지방분 등의 조정을 하는 경우가 있다.

**〈정상적인 원료유와 적절한 살균의 중요성〉**

치즈 제조의 일반적인 주의사항이지만 사용하는 원료유가 제품의 품질에 크게 영향을 미치기 때문에 성분이나 세균 수 등의 품질이 양호한 것을 사용한다. 우유 성분 중에서 단백질의 80%를 차지하는 카제인은 콜로이드상 인산칼슘과 결합해서 카제인 마이셀을 구성하고 있다. 우유 중에 있는 칼슘이온은 단백질과 결합되어 있는 것과 결합하지 않고 수용액 중에 유리되어 있는 것이 존재한다. 우유가 렌넷에 의해 커드를 형성할 때에는 유리 칼슘이온이 필요하다. HTST(고온단시간) 살균 이상의 온도조건에서 살균을 행하면 카제인 중의 세린(serine)의 히드록실기에 에스테르 결합하기도 하고 인산의 가수분해가 진행되어 서서히 카제인으로부터 분리되어 버린다. 유리 인산은 칼슘과 결합하지만 유리 칼슘이온이 부족하면 치즈 커드의 형성이 불충분하게 된 것으로 생각된다. 또, β-락토글로브린과 마이셀상의 κ-카제인과의 상호작용도 생각되어진다. 이 같은 조건하에서 키모신을 작용시켜도 *p*-카제인 마이셀이 칼슘을 중개로 해서 망목상(網目狀)으로 회합하지 않아 커드의 형성이 늦어져 망목구조는 약하게 된다.

## 2) 스타터의 첨가(젖산 발효)

벌크 스타터(bulk starter)는 일반적으로는 유(乳)에 0.5~1.5% 양 접종하고 직접 투입법에서는 메이커의 사용서에 준해서 첨가하고 균질화하기 위해 조용히 교반한다. 탱크 내의 온도를 사용 유산균에 적합하도록 보온해 렌넷을 첨가하고 pH 6.5 부근이 되도록 발효를 유지한다. 중온균의 스타터를 사용한 경우는 약간 저온(20~30℃)이 최적이며, 고온 타입은 높은 온도(35~45℃)에서 배양하지만, 작업 시간이나 풍미를 검토해서 선택할 수가 있고, 발효를 계속해서 pH를 5.3~5.1 부근까지 저하시킨다.

**〈유산균의 역할〉**

모차렐라 치즈를 제조하는 데는 유(乳)의 pH 변화와 시간 경과가 중요한 포인트가 되지만 유산균을 첨가함으로써 유(乳) pH는 저하해 간다. 젖산 발효에 의한 각각의 공정에서의 최적 pH 범위에 도달하는 시간은 스타터와 배트의 보존 온도의 선택에 따라 변화하기 때문에 제조 공정에 적당한 조건을 선택하는 것이 중요한다. 이 치즈를 제조하는 데는 발효 젖산량과 pH가 중요한 포인트로 되지만 디칼슘-파라카제이네이트(2Ca-paracaseinate)로부터 모노칼슘-파라카제이네이트(Ca-paracaseinate)로 변화시키는 경우에 칼슘이온과 결합하는 젖산의 양이 필요하게 된다.

### 3) 렌넷(응유효소: 키모신) 제제의 첨가(커드 형성)

젖산 발효에 의해 유(乳)의 pH가 6.5(또는 젖산 산도가 0.02% 상승) 정도로 저하하면 렌넷(또는 다른 응유효소)을 첨가해 조용히 교반해서 균일하게 한다. 교반 후 탱크에 덮개를 해서, 사용하고 있는 유산균의 생육 온도에서 정치한다. 커드 응고의 세팅 시간은 일반적으로는 20~45분 정도이고 매끄럽고 치밀한 치즈 커드를 형성시킨다.

치즈 제조에는 시판의 렌넷 제제 또는 미생물 응유 제제가 사용되고 있다. 시판되는 분말 렌넷의 경우는 시방서에 준하지만 일반적으로는 원료유의 0.003% 정도를 물에 용해해 여과한 후 원료유 중에 균일하게 분산시킨다.

### 4) 절단과 가온

부드럽고, 희고, 물을 함유한 커드는 가용화되어 있는 칼슘이 풍부히 존재하는 환경에서 디칼슘-파라카제이네이트(2Ca-paracaseinate)로 응고해, 망목상의 네트워크에 지방이 보충되고, 더군다나 염류나 약간의 유당을 함유하고 있다. 적당한 강도에 도달하면 커드가 깨끗하게 갈라져 틈새로 맑은 유청이 삼출되어 나온다. 이것을 확인하고 나서 절단을 하지만, 한 번 또는 두 번 절단을 하는 방법이 있다. 절단 후에는 유청 안에서 커드를 수축시킨다. 커드의 결착을 방지하기 위해 약 15분간은 커드를 파괴하지 않도록 부드럽게 교반한다.

**〈목적에 따른 절단〉**

(ⅰ) 사용 유산균의 최적 생육온도(35~38℃)로 보존하면서 30~40분간 커드를 형성시켜 제1회째의 절단으로 받침대에서 잘라, 유청의 pH가 6.4 부근에 도달할 때까지 유청 중에서 잠깐 정치해 둔다. 다시 가열해서 40~43℃로 온도를 상승시키는 방법이 있다.

(ⅱ) 한번만 10~20 mm 크기로 잘라 30~32℃에서 보존하고, 약 15분간 조용히 커드를 파괴하지 않도록 완만하게 교반하지만 그 후 35분 정도에서 40~43℃로 상승시킨다. 수분 함량을 줄이고자 하는 경우에는 절단 나이프의 폭을 9~13 mm로 좁히는 방안도 있다. 승온 후 조용히 10~15분간 교반한다.

### 5) 유청 배제

가온 종료 후 유청을 제거할 경우의 커드 pH는 5.6~5.8 정도이고, 저수분의 경향으로 하기 위해서는 pH 5.8 부근에서 유청을 제거한다. 유청 제거를 하면서 커드의 pH를 5.3~5.1로 저하시켜 모노칼슘-파라카제이네이트(Ca-paracaseinate)로 변화시키는 몇 가지 방법이 있고 이런 방법은 사용하는 스타터나 시설 기기, 제조 시간에 맞게 선택하는 것이 바람직하다. 이때 pH 저하 속도도 조직의 성질에 영향을 미치고 2.5시간 내외로 목표치(PH 5.3~5.1)에 도달하는 경우는 커드의 치밀성이 약하게 되며, 반대로 3.5시간 이상 걸리면 수분이 너무 빠져서 딱딱하고 치밀성이 강한 것으로 된다.

**〈유청의 다양한 배제법〉**

- 온도를 유지해서 유청을 배제하는 방법

(ⅰ) 유청을 탱크로부터 유출시킨 후에 커드를 배트의 후방으로 밀어 모아서 굳혀 유청의 유출을 촉진시켜 정치하는 방법

(ⅱ) 커드의 덩어리를 교반용의 주걱이나 적당한 칼 등으로 7~10 g으로 잘라 나눠서 유청이 침투하는 상태로 정치하는 방법

(iii) 유청을 빼내는 받침대 위에 자른 커드를 이동시켜 적절한 온도로 유지, 반복해서 뒤집는 방법 등

(iv) 치즈 배트의 밑바닥에 커드를 쌓아 층을 만들어서 체다링하는 요령으로 15~20분 간격으로 뒤집는 방법(치즈가 저수분화하는 경향)

( i )~(iv)는 어느 경우에도 커드에 포함되는 유청이 적당량 배출된 후, pH가 5.3~5.1로 될 때까지 보온해 유산균의 최적 온도로 유지한다.

- 커드를 수세하는 방법

배트로부터 유청을 배출해 미온탕에서 유리된 유청을 씻어 내린 후에 정치한다. 커드 덩어리를 빨리 냉각하기 위해서 약 15~20 cm의 입방체로 나누어 잘라서 유청을 배출하고 냉수로 행군 후 냉수에 침지한다. 이것들은 완전히 물을 뺀 상태로 그대로 전부 냉각실에 넣어서 커드 pH를 5.2~5.4까지 낮춘다.[또는 스트레칭 테스트(연신시험, 후술)에 합격할 때까지 정치한다.]

### 6) 파스타 필라타(스트레칭/연신)

커드의 pH를 5.3~5.1 부근으로 조절한 후, 커터로 주사위 형태나 가는 봉상으로 재단(dicing/milling)해서 열수 중에 넣는다. 이때 균일한 온도로 유지하는 것이 바람직하다. 수작업의 경우는 연신하기 전에 75~85℃의 뜨거운 물에 침지해 따뜻하게 한다. 뜨거운 물의 양은 커드 전체를 약간 뜨거운 물이 덮을 정도로 하고 온도는 커드의 크기나 pH에 따라 적절히 조절한다. 연신기를 사용하는 경우는 커드가 안정해서 백색으로 가소성이 있는 매끄러운 상태로 되고 충진기 쪽으로 흘러나올 정도로 부드러울 때까지 반죽해서 만들어 낸다.

적절한 조직의 치즈를 제조하는 데는 파스타 필라타의 경우 커드 자체의 온도가 57℃ 부근이 적당하고 60℃를 크게 넘어야 하는 것은 아니다. 그러나 이 커드의 산도가 충분하지 않을 때는 온도를 2~3℃ 높이는 것이 적절하고 산도가 올라 버렸다면 온도를 낮추는 방법이 좋다. 또한 연신기에 가염하는 것도 가능하다.

### 7) 성형(몰딩)과 냉각

커드가 충분한 가소성을 가지는 조직으로 되었을 때에 반죽을 종료해서 수작업인 경우에는 실을 뽑듯이 늘려서 목적의 크기에 따라서 즉시 냉수나 염수에 투입해서 냉각한다. 기계 충진의 경우에는 충진기에 흘려서 보낸 커드는 표면 드럼형의 몰드로 성형되고, 회전하면서 성형기로부터 분리된다. 이때 냉각은 가능한 한 빠르게 행하는 것이 중요하며 지연되는 경우는 딱딱하게 굳은 조직으로 되어 분필과 같은 심이 볼 모양의 치즈 중에 형성되는 것이다.

### 8) 식염수의 침지

신선 타입 모차렐라 치즈의 경우 15~25%의 식염을 포함한 수조에 침지하지만, 그것으로 인해 커드는 경화하여 식염 함유량이 ~2.5%로 된다. 일반적으로는 0.7~1%로, 이 함유량을 넘으면 짠맛이 너무 강하게 된다. 카제인에 느슨하게 결합해 있는 칼슘은 염수 침지하면 식염의 나트륨과 이온 치환된다. 염수 농도가 너무 진하거나 장시간 염수에 너무 침지하면 치즈 표면에 껍데기가 형성되어 과도하게 짠맛이 강하고 딱딱한 조직으로 된다. 한편, 치즈의 내부는 종종 풍미가 없는 부분이 남고 표면의 일부가 박리되기 쉽다. 또 낮은 식염 농도에서 장기간 놓아 두는 경우는 표면이 점성으로 끈적끈적하게 된다.

### 9) 포장

신선 모차렐라 치즈는 통상의 합성수지 용기에 살균수 또는 보존액과 함께 충진해서 봉입하는 방법으로 되어 있다. 숙성하지 않고 식용으로도 사용하기 때문에 유통기한은 비교적 짧고, 동결하지 않고 가능한 한 저온(5℃ 정도) 보존하는 것이 바람직하다.

**〈참고〉**

- 스트레칭 테스트(연신시험)[2)]

(ⅰ) 커드의 일부를 6~7 mm 크기로 절단해서 74~75℃ 열탕용기에 넣는다.

(ⅱ) 5분간 스파튤라로 열수 중에 커드를 교반한다.

(iii) 3 또는 4개의 커드를 꺼내서 손가락으로 고루 섞어 이겨서 큰 덩어리가 되게 한다.

(iv) 덩어리를 1분간 열탕 속에 넣은 후, 꺼내서 그 커드를 조용히 스트레칭한다. 이것을 4, 5회 반복한다.

(v) 판정 :

- 양호 : 사용한 열탕이 청징하고, 충분한 가열 후에 손가락으로 이겨 보면 커드에 광택이 있고, 잘 늘어나서 원형으로 성형할 수 있다.
- 불가 : 사용한 열탕이 백색으로 되고, 충분한 가열 후에 손가락으로 이겨 보면 부서져서 작은 조각으로 되면 미숙성으로 연신이 부적당하다.

## 3. 피자용 모차렐라 치즈의 제조 공정

이탈리아에서 멈추지 않고, 유럽, 미국이나 일본에서도 모차렐라 치즈의 소비가 확대되고 있다. 이 중에서는 피자 또는 라자니아 등에 사용하는 수분이 적은 저수분-모차렐라 치즈나, 원료유의 유지방분을 일부러 부분 탈지하는 타입, 양자의 특징을 가지는 저수분 부분 탈지 등의 타입이 있다. 이와 같은 많은 치즈들이 대량 생산되고 공정도 연속적으로 기계화되어 있는 것이 많다. 신선 모차렐라 치즈와 같은 보존액과 함께 사용하는 것이 아니고 블록이나 베개의 형태로 직접 포장되어 있다. 일반적으로는 폴리에틸렌(polyethylene)의 팩에 넣어서 진공 팩이나 질소가스 충진을 해서 유통기한을 연장하고 있는 것도 많다.

### 1) 기계화에 의한 연속 제조

해외의 많은 공장에서는 하루 100톤 이상의 사용 생유(生乳) 처리능력이 일반적으로 되어 있고, 그중에서는 2,000톤/일 이상의 능력을 가지는 공장도 존재한다.[7] 이 같은 스케일의 치즈 제조 공정에서는 전 공정에서 위생적인 환경이나 조작이 요구되고 있다. 또한 민감하고 다양한 공정 파라미터를 공업적 연속 프로세스로 실현시킬 수 있기 때문에 설비나 화학적 · 물리화학적 · 미생물학적 연구가 다수 되었다.[8,9,11]

또, 제조 방법에서는 유산균의 발효에 의하지 않고 식용 산을 직접 첨가하는 경우가 있다. 적정 pH로 조정해 렌넷을 첨가해 우유 중의 칼슘-카제이네이트(Ca-caseinate)를 모노 칼슘-파라카제이네이트(Ca-paracaseinate)로 이행시키고 있는 공장도 많다. 원료유를 [표 3]과 같이 조정해서 각각의 설비에 맞추어 pH 제어를 해서 안정적으로 다양한 타입의 모차렐라 치즈가 만들어지고 있다.

### 2) 산 직접첨가법

1950년대의 모차렐라 치즈 메이커는 젖산 발효를 대체해서 식용 산을 우유에 직접 첨가하는 방법에 관해서 연구개발을 해서 제조 시간의 단축과 안정한 공정 조건이 얻어졌기 때문에 세계로 널리 퍼져 갔다.(식용 산의 첨가와 스타터의 병용으로 행하는 것도 있다.) 구체적으로는 단시간에 파스타 필라타의 적정 pH가 얻어지고 컨트롤도 용이하게 되었다. 첨가되는 산은 인산, 초산, 젖산, 구연산이 사용되고 적당한 농도로 희석해서 첨가한다. 이 경우 살균한 우유를 5℃ 부근으로 냉각하고 첨가하는 산에 의해서 변성이 억제된다. 커드 형성은 pH 5.5~5.6이 좋다. pH를 5.4~5.2로 하면 1주간 보존으로 부드럽게 되고 끈적거림이 생기거나 쓴맛이 생긴다.[10] 또 pH가 과도하게 높으면 단백질 중의 칼슘이 많이 존재해서 조직이 너무 단단하게 된다.

직접 산액을 첨가하는 경우 다양한 식용산이 이용되고 있지만 일반적으로는 인산을 사용하면 가장 단단한 저수분의 치즈로 되고, 젖산을 사용하면 가장 부드러운 수분을 함유한 치즈가 된다. 구연산은 이런 것들의 중간적인 수분과 단단함을 부여하는 경향이 있다.[2] 그러나 이런 것들은 칼슘량, 유청 배수 시의 가열 온도나 시간에 따라 변동이 생기기 때문에 다양한 검토가 필요하다.(몇 가지 문헌에는 염산도 사용되고 있지만 일본의 유등성령에서는 사용 후 pH를 중성으로 하는 것이 의무로 되어 있고, 실질적으로 모차렐라 치즈에 사용할 수 없기 때문에 기재되어 있지 않다.)

### 3) 연속 제조 공정

[그림 4]에는 피자용 모차렐라 치즈의 연속 제조 공정을 표시했다. 아래의 그림에서 보여준 것처럼 제조 공정을 설비 흐름에 따라서 각각의 특징을 기재해 간다. 또 설명을 단순화하기 위해서 이곳에서는 산 직접첨가 방식을 이용해 설명한다. 당연히 젖산 발효법의 피자

용 모차렐라 치즈도 제조되고 있다. 기본적으로는 제조 공정과 장치 라인은, 밀링 공정까지는 체다 치즈와 거의 같은 양식이다.

원료유의 기계화는 [표 3]에 표시한 것같이 조정을 하지만, 치즈에서는 일반적으로 표준화는 크림 분리기 후의 인라인 방식 또는 전유와 탈지유를 탱크에서 혼합해서 적정한 성분 농도로 조정한다.

그 후, HTST 살균기로 살균하고 직접 산 첨가 방식의 경우는 5℃ 전후로 냉각해서 적정하게 희석한 산액을 첨가해서 제조한다.

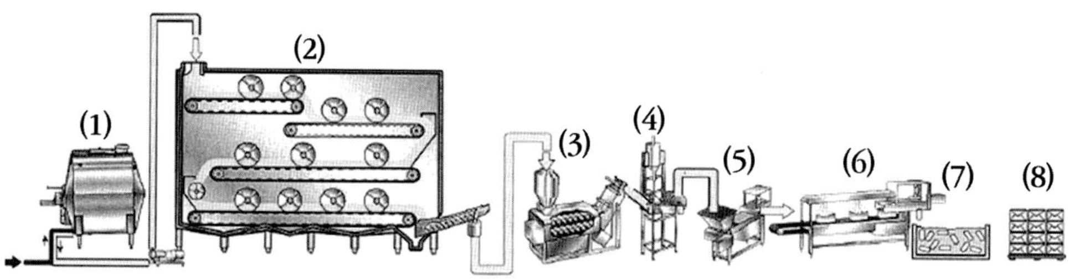


**그림 4.** 피자용 모차렐라 치즈의 연속 제조 공정도[11)]
(그림상의 숫자는 아래의 설명에 있는 소항목의 숫자와 일치함)

**표 3.** 지방 함량이 조정된 유(乳)로부터 제조한 모차렐라 치즈의 성분 조성[2)]

| 치즈 타입 | 유지방(%) | 수분(%) | 단백질(%) | 유당(%) |
|---|---|---|---|---|
| 모차렐라<br>유지방 3% 우유 사용 | 18.0 | 53.6 | 22.1 | 0.3 |
| 부분탈지 모차렐라<br>유지방 2% 우유 사용 | 13.5 | 57.2 | 21.2 | 0.2 |
| 부분탈지 모차렐라<br>유지방 1% 우유 사용 | 8.0 | 57.3 | 25.7 | 0.2 |
| 저수분 모차렐라 | 23.7 | 47.0 | 25.0 | 0.3 |

(제조로부터 3일 후의 모든 완성품의 pH는 5.2였음)

### (1) 치즈 탱크

지방산 타입이나 저수분 타입의 모차렐라 치즈를 만들기 위해서는, 제품의 지방분/전고형분 비율(FDB)을 목적값으로 하기 위해 원료유의 지방 비율을 조정할 필요가 있다. 지방 비율을 조정한 후에 HTST 살균기(72℃, 15초)로 살균을 실시하고 플레이트(plate) 냉각기로 5℃ 전후로 냉각한다. 계속해서 산을 첨가하지만, 예를 들면 우유 90,000리터에 대해서 3,000 g의 구연산을 약 50% 희석액으로 해서 연료유가 변성하지 않도록 교반을 하면서 소량씩 첨가한다. 산을 첨가해 pH 5.6으로 하고 렌넷의 활동 온도대인 35~40℃ 부근으로 가온한다. 응유 방법도 렌넷 제제 이외에 미생물 응유효소제가 사용된다. 유전자 조작한 세균으로부터 제조한 키모신 제제도 이용되고 있다.

렌넷을 첨가해 균일하게 되도록 속히 교반해서 정치하면 2분 정도에 치즈 커드가 형성되고, 약 6 mm의 크기로 커트한다. 15분간 커드를 안정화시킨 후, 저수분화하는 경우는 유청을 적당량 제거해 48~49℃로 유청의 온도를 상승시킨다. 이러한 조건은 치즈의 사용 목적이나 탱크의 크기, 교반장치, 절단장치 등에서 차이가 있기 때문에 실제 공정에 적당한지 검토해야 할 조건이 된다.

#### (2) 체다링(Cheddaring) 기계

응집한 커드와 유청의 혼합물을 펌프로 덮개가 장치되어 있는 체다링 기기의 컨베어 벨트(conveyer belt)를 거쳐서 여과기(strainer)를 통해 유청을 배제한다. 유청을 없앤 커드는 매트상으로 되고 컨베이어 위에서 자동적으로 체다링되면서 다시 커드의 유청이 제거된다. 체다링이 종료된 커드는 밀링되고 절단 공정으로 도입된다.

#### (3) Cooker와 연신기(Stretcher)

절단 또는 밀링된 커드는 온수순환에 의해 온도가 제어되고 있는 연신기(延伸機)에 투입된다. 커드가 매끄럽게 광택이 있는 떡 형태의 덩어리 커드로 될 때까지 빚는다. 커드의 품질이 54℃ 부근으로 되면 가소성으로 매끄러운 조직으로 되지만 혼합이 불충분하게 되든지, 연신 온도가 낮아진다든지, 커드의 산이 낮은 경우 또는 이것들의 복합요인으로 인해 대리석 모양의 '마블링(marbling)'이 생겨 불량 제품으로 되는 경우도 있다.

#### (4) 식염의 첨가

조미료나 세균 억제의 목적으로 분말 식염을 적당량 연속적으로 가해서 균일하게 이겨서 넣는다. 식염의 첨가 시간은 선택할 수가 있어서, 예를 들면 쿠킹 전에 첨가하든지 혹은 스트레칭할 때 첨가하는 등의 방법이 취해진다. 첨가 시간의 차이는 제품의 풍미나 조직상으로 커다란 변화를 주지는 않는다. 식염 농도의 적절한 레벨은 1.5~1.7%의 사이이고 너무 높거나 낮으면 피자에 사용하는 경우에 치즈의 용해성이 영향을 받는다. 예를 들면, 염분 농도 2%의 치즈는 1%의 것과 비교해서 카제인에 결합하고 있는 칼슘이 보다 많은 나트륨으로 치환되기 때문에 잘 녹지 않는다.

### (5) 성형

이겨서 균일하게 된 커드는 자동형 성형기에 넣는다. 사각형이나 장방형으로 성형되는 저수분용 모차렐라 치즈는 호퍼(hopper)로부터 밀려나온 뜨거운 커드 그대로 성형된다. 이것을 냉각하면 틀로부터 쉽게 박리(剝離)된다.

### (6) 경화 터널

성형된 치즈는 온도가 55~56℃이기 때문에 커드의 냉각 경화 시간을 단축하기 위해, 냉각과 경화 터널을 통해서 가능한 한 빨리 냉각시킨다.

### (7) 식염수 침지

냉각 터널로부터 나온 치즈는 2~5℃ 이하의 식염수 중에 넣어서 충분히 냉각시킨다. 커드에는 분말 식염이 첨가되어 있기 때문에 침지하기 위한 식염 농도와 침지 시간은 보존성 등을 고려해서 설정하는 것이 중요하다.

### (8) 보관

치즈가 적절한 조건으로 식염수에 침지한 후 단시간에 표면을 건조시켜 폴리에틸렌 등으로 싸서 탈기를 하면서 열 밀봉을 한다. 수송에 적절한 치즈박스에 넣어서 냉장 보존이나 냉동 보존된다.

## 4. 치즈의 원산지 증명

유럽연합에서는 특정의 식재·식품에 관해서 원산지명칭보호(P.D.O.; Protected Designation of Origin)를 사용한다. 이는 전통적 치즈의 고유 명칭의 보호로 그 명칭의 사용이 가능하다는 것을 규정하는 스트레사협약(Convention de Stresa)에 기초하고 있다. 'PDO 치즈'는 전통적인 생산법에 의해 규정된 원재료를 사용해서 규정된 전통적 제조 프로세스를 사용해서 만들어진 식품이다. 즉, 이탈리아 국내에서는 원산지 명칭 보호는 EU 가맹 후, 이탈리아어로 D.O.P.(Denominazione Origine Protetta)를 사용하고 있다.

이탈리아로부터 수입되고 있는 모차렐라 치즈의 포장에 기재된 명칭을 상세히 보면, 모차렐라 디 부팔라 캄파나(Mozzarella Di Bufala Campana)로 기재되어 있다. 이 치즈는 캄파나(Campana)주라고 하는 특정의 원산지로, 그 원료가 되는 젖은 물소젖이고, 모차렐라 치즈의 전통적 제조기술에 따라서 제조되고 있다. 몇 세기 사이에 그 지역에서 대대로 전수된 전통적인 것이라는 것을 나타낸다. 또, 이탈리아에서는 법률에 따라 치즈는 젖, 응유효소, 식염만을 원료로 하고 다른 것은 첨가해서는 안 되는 것으로 되어 있다. 이탈리아의 'DOP 치즈'는 약 30종류 정도이다. 보호협회는 비영리기관으로 이탈리아의 법률에 따라 그 관련법이 제정되어 제조 및 그 제품의 영업 판매에 대해서 감시 역할로서의 권한을 가지고, 특색이 있는 전통적인 제품은 그 원산지와의 유대가 대단히 강하고 전통에 깊이 뿌리를 내리고 있다는 것으로 평가해서 보호하고 있다.[12]

**〈참고〉: 이탈리아의 파스타 필라타 치즈**

- 스카모르차(Scamorza)

이탈리아 남부가 원산지. 우유가 원료이며 파스타 필라타 제법으로 제조한 것으로, 6일부터 최대 15일 동안의 대단히 짧은 숙성 치즈. 종류는 훈연(smoke)하는 것과 비훈연(non-smoke)이 있다. 형태는 오래된 금자루와 같이 보이며 훈연 때문에 껍질이 엷은 녹차색으로 되어 훈연 냄새, 신선한 것은 산림의 향을 가진다. 카치오카발로(Caciocavallo)와 모차렐라의 중간 맛이 난다.

• 카치오카발로(Caciocavallo)

이탈리아 남부가 원산지. 우유를 원료로 한 파스타 필라타 제법의 치즈로 2주간 이상 숙성시킨다. 카시오(Cacio)는 치즈의 의미, 카발로는 말의 의미. 술병형으로 성형한 2개의 응유(curd)를 끈으로 묶어 좌우로 늘려서 숙성시키는 모양이, 말의 안장의 양측에 걸쳐 있는 모양으로 보인다는 것이 이름의 유래이다.

• 프로볼로네(Provolone)

남이탈리아 발상으로 우유를 원료로 한 파스타 필라타 제법의 반경질 치즈. 4개월 이상 숙성시켜서 끈으로 연결해 늘어뜨린다. 약간 산미를 가지지만 먹기 쉬운 마일드한 맛으로 열을 가해도 잘 늘어진다. 단맛(dolce), 매운맛(piccante), 스모크(훈연, affumicata)로 한 것이 있다.

## 참 / 고 / 문 / 헌


1) 泉徳和：イタリアの水牛. 畜産の研究 31(10): 1197-1202, 1977.
2) Frank Kosikowski : Soft Italian Cheese, Cheese and Fermented Milk Food. Frank Kosikowski and Associates. New York 14817 gv, 179-212, 1978.
3) Salvadori del Prato : Italian Mozzarella. *Dairy Ind. Int.* 58(4): 26-29, 1993.
4) Graig J. Oberg, Amos Wang, Lynn V. Moyes, *et al.*: Effects Proteolytic Activity Thermolactic Cultures on Pysical Properties of Mozzarella Cheese. *J. Dairy Science,* 74: 389-397, 1991.
5) Mozzarella and Pizza Chees. Pasta Filata Cheeses. Fourth revised edition, Chr. Hansen Apri: 17-24, 2002.
6) 平野彰, 中野覚, 椿真壽 等：モッツァレラチーズの製造. ナチュラルチーズ製造技術便覧(応用編2) マニュアル作成委員会, 蔵王町, 財団法人 蔵王酪農センター, 19-33, 2004.
7) Jack Mans : Masters of Mozzarella Manufacturing. *Dairy Foods,* 102(12): 49-55, 2000.
8) P. Kindstedit, M. Caric and S. Milanovic : Pasta-Filata Cheese. Cheese Vol. 2(Third edition) Patrick F. Fox. *et al.* London, Elsevier Applied Science, 251-264, 1987.

9) Kindstedt, P.S.: Effect of manufacturing factors, composition, and proteolysis on the functional characteristics of Mozzarella cheese; *Crit. Rev. Food Sci. Nutr.* 33: 167-187, 1993.

10) B. Keller, N. F. Olson, and T. Richardoson: Mineral Retention and Rheological Properties of Mozzarella Cheese Made by Direct Acidification. *J. Dairy Sci.* 57: 174-180, 1974.

11) R. Scott; Cheese. Dairy processing handbook. Tetra Pack Systems AB. SE-221 86 Lund Sweden, 314-337, 2003.

12) 江上佳奈美, 榎本恵美, 坂本 崇 等 : イタリア(チーズ), チーズプロフェッショナル教本, 藤野成爾, 坂本 崇, 東京, チーズプロフェッショナル協会, 72-87, 2007.

3-3

# 코티지 치즈

교도(協同)유업주식회사 연구소
구메 히토시(久米仁司)

코티지(Cottage) 치즈는 커드의 숙성 공정을 거치지 않고 제조되는 신선 치즈의 대표적인 치즈로, 이탈리아 · 아메리카 · 오스트리아 · 뉴질랜드 및 일본에서 주로 소비되고 있다. 일본에서의 생산량은 2005년도에 824톤으로 일본 자연치즈 중에서는 2.2%이지만, 2001년도와 대비해서는 생산량이 160%로 증가하고 있다([그림 1]).[1]

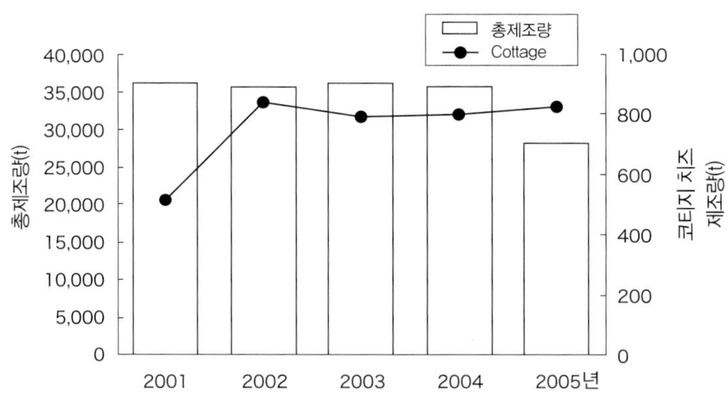


**그림 1.** 일본산 자연치즈의 제조량 추이

코덱스 규격[2]에서 정의되어 있는 코티지 치즈는 코티지 치즈와 크림 코티지 치즈의 두 종류이고 전자는 드라이 커드 코티지(dry curd cottage)로도 별칭되고 있다.

코티지 치즈는 살균된 우유의 탈지유를 사용하고 유산균을 스타터로 해서 젖산 발효시켜 산 응고로 커드를 형성, 숙성 공정을 거치지 않고 제조된 백색의 균일한 독립적인 부드러운 커드를 갖는 치즈로 되어 있다. 커드의 사이즈에 따라 소형 커드 타입이냐 대형 커드 타입이냐에 따라 나뉘고, 커드의 크기는 약 3~12 mm의 폭이 있다.

크림을 첨가하는 크림 타입은 커드 표면이 크림액으로 덮여 있어 엷은 크림색을 띤다. 풍미는 온화한 젖산 발효에 의한 신선한 맛이다. 한편 '절단 치즈'로서 시장에서 유통하고 있는 것을 분류하면 [표 1]과 같다. 더욱이, 유산균을 사용하지 않고 직접 산성화로 제조되는 것도 코티지로 분류되어 있다. 한편 일본에서는 크림 타입의 코티지 치즈가 시판품의 태반을 차지하고, 일부 조리용 소재로서 음성적으로 사용되는 것도 있다([그림 2]). 이 책에서는 크림을 첨가하는 크림 코티지 치즈를 중심으로 기술한다.

**표 1.** 미국에서 시판되는 코티지 치즈의 분류[3)]

| 그룹 | A 발효형 | | 서브 그룹 | 1 통상 유통기한(14일 이상) |
|---|---|---|---|---|
| | B 직접 산성형 | | | 2 유통기한 연장(21일 이상) |
| 타입 | 1 Dry curd cottage | 유지방분 0.5% 이하 | 클라스 | 플레인(unflaverd) |
| | 2 저지방 cottage | 유지방분 0.5~2.0% | | 조미(견과류, 과일, 올리브, 후추 등) |
| | 3 Cottage 치즈 | | 스타일 | A 소형 커드 |
| | | | | B 대형 커드 |

**그림 2.** 일본에서 시판되는 코티지 치즈의 제품 예

## 1. 코티지 치즈의 제조 공정[4, 5, 6]

코티지 치즈의 제조 공정의 개요는 [그림 3]에 표시한 것과 같다. 드라이 커드로 되기까지는 다른 자연치즈의 기본 공정과 거의 동일하다. 드라이 커드 이후의 가공 공정은 드레싱뿐이다. 이것이 코티지 치즈의 특징이고, "가정에서도 간단히 만들 수 있다."는 치즈로서 널리 소개되고 있다.

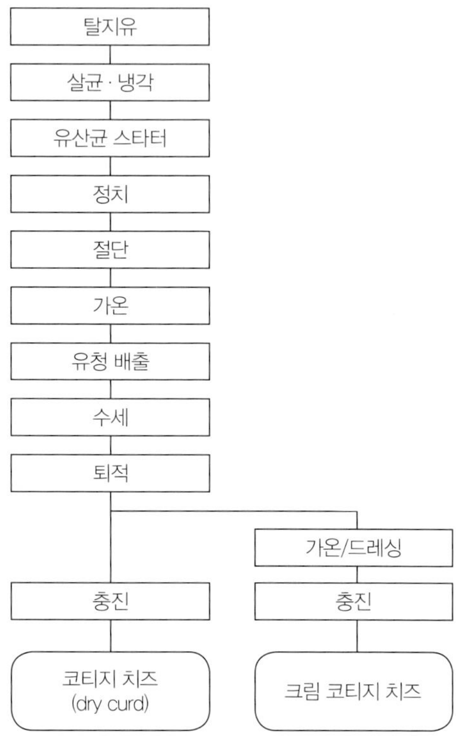


**그림 3.** 코티지 치즈 제조 공정의 개략

### 1) 원료유의 조정

코티지 치즈 제조에는 탈지유가 사용된다. 치즈 제조에서 기본적 요건으로 고품질의 원료유가 요구되는 것은 코티지 치즈의 제조에서도 같다. 코티지 치즈는 수분량이 많은 치즈이기 때문에 다른 신선 치즈와 비교해서도 미생물이 증식하기 쉽다. 원료유의 미생물학적 품질은 최종 제품의 품질에도 영향을 미치게 된다. 원료유보다 탈지유를 얻는 경우에는 분리 공정을 실시하게 되는데 분리 효율을 높이기 위해서 원료유를 가온하는 경우가 있다. 이 경우 분리 온도는 대개 60℃ 정도이고, 이것은 일종의 열처리 효과를 가지고 있어 저온 세균을 불활성화시키는 효과를 기대할 수 있다.

Linda 등[7]은 원료유 중의 체세포 수와 코티지 치즈 품질을 검토해서 체세포 수가 많은 원료유로 조제한 코티지 치즈는 커드의 수분이 높기 때문에 '겉보기 수량'은 증가했지만 단백질 양의 수율이 저하하고 더군다나 보존 중의 단백질 분해율이 증가한다고 보고되고 있다. 탈지유의 고형분, 즉 무지방 고형분의 함량은 그대로 커드의 수율이나 조직에 영향을 준다. 우유 성분의 계절 변동을 보정하는 경우나, 양질의 커드를 얻는 최적의 고형분량(11~14%)의 원료 탈지유로 사용하기 위해서, 탈지유에 탈지분유나 농축유를 첨가해 고형분을 조정하고 강화한다. 젖(乳) 원료의 선택이나 배합비율의 결정에 관해서 검토가 되고 있다.

탈지분유로 고형분을 강화하는 경우, 저온가열 조건에서 분무한 저온 탈지분유분말(low heat powder)을 사용하는 것이 바람직하다고 되어 있다.[4] 미국분유협회(ADMI)는 미변성유단백질 함량(WPNI)을 지표로 해서 분유를 분류하고 있고, WPNI로 6.0 mg/g 이상의 분유를 저온 탈지분유분말로 하고 있다.[8] 저온 탈지분말과 고온 탈지분말로 강화한 탈지유를 사용해 코티지 치즈를 조제하면, 고형분 회수율은 1~3% 정도 저온 파우더를 사용한 쪽이 높게 되고, 또 고온 파우더를 사용하면 물성은 부드럽고 탄성이 결여되고, 수분을 포함한 드라이 커드로 된다([그림 4]). 또 탈지유를 막농축해서 고형분을 강화하는 방법도 있고 어떤 종류의 막을 선택하는가에 따라서 농축유의 성분치가 다르고, 만들어지는 커드의 상태도 다르게 된다. Ljubica 등[9]은 한외여과(UF) 농축유를 사용한 실험을 실시해서 UF농축으로 단백질 양을 1.6배 이상으로 강화한 것이 커드의 크기나 균일성에서 우수한 것으로 되어 있다. 또한 역삼투(RO)막으로 전 성분을 1.3배 농축한 경우도 탈지분유로 강화한 것에 비해서 커드는 단단하고 대형 커드가 형성된다. Rami 등[10]은 유청 단백질을 0.37% 탈지유에 첨가해서 성분 조정한 것에서는 고형분의 회수율이 증가해서 보수력이 향상되고, 더군다나 조직학적으로 치밀한 네트워크 구조가 형성된다고 보고하고 있다.

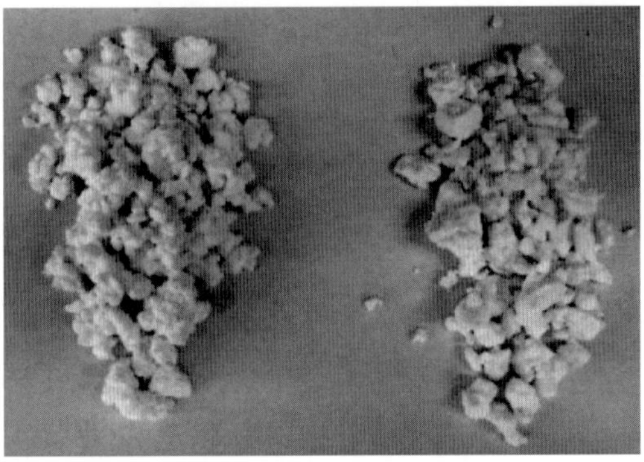

a) 저온 가열분말　　b) 고온 가열분말

**그림 4.** 탈지분유의 가열법에 의한 드라이 커드(dry curd)의 상태

## 2) 살균 공정

원료 탈지유는 소규모의 배치(Batch) 생산에서는 63℃, 30분의 저온 보존살균을 행하지만 칼슘이온의 비이온화나 유청 단백질의 변성에 의해 커드 형성의 불량, 취약화, 유청 배출의 불량 등을 초래하게 된다. 불용화한 칼슘을 보충하기 위해서 염화칼슘을 첨가하는 경우도 있어, 코덱스 규격에서는 그 첨가량의 상한을 원료유에 대해서 0.02%로 하고 있다.

### 3) 정치(setting)

살균된 원료 탈지유는 치즈 퍼트(cheese putt)라고 하는 선형의 발효조에 냉각되어 저장된다. 절단까지의 시간의 장단에 따라 short-set 타입과 long-set 타입으로 나뉘고, short-set 타입의 경우는 31~32℃, long-set 타입의 경우는 22~24℃에서 냉각된다.

코티지 치즈는 유산균이 발효해서 생산하는 젖산에 의해 응유가 발생하는 응유 고형 치즈이고 유산균은 산 생성에 기여하는 균으로 풍미 형성에 기여하는 균의 양면성을 고려해서 선택된다. 코티지 치즈 제조에 사용하는 유산균은 다른 신선 치즈(fresh cheese)와 같이 '중온성 유산균'을 사용하여 주로 O 타입으로 불리는 *Lactococcus lactis* subsp. *lactis*, *Lactococcus lactis* subsp. *cremoris*를 우세균으로 한 스타터가 사용된다. 풍미 개선의 목적으로 구연산 발효를 하는 *Lactococcus lactis* subsp, *lactis* biovar. *deacetylatis*가 병용되는 경우도 있다. 스타터 유산균을 개별로 공장 내에서 관리하는 것은 대단히 복잡하기 때문에 스타터 제조사로부터 혼합 스타터로 제공되는 것을 사용해 공장 내에서 벌크 스타터를 제조한다. 최근에는 벌크 스타터를 조제하지 않고 직접 첨가하는 '다이렉트 벌크 스타터(direct bulk stater)'가 범용으로 사용되게 되었다. 치즈용 유산균은 파지 감염에 의해 발효 불량을 발생시킬 위험이 높기 때문에 파지 내성을 가지는 유산균의 사용이나 복수의 균주를 회전시키는 등의 대응을 한다.

스타터 첨가와 병행해서 렌닛을 소량(일반적으로는 0.00003%) 첨가한다. 렌닛 첨가는 유산에 의해 응고된 커드의 조직을 개량하기 위해 사용하지만, 첨가량이 많게 되면 너무 강고한 조직으로 되어 커드의 재결착성이 저하해 커드가 작아지게 되거나 고무 형태의 단단한 커드로 된다.[11] long-set 타입의 제조 방법에서는 스타터 첨가량을 0.5%로 해서 커드 pH 4.6~4.8, 유청 산도 0.4~0.5%로 될 때까지, 대체로 14~16시간 동안 가온 보존을 필요로 한다. 그 방법에서는 하룻밤 방치해서 세팅시켜, 다음 날에 절단 이후의 작업을 행한다. 한편, short-set 타입의 제조법에서는 스타터 첨가량을 5%로 하고, long-set 타입과 같은 pH와 산도 조건이 될 때까지 대략 4~6시간의 세팅 시간이 걸린다. 세팅 중의 오염은 유산균의 발효 불량이나 커드 형성 불량에 영향을 미치는 이외에 최종 제품의 보존성에도 영향을 미친다. 따라서 고온 상태의 제조관리가 필요하고, 제조실은 양압화(陽壓化)된 클린 룸이 바람직하다. 또, 치즈 배트에 관해서도 세정, 살균을 충분히 행하는 것이 긴요하다.

### 4) 절단(cutting)

소정의 시간이 경과해 pH, 산도 외에 커드 형성의 상태(치즈 배트로부터의 커드가 벗겨진 상태, 커드 표면의 조직 및 유청의 부상)를 확인한 후 절단 작업을 행한다. 절단의 목적은 균일한 코티지 커드를 만드는 것과 커드의 표면적을 크게 해서 유청 배출을 촉진하는 것이다. 절단은 절단 타입으로 불리는 와이어 프레임(wire frame)을 이용해 와이어 간의 간격 크기에 따라 최종 제품의 커드 사이즈를 결정한다. 절단 사이즈에는 대형 커드와 소형 커드의 두 종류가 있지(전술)만, 일본은 대형 커드가 주체이고 커드 나이프의 간격은 12~20 mm가 선택된다. 절단 사이즈에 따라 유청의 배출 정도가 다르다. 절단 사이즈가 크면 클수록 최종 제품의 수분량이 많아지는 경향이다. 커팅은 치즈 배트의 장축에 따라 수평식 나이프로 장축 방향으로 절단하고, 다음에 수직식 나이프로 횡축 방향으로 절단해 입방체를 만든다([그림 5]).

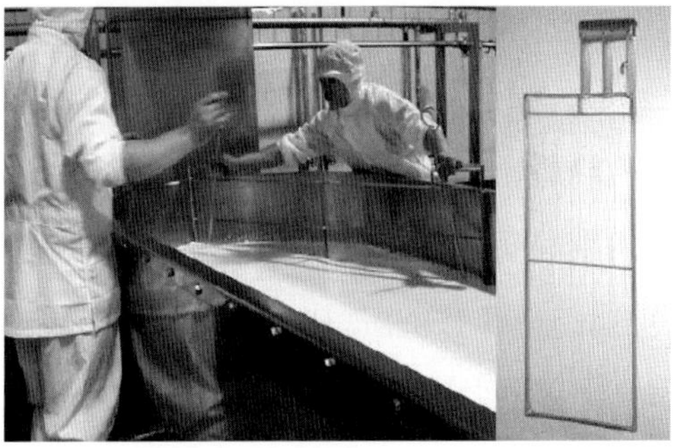

**그림 5.** 와이어 프레임의 커드 나이프에 의한 응유의 커팅

### 5) 가온(cooking)

절단 완료 후, 대체로 15분 정도 방치한 후 교반기를 저속으로 가동시켜 커드 교반을 행한다. 치즈 배트의 재킷(jacket)에 온수를 통과시켜 서서히 온도를 올린다. 상온시킨 경우에 온수를 넣는 것으로 커드의 분리를 촉진할 수 있다. 승온은 90~120분 정도의 시간에 52~57℃까지 올릴 수 있다. 승온 속도의 제어는 커드의 물성을 좌우한다. 승온 속도가 너무 빠르면 커드 표면이 가열되어 고화해 버리기 때문에, 커드 내부로부터 유청 배출을 저해해 습한 커드로 되어 제품 보존 중의 유리수가 증가한다. 가열의 종료점은 관능적 평가에 의지하는 경향이 크지만, 판단의 기준으로서는 '커드의 각이 약간 둥그런 모양을 띠고 손가락으로 가볍게 누르면 유청이 스며나오지 않고, 적정한 탄성을 가진 상태'를 가리킨다([그림 6]). 가열이 종료된 단계에서는 치즈 배트 배출구를 열어서 유청을 전량 배출한다.

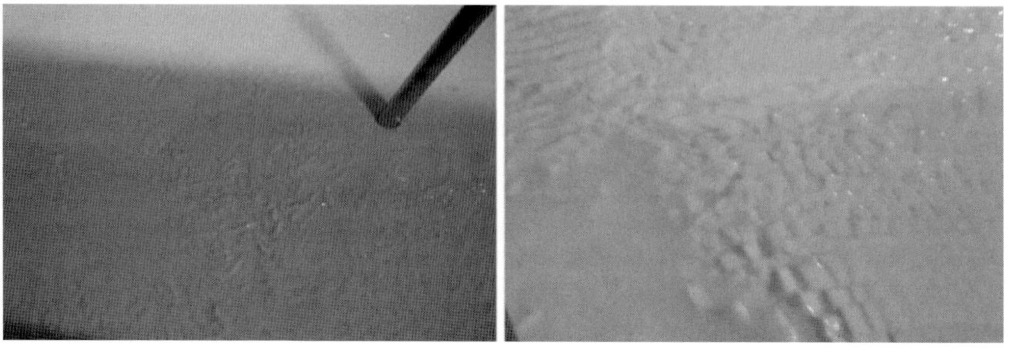

커팅 종료 시 가온(cooking) 종료 시

**그림 6.** 커팅 및 가온(cooking) 종료 시의 응유 상태

### 6) 수세(washing)

유청의 배출이 완료되면 수세를 행한다. 이 공정은 커드 내의 유청을 완전히 제거해서 산을 감소시켜 풍미를 마일드하게 하는 것은 물론 커드가 팽팽해짐에 따라서 텍스처를 개선하게 된다. 수세는 단계적으로 행한다. 제1단계는 약 30℃의 온수를 커드 양의 2배 양 넣고 충분히 교반한 후, 15분간 침지해서 온수를 배출한다. 제2단계는 냉수에 의한 수세로 커드에 부착된 유청의 제거와 냉각을 목적으로 행한다. 냉각 효율을 고려해서 냉수는 통상 2회로 나누어서 행한다. 먼저 20℃ 정도의 물을 커드의 2배 양 첨가해서 교반, 유지, 배출을 행한다. 그 후에 5℃ 전후의 냉각수를 커드의 2배 양을 가해서 커드를 풀면서 충분히 교반해 바로 배출을 행한다. 수세수의 배출을 효율적으로 하기 위해서 커드를 배트의 좌우로 쌓아 올려서 물이 빠지는 홈을 만들도록 한다. 수세수는 커드의 품질에 직접 영향을 미치기 때문에 이물이나 냄새가 없고 미생물적으로도 위생적인 처리수를 사용한다. 수처리에서는 막처리에 의한 제균이나 자외선 살균 등이 유효하다.

### 7) 퇴적(matting)

커드의 냉각 및 수세가 완료된 단계에서 배트 내의 커드를 퇴적시켜 그 상태로 1시간 정도 정치해 완전히 물빼기를 행한다([그림 7]). 이 사이에 치즈 배트에는 뚜껑을 덮는 등의 위생적인 환경을 유지할 필요가 있다.

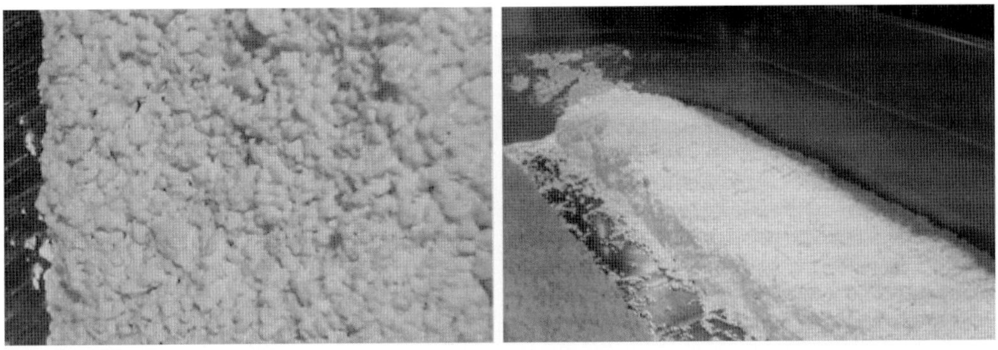

커드의 상태 커드를 배트 좌우에 쌓아올림

**그림 7.** 치즈 커드의 퇴적(matting)

## 8) 가염 및 드레싱

물빼기가 종료된 커드에 식염을 첨가한다. 첨가량은 커드 양의 ~1.5%로 해서 2회로 나누어서 커드에 첨가하고 충분히 교반한다. 크림 코티지의 경우는 별도로 조제한 드레싱용 크림을 처음 제품의 지방산에 맞추어서 첨가한다. 드레싱용 크림은 18% 정도의 저지방 비율의 크림을 직접 사용하는 경우와 40~47%의 크림을 전지유 또는 탈지유로 희석해서 조정하는 경우가 있다. 배합 예를 [표 2]에 표시했다. 드레싱 크림에 식염을 첨가해서 가염을 동시에 행하는 것도 가능하다. 드레싱 크림은 75℃, 30분간 또는 80℃, 20초간의 가열살균을 행해 15~20 MPa로 균질화, 4℃ 이하로 냉각한다. 드레싱 크림에 점도를 형성시키기 위해 20분 이상 숙성시킨다.

드레싱 크림의 드라이 커드에의 흡수율은 절단 시의 pH나 가열 온도에 따라 변화하며 낮은 pH에서 절단한 커드 쪽이 높은 pH에서 절단한 커드보다도 흡수율은 높게 된다. 드레싱 크림을 드라이 커드에 충분히 흡수시키기 위해서 드레싱 후 4℃ 전후에서 하룻밤 유지하는 것도 유효하다. 코티지 치즈의 풍미 개선 혹은 보존성 향상을 위해 드레싱 크림을 고안한 보고[12]도 있다.

**표 2.** 드레싱 크림의 배합 예

| 배합량(%) | 표준 타입 | 고형분 강화 타입 | 제품 pH를 내리는 타입 | Cream을 주체로 한 타입 |
|---|---|---|---|---|
| 전지유(지방률 3.7%) | 56.3 | 54.5 | 47.8 | - |
| 40% 크림 | 39.7 | 38.5 | 33.6 | 75.8 |
| 18% 발효 크림 | - | - | 15.2 | - |
| 탈지분유 | - | 3.2 | - | - |
| 탈지유 | - | - | - | 17.0 |
| 식염 | 4.0 | 3.8 | 3.4 | 7.2 |
| 지방률(%) | 18.0 | 17.5 | 18.0 | 30.3 |
| 드레싱 양(%)*1 | 22.2 | 22.9 | 22.2 | 13.2 |

*1: 최종 제품의 지방률을 4%에 설정한 경우

문헌 3에서 변경

## 9) 충진, 포장

완성한 코티지 치즈는 플라스틱 컵이나 파우치에 충진된다. 코티지 치즈의 기계적 충진은 제품 특성으로부터 메스 계량형의 계량장치를 이용하지만, 크림 코티지 치즈는 표면이 크림으로 덮여 있는 것도 있어 계량 메스로 일정량을 달아서 넣는 것이 대단히 어렵다.

용기의 선택에서는 차광성이 중요하다. 코티지 치즈는 빛에 의해 열화가 대단히 크고, 특히 크림 코티지 치즈는 광산화가 진행되어 쓴맛을 발생시킬 수 있다. 그렇기 때문에 차광성 재료를 라미네이트 가공한 필름 소재나 알루미늄 박을 사용한 복합소재를 사용하기 바란다. 제조 공정에서 판단하는 것처럼 코티지 치즈 제조에서는 저온에서 처리되는 경우가 많고 스타터 유산균이 잔존할 가능성이 있다. 이 경우에 잔존한 스타터 유산균이 보존 중에 증식으로 인해 가스가 발생하는 경우가 있다.

이 같은 경우에는 밀폐형의 용기에서는 용기의 팽창 등의 리스크가 발생하기 때문에 용기 본체와 뚜껑 소재의 밀폐성 등을 고려하는 것 이외에, 가스 생산이 없는 스타터 유산균의 선별이나 처리 온도의 개선이 필요하게 된다. 또 보존성을 향상시키기 위해 배트 스페이스(vat space)를 가스 치환하는 방법도 검토되고 있다. Amrula 등[13]의 시험에서는 배트 스페이스를 100% 이산화탄소로 치환한 것에서는 저온균 또는 유산균의 증식이 치환되지 않는 것에 비해서 확실히 억제되고 관능적으로도 양호한 것으로 나타나고 있다.

### 10) 코티지 치즈의 제조 장치[14, 15, 16]

코티지 치즈의 제조 장치는 다른 치즈류와 같이 1970년대부터 기계화되어 왔다. 코티지 치즈의 자동화 방식은 송명(松明) 등의 보고[17]에 정리되어 있다. 일본에서는 코티지 치즈의 생산량이 미미해서 완전한 기계화에는 도달하지 못한 실정이다.

코티지 치즈 생산용 설비의 기계화는 ① 정치에서 가온까지를 행하는 치즈 배트(cheese vat), ② 수세로부터 퇴적까지를 행하는 드레이너(drainer), 워셔(washer), ③ 가염 및 드레싱을 행하는 크리머(creamer) 등이 주요한 것이다.

치즈 배트는 오븐 배트식([그림 8])과 밀폐 탱크식([그림 9])이 있다. 오븐 배트식은 원형 재킷이 부착된 배트에 교반이나 절단을 행하는 각종 베스(bath)를 교체해 사용한다.

각종 베스(bath)의 형상 및 구동 형식은 각각의 회사에서 고안한 것이다. 밀폐 탱크식은 재킷 탱크에 수평 방향으로 회전하는 구동부를 가진 형식으로 되어 있다. 이런 장치 내에서 가온, 유청 배출, 일차 수세까지 행해진다. 커드로부터의 수분 제거는 커드 드라이어라고 하는 장치에 세정수와 함께 펌프 송액되어 드럼 회전식의 체에 의해서 커드와 수분이 분리된다. 분리된 드라이 커드는 컨베이어 스크류 펌프로 반송된다.

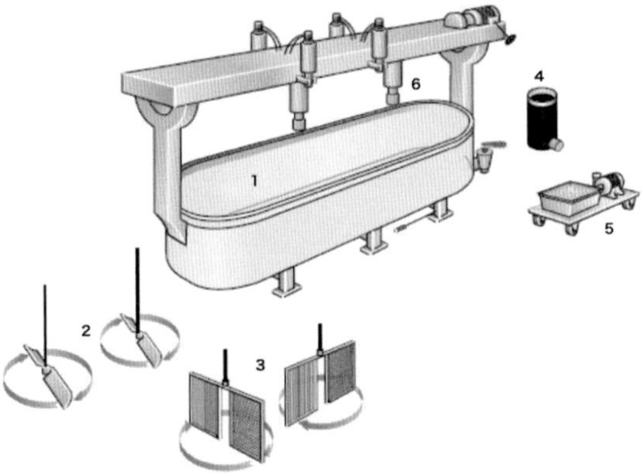


1. 재킷식 vat 구동부와 경사용 잭(Jack)이 붙어 있음.
2. 교반 날개.
3. 와이어식 커팅 나이프.
4. 커드 스트레이너 사용 시에 vat 내부에 장착함.
5. 유청 수송펌프.
6. 퍼트 장착부

**그림 8.** 배 형태의 치즈 배트(cheese vat)와 퍼트 종류[14]

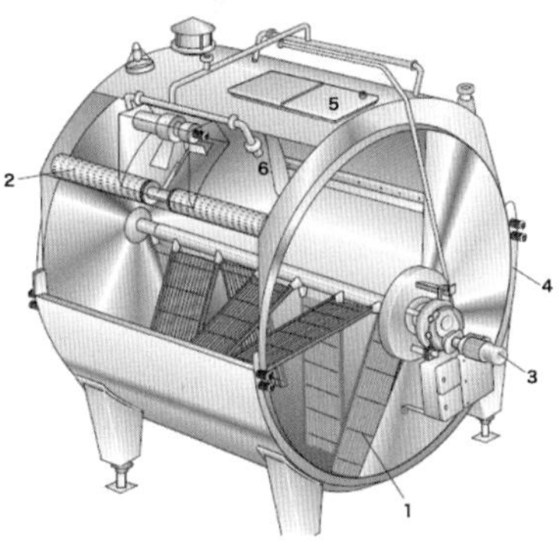


1. 교반·절단 겸용 회전날개.
2. 유청 배출용 스트레이너.
3. 회전 제어 기구부 구동장치.
4. 가열용 재킷.
5. 맨홀.
6. CIP용 노즐

**그림 9.** 밀폐 치즈 제조 탱크[14]

드레싱은, 크리머(creamer)라고 하는 장치로 나선형의 스크류 교반기를 가지고 있어 드레싱 크림을 첨가하면서 전체를 교반한다. 크리머와 커드 스트레이너 일체형 장치도 개발되어 있다. 소규모의 생산 공정에서는 치즈 베스 안에서 드레싱까지를 완료시킨다([그림 10]).

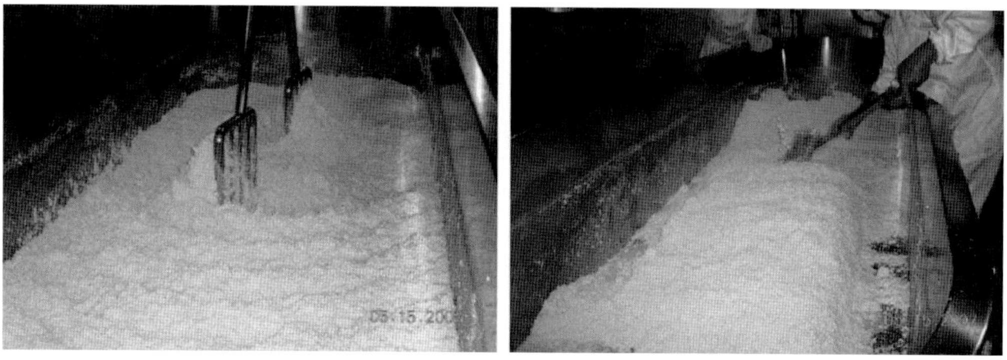

**그림 10.** 드레싱 공정
포크 모양의 교반기(왼쪽)와 수작업(오른쪽)으로 드레싱 크림과 커드를 혼합함.

## 2. 코티지 치즈의 품질

### 1) 보존성

코티지 치즈는 수분 함량이 높은 신선 치즈이기 때문에 보존성을 확보하기 위해 충분한 배려가 필요하다. 오염 미생물의 증식을 억제하기 위해서 보존료가 사용되는 경우가 있다. 일본에서 사용되는 대표적인 보존료는 디하이드로아세트산 나트륨(sodium dehydroacetic acid) 및 소르빈산 칼륨(potassium sorbate)이며 이 물질들의 미생물에 대한 효과를 [표 3]에 표시했다.

그 외의 기존 첨가물이나 식품으로서 보존 향상제도 있지만 정균효과와 풍미의 관점에서 코티지 치즈에 사용하기에는 곤란하다. 드레싱 크림을 이산화탄소로 카본화함으로써 보존성의 향상을 목적으로 한 보고[19]에서는 카르본화하지 않은 표본은 7℃ 10일, 4℃ 17일에 저온균이 1,000배로 되었지만, 카르본화한 샘플에서는 7℃ 30일, 4℃ 70일에서도 저온균의 증식 및 곰팡이 효모의 증식이 보이지 않고 풍미도 양호했다고 한다.

**표 3.** 코티지 치즈에 사용되는 보존료(세균 억제제)의 미생물에 대한 발육 저지 농도[18] (단위: %)

| 균의 이름 | | sorbic acid | | | Sodium Dehydroacetate | | |
|---|---|---|---|---|---|---|---|
| | | pH 6.0 | pH 5.0 | pH 4.0 | pH 6.0 | pH 5.5 | pH 4.5 |
| 유산균 | *Lactobacillus casei* | 2.79 | 0.87 | 0.21 | | | |
| | *L. acidophilus* | | | | >2.0 | >2.0 | >2.0 |
| | *Leuconostoc mesenteroides* | 2.33 | 0.31 | 0.42 | 2.0 | 1.00 | 0.50 |
| | *Lactococcus lactis* | | | | 2.0 | 1.00 | 0.50 |
| 일반 세균 | *Escherichia coli* | 1.4 | 0.87 | NG | 2.0 | 2.0 | - |
| | *Serratia marcescens* | 0.23 | 0.044 | 0.02> | 2.0 | 2.0 | - |
| | *Staphylococcus aureus* | 1.4 | 0.44 | NG | 0.50 | 0.50 | - |
| | *Bacillus cereus* | 0.47 | 0.11 | 0.02 | | 0.25 | |
| | *B. subtilis* | 1.4 | 0.87 | NG | | | |
| 진균류 | *Saccharomyces cerevisiae* | 0.47 | 0.11 | 0.02 | 1.0 | 0.65 | 0.25 |
| | *Hansenula anomala* | 0.47 | 0.11 | 0.02 | 0.5 | 0.25 | - |
| | *Candida krusei* | 0.046 | 0.044 | 0.02 | | | |
| | *Aspergillus oryzae* | 0.12 | 0.11 | 0.02 | 0.25 | | 0.125 |
| | *Penicillium* | 0.046 | 0.044 | 0.02 | 0.25 | | 0.125 |

**- 코티지 치즈의 보존성을 확보하기 위한 조건은**

(1) 신선한 원재료를 사용해 초기 발생 균수를 가능한 한 저감시킬 것

(2) 제조에 상용하는 기계장치, 도구, 기구 등의 위생관리를 충분히 행할 것

(3) 제조 환경, 특히 충진 환경의 위생 레벨을 높게 해서 그것을 유지할 것

(4) 세정수의 품질을 유지할 것

(5) 냉장 환경에서 관리의 철저

(6) 가스 치환 포장이나 차광 소재의 선택, 보존료의 선택 등 세심한 주의를 기울이는 것이 중요하다.

### 2) 품질의 관능적 평가 기준

코티지 치즈의 품질에 관해서는 유해 미생물의 오염이 없어야 하고 성분 규격에 일치해야 하는 것은 당연하지만 병행해서 관능적으로도 양호한 품질의 것이어야 한다. 코티지 치즈의 품질평가에 관해서 미국 농무성이 정리한 것[20]이 있다.

### (1) 산미(acid)

온화하고 불쾌감이 없는 상쾌한 산미가 있을 것. 유산균의 과잉 생육에 의한 과도한 산미는 불량. 그 외의 유청 배출, 세척 불량도 발생한다.

### (2) 산패취(coarse)

디아세틸의 과잉 생산에 의한 산패취, 스타터 유산균 유래나 향기의 과잉 첨가로 발생한다. 디아세틸 농도가 높게 되면 쓴맛(호두 냄새)으로 변화한다.

### (3) 발효취/과실취(fermented/fruity)

초(酢), 파인애플 등의 과일 냄새. 세균이나 효모의 증식에 의해 발생하여 구린 냄새로 변화하기 때문에 비교적 용이하게 판별된다.

### (4) 짠맛(high salt)

가염하는 식염량이 과잉인 경우

### (5) 불쾌한 냄새(lacks freshness)

미생물 오염, 환경으로부터의 냄새의 흡착, 산화반응 등에 의해 발생하여 극도로 풍미 불량이 된다. 제조 과정의 불량에서 기인하는 것이 많다.

### (6) 곰팡이 냄새/효모 냄새(musty/yeasty)

양자는 동일한 풍미로서 취급된다. 곰팡이 냄새는 주로 환기 불량의 시설로부터 이행되는 냄새이다. 지방이나 단백질의 변질까지 발생하면 변패취나 불결한 냄새로 된다.

## - 물성(texture)에 관한 풍미 결손으로는

### (1) 점성/고무상(tough/rubbery)

소정의 산도에 도달하기 전에 절단한 경우, 쿠킹 속도가 늦은 경우, 렌넷 첨가량이 많은 경우 등에서 발생한다.

### (2) 부서지기 쉬운(fragile)

원료 탈지유의 과열, 소정의 산도 이하에서 절단, 고형분 부족, 칼슘의 부족 등으로 발생한다. 그 외 쿠킹이 부족한 경우에는 물 같은 스펀지상 조직으로 된다.

### (3) 조성과 영양가

코덱스 규격에서는 코티지 치즈의 성분 규정은 수분량 80% 이하, 지방 함량은 드라이 코티지 치즈에서는 0%, 크림 코티지 치즈에서는 4% 이하로 되어 있다. [표 4]에서는 각종 치즈의 영양 성분을 표시했다. 코티지 치즈의 영양적 특징은 지방 비율이 낮아서 저칼로리라는 점이다. 또 풍미가 자연치즈 중에서는 평범하기 때문에 각종 식재와의 궁합이 좋아 과자, 디저트용의 소재로 사용되는 이외에 샐러드에 혼합하거나 일본 고유의 요리에 이용하는 등 범용성이 높고, 단백질이나 칼슘의 공급원으로서 대단히 유효한 유제품이라고 할 수 있다.

**표 4.** 각종 자연치즈의 영양 성분[21, 22]

| 종류 | 에너지 (kcal) | 수분 (g) | 단백질 (g) | 지방질 (g) | 당질 (g) | 회분 [재](g) | Na (mg) | Ca (mg) | P (mg) | 콜레스테롤 (mg) |
|---|---|---|---|---|---|---|---|---|---|---|
| 코티지 치즈 *1 | 105 | 79.0 | 13.3 | 4.5 | 1.9 | 1.3 | 400 | 55 | 130 | 20 |
| 코티지 치즈 *2 | – | 79.3 | 17.3 | 0.4 | 1.8 | 0.7 | – | 30 | 100 | – |
| 크림 치즈 | 346 | 55.5 | 8.2 | 33.0 | 2.3 | 1.0 | 260 | 70 | 85 | 99 |
| 카망베르 치즈 | 310 | 51.8 | 19.1 | 24.7 | 0.9 | 3.5 | 800 | 460 | 330 | 87 |
| 고다 치즈 | 380 | 40.0 | 25.8 | 29.0 | 1.4 | 3.8 | 800 | 680 | 490 | 83 |
| 체다 치즈 | 423 | 35.3 | 25.7 | 33.8 | 1.4 | 3.8 | 800 | 740 | 500 | 100 |
| 가공치즈 | 339 | 45.0 | 22.7 | 26.0 | 1.3 | 5.0 | 1,100 | 630 | 730 | 78 |

*1: Creamed Cottage 치즈
*2: Dry curd 치즈

## 참 / 고 / 문 / 헌


1) (独)農畜業振興機構：畜産物の需給関係の諸統計データ, http://lin.lin.go.jp/alic/statis/dome/data2/nstatis.htm
2) CODEX STANDARD C-16.
3) USDA: Commercial Item Description Cottage Cheese, A-A-20154A, 1994.

4) Frank Kosikowski : Chapter 8 Cottage Cheese, Cheese and Fermented Milk Food, New York, Brooktondal, 109-143, 1978.

5) 米田義樹 : C チーズ, ミルク総合辞典, 山内邦男, 横山健吉(編), 東京, 朝倉書店, 206-232, 1992.

6) 足立達, 伊藤敞敏 : 第3節 チーズ, 最新食品加工講座, 乳とその加工, 東京, 建帛社, 301-342, 1087.

7) Linda K., Joseph Y., Aditya S., *et al.*: Effect of Milk Somatic Cell Count on Cottage Cheese Yield and Quality, *J. Dairy Sci.,* 81(5), 1205-1213, 1998.

8) USDA : Supplement to U.S. Standards for Grades of Nonfat Dry Milk (Spray Process) U.S. Heat Treatment Classification, United States Standards for Nonfat Dry Milk (Spray Process), 6, 2001.

9) Ljubica T., Rajka B., Goran M., *et al.*: Optimisation of Manufacture and Quality of Cottage Cheese, *Food Technol. Biotechnol.,* 39(1), 43-48, 2001.

10) Rami H., Camila K., Max A.G., *et al.*: Assessment of the quality of Cottage Cheese produced from standard and protein-fortified skim milk, *Int. J. Dairy Technol.,* 60(2), 69-73, 2007.

11) 山鳥辰夫 : カッテージチーズ, 乳業技術講座第二巻乳製品製造, 乳業技術講座編集委員会(編), 東京, 朝倉書店, 182-191, 1969.

12) M.A. Monsoor, K FarooQ, Z.U. Haque : Cottage cheese whey as an ingredient of Cottage cheese dressing cream, *Int. J. Dairy Techonol.,* 56(1), 17-21, 2003.

13) Amurta B. M., Joseph E. M., J. Russell B., *et al.* : Modified Atomosphere Packaging to Maintain Direct-Set Cottage Quality, *J. Food Sci.,* 59(6), 1305-1308, 1327, 1994.

14) Chapter 14 Cheese, Dairy processing handbook, Gösta Bylund, Tetra Pak Processing Systems AB, 287-323, 1995.

15) TetraPak社 ホームページ, Brochures & Literature, Processing, http://www.tetrapak.com/

16) Bepex社 ホームページ, Process System and Equipment, Cottage Cheese Processing, http://www.bepex.com/cottagecheeseprocessing.htm

17) 松明達也 : 乳処理工場における自動化 ③チーズ工場, 乳業技術協会資料, 34(5), 15-25, 1985.

18) 松田敏生 : 第7章 静菌実用データ, 第2節 保存料, 現場必携・微生物殺菌実用データ集, 山本茂貴(監), 東京, Science forum, 305, 310, 2005.

19) Joseph H.C., Joseph H.H., Effect of Dissolved Carbon Dioxide on the Growth of Psychrotrophic Organisms in Cottage Cheese, *J. Dairy Sci.,* 74(9), 2941-2945, 1991.

20) USDA : Judging and Scoring Milk and Cheese, Farmers' Bulleting No. 2259.
21) 五訂増補 日本食品標準成分表, 文部科学省科学技術・学術審議会資源調査分科会報告書, 2005.
22) University of Guelph homepage, Welcome To Our Cheese Site, Section A: Getting Started, http://www.foodsci.uoguelph.ca/cheese/sectiona.htm#references.

3-4

# 숙성형 치즈

유키지루시(雪印)유업주식회사 치즈연구소
다나카 호즈미(田中穗積)

이 책에서는 처음으로 숙성형 치즈의 제조 공정을 설명하고, 계속해서 유(乳) 처리 방법, 치즈 제조에 사용하는 미생물과 식품첨가물, 응유와 커드의 형성, 교반과 가온, 가온과 숙성에 관해서 기술하며, 최종적으로 전통적인 숙성형 치즈 여덟 종류를 순서에 따라서 그 제조기술을 설명한다.

## 1. 숙성형 치즈의 제조 공정

숙성형 치즈 여덟 종류의 전통적 또는 기본적 제조 공정을 [그림 1]에 나타냈다. 숙성형 치즈의 기본적인 공정은 지방 조정, 살균 냉각, 유산균 첨가, 단시간 젖산 발효, 렌넷 첨가, 정치 응고, 응유 절단, 교반, 가온, 유청 배출, 커드 쌓기, 형태 만들기(型詰), 압착, 가온, 숙성이다.

[그림 1]에 표시한 어떤 치즈라도 지방 조정으로부터 응유 절단까지는 거의 같은 공정 이름으로 나열되어 있다. 그러나 실제로는 배합 유지방률, 살균 조건, 유산균의 균종과 첨가율, 응유의 절단 사이즈 등은 다음에 계속해서 커드로부터 유청을 배출시키는 시네레시스(syneresis)에 적합한 조건, 혹은 숙성 공정에서 풍부한 풍미로 되는 조건이 각각 설정되어 있다. 절단에 이어서 교반으로부터 성형까지는 치즈 제조에서 가장 중요한 공정

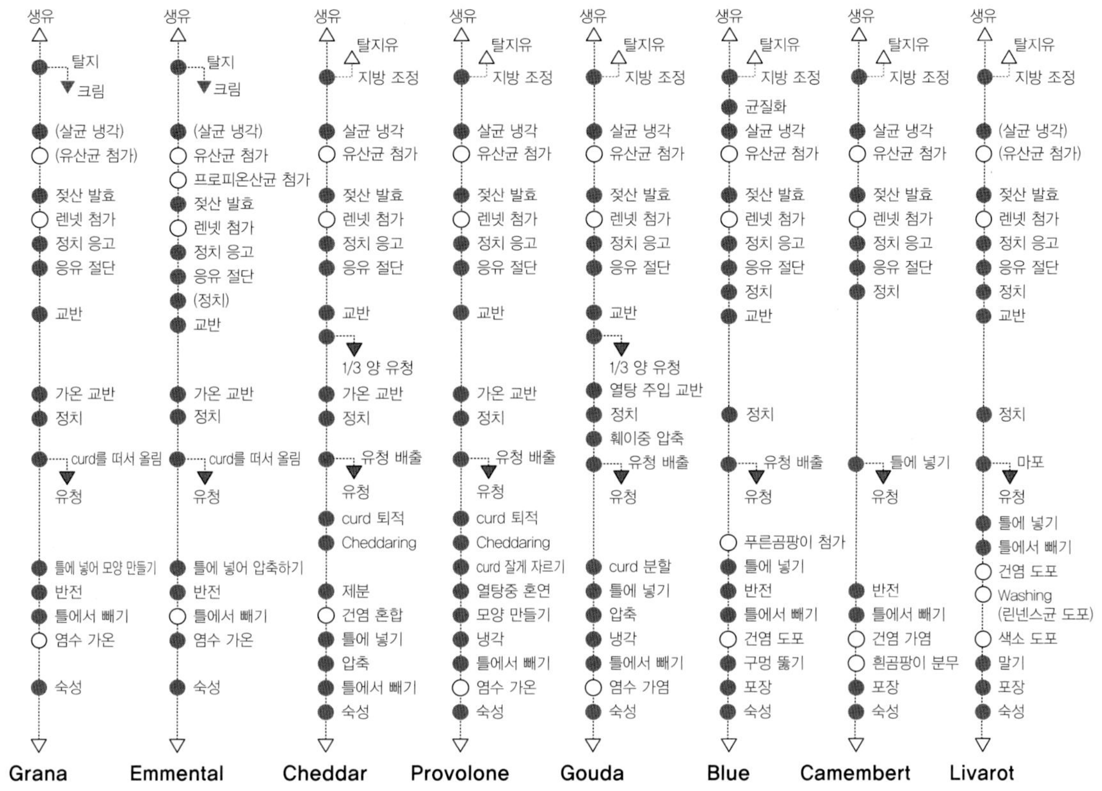


**그림 1.** 숙성형 치즈 여덟 종류의 전통적 또는 기본적인 제조 공정

이다. 그 이유는 교반, 가열, 가온, 유산(유산균의 증식)이라고 하는 세 가지 작용의 조합에 의해 시네레시스를 촉진시켜 각각의 치즈 타입에 맞는 '물성'을 만들어 내는 공정이기 때문이다. 예를 들면 카망베르가 숙성하면 녹아 흘러내리는 성질, 모차렐라가 가열되었을 때에 잘 늘어나는 성질, 스트링 치즈가 얇게 섬유상으로 찢어지는 성질 그리고 그라나 치즈가 연하고 부서지기 쉬운 분말상으로 되는 성질, 이런 모든 '물성'은 '치즈의 수분값'과 '단백질 결합성 칼슘의 양'에 의해서 결정된다. 결국, 교반으로부터 성형까지의 공정은 시네레시스라고 하는 현상을 통해서 치즈 기술자가 '치즈의 수분값'과 '단백질 결합성 칼슘량'을 제어해서 '치즈의 물성'을 만드는 공정이다.

성형(型詰)에 이은 압착, 가염, 숙성은 풍미를 만드는 공정이다. 숙성형 치즈의 풍미물질은 주로 치즈 제조에 사용하는 미생물[유산균, 흰곰팡이, 푸른곰팡이, 지오트리쿰 캔디둠(*G. candidum*), 효모, 린넨스균(*Brevibacterium linens*) 등]이 생성하는 단백질 분해효소, 지질 분해효소, 유당 분해효소 등으로 만들어진다. 결국, 압착으로부터 숙성 종료까지의 공정은 치즈의 기술자가 미생물의 생육인자(수분값, 염분값, 온도, 습도, 효소량)를 제어해서 '치즈의 좋은 맛'을 만드는 공정이다.

## 2. 유처리 방법

### 1) 가열처리(thermization)

가온 처리는 원유를 받은 후 바로 60~65℃에서 15분간 가열해서 신속히 4℃로 냉각해서 저유하는 유(乳)처리 방법이다. 이 처리를 행함으로써 저온세균(*Pseudomonas*속)의 증식을 억제해 원료유를 5~7℃에서 3일간 저장할 수 있게 된다.

### 2) 원심 제균(bactofugation)

원심 제균은 특별히 설계된 원심분리기(bactofuge)를 사용해 유성분과 미생물의 비중 차이를 이용해서 원료유로부터 미생물세포, 특히 내열성 아포형성균의 포자를 제거하는 우유 처리 방법이다. 일반적으로 제균율은 99%로 생각된다.

### 3) 정밀여과(microfiltration)

정밀여과는 0.1~0.2 ㎛의 직경을 가진 정밀여과(microfiltration, MF)막에 우유를 통과시켜 유성분의 크기와 미생물의 크기의 차이를 이용해서 원료유로부터 미생물을 분리·제거하는 우유 처리 방법이다. 일반적으로 제균율은 99.5%로 생각된다.

### 4) 표준화(standardization)

표준화는 원심분리기를 사용해서 원료유를 탈지유와 크림으로 분리해, 그 탈지유 또는 크림을 사용해서 유지방 비율을 조정하는 처리 방법이다. 오세아니아에서는 우유를 한외여과(Ultrafiltration, UF)막에 통과시켜, 유(乳) 중의 단백질을 농축해서 단백질/지방의 비율도 일정하게 하는 표준화 방법이 전통적으로 채용되고 있다. 예를 들면 체다 치즈를 제조하는 방법은 이 비율을 0.7(단백질: 3.8%/지방: 5.4%)로 되도록 조정하고 있다.

### 5) 균질화(homogenization)

균질화는 균질기 등을 이용해서 고압력 조건하에서 지방구를 분산시키는 우유 처리 방법이다. 통상, 지방을 조정한 원료유의 전량을 균질화하지만 크림만을 균질화하는 경우도 있다. 푸른곰팡이 타입에서는 우유를 균질화함으로써 지방구가 리파제의 작용을 받기 쉽기 때문에 유리 지방산의 생성물이 많아지거나, 또 만들어진 치즈의 색이 하얗게 되는 등의 이점이 있다.

그러나 균질화하게 되면 커드의 보수력이 높아지고 유청의 분리가 어려워지기 때문에 통상, 경질계 치즈의 제조에는 우유의 균질화 처리는 행하지 않는다.

### 6) 살균(pasteruization)

치즈의 제조에 이용되는 우유의 살균 조건은 72~75℃, 15초가 가장 일반적이다. 이것보다 높은 살균 조건에서는 렌넷 응고가 불충분하게 된다. 그러나 클로스트리듐(*Clostridium*) 속의 낙산균의 포자는 이 살균 조건에서는 살균되지 않고, 경질계 치즈의 숙성 후기에 이상발효를 일으켜 대량의 가스를 발생시키고 치즈 조직을 파괴해 낙산취, 불쾌취 등의 풍미 결함을 수반해서 치즈의 품질을 현저히 저하시키는 경우도 있다.

이 낙산균의 이상발효를 방지하는 방법으로써 질산염의 첨가가 일반적이지만 최근 치즈의 제조에서는 질산염 대신에 라이소자임(lysozyme)을 사용하는 경우가 증가하고 있다. 또 질산염이나 라이소자임을 사용하지 않고 전술한 원심 제균이나 MF막을 설치하는 공장도 증가하고 있다.

## 3. 치즈 제조에 사용되는 미생물

### 1) 유산균

유산균은 숙성 중에 치즈의 풍미를 형성하는 큰 역할이 있지만 치즈 제조 공정 중에서도 극히 중요한 역할이 있다. 그것은 유당(Fructose)을 분해해서 유산을 생성한다는 것이다. 그 결과, 원료유의 산성화에 의해서 우유 중의 칼슘이 이온화되고, 또한 응유효소 키모신의 최적 pH에 가깝게 되고 렌넷 응고가 촉진된다. 절단 후의 커드의 산성화에 의해서 시네레시스가 촉진된다. 그리고 축적 중, 성형 중, 압착 중의 커드의 산성화에 의해서 커드로부터 칼슘의 이탈이 촉진된다. 또한 우유 및 커드의 산성화에 의해서 우유 및 커드 중에서의 잡균의 번식이 억제된다.

유산균 스타터의 우유에의 첨가 비율은 벌크 스타터로서 0.5~2.0%가 일반적이다. 대기업 유산균 공급 메이커는 단균 또는 혼합균 스타터의 농축액을 동결 또는 동결 건조한 것을 벌크 스타터 제조용, DVS(direct vat set starter)용 등으로 판매하고 있다.

### 2) 프로피온산균

프로피온산균(*Propionicbacterium shermanii*)은 에멘탈 치즈 등의 스위스 타입 치즈를 제조하는 경우에 유산균과 함께 살균 후의 우유에 첨가된다. 프로피온산균은 치즈 중의 유산염을 분해해서 프로피온산, 초산, 이산화탄소, 물을 생성한다. 프로피온산과 초산은 에멘탈 특유의 풍미로 되고 이산화탄소는 치즈 눈(cheese eye)이라고 하는 직경 12~25 nm의 구멍으로 된다.

### 3) 흰곰팡이

흰곰팡이(*Penicillium camemberti*)의 포자는 흰곰팡이 타입의 치즈를 제조하는 경우에 살균, 냉각 후의 우유에 첨가되든가 또는 가온 후의 치즈 표면에 분무된다. 흰곰팡이는 치즈 표면에 생육해서 단백질 분해효소를 분비해 숙성을 촉진한다. 또한 버섯과 같은 독특한 풍미를 생성한다.

### 4) 푸른곰팡이

푸른곰팡이(*Penicillium roqueforti*)의 포자는, 로퀴포르(Roquefort) 등의 푸른곰팡이 타입의 치즈를 제조하는 경우에 살균, 냉각 후의 우유에 첨가되든가 또는 성형 시에 커드에 뿌려서 접종된다. 푸른곰팡이가 분비하는 지방 분해효소에 의해서 생성되는 휘발성 유리 지방산이나 그 파생물인 메틸케톤(methyl ketone)은 푸른곰팡이 타입 치즈의 특징적인 풍미로 된다.

### 5) 효모

효모(*Debaryomyces hansenii*, *Kluyveromyces lactis* 등)는 전통적인 풍미를 가진 흰곰팡이 타입이나 세척(washed) 타입의 치즈를 제조하는 경우에 살균, 냉각 후의 우유에 첨가된다. 효모는 유당으로부터 에탄올이나 이산화탄소를 생성해서 치즈 표면의 유산을 자화해서 pH를 상승시키고 그 후에 생육하는 흰곰팡이나 린넨스(*Brevibacterium linens*)균의 생육에 좋은 환경을 만들어 내고 있다. 또한 효모는 에스테르를 만들기 때문에 풍미 형성에도 중요한 역할을 담당하고 있다.

### 6) *Geotrichum candidum*

지오트리큠 캔디덤(*Geotrichum candidum*)은 전통적인 풍미를 가지는 흰곰팡이 타입, 세척 타입의 치즈, 염소젖 치즈를 제조하는 경우에 살균, 냉각 후의 우유에 첨가된다. 본 곰팡이는 효모와 같이 치즈 표면의 유산을 자화해서 pH를 상승시키고 그 후에 생육하는 흰곰팡이나 린넨스균 등의 호기성 세균의 생육에 좋은 환경을 만들어 낸다. 또 치즈의 풍미 형성에 기여하면서 동시에 염소젖 치즈의 표피 형성에도 중요한 역할을 다하고 있다.

### 7) 린넨스균(*Brevibacterium linens*)

호기성 세균인 린넨스균(*Brevibacterium linens*)은 리바로(Livarot), 퐁레베크(Pont l'Eveque) 등의 세척 타입의 치즈를 제조하는 경우에 사용된다. 린넨스균을 묽은 식염수에 섞어서 치즈 표면을 씻는 것만으로도 린넨스균은 치즈 표면에 증식해 단백질을 분해하고, 또한 메티오닌(methionine), 트립토판(tryptophane), 타이로신(tyrosine) 등의 아미노산으로부터 각각 메탄티올(methanethiol), 인돌(indole), 페놀(phenol) 등 세척 타입 특유의 향기를 생산한다.

## 4. 치즈 제조에 사용되는 식품첨가물

### 1) 염화칼슘

원래 우유 중에는 칼슘이온이 함유되어 있지만 살균에 의해서 유(乳) 중의 칼슘이온의 일부가 불용성의 염으로 되어, 칼슘이온이 부족하면 렌넷 응고는 취약하게 된다. 그 결과로 미세한 커드가 형성되고 지방이 커드로부터 유청으로 유출되기 때문에 커드 수율이 저하한다. 우유 중의 칼슘이온의 농도를 140~160 mg/100 ml로 조정하기 때문에 통상 원료유에 대해서 0.01~0.02%의 염화칼슘($CaCl_2$)을 10배 양의 열수에 용해·냉각한 후에 렌넷 첨가 전에 우유에 첨가한다.

### 2) 질산염

낙산균에 의한 이상발효를 방지하기 위해서 통상 원료유에 대해서 0.02%의 질산염($NaNO_3$ 또는 $KNO_3$)을 10배 양의 열수에 용해·냉각한 후 렌넷 첨가 전에 우유에 첨가한다. 질산염은 프로피온산균의 생육을 저해하기 때문에 에멘탈 치즈 제조에 사용하지 않는다.

### 3) 라이소자임(Lysozyme)

라이소자임은 사람의 눈물이나 모유 등에 함유되어 있는 효소로 그람음성균의 세포벽을 구성하는 다당류(peptidoglycan layer)를 가수분해해서 용균작용을 한다. 라이소자임이 낙산균의 이상발효를 억제하는 사실로부터 최근에는 질산염 대신 난백으로부터 추출한 난백 라이소자임을 치즈 제조에 사용하는 공장이 늘고 있다. 다만 난백 라이소자임은 알레르기 표시의 대상으로 되어 있기 때문에 아주 미량이라도 사용한 경우에는 필히 원재료 표시를 해야 한다.

#### 4) 착색료

소에 목초를 사료로 사용하는 여름철 우유는 우유 중에 β-carotine이 다량 함유되어 황색이 강하게 된다. 한편, β-carotine 함량이 적은 것을 사료로 하는 겨울철에는 흰색같이 된다. 따라서 일년 내내 치즈의 색을 일정하게 유지하기 위해서 β-carotine이나 안나토(annatto) 등의 황색 또는 갈색을 나타내는 착색료를 겨울철의 우유에 의도적으로 첨가하는 경우가 있다. 또 레드 체다(red cheddar)나 미몰렛(mimolette)과 같이 착색료를 사용해서 색조에 특징을 내게 하는 것도 행해지고 있다.

#### 5) 렌넷

종래, 응유효소로 생후 10~30일 된 송아지의 제4 위로부터 얻어지는 송아지 렌넷(calf rennet)이 사용되어 왔다. 이 효소에는 키모신 88~94% 이외에 기타 펩신이 6~12%, 펩타이드 분해효소(peptidase)가 미량 함유되어 있다. 펩신이나 펩티다제는 숙성 중에 쓴맛 펩타이드를 생성하는 작용이 있기 때문에 그 사용량은 가능한 한 적게 유지해야 한다.

현재는 송아지 렌넷 외에 곰팡이에 속하는 *Rhizomucor miehei*, *Rhizomucor pusillus*, *Endothia parasitica* 등이 생산하는 미생물 렌넷(microbial rennet)도 치즈 제조에 널리 사용되고 있다. 미생물 렌넷은 단백질 분해력이 강하기 때문에 송아지 렌넷에 비해 치즈에 쓴맛을 내기 쉬운 결점이 있지만 개량이 진행되고 있다. 또 송아지 제4 위의 키모신의 구조 유전자를 미생물(대장균, 효모, 곰팡이)의 유전자로 재조합해서 키모신이 만들어지고 있다. 이 키모신은 유전자 재조합 키모신 또는 GMO 렌넷(genetically modified organism rennet) 등으로 불리며 이미 실용화되어 있다. 이 효소는 키모신 100%이기 때문에 치즈의 쓴맛 저감에 의한 품질 개량이나 커드 수율 향상을 기대할 수 있다고 생각한다.

또 종교상의 이유 등으로 소의 위장을 사용할 수 없는 인도 등에서는 옛날부터 식물 렌넷의 연구가 진행되어 무화과의 피신(ficin), 파파인(papain), 브로멜린(bromelin) 등이 단백질 분해효소로서 사용되고 있다. 스페인이나 포르투갈에서는 국화과 조선엉겅퀴(*Cynara scolymus*, Artichoke)의 수술을 일부 치즈에 전통적으로 사용하고 있다. 그러나 이런 식물 렌넷을 사용한 숙성 치즈는 강한 쓴맛을 발현하는 것으로 알려져 있다.

## 5. 렌넷 응고와 시네레시스

### 1) 유산균 스타터에 의한 우유의 젖산발효

제조하는 치즈의 종류에 따라 사용하는 유산균 스타터의 균종이나 첨가율은 다르지만, 벌크 스타터로 환산해서 0.5~2.0%의 유산균 스타터를 우유에 첨가해서 60~90분간 젖산 발효를 행해 산도를 상승시킨다. 이후의 우유 온도는 중온성 유산균 스타터를 사용하는 경우는 30℃, 고온성 유산균 스타터의 경우는 35℃가 일반적이다.

### 2) 렌넷 첨가

렌넷의 첨가량은 우유에 첨가 후 약 30분 후에 응고물을 절단할 수 있도록 액체 렌넷(역가 10,000~15,000)의 경우는 우유 양의 0.01~0.03%를 2배 양의 냉각수에 용해해서 첨가한다. 분말 렌넷(역가 100,000~150,000)의 경우는 유량의 0.001~0.003%를 20배 양의 냉각수에 용해해서 첨가한다. 첨가량은 렌넷이 균일하게 분산되도록 교반해서 3~5분 정도에서 교반을 멈춰 우유를 응고시킨다.

### 3) 응유와 커드의 형성

우유에 렌넷을 첨가해서 생긴 부드러운 응고물을 '응유', 'coagulum' 또는 '정킷(junket)'이라고 부르고, 응유를 절단한 것을 '커드(curd)'라고 부른다. 응유는 경시적으로 서서히 단단해지기 때문에 절단 시기의 판정은 치즈 제조에 따라서 상당히 중요하다.

절단 시기의 판정은 응유의 표면에 소형 나이프로 분할점을 만들고 그 분할점으로부터 맑은 유청이 삼출(滲出)되는 것을 확인해서 결정한다. 만약 절단 시기가 너무 빠르면 지방이 유청으로 유출되어 제품의 제품수율이 저하하고, 절단 시기가 늦어지면 응유가 너무 단단하게 되어 절단이 곤란하게 되어 커드로부터 유청의 삼출이 나빠지게 된다.

절단에는 5~30 mm 폭으로 피아노선을 길게 늘여 만든 와이어 커터(wire cutter), 스피노(spino), 하프(harp) 등의 커드 나이프(curd knife)를 사용한다. 단시간에 또 같은 크기로 절단한다. 통상 저수분의 경질계 치즈를 제조하는 경우에는 작게, 고수분의 소프트계 치즈를 제조하는 경우에는 크게 절단한다.

### 4) 교반과 가온

절단 직후의 커드는 부드럽고 충격에 약하기 때문에 미세 커드(fine curd)의 발생이나 지방의 유출을 방지하기 위해 처음에는 커드를 유청 중에서 띄우는 것처럼 서서히 교반한다. 그 후 커드의 표면에 얇은 막이 형성되면 커드가 결착해 덩어리가 되지 않도록 교반 속도를 높여 커드로부터 유청의 삼출을 빠르게 한다.

가온(cooking)은 열로 단백질 자체를 수축시켜 유청의 삼출을 촉진함과 동시에 커드 내에 함유되어 있는 유산균의 생육을 촉진해 유산으로 단백질을 수축시켜 커드의 시네레시스(syneresis)를 촉진시키는 공정이다. 고수분의 소프트계 치즈의 제조에는 일반적으로 가온은 행하지 않지만 저수분의 경질계 치즈의 제조에서 가온은 꼭 해야 하는 공정이다. 가온 방법은 치즈의 종류에 따라 다르지만, 직접 가온(80℃ 온도의 샤워), 간접 가온(재킷에 증기 투입), 직접 가온과 간접 가온의 병용으로 행해진다.

치즈의 제조에 중온성 유산균 스타터를 사용한 경우는 가온하지 않거나 또는 필요에 따라서 38~40℃로 가온한다. 고온성 유산균 스타터를 사용한 경우는 통상 48~50℃로 가온한다. 또 그라나 치즈나 에멘탈 치즈의 경우에 53~56℃까지 가온해서 커드의 점착성을 높임과 동시에 커드 중에 생존하는 유산균 수를 제어하는 경우도 있다.

## 6. 유청 배출과 커드 처리

응유를 절단 후 교반, 가온, 젖산(유산균의 증식)에 의한 커드의 시네레시스를 촉진해 커드 입자가 적당히 단단해지고, 유청 산도 또는 커드 pH가 소정의 값에 도달하게 되면 유청을 배출해서 각각의 치즈에 적당한 커드 처리를 행한다. 이하는 특수한 커드 처리 방법의 사례로 체다링, 밀링, 파스타 필라타 제조법에 관해서 설명한다.

### 1) 체다링과 밀링

전통적인 체다 치즈를 제조할 때 행하는 커드 처리 방법이다. 유청 배출 후의 커드를 배트의 양측에 쌓아놓고 커드가 응축하게 되면 커드를 블록상으로 분할해 15~20분 간격으로 커드 블록의 상하를 반전시켜서 중첩한다. 이렇게 해서 산을 생성시키면서 커드를 늘려서 반복해서 쌓아 올려서 '닭가슴살'과 닮은 조직이 되게 하는 공정을 체다링(cheddaring)이라고 부른다. 그리고 체다링한 커드를 수센티의 각으로 얇게 절단하는 공정을 밀링(milling)이라고 부른다.

### 2) 파스타 필라타 제조

이탈리아의 모차렐라, 프로볼로네, 카치오카발로 등을 제조할 때에 행하는 커드 처리 방법이다. 체다링에 의해 pH를 5.1~5.3으로 조정한 커드에 80℃의 열탕을 가해서 커드 품온을 60℃ 전후로 따뜻하게 해서 가소화시킨 커드를 늘려서 성형하는 치즈 제조법을 파스타 필라타(pasta filata) 제법이라고 한다.

## 7. 가염과 숙성

가염에는 염미를 부여해서 치즈를 맛있게 한다고 하는 역할 외에 치즈 표면의 삼투압을 높여 커드로부터 유청의 삼출을 촉진시켜 조직을 단단하게 만들어 준다, 유해균 증식을 억제해 치즈의 보존성을 높일 수 있다, 유산균 등 유용한 미생물의 증식 속도를 제어한다, 치즈 중의 효소류의 활성을 제어한다, 카제인에 결합해 있는 Ca를 Na로 치환시켜 치즈의 조직을 부드럽게 하는 등의 중요한 역할이 있다.

치즈의 가염 방법에는 건염을 커드에 뿌리는 건염혼합법, 성형 후 커드 표면에 건염을 도포하는 건염도포법, 포화식염수에 커드의 덩어리를 침지하는 브라인(brine) 침지법이 있다. 거의 모든 숙성 치즈의 염도는 1.5~2.2%의 범위에 있다. 이것보다 낮은 것은 에멘탈(0.5~1.0%), 높은 것은 블루(4~5%)가 있다.

성형, 압축, 가염이 종료된 시점의 치즈를 그린 치즈(green cheese)라고 부른다. 그린 치즈는 탄력성이 있는 조직으로 밀크 풍미와 발효취를 갖고 있지만, 아직 감칠맛은 거의 없다. 이렇게 갓 만들어진 치즈를 특정의 온도와 습도로 유지된 숙성실에서 일정 기간 숙성시키면 고유의 풍미와 조직이 형성된다. 치즈의 특징적인 풍미나 조직은 우유 유래의 효소나 치즈 제조에 사용되는 미생물이 생산하는 효소 등에 의에서 유성분(단백질, 지방, 유당)이 분해되는 숙성 공정을 거쳐 형성된다.

## 8. 대표적인 숙성형 치즈의 전통적 또는 기본적인 제조 방법

숙성형 치즈 여덟 종류의 전통적인 또는 기본적인 제조 조건을 [표 1]에 정리했다. 아래에 각각의 치즈 제조기술을 설명한다.

### 1) 그라나 치즈(Grana cheese, 경질 타입)

이탈리아에서 전통적인 초경질 타입 치즈[그라나 파다노(Grana padano), 파르미지아노 레지아노(Parmigano reggiano)]의 제법은 전날 저녁 우유와 당일의 아침 우유를 혼합한 것을 원료유로 사용한다. 먼저 전날 저녁 우유는 평평한 배트(폭 1.5 m × 깊이 30 cm)에 옮겨 하룻밤 정치 · 스키밍(skimming)해서 지방률 1.5~1.7%의 부분탈지유를 얻는다. 이것을 동제용기(caldia)에 넣고, 당일의 아침 우유를 혼합해서 지방률이 2.0~2.5%로 되게 한다. 혼합유는 살균하지 않고 37℃로 가온한다. 전통 제법에서는 이것에 유산균 스타터로서 전날의 제조 시에 발생한 유청을 원료유에 대해서 5% 첨가해 산도를 0.18~0.20%로 한다. 한편, 공장 제법에서는 배양한 *Str. thermophilus*, *Lb. bulguricus*, *Lb. lactis*, *Lb. helveticus*를 지방조정유에 첨가해 우유를 단시간 젖산 발효해서 산도를 0.18~0.20%로 한다.

그리고 렌넷을 첨가해 20~30분에 굳은 응유를 전용 커드 나이프(spino)로 쌀입자(3~4 mm) 두께로 얇게 절단한다. 절단 후에는 유청 중에서 커드가 부유되도록 10~15분간 교반한다. 계속해서 30분간 37℃에서 42℃까지 천천히 가온해 15분간 교반한다. 그 후, 더욱더 30분간에 걸쳐서 53℃까지 가온한다. 커드에 충분한 굳은 정도와 점착성이 관찰되면 교반을 멈추고, 커드를 구리냄비의 바닥에 침전시켜 커다란 덩어리가 되도록 한다. 계속해서 덩어리를 천으로 떠받쳐 올려서 그대로 유청 속에서 20~30분간 메달아 커드를 결착시킨다. 충분히 가소성이 있는 커드가 되면 천으로 싼 채로 후프(hoop)에 넣어서 무거운 목재 덮개(4~5 kg)를 올려서 성형한다. 그 후, 온실 16~17℃의 방안에서 1시간과 2시간

**표 1.** 숙성형 치즈의 전통적 또는 기본적인 제조 조건

| 치즈명〈타입〉 | 배유 지방(%) | 유산균 종류와 그 외의 미생물 | 렌넷 응고 시간(분) | 커드 나이프 | 절단 사이즈(mm) | 시네레시스(syneresis) 조건 | 유청의 제거 분리 | 모양 만들기 방법 | 압축의 강약 | 가염 방법 | 제품 염분(%) | 제품 수분(%) | 숙성 조건: 온도(℃) | 숙성 조건: 습도(%) | 숙성 조건: 기간 |
|---|---|---|---|---|---|---|---|---|---|---|---|---|---|---|---|
| Grana〈경질〉 | 2.0~2.5 | *Str. thermophilus*<br>*Lb. bulgaricus*<br>*Lb. lactis*<br>*Lb. helveticus* | 20~30 | 스피노 | 3~4 | 15분간 저어서 섞고, 30분간 37℃에서 42℃로 온도를 높이고, 15분간 저어서 섞고, 거기에 30분간 53℃로 온도를 높인다. curd에 딱딱함과 점착성이 생길 때까지 저어서 섞어 준다. | curd를 떠올림 | Hoop | 약 | 염수 침지 | 2.0 | 31 | 1차 숙성: 18~20<br>2차 숙성: 12~16 | 1차 숙성: 80~85<br>2차 숙성: 90 | 1차 숙성: 1년<br>2차 숙성: 1~2년 |
| Emmental〈경질〉 | 3.0~3.1 | *Str. thermophilus*<br>*Lb. lactis*<br>*Lb. helveticus*<br>*Lc lactis(Lb. bulgaricus)*<br>*Pro. shermanii* | 30 | 하프 | 5~6 | 5분간 그대로 둔 후에, 40분 저어서 섞어 준다. 그 후에 40분간 50~53℃로 온도를 높이고, 거기에 pH 6.3~6.4가 될 때까지 30~60분간 저어서 섞어 준다. | curd를 떠올림 | Hoop | 서서히 강하게 | 염수 침지 + 건염 도포 | 0.5~1.0 | 35 | 1차 숙성: 20~24<br>2차 숙성: 7 | 1차 숙성: 80~90<br>2차 숙성: 80~85 | 1차 숙성: 3~8주<br>2차 숙성: 6~12개월 |
| Cheddar〈경질〉 | 3.3~3.8 | *Lc. lactis*<br>*Lc. cremoris* | 30 | 와이어 나이프 | 6~8 | 부드럽게 저어서 섞은 다음, 재킷에 증기를 불어넣어 30분에 34℃, 20분에 38℃까지 천천히 온도를 높인다. 유청의 1/3을 배출, 유청 산도가 0.22%가 될 때까지 저어서 섞는다. | 유청 배출 후, curd 퇴적 | Hoop | 서서히 강하게 | 건염 혼합 | 1.5~2.0 | 37 | 10~12 | 80~85 | 5~12개월 |
| Provolone〈반경질〉 | 3.0~3.8 | *Lb. bulgaricus*<br>*Str. thermophilus*<br>*Lb. helveticus* | 20~30 | 와이어 나이프 | 8~12 | 10분간 저어서 섞은 후, Vat에 증기를 통과시켜 30분간 48℃로 온도를 높인다. curd가 정해진 만큼 견고해질 때까지 저어서 섞는다. | 유청 배출 후, curd 퇴적 열탕 중 혼련(반죽) | Hoop 또는 손으로 성형 | 무 | 염수 침지 | 15.~2.0 | 38 | 10~13 | 80 | 4~6개월 |
| Gouda〈반경질〉 | 2.8~3.3 | *Lc. lactis*<br>*Lc. cremoris*<br>*Lc.diacetylactis*<br>*Leu. cremoris* | 25~30 | 와이어 나이프 | 5~8 | 부드럽게 저어서 섞고 충격을 견딜 정도로 단단하게 되면 유청의 1/3을 배출, 80℃의 열탕을 가해서 15~20분간 38℃로 온도를 높이고, 유청 산도가 0.11~0.13%가 될 때까지 저어 준다. | 유청 중 curd 압축 | Mould | 서서히 강하게 | 염수 침지 | 1.8~2.0 | 38 | 1차 숙성: 15<br>2차 숙성: 7~13 | 1차 숙성: 75~80<br>2차 숙성: 75~80 | 1차 숙성: 4~6주<br>2차 숙성: 6~12개월 |
| Blue〈푸른 곰팡이〉 | 3.3~3.8 | *Lc. lactis*<br>*Lc. cremoris*<br>*Leu. cremoris*<br>*P. roqueforti* | 60~90 | 와이어 나이프 | 18~20 | 15분간 그대로 둔 다음, 온도를 높이지 않은 채로 부드럽게 저어서 섞어 주고, curd가 정해진 만큼 단단하게 될 때까지, 40~60분간 저어 준다. | 틀에 넣어 뒤집기 | Hoop | 무 | 건염 도포 | 4.0~5.0 | 45 | 10 | 90~95 | 3개월 |
| Camembert〈흰곰팡이〉 | 3.0~3.5 | *Lc. lactis*<br>*Lc. cremoris*<br>*Leu. cremoris*<br>*P. camemberti*<br>*(Kruyveromyces lactis)*<br>*(Geotrichum candidum)* | 50~60 | 국자 또는 와이어 나이프 | 30 | 절단 후, 가온도 섞지도 않고, 45~50분간 그대로 둔다. 산생성에 의해 curd로부터 유청이 흘러나오게 촉진시킨다. | 틀에 넣어 뒤집기 | Hoop | 무 | 건염 도포 또는 염수 침지 | 1.8~2.0 | 50 | 1차 숙성: 12~14<br>2차 숙성: 8~10 | 1차 숙성: 95~98<br>2차 숙성: 90 | 1차 숙성: 9~12일<br>2차 숙성: 2~3주 |
| Livarot〈세척〉 | 3.5~3.8 | *Lc lactis*<br>*Lc. cremoris*<br>*(Klyveromyces lactis)*<br>*(Geotrichum candidum)*<br>*Brevibacterium linens* | 75~100 | Sabre 또는 와이어 나이프 | 20 | 그대로 둔 유청이 삼출해 나오면, 가온을 행하지 않고 부드럽게 20분간 저어서 curd의 수축을 촉진하고, 10분간 그대로 둔다. | 마포에 넣어 유청 제거 후, 틀에 넣어 뒤집기, 또는 틀에 넣어 뒤집기 | Hoop | 무 | 건염 도포 또는 염수 침지 | 1.8~2.0 | 46 | 10 | 90~95 | 2개월 |

후에 뒤집고 성형한다.

다음 날, 커드의 덩어리를 후프로부터 덜어내서 16℃의 포화식염수에 넣는다. 가염 중인 커드의 덩어리를 정기적으로 뒤집으면서 30~35일간 침지해서 제품의 염분값을 2%가 되도록 한다. 계속해서, 가염이 종료된 치즈를 실온 18~20℃, 습도 80~85%의 숙성고로 옮기고, 숙성 초기는 매일 뒤집어 1년간 숙성시킨다. 그 후 더욱 실온 12~16℃의 숙성고로 옮겨 1~2년간 숙성시킨다. 숙성 중에는 올리브오일 등으로 치즈 표면을 발라 주면서 정기적으로 뒤집어 준다. 〈Ø: 35~45 cm, h: 18~24 cm, w: 24~40 kg〉

### 2) 에멘탈 치즈(Emmental cheese, 경질 타입)

스위스에서 전통적인 에멘탈 치즈 제조법은 스키밍한 전날 저녁 우유에 아침 우유를 혼합해 배유지방률(配乳脂肪率)을 3.0~3.1%로 한다. 공장 제법에서는 배유지방률을 3.0~3.3%로 조정해서 구리냄비에 넣는다. 여기에 유산균, *Strep. thermophilus*, *Lac. lactis*의 혼합균 0.033%와 *Lab. lactis*, *Lab. helveticus*의 혼합균 0.067%, 프로피온산균(*Propionibacterium shermanii*) 0.01~0.06%를 첨가해서 35℃에서 단시간 젖산 발효시킨다.

필요에 따라서 염화칼슘을 첨가한 후에 렌넷을 첨가해서 약 30분간 굳어진 응유를 전용의 커드 나이프(harp)로 5~6 mm로 얇게 절단한다. 5분간 정치한 후에 처음에는 부드럽게 30~40분간 교반하고 그 후 30~40분간 50~53℃(최고 57℃)가 되도록 거의 1℃/2분의 비율로 가온한다. 소정의 온도에 달하면 커드 pH가 6.3~6.4로 될 때까지 더욱 30~60분간 교반한다. 그 후 커드를 치즈 배트의 바닥에 침전시켜 거칠게 짠 천을 사용하여 매달아 올려, 후프에 채워서 가볍게 압착(0.07 kg/cm$^2$)한다. 치즈 눈을 가진 치즈를 제조하는 데에는 성형, 압착 전에 커드를 공기 중에 노출시키지 않는 것이 중요하다. 5~10분 후에 후프를 떼어내서 새로운 천을 덮어서 뒤집고 새로운 포대로 교환하여 다시 한 번 후프에 넣어서 후프의 테두리를 강하게 묶는다. 이것을 2시간마다 3번 반복하고 최후에 천을 떼어내고 강하게 압착(0.3~0.6 kg/cm$^2$)한다.

다음 날, 틀로부터 빼서 10℃의 포화식염수(brain)에 치즈의 크기에 따라 수일 침지해서 염분값을 0.5~1.0%로 한다. 치즈를 염수로부터 빼내어 실온 10~20℃, 습도 90%의 방에 옮겨서 치즈 표면에 소금을 뿌리면서 5~10일간 건조시킨다. 그 후, 고온과 저온의 2단계로 숙성시킨다. 처음에는 치즈 눈을 형성시키기 위해서 실온 20~24℃, 습도 80~90%의 숙성고에서 3~8주간 숙성시킨다. 그 사이 1주 사이에 2~3회 뒤집어 준다. 치즈가 적당히 부풀어 올랐다고 느끼면 실온 7℃ 이하의 숙성고로 옮겨 6~12개월 숙성시킨다. 〈Ø: 70~100 cm, h: 13~25 cm, w: 60~130 kg〉

### 3) 체다 치즈(Cheddar cheese, 경질 타입)

영국에서의 전통적인 체다 제법은 고형분 중에 지방이 50~55%가 되도록 지방을 3.3~3.8%로 조정한 원료유를 72℃, 15초간 살균해 30℃로 냉각해서 중온성 유산균(*Lc. lactis*, *Lc. cremoris*)을 1.5~3.0% 첨가해 30~60분간 단시간 젖산 발효시켜 산도를 0.20~0.22%로 한다. 필요에 따라서 염화칼슘을 첨가한 후 렌닛을 첨가해 약 30분에 굳은 응유를 6~8 mm로 절단해서 처음에는 부드럽게 교반한다.

이어서 교반하면서 치즈 배트의 재킷에 증기를 통과시켜 30분간 34℃까지 가온하고, 더욱더 20분간 38℃까지 천천히 가온한다. 시네레시스에 의해 커드가 어느 정도 굳으면 유청의 1/3 양을 배출한다. 그 후 더욱더 교반해 커드를 배트의 바닥에 잠기게 해서 유청 산도가 0.20~0.22%에 도달하면 유청을 전량 배출한다. 커드를 배트의 양쪽으로 쌓아서 커드가 서로 융착하면 블록 형태(30 cm × 20 cm)로 분할해 15~20분마다 블록 상하를 뒤집어서 쌓는다. 이같이 산을 생성시키면서 커드를 반복해서 쌓아 '닭 가슴살'과 비슷한 조직으로 만든다. 이 공정을 체다링이라고 부른다. 체다링은 커드의 pH가 5.2~5.4, 유청의 산도가 0.75~0.85%로 될 때까지 약 2~3시간에 걸쳐 행한다.

체다링 후 커드를 직방체(15 mm × 15 mm × 50 mm) 또는 입방체(20 mm × 20 mm × 20 mm)로 얇게 절단한다. 이 절단 공정을 밀링(milling)이라고 부른다. 밀링한 커드를 치즈 배트에 넓게 깔아서 냉각해 커드 중량의 2.1%의 식염을 살포 · 혼합한다. 식염 첨가에 의해 삼출된 유청 때문에 커드 표면에 광택이 나면 통에 천을 깔고 성형한다. 성형 시의 커드 품온이 25.5℃로 온도가 높기 때문에 처음 1시간은 낮은 압력(0.3 kg/cm$^2$)으로 압착하고, 커드가 식으면 압력을 올려 0.5 kg/cm$^2$에서 1시간 압착한다. 그 후 천을 새롭게 교환해서 2 kg/cm$^2$에서 더욱더 24시간 압착한다.

압착 종료 후, 틀로부터 빼서 천 그대로 60℃의 온탕에 1분간 침지시켜 치즈 표면에 막

(rind)을 형성시킨다. 그 후 실온에서 냉각 후 천을 교환해 2.5 kg/cm$^2$에서 24시간 압착해서 실온 10~12℃, 습도 80~85%의 숙성고로 옮겨 1주 후에 천을 벗겨내고 5~12개월 숙성시킨다. 〈Ø: 35~38 cm, h: 35 cm, w: 20~25 kg〉

### 4) 프로볼로네 치즈(Provolone cheese, 경질 타입)

프로볼로네는 파스타 필라타 제법으로 만들어진 이탈리아 원산의 치즈이다. 프로볼로네는 3.0~3.8%로 지방을 조정한 살균유에 고온성 유산균(*Lb. bulgaricus*, *Str. thermophilus*, *Lb. helveticus*)을 0.5~1.0% 첨가해 35℃에서 단시간 젖산 발효시킨다.

필요에 따라서 염화칼슘을 첨가한 후에 렌넷을 첨가해 20~30분 동안에 굳은 응유를 8~12 mm로 절단해 처음에는 부드럽게 10분간 교반한다. 계속해서 치즈 배트의 재킷에 증기를 넣어서 교반하면서 30분 동안에 48℃가 되도록 가온한다. 시네레시스에 의해 커드가 적당히 굳으면 커드를 배트 밑에 깔리도록 유청을 전량 배출한다. 계속해서 커드를 배트의 양측에 쌓아서 체다링을 행한다. 프로볼로네의 체다링은 통상 150분에 걸쳐서 커드 pH를 5.2 전후로 한다. 이 커드를 얇게 절단하고 80℃의 뜨거운 물을 가하면서 반죽해서 커드의 온도를 60℃ 전후로 한다. 가소화된 커드를 늘려서 섬유상 조직의 서양배형, 원주형, 원추형 등으로 성형해 하룻밤 물로 냉각시킨다.

다음 날, 냉각시킨 커드 덩어리를 포화식염수(brine)에 침지해 염분값을 1.5~2.0%가 되게 한다. 그리고 실온 10~13℃, 습도 80%에서 치즈 표면을 건조시킨 후에 4~6개월 숙성시킨다. 숙성 도중에 훈연을 행하는 경우도 있다.

### 5) 고다 치즈(Gouda cheese, 반경질 타입)

네덜란드의 전통적인 고다 치즈의 제법은 고형분 중에 지방이 45~60%가 되도록 지방을 2.8~3.8%로 조정한 살균유에 중온성 유산균(*Lc. lactis*, *Lc. cremoris*, *Lc. diacetylactis* 및 *Leu. cremoris*의 혼합균주)을 원료유에 1% 첨가해 30℃, 60~90분간 단시간 유산균 발효한다.

필요에 따라서 염화칼슘을 첨가한 후에 렌넷을 첨가해 25~30분에 굳은 응유를 대두 입자(5~8 mm)의 크기로 절단해 처음은 부드러운 커드가 부서지지 않으면서 결착하지 않을 정도로 천천히 교반한다. 커드가 어느 정도의 충격에 견딜 수 있을 정도의 경도가 되면 교반을 멈추고 커드를 침강시켜 유청의 1/3 양을 배출한다. 유청 배출 후는 다시 교반해서 커드를 부유시킨 상태로 유지해 80℃의 열탕을 서서히 가해 15~20분 사이에 38℃가 되도록 가온한다. 열탕 첨가에 의해서 유청 중의 유당이나 젖산이 희석되어 커드의 산성화 속도가 낮아지게 된다. 유청 산도가 0.11~0.13%로 되어 커드가 소정의 경도로 되면 교반을 멈추고 커드를 배트의 바닥에 가라앉혀 스테인리스제의 다공판으로 덮어 유청 중에서 커드 중량의 1/5 정도의 압력으로 30분간 압착한다. 유청 중에서 압착에 의해 커드 속에 공극이 없는 치밀한 조직으로 될 수 있다. 압착 종료 후 유청을 전량 배출시켜 두꺼운 매트 형태의 커드를 틀(mold) 크기에 맞추어서 10~20 kg으로 분할해 성형, 압착하여 유청을 삼출시킨다. 처음 0.5~0.7 kg/cm$^2$로 20~30분 압착하고 계속해서 커드를 반전시킨 후 0.7~1.2 kg/cm$^2$으로 2~3시간 압착한다. 압착 시에 배출되는 유청 산도는 0.35~0.40%가 된다. 압착 후에는 틀과 함께 물에 침지시켜 커드를 냉각한다.

다음 날, 냉수로부터 꺼내어 틀을 빼낸 커드(pH 5.15~5.20)를 포화식염수(brine)에 3~4일 침지해 염분값을 1.8~2.0%로 한다. 그 후 실온 15도, 습도 75~80%의 숙성고에서 4~6주간 숙성시키고 또 실온 7~13도, 습도 75~80%의 숙성고에서 6~12개월간 숙성시킨다. 〈Ø: 35 cm, h: 10~12.5 cm, w: 10~12 kg〉

### 6) 블루 치즈(Blue cheese, 푸른곰팡이 타입)

일반적인 블루 치즈의 제법은 제품의 고형분 중의 지방분이 50~55%이기 때문에 3.3~3.8%로 지방을 조정해서 균질화한 원료유를 살균하든지 또는 균질화한 크림을 탈지유와 혼합해 지방을 3.3~3.8%로 조정한 것을 살균하여 원료유로 사용한다. 여기에 중온성 유산균(*Lc. lactis*, *Lc. cremoris*, *Leu cremoris*)을 1~2% 첨가해 30~32℃에서 단시간 젖산 발효한다.

필요에 따라서 염화칼슘을 첨가한 후 렌넷을 첨가해 60~90분 후 응유를 누에콩 크기(18~20 mm)로 절단한다. 절단 후는 15분간 정치해서 부드럽게 40~60분간 교반한다. 블루 치즈에서는 통상 가온을 행하지 않는다.

커드가 적당한 경도가 되면 유청 제거를 실시한다. 푸른곰팡이(*P. roqueforti*)의 포자를 커드 중량 대비 0.02~0.05%를 살포하면서 스테인리스제의 후프에 넣는다. 틀에 채운 후 뒤집기를 반복해서 유청을 배출시키면서 성형한다.

다음 날에 틀로부터 커드의 덩어리(pH 4.8~5.0)를 꺼내고 커드 중량의 6% 염을 3회로 나누어서 표면 전체에 도포해 염분값이 4~5%로 되게 한다. 가염 4~5일 후에 커드의 상면과 하면으로부터 직경 2~3 mm의 침을 찔러 커드 내의 푸른곰팡이에게 공기를 공급한다. 이 공정을 '천공(perforation)'이라고 부른다. 천공 구멍은 4 $cm^2$에 1개를 기준으로 한다. 천공 후 치즈를 실온 10℃, 습도 90~95%의 방에서 약 2개월간 숙성시킨다. 이 사이 치즈는 측면을 구멍이 있는 판에 나란히 두고 치즈를 회전시키면서 숙성시킨다. 그 후 블루 치즈 특유의 풍미 성분을 양성시키기 위해 은종이 등으로 싸서 1개월간 더 숙성시킨다. 숙성 종료 시에는 백색 커드에 푸른곰팡이가 생육해 아름다운 대리석 모양으로 된다. 〈Ø: 20 cm, h: 8~10 cm, w: 2~3 kg〉

### 7) 카망베르 치즈(Cammembert cheese, 흰곰팡이 타입)

일반적인 공장 제품인 카망베르 치즈는 고형분 중 지방이 45~50%로 되도록 배유지방률을 3.0~3.5%로 조정한 살균유로 중온성 유산균(*Lc. lactis, Lc. cremoris, Leu. cremoris*)을 1~2% 첨가해 30℃에서 60분 단시간 젖산 발효한다. 프랑스의 미살균유로부터 제조하는 전통적인 카망베르의 풍미에 가깝게 만들기 위해서 유산균 외에 효모(*Kluyveromyces lactis*)나 *G. candidum* 등을 첨가하는 경우도 있다.

필요에 따라서 염화칼슘을 더한 후에 렌넷을 첨가해 50~60분이 되면 응고한 응유를 30 mm로 다소 크게 절단한다. 통상은 가온이나 교반도 행하지 않고 45~50분 정치해 유청의 삼출을 유지한다. 계속해서 커드를 후프(틀, Ø: 12 cm, h: 12 cm)에 분주해 유청을 배출한다. 이후 실온 18~20℃의 방에서 1시간 후, 2시간 후, 6시간 후에 후프를 뒤집어서 천천히 산 생성을 시켜 커드로부터 유청을 삼출시킨다.

다음 날 후프로부터 커드(pH 4.6~4.8)를 꺼내서 표면에 건염(乾鹽)을 직접 뿌린다. 또 10~13℃의 포화식염수에 제품 중량이 260 g의 경우는 60~90분간 침지해서 염분을 1.8~2.0%로 되게 한다. 가염 후 치즈를 스테인리스제의 선반에 눕히고 실온 15~18℃, 습도 70~80%의 방에서 치즈 표면을 건조시킨다. 건조 후 커드 표면에 흰곰팡이 포자를 분무해 실온 12~14℃, 습도 95~98%로 유지한 방에서 9~12일간 매일 뒤집으면서 숙성시킨다.

5일째 정도부터 치즈 표면에 흰곰팡이가 발생한다. 흰곰팡이가 치즈 표면을 덮으면 포장지로 싸서 실온 8~10℃ 습도 90%의 숙성고에 옮겨 2~3주간 숙성시킨다. 〈Ø: 10.5~11.5 cm, h: 3 cm, w: 250 g 이상〉

### 8) 리바로 치즈(Livarot cheese, 세척 타입)

프랑스의 전통적인 농가 제법에서는 3.5~3.8%로 지방을 조정한 미살균유를 실온에서 16~24시간 방치해 우유에 혼입한 유산균으로 산도를 높인다. 이것에 렌넷을 첨가해서 75~100분에 굳은 응유를 날이 얇은 긴 커터(sabre)로 대충 절단한다. 커드와 유청이 분리하면 20분간 부드럽게 교반해 커드를 수축시킨다. 이어서 교반을 멈추고 10분 정치해 솥 바닥에 모인 커드를 마포로 옮겨서 30분간 유청을 배출시킨다. 이어서 커드를 후프에 채운다. 다음 날 후프로부터 뺀 커드에 건염을 도포해 염분값을 1.8~2.0%로 한다.

한편, 공장 제법에서는 3.5~3.8%로 지방을 조정한 저온 살균유에 중온성 유산균(*Lc. lactis*, *Lc. cremoris*), 효모(*Kluyveromyces lactis*), 곰팡이(*G. candidum*) 등을 첨가해 30℃에서 단시간 젖산 발효해 산도를 0.20~0.22%로 한다. 이것에 렌넷을 첨가해서 75~100분에 소정의 경도를 가진 응유로 만들어서 와이어 커터로 크게(20 mm) 절단한다. 커드로부터 유청의 분리가 시작되면 천천히 20분간 교반해 커드를 수축시킨 후 후프에 채워 성형한다. 후프를 정기적으로 반전시켜서 실온에서 하룻밤 동안 유청을 삼출시킨다.

다음 날 커드(pH 5.1~5.3)를 후프로부터 빼내 포화식염수에 침지해서 염분값을 1.8~2.0%로 한다. 가염이 끝나면 커드의 표면을 잘 건조시켜 약간 굳어지는 표피를 형성시킨다. 그 후 실온 10℃ 전후, 습도 90~95%의 숙성고에 옮겨 린넨스균(*Brevibacterium linens*)이 혼합된 연한 식염수로 치즈 표면을 '세척' 5주간 숙성시킨다. '세척'은 처음의 2주간은 주에 3회, 다음 2주간은 2회, 최후에는 주 1회 행한다. 그 후 1개월간 숙성시킨 치즈 표면을 벽돌색으로 착색해 커드의 형태가 붕괴되는 것을 방지하기 위해 치즈의 주변을 천연갈대(Laiches)로 다섯 바퀴 감는다. 〈Ø: 10~12 cm, h: 4~5 cm, w: 350~500 g〉

* * *

이 책에서는 치즈 제조기술을 이해시키기 위해서 기술자가 직접 응유나 커드를 접하면서 치즈를 제조할 수 있는 소규모 공장의 제조기술을 중심으로 소개해 왔다. 치즈 단백질이나 기기류를 사용한 근대적인 대규모 공장에서의 제조 설비나 기술에 관해서는 참고문헌으로 소개한 『Dairy Processing Handbook』, 『응유제품제조학』, 『치즈입문』 등의 우수한 저서가 있기 때문에 이것들을 참고해 주기 바란다.

## 참 / 고 / 문 / 헌


1) Gosta Bylund : Dairy Processing Handbook, Tetra Pak Processing Systems AB, 1995.

2) R. Scott : Cheese Making Practice, 2nd Edition, Elsevier Applied Science Publishers LTD England, 1986.

3) A. Eck : Cheesemaking, Technique et Documentation, Lavoisier, 1986.

4) P.F.Fox : Cheese, Fundamentals of Cheese Science, an aspen publication, 2000.

5) 蔵王酪農センター編集 : 国産ナチュラルチーズ製造技術マニュアル第10集, 蔵王酪農センター, 2001.

6) 中澤勇二, 細野明義編集 : 新設チーズ科学, 食品材料研究会, 1989.

7) 山内邦男, 横山健吉編集 : ミルク総合辞典, 朝倉書店, 1992.

8) 服部宏, 白石敏夫共著 : チーズ入門<新訂版>, (株)日本食糧新聞, 1999.

9) 伊藤躬光 : 乳製品製造学, 光琳, 2004.

10) 泉圭一郎 : チーズ・その伝統と背景, サイエンスティスト社, 2002.

11) 田中穂積 : チーズ, 香料 222, 65-85, 2004.

3-5

# 키모신 효소 이용의 현황

크리스찬 한센주식회사 도쿄사무소
다카미 슈헤이(高見周平)

오늘날 유통하는 '응유효소'를 대별하는 경우에는 그 제법에 주목해야 한다. 전통적 방법인 '추출'로써 주로 동물 유래 원료를 사용하는 것과 '발효'에 의해 생성·분리되는 것이다. 지금의 경제적·환경적 측면으로부터 보면, 추출에 의해 생산하는 것은 다량의 추출액을 얻기 위해 다량의 원료를 필요로 하기 때문에 원료의 입수 사정이나 생산으로 발생되는 생산 부자재를 포함한 폐기물 등 제조회사에서 생산관리 측면에서 생산 코스트 부하가 높고 마이너스 측면이 많다. 특히 동물성 유래 원료는 동물의 다양한 질환 유행으로 인해 국제적 또는 특정 나라에서 비정기적인 유통 제한의 영향을 받을 가능성이 있으며, 원료 가격 급등이라는 형태로 제품 가격의 상승을 초래한다. 가축에 관한 질환 유행으로 그것을 기원 원료로 해서 고도로 처리·생산되는 효소 제품에 대해서도 유통 제한을 받는 경우가 많고, 치즈 제조자에 따라서는 제품 공급의 불안정성이라고 하는 한층 더 마이너스 영향을 받을 가능성도 있다. 그래서 동물성 유래가 아닌 응유효소에 크게 주목하게 되어, 현재는 특히 효소기술을 이용해 제조한 응유효소의 자연치즈 생산에의 응용이 넓어지고 있다.

효소에 의해 생산되는 응유효소(fermentation produced coagulants)가 장래 어떤 형태로 평가될 것인가에 대한 기준을 서술한다. 여기서는 현재 가장 치즈 제조자가 많이 사용하고 있는 '*Mucor miehei* 미생물 렌넷'과 '키모신 FPC 렌넷'(유전자 재조합 렌넷)을 비교하지만, 전자와 후자에서 유래하는 응유 프로테아제의 특성이 비교의 논점이고, 유전자 재조합에 대한 감정적인 부정적 견해를 논점에 더하지는 않았다. 왜냐하면 세계의 치즈 제조자에 있어서 키모신 FPC 렌넷은 응유효소에 적용된 유전자 재조합 기술과의 사이에 관련성은 없다는 견해가 추세를 점하고 있기 때문이다.

## 1. 미생물 렌넷의 개요

*Mucor meihei*(*Rhizomucor miehei*) 유래의 렌넷을 주로 지칭한다. *Mucor pusilus*나 *Endothia parasitica*도 잊어서는 안 된다. 1960년대에 미생물 렌넷은 키모신과 유사한 효소작용이 있는 것으로 스크리닝 되어, 특히 현재까지 *Mucor meihei* 유래 응유효소 제품은 널리 시판되고 있다. *Mucor meihei*는, 입수가 용이한 농산물을 배지로 사용해서 침투 흡수성이 있는 발효원액으로 배양되어 키모신의 효소작용과 아주 유사한 아스파라긴산 단백질 분해효소를 생산한다. *Mucor*는 곰팡이이고 자신의 생존에 필요한 몇 개의 효소를 생성하지만 그중에 2, 3개의 효소는 전분이나 섬유소를 당질로, 단백질을 아미노산으로, 지방을 지방산으로 변환시킨다. 따라서 *Mucor*를 발효시켜 원하는 효소 성분을 분리, 정제하는 공정에서는 이 세포막에 존재하는 효소를 구별해서 원하는 효소만을 단리하는 것은 어렵다. 실제로 치즈 제조에서는 유청 배출 전에 불필요한 단백질 가수분해가 일어나 지방과 수분을 유지하는 데에 필요한 치즈 커드의 형성을 저해하는 경우도 있다.

## 2. 키모신 FPC 렌넷의 개요

세계시장에서 DSM사의 'MaxrenTM®'와 Chr. Hansen사의 'Chy-Max®'가 있다. 유전자 재조합된 균은 MaxrenTM®가 *Kluyueromyce lactis*(효모)로 Chy-Max®가 *Aspergillus niger* var. *awamori*이다. 이런 키모신 FPC 렌넷 효소 성분인 키모신은 365개의 아미노산으로 불활성 전구체인 키모신전구체(prochymosin)의 형태로 분비되어 위 속의 산성 조건하에서 N-말단 42개의 아미노산으로 된 펩타이드가 자기촉매적(自己觸媒的)으로 우리되어 활성형으로 된다. 이 키모신전구체 mRNA를 송아지 제4 위 점막으로부터 추출해 제조한 DNA를 상기에 있는 균주에 클론해서 여기에 다시 프로모터를 부가해 균체 세포 내에서 효율적으로 발현시키는 기술이 확립되었다. 이들 유전자 재조합 렌넷(*recombinant chymosin*) 상품의 판매는 1990년부터 개시되었다. 키모신 FPC는 100% 키모신 효소이고 응유효소로서의 역할에서 최초의 작용은 카파카제인의 페닐알라닌(phenylalanine) 105~메티오닌(methionine) 106 사이의 펩타이드 결합의 가수분해이다.

## 3. 응유효소로서의 평가 기준

렌넷 활성의 측정에는 일정량의 원료유 또는 환원탈지유를 응고시키기 위해 필요한 시간에 따라서 Soxhlet법, Berrige법 및 Chr. Hansen 단위(CHUs)로 표시하는 Chr. Hansen 법 등 다수의 방법이 사용되어 왔다. 현재는 렌넷 활성 측정 방법을 표준화하기 위해 국제낙농연맹(IDF)은 상대밀크응고활성시험(REMCAT, Relative Milk-Clotting Activity)을 표준법으로 해서 IMCU(International Milk-Clotting Units)를 규격화했다. 이 방법은 확정된 렌넷 표준과 비교해서 pH 6.5의 표준 환원 유기질의 가시적인 면상응고생성(綿状凝固生成)에 필요한 시간에 기초하고 있다. REMCAT가 표준법으로 된 후 미생물 렌넷의 활성도 IMCU값으로 평가하게 되었다.

키모신 FPC 렌넷은 판매 마케팅 당초부터 *Mucor miehei* 미생물 렌넷의 선택사항으로 제품의 IMCU를 조제해 판매해 왔다. EU를 발단으로 해서 각지에서 BSE(Bovine Spongiform Encephalopathy, 광우병)가 문제화된 것에 영향을 받아서 송아지 렌넷을 치환하는 것을 검토하게 되어 그 IMCU값에 대응한 규격인 FPC 제품으로 조정되게 되었다.

IMCU 단위가 효소활성 규격값으로 취급되는 것 때문에 렌넷 제조자가 공급하는 다양한 IMCU값의 제품을 다양한 치즈 어플리케이션에 쉽게 응용할 수 있게 되었다. 렌넷의 생산 현장에서의 *Mucor miehei* 미생물 렌넷과 키모신 FPC 렌넷 평가의 핵심은 단위당 렌넷의 가격과 효소활성의 강약이다. 그래서 렌넷 제조업자는 치즈 제조자에게 재확인을 위해 치즈 수량의 높이를 설명하는 것으로 차별화를 도모하고 있다.

### 1) 치즈 수량의 평가

치즈 수량의 높이는 키모신 FPC 렌넷의 우위성이라고 이야기되고 있다. 치즈 수량에 관해서는 *Mucor miehei* 미생물 렌넷과 키모신 FPC 렌넷의 평가는 세 가지의 어프로치가 선택되어 왔다. 가장 설득력이 있는 것은 실제 공장에서의 시도 결과이고 다음으로 연구실 스케일의 치즈 시도, 그 다음으로 과학적인 카제인과 유청 단백의 작용 등의 연구 어프로치이다.

[그림 1]은 12종류의 시판 FPC 상품의 단백 가수분해활성을 표시한 것이다. 종축에 표시한 단위는 렌넷 100 IMCU 양에 대해서 카제인이 가수분해되고 생성한 펩타이드 양을 표시하고 있다. 단위량이 낮으면 낮을수록 단백질 분해활성이 낮고, 높으면 높을수록 분해활성이 높다는 것을 나타내고 있다.

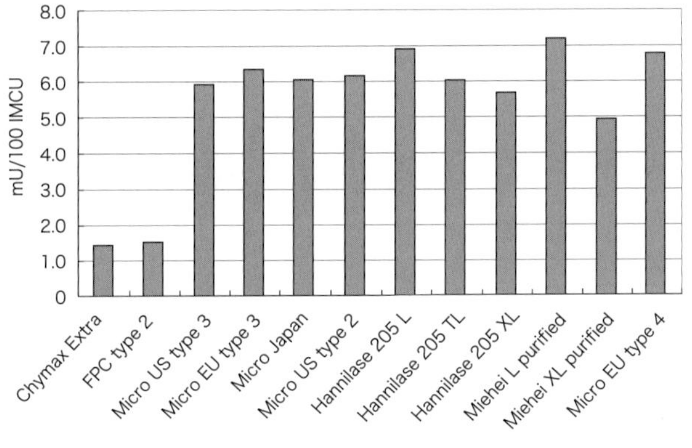


**그림 1.** 시판되는 12종류의 FPC 렌넷의 단백질 분해활성의 비교
mU: 100 IMCU 첨가당 우유 응고 단위(우유 응고시간 단위)

Chymax Extra 및 FPC 타입 2 이외는 모두 미생물 렌넷이지만, 키모신 FPC 렌넷의 단백질 분해 특징은 미생물 렌넷과는 달랐다. 순수한 키모신을 주성분으로 하고 있는 키모신 FPC 렌넷은 단백질 분해활성의 높이보다는 특이적인 분해활성을 작용시킬 수 있다고 말할 수 있어, 응유효소의 평가에서는 특이적 단백 분해성능(specificity)의 재인식이 중요하다. 치즈 수량에서는 상기에 열거한 과학적 검증 방법을 제조자에게 인지시킨 뒤에 실공장에서 시도하도록 유도한다. 여러 치즈 제조자에 의한 시도로 획득한 치즈 수량 데이터는 실적으로 축적되고, 과학적 검증 데이터에 의해 증명된 효소의 특이성에 피드백 된다. 키모신 FPC 렌넷의 치즈 수량은 미생물 렌넷의 수량에 비해서 매분 0.22% 높게 변해 간다.

[그림 1]에서 Miehei XL purified는 효소 성분의 순도를 높인 것으로 그 단위량을 보면 다른 미생물 렌넷과 비교해서 낮다는 것을 알 수 있다. 특이성이 키모신 성분 자체에 있다고 하는 것을 해당 그래프에서 설명하고 있다고 한다면 *Mucor miehei* 미생물 렌넷의 현시점에서의 제조에는 그 효소의 순수성을 더욱더 추구하는 것에 한계가 있다는 것을 나타낸다고 말할 수 있다.

### 2) 전분 분해효소(Starch Degrading Enzyme)의 존재량 평가

치즈 수량의 평가만으로는 각 효소의 우위성을 설명하는 것은 불충분하다. 키모신 FPC 렌넷을 키모신 순수성으로 우위성이 있다는 것을 서술한다면 각 효소의 부가활성(side activity or effect)의 유무나 열 내성에 관한 평가에 도 사용할 필요가 있다.

유전자 재조합 기술에 의해 제조된 렌넷에서는 전분 분해효소(α-amylase, β-amylase, glucoamylase)의 존재는 개발 과정에서 원하지 않는 부작용이라고도 할 수 있다. 기능성 유청 관련 제품을 제조하고 있는 치즈 생산자에게는 응유효소 중의 전분 분해효소의 존재에 주목해야 한다. 또 렌넷 제조자는 이하와 같은 수법으로 전분 분해효소의 제거를 원하고 있다.

( i ) 균주의 선택 : 시간, 안전성 확인이 문제된다.

발효기술로 제조되는 렌넷에 사용되는 균주가 가장 좋은 것인지에 대한 재검토를 포함해서, 새로운 균주의 개발이 필요. 최근에는 일본에서도 *Paenibachills polymyxa*를 사용한 세균 유래 응유효소의 개발 연구가 되고 있다.

( ii ) 불활성화 : 응용을 위한 이론 확립과 그 연구개발 시간, 제조 프로세스 안전성이 문제시 된다.

이론상으로는 제조 과정 등에서 특정의 효소를 제거하는 것도 가능하지만 균주의 특성에 영향을 받는다.

(iii) 여과(Filtration) : 경제성이 문제된다.

정밀여과(microfiltration: MF)는 가장 간단해서 현실적인 방법이지만, MF만으로는 특정 효소의 불활성화는 용이하지 않다.

[그림 2]에서는 크리스찬 한센사(Chr. Hansen Ltd.)에 의한 전분 분해효소의 존재를 각종 렌넷 제품에 대해서 테스트한 결과를 표시하였다. 미생물 렌넷은 제품 종류에 따라서 전분 분해효소의 차이가 있어 평판 배지상의 전분분해를 나타내는 플라그(plaque)로 확인 가능하다. 플레이트(plate) 4의 사진에서는 테스트된 *Mucor miehei* 미생물 렌넷에서는 분해도가 작다는 것이 확인 가능하다. 이것은 제조자가 현재도 전분 분해효소를 제거한 미생물 렌넷의 개발에 계속해서 몰두하고 있다는 점을 나타내고 있다.

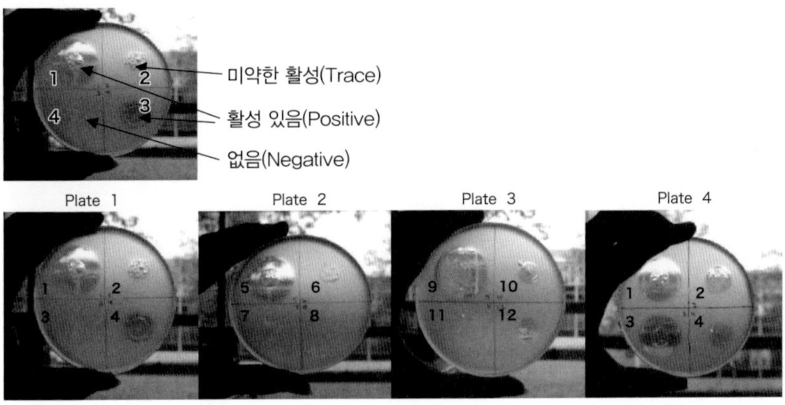


| Plate 1 (예 1) | | | |
|---|---|---|---|
| Sample ID | comment | nr. | result |
| Control sample (CH사 미생물 rennet) | Hannilase. 195 (lot. 1011864) | 1 | positive |
| MS 1884 | Micro US type 2 | 2 | trace |
| MS 1885 | FPC type 2 (Chymosin FPC) | 3 | negative |
| MS 1886 | Micro US type 3 | 4 | positive |
| Plate 2 (예 2) | | | |
| Sample ID | comment | nr. | result |
| Control sample (CH사 미생물 rennet) | Hannilase. 195 (lot. 1011864) | 5 | positive |
| MS 1834 | FPC type 2 (Chymosin FPC) | 6 | trace |
| CH 409 | Chymax Extra | 7 | negative |
| | | 8 | |
| Plate 3 (예 3) | | | |
| Sample ID | comment | nr. | result |
| Control (CH사 미생물 rennet) | Hannilase. 195 (lot. 1011864) | 9 | positive |
| MS 1883 | Micro EU type 3 | 10 | trace |
| MS 1887 | experimental sample | 11 | negative |
| MS 1888 | Micro Japan | 12 | trace |
| Plate 4 (예 4) | August 2002 | | |
| Sample ID | comment | nr. | result |
| Control (CH사 미생물 rennet) | Hannilase. 195 (lot. 1011864) | 1 | positive |
| MS 1886 | Micro US type 3 | 2 | positive |
| CH 406 | Hannilase XL | 3 | positive |
| N1 | Micro EU type 4 | 4 | trace |

**그림 2.** 유전자 재조합 렌넷의 전분 분해효소활성 검출

### 3) 순수성의 평가

단일 효소 성분만으로 제품화되는 것, 이것이 현재의 발효기술을 응용한 렌넷 개발의 장래 대책이다. [그림 3]에서는 단백질을 분리 정제한 경우의 *Mucor miehei* 미생물 렌넷과 키모신 FPC 렌넷의 겔 여과에 의한 용출곡선을 표시했다.

*Mucor miehei* 미생물 렌넷에 관해서는 Micro US type 3에서 비교적 높은 순수성이 확인되었지만, Chymosin 렌넷에서는 무작위적으로 추출한 4개의 그래프에서도 거의 균일한 순수성이 확보되어 있다.(좌측의 피크가 키모신 효소, 우측의 피크는 안식향산)

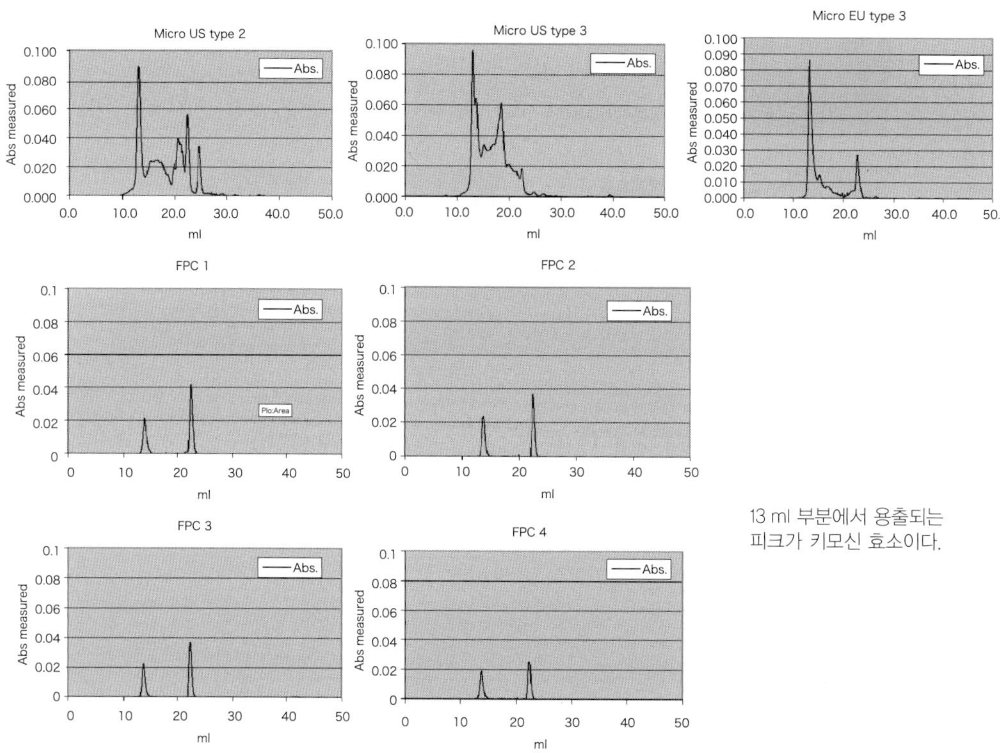


**그림 3.** *Mucor miehei* 미생물 렌넷과 키모신 FPC 렌넷의 겔 여과에 의한 순도 검토

### 4) 열 내성의 평가

열 내성의 평가는 가열에 따른 유청 처리에서 중요하다. 현재는 살균에 의해 불활성 처리된 *Mucor miehei* 미생물 렌넷이 판매되고 있기 때문에 그다지 중요한 평가 포인트는 아니

다. [그림 4]는 각종 키모신을 68℃, 15초 가열처리한 후에 효소활성의 소실률을 비교한 것이다. Han. TL과 Han. L.은 내열성이 높다는 것을 나타내고 있다. 또 열 내성의 평가를 별도의 관점으로부터 보면, 몇 가지 치즈에서는 가온 공정에서 68℃ 이상이 되는 경우와 그렇지 않은 경우, 또 숙성 중의 효소 잔존활성의 실활을 기대하는 경우와 그렇지 않은 경우가 있다. 치즈 타입에 따라서는 응유효소의 특이성이나 순수성의 평가에 무게를 두는 이외에, 치즈의 종류에 따라서 키모신을 골라서 사용할 필요도 있다.

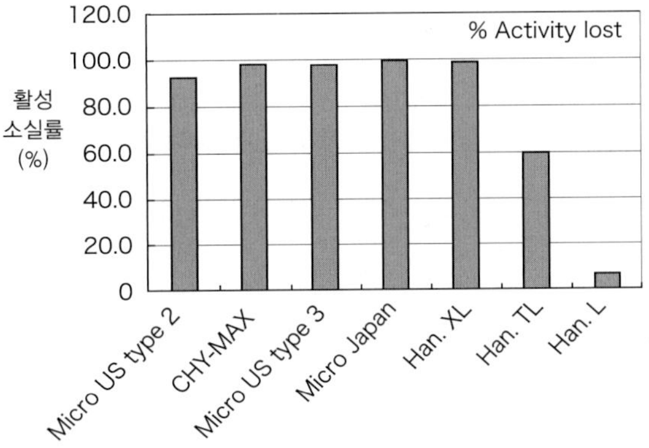


**그림 4.** 효소활성 평가

* * *

송아지 렌넷의 주된 효소 성분인 키모신의 중요성은 특이적인 효소활성을 $\kappa$-casein에 대해서 가지고 있다는 것이고, 키모신 FPC 렌넷도 이런 점으로 평가되고 있다. 유전자 재조합 키모신에 관해서 감정적인 논의는 현재도 일부 존재하지만 세계의 치즈 생산에서 키모신 FPC 렌넷의 이용도는 착실히 성장하고 있다. 이것은 키모신 FPC 렌넷 중의 키모신이 특이적 효소활성을 가지고, 더군다나 안전성에 대한 인식이 높아 가고 있기 때문만은 아니다. 치즈 제조자가 부산물인 유청을 기능성 소재로서 고도의 식품 소재화를 꾀하고, 한층 더 효소로서의 특이성이 요구된다는 것과 관련이 있다.

*Mucor miehei* 미생물 렌넷의 시장은 치즈 생산 재료로서 단가에 민감한 지역에서는 가격 경쟁이 심하다. 장래에는 다양한 미생물이 검색되어 새로운 *Mucor miehei*의 다음을 이을 우수한 균주가 발견될지도 모른다. 또 키모신의 특이성에 따라서 대체할 수 있는 효소 성분을 생성하는 것도 기대할 수 있을 것이다. 장래에는 새로운 균주로 만들어진 응유효소는 더욱 높은 차원에서 요구되는 많은 엄격한 평가 기준을 넘는 시련에 대항해 갈 필요가 있을 것이다.

2007년 시점에서는 동물 유래의 렌넷, 미생물 렌넷 및 키모신 FPC의 마켓 주식은 각각

15% 및 40%, 45%로 생각된다. 크리스찬 한센사에서는 2010년에는 동물성 렌넷의 시장 비율이 10% 미만으로 떨어질 것으로 추정하고 있다. 세계시장은 확실히 *Mucor miehei* 미생물 렌넷과 키모신 FPC 렌넷을 평가하기 시작해서 장래의 렌넷 선택사항도 이 두 가지로 되었다. 덴마크의 송아지 렌넷이 일본에서 수입제한을 받고 있는 현재, 확실히 어느 쪽인가를 선택하지 않으면 안 되는, 미래가 예측되는 유전자 재조합 기술이 응용되고 있는 것에 관해서 꺼려하는 감정론에 정면으로 대항해야 할 시기가 왔는지도 모른다.

## 참 / 고 / 문 / 헌


1) Fermentation Produced Coagulants reviewed Nov. 2002, CHR, HANSEN A/S

2) M.C. Broome and G.K.Y. Limsowtin, Milk Coagulants, The Australian *Journal of Dairy Technology* 53, 188 - 190, 1998.

3) Ustinol, Z. and Hicks, C.L. Effect of milk clotting enzymes on cheese yield, 1990.

## 3-6 가공치즈

유키지루시(雪印)유업주식회사 가정용상품부
가와사키 요시히로(川崎功博)

### 1. 가공치즈 발전의 흐름

수천 년으로 알려진 자연치즈의 역사에 비해 가공치즈의 역사는 짧고 아직 100년 정도에 지나지 않는다. 19세기 말 냉장시설이 없던 당시, 치즈를 수송할 필요성 때문에 자연치즈를 살균하는 기술이 검토되었다. 당초에는 깡통에 넣은 치즈를 살균하는 방법이었지만 시행착오를 반복하던 중에 현재의 가공치즈 기술이 만들어졌다.[1] 가공치즈의 제조는 자연치즈에 용융염과 물을 가해 가열 용융해, 일단 유동성이 있는 상태로 틀에 채워서 냉각한다. 가공치즈는 살균된 치즈만이 아니고 필요에 따라서 틀에 채워서 다양한 형태로 가공할 수 있는 것도 특징이다. 이 특징에 따라서 가공치즈는 알루미늄 호일로 낱개포장 타입, 샌드위치에 편리한 슬라이스 타입, 컵 용기에 넣는 스프레드 타입 등 용도에 따라서 다양하게 형태를 변화하면서 발전해 왔다. 이것은 자연치즈에는 없는 이점이고 치즈의 용도를 넓히는 역할을 담당해 왔다.

지금은 세계에 널리 퍼진 가공치즈이지만 소비되는 형태는 나라에 따라서 특징이 있다. [그림 1]은 세계의 몇 나라에서 연간 일인당 치즈의 소비량과 그중에서 가공치즈가 점하는 비율의 상관을 나타낸 것이다.[2] 이 그림을 보면 한 사람당 치즈의 소비량이 적은 나라일수록 가공치즈를 소비하는 비율이 높다는 것을 알게 되었다. 역사적으로 보면 가공치즈는 예전부터 치즈를 생산해서 섭취하고 있었던 서유럽을 중심으로 하는 지역(민족)보다도 근년에 치즈를 먹게 된 지역에 침투해 있는 상황이라고 할 수 있다. 이것은 수송이나 저장을 생각했을 경우 자연치즈보다는 가공치즈가 취급이 용이하고, 치즈 선진국인 유럽 제국에서는 치즈 식문화가 완성되었기 때문에 가공치즈가 들어갈 여지가 적은 것과 관련이 있다고 생각된다. 또 세계에서 생산, 소비되는 슬라이스 치즈를 제외하고, 소비되는 가공치즈의 종류에도 유럽이나 구미와 기타 나라와는 다른 점이 보인다. 유럽에서는 육류, 야채류, 향신료 등 다른 식재료를 이겨 넣어 풍미를 가미한 타입이 많다. 최근에는 냉동식품이나 즉석 조리식품의 소재로서 업무용 가공치즈의 수요도 높아 가고 있다. 그 외에 미국에서는 여러 가지로 가공 가능한 블록(block) 타입의 수요도 많다. 한편 일본을 포함해 최근 치즈를 소비하게 된 중동 제국이나 한국 등에서는 개별 포장 형태와 같은 개별식 치즈의 수요가 비교적 많다. 예전부터 치즈를 먹을 수 있었던 지역에서는 자연치즈를 그대로 먹는 대신, 최근 치즈를 섭취하게 된 지역에서는 개별식 타입의 가공치즈가 이 역할을 담당하고 있다고 생각되고 있다. 일본에서 가공치즈의 소비는 치즈 소비 전체의 약 50%를 점하고 있고 자연치즈와 같이 중요한 위치를 차지하고 있다. 가공치즈의 제조에 관해서는 타 자료도[3-5] 참조하고자 한다.

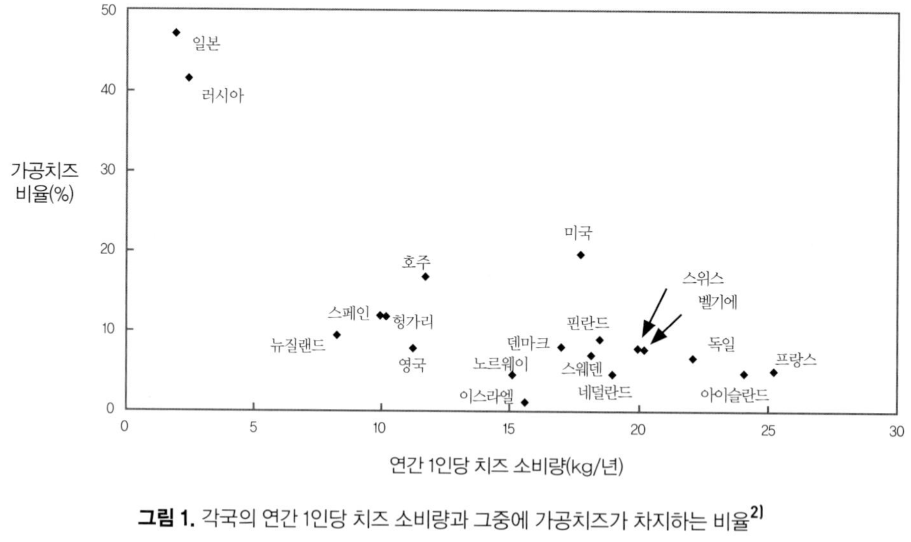


**그림 1.** 각국의 연간 1인당 치즈 소비량과 그중에 가공치즈가 차지하는 비율[2]

## 2. 일본에서 가공치즈 규격

일본에서 가공치즈의 규격은 식품위생법에 기초해 「생유(乳)와 유제품의 성분규격 등에 관한 법령」 유등성령(乳等省令)과 「자연치즈, 가공치즈 및 치즈 푸드의 표시에 관한 공정경쟁규약」에 [표 1]과 같이 규정되어 있다. 가공치즈에서는 자연치즈 이외에 지방 조정을 위한 유지방과 식품첨가물의 사용이 확인되고 있다. 또 풍미나 물성 부여의 목적에 한해서, 유지방 이외의 유(乳)류 및 식품의 첨가가 인정되고 있지만 그 첨가량에는 제한이 있

**표 1.** 「자연치즈, 가공치즈 및 치즈 푸드의 표시에 관한 공정경쟁규약」에 규정된 치즈류의 정의

<table>
<tr><th colspan="2">종류별 또는 명칭</th><th>정의</th></tr>
<tr><td rowspan="2">치즈</td><td>'종류별' 자연치즈</td><td>이 규약에서 '자연치즈'라는 것은, 식품위생법(1947년 법률 233호)에 근거한 우유 및 유제품의 성분규격 등에 관한 성령(1951년 후생성령 제52호. 이후 「유등성령」이라 함.) 제2조 제17항에 규정하는 '자연치즈'를 말한다. 이 성령에 있어서 '자연치즈'라는 것은, 다음의 것(틀 안)을 말한다.<br><br>[정의]<br>(1) 우유, 버터밀크(버터를 제조할 때에 생긴 지방가루 이외의 부분을 말한다. 이하 동문.), 크림 또는 이것들을 혼합한 것의 거의 대부분 또는 일부분의 단백질을 효소, 그 외의 응고제에 의해 응고된 응유로부터 유청의 일부를 제거한 것 또는 그것들을 숙성시킨 것.<br>(2) 전호에서 말한 것 외에 유등을 원료로 한 단백질의 응고작용을 포함한 제조기술을 이용해서 제조한 것으로써 동호에서 거론한 것과 같은 화학적 · 물리적 및 관능적 특성을 가진 것.<br>[성분규격]<br>없음<br><br>한편, 당해 '자연치즈'에는 향 및 맛을 부여할 목적으로 우유에서 유래하지 않는 맛과 향을 내는 물질을 첨가할 수 있는 것으로 한다.</td></tr>
<tr><td>'종류별' 가공치즈</td><td>이 규약에서 '가공치즈'란 유등성령 제2조 제18항에 규정하는 '가공치즈'이며 유등성령 별표 Ⅱ (Ⅲ) (4)의 성분규격에 일치하는 것을 말한다. 이 성령에 있어서 '가공치즈'라는 것은 다음과 같은 것(틀 안)을 말한다.<br><br>[정의]<br>자연치즈를 가루로 만들어서, 가열용해하고, 유화한 것.<br>[성분규격]<br>유고형분(유지방 양과 우유단백질과의 조화): 40% 이상<br>대장균군: 음성<br><br>한편, 당해 '가공치즈'에는 다음에 거론하는 것을 첨가할 수 있도록 한다.<br>① 식품위생법에서 인정하는 첨가물<br>② 지방 양 조정을 위한 크림, 버터 및 버터오일<br>③ 맛, 향, 영양 성분, 기능성 및 물성을 부여하는 목적의 식품[첨가량은 제품의 고형분 중량의 1/6 이내로 한다. 단, 전② 이외의 '유등(乳等)'의 첨가량은 제품 중의 유당 함량이 5%를 넘지 않는 범위로 한다.]</td></tr>
</table>

| '명칭'<br>치즈 푸드 | 이 규약에서 '치즈 푸드'라는 것은 유등성령 제7조 제2항 제4호에서 말하는 우유 또는 유제품을 주원료로 하는 식품이며 1종 이상의 자연치즈 또는 가공치즈를 가루로 만들어 혼합하고, 가열용융하며, 유화해서 만들어지는 것으로, 제품 중의 치즈 중량이 51% 이상의 것을 말한다.<br>한편, 당해 '치즈푸드'에는, 다음에 거론하는 것을 첨가할 수 있는 것으로 한다.<br>① 식품위생법에서 인정하는 첨가물<br>② 맛, 향, 영양 성분, 기능성 및 물성을 부여하는 목적의 식품(첨가량은 제품의 고형분 중량의 1/6 이내로 한다.)<br>③ 우유로부터 유래하지 않은 지방, 단백질 또는 탄수화물(첨가량은 제품 중량의 10% 이내로 한다.) |
|---|---|

다. 따라서 일본에서 가공치즈는 실질적으로 그 원료의 대부분을 자연치즈가 차지하고 있는 것이 된다. 이 가공치즈의 정의에 포함되지 않는 제품 중에서 제품의 치즈 양이 51%를 넘는 것은 치즈 푸드(cheese food)로서 정의된다.

## 3. 가공치즈의 제조 공정과 기본 원리

가공치즈 제조의 가장 기본적인 공정은 원료인 자연치즈를 마쇄해서 용융염 및 물과 혼합하는 공정, 가열하면서 반죽 · 교반해 유화하는 공정, 냉각 · 성형하는 공정으로 되어 있다([그림 2]). 이것에 물성이나 풍미를 부여할 목적으로 각종 식품소재나 식품첨가물을 가하는 것이다. 또 최종 제품의 물성을 조정할 목적으로 크리밍 등의 전단 처리를 행하는 것도 있다.

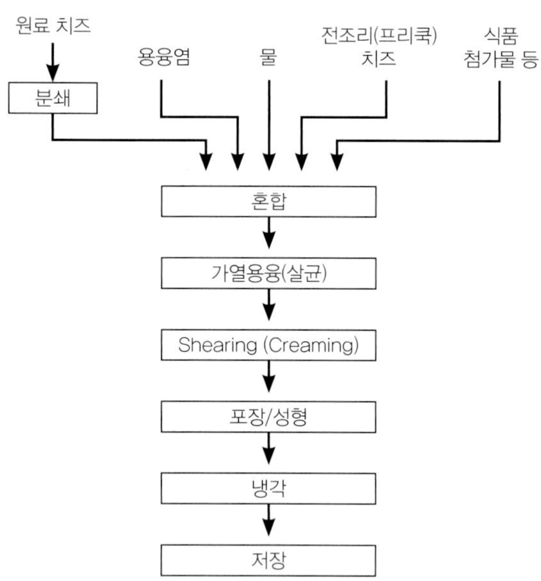


**그림 2.** 가공치즈의 기본적인 제조 공정

### 1) 원료 치즈

가공치즈 제조의 특징은 배합이나 제조 조건으로부터 물성을 설계할 수 있는 자유도가 크다는 것이다. 이를 위해 용융염이나 증점 다당류 등의 식품첨가물을 사용하는 것도 많지만 원료 치즈 그 자체를 선택함으로써 가공치즈를 적당히 조합시켜 유화에서부터 충진에 이르는 공정에서 용융치즈의 유동성이나 제품으로서의 치즈물성을 컨트롤해 왔다. 예를 들면 영(young) 치즈나 그린(green) 치즈는 숙성 기간이 짧기 때문에 미분해된 카제인이 많고 용융한 상태에서도 점성이 높게 된다. 이 경향은 숙성 정도가 낮을수록 현저하다. 또 치즈의 물성은 숙성 정도뿐만 아니라 자연치즈의 칼슘 함량이나 pH에 의해서도 영향을 받는다.[6] 이것은 칼슘 함량이나 pH가 자연치즈 중의 카제인 구조에 영향을 주기 때문이다.

물성 부여를 위해 영 치즈나 그린 치즈와 같은 미숙된 치즈를 배합하면 최종 제품인 가공치즈의 풍미가 약해지게 되는 문제가 있다. 최근 숙성 치즈이면서 영 치즈와 같은 물성을 유지하는 가공치즈 원료용 자연치즈가 시판되고 있다. 이 치즈는 슬라이스 온 슬라이스(slice on slice) 치즈와 같은 용융 치즈로 비교적 높은 점탄성이 요구되는 제조 공정에 적합한 것으로 되어 있다.[7]

가공치즈 원료로서 세계적으로 가장 많이 사용되고 있는 치즈는 체다 치즈이고, 이 외에 일본에서는 고다 치즈도 많이 사용한다. 따라서 일본에서 가장 일반적인 가공치즈의 풍미는 실질적으로 체다의 풍미나 고다 풍미이다. 자연치즈에는 많은 종류가 있고 본래 각자의 특징적인 풍미를 가지고 있다. 일본에서도 최근 다양한 자연치즈에 접할 기회가 많아지고 있고 소비자도 인지하게 되었다. 가공치즈에서도 최근에는 카망베르 풍미나 파르메산 풍미 등 풍미에 특징이 있는 자연치즈를 배합해서 그 특징을 반영한 제품이 증가해 왔다. 일반적으로 체다 또는 고다 치즈 이외의 자연치즈를 가공치즈 원료로 해서 배합하는 것에 관해서는 특별한 기술을 필요로 하지 않는다. 다만 적정한 상품 표시를 하기 위해서 전술한 공정거래 규약에서는 그 기준이 정해져 있고 원료 치즈의 이름을 가공치즈의 제품명에 사용하는 경우에는 원료 치즈당 '배합률이 60% 이상'으로 정해져 있다. 또 곰팡이계 치즈나 파르메산 치즈와 같은 현저하게 풍미가 강한 치즈에 한해서는 배합률이 60% 미만이어도 제품명에 'OO 치즈 풍미'라고 표현할 수 있게 되었다.

### 2) 용융염과 유화중의 치즈의 변화

우유 중의 단백질의 하나인 카제인에는 주로 $\alpha_{s1}$-, $\alpha_{s2}$-, β- 및 κ-casein의 네 종류이고

약 4:1:1:2의 배합으로 존재한다. 이것들은 카제인 분자가 수백분자 모인 카제인 서브마이셀이라고 하는 집합체를 형성하고 있고 이 카제인 서브마이셀은 콜로이드상 인산칼슘의 가교로 약 1,000개가 결합한 카제인 마이셀(CM)이라고 하는 마크로 회합체의 상태로 우유 중에 분산되어 있다.[8] 카제인 서브마이셀과 카제인 마이셀의 크기는 전자현미경 관찰이나 분자배제 크로마토그래피 연구로부터 카제인 서브마이셀이 10~12 nm(평균 직경)로 분자량 250~2,000 kDa, 카제인 마이셀이 10~300 nm(평균 직경)로 생각되고 있다.[9] 카제인 분자는 친수성 영역과 소수성 영역의 양쪽을 가지는 양친매성의 분자이고, 특히 친수성이 풍부한 영역을 가진 $\kappa$-casein이 카제인 마이셀의 표면에 위치해 있는 것으로 추정되고 있다. 우유로부터 자연치즈가 만들어지는 과정에서는 이 $\kappa$-casein의 친수성 영역이 키모신의 작용에 의해서 절단되어 카제이노글리코펩타이드(caseinoglycopeptide, CGP) 부분이 유청 중으로 유리된다. 표면의 친수성 영역을 잃은 카제인 마이셀은 서로 소수결합에 의해서 응집해 불용화한다. 이 상태를 $p$-casein으로 부르고, 이것이 그린 치즈에서의 카제인 분자의 존재 상태이다([그림 3]).

자연치즈와 가공치즈의 근본적인 차이는 용융염의 작용으로 카제인의 구조가 변화하는 데에 있다. 가공치즈의 제조에서 용융염으로 사용되는 것은 구연산염과 인산염이 대부분이다. 이 중에서 인산염은 모노인산염(*ortho*-인산염)과 그것이 탈수축합해서 얻어진 여러 가지 폴리머가 있으며 그 종류는 매우 많다고 할 수 있다([그림 4]). 가공치즈 제조에서 용융염의 작용은 ① 융용염의 1가 양이온(통상 나트륨)과 치즈 중의 콜로이드상 인산칼슘(카제인 결합성 칼슘)의 이온교환, ② 치즈 중의 $p$-casein의 가용화, ③ $p$-casein의 수화라고 생각된다([그림 5]).

용융염은 카제인 서브마이셀 사이의 콜로이드상 인산칼슘에 작용하며 이 칼슘과 용융염의 나트륨이 이온교환된다. 그 결과 카제인 마이셀은 서브마이셀 단위로 분산하게 된다.[10] 이 이온교환력은 용융염의 종류에 따라서 차이가 있고, 폴리인산염(polyphosphate) > 피로인산염(pyrophosphate) > 오르토인산염(orthophosphate) = 구연산염 순으로 생각되고 있다.[11] 또 이온교환력은 pH가 높을수록 용융염의 해리가 진행되기 때문에 이온교환력은 강하게 된다. 이 경향은 인산염에서는 가닥이 짧은 것일수록 현저하다.[12] 가공치즈에서 적정한 pH의 범위는 5.0~6.5 이하이고, pH 5.0 이하에서는 카제인이 등전점에

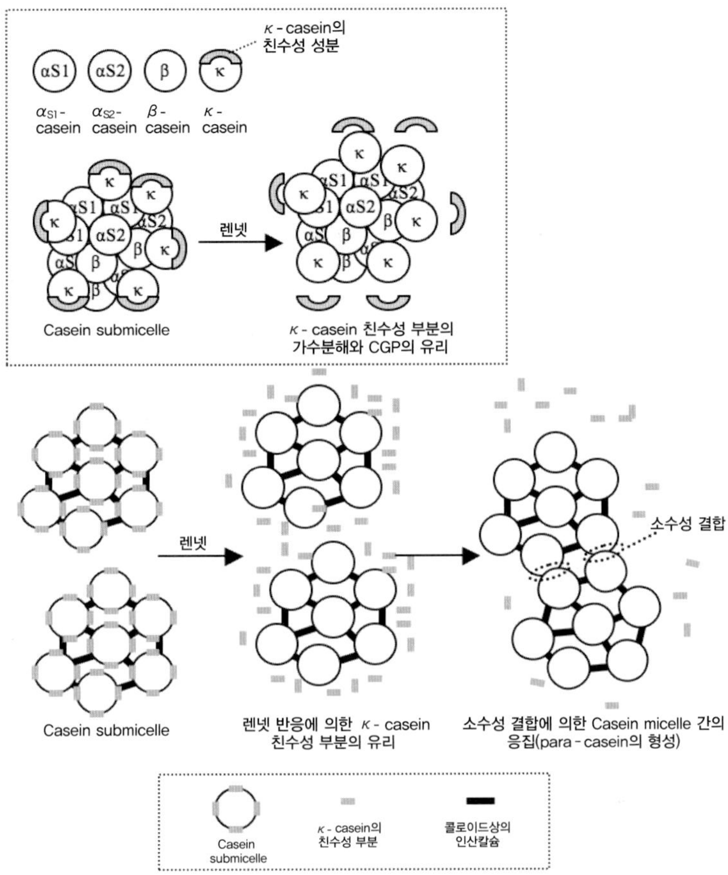


**그림 3.** 카제인 (서브)마이셀의 구조와 렌넷에 의한 응유반응

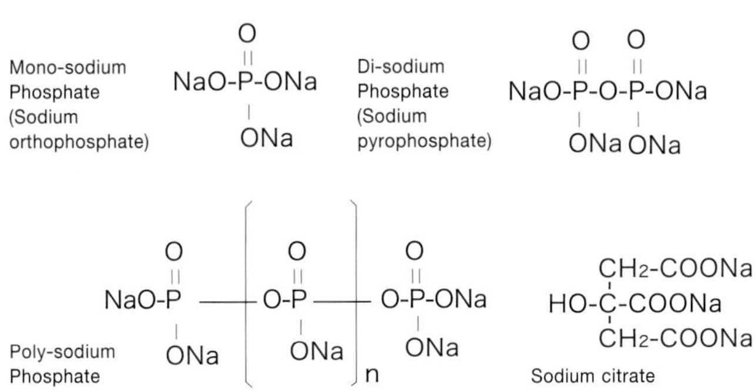


**그림 4.** 각종 용융염의 화학구조

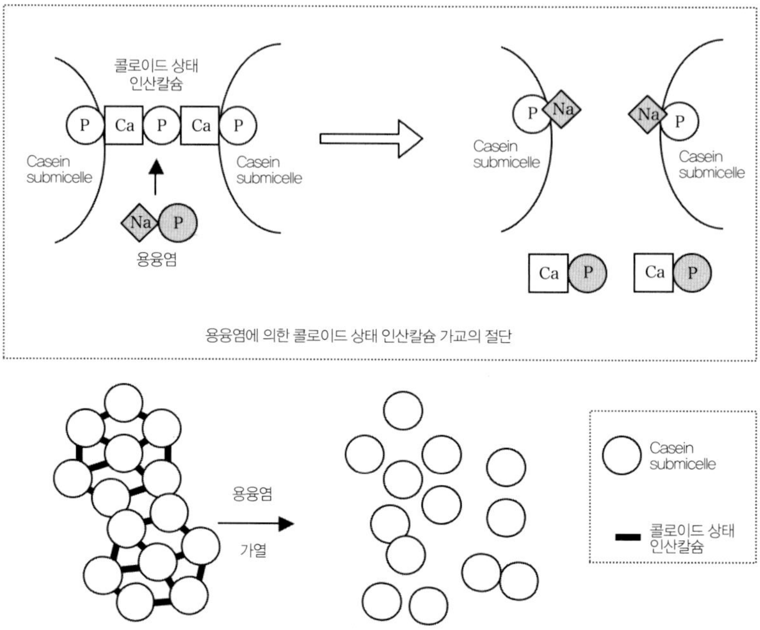


**그림 5.** 용융염 작용에 의한 카제인 (서브)마이셀의 분산효과

가깝기 때문에 카제인 사이의 상호작용이 저하되어 가공치즈의 조직이 약해진다. 한편, pH 6.5 이상에서는 치즈의 조직이 부드럽게 되고 알칼리 취를 느끼는 경우가 있다.[13-14] 통상의 가공치즈 제조 공정에서는 적정한 pH가 되도록 중탄산나트륨 등으로 pH를 컨트롤하는 방법도 행해지고 있다. 또 구연산염이나 인산염으로 이루어진 용융염에는 pH 완충작용이 있다.

용융염에 따른 카제인 서브마이셀 사이의 콜로이드상 인산칼슘에 의해 가교가 붕괴되면 카제인은 가용화해서 수화하는 것으로 생각되고 있다.[14-15] 이 현상은 자연치즈로 용융염을 작용시키면 가용성의 단백질이 현저히 증가하는 것으로 확인 가능하다.[14-15] 전자현미경 관찰에 의하면 가공치즈 중의 카제인의 입자경은 20~30 nm이고, 서브마이셀에 상당하는 입자가 확인되고 있다.[10] 전술한 것과 같이 카제인 단백질은 양친매성 구조를 가지고 있고 용융염의 작용으로 수화해 분산하면 그 자체가 유화제로서의 작용도 발휘한다. 이 카제인의 유화력으로 치즈 중의 물과 지방을 안정한 유화 상태로 만든 것이 가공치즈이다. 카제인을 수화시켜 가용화해 분산하는 힘에 관해서도 용융염 종류에 따라서 작용의 강도가 다르지만 연구자에 따라서 그 평가는 일정하지 않다.[15] 그 이유는 가공치즈의 물성이나 성질이 용융염뿐만 아니라 원료 치즈나 유화 조건 등 다른 많은 요인에 좌우되기 때문으로 생각된다. 카제인의 수화나 분산은 pH에 따라서도 영향을 받는다. pH가 높아져 카제인의 부전하가 증가하면 수분의 흡수력이 증가해 수화가 진행된다.

용융염은 이온교환작용이나 카제인을 수화시켜 분산시키는 작용만이 아니라 후술하는 크리밍 작용에도 관계가 있고 가공치즈의 품질이나 물성을 컨트롤하는 중요한 요소이다. 따라서 블록 타입의 가공치즈용, 스프레드 타입의 가공치즈용 등 용도에 따라서 여러 가지 인산염을 배합한 것이 용융염 제제로서 시판되고 있다.[1]

대부분의 용융염은 인산염이든 구연산염이든 모두 나트륨염이지만, 나트륨 저감을 목적으로 칼륨염으로 치환되는 것도 있다. 그러나 칼륨염의 경우 독특한 수렴맛(收斂味) 때문에 나트륨염과의 치환에는 한계가 있는 것 같다. 또 삼인산(tripolyphosphoric acid) 이상 길이의 인산염은 용이하게 가수분해를 받기 때문에[14] 화학적으로 순수한 상태에서는 존재할 수 없다는 것에도 주의가 필요하다. 용융염을 먼저 용액으로 해서 첨가하는 경우 그 가수분해의 정도는 꼭 확인해 둘 필요가 있다. 또 가수분해는 가공치즈의 유화 중 및 유화 후에도 진행된다. 유화 중의 가수분해는 전단력의 강도나 온도에 의존하지 않고 유화 시간이 길면 증가한다.[14] 치즈에 첨가한 폴리인산염의 약 50%는 유화 공정에서, 나머지 50%는 저장 7~10주간에 가수분해된다고 하는 보고도 있다.[14]

최근의 용융염 제제 가운데는 가공치즈의 물성을 제어할 수 있는 것으로써 내열보형성(열에 녹기 어려운 성질)이나 내수성(고수분의 물질과 접촉할 경우 수분이행을 받기 어려운 성질)을 부여할 수 있는 것이 시판되고 있다. 슬라이스 온 슬라이스형의 박절한 치즈에서는 치즈 표면을 보다 매끄럽게 함으로써 치즈를 쌓는 경우에 서로 결착력을 어렵게 하는 작용을 가진 용융염이 사용된다.[16] 예전부터 인산염에는 미생물에 의한 정균 효과가 알려져 있지만, 용융염 중에서는 이 정균 효과가 현저한 가공치즈에 일정 이상의 농도로 첨가해서 종래의 문제점의 하나였던 낙산균에 의한 가스 팽창을 억제하는 방법이 개발되었다. 그 작용 기구는 균이 세포분열하는 경우에 작용해서 정상적인 세포분열을 방해함으로써 균의 증식을 억제하는 것으로 생각된다.[17] 또 인산염 중에는 곰팡이에 대한 억제효과가 현저한 것도 시판되고 있다.[16] 이런 기능성을 가진 용융염은 그 단독으로 작용하거나 또는 다른 첨가물이나 제조 조건과 조합시켜서 가공치즈에 기능을 부여할 수 있는 새로운 기술로써 주목받고 있다. 가공치즈에서 각종 용융염의 일반적인 성질을 [표 2]에 정리해서 표시했다.

**표 2.** 가공치즈 제조에 사용되는 용융염의 종류와 모든 성질[15]

| 분류 | 일반적으로 사용되는 소금 | Ca 봉쇄력 | pH 완충능력 | Para-casein 수화력 | 지방유화/분산력 |
|---|---|---|---|---|---|
| Citrate | Trisodium citrate | 낮다 | 높다 | 낮다 | 낮다 |
| Orthophos phate | Disodium hydrogen phosphate<br>Trisodium phosphate | 낮다 | 높다 | 낮다 | 낮다 |
| pyrophos phate | Disodium dihydrogen pyrophosphate<br>Trisodium hydrogen pyrophosphate<br>Tetrasodium pyrophosphate | 중간 | 중간 | 아주 높다 | 아주 높다 |
| Polyphosp hate | Pentasodium tripolyphosphate<br>Sodium tetrapolyphosphate<br>long-chain Sodium polyphosphate | 높다~<br>아주 높다 | 낮다~<br>아주 낮다 | 높다~낮다 | 아주 높다~<br>낮다 |

### 3) 물리적 전단력과 유화장치

가공치즈의 유화에는 종래의 쿠스토나 타입, 스테판 쿠커(Stephan cooker), 직접가열식 연속유화기(shock 유화기 등) 및 간접가열식 연속유화기(combinator 등) 등이 오랫동안 사용되어 왔다.[1] 이 같은 유화기를 사용해 자연치즈에 용융염을 가해서 가열 반죽하면 녹아 나오는 지방이 분산되어 표면에 새로운 지방구 피막을 형성해 지방구로 된다.[14] 이때 가열 유화한 치즈에 전단력을 가할수록 지방구는 작아지게 된다. [그림 6]은 스테판형 유화기(고전단력)와 쿠스토나형 유화기(저전단력)로 만든 가공치즈 조직의 전자현미경 사진이다. 고전단력의 유화에서는 지방구가 미세하게 분산되어 있음을 알 수 있다. 이같이 가열, 유화에서 전단력의 강도는 가공치즈의 조직, 풍미, 물성에 크게 영향을 미친다. 일반적으로 고전단력으로 유화한 가공치즈는 용융 상태에서 그다지 섬유상 가닥이 신장하지 않고 소위 short texture로 되어 냉각 후의 치즈는 지방구가 작아 조직이 치밀하고 딱딱해서 부스러지기 쉬운 물성으로 된다. 반면에 저전단력으로 유화한 가공치즈는 용융 상태에서 가닥이 신장해서 길어져 long texture로 되어 냉각 후에 지방구가 크고 탄력성이 있는 부드러운 물성으로 된다. 이것은 전단력이 용융염의 작용을 촉진시키기 때문인 것으로 생각되고 있다. 즉 높은 전단력 유화로는 카제인의 수화 및 분산이 진행되고, 한편 저전단력 유화에서는 용융염이 충분히 작용하지 않기 때문에 원래의 자연치즈의 물성을 어느 정도 유지하게 된다. 예를 들면, 가공치즈에 가열할 때의 가닥의 신장성을 희망하는 경우에는 저전단력 유화를 행하는데 이것은 가닥의 신장성이 원래 자연치즈의 카제인 구조(물성)에서 유래하기 때문이다.

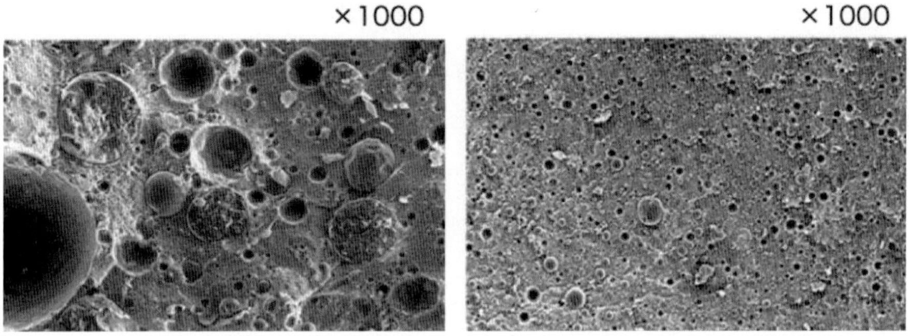


낮은 전단(Shearing)에서의 유화 높은 전단(Shearing)에서의 유화

**그림 6.** 전단(Shearing)이 가공치즈의 조직에 미치는 영향

### 4) 크리밍(Creaming)

통상의 가공치즈의 가열 유화는 80~100℃의 온도까지 승온시키는 것이 일반적이지만, 목표의 온도에 도달한 후, 유화솥 안에서 교반을 계속하면 치즈의 점도가 서서히 상승하는 현상이 보인다. 이 현상을 '크리밍'이라고 부르며 가공치즈 제조에서는 오래전부터 알려진 현상이다.[1, 14, 15]

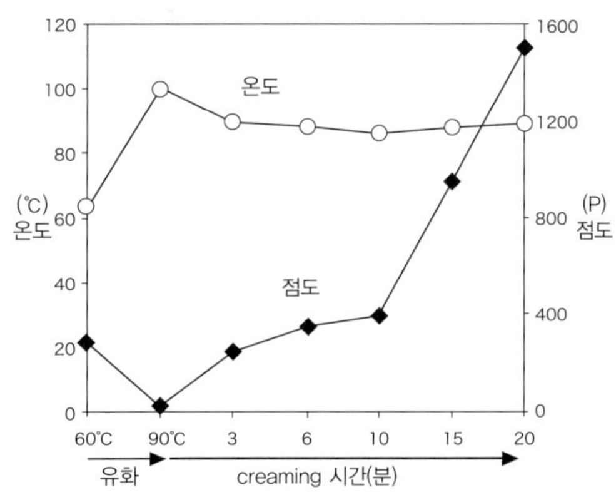


**그림 7.** 가공치즈의 유화와 크리밍의 온도와 점도의 변화[20]

[그림 7]은 크리밍의 예로서 원료인 자연치즈에 용융염을 가해 치즈의 온도가 90℃가 될 때까지 가열 유화하고, 그 후 치즈의 온도를 90℃로 유지한 채 교반을 20분간 이어지는 조작(크리밍)을 계속한 경우, 치즈의 온도와 점도의 관계를 나타내고 있다.

가공치즈의 실제 제조에서는 치즈를 포장재나 용기에 충진하는 경우, 충진기나 포장재의 특성에 따라 어떤 범위의 점도가 요구된다. 따라서 제조 조건을 설정하는 경우에는 유화한 치즈의 일정한 점도를 유지하기 위해서 크리밍 시간을 설정하고 있는 경우가 많다. 다만, 과도한 크리밍은 용융 상태의 치즈의 유동성을 잃게 되어 가공치즈를 딱딱하고 퍼석퍼석한 조직으로 만들어 버린다. 또 크리밍은 가공치즈의 경도, 열용융성, 후술하는 전조리(precooked) 치즈로서의 효과에도 영향을 미친다. [표 3]은 [그림 7]에 나타낸 크리밍에 의한 경도나 내열보형성이 어떻게 변화했는지를 나타내고 있다.

이런 결과로부터 크리밍 시간을 길게 하면 가공치즈는 딱딱하고 내열보형성이 증가한다. 크리밍이라고 하는 현상은 가공치즈 제조에서 중요한 역할을 함에도 불구하고 최근까지 충분한 메커니즘의 해명에는 다다르지 못했다. 최근의 연구에서는, 크리밍은 카제인(카제인 서브마이셀)의 구조변화에서 기인하는 현상이라는 것이 밝혀졌다.[10,18-20]

**표 3.** 크리밍이 가공치즈의 경도와 내열보형성(耐熱保形性)에 미치는 영향 [20]

| | 유화 공정(온도) | | Creaming 공정(시간) | | | | |
|---|---|---|---|---|---|---|---|
| | 60℃ | 90℃ | 3분 | 6분 | 10분 | 15분 | 20분 |
| 경도(g) | 58 | 93 | 145 | 178 | 202 | 280 | 320 |
| 내열성(mm)* | 4.27 | 11.98 | 19.32 | 18.77 | 19.51 | 20.00 | 20.00 |

*정육면체(20 mm×20 mm×20 mm)로 잘라낸 치즈를 50℃에서 2시간 가열했을 때의 치즈의 높이를 내열성의 지표로 삼았다.

일반적으로 수중유적형의 식품의 물성이나 구조는 식품을 구성하는 성분과 물과의 상호작용에 의존하는 경우가 많다. 그렇기 때문에 크리밍 중에 카제인과 물과의 친수성이 어떻게 변화하는가를 평가할 목적으로 크리밍 중의 가용성 단백질량의 변화를 조사해 본 결과, 크리밍 시간이 길어지면 가공치즈 중의 가용성 단백질량이 감소하여 불용성 성분이 증가했다([표 4]). 원료 자연치즈 중의 카제인의 대부분은 물에 불용하지만 이것에 용융염을 작용시키면 가용화해 가용성 단백질이 증가했다. 그러나 크리밍을 실시함으로써 가용성 단백질은 다시 감소했다.

한편, 불용성 획분량은 가용성 단백질량과는 반대의 증감을 나타냈다. 이것은 가공치즈 제조 과정에서 용융염의 작용에 의해 분산해서 용해한 카제인(아마도 카제인 서브마이셀)이 크리밍에 의해서 다시 새로운 구조를 형성해 불용화하는 것으로 나타나고 있다. 이 현상을 상세히 검토하기 위해서 원료인 자연치즈로부터 유화, 크리밍에 이르는 각 과정에서

**표 4.** 유화에서 크리밍에 이르는 제조 공정의 가공치즈 중의 가용성 단백질량과 불용성 획분량의 변화[20]

| | 원료 | 유화 공정(온도) | | Creaming 공정(시간) | | | | |
|---|---|---|---|---|---|---|---|---|
| | 자연치즈 | 60℃ | 90℃ | 3분 | 6분 | 10분 | 15분 | 20분 |
| 가용성 단백질량 (mg/mL)* | 0.53 | 6.09 | 4.10 | 2.45 | 0.98 | 0.61 | 0.48 | 0.49 |
| 불용성화분(g)* | 2.51 | 1.61 | 2.43 | 2.61 | 2.77 | 4.02 | 4.90 | 4.09 |

*5 g의 가공치즈를 45 g의 물과 혼합해 균질화 했다. 용액을 원심분리해 지방층, 용액층, 불용성화 부분으로 분리했다. 가용성 단백질량은 용액층 중의 단백질량으로 정했다.

각각에 포함되는 가용성 카제인의 분자량 분포를 분자배제 크로마토그래피로 분석했다([그림 8]). 원료인 자연치즈는 카제인에 상당하는 분자량 약 20 kDa의 피크와 그 분해물인 것으로 생각되는 피크로 되어 있었다. 이것에 용융염을 가하면 분자량 500 kDa를 넘는 위치와 분자량 10 kDa 이하의 위치에 새로운 피크가 출현했다. 이것들은 자연치즈 중에서 *p*-카제인 마이셀로 존재해 물에 불용이었기 때문에 피크로서 차트상에 나타나지 않았던 카제인이 용융염의 작용으로 분산되어 가용화한 것이라고 생각된다. 분자량으로부터 생각하면 500 kDa 이상의 분자량의 피크는 카제인 서브마이셀에 상당하는 것으로 생각되고,[9] 분자량 10 kDa 이하의 피크는 카제인의 분해물이고 *p*-casein이 분산되는 단계에서 유리된 것이 아닌가라고 생각되고 있다. 크리밍을 계속해 가면 분자량 500 kDa 이상의 위치의 피크는 서서히 작아지게 되고 크리밍 15분에서는 완전히 없어졌다.

이 변화는 [표 4]에 표시하는 가용성 단백질량의 변화와 일치하고 있고, [표 4]에서 유화 도중(60℃)에 증대하는 가용성 단백질은 대부분이 카제인 마이셀인 것으로 생각된다. 전술한 것같이 크리밍 과정에서 카제인의 새로운 구조 형성이 다시 일어난다고 한다면, [그림 8]의 결과로부터 카제인 서브마이셀을 기본 단위로 한 구조 형성이 발생하고 있는 것은 아닌가라고 추측된다. 그래서 새롭게 생긴 구조는 물에 녹지 않는 성질을 가지고 있기 때문에 크리밍이 진행함에 따라서 가용성 단백질(카제인 서브마이셀)은 감소한다. 이같이 카제인이 크리밍 중에 구조변화를 일으키는 현상은 전자현미경에 의해서 관찰되었고[10,19] 가공치즈가 크리밍 중에 증점하는 과정에서 카제인 사이에 사슬 형태의 결합이 발생한다는 것도 보고되어 있다.[18]

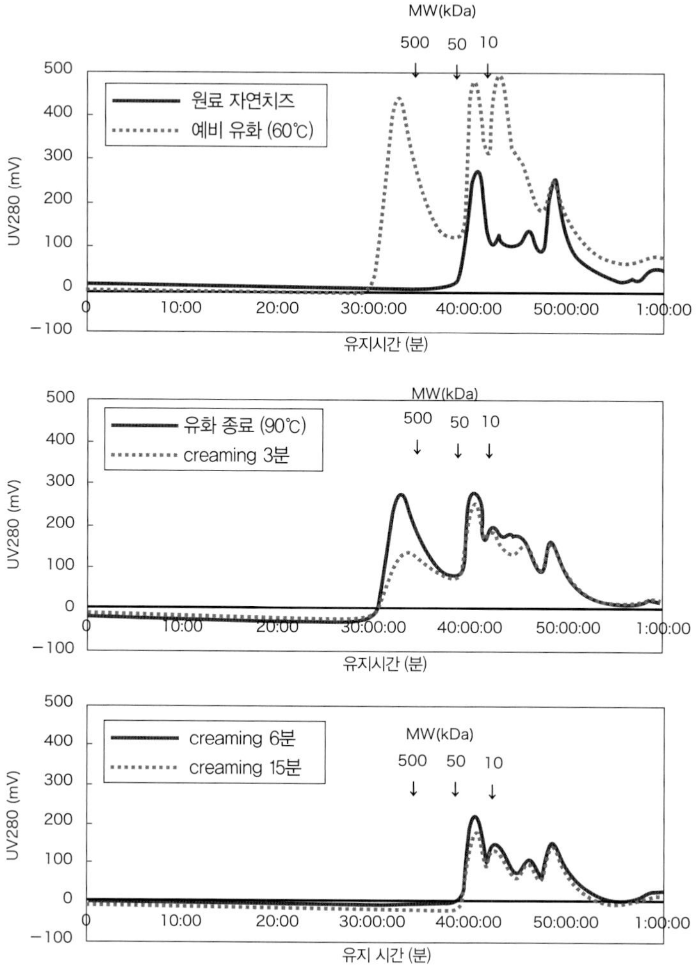


**그림 8.** 가공치즈 제조 공정에서 가용성 획분의 분자배제 크로마토그래피(chromatography)[20]

## 5) 전조리 치즈(precooked cheese)

크리밍과 같이 가공치즈 제조에서 물성 조정의 목적으로 사용되고 있는 기술에 전조리 치즈의 이용이 있다. 전조리 치즈는 가공치즈를 제조하는 과정에서 포장 미스 등에 의해 제품화되지 못한 것이나, 제조 종료 후 배관 내에 남은 치즈를 말한다. 기본적으로는 가공치즈 자체이다. 자연치즈를 가열 유화해 가공치즈를 제조하는 경우 이 전조리 치즈를 수% 첨가하면 크리밍의 경우와 같이 유화한 치즈의 점도가 상승하는 동시에 최종 제품인 가공치즈를 보다 딱딱하고 내열보형성이 있는 것으로 변화시킨다. 전조리 치즈로서 효과의 강도는 사용한 용융염의 종류나 양, 전단력의 강도, 적산열(積算熱)에 의해 영향을 받는다. 일반적으로는 쇄장(鎖長)이 짧은 축합인산염을 용융염으로서 많이 사용한 경우나, 유화할 때 전단력이 큰 경우, 적산열이 큰 경우 만들어진 가공치즈의 전조리 치즈로서의 효과는 강하게 된다. [그림 9]는 크리밍이 전조리 치즈의 효과의 강도에 미치는 영향을 검토하기 위해 미리 크리밍 시간을 달리해서 조절한 전조리 치즈를 새롭게 유화하는 치즈에 첨가했을 때의 점도를 나타내고 있다. [그림 9]의 실험에서는 점도의 높이가 전조리 치즈의 효과의 강도에 관한 지표로 되어 있다. 이 실험 결과로부터 크리밍 시간이 길어지면 얻어진 가공치즈는 전조리 치즈로서의 효과를 강하게 가진다는 것을 알았다.[20]

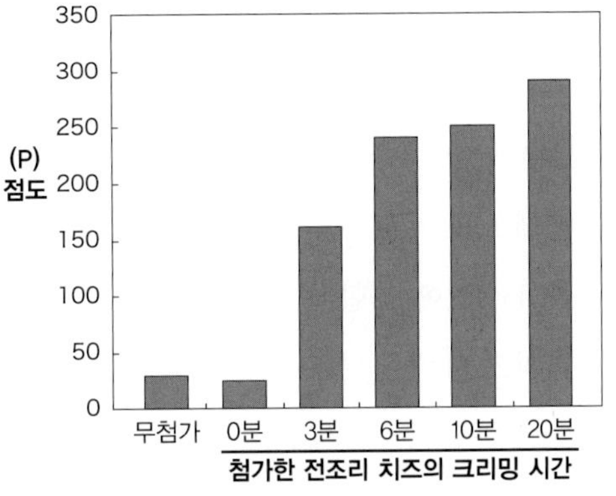


**그림 9.** 크리밍 시간과 전조리 치즈의 효과(증점효과)의 관계[20]

미리 크리밍 시간을 변경한 전조리 치즈를 조제하고 새롭게 유화하는 치즈에 5% 첨가한 시점의 점도를 전조리 치즈 효과 강도의 지표로 하였다.

경험적으로는 전조리 치즈로서의 효과는 그 가공치즈가 받은 적산열이 크면 강하게 된다는 것이 알려져 있고, 크리밍에 의한 전조리 치즈 효과에 대한 영향은 전단력과 열의 상승효과라고 생각된다. 또한 저장 기간이 길어짐에 따라 전조리 치즈의 효과는 강하게 된다.[21]

(후술)

전조리 치즈의 효과에 관해서도 오래전부터 가공치즈 제조에 응용되고 있으면서도 최근까지 충분히 그 메커니즘이 해명되지 않았다. 그 전조리 치즈의 효과가 어디에서 유래하는 것일까라는 것을 해명하기 위해서 전조리 치즈를 물에 가용인 획분과 물에 불용인 획분으로 분획하고, 물에 불용인 획분의 전조리 치즈로서의 효과

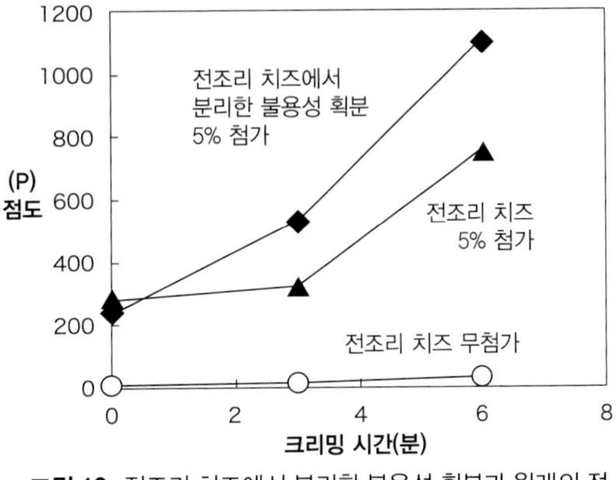


**그림 10.** 전조리 치즈에서 분리한 불용성 획분과 원래의 전조리 치즈의 증점효과의 비교[20]

를 원래 가공치즈(전조리 치즈)와 비교했다([그림 10]). 그 결과 물에 불용인 획분은 그것을 분리한 원래의 가공치즈(전조리 치즈)보다도 전조리 치즈로서의 효과가 강했다. 전술과 같이([표 4]), 이 불용성 획분은 가공치즈 제조 중의 크리밍에 의해서 서서히 증가하는 것이고, 분자배제 크로마토그래피의 결과([그림 8])로부터 용융염의 작용으로 분산해 가용화된 카제인 서브마이셀이 중합한 것으로 생각된다. 이러한 결과로 부터 전조리 치즈의 효과의 본질은 가공치즈의 중에서 카제인 서브마이셀이 중합해서 형성한 구조인 것으로 추측된다.

### 6) 저장 중의 변화

유통기한이 긴 가공치즈라고 해도 저장 중에 느리지만 품질이 변화한다. 일반적으로는 점차 딱딱하고 퍼석한 물성으로 되어 내열보형성이 증대한다. 또 전조리 치즈로서의 효과가 강하게된다. 이런 변화가 제품의 수분이나 지방분, 원료 치즈의 숙도, 증점다당류 등의 식품첨가물의 유무, 전조리 치즈 첨가의 유무 등에 의해서 적지않은 영향을 받는다. 이런 저장 중의 변화 가운데 물성에 관한 변화(딱딱하게 된다, 부서지기 쉽게 된다, 내열보형성이 강하게 된다, 전조리 치즈로서의 작용이 강하게 된다.)는 어느 경우도 전술한 가공치즈를 크리밍할 때의 변화 경향과 일치하고 있다. 이것은 가공치즈 제조 현상에서도 경험적으로 인식되고 있어 가공 제조의 비밀로써 실제로 제조에 적용되고 있다. 예를 들면 전조리 치즈로서 강한 효과를 기대하는 경우 저장 기간이 긴 전조리 치즈를 사용하는 것 등이 이것과 일치한다.

최근 연구에 의하면[21] 이런 가공치즈의 저장 중의 변화는 가공치즈 중의 카제인의 구조변화라고 하는 관점에서 가공치즈의 유화와 그것에 이어 크리밍에서 생기는 변화와 본질적으로 같은 것이라는 것이 시사되었다. [표 5]에 5℃와 20℃에서 저장한 가공치즈의 변화 데이터를 나타냈다. 저장 중에 가공치즈의 pH는 서서히 저하되지만, 이것은 용융염으로 사용한 인산염의 가수분해에 의한 것이다.[14] 그 결과 가공치즈는 저장 중에 산미가 강하게 되는 경향이 있고 [표 5]에서 증명된 것처럼 경도와 내열보형성은 저장 중 점점 커지게 된다. 또 이 변화는 저장온도가 높을수록 현저하다. 한편 가용성 단백질(casein)은 저장 중에 점점 감소한다. 이런 변화는 전술한 가공치즈의 유화에 이어서 크리밍 중의 변화와 같은 경향이다. 이상의 결과로부터 저장 중인 가공치즈에서 크리밍에 의해 생긴 것과 같은 카제인의 구조변화가 천천히 진행하고 있다는 것을 추측할 수 있다.

**표 5.** 5℃ 및 20℃에서 저장 중의 가공치즈의 변화[21]

| 저장 기간 | pH | | 경도(g) | | 내열보형성(mm)* | | 가용성 단백질 (mg/mL)** | |
|---|---|---|---|---|---|---|---|---|
| | 5℃ | 20℃ | 5℃ | 20℃ | 5℃ | 20℃ | 5℃ | 20℃ |
| 1 | 5.85 | – | 75 | – | 10.5 | – | 2.88 | – |
| 60 | 5.71 | 5.69 | 99 | 128 | 14.6 | 17.7 | 1.22 | 0.99 |
| 120 | 5.69 | 5.65 | 144 | 198 | 18.8 | 20.0 | 0.98 | 0.60 |
| 180 | 5.65 | 5.63 | 213 | 262 | 20.0 | 20.0 | 0.79 | 0.48 |

*직육면체(20 mm×20 mm×20 mm)로 잘라낸 치즈를 50℃에서 2시간 유지한 후의 치즈 높이
**5 g의 치즈에 45 g의 물을 더해 균질화 한 후, 원심분리한 위쪽 맑은 부분의 단백질 함량

전술한 것처럼 전조리 치즈의 효과는 일정하지 않고 경험적으로 저장 기간이 긴 전조리 치즈는 그 결과가 크다는 것이 알려져 있다. [그림 11]에서는 저장 기간이 다른 가공치즈를 전조리 치즈로서 사용해 새로운 가공치즈를 제조한 경우, 그 증점 효과를 전조리 치즈의 효과의 강도로서 비교 평가했다. 제조 직후의 가공치즈를 전조리 치즈로서 사용한 경우, 그 증점의 양상은 전조리 치즈를 첨가하지 않는 경우와 다른 차이가 없고, 제조 직후의 가공치즈에서는 전조리 치즈로서의 효과가 인정되지 않았다. 한편 180일간 저장한 가공치즈는 증점 효과가 현저했다. 저장 온도의 차이에 관해서 본 실험에서는 20℃에서 저장한 가공치즈 쪽이 보다 강한 증점 효과를 가지는 경향이 인정되긴 했지만 큰 차이는 아니었다.

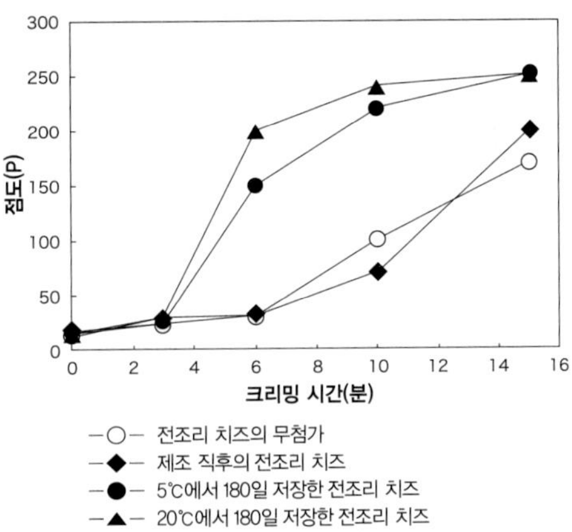


**그림 11.** 저장 기간이 다른 전조리 치즈 첨가가 치즈의 점도에 미치는 효과[21]

저장 중의 가공치즈에서 단백질의 구조변화에 관해서 크리밍의 경우와 같은 형태로 분자배제 크로마토그래피에 의한 검토를 했다. [그림 12]에 표시한 것처럼 크리밍을 하지 않은 제조 직후의 가공치즈의 가용성 단백질은 분자량 500 kDa를 초과하는 카제인 서브마이셀에 상당하는 피크, 분자량 20 kDa의 카제인에 상당하는 피크, 카제인의 분해물이면서 20 kDa 이하의 피크로 구성되어 있다. 이 가용성의 카제인 마이셀이나 카제인 분자는 용융염의 작용에 의해 $p$-casein으로부터 유리된 것이다.[20]

저장 중의 카제인 마이셀에 상당하는 분자량 500 kDa 이상의 브로드한 피크는 서서히 작

아지게 되고 저장 개시로부터 180일 후에는 완전히 소실되어 갔다. 저장온도 20℃와 5℃를 비교하면, 20℃에서 저장된 쪽이 카제인 마이셀에 상당하는 피크의 소실 속도는 빨라 온도 의존성이 확인되었다. 여기에서 관찰된 카제인 서브마이셀에 상당하는 피크의 소실은 가공치즈의 크리밍 중에 보인 현상과 일치하고 있어, 이 결과로부터도 저장 중의 가공치즈에서 크리밍에 의해 일어난 것과 같은 카제인의 구조변화가 서서히 진행해 가는 것으로 추측된다.

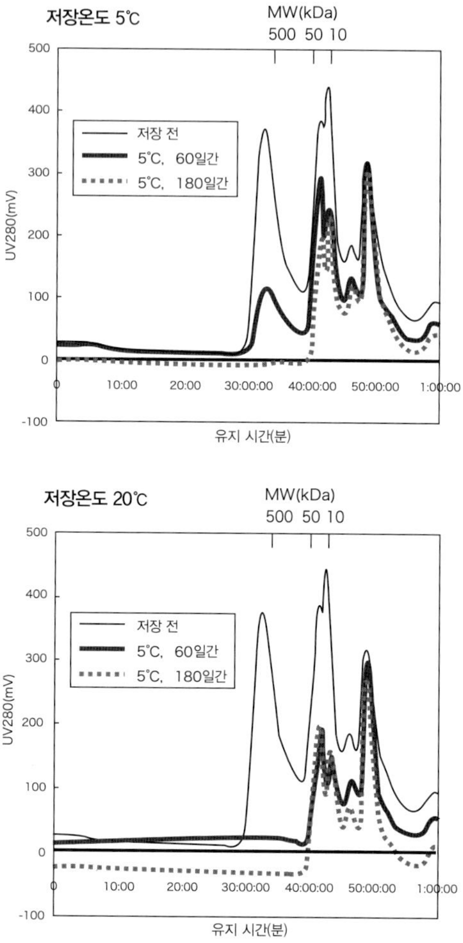


**그림 12.** 가공치즈 저장 중의 가용성 획분의 분자배제 크로마토그래피[21]

### 7) 가공치즈 중의 카제인의 구조변화에 관한 모델에 관해서

최근의 연구에서도 지금까지 기술해 온 것 같이 크리밍 중의 카제인의 변화에 관해서 전자현미경 관찰이나 단백질 화학적 수법에 의해 몇 가지 모델이 제시되어 있다.[18-21] 이것들은 크리밍 효과나 전조리 효과가 카제인의 중합으로 구조변화에서 기인한다는 점에서 일치하고 있다([그림 13]). 원료인 자연치즈는 콜로이드상 인산칼슘으로 가교된 물에 불용성인 카제인 서브마이셀(*p*-casein)과 일부 물에 가용인 유리 카제인과 그 분해물로 되어 있다([그림 13-A]). 이것에 용융염을 가해서 가열유화하면 용융염의 작용에 의해서 콜로이드상 인산칼슘의 가교가 붕괴되어 카제인 서브마이셀과 숙성에 의해서 분해를 받은 카제인이 유리된다([그림 13-B]). 이것을 크리밍하면 카제인 서브마이셀을 단위로 해서 새로운 구조가 형성되어 다시 물에 불용으로 된다([그림 13-C]). 이렇게 형성된 새로운 구조가 크리밍에서 가공치즈의 증점, 경도의 상승, 내열보형성의 상승 및 전조리 효과 증대 등의 현상을 일으키는 원인으로 된다. 더욱이 크리밍을 계속하면 일단 유리해서 가용화된 카제인 서브마이셀의 거의 모두가 새로운 구조 형성에 참여한다([그림 13-D]). 이 크리밍 중에 일어나는 현상과 같은 변화가 저장 중의 가공치즈에서도 서서히 진행된다. 일반적으로 화학반응 속도는 기계적인 교반(전단력)이나 온도에 의존하지만 전조리 치즈 중의 카제인 구조의 변화에 관해서도 이것과 같은 양상이라고 생각되어 고온에서 전단하는 조건(크리밍)에서는 저온에서 정치하는 조건에 비해서 현저히 변화(반응 속도)가 빠르다.

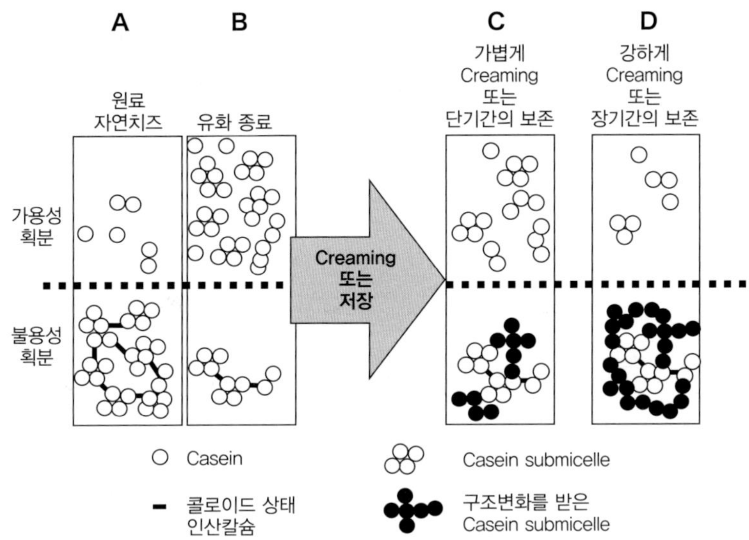


**그림 13.** 가공치즈 중의 카제인 구조변화(추정도)

### 8) 풍미나 물성 부여를 목적으로 하는 첨가물 등

가공치즈는 치즈 이외의 식품이나 식품첨가물을 용이하게 섞어 넣는 것이 가능하다. 풍미 부여의 목적으로 육류나 넛츠, 과일류 또는 향료나 색소를 혼합하는 것은 지금까지도 행해지고 있다. 또 일본의 가공치즈 규격에는 식품첨가물의 이용도 허가되어 있고, 물성 조정의 목적으로 유화제나 안정제가 사용되고 있다. 안정제는 다른 식품에도 사용되는 증점 다당류가 일반적이고, 로커스트 빈 검, 잔탄 검, 구아 검, 타마린 검, 아라비안 검, 카라지난 등이 점도 조정, 조직 형성, 유화의 안정화 및 누수 방지 등의 목적으로 사용되는 경우가 많다. 가공치즈의 표시에는 용융염은 유화제로 표시되지만 용융염 외에 물성 조정 등의 목적으로 각종 유화제가 사용되고 있다. 예를 들면 설탕 지방산 에스테르 등의 유화제는 저지방 치즈의 물성을 부드럽게 하도록 하는 효과가 있다.[22]

해외에서는 물성 조정 등의 목적으로 유성분을 가공치즈에 배합하는 일이 행해져 왔다. 일찍이 일본의 가공치즈에 관한 공정거래규약에서는 지방산 이외의 유제품을 가공치즈에 배합하는 것은 허가되지 않았었다. 그러나 2004년 개정되어 제한적이지만 유성분의 가공치즈에의 첨가가 허가되었다. 구제적으로는 카제인나트륨, 렌넷카제인, 유청 단백질 농축물(WPC), 유단백질 농축물(MPC) 및 탈지분유 등이 이것에 해당하고, 가공치즈에서 이것들의 유화력이나 보수력에 따라서 원하는 조직이나 물성을 만들어 내는 것을 목적으로 해서 사용되고 있다.

이 외에 해외에서는 치즈 베이스가 가공치즈 원료의 일부분으로 사용되고 있다. 치즈 베이스는 탈지유를 한외여과 처리해 더욱더 다이아필트레이션(diafiltration, 투석여과)으로 탈염을 해서 자연치즈의 대용으로서 가공치즈의 비용 절감 등의 목적으로 배합되고 있다. 이런 유성분 외에 가공치즈에 물성을 부여할 수 있는 식품으로 한천, 젤라틴, 난백, 가공 전분류 등이 있고, 각각의 유화 안정화, 조직형성 및 내열보형성 부여 등의 목적으로 사용되고 있다.

## 4. 가공치즈의 기능성

### 1) 열용융성

가공치즈의 열용융성을 부여하기 위한 요인으로는 원료인 자연치즈, 용융염, pH, 수분 및 유화 시의 전단력 등을 들 수 있고, 이런 요인이 상호 관련하면서 열용융성에 영향을 미치고 있다. 원료 치즈의 조직과 가공치즈의 열용융성과의 관계에 관해서 조사한 연구가 있지만 원료인 체다 치즈의 지방 함량, 수분, pH 등과 열용융성의 사이에는 상관성이 보이지 않는다는 것, 또 숙성 일수가 110일을 넘는 원료 치즈 중에 타이로신(tyrosine) 함량이 일정 수준을 넘은 것을 사용하면 열용융성이 향상되는 것으로 보고되고 있다.[23] 열용융성이 양호한 가공치즈와 내열성을 가진 가공치즈에 관해서 전자현미경으로 세포구조를 관찰한 결과 용융성이 좋은 것에서는 카제인 단백질이 세밀한 입자의 상태로 존재하는 것에 비해 내열성을 가진 것에서는 단백질 구조가 그물 구조로 존재하고 있다는 것을 알았다. 이 열용융성(내열보형성)과 카제인의 구조 관계에 관해서는 앞에서 기술했다. 열용융성에 대한 용융염의 영향에 관해서는 구연산염계의 용융염은 인산염계의 것보다 열용융성을 부여하는 데에 더 적합한 것으로 보고되어 있다.[24] 또 이 용융염의 종류의 차이에 따라서 열용융성에 차이가 발생하는 것에 관해서는 각종 용융염의 칼슘이온과의 결합 방법, 또는 용융염이 작용함에 따른 카제인의 구조변화의 차이가 관계되어 있는 것으로 관찰되고 있다. 이와 같이 가공치즈의 열용융성에는 원료 치즈의 숙성 기간, 가열유화 조건 및 용융염의 종류 등의 원인이 크게 영향을 미치는 것으로 생각된다.

### 2) 신장성

가공치즈에 신장성을 부여하기 위해서는 우선 충분한 열용융성이 확보되어 있어야 하는 것이 전제조건이 된다. 또 신장성을 향상시키기 위해서는 유화의 단계에서 지방을 거칠게 분산시켜 자연치즈의 지방의 존재 상태에 근접시키는 것도 중요하고, 그것을 위해서는 친수성의 유화제를 첨가하는 것도 유효하다. 신장성 발현 메커니즘은 용융염의 작용에 의해 콜로이드상 인산칼슘 가교의 일부가 붕괴되어 새롭게 생긴 카제인나트륨과 원래의 자연치즈의 카제인칼슘이 어느 정도의 비율을 유지해서 평형 상태에 도달한 때에 발현되는 것으로 추정되고 있다. 또한 유화의 교반 전단력을 크게 하면 신장성이 낮아진다는 것, 또 유청단백질 소재의 첨가는 신장성을 저해하지 않는다는 것도 밝혀져 있다. 따라서 가공치즈 또는 카제인 소재를 이용한 모델 치즈계로, 자연치즈에 유사한 신장성을 부여하기 위해서는 치즈 중의 카제인의 구조변화에 착목하면서 검토하는 것이 중요하다고 말할 수 있다.

### 3) 내열성

일반적으로 치즈는 열에 대해서 용융하는 것이지만, 조리 용도로 가공치즈를 사용하는 경우 가끔은 내열보형성이 필요할 때가 있다. 가공치즈는 본래 자연치즈에 비해서 열에 녹기 어려운 것으로 되어 있지만, 이것은 전술한 것처럼 용융염의 작용으로 분산한 카제인 마이셀이 가공치즈 중에서 새로운 구조를 만들어 내기 때문이라고 생각된다. 실제로, 통상의 가공치즈와 내열보형성을 가진 가공치즈를 전자현미경 관찰로 비교하면, 그 구조에 확실한 차이가 있다는 것이 보고되어 있다.[10] 이 같은 구조가 크리밍을 장시간 행하는 것이나 전단력을 강하게 함으로써 증가하고 동시에 저장 후에도 드물게는 강해지게 된다. 가공치즈의 내열보형성은 저장에서도 차츰 강하게 되지만, 이것도 전술한 것같이 카제인의 구조변화가 저장 중에 서서히 진행하는 것에서 기인한다([표 5]). 가공치즈에 내열보형성을 부여하는 목적으로 유화한 가공치즈를 급속 냉각하지 않고 고온에서 유지하는 방법이 행해지고 있다.[25] 이것은 가공치즈를 고온에서 유지해서 카제인의 구조변화를 촉진하는 것으로 가공치즈에 내열성을 부여하는 기술이고, 유화 조건이나 고온 유지의 조건을 설정하는 것으로 내열보형성의 강도를 어느 정도 조정하는 것이 가능하다. 이 외에 가공치즈의 내열보형성을 강하게 하는 방법으로써 난백이나 유청 단백질을 첨가하는 방법도 있다.[26]

### 4) 치즈 사이의 박리성(薄離性)

일본에서 최고로 오래전부터 상자형의 카툰 치즈(carton cheese) 중에는 우선 종이에 치즈를 잘라서 쌓은 소위 프리컷 치즈(precut cheese)가 있고, 지금은 카툰 치즈가 시장의 주류로 되었다. 이것은 종래의 카툰 치즈에 비교해 자르는 노력이 필요하지 않다는 간편성이 소비자에 전해진 결과라고 말할 수 있다. 또 업무용의 햄버거나 샌드위치에 사용하는 슬라이스 치즈 중에서는 치즈끼리 맞추어서 쌓는 타입이 있다. 이것은 가정용으로 시판되고 있는 필름으로 싼 슬라이스 치즈에 비해 필름을 벗기기 쉽기 때문에 작업성이 우수하다. 이런 기술적 특징은 중첩해서 맞춘 치즈끼리의 결착이 없고 간단하게 벗겨낼 수 있는 것이다. 이 치즈끼리의 박리성을 위해서는 가공치즈 원재료의 배합에 대한 연구가 필요하다. 구체적으로는 비교적 저온도의 치즈를 많이 배합할 것, 구연산나트륨 등과 크리밍 작용을 약화시키는 용융염을 사용하는 것 등이 있다.[27] 또 증점 다당류를 가해서 박리성을 향상시키는 것도 있다.[28]

### 5) 냉각성형 기술에 의한 가공치즈의 다양화

가공치즈의 냉각성형 공정에서 가공 기술을 도입함으로써 가공치즈에 새로운 다양성의 전개가 가능하게 되었다. 예를 들면 포함기(包餡機)로 제조되는 캔디 타입의 치즈에서는 캔디 타입의 치즈를 이중 구조로 해서 다른 풍미를 동시에 즐길 수 있는 제품이 있다.[29] 치즈끼리를 겹쳐서 맞춘 프리컷(precut) 치즈 중에는 3층 구조인 것이 있다. 프리컷 치즈의 경우 치즈끼리 서로 결착하지 않도록 하는 배합이나 물성에 제약이 있다. 그래서 배합상의 제약이 적은 중간층을 별도로 만들고 외층과 중간층의 색조나 풍미를 변화시킴으로써 프리컷 치즈의 다양화를 진행했던 것이다.[30] 다층화의 다양성은 알루미늄 포장의 포션 치즈에도 있다. 이것은 1개의 알루미늄 포장 중에 2개의 혼합 층상으로 충진한 것이고, 치즈에 소스를 넣은 이미지로 되어 있다.[31] 이외에도 두 종류의 믹스를 불균일하게 섞어 마블상으로 만든 가공치즈도 시판되고 있어, 어느 쪽이든 색깔이 좋고 두 종류의 풍미를 한꺼번에 즐기는 것이 가능하게 되었다. 냉각성형 기술을 응용한 제품의 예를 [그림 14]에 표시했다.

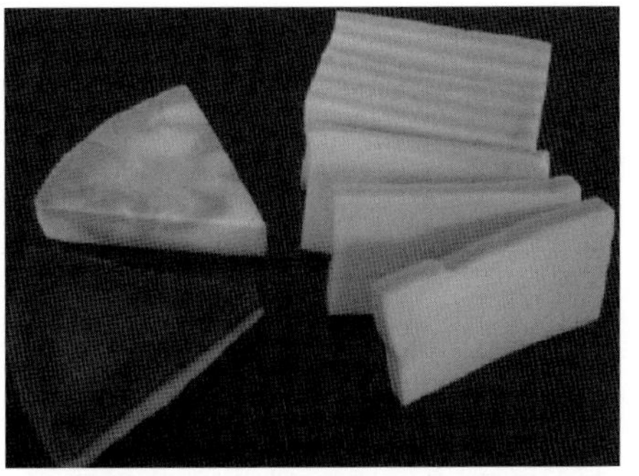

**그림 14.** 층 상태 또는 마블 상태의 가공치즈

### 6) 기능성 소재를 배합한 건강 추구형 가공치즈

최근에는 다양한 기능성 소재가 화제로 되어 특정 보건용 식품으로서 허가를 받은 것도 포함해서 건강적 가치를 추구한 상품이 많아지게 되었다. 유제품의 영양가에 관해서는 종래부터 알려져 있고 소비자로부터도 인지되고 있다. 일본 사람에게 부족할 수 있는 미네랄인 칼슘이 풍부한 상품으로서, 칼슘을 보급하는 것을 목적으로 치즈를 먹는다고 하는 사람도 많다. 더군다나 가공치즈에는 칼슘을 강화해서 일본인에게 부족하기 쉬운 칼슘을 가공치즈로부터 효율 좋게 섭취할 수 있게 하는 상품이다. 이 상품들은 칼슘을 필요로 하는 성장기의 어린이나 골다공증을 염려하는 고령자를 타깃으로 하고 있고, 후생노동성이 제시하는 일본인의 칼슘 필요섭취량(600 mg/일)에 기초해서 일일 필요섭취량 표준을 표시한 상품도 있다. 칼슘 이외의 미네랄로서 철분을 강화한 상품도 있다.

가공치즈는 그 제조 공정에서 다양한 식재를 이겨 넣은 것도 특징이고, 콜라겐 · 식물섬유 · 참깨 등 보건효과를 기대할 수 있는 식품소재를 배합한 것도 있다. 또 기능성 소재를 사용하지 않아도 저염분 타입이나 저지방 타입도 건강 추구 치즈의 하나이다. 우유 및 유제품의 영양 기능에 관한 연구는 이전부터 많이 있지만 치즈에 관해서도 자연치즈를 중심으로 순환기계 질환의 리스크 저감 효과, 충치 예방 효과 및 면역 부활 효과 등 많은 보고가 있다.[32] 이들의 작용기구는 다양하지만 숙성에 관여하는 유산균에 의존하는 효과나, 숙성에 의해서 생긴 아미노산이나 펩타이드에서 유래하는 효과 등이 있다. 자연치즈를 가열유화해서 만든 가공치즈에서도, 예를 들면 기능을 가진 물질이 가열에 의해 영향을 받지 않는 성분이라면, 원료인 자연치즈의 영양 기능이 그대로 가공치즈에도 반영된다. 예를 들면, 자연치즈의 숙성에 의해서 생긴 어떤 종류의 펩타이드가 기능성 물질인 경우, 펩타이드의 기능은 일반적으로 열에 의한 영향을 받기 어려운 경우가 많고, 그 기능이 가공치즈에도 반영되기 쉽게 된다. 가까운 장래, 이같은 자연치즈의 기능성을 반영한 가공치즈가 시판될 가능성이 있을 것이다.

## 참 / 고 / 문 / 헌


1) Berger, W., Klostermeyer, H., Merkenich, K., *et al.*: Processed cheese manufacture A JOHA Guide. H. Klostermeyer ed. Heidelberg, Bransdruck GmbH, 11-15, 1998.
2) The world market for cheese 1995-2004, 6th ed. in Bulletin of the International Dairy Federation, 402/2005 : 33-72, 2005.
3) 林 俊次: プロセスチーズの製造方法. 新設チーズ科学, 中澤, 細野(編). 東京, 食品素材研究会, 119-134, 1989.
4) 川崎功博 : 最近のチーズの消費動向と開発動向. 乳業技術 53: 69-76, 2003.
5) 川崎功博 : プロセスチーズの多様性や新技術. ミルクサイエンス 55: 237-242, 2007.
6) Lawrence, R.C., Creamer, L.K., Gilles, J.: Texture development during cheese ripening. *J. Dairy Sci.* 70, 1748-1760, 1987.
7) Fonterra 技術資料
8) Schmidt, D.G.: Development in Dairy Chemistry-1. P.F. Fox ed. London, Applied Science Publisher, 61-86, 1982.
9) 種谷真一: 乳タンパク質の物理化学的特性とその実用的機能性 食品のタンパク質の科学-テクスチャとレオロジー編-. 山內(編). 東京, 食品資材研究会, 103-116, 1986.
10) Taneya, S., Kimura, T., Izutsu, T., *et al.*: The submicroscopic structure of processed cheese with different melting properties. *Milchwissenschaft* 35: 479-481, 1980.

11) Nakajima, I., Kawanishi, G., Furuichi, E.: Reaction of melting salts upon casein micelles and their effects on calcium phosphorus and bound water. *Agr. Biol. Chem.* 39: 979-987, 1975.

12) van Wazer, J.R.: Chemistry of the phosphates and condensed phosphates. in Phosphates in food processing. J.M. Deman and P. Melnychyn ed. Westport, AVI Publishing Company, 1-23, 1971.

13) Karahadian, C., Lindsay, R.C. : Flavor and textural properties of reduced-sodium process Ameraican cheese. *J. Dairy Sci.* 67: 1892-1904, 1984.

14) Caric, M., Kalab, M.: Processed cheese products. Cheese: chemistry, physics and microbiology, 2nd edition-Vol.2: Major cheese groups. P.F. Fox ed. London, Chapman and Hall, 339-383, 1993.

15) Guinee, T.P., Caric, M., Kalab, M.: Pasteurized processed cheese and substitute/imitation cheese products. Cheese: chemistry, physics and microbiology, 3rd edition-Vol.2 : Major cheese groups, P.F. Fox, P.L.H. McSweeney, T.M. Cogan, T.P. Guinee ed. London, Elsevier, 349-394, 2004.

16) BK Giulini Chemie 技術資料

17) Loessner, M.J., Majer, S.K., Schiwek, P., *et al.*: Long-chain polyphosphate inhibit growth of *Clostridium tyrobutyricum* in processed cheese spreads. *J. Food Prot.* 60: 493-498, 1997.

18) Heertje, I.: Structure and function of food products: *A review Food Structure* 12: 343-364, 1993.

19) Lee, S.K., Buwalda, R.J., Euston, S.R., *et al.*: Changes in the rheology and microstructure of processed cheese during cooking, Lebesm.-Wiss. *U.-Technol.* 36: 339-345, 2003.

20) Kawasaki, Y.: Influence of "creaming" on the properties of processed cheese and changes in the structure of casein during processed cheese making. *Milchwissenschaft*, 63: 149-152, 2008.

21) Kawasaki, Y.: Changes in properties and casein structure in stored processed cheese. *Milchwissenschaft*.(in press).

22) 今澤武司, 相沢 茂, 池田信子 : 低脂肪プロセスチーズ類及びその製造方法, 特開平 9-154485, 1997.

23) Arnott, D.R., Morris, H.A., Combs, W.B.: Effect of certain chemical factors on the melting quality of process cheese. *J. Dairy Sci.* 40: 957-963, 1957.

24) Gupta, S.K., Karahadian, C., Lindsay, R.C.: Effect of emulsifier salts on textural and flavor properties of processed cheese. *J. Dairy Sci.* 67: 764-778, 1984.

25) 大草茂基, 山本勝三：耐熱性を有するプロセスチーズの製造方法. 特開 2001-149008, 2001.
26) 小磯博昭, 吉藤谆子：保形性が優れた加工チーズ及びその製造方法. 特開平 8-30892, 1996.
27) 川崎功博, 柴內好人, 宮宮川美彦ら: プロセスチーズ及びその製造方法. 特開平 8-196209, 1996.
28) 林 俊次, 白須 明, 米田義樹：剥離性が良いプロセスチーズ及びその製造方法. 特開平 5-146250, 1993.
29) 林 俊次, 相沢 茂, 米田義樹：チーズ被覆食品やその製造方法. 特開平 5-227886, 1993.
30) 近藤 浩, 柴內好人, 青山浩二：積層チーズ食品やその包装体. 特開 2002-84968, 2002.
31) 相沢 茂, 佐佐木秀志：多層構造の食品包装体及びその製造方法. 特開平 2003-144111, 2003.
32) 堂迫俊一, 川上 诰, 吉岡俊満ら：チーズの栄養健康機能. 乳業技術 55: 21-33, 2005.

3-7

# 치즈의 포장기술

유키지루시(雪印)유업주식회사 기술연구소
사사키 히로타카(佐々木敬卓)

## 1. 치즈와 포장

우리가 살아가기 위해서 필수불가결한 것이 식품이다. 그 식품을 상품으로서 양호한 상태로 소비자에 전달하기 위해 필요한 요소로써 이하의 여섯 가지 항목이 있다. 이것은 1. 안전 · 위생성, 2. 환경 · 자원, 3. 유니버설 디자인, 4. 생산성 · 코스트, 5. 식품의 기능을 유지하기 위한 '보존성' 및 6. 맛과 식욕 등을 조장하는 '감각적 요소'나 '선도'를 부여하는 것이다. 그러나 이 여섯 가지 항목은 다음 세 가지의 기술도 상호 기능할 때에 처음으로 성립하게 된다. 그 세 가지 기술은 I. 내용물 제조기술, II. 포장설계 기술, III. 물류 · 유통(보관, 수송, 상점 진열) 기술이다. 이런 기술이나 각각의 기능을 효과적으로 조합하여 최종적으로 완성도가 높은 훌륭한 상품이 탄생한다.

따라서, 훌륭한 기술에 의해 원료를 입수하고 내용물이 가공 제조되어진다 해도 포장설계 기술이나 물류 · 유통 기술에 문제점이 있다면 훌륭한 상품에는 다다르지 못한다. 또 포장설계 기술이 훌륭해도 내용물 제조기술이나 물류 · 유통 기술에 문제점이 있으면 이것도 완성된 상품으로 되지 않는다. 더욱이 물류 · 유통 기술이 훌륭해도 내용물 제조기술과 포장설계 기술에 문제점이 있으면 훌륭한 상품으로는 되지 못한다. 이 같은 것 때문에 이런 세 가지 기술을 효과적으로 활용하고, 전술의 6항목을 가능한 한 균형있게 잘 조화해

가는 것이 중요하다.

포장의 관점에서는 훌륭한 내용물 제조기술에 의해 만들어진 것을 물류 · 유통 기술을 상정하고, 품질열화를 저감하기 위해 포장설계 기술을 최대한으로 활용해 상품화하는 것이 된다. 그러나 충진 포장된 것이 소비자에게 전달되어 사용되기까지 받을 수 있는 물류 · 유통 부분에서의 열화에 관해서는 내용물 제조기술이나 포장설계 기술만으로는 대응할 수 없는 영역이다. 그 하나는 '온도제어'이다. 충진 포장된 후의 상품 자체의 온도는 내용물 제조기술이나 포장설계 기술로 충분히 제어하기는 어렵다. 또한 두 번째는 '충격'이고, 내용물이나 용기의 변형, 붕괴 등의 제어는 이것도 양쪽만으로는 어렵고,

**표 1.** 공정경쟁규약에 의한 치즈의 정의

| 종류 | 정의 |
|---|---|
| 자연 치즈 | 이 규약에서 '자연치즈'란<br>식품위생법(1947년 법률 133호)에 근거하는 우유(乳) 및 유제품의 성분규격 등에 관한 법령[1947년 후생성법령 제52호 이하 「유등성령(乳等省令)」 이라 함.] 제2조 17항에 규정하는 '자연치즈'를 말한다.<br>이 법령에 있어서 '자연치즈'란<br>[정의]<br>(1) 우유, 버터밀크(버터를 제조할 때에 생긴 지방가루 이외의 부분을 말한다. 이하 동문.), 크림 또는 이것들을 혼합한 것의 거의 대부분 또는 일부분의 단백질을 효소 그 외의 응고제에 의해 응고된 응유로부터 유청의 일부를 제거한 것 또는 그것들을 숙성시킨 것.<br>(2) 전호에서 말한 것 외에 유등(乳等)을 원료로 한 단백질의 응고작용을 포함한 제조기술을 이용해서 제조한 것으로서 동호에서 거론한 것과 같은 화학적, 물리적 및 관능적 특성을 가진 것.<br>[성분규격]<br>없음 |
| 가공 치즈 | 이 규약에서 '가공치즈'란<br>유등성령 제2조 제18항에 규정하는 '가공치즈'이며 유등성령 별표 二 (三) 4의 성분규격에 일치하는 것을 말한다. 이 법령에 있어서 '가공치즈'라는 것은 다음과 같은 것(틀 안)을 말한다.<br>[정의]<br>자연치즈를 가루로 만들어, 가열용해하고, 유화한 것.<br>[성분규격]<br>유고형분(유지방량과 우유단백질량과의 조화): 40% 이상<br>대장균군: 음성<br>한편, 당해 '가공치즈'에는 다음에 거론하는 것을 첨가할 수 있도록 한다.<br>① 식품위생법에서 인정하는 첨가물<br>② 지방량 조정을 위한 크림, 버터 및 버터오일<br>③ 맛, 향, 영양 성분, 기능성 및 물성을 부여하는 목적의 식품(첨가량은 제품의 고형분 중량의 1/6 이내로 한다.) 단, 전② 이외의 '유당'의 첨가량은 제품 중의 유당 함량이 5%를 넘지 않는 범위로 한다. |
| 비고 | * 자연치즈는, 각종의 자연치즈를 섞어서 가열처리를 해도 좋지만, 유화제는 사용할 수 없다. [현 상태에서는 유화제를 사용하지 않고 가열처리(살균/유화)만으로 자연치즈화는 기술적으로 어려운 것이 많다.] |

유등(乳等) : 우유 또는 유제품 및 이것을 주원료로 하는 식품을 말함.
유등성령(乳等省令) : 일본의 식품위생법에 기초한 "우유 또는 유제품의 성분규격 등에 관한 법령"
성령(省令) : 위생성 법령

그 대부분은 물류 · 유통 기술에 의한 것으로 된다. 따라서 이 2개의 부분에 관해서는 그 상품에 따라서 필수불가결한 기능을 확보하는 것으로 내용물, 포장, 물류 · 유통 부분에서 수준 높은 정보교환을 하며 충분한 공유화와 그것에 기초한 대응이 필요하다.

일본의 치즈는 「공정경쟁규약」([표 1])에서 자연치즈와 가공치즈가 분류 · 정의되어 있다. 자연치즈와 가공치즈의 특징을 비교한 것이 [표 2]이다. 자연치즈는 유화제를 사용할 수 없지만 가공치즈는 사용 가능하다. 따라서 자연치즈는 보존성을 높이기 위해 가열처리할 수 있는 것이 적지만 가공치즈는 보존성을 높일 수 있는 유화제를 사용한 가열처리가 가능하다.

**표 2.** 치즈의 정의로부터 본 자연치즈와 가공치즈의 특징 비교

| 치즈 | 설명 | 유화제 | 유화 처리 | 가열처리 |
|---|---|---|---|---|
| 자연 치즈 | *유등성령의 규격에 부합하는 것<br>*우유, 버터밀크, 크림을 혼합하고<br>①효소와 응고제로 응고시켜 유청의 일부를 제거한 것<br>②①을 숙성한 것<br>*유등을 원료로 해서 단백질의 응고작용을 포함하는 제조기술을 이용해서 제조한 것 | × | ○ | ○ |
| 가공 치즈 | *유등성령의 규격에 부합하는 것(유등성령 제2조 18항)<br>*자연치즈를 분쇄하고 가열용융해서 유화한 것<br>*성분규격: 유고형분 40% 이상<br>*대장균군: 음성<br>*가공치즈에는 다음 항목에 첨가하는 것이 가능<br>①식품위생법에서 인정된 첨가물<br>②크림, 버터, 버터오일<br>③맛, 향, 영양 성분, 기능성, 물성 부여하는 목적의 식품 | ○ | ○ | ○ |

그렇기 때문에 자연치즈를 맛있는 상태로 소비자에게 도달시키기 위해서는 물류 · 유통 기술에 있어서 온도제어와 저 충격관리가 중요하게 된다. 일본인의 치즈에 대한 사고방식은 서구인과 다소 차이가 있다고 한다. 예를 들면 고다 치즈 등의 표면에 곰팡이가 발생한 경우, 치즈에 대한 이해가 깊은 서구인은 곰팡이가 발생한 그 부분을 잘라내고 먹는다. 그러나 일본인의 경우는 곰팡이가 발생하면 그것 전부를 못 먹는다고 쉽게 판단해 버린다. 따라서 일본의 경우, 불필요한 곰팡이 등의 미생물이 자연치즈 표층에 발생하지 않는 상태를 어떻게든 만들어 내야 하기 때문에 내용물 제조기술이나 포장설계 기술, 또한 물류 · 유

통 기술을 강하게 요구된다. 또 상품에 대한 그 외의 요건에서도 일본의 소비자가 원하는 기준은 대단히 높고 엄격하다. 그렇기 때문에 상품화 계획을 세워 추진하는 경우 많은 문제점에 관해서 정밀하게 충분히 검토하지 않으면 안 된다. 치즈는 식품으로서 탄생한 것이 비교적 역사가 길어서 과학기술을 활용한 일본의 절임류와 같은 발효식품이라고 말할 수 있다. 따라서 최근까지의 포장도 자연계의 것을 활용한 단순히 '싸다(포장한다)'라고 하는 생각으로 상품화되었다. 치즈의 표면을 덮고 있는 밀착포장으로 자리매김하여 왁스의 기능을 활용한 것이 존재했을 뿐 완전 밀착이나 밀봉(seal)이라고 하는 개념은 적었다. 이 때문에 유통기한이 짧은 것이 일반적이었다. 그 후 일본인의 미각에 맞는 맛의 다양성이나 보존성을 높이기 위해서 유화 공정에서 가열하는 가공치즈가 개발되어 보존성이 높아졌다. 이같이 미생물적인 열화에 의한 치즈 자원의 낭비를 저감시킬 수 있게 되어서 ① 내용물 제조기술, ② 포장설계 기술 및 ③ 물류 · 유통 기술의 의의는 매우 크다고 할 수 있다.

## 2. 치즈와 보존기술

일본 치즈는 자연치즈와 가공치즈로 대별된다. 이것을 식품위생법의 관점에서 보면 보존성 면에서 커다란 차이가 나타난다. 소위 자연치즈는 가공치즈에 비교하면 보존성이 떨어진다. 따라서 자연치즈도 법규 내에서 가열처리해 충분한 미생물 제어가 가능하다면 가공치즈와 같이 보존성을 기대할 수 있다. 어떤 미생물의 저감과 효소활성의 실활이 가능하게 되기 때문이다. 그러나 현재의 기술로는 유화제를 사용하지 않고 자연치즈를 가열, 살균해서 효소를 실활시키는 데는 일부의 자연치즈를 제외하고는 곤란하다. 많은 자연치즈는 유화제를 사용하지 않고 가열하면 단백질의 변성이나 지방이 분리되어 양호한 조직이나 풍미를 가진 치즈로 되지 않는다. 한편, 가공치즈는 다양한 종류의 자연치즈를 조합해서 유화제와 함께 가열 · 유화한다. 그 결과 자연치즈에서와 같이 조직이나 풍미의 열화는 일어나지 않고 미생물의 살균과 효소의 실활이 가능하게 된다.

한편, 많은 자연치즈는 가열이 곤란하기 때문에 생균이나 효소가 활성 상태로 존재한다. 생균에는 호기성균이나 통성혐기성균이 포함되어 있기 때문에 포장설계만으로는 충분한 균의 제어가 어렵다. 이 같은 차이가 양자의 보존성의 차이로 나타난다. 따라서 자연치즈와 가공치즈는 포장설계 수법에 커다란 차이가 생긴다. 가공치즈는 가열, 유화와 충진포장을 연동시키면 치즈의 유동성을 활용한 충진포장, 소위 밀착포장이 가능하게 되고, 용존산소농도를 저하시켜 호기성균의 발육을 저감시킬 수 있다. 한편, 자연치즈는 특히 미생물과 효소를 고려한 포장설계가 필요하게 된다. 또 유화 공정이 없기 때문에 가공치즈와 같은 가열, 유화 시의 유동성을 활용한 충진포장 기술도 응용하기 곤란하다.

이러한 점 때문에 치즈의 포장설계에는 다양한 측면에서의 검토가 필요하다. 포장설계 기술에서 치즈에 필요한 검토 과제는 각각의 치즈의 기능에 따라 다르다. 검토 과제를 확실히 해서 상품화하기 위해서는 ① 미생물제어, ② 가스제어, ③ 광제어, ④ 수분제어, ⑤ 충격제어 및 ⑥ 온도제어 등이 필요하다. [표 3]에는 자연치즈와 가공치즈의 보존 기능별 비교를 나타냈다. 가스(산소)의 유무, 광의 유무, 수분의 유무 및 온도처리 등이 보존성에 크게 영향을 미친다는 것을 이해할 수 있다.

일반적으로 친숙함이 깊은 치즈, 즉 코티지 치즈나 모차렐라 치즈 등의 신선 치즈, 흰곰팡이나 푸른곰팡이로 만들어진 곰팡이계 치즈, 고다, 체다 등의 유산균인 세균 · 효소로 가능한 반경질 치즈를 예로 들어 그런 제품들의 제어기술을 다음에 정리한다.

열화 정도에 의한 상품화 판단은 법률적 범위 또는 상품으로서의 가치가 손상된다고 판단되는 것 이외에는 각각의 기업의 판단 기준에 따르게 된다. 그것은 각 기업이 설정하는 유통기한 또는 상품이 추구하는 내용에 따라서 달라진다. [그림 1]은 치즈의 원료유로부터 가공, 충진포장, 가정에서 사용 후 폐기, 리사이클까지의 공정 개요도이지만 실제로 많은 공정을 거쳐서 상품으로 된다는 것을 알 수 있다. 이런 각 공정에서의 열화방지나 제어기술이 훌륭한 상품화의 인자로 된다. 또 상품에 확보되는 기능은 내용물의 제조기술과 포장설계 기술에 따라서 큰 차이가 나타난다. 소위, 완성도가 높은 내용물이 만들어졌다면 그 후의 열화의 저감은 포장설계 기술이 크게 관여한다. 후술하는 것처럼 포장 재료와 내용물 간의 가스의 유무, 종류 등도 관계한다. 이러한 포장설계 기술의 효과는 경시적인 보존실험에 의해서 기기분석 및 관능평가를 병행해서 판단하게 된다.

**표 3.** 자연치즈와 가공치즈의 보존기능에 대한 상호 비교

| 치즈 | 숙성 대상 미생물 | | 용기 내/외의 기체 | | 용기 외부로부터의 빛 | | 용기 외부로부터의 수분 | | 용기 외부로부터의 온도 | |
|---|---|---|---|---|---|---|---|---|---|---|
| | | | $O_2$ | $CO_2$ $N_2$ | 차광 | 조사 | 건조 | 급습 | 살균처리 | 물류승온 |
| 자연치즈 | 곰팡이계 | 가열 없음<br>생육상태 | 필요<br>곰팡이<br>육성 | 불요<br>곰팡이<br>사멸 | 변색 방지<br>산화 방지<br>풍미열화 방지 | 풍미열화<br>변색 | 변색<br>풍미열화 | 곰팡이 사멸<br>조직열화 | 곤란<br>곰팡이 사멸<br>조직열화 | 가열<br>변색<br>풍미열화 |
| | | 가열처리<br>사멸상태 | 불요<br>세균발육 | 필요<br>세균저지 | 변색 방지<br>산화 방지<br>풍미열화 방지 | 산화<br>풍미열화 | 변색<br>풍미열화 | 조직열화<br>풍미열화 | 가열<br>미생물 저감<br>효소실활 | 세균번식<br>풍미열화 |
| | 세균계 | 가열 없음<br>생육상태 | 불요<br>세균발육 | 필요<br>세균저지 | 변색 방지<br>산화 방지<br>풍미열화 방지 | 변색<br>산화<br>풍미열화 | 변색<br>풍미열화 | 조직열화<br>미생물 번식<br>풍미열화 | 가열곤란<br>조직열화<br>풍미열화 | 가열<br>세균번식<br>풍미열화 |
| 가공치즈 | 없음 | 유화/가열<br>처리<br>사멸상태 | 불요<br>세균발육 | 필요<br>세균저지 | 변색 방지<br>산화 방지<br>풍미열화 방지 | 변색<br>산화<br>풍미열화 | 경화<br>변색 | 세균번식<br>미생물 열화 | 유화/살균<br>보존성 향상<br>세균열화 | 세균번식<br>풍미열화 |

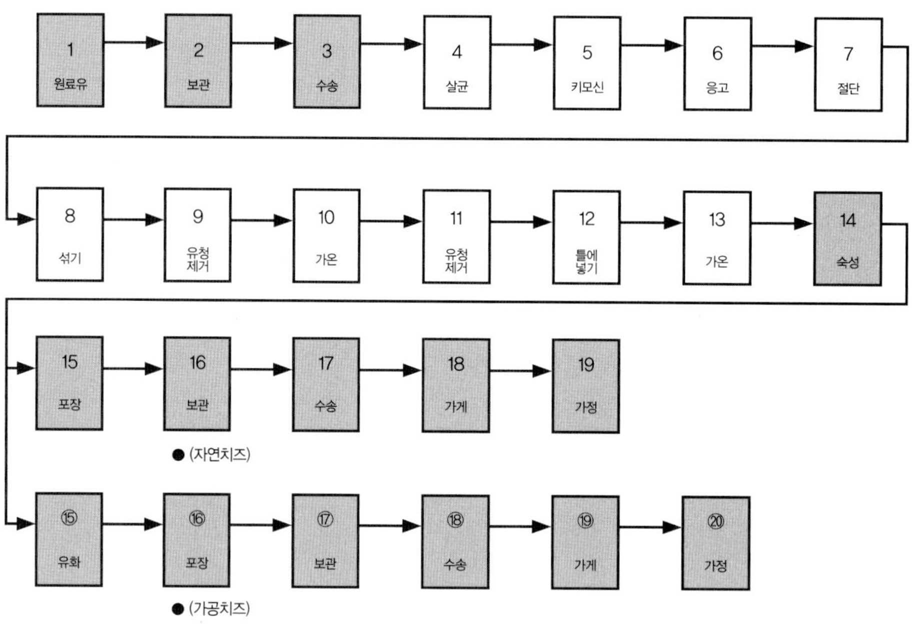


● 공정에서 색을 칠한 부분은 특히 치즈의 신선도/맛에 영향을 미친다

**그림 1.** 치즈의 원료유에서부터 상품화까지의 공정 개요도

## 3. 미생물과 포장

대표적인 치즈의 성분 조성은 [표 4]에 표시했다. 치즈는 우리 인간의 영양, 식품, 맛이라는 의미에서도 균형 잡힌 음식물로 대표적인 것이라고 말할 수 있다. 이 때문에 치즈는 미생물에 의해서도 생육하기 쉬운 균형 잡힌 영양 환경이라고 말할 수 있다. [표 5]는 치즈를 포함한 식품의 수분활성을 표시했다. 치즈는 수분활성이 높은 식품(AW: 0.97~0.98)이기 때문에 미생물이라고 하는 관점에서는 치즈는 보존성이 낮은 식품이다. 치즈의 분류나 법규제, 제조 방법에 관해서 기술한 것처럼, 자연치즈는 가열살균처리가 어렵기 때문에 효소를 실활시키기 곤란하다. 더욱이 유산균 등의 통성혐기성균이 존재하고 용기 내 가스제어 등의 포장설계 기술만으로는 보존성을 높이기가 어렵다. 가공치즈는 가열유화라고 하는 공정을 거치기 때문에 밀착포장에 의해 미생물 오염의 저감이 가능하고, 가스 조성의 검토로 호기성균의 제어도 가능하게 된다. 한편, 자연치즈도 가스 조성의 연구로 호기성균의 제어는 가능하게 되었지만, 통성혐기성균을 시작으로 한 혐기성균이나 효소는 활성상태이다. 자연치즈는 가공치즈에 비해 보존성이 낮지만 물류 · 유통 시의 온도가 보존성에 크게 영향을 미친다.

**표 4.** 각종 치즈의 성분 조성(%)

| 치즈 | | 수분 | 단백질 | 지방 | 탄수화물 | 회분 |
|---|---|---|---|---|---|---|
| 자연 치즈 | Cottage | 79.0 | 13.3 | 4.5 | 1.9 | 1.3 |
| | Mozzarella | 59.0 | 21.0 | 16.9 | 1.3 | 1.6 |
| | Cream | 55.5 | 8.2 | 33.0 | 2.3 | 1.0 |
| | Camembert | 51.8 | 19.1 | 24.7 | 0.9 | 3.5 |
| | Blue | 45.6 | 18.8 | 29.0 | 1.0 | 5.6 |
| | Gouda | 40.0 | 25.8 | 29.0 | 1.4 | 3.8 |
| | Cheddar | 35.3 | 25.7 | 33.8 | 1.4 | 3.8 |
| | Parmesan | 15.4 | 44.0 | 30.8 | 1.9 | 7.9 |
| 가공 치즈 | 6P | 46.0 | 21.0 | 26.6 | 1.5 | 4.9 |
| | 베이비 | 46.0 | 21.0 | 26.6 | 1.5 | 4.9 |
| | 슬라이스 | 46.0 | 23.7 | 23.9 | 1.8 | 4.4 |
| | 하이치즈 | 45.0 | 21.2 | 27.8 | 1.0 | 5.0 |

오정(五訂)식품성분표 2001, 유키지루시(雪印) 상품 카탈로그에서

**표 5.** 식품의 수분활성(AW)과 미생물의 생육 범위

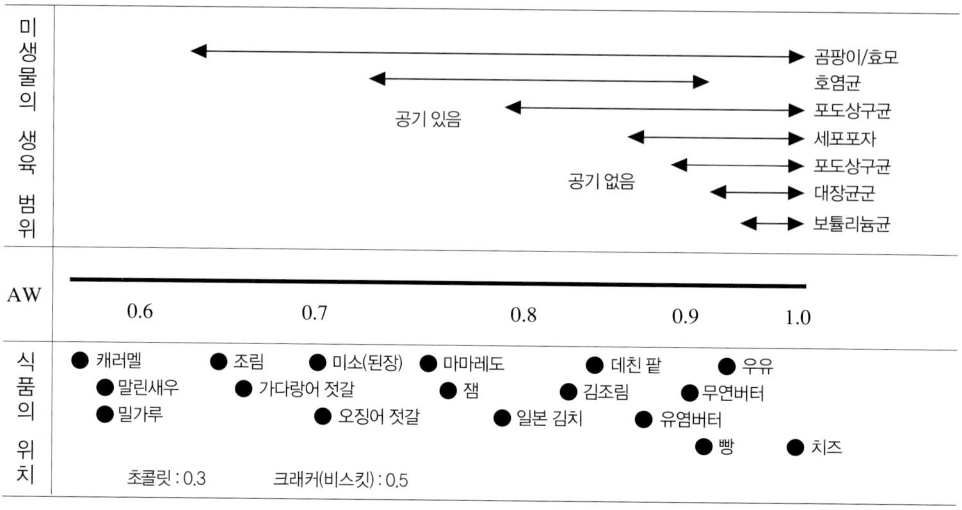


## 4. 가스와 포장

우리가 호흡으로 살아가기 위해서는 공기(가스)가 필수불가결이다. 그러나 이 공기가 많은 상품의 보존성에도 크게 영향을 미치고 있다. 가스, 특히 산소($O_2$)는 보존성에 깊은 관계가 있고, 지방의 산화나 풍미열화 요인 물질의 발생, 호기성균의 증식, 심지어는 색조의 변화 등의 다양한 열화를 일으키고 치즈의 보존성을 저하시킨다. 이런 것들은 각각 단독으로 발생하기도 하고 복합적으로 일어난다. 역으로 말하면 용기 내의 잔존 산소농도를 저감시킴으로써 종합적인 보존성을 향상시킬 수 있다. 잔존 산소농도의 저감에는 ① 진공포장, ② 가스치환 포장, ③ 가스 플래시(flash) 포장, ④ 밀착포장, ⑤ 탈산소제 사용 포장 및 ⑥ 혐기포장(저수분, 건조품, 혹은 유통기한이 짧은 상품) 등이 있다. 이러한 포장이 행해지고 있는 대표적인 치즈는 [그림 2]에 표시했다. 또, [표 6]에는 치즈의 상품별 가스제어 기술을 표시했다. 이것들은 내용물의 특성, 유통기한 및 포장재료 등으로부터 보존실험을 반복해 적절한 방법을 선택하게 된다. 또 사용하는 가스의 종류나 비율 등도 내용물이나 보존성에서 중요한 것이 된다.

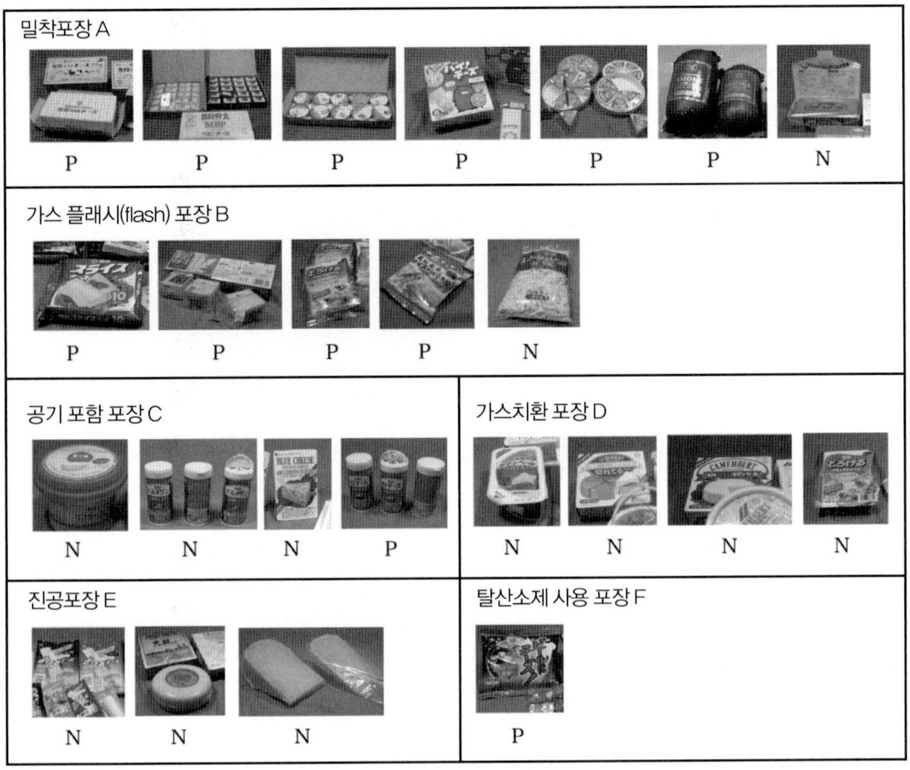


(P: 가공치즈, N: 자연치즈)

**그림 2.** 치즈의 가스제어별 포장 분류

일반적으로 식품용으로 사용되는 가스는 불활성 가스로 질소나 탄산가스이다. 미생물 이외의 요인에 의한 지방의 산화나 풍미 열화를 저감시키는 것이라면 질소가스만으로도 잔존 산소농도를 저감시킴으로써 열화를 방지할 수 있다. 그러나 미생물에 의해서는 질소가스만으로는 충분하다고 말할 수 없는 경우가 많기 때문에 탄산가스와 질소의 혼합가스를 이용하게 된다. 이 가스 조성의 설정은 몇 가지 인자에 따라 다르고, ① 치즈의 품종, ② 치즈의 수분, ③ 포장 시의 치즈 크기, ④ 확보하고 싶은 치즈의 풍미, ⑤ 유통기한, ⑥ 물류·유통 시의 온도, ⑦ 용기, 포장의 변형, 구조, 재질, 강도 및 ⑧ 광의 영향 등이다. 탄산가스는 질소와 비교해 정균(조건에 따라서는 살균) 효과를 가지고 있지만, 양과 내용물 자체의 특성에 따라서는 맛에 영향을 주는 수가 있다. 이것 때문에 미생물 제어 효과와 풍미나 물성 등으로부터의 평가가 필요하게 된다. 치즈 포장에 사용하는 가스는 질소가스 : 탄산

**표 6.** 치즈의 상품별 가스제어기술과 그 특징

| 가스제어기술 분류 | | 내용물과 포장의 상태 | 비고 | 상품예 |
|---|---|---|---|---|
| 1 | 진공포장 | 용기 내 산소가스량과 농도의 저감화. 산소, 질소, 탄소가스 등 모든 잔존가스량, 농도를 줄일 수 있다. 밀착포장의 기능도 한다. | 산소가스량의 저감으로 호기성균의 생육을 저해. 내용물의 산화열화를 저감. 연속 충진포장 가능. 내용물, 포장재료가 진공공정을 문제없이 지나가는 것이 필요하다. | Rindless 치즈(자연)<br>커트포장 치즈(자연)<br>슬라이스 치즈(자연)<br>스트링 치즈 블록 |
| 2 | 가스치환 포장 | 통상의 공기 혹은 함유할 필요가 없는 가스를 유용한 가스조성과 치환한다. 한번 용기 내를 진공상태로 해서 내용물 주변의 불필요한 가스를 제거하고 유용한 가스를 봉입 · 치환한다. | 호기성균의 생육 저해환경을 만든다. 내용물과 포장재료의 밀착기능도 필요하고 포장재료에는 진공포장과 가스 차단 기능이 필요하다. 유용한 가스조성 검토가 필요. | 슈레드 치즈<br>슬라이스 치즈 |
| 3 | 가스 Flash 포장 | 내용물과 용기의 공간 부분에 필요한 가스를 분무하고 존재하는 불필요한 가스와 치환해 필요한 가스조성 분위기로 한다. | 필요한 가스의 분무 방법과 조건의 검토에 의해 잔존 산소농도를 줄일 수 있다. 특히 내용물이 다공질의 것은 (큰 덩어리가 아닌) 잔존 산소농도가 높아진다. | 슬라이스 치즈<br>절단 치즈 |
| 4 | 밀착포장 | 내용물과 포장 재료 면을 밀착상태로 한다. 밀착 면을 크게 만들어서 내용물과 산소의 접촉을 줄일 수 있다. | 진공 및 가열 유화 충전하는 일에 의해 밀착성을 얻을 수 있다. 진공포장이나 핫 충전이 필요. 재질의 차단성도 보존성에 영향을 미친다. | 6P 치즈<br>베이비 치즈 |
| 5 | 탈산소제<br>봉입 포장 | 산화철 등이 주체로 시간이 지남에 따라 산소를 흡수하는 기능을 가진다. 용기 내의 흡수할 필요가 있는 산소량에 대응한 탈산소제 용량을 사용한다. | 내용물이 다공성인 것 등으로, 라인의 진공공정 등을 지나도 필요 잔존 산소농도를 만들 수 없을 경우는 유효한 방법이다. | 절단 치즈 |
| 6 | 공기주입 포장<br>건조(저수분)<br>포장(일반공기) | 컵에 필름을 봉하거나, 내용물의 산도 등으로 유통기간을 유지한다. 또 유통기간 중에 저수분, 건조상태 유지, 수증기 차단 기능 부여 등의 방법이 필요하다. | 유통기간이 짧은 냉장(chilled) 상품에 많다. 건조는 고전적인 보존기술의 하나이다. 그러나 지방산화, 퇴색 등은 가스조정 방법이 필요. 냉각 상품은 온도관리가 중요하다. | 분말 치즈<br>파르메산 치즈<br>신선 치즈 |

가스 = 100 : 0~0 : 100까지 다양한 배합으로 사용할 수가 있다. 치즈의 종류에 따라서는 탄산가스 농도가 너무 높을 가능성도 있지만, 탄산가스의 비율이 높으면 정균효과나 살균효과도 기대할 수 있다. 이 같은 가스 조성을 사용해 잔존 산소농도를 낮추면 호기성균의 발육을 억제할 수 있게 된다. 그러나 이 경우 유통기한 내에서 용기 내의 가스 조성은 정해진 조성을 유지하도록 한다. 따라서 이 때문에 포장 재료에 '가스 배리어성'(가스를 차단하는 성질)이 필요하게 된다. 이 가스 차단성 기능과 효과는 충진 포장 후부터 유통기한까지

온도, 습도 변화나 충격 등을 예측한 평가실험 결과로부터 설정되게 된다.

## 5. 광과 포장

많은 치즈도 다른 식품과 같이 '광'에 의해서 열화한다. 그러나 이것은 조사된 광의 종류, 시간이나 그때의 온도 등에 영향을 받는다. 열화의 요인이 되는 광도 자외선과 가시광선이 있어 내용물에 따른 광의 열화 정도가 다르기도 하고 열화를 느끼기 어려운 식품도 있다. 광에 의한 열화를 방지하는 차광 포장기술이 필요하기도 하지만 한편으로는 소비자의 심리는 상품의 내용물을 시각적으로 인식하고 싶은 것이다. 이 때문에 내용물이 보이는 포장이 필요하지만 가시광선은 투과하기 때문에 열화의 리스크를 안고 있다. 광열화를 확실히 제어하는 경우에는 완전한 차광성이 필요하게 된다. 연질 포장 재료의 고 차광 기능은 알루미늄 상자나 알루미늄 증착 필름을 기본 재료로 한 전면 인쇄나 안료 등을 섞어 넣는 방법이 있다. 알루미늄 증착은 내면의 색이 표면에 영향을 미치지 않기 때문에 우수한 기능을 가지고 있다. 성형 용기의 차광은 용기 기본재료를 착색시키든지 표면에 차광 라벨을 붙이든지 또는 차광 밀봉 필름을 이용하게 된다. 내용물에 대해서 어느 정도의 차광성으로 상품화가 가능할지의 평가, 판단은 경시적인 보존실험에 의해 화학, 생물, 생리적 및 감각적인 요소로부터 종합적으로 평가·판단하여 설정하게 된다.

## 6. 수분과 포장

치즈도 수분이라고 하는 관점에서만 보면 저수분의 경우가 보존성이 높다. 미생물 또는 화학적 측면에서도 온도와도 관련되지만 수분이 높은 쪽이 열화 속도는 빠르다. 이 때문에 보존성이라고 하는 관점에서는 저수분화가 바람직하다. 그러나 적절한 수분에 의해 우수한 식감을 나타내는 경우도 많이 존재하기 때문에 개별 치즈에 적합한 수분값이 바람직하다. 따라서 바람직한 수분값을 확보하기 위해서는 포장설계 기술이 중요한 수단이 된다. 치즈의 수분이 부족하면 건조 상태로 되고 고화나 변색·열화한다. 과잉으로 되면 결로하거나 분말의 경우에는 흡습으로 인한 고화, 브러킹, 페이스트화, 미생물적인 열화로 진행한다. 이러한 것은 모두 품질의 열화이기 때문에 방지할 필요가 있다.

이런 평가는 충진·밀봉 직후에서부터 수송, 보관, 소비자가 사용하기까지의 기간을 고려한 밀봉의 정밀도와 온도, 진동, 낙하충격과 보존실험에 의한 밀봉의 불량이나 핀홀 발생 등의 검증이 필요하게 되고 어느 정도의 방습성이 필요한지 등, 얻어진 결과로부터 적합한 성질의 재질을 설정하게 된다.

## 7. 충격과 포장

상품은 충진·밀봉 직후의 생산라인, 보관, 수송, 상점 진열, 소비자가 직접 운반 등에 의해서 꼭 충격을 받는다. 이 충격에 의해서 내용물의 파괴, 변형, 게다가 포장 재료의 손상, 파괴, 핀홀, 밀봉파괴 등이 발생하고 그 결과 미생물 오염, 이물질 혼입, 더욱이 부서진 조각 등에 의한 부상이나 형태적인 상품가치의 저하와 연결된다. 이런 열화를 방지하기 위해서 충격·보존 실험에 의해서 포장 재료의 선정, 용기의 형상, 구조의 검토 등을 실시해 종합적으로 우수한 것을 설정한다. 그러나 충격에 의한 열화 방지는 용기로부터의 대응뿐만 아니고 내용물과 용기와 수송, 보관 등의 모든 조건을 고려한다는 생각을 기본으로 해서 상품화하는 것이 필수불가결이다. 치즈의 대부분은 각각이 가지고 있는 질감, 조직, 딱딱한 정도 및 형상 등이 특징이기도 하다. 예를 들면, 카망베르 치즈(흰곰팡이와 효소가 활성 상태)의 하얀 소프트감의 부드러움은 생 카망베르 치즈의 중요한 특징이라고 말할 수 있다. 이 특징이 수송, 전배송(転配送) 또는 보관 시의 충격에 의해서 상실되는 경우 이것은 커다란 품질 저하로 된다. 따라서 포장설계 기술로부터 충격에 의한 열화를 방지하기 위해서는 각종 기술을 활용한다. 예를 들면, 트레이의 형상, 구조, 재질에 의한 고정화, 충격완화를 위한 완충 등이 있다. 필름이나 카툰 등에 의한 포장이나 미끄러움을 제어하는 방법도 검토된다.

## 8. 온도와 포장

미생물학적인 보존성을 확보하기 위해서는 초기 균수의 저감화와 가열살균에 의한 제어가 효과적이다. 그러나 자연치즈는 가열살균이 곤란하다는 것, 또 가공치즈에서도 유화 시에 가열을 행하기는 하지만 지방의 분리나 단백질 변성 방지의 관점이기 때문에 저감 처리는 아니다. 이 때문에 치즈의 보존성은 ① 내용물 제조기술, ② 포장설계 기술, ③ 물류 · 유통 기술의 밸런스가 절대적이다.

그중에서도 자연치즈는 물류 · 유통 과정에서 온도이력, 특히 온도상승이 가장 크게 영향을 미친다. 포장이 종료되어 상품으로서 완성된 것이 영향을 받을 수 있는 온도는 내용물의 제조기술이나 포장설계 기술만으로는 제어가 곤란하다. 따라서 치즈의 물류 · 유통에 필요한 냉장조건(0~10℃)을 확보한 수송, 창고, 상점 앞 진열, 더군다나 구입 후의 소비자의 온도관리가 요망된다. 특히 장기간에 걸친 이동이나 보관이라고 하는 환경을 경유하는 치즈 등에서는 물류 · 유통 부문에 대해 내용물의 특수성 등의 정보를 충분히 제공할 필요가 있다. 이렇게 해서 열화의 원인이 되는 온도대를 경과하는 시간을 감소시킬 수 있게 된다.

## 9. 안전 · 위생성

안전 · 위생성은 상품을 안전하게 또 위생적으로 섭취할 수 있도록 메이커가 실시하는 리스크 저감을 위한 기술이다. 예를 들면 충격 등에 의해 치즈 용기에 구멍이 나면 미생물 오염이나 이물질 혼입의 원인이 된다. 또 용기가 파괴되면 소비자가 부상을 입는 경우도 있다.

안전 · 위생성은 화학, 생물, 물리적인 측면에서의 과제가 있다. 화학적인 것으로서는 내용물 자체에 포함되어 있는 경우, 또 내용물에 첨가한 것이 원인이 되는 경우, 용기에 사용된 첨가물이 영향을 미치는 경우, 내용물과 용기의 성분이 서로 영향을 미쳐 발생하는 경우가 있다. 내용물 및 용기에 사용하는 원료 및 첨가물은 법규에서 정해진 것을 사용하는 것은 당연하다. 그러나 소비자의 사용 방법에 따라서는 상정한 것 이외의 리스크를 받는 경우가 있다. 예를 들면 치즈 용기에 기름 성분이 많은 것을 넣어 전자레인지에서 과가열 상태로 된다든지, 고산도의 것을 넣어서 저장용기로 사용하는 것 등이다. 따라서 소비자의 이런 사용법도 상정한 평가를 실시해 가는 것도 대단히 중요한다. 그러나 소비자의 모든 사용 방법을 예측 또는 위험을 감지해 평가 검토하는 것은 어렵다. 이 부분은 과거의 사례 등 경험에 기초해서 각각의 기업이 종합적인 판단을 해서 자사 상품의 기준을 정해 갈 필요가 있다. 또 물리적인 면에서는 부상이나 이물 혼입에 의한 위해의 발생이다. 부상은 용기에 가해진 충격으로 발생한 균열이나 파편에 의한 뾰족한 끝이 소비자에게 위험을 가져다준다. 이런 리스크를 저감시키기 위해서는 내용물과 용기의 관계를 충분히 분석 · 평가해 물류 · 유통 경로 중에 받는 충격을 예측하고, 이것을 기초로 보존 · 유통실험 등으로 검토 · 평가한다.

더욱이 사용 용기의 형상, 구조, 재질의 검토를 실시해 심각한 면에서부터 발생하는 안전 · 위생성에 관련되는 열화를 방지하는 용기를 설계하게 된다. 이 검토에는 과거의 평가결과 · 방법이나 유사상품 등의 데이터가 효과적으로 활용될 수 있지만, 특히 지방과의 관계를 가장 신중하게 검토하지 않으면 안 된다. 그 이유는 지방도 광, 산소, 온도의 영향으로 안전 · 위생성(과산화물, 과산화지방 등)에 대해 문제가 발생하는 경우가 있다. 또 유등성령 중에는 재질시험이나 용출시험이 기재되어 있어 하나의 기준으로 된다. 플라스틱 재료의 규격으로서는 후생노동성 법령의 「식품포장용 합성수지규격」이 있다. 이와 같은 수치를 기반으로 자사에서 설정한 사내 규격 기준치를 사용한다. 이와 같은 자체 규격값이 상품의 차별화, 품질에 대해서는 기업 가치에도 관계가 있는 것이다.

## 10. 선도와 맛

선도와 맛은 미생물적 관점, 산화, 변색 등의 화학적 관점 및 변형, 붕괴 등의 물리적인 측면에서 관련된 것이 있다. 그러나 이들은 단독으로 일어나는 것은 아니고 복합적으로 발생하는 것이다. 또 온도는 이런 모든 것에 관련된 공통의 인자라고 말할 수 있다.

선도 · 맛을 기본으로 생각하면, 냉장(chilled) 상품인 치즈는 물류 · 유통 시, 온도가 냉장조건인 0~10℃의 일정 범위(chilled 대)에 있다. 내용물의 가공기술과 포장기술이 적절한 조건에서 행해지는 경우 상품의 선도와 맛에 영향을 미치는 것은 이것들의 출발점인 원료의 보관이 가장 크다. 원료로써는 내용물을 만들어 내기 위한 것과, 용기 · 포장을 만들어 내기 위한 것이 있다. 내용물의 원료로서는 미생물 오염이나 산화, 색 및 조직 등의 연화가 촉진되지 않는 것이 중요하다. 또 용기 · 포장을 위한 원료로서도, 특히 산화, 색, 이물, 미생물 등에 의한 열화가 없어야 하고 이것들이 선도와 맛에 영향을 준다. 어느 쪽도 생물, 화학 및 물리적인 관점에서의 열화를 억제하는 것이 중요하다.

내용물의 미생물 열화를 억제하는 데는 살균공정을 경유하더라도 원료의 충분한 관리, 즉 초기균수의 저감화가 필수불가결하다. 용기의 제조 조건이나 환경 등을 생각하면 용기 포장에서 유래하는 미생물 오염은 비교적 적다고 생각되지만 양호한 상품을 목표로 한다면 포장 재료 유래의 미생물 관리도 충분히 배려하는 것이 선도와 맛을 확보하는 의미에서 중요하다.

선도는 생선식품인 어패류, 야채, 과일뿐만 아니라 치즈 등의 가공식품에서도 중요하게 고려해야 하는 항목이다. 이것은 식품의 맛을 비롯한 품질을 만들어 내는 상품의 원점이다.

## 11. 환경 · 자원에 관해서

「6.1 치즈의 규격기준과 표시규제 2. 자원 유효이용의 법규」(456페이지 참조)

환경 · 자원을 고려한 상품화 계획에서는 포장 재료 관련을 중심으로 판단하기 쉽다. 포장설계가 나쁘면 포장 자체가 환경 · 자원에 크게 영향을 미치지만 내용물도 환경 · 자원에 커다란 영향을 준다. 따라서 포장과 내용물의 양면에서 균형 잡힌 대응이 필요하다. 포장의 측면에서만 환경 · 자원을 검토하는 경우 포장 재료는 단일 · 얇게 · 작게 · 적게 · 가볍게 등등이라고 생각하게 된다. 이것은 내용물의 열화에 대한 기능이 떨어지기 때문에 일반적으로는 유통기한이 짧다. 한편 포장과 내용물의 양쪽을 종합적으로 균형 있게 설계하면 장기간의 유통기한을 확보할 수 있다. 단기간에 식자원의 폐기량이 많아지면 환경과 자원에도 중대한 영향을 미치게 된다. 따라서 탁월한 환경·자원 대응은 내용물과 포장의 양면에서 균형 잡힌 방법으로 검토하는 것이 필요하다.

이와 같은 것 때문에 치즈의 포장에서는 보존기술을 고려해서 환경·자원에 대해서 배려하는 것이 중요하다고 말할 수 있다. 치즈는 포장설계 기술에 의한 보존기술이 필수불가결하다. 환경·자원이라고 하면 포장 재료, 특히 플라스틱 재료가 문제시되기 일쑤다. 그러나 가스 차단성, 내유성, 생산성, 중량, 응용 편리성 등 종합적인 면에서 판단하면 플라스틱은 필수불가결한 훌륭한 기능을 가지고 있다. 이와 같은 의미에서 내용물과 포장재료의 양쪽 측면을 종합적으로 생각한 포장설계 수법이 필요불가결하다.

## 12. 유니버설(Universal) 디자인

유니버설 디자인의 일본에서의 표현은 1990년부터 사용되었고 어원은 미국에서 생긴 것이다. 그러나 일본에서는 이 의미에 관해서는 이전부터 '사용하기 편리한 정도', 또는 '사용하기 쉬움'이란 표현으로 포장설계가 행해졌다. 누구라도 사용하기 쉽고 알기 쉬운 포장을 원했다. 치즈의 포장에서도 이 시점에서 많은 기능성이 부여되었다. 또 일본에서는 금후 급속히 진행하는 고령화를 고려하는 것도 중요한 검토 과제이다. 유니버설 디자인으로서 서술된 항목에는 많은 것이 있다. 치즈의 포장에 의해 특히 필요한 기능으로서는 열기 쉽고, 알기 쉽고, 들기 쉽기 등이다. 이 중에서도 열기 쉽고 알기 쉬운 것은 중요한 요소라고 말할 수 있기 때문에 '열기 쉬움'을 중심으로 설명하고자 한다.

'열기 쉬움'은 용기의 형성, 구조, 재질적인 측면에서 검토되지만, 충진 입구와 개봉구를 동일하게 할 것인가가 '열기 쉬움'의 중요한 요소로도 된다. 소위 충진구와 개봉구가 동일한 경우는 충진구 밀봉 후, 소비자에게 배달하기까지 완전한 밀봉(밀봉성, 개봉 강도, 봉쇄 강도)이 요구된다. 반면에 소비자가 개봉 시에 용이하게 개봉할 수 있는 개봉 편리성이 필요하다. 따라서 개봉구에 이 양쪽의 기능이 요구된다. 한편 충진구와 개봉구가 다른 경우는 충진구의 밀봉은 개봉성을 전혀 고려할 필요는 없기 때문에 확실히 강한 밀봉을 할 수 있다. 소비자가 개봉하는 개봉구는 소비자가 열기 쉬운 적절한 개봉 강도로 만들기 위한 조건을 조정하기 쉽다.

치즈 용기는 개봉 기능이 필요한 주요한 용기로서는 봉지, 컵, 병, 상자, 골판지 상자이다. 예를 들면 두껑(손잡이)을 매개로 해서 개봉한다. 텝컵 등은 개봉성은 텝의 두께, 크기, 표면 미끄럼성, 재질 등 많은 요소가 관여하고 있다. 개봉 강도나 봉쇄 강도는 기계에서의 측정 강도를 기초로 수치화된다. 그러나 사람이 개봉하는 경우는 눈으로 보고, 잡고, 접촉하는 동작, 소위 오감으로부터 성립된다. 예를 들면 두께가 40 ㎛, 크기가 반경 10 mm의 반원형 터브가 구비되어 있는 컵용기를 생각해 본다. 이 용기에 관해서 기계적으로 개봉 강도를 측정해서 가령 20(N)이라고 하는 결과를 얻었다고 한다. 이것을 손가락으로 끼워서 개봉하려고 한다면 텝의 크기, 두께가 일반적으로 열기 어려운 느낌이다. 그러나 이 텝의 크기를 반경 20 mm, 두께 0.2 mm로 하고 더군다나 미끄럼을 생각해 표면에 엠보스를 넣으면 기계적인 개봉 강도는 20(N)이어도 누구나 용이하게 개봉할 수 있다.

이같이 개봉성을 높이기 위해서는 밀봉의 온도, 기간, 압력의 조정뿐만 아니라, 개봉 시의 심리적인 요소도 고려한 용기, 포장의 구조, 기능, 재질, 형상 등을 검토하는 것이 중요하다.

## 13. 생산성, 코스트에 관해서

상품의 생산성을 높이는 내용물이나 용기, 포장의 코스트를 저감시키는 것은 제조 기업에서 중요한 문제이다.

생산성, 코스트라고 하면 기업에 유리한 수법으로 생각하기 쉽지만 기업 내 및 소비자에게도 환원될 수 있기 때문에 소비자의 입장에서도 중요한 것이다. 생산성 향상에 영향을 주는 것으로서는 ① 내용물, ② 용기 · 포장, ③ 각종 기계류, ④ 생산환경 및 ⑤ 종사하는 사람이다. 생산성의 향상과 코스트 저감을 결론적으로 표현하면 상기의 ①~⑤에 관해서 종합적으로 균형 잡힌 활용 · 추진을 어떻게 실행할 것인가이다. 용기 · 포장으로부터의 생산성 향상 · 코스트 저감은 상시 검토하고 배려하는 것이 필요하다. 특히 생산성은 용기의 미끄러움, 수분, 중량, 형상, 재질 등 많은 검토 과제가 있다. 이를 위해 정해진 개발기간 내에 이런 다수의 과제를 해결하지 않으면 안 된다. 그러나 자주 이 개발기간을 단축시키지 않으면 안 되는 경우가 있다. 미해결 과제에 대해서는 필요 이상의 안전 부분에 멈춰 예방적 수단을 강구하기 때문에 소위 과잉포장이 되는 경향이 있다. 결과적으로 코스트 상승으로 연결되어서 새로운 문제가 발생할 가능성도 있다. 따라서 개발기간을 단축해서 개발 코스트를 낮추든지, 그것에 따라 발생하는 새로운 과제나 코스트 상승의 균형을 충분히 고려하지 않으면 안 된다. 생산성(속도, 생산량) · 코스트는 비교적 간단히 수치화하기 쉽다. 그러나 수치화한 결과가 어떻게 영향을 미치는지의 판단, 위험예측은 상당히 어렵다. 이 부분의 판단, 대응이 확실히 가능해야 처음 생산성 향상, 코스트 저감이 완성된 것으로 된다. 눈앞의 수치에만 빼앗기지 않는 것도 중요한 포장설계 기술의 하나이다.

3-8

# 치즈 제조의 위생관리

유키지루시(雪印)유업주식회사 상품안전보증실
야나기다이라 슈이치(柳平修一)
스즈키 아키라(鈴木 明)
하나가타 고로(花形吾朗)

일본에서는 식생활의 서양화나 다양화 등에 의해 치즈의 소비량이 증가하고 있다. 또 치즈는 영양 성분이 균형 있게 포함된 우량한 식품이라는 것과 동시에 경질 치즈를 제외하고는 비교적 수분활성이 높기 때문에 부패 미생물이나 각종 병원성 미생물에게도 좋은 영양원으로 된다. 따라서 이런 병원성 미생물의 오염이나 증식을 허락하는 경우 사람의 건강에 악영향을 미칠 가능성이 있다는 것을 시사한다. 이 때문에 원료유의 생산부터 제조가공을 경유해서 소비자에게까지의 푸드체인에서 병원성 미생물의 오염이나 증식을 억제하고, 더욱이 배제하는 위생관리가 필요하다.

한편으로 일본에서는 치즈를 시작으로 우유, 유제품에서 원인이 되는 세균성 식중독은 극히 희박하고 그 이유로서는 제조시설의 위생 상태가 높은 수준으로 유지되고 있기 때문인 것으로 추측된다. 그 배경에는 원료에 이용하는 치즈 우유를 꼭 가열살균하고 있지만 유럽에서 전통적인 치즈(AOC, PDO) 중에는 미살균유를 사용한 제품도 있고, 생유에서 유래하는 병원균 오염에 의한 식중독도 발생하고 있다. 따라서 치즈의 제조에서도 보다 고도의 안전성 확보와 품질관리가 중요하고, 느낌이나 경험에 의존하지 않고 전체를 포괄한 위생(sanitation, hygiene), 즉 HACCP의 사고방식에 기초한 위생관리가 요구되고 있다.

## 1. 치즈 제조에 있어서 안전 확보

국제낙농연맹(International Dairy Federation: IDF)에서는 1994년에 「우유 및 우유를 주원료로 하는 제품을 위생적으로 제조하기 위한 권고」를 실시하고 있어 그중에서 안전성 확보의 열쇠를 쥐고 있는 네 가지의 요점이 나타나 있다.

즉, 병원 미생물로부터 리스크를 배제하기 위해서는 아래에 표시한 안전 확보의 요점, 4항목을 확실히 준수하는 것이 중요하다. 특히 제품의 안전성을 확보하기 위해서는 HACCP(Hazard Analysis and Critical Control Point: 위해분석중요관리점) 시스템의 채용이 중요하다고 기술하고 있다.[1]

### 1) 안전 확보의 요점

#### (1) 생유(원료유)의 위생학적 품질의 확보

위생적으로 고품질의 생유를 착유함과 동시에 공장으로 운반해서 제조에 착수하기까지 미생물적인 품질 저하가 일어나지 않도록 한다. 이를 위해서는 다음의 항목을 확실히 실시한다.

(i) 집유 : 농장에의 출입이나 반송유의 위생관리에 주의한다.

(ii) 우유공장에서의 입수 : 입수된 기준에 따라서 생유를 검사한다.

(iii) 공장에서의 생유의 취급 : 위생적으로 취급, 가능한 한 빨리 다음의 공정으로 보낸다. 어쩔 수 없이 저유하는 경우는 부드럽게 교반하면서 5℃ 이하 온도에 보존하지만 저온하에서 증식하는 균도 존재하기 때문에 장시간의 저유는 피한다.

#### (2) 가열처리에 의한 병원 미생물 및 부패 미생물의 배제

치즈의 제조공정에서 생유의 가열살균은 가장 중요한 공정이고 병원 미생물이나 부패 미생물에 가장 효과적인 중요 관리점이다.

### (3) 가열처리 후의 2차 오염의 배제

가열처리 후 2차 오염과 그에 따른 오염균의 증식은 위생상태를 붕괴시키는 최대의 위험요인이다. 가열살균을 배치(batch)식으로 행하는 경우에는 살균 후의 2차 오염에 특히 주의하지 않으면 안 된다. 2차 오염원은 다양한 내부요인이나 외부요인, 더욱이 오염 공기나 종업원 등이 있고, 다음의 4항목으로 분류되어 있다.

(ⅰ) 공장의 설비 및 환경

번지, 통로, 건물, 작업공간, 보관창고, 발효실, 제품창고, 화장실, 용수나 증기의 공급시설 및 공기 조절설비 등

(ⅱ) 제조설비 및 용구

기구의 재질, 구조 등

(ⅲ) 사용 원재료

생유, 부원료(유산균 스타터, 렌넷), 포장 재질 등

(ⅳ) 종업원

위생교육, 건강진단, 손씻기, 복장 및 작업 방법 등

### (4) 가열처리 후 소비되기까지 원하지 않는 미생물의 증식 억제

보관 온도, 시간 경과나 일수, 포장 상태 등의 관리가 부적절하면 미생물이 증식한다.

## 2. 코덱스 규격에서 생유를 사용한 치즈의 위생관리

### 1) 코덱스 규격에서 식품위생의 일반 원리

2003년, 국제식품규격: 코덱스(FAO/WHO Codex Alimentarius Program)에서는 식품 전반의 위생성 담보를 위해 「코덱스식품위생의 일반원리」(CAC/RCP 1-1969, Rev. 4, 2003)가 설정되었다.[2] 이 규격에서는 대상의 범위와 사용법, 시설과 설비, 작업의 관리, 시설의 보수와 위생, 종업원의 위생관리, 수송, 제품 정보와 소비자에의 정보 제공, 훈련 등이 규

정되어 있다.

### 2) 코덱스 유(乳) · 유제품 위생 취급규범

2004년, 유(乳) 및 유제품의 위생에 관해서는 「코덱스 유 · 유제품 위생 취급규범」(CAC/RCP 57-2004)이 설정되었다. 이 규범은 본문과 2개의 부속문서로 구성되어 있고, 식품위생의 일반 원칙의 틀 중에서 HACCP 시스템을 기초로 해서 우유 · 유제품의 생산으로부터 최종 소비에 이르는 일련의 푸드 체인을 대상으로 하고 있다.[3] 주로 우유 · 유제품의 전반에 걸쳐 기재되어 있지만 '생유를 그대로 가공하는 제품'에 관해서는 다양한 추가 규정이 설정되었다. 본문 및 부칙 II에서는 다음의 규정을 설정하고 있다.

( i ) 원재료로서 사용하는 우유, 처리가공 중의 제품, 중간 제품, 최종 제품에 대한 미생물 기준의 결정(5.2.3.1, 5.2.3.2, 부속서 II)

( ii ) 소매 판매국의 국내 규격에 관해서 생유로부터 제조한 취지를 설명할 것(9.1)

게다가 부속서 I에서는 우유의 제1차 생산을 위한 지침으로 상기의 식품위생의 일반원칙에 부합하도록 규정이 정해져 있어서 제1차 생산에서 위생적인 조건이 가장 중요한 공중위생관리 처치의 하나라는 것, 또 생유를 그대로 가공하는 제품에 사용한 우유를 생산하기 위해 이하의 추가 규정을 준수하도록 기술하고 있다.

( i ) 착유구역, 저유구역 및 그 외의 중요한 구역에서의 음용에 적합한 물의 사용

( ii ) 부적절한 수준의 동물원성 인축공통감염증용 약제의 지참 금지와 그 기구 등

(iii) 급사의 발효사료의 미생물 오염의 최소화

(iv) 착유장치 등의 세정에서 음용에 적합한 물의 사용

( v ) 저유용의 탱크 및 통 ; 우유 및 유제품의 저장에만 사용한다.

(vi) 더욱이 집유가 없는 경우 또는 2시간 이내에 사용할 예정이 없는 경우의 저유장치에서의 온도 규정

- 매일 집유하는 경우는 6℃ 이하

- 매일 집유하지 않는 경우는 4℃ 이하

(vii) 수송 시의 생유 온도 ; 착유 후 2시간 이내에 집유되지 않는 경우는 8℃를 넘기지 않는다.

### 3) 비가열 즉석 조리식품(ready-to-eat foods) 중의 *Listeria monocytogenes*의 관리에서 식품위생의 일반 원칙의 적용에 관한 가이드라인

이 가이드라인은 2006년의 제38회 코덱스 식품위생부회 및 2007년의 제30회 코덱스 식품기획위원회 총회에서 채택되어 생유를 그대로 가공한 치즈나 훈제연어 등의 리스테리아(*L. monocytogenes*) 오염을 특히 고려해야 할 식품으로 지정하고 있다. 식품위생의 일반 원칙에서는 부족한 *L. monocytogenes*의 관리에 관해서 1차 생산, 설비 디자인, 작업의 관리(온도 관리 및 미생물의 교차오염 내용), 시설의 보수와 위생, 종업원교육 등에 관해서 보다 상세히 기술되어 있다.[4]

코덱스 식품위생부회에서는 비가열 즉석 조리식품 중에 *L. monocytogenes*에 관해서 식품안전 목표치로부터 미생물 기준이 2009년의 식품규격위원회 총회에서 승인되도록 작업을 진행하고 있다.

### 4) EU의 규제

EU에서는 2002년부터 2005년의 6본의 규제(Regulation EC 852/2004, 853/2004 등)에 종합된 '위생 포장'이라고 부르는 새로운 규칙이 설정되었다. 이것에 따라 모든 식품이 제조로부터 유통, 판매, 보관 등에서 HACCP 시스템에 기초해 위생관리가 요구되게 되었다.[5] 또 '제품 및 공정에서의 구체적인 미생물 기준'도 설정되었다.(Regulation EC 2073/2005)

## 3. 치즈 제조와 유등성령(乳等省令)

일본의 식품위생법의 규정에서는 「유(乳) 및 유제품의 성분규격 등에 의한 법령」, 소위 유등성령(乳等省令)이 제정되어 있다.[6] 이 성령에서는 유(乳)·유제품을 분류하고 성분규격이나 제조 기준 및 보존 기준이 상세히 규정되어 있다. 이 성령에서 '치즈'는 자연치즈와 가공치즈로 분류되어 있고, '자연치즈'는[1] 유(乳), 버터밀크[버터를 제조할 때 생기는 지방립(지방입자) 이외의 부분], 크림 또는 이것을 혼합한 것을 효소 그외의 응고제로 응고시킨 뒤, 유청의 일부를 제거한 것 또는 이것을 숙성시킨 것을 말한다.[2] 전항에 기재한 것 외에 유(乳) 등을 원료로 하여 응고작용을 포함하는 제조기술을 이용해서 제조한 것이어서 동항에 기재된 것과 같은 양상의 화학적 · 물리적 및 관능적 특성을 가진 것으로 규정되어 있다. 또, '가공치즈'는 자연치즈를 분쇄해 가열 · 용융하고 유화해서 만들어지는 것으로 우유 고형분이 40% 이상의 것으로 규정되어 있다.

유등성령에는 치즈의 제조법에 관한 규정도 정해져 있다. 예를 들면 리스테리아 또는 황색포도상구균 등의 병원균에 의한 위험을 방지하기 위해서 자연치즈의 제조에는 원료유를 보관하는 방식으로 63℃에서 30분간, 또는 동등 이상의 살균효과를 가지는 방법으로 가열 살균한다. 또, 2차 오염에 관해서도 고려하여 HACCP의 사고방식에 기초해서 위생대책을 실시하는 것으로 되어 있다. 더욱이 연질 및 반연질 타입의 자연치즈에 관해서는 제품 중의 리스테리아 검사 실시 등도 지도하고 있다. 리스테리아에 관해서는 5 (1)항에서 상세히 기술한다.

## 4. 원료유의 품질

원료유의 품질은 모든 치즈 제조에 중요하다는 것은 말할 필요도 없다. 생유 중의 미생물의 종류나 균수는 착유로부터 벌크로 냉각보존, 집유 및 유업공장에 받아들이기까지의 각 단계에서 취급 방법이나 오염의 정도, 더욱이 유우(乳牛)의 건강 상태, 착유 방법, 사양형태 및 계절 등에 따라서 다르다.

생유의 세균 오염은 세 가지로 구분된다. 첫째는 유방 내, 두 번째는 유방 · 유두의 표면, 세 번째는 우사의 환경, 즉 착유기(밀커)나 착유자 및 착유 후의 송유파이프, 또한 우유를 저장하는 벌크 쿨러 등이 비위생적인 경우에 이런 환경에서 나타나는 각종 미생물의 오염을 받게 된다. 무균적으로 착유한 생유(乳房內乳) 중에서도 각종 미생물이 검토되어, 정상적인 유방에서도 100 cfu/ml 정도의 균이 존재한다. 이것은 우유가 이미 유방 내에서 미생물에 오염(1차 오염)되어 있다는 것을 나타낸다. 또 유방염유(乳房炎乳)의 경우에는 생균 수가 $10^5 \sim 10^7$ cfu/ml 정도에 달한다.[7]

유방 안이 세균 오염되는 경우의 대표적인 질환이 유방염으로 포도상구균이나 연쇄상구균 및 대장균 등이 주된 원인균이다. 건강한 소의 전착유(前搾乳)에는 *Staphylococcus*가 최고로 많고, 다음으로 *Bacillus* 및 *Corynebacterium*의 순이다. 중착유(中搾乳)에서는 중온균이 약 40~70%를 점하고, *Micrococcus*, *Streptococcus*, *Corynebacterium* 및 *Bacillus* 등의 그램양성세균이 많고, 그 외는 대장균군 등이고, 저온균이나 내열성균은 적은 것으로 되어 있다.[8]

**표 1.** 홋카이도 12지청의 연도별 합유의 세균 수 추이

| 연도 | 연평균(만 cfu/ml) | | | | |
|---|---|---|---|---|---|
| | 1.4 이하 | ~3.4 | ~5.4 | ~10.4 | ~20.4 |
| 1998 | 88.9 | 8.2 | 1.5 | 0.9 | 0.3 |
| 1999 | 87.6 | 9.1 | 1.8 | 1.1 | 0.3 |
| 2000 | 90.8 | 6.4 | 1.5 | 0.9 | 0.3 |
| 2001 | 94.7 | 4.1 | 0.6 | 0.4 | 0.1 |
| 2002 | 96.2 | 3.0 | 0.3 | 0.1 | 0.1 |
| 2003 | 97.4 | 2.1 | 0.3 | 0.2 | 0.1 |
| 2004 | 97.9 | 1.6 | 0.2 | 0.2 | 0.0 |
| 2005 | 98.5 | 1.1 | 0.1 | 0.1 | 0.0 |
| 2006 | 98.7 | 1.0 | 0.1 | 0.1 | 0.1 |

(사)홋카이도 낙농검정검사협회의 데이터를 토대로 작성

**표 2.** 홋카이도 12지청의 연도별 합유의 체세포 수 추이

| 연도 | 연평균(만 개/ml) | | | | |
|---|---|---|---|---|---|
| | 10.4 이하 | ~20.4 | ~30.4 | ~50.4 | 50.5 이상 |
| 1998 | 0.8 | 39.9 | 50.9 | 8.3 | 0.2 |
| 1999 | 0.8 | 35.4 | 50.2 | 13.0 | 0.4 |
| 2000 | 0.9 | 30.7 | 51.3 | 16.4 | 0.7 |
| 2001 | 0.8 | 28.8 | 52.7 | 16.7 | 1.0 |
| 2002 | 0.7 | 26.5 | 54.0 | 17.7 | 1.1 |
| 2003 | 1.0 | 35.4 | 52.1 | 11.1 | 0.5 |
| 2004 | 1.4 | 47.0 | 45.6 | 5.8 | 1.2 |
| 2005 | 2.1 | 60.3 | 35.3 | 2.3 | 0.0 |
| 2006 | 3.4 | 66.9 | 28.5 | 1.2 | 0.0 |

(사)홋카이도 낙농검정검사협회의 데이터를 토대로 작성

일본에서 생유의 세균 수는 1956년대 초기에는 유등성령에서 정해진 총균수의 상한 400만 cfu/m를 넘은 것이 약 30% 이상도 있었지만, 그 후 유질 개선사업의 진전과 함께 계속 감소해, 1980년 이후 400만 cfu/ml를 넘는 것은 보이지 않게 되었다. (재)일본유업기술협회가 실시한 1989년의 전국합유조사(全国合乳調査)에 의하면, 생균 수는 10만 이상이 74.7%, 11만~50만이 22.1%, 50만 이상이 3.2%, 또 저온 세균 수는 5만 이하가 79.2%, 6만~10만이 7.6%, 10만 이상이 13.2%였다. 홋카이도에서는 소비지까지 원거리 수송이 많기 때문에 유질 개선사업이 특히 열심히 진행되어 왔다.[9] 구체적으로는 1997~1998년도에 걸쳐서 '생균 수 저감 2개년 운동'을 관계단체(농협, 유질개선협의회, 수의사조직, 보급센터, 가축보건연구소, 유업 메이커, 착유기기 메이커 및 세제 메이커)가 총

력을 기울인 경험이 있다. 이것과 관련해서 세균 수의 측정에서는 적은 균수측정에서 부적격인 총균수측정법[직접 개체검경법; 브리드(breed)법]을 대체한 생균수측정법(표준한천평판배양법)이 이용되게 되었다.

(사)홋카이도 낙농검정검사협회의 보고에 의하면, 2006년도에는 생균 수 14,000 cfu/ml 이하의 생유가 98%였고, 1998년도와 비교해서 9.8포인트 향상된 것으로부터 착유의 위생관리와 생유의 저온보존이 극히 양호하게 진행되고 있는 것으로 판단된다([표 1]). 체세포 수는 소의 건강 상태를 반영하고 있어 분방유(分房乳)의 유방염 진단기준으로 1966년에 IDF가 정한 기준(50만 개/ml)을 오래 사용하고 있다. (사)홋카이도 유질개선협회에서는 체세포 수 30만 개/ml 이하를 목표로 해서 힘쓴 결과 30만 개/ml 이하의 비율은 2000년도의 82.9%에 비해서 2006년도에는 98.8%로 꽤 개선이 진행되었다([표 2]).

한편, 체세포의 기준에 관해서는 일본 국내외에서도 논의되고 있어, 그 방법으로는 ① 유방염 발증에 따른 농장의 경제적 손실(착유량 감소, 성분 저하 및 치료비의 증가)과 ② 유·유제품의 안전성에 관한 문제가 있고, 이런 문제를 과학적으로 해명할 필요가 있다.

[표 3]에는 홋카이도의 연도별 합유(合乳)의 성분율을 표시했지만, 2006년의 유지방률은 1998년도에 비해서 0.08% 상승했다.

우유의 유질 기준은 생유의 성분이나 세균 수(또는 생균 수) 및 체세포 수에 따라 1~4급으로 구분되고, 1급(최상급)은 유지방률이 3.7% 이상, 우유단백질이 3.2% 이상, 무지유 고형분이 8.7% 이상, 세균 수가 30만 개/ml 이하(생균 수 3만 cfu/ml 이상) 및 체세포가 10만 개/ml 이하로 되어 있다.(전국유질개선협회 자료)

**표 3.** 홋카이도 12지청의 연도별 함유 성분율 추이

| 연도 | 연평균(%) | | | | |
|---|---|---|---|---|---|
| | 지방 | 단백질 | 무지고형분 | 전고형 | 유당/회분 |
| 1998 | 3.931 | 3.201 | 8.736 | 12.667 | 5.536 |
| 1999 | 9.946 | 3.199 | 8.739 | 12.685 | 5.540 |
| 2000 | 9.987 | 3.221 | 8.737 | 12.724 | 5.517 |
| 2001 | 3.994 | 3.221 | 8.722 | 12.717 | 5.501 |
| 2002 | 4.051 | 3.262 | 8.757 | 12.808 | 5.495 |
| 2003 | 4.050 | 3.273 | 8.743 | 12.794 | 5.470 |
| 2004 | 4.032 | 3.254 | 8.746 | 12.778 | 5.492 |
| 2005 | 4.020 | 3.292 | 8.770 | 12.791 | 5.478 |
| 2006 | 4.013 | 3.272 | 8.739 | 12.752 | 5.466 |

(사) 홋카이도 낙농검정검사협회의 데이터를 토대로 작성

## 5. 치즈 제조에서 유의해야 할 병원미생물

치즈 제조의 안전성의 관점에서 문제가 되는 것은 인축공통감염증에 이환된 유우(乳牛)로부터 일차적인 오염 또는 우사 등의 환경이나 보균자를 매개로 한 2차적 감염에 의한 병원미생물이다. 치즈의 원재료인 우유에서는 아래에 제시한 유해미생물이 존재할 가능성이 높다는 것을 인식해 둘 필요가 있다.

IDF에서는 우유업계에서 가장 유의해야 할 병원미생물은 살모넬라(*Salmonella*), 포도상구균(*Staphylococcus aureus*), 캄필로박터(*Campylobacter jejuni/coli*), 여시니아(*Yersinia enterocolotica*) 및 리스테리아(*Listeria monocytogenes*) 5균종을 올리고 있다.

더욱이 식중독을 일으키는 병원균으로서는 병원성대장균(장출혈성대장균), 바실러스 세레우스(*Bacillus cereus*), 클로스트리디움 퍼프린젠스(*Clostridium perfringens*) 등이 있고, 주의하도록 권고하고 있다. 이 외에 생유의 위생관리가 열악한 환경하에서는 우유 유래의 결핵균(*Mycobacterium tuberculosis*), 브루셀라균(*Brucella*), Q열 리케치아(*Coxiella burnetii*) 및 탄저균(*Bacillus anthracis*)에도 유의해야 한다고 기술하고 있다. 그럼에도 불구하고, 일본의 현상에서는 이런 병원균이 우유나 치즈에서 문제가 될 염려는 거의 없다고 생각된다.

아래에 치즈를 원인으로 한 해외에서의 식중독 사례보다는 일본에서도 치즈 제조에서 우려되는 위해미생물, 특히 리스테리아와 황색포도상구균에 관해서, 또 치즈의 품질에 악영향을 미치는 낙산균에 관해서 서술한다.

### 1) 리스테리아(*Listeria monocytogenes*)

#### (1) 생유 및 치즈의 오염률

리스테리아(*Listeria monocytogenes*)가 식품매개 감염증으로 주목받게 된 요인의 하나는 식품의 저온유통이 진행되어 식품을 장기간 보존할 수 있게 된 것이다. 리스테리아는 가축이나 가금 및 야생동물 등의 다양한 동물을 시작으로 토양, 슬러지(sludge), 오염수, 해수, 하천수, 하수 및 사료(silage) 등 어떤 곳에서도 생식하고 있다.

(재)홋카이도 생유검사협회에 의한 세 지역 벌크유의 리스테리아 조사(1997년)에 의하면 리스테리아의 양성률(陽性率)은 평균 17.4%(121호 중 21호)였다.[10] 또 벌크유 2회 연속

출하 시의 양성률을 조사(44호)한 결과 2회 연속해서 양성이었던 농가가 9호(20.5%), 1개만의 양성 농가가 5호(11.4%), 2회 음성이었던 농가는 30호(68.1%)였고, 매회 검출되는 것은 아니고 산발적으로 발생하였다. 이 벌크유 농장의 벌크탱크의 세정, 소독의 철저 또는 유방의 청정을 유방 전체에서 유두 중심으로 대체해서 오염을 감소시켰다. 또 건강한 소의 장관으로부터도 리스테리아가 1.6%(10검체/611검체)의 비율로 검출되고, 리스테리아속 세균만 해도 5.1%(31/611)가 분리되었다.

**표 4.** 생유의 리스테리아 오염 상황

| 조사 연도 | 검체 수 | 양성 수 |
|---|---|---|
| 2004 | 40 | 7 |
| 2005 | 39 | 3 |
| 2006 | 20 | 0 |
| 합계 | 99 | 10 |

2006년 후생노동 과학연구보고서(자연치즈 제조의 고도 위생관리에 관한 연구)에서 발췌

후생노동과학연구반에 의한 최근의 연구(미살균유를 이용한 자연치즈 제조의 고도위생관리에 관한 연구)에서는 집유차(集乳車) 유(乳)의 리스테리아 오염 실태가 있고, 2004년부터 2006년의 결과에서는 약 10%의 생유가 양성이었다([표 4]).

한편 해외의 연구로서는 Arimi 등[11]의 보고가 있고, 과거 10년간에 우유나 사료 및 유가공 환경으로부터 분리하기도 해서 리스테리아속 세균의 유전자형을 조사하였다. 본 연구에서 분리된 리스테리아속 세균 475균주의 분포 상황을 [표 5]에 표시했다. 분리된 리스테리아속 세균에서는 *L. innocus*가 가장 많아 362주, 계속해서 *L. monocytogenes*가 93균주로 이 2균종에서 전체의 약 96%를 점하고 있다. 또 유전자형의 다양성은 유가공 환경으로부터 분리된 균주에서 나타났고, 임상에서 분리한 *L. monocytogenes*의 유전자형은 사료, 우유, 벌크유 또는 유가공 환경에서 분리된 것과 같았다.

이런 연구에서 리스테리아속 세균을 제어하기 위해서는 젖소 사육농장에서 위생관리

**표 5.** 우유/사료 및 우유가공 환경으로부터 분리한 리스테리아속 세균의 분포(미국)

| 균종 | 우유가공 환경 | 사일리지 | 벌크유 | 우유 | | 합계 |
|---|---|---|---|---|---|---|
| | | | | 4분방유 | 임상 | |
| *L. innocua* | 306 | 37 | 9 | 10 | 0 | 362 |
| *L. monocytogenes* | 65 | 6 | 5 | 14 | 3 | 93 |
| *L. welshmeri* | 8 | 1 | 0 | 2 | 0 | 11 |
| *L. seeligeri* | 6 | 0 | 0 | 0 | 0 | 6 |
| *L. ivanovii* | 1 | 0 | 0 | 0 | 0 | 1 |
| *L. grayi* | 2 | 0 | 0 | 0 | 0 | 2 |
| 합계 | 388 | 44 | 14 | 26 | 3 | 475 |

문헌 11을 토대로 작성

가 중요한 것으로 판단했다. 또 유우(젖소) 사육농장으로부터 식품 제조공장에 유입된 리스테리아는 저온 · 저영양하에서도 증식성을 나타내고, 또 소독제에 대해서도 비교적 저항성을 나타내기 때문에 식품 제조공장 내에서 쉽게 부착해 살아갈 가능성이 시사되었다. 실제로 북미에서의 사고 예로부터 식품 제조공장에서 리스테리아 오염의 리스크가 높은 장소는 가열처리 이후의 환경이나 설비 및 작업(손가락, 장갑, 손수건, 작업복 및 장화 등)자로부터의 2차 오염이다.

일본에서 치즈의 리스테리아의 오염실태 조사는 나카마(仲真) 등의 보고[12]가 있고, 일본의 자연치즈는 살균유를 원료로 사용하고 있기 때문에 모든 검체(1,075검체)에서 음성이었다. 그러나 수입 치즈에서는 1,387검체 중 33검체(2.4%)가 양성(1985~1992년)이고, 그 오염균 양은 약 100 cfu/g 미만이었다. 또 2000~2003년에 도쿄 주변 지역에 유통된 각종 치즈의 조사결과에서는 301검체 중 1검체(0.3%)에서 검출되었지만, 오염균 양은 약 10 cfu/g 미만으로 낮은 결과였다([표 6]).

**표 6.** 일본 내/해외의 치즈 리스테리아(*L. monocytogenes*) 오염률 및 오염균 수

| 일본 내 | 검체 수 | 양성 수* | 오염률 | 오염균 수(cfu/g) |
|---|---|---|---|---|
| 일본산 자연치즈 | 1,075 | 0 | 0 | - |
| 수입 자연치즈 | 1,387 | 33 | 2.4 | <100 |
| 도쿄 주변에 유통하는 치즈 | 301 | 1 | 0.3 | <10 |
| 해외 | | | | |
| 신선 연질 치즈 | 4,866 | 70 | 1.4 | < 0.1이 67건, 10~100이 3건 |
| 연질 치즈 (숙성 카망베르 등) | 3,109 | 117 | 3.8 | < 0.1이 80건, < 10이 2건<br>< 100이 17건, > 100~104가 16건<br>10,000~1,000,000이 2건 |
| 연질 치즈 (비숙성 카망베르 등) | 814 | 32 | 3.9 | < 0.1이 5건, < 10이 18건<br>< 100이 1건, < 500이 4건<br>> 1,000,000이 2건 |
| 반숙성 치즈 (푸른곰팡이 타입 등) | 2,615 | 81 | 3.1 | < 0.1이 61건, <10이 2건<br>< 100이 5건, 100~10,000이 10건,<br>> 10,000이 1건 |
| 경질 치즈 (체다 등) | 973 | 14 | 1.4 | < 0.1이 8건, < 10이 3건,<br>< 100이 1건,<br><500, 100,000~1,000,000이 1건<br>> 1,000,000이 각 1건 |
| 가공치즈 | 325 | 3 | 0.9 | < 0.1이 1건, < 100이 2건 |

* 0.04 cfu/g 이상을 양성으로 했음.

문헌 12를 토대로 작성

해외의 치즈에서는 리스테리아의 검출률은 0~3.9%로, 일반적으로 연질 타입에서 검출률이 높은 반면, 경질 타입이나 가공치즈의 오염률은 극히 낮은 경향이다. 또 치즈를 원인으로 하는 식중독의 집단발생 사례의 역학조사로부터 치즈의 오염은 원료 그 자체의 오염 이상으로 제조공정이나 숙성 그리고 보존 단계에서의 2차 오염이 원인으로 생각되고 있다.

치즈 제조 중에 리스테리아의 거동에 관해서는 치즈 제조 시의 온도와 시간, 성분 조성, pH, 숙성 조건 및 스타터의 종류 등에 따라서 다른 것으로 알려져 있다. 아래에 원료유에 리스테리아를 접종한 뒤 다양한 타입의 치즈를 제조해서 숙성한 경우의 균수 변화를 조사한 연구를 소개한다([표 7]).[12)]

**표 7.** 각종 치즈의 숙성 기간 중의 리스테리아(*L. moncoytogenes*)의 오염 추이

| 치즈 종류 | 수분 (%) | 담그는 액체의 염분농도 (%) | pH | | 숙성 온도 (℃) | 접종 균량 Log 10cfu/ml | 숙성기간 중의 균량 Log 10cfu/g | | | 생존 기간 (일) |
|---|---|---|---|---|---|---|---|---|---|---|
| | | | 초기 | 말기 | | | 초기 | 최고치 | 말기 | |
| Feta | 54.7 | 4.57 | 4.7 | 4.4 | 22.4 | 3.5 | 5.2~6.2 | 5.7~6.2 | 2.8~4.6 | 90 |
| Camembert | 54.4 | 4.72 | 4.6 | 7.5 | 15.6 | 2.5 | 3.1~3.6 | 6.7~7.5 | 6.7~7.5 | 65 |
| Brick | 43.0 | 1.89 | 5.3 | 7.3 | 15.10 | 2.3~3.0 | 3.0~4.7 | 4.6~6.7 | 2.7~6.1 | 168 |
| Colby | 40.0 | 3.91 | 5.1 | 5.1 | 4 | 2.3~3.0 | 3.5~4.5 | 3.6~4.6 | 2.3~4.1 | 112~140 |
| Blue | 38.9 | 11.52 | 4.6 | 6.3 | 9~10.4 | 3.0 | 4.0~5.0 | 4.5~5.0 | 1.0~2.3 | 120 |
| Cheddar | 37.2 | 4.61 | 5.1 | 5.1 | 6 | 2.5 | 2.5~3.2 | 2.6~3.8 | 0~1.5 | 70~434 |
| Parmesan | 32.0 | 4.96 | 5.1 | 5.1 | 13 | 4.0~5.0 | 3.3~4.3 | 3.3~4.3 | 1.0~1.3 | 21~112 |

문헌 12를 토대로 작성

카망베르 치즈와 브릭 치즈에서는 숙성 중에 균수가 증가하고 그 균수는 약 $10^6$~$10^7$ cfu/g에 달했다. 이 이유로는 숙성과 함께 pH가 상승하고, 또 수분 함량도 높아 증식에 적당한 조건이 되기 때문이라고 생각된다. 콜비(Colby)나 체다(Chedder) 및 파르메산(parmesan) 치즈에서는 숙성 중에 균수가 감소했다. 이것은 수분 함량이 적고, pH도 낮은 것이 주요한 요인으로 생각된다. 한편, 페타 치즈에서는 수분 함량이 높지만 pH가 낮은 것, 또 블루 치즈에서는 pH는 비교적 높지만 수분 함량이 낮고 염분 농도가 높다는 것, 게다가 푸른곰팡이의 2차 대사산물이 리스테리아의 발육을 저해하는 것 때문에 균수가 감소한 것으로 생각된다. 원료유 또는 2차 오염에 의해 치즈가 리스테리아에 오염되면 pH 5.5 이하의 치즈에서는 숙성 및 보존 중에 균수는 서서히 감소하는 경향이다. 그러나

숙성 중에도 장기간에 걸쳐서 생존하고, 체다 치즈에서는 70~434일간, 콜비 치즈에서는 112~140일간, 페타 치즈에서도 90일간 생잔하는 것이 확인되어 있다.

1999년 12월 일본에서는 식품위생법 시행규칙의 일부 개정이 행해져 리스테리아가 식중독 원인 세균으로서 예시되었다. 일본에서는 지금까지 같은 균이 원인으로 된 식중독의 예(식품매개 리스테리아증)는 보고되지 않았다. 그럼에도 불구하고 후생노동과학연구반의 조사에 의하면 2001년 3월에 홋카이도에서 발생한 자연치즈에 의한 식중독은 리스테리아에 의한 집단 감염일 가능성이 높다는 것을 2004년에 발표했다.[13] 이 사례는 2005년에 해외의 잡지에 게재되어 일본 최초의 리스테리아에 의한 식중독 사례로 국제적으로도 알려지게 되었다.

그럼에도 불구하고 후생노동성의 식중독 통계에서는 일본에서의 리스테리아 식중독 사례는 제로로 되어 있어 후생노동성으로서는 "어디까지나 과거의 사례이다." 등의 이유로 국가로서는 리스테리아 식중독이 발병하지 않는다는 견해를 보이고 있다.

#### (2) 치즈 제조에서 리스테리아의 제어

유등성령에 규정되어 있는 살균 조건에서 원료유를 가열하면 리스테리아는 충분히 사멸되는 것이 확인되고 있다. 따라서 치즈유의 살균 후부터 제조 공정을 통과해 출하되기까지의 각 공정에서의 2차 오염대책이 중요하다. 구체적으로는 치즈 제조시설 내의 환경(물, 공기, 바닥, 배수구 등)의 설비, 장치의 모니터링을 정기적으로 행하고 리스테리아가 없는 청결한 환경을 유지하는 것이 필요하다. 더욱 중요한 것은 콜드 체인에서의 온도 관리이며 2005년 코덱스의 가이드라인에는 보존 온도를 6℃ 이하, 가능하면 2~4℃에서 관리할 필요가 있는 것으로 기재되어 있다. 또 참고로 일본에서 리스테리아 오염대책을 아래에 표시했다.

**〈일본에서 유(乳) 및 유제품의 리스테리아 오염대책〉**

일본에서 제조되는 치즈는 「유등성령」의 기준을 엄수하지 않으면 안 된다. 1992년, 수입 샐러드 치즈로부터 리스테리아가 검출되었고, 1993년 8월에 「유 및 유제품의 리스테리아 오염방지 등에 관해서」를 통지하고 각 지방 지자체는 이것에 기초해서 감시 및 지도를 실시했다.

(i) 모든 외국에서 생산되고 있는 연질 및 반연질 타입의 자연치즈에는 리스테리아에 의해 오염되는 경우도 있고, 수입 시에 전수검사를 실시해 검출한 경우에는 식품위생법 등 6조에 따라서 수입이나 판매를 금지하는 조치를 할 것.

(ii) 착유 시의 환경에는 리스테리아는 상시 분포하고 있다고 생각하고 환경으로부터의 오염을 방지해 보존 운반 시 저온보존을 지킬 것. 생유 중의 리스테리아의 오염이 있어도 유등성령에 표시된 조건에서 가열살균하면 균은 완전히 사멸하기 때문에 이 조건을 엄수할 것. 그럼에도 불구하고 가능한 한 오염이 적은 생유를 원료로 하고 그 위생의 향상에 노력할 것.

(iii) 일본 내에서 생산되는 자연치즈는 살균유를 원료로 사용하기 때문에 리스테리아의 감염원이 될 위험은 없지만, 위생 확보를 목적으로 제조공정에서의 2차 오염방지에 노력할 것. 가공치즈는 원료 치즈의 용해 시에 가열을 균등하게 또 충분히 실시해 포장 시 또는 그 후의 2차 오염을 방지할 것. 그 외의 유제품은 살균유를 원료로 할 것. 또 제조 후의 제품은 저온보존에 노력할 것 등이다.

### (3) 북미의 리스테리아 오염대책

북미의 사고 사례로부터 리스테리아에 의한 오염성이 높은 장소는 가열처리 이후의 환경이나 시설 및 사람들의 2차 오염이라는 것이 밝혀졌다.[14]

리스테리아는 일반적인 환경에서 존재하기 때문에 리스테리아 대책에는 원료유뿐만 아니고 치즈 제조 현장으로부터 2차 오염대책이 중요해 원료, 작업 동선, 제조환경 및 종업원의 위생지도 등에 의한 광범위한 관리가 요구되고 있다. 특히 북미에서는 원료 공정과

가공 공정과의 구분, 또 그러한 구분에서 동선 관리가 중요시되고 있어 설비적인 분리나 작업 동선의 제어가 필요하게 된다.

### (4) 리스테리아의 모니터링과 환경 유지

식품공장 내의 모니터링에서 중요한 것은 시료채취 장소와 닦아내는 방법이다. 리스테리아는 일반적으로 대장균군보다도 희박하게 존재하기 때문에 시료채취 장소가 중요하게 된다. 모니터링의 체크 포인트로는 최초의 제품과 접촉·비접촉에 관계없이 같은 균이 생식하기 쉬운 장소(예를 들면, 습한 환경), 특히 치즈유의 입수나 취급 구역의 바닥 및 발판 등을 제조실별로, 게다가 배수구, 바닥면, 쓰레기 상자(컨테이너), 장치기기류의 밑, 대차(台車), 지게차의 차바퀴 및 작업원의 신발 등이다. 이런 검사로 리스테리아가 검출된 경우는 다음에 제품과 직접 접촉하는 장치나 기구류의 표면을 검사한다. 리스테리아 검사는 제일 더러워진 장소부터 검사하는 것이 포인트이다.

환경조사에서 면봉 등으로 채취하는 방법(swab method)으로는 리스테리아는 거의 대부분의 경우 검출되지 않기 때문에 리스테리아균 전용의 무균 섬유 스펀지가 사용되고 있다([그림 1]). 시료를 닦아서 채취하는 것은 통상의 채취 방법보다 넓은 30 cm 사방을 바이오 필름을 벗겨내듯 강하게 닦아서 채취한다. 즉, 미국 농무성의 채취법은 75 cm 사방을 종 10 왕복, 횡 10 왕복하도록 규정되어 있다.

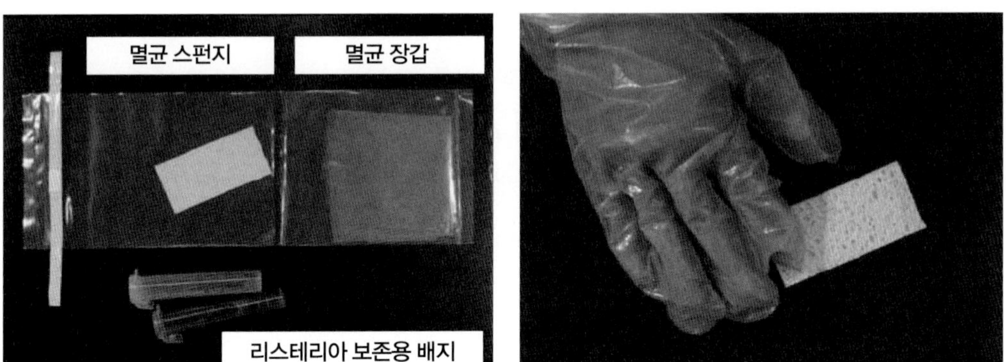


**그림 1.** 리스테리아의 환경 모니터링에 필요한, 닦아서 채취하는 도구

리스테리아가 없는 청결한 환경을 유지하기 위해서는 효과적인 세정 · 살균법이 포인트이다. 리스테리아균에 유효한 세정 · 살균제로서는 제4급 암모늄염이나 차아염소산 및 유기산(초산, 젖산, 구연산) 등을 추천할 수 있다. 또한, 종업원에게 리스테리아 교육은 필수이다.

아래에 북미에서의 바닥 세정 프로그램을 소개했다. 리스테리아는 습한 환경을 좋아하기 때문에, 특히 바닥이나 배수구는 바이오 필름을 형성하기 쉽기 때문에 세정 · 살균은 매일 실시할 것을 권장하고 있다.

**〈북미에서의 리스테리아 컨트롤 프로그램(바닥 세정의 예: 매일)〉**

(i) 필요에 따라서 분말의 알칼리 세제를 사용한다.

(ii) 전용 솔로 바닥 세정을 실시한다. 고압 세정기는 물거품이 비산하기 때문에 사용하지 않는다.

(iii) 저수압 호스(수도수)를 사용해서 철저히 헹군다.

(iv) 차아염소산이나 제4급 암모늄염을 사용해 살균한다.

(v) 구연산 등을 이용해 바닥의 건조면을 pH 5.0으로 유지한다. 또 정기적으로 리트머스시험지로 모니터링을 행한다.

(vi) 세정용구는 매일, 세정 · 살균을 실시하고 정기적으로 교환한다.

리스테리아를 포함한 바이오 필름의 제거에는 알칼리성 세제를 이용한 전용 솔로 문질러 씻는 것은 기본이고, 고압 세정은 주변에 물거품이 비산해 오염을 넓히기 때문에 사용하지 않는다. 물 세정은 세정력이 약하고 또 고온 세정은 단백질을 실활시켜 접착력을 증가시키기 때문에 온수(50℃ 전후) 세정이 추천되고 있다. 더욱이 세정 · 살균 후의 바닥의 건조면은 분말 구연산 등으로 pH를 낮게 유지하는 것이 중요하다. 또 리스테리아가 가장 생식하기 쉬운 배수구의 세정 · 살균도 매일 실시하다시피 프로그램되고, 배수구는 역류를 방지하도록 설계되지 않으면 안 된다. 세정 · 살균에는 600~1,000 ppm 제4급 암모늄염이 유효한 것으로 되어 있다.[14]

### 2) 황색포도상구균(*Staphylococcus aureus*)

황색포도상구균은 화농 상처나 건강한 사람의 코 및 인후, 피부, 손가락, 모발 등을 시작으로 포유동물에도 널리 분포해 있다. 더구나 환경저항성도 강해서 모든 식품이 오염될 가능성이 시사되고 있다.

건강한 사람 1,414명에 대해서 황색포도상구균의 보균상황을 조사한 결과, 코 앞부분에는 약 10.9~33.0%, 손가락은 약 3.8~35.3%의 비율로 검출되었다. 또 화농성이나 아토피성 피부염으로부터는 더욱 높은 비율로 검출되었다. 모든 황색포도상구균이 엔테로톡신을 생산하지는 않지만 사람의 손 등으로부터 분리된 균의 약 55~64%가 엔테로톡신을 생산한다는 보고도 있다.

가미카도(上門) 등[16]은 생유 중의 황색포도상구균의 오염 실태에 관해서, 원료유의 약 50%는 약 $10^1$~$10^3$ cfu/ml 수준의 황색포도상구균에 오염되어 있고, 높은 것은 약 $10^4$ cfu/ml의 것도 확인되고 있다.[16] 또 생유로부터 검출된 황색포도상구균의 독소 생성능에 관해서는 그 수%~25%의 균이 엔테로톡신(enterotoxin) A를 생성한다는 보고도 있다.

이 보고에서도 밝혀진 것같이, 각 농가에서 집유된 생유는 저장탱크(원료저유 탱크)에서 혼합되는 중에 저유되기 때문에 일부의 농가에서 착유한 생유가 오염되면 저유 전체에 오염이 퍼져 버린다. 따라서 원료가 되는 생유는 이미 독소 생성능을 가지는 황색포도상구균에 오염되어 있다는 것을 전제로 해서 위생기준을 엄수할 필요가 있다.

한편, 일본 내에서는 치즈를 원인으로 한 황색포도상구균에 의한 식중독의 보고 예는 없지만, 3년간에 걸쳐서 홋카이도에서 제조된 치즈의 황색포도상구균을 조사한 보고가 있다.[17] 검사의 시료 수는 2002년에 61개의 제조공장으로부터 171검체, 2003년에는 60개의 제조공장에서 168검체, 2004년에는 65공장에서 196검체를 채취했다. 황색포도상구균의 양성 수로는 2002년이 14개 시료로부터 2003년에는 6개 시료, 2004년에는 18개 시료로부터 검출되어 합계 38개의 검체로부터 분리되었다. 황색포도상구균에 관해서는 PCR법으로 8종류의 독소(se)유전자를 조사한 결과, seg와 sei 유전자를 보유하는 황색포도상구균은 13개 시료로부터 검출되었다. 또 식중독과 밀접히 관계하고 있는 sea 유전자를 보유하는 황색포도상구균은 5개 검체로부터 분리되었다. 이 결과로부터 시판 치즈 중에는 이미 황색포도상구균에 오염되어 있는 것도 있어 한층 더 위생관리의 향상이 요구되고 있다.

### 3) 그 외의 위험미생물(낙산균)

치즈는 숙성 중 또는 유통 시에 가스 발효를 일으킨다는 것이 알려져 있다. 그 원인의 대부분은 원료유 중의 가스 생산균에 의한 것으로 생각되고 있다. 가스 발효는 숙성 초기와 중기로 대별해서 생각할 수 있다. 숙성의 초기에 일어나는 가스 발효의 대부분은 대장균이 관계되어 있고, 그 외에도 유당발효성 효모나 고초균(*Bacillus*)속 균 등이 관여하고 있다. 한편, 숙성 중기 이후의 가스 발효에 관여하는 대표적인 균은 클로스트리디움 속의 낙산균이다. 낙산균은 원료유에도 존재한다는 것이 알려져 있고 그 원인은 불량 사일레지나 토양 등으로부터 오염되는 경우가 많다고 생각되고 있다.

일반적으로 우유에 오염되는 주요 낙산균은 유산염을 발효해 낙산을 생성하는 *Clostridium tyrobutyricum*과 유당과 유산염 양쪽을 발효하는 *Clostridium butyricum*의 당분해성 타입 및 단백질 분해성 타입의 *Clostridium sporogenes*이다. 이런 균종에 의한 이상발효는 온도가 10℃ 이상의 장기숙성으로 일어나기 쉽고, 가스 발생에 의해 대·소의 가스 구멍이나 균열 및 낙산취, 불쾌취 등의 결함·풍미 이상을 동반해 치즈의 품질을 현저히 저하시킨다. 이것은 치즈유에 오염된 *Cl. tyrobutyricum*이나 *Cl. butyricum*의 아포가 치즈 숙성 중에 발아 및 증식해 유산염을 이용해서 다량의 가스를 생산하기 때문이다.

도요타(豊田) 등[18]은 당밀·soytone 배지를 이용해 고다 치즈로부터 분리한 *Cl. tyrobutyricum* KS-222포자를 저온대에서 장기간 배양해서 그 발육 특성을 조사해 보고하고 있다. 즉 약 $10^2$ cfu/ml의 *Cl. tyrobutyricum* 아포는 7℃에서는 60일 후에도 발육이 관찰되지 않았지만, 10℃에서는 40일 후, 13℃에서는 15일 후에 각각 발육해 가스를 발생했다([표 8]). 이 결과로 *Cl. tyrobutyricum* 아포의 발육 한계 온도대는 약 10℃이기 때문에 치즈의 숙성 또는 보존 온도를 10℃ 이하로, 기대하기는 7℃ 이하로 해서 이상발효의 방지가 가능하다고 생각된다. 다만, *Cl. tyrobutyricum* 아포의 발육은 초기 발아포자 수에 의해서도 현저히 영향을 받는다는 것이 알려져 있어 낙산균 오염이 적은 원료유, 또는 정밀여과(MF)나 원심 제균(파지)에 의해서

**표 8.** 클로스트리듐(*Clostridium tyrobutyricum*) 내성포자의 발육 온도

| 온도(℃) | 배양 시간(일) | | | | | |
|---|---|---|---|---|---|---|
| | 5 | 10 | 15 | 20 | 40 | 60 |
| 7 | - | - | - | - | - | - |
| 10 | - | - | - | - | + | + |
| 13 | - | - | + | + | + | + |
| 16 | + | + | + | + | + | + |

+: 가스 생산 -: 가스 비생산 문헌 18을 토대로 작성

치즈유 중의 낙산균 수를 적게(제균)하는 것이 중요하다.

## 6. HACCP에 기초한 위생관리

### 1) 종합 위생관리 제조 과정의 승인제도

종합 위생관리 제조 과정은 1995년의 식품위생법의 개정에 따라서 새롭게 창설된 위생관리 수법이고 승인제도로서 법제화되어 있다.[19] 이 승인제도는 후술하는 HACCP 시스템에 의한 위생관리와 그 전제가 되는 시설 설비의 보수점검 등의 일반적인 위생관리와 함께 일체화해서 실행함으로써 종합적으로 위생관리가 가능한 식품의 제조를 목적으로 하고 있다. 즉, 일반적 위생관리 프로그램으로 위생적인 작업환경을 확보해 위험미생물로부터의 오염을 방지하고, 냉각이나 가열살균 등의 위생관리상의 중요한 공정을 HACCP 시스템으로 관리해서 위험미생물의 증식 억제나 배제를 해서 제품의 안전성을 확보하는 수법이다.

유·유제품의 거의 대부분은 본 제도의 대상 식품(우유, 특별우유, 살균산양유, 부분탈지유, 탈지유, 가공유 및 크림, 아이스크림류, 무당연유, 무당탈지연유, 발효유, 유산균음료 및 유음료)이지만, 치즈는 현시점에서는 해당되지 않는 식품으로 자리매김하고 있다. 그러나 대상 유제품에서는 위해 원인물질도 구체적으로 특정되어 있고, 예를 들면 이물, 살균성물질, 항생물질, 살균제, 세정제 및 부패미생물이, 또 병원미생물로서는 여시니아(*Yersinia enterocolitica*), 황색포도상구균(*Staphylolcoccus aureus*), 캠필로박터(*Campylobacter coli / jejuni*), 살모넬라(*Salmonella*속)균, 병원성대장균 및 리스테리아(*Listeria monocytogenes*)가 식품위생상의 위험이 된다. 따라서 치즈의 제조에서도 이런 대상 식품과 같은 방식으로 안전성을 확보하는 것이 위생관리의 기본이 된다.

### 2) HACCP 시스템

HACCP는 위해분석(Hazard Anylasis, HA)과 중요관리점(Critical Control Points, CCP)을 합친 위생관리 수법으로 일본에서는「위해분석중요관리점」으로 해석되고 있다.[20-22]

HACCP 시스템은 1960년대에 미국 항공우주국(NASA)에서 우주식의 안전성을 고도로 보증하기 위해 개발되었다. 즉, 식품의 안전성에 관한 어떤 위험을 사전에 예측해 그 위험을 관리하는 것이 가능한 공정을 중요 관리점으로 지정해서 제품의 안전성을 보증한다고 하는 것이다. 종래의 위생관리 수법인 최종 제품의 발취(임의추출) 검사에서는 전 제품의 안전성을 확실히 보증할 수가 없는 한계가 있었지만, HACCP 시스템을 도입하면 제품의 전수검사가 가능하게 된다. 이것은 식품의 안전성을 확보하는 가장 효율적이고 효과적인 수법으로서 국제적으로도 높이 평가되고 있다.

### 3) 일반적인 위생관리 사항

HACCP 시스템에 의한 위생관리를 효과적으로 실시하기 위해서는, 그 전제로서 식품의 제조에 사용하는 시설 설비의 보수점검 등의 일반적인 위생관리가 확실히 실시되어야 한다. 일반적인 위생관리 프로그램에는 ① 시설 설비의 위생관리, ② 종업원의 위생관리, ③ 시설 설비, 기계기구의 보수점검, ④ 곤충의 방제, ⑤ 사용수의 위생관리, ⑥ 배수 및 폐기물의 위생관리, ⑦ 종사자의 위생관리, ⑧ 식품 등의 위생적인 취급, ⑨ 제품의 회수 프로그램, ⑩ 제품 등의 시험검사에 이용한 시설 등의 보수관리 등이 있다. HACCP 시스템은 그 단독으로는 기능한 것이 아니기 때문에 전제조건으로서 일반적인 위생관리 프로그램을 확실히 실시해 두지 않으면 안 된다.

**〈HACCP 플랜의 7원칙, 12수순〉**

HACCP 플랜은 7원칙을 포함하는 12수순을 거쳐 작성된다. 수순 1부터 5까지는 위해분석을 실시하기 위한 준비 단계로 되고, 수순 6부터 12까지가 HACCP의 특징적인 원칙으로 된다.

**원칙 1. 위험분석(HA; Hazard Anyalsis)**

위험분석은 계획 작성의 기본작업이고, 원재료의 조제 단계부터 제품의 가공이나 제조 및 소비자에게 도착까지의 모든 과정에서 발생할 가능성이 있는 위해 및 위해 원인물질을 밝혀서 목록화함과 동시에 이것들의 발생 요인 및 그 방지조치를 확실히 하는 것이다. 식품위생상의 위해라는 것은 식품 중의 미생물학적·화학적 및 물리적인 원인 물질로 음식에 의해 사람의 건강에 위험을 일으킬 가능성이 있는 것을 말한다.

**원칙 2. 중요 관리점의 설정(CCP; Critical Control Point)**

위해분석에 의해 밝혀진 위해 중에서 생산 공정으로부터 그 발생을 방지 또는 발생의 위험을 감소시키는 것이 가능한 경우를 중요 관리점(CCP)으로 설정해 엄중히 관리한다. 예를 들면 우유의 제조공정에서는 '살균' 공정이 CCP에 해당된다.

**원칙 3. 관리기준의 설정(CL; Critical Limit)**

결정한 중요 관리점에서 적절한 관리가 행해지는지를 판단하기 위한 기준을 설정할 수 있다. 이 기준의 설정에는 온도나 시간 및 pH 등의 수치로 나타내는 인자를 채용한다.

**원칙 4. 각 CCP의 모니터링 방법의 설정**

중요 관리점에서 모니터링은 제조 중에 물질을 연속적으로 또는 적절한 빈도로 측정함으로써 관리기준의 범위 내에서의 제조 상태가 확인되고, 더구나 모든 데이터를 기록할 수 있는 방법을 설정한다.

**원칙 5. 개선 조치의 설정**

중요 관리점에서 관리기준으로부터 일탈한 경우에 정상 상태로 회복시키기 위한 수순이나, 일탈한 경우에 제조된 것의 개선 조치 방법을 설정한다.

**원칙 6. 검증 방법의 설정**

HACCP에 의한 위생관리의 실시 계획이 적절히 기능하고 있는지를 정기적으로 확인해 평가한다. 맞지 않는 곳이 발견될 때는 수정한다.

**원칙 7. 실시 기록 및 각종 문서의 보관**

일반적 위생관리 프로그램, CCP의 모니터링, 개선 조치 및 검증 등의 결과를 정확히 기록하는 것으로 HACCP 시스템이 적절히 실행되고 있는가의 판단에 도움이 되는 동시에 그 증거를 작성하는 것이 가능하다.

### 4) HACCP 시스템의 특징

HACCP 시스템은 원재료의 생산으로부터 최종 제품이 소비자에 의해 소비될 때까지의 모든 과정에 적용할 수 있는 식품위생관리 수법이고, 이 시스템을 도입하는 것으로 ① 식품의 안전성이 향상된다. ② 자원을 유효하게 이용 가능하다. ③ 위생상의 위험에 적절한 시기에 대처 가능하다. ④ 행정에 의한 감시나 지도가 효과적·효율적으로 실시될 수 있다. ⑤ 식품의 안전성에 대해서 국제적인 신뢰성이 높아지는 것을 기대할 수 있다. 더욱이 2005년에 재단법인 일본규격협회에 의해 국제규격인 「식품안전 경영 시스템: ISO 22000」이 발행되었다.[23] 이 규격은 HACCP 시스템을 조합한 것으로 주목받고 있기 때문에 참고하기 바란다.

위해미생물에 의한 식품의 사고는 제품의 광역 유통의 발전에 따라 대규모화할 가능성이 있다. 치즈의 안전성을 확보하기 위해서도 HACCP의 개념, 즉 농장에서의 생산 단계(생유)로부터 식탁에서 소비되기까지의 일련의 흐름 가운데서 관리하는 것이 중요하다. 금후, 치즈의 제조에서도 HACCP 시스템을 도입한 위생관리가 크게 기대된다.

## 참 / 고 / 문 / 헌


1) IDF: Recommendation for the hygienic manufacture of milk and milk based products. Bulletin, 292, 1994.

2) Recommended Interantional Code of Practice - General Principles of Food Hygiene (CAC/RCP 1-1969, Rev. 4. 2003) : FAO/WHO

3) CODEX牛乳や乳製品衛生の取扱い規範, 国際酪農連盟日本国内委員会(CAC/RCP 57-2004)

4) 豊福肇 FAO/WHO 合同食品規格計画第38回食品衛生部会食品衛生研究 57, 27-40, 2007.

5) 平成17年度 食品規制 実態調査フランスにおける食と農業の動向と食の安全性確保の取組み 日本貿易振興機構 (ジェトロ) 産業技術·農水産部.
6) 乳及び乳製品の成分規格等に関する厚生省令(昭和26年12月27日, 厚生省令第52号)
7) 細野明義: 牛乳と微生物, 畜産食品微生物学, 朝倉書店, 70-85, 2000.
8) 細野明義, 沖谷明紘, 吉川正明, 八田一: 原料乳の微生物学的性状, 畜産食品の辞典, 朝倉書店, 412-417, 2002.
9) 態野康降 : 北海道の原料乳の品質と生産現場で質の改善策への取組, 食品衛生学雑誌, 42(3) J188-J195, 2001.
10) 高木裕, 増田千佳, 山中寿子, 小澤公男, 平井昭彦, 向島雄, 宮尾陽子, 島崎秀雄, 飯田孝 : 健康動物でリステリアの中の菌の保菌実態調査食品衛生研究, 41(5) 35-42, 1990.
11) Arimi S.M., Ryser E.T., Pritchard T.J. and Donnelly C.W., : Diversity of Listeria ribotypes recovered from dairy cattel, silage, and dairy processing environments, *J. Food Prot.* 60, 811-816, 1997.
12) 仲真晶子: 低温下で増殖できる食品病原微生物-特に, Listeria monocytogenesについて一食品のストレス環境と微生物-その挙動・制御と検出一, 伊藤武, 森地敏樹, (株)やサイエンスフォーラム, 33-51, 2004.
13) Makino S.I., Kawamoto K., Takeshi K., Okada Y., Yamasaki M., Yamamoto S., Igimi S.: An outbreak of food-borne listeriosis due to cheese in Japan, during 2001, *Int. J. Food Microbiol.* 104, 189-196, 2005.
14) 辰口誠: 第82回 EQMセミナー(リステリアのコントロールプログラム), C&S(株), 2004.
15) 小峯健一, 黒石智誠, 浅井健一, 小峯優子, 貝健三, 阿部栄, 板垣昌志, 斎藤博水, 熊谷勝男 : 牛乳の健康ならびに乳房炎乳房の乳汁中ブドウ球菌とその産生毒素の検出. 日獣会誌, 53, 435-440, 2000.
16) 上門英明, 伊藤昌子, 杉本泰子, 鈴木敦子, 辻本義憲, 遠藤光春, 松永恵美子, 宮本敬久, 飯尾雅嘉: 牛乳および粉乳類の微生物のマイクロフローラの特徴。バンギュンバン力学雑誌. 防菌防黴学雑誌, 32, 243-250, 2004.
17) Ikeda T., Morimoto Y. and Yamaguchi K.: Surveillance of Staphylococcus aureus in Cheese Produced in Hokkaido, *J. Food Prot.* 69, 516-519, 2006.
18) 豊田修次: 膨張ゴーダチーズより酪酸菌の分類とその性状, 日畜会報, 61, 591-597, 1990.
19) 厚生省生活衛生局長通知 (平成8年10月22日, 衛乳第 223号)
20) 衛生省生活衛生局乳肉衛生課監修, HACCP; 衛生管理計画の作成と実践; 総論編, 中央法規出版, 1997.

21) 衛生省生活衛生局乳肉衛生課監修, HACCP; 衛生管理計画の作成と実践; データ中央法規出版, 1998.

22) 柳平修一: 食品衛生と総合衛生管理製造過程(HACCPシステム)承認制度, 畜産利用学, 齋藤忠夫, 西村敏英, 松田 幹, 朝倉書店, 75-79, 2006.

23) 国際規格; ISO22000-食品安全マネジメントシステム-, ISO copyright office, 日本規格協会, 2005.

# Part 4
# 치즈의 기능성

4-1

# 치즈의 미세구조

재단법인 공업소유권협력센터
기무라 토시아키(木村利昭)

치즈의 주요 구성 성분인 카제인은 우유에서는 마이셀 구조로 존재한다. 마이셀 구조의 존재는 치즈의 제조 공정 또는 치즈의 물성과 밀접한 관계가 있다. 예를 들면, 제조 공정에서는 치즈유의 저온살균, 커드의 가온, 완성된 치즈의 특성에서는 카망베르의 숙성에 따른 열화, 스트링 치즈의 섬유성 등 어느 쪽이든, 카제인의 마이셀 구조와 깊이 관계가 있다. 여기에서는 카제인의 마이셀 구조와 유(乳)로부터 커드 형성이 끝나고 완성된 치즈의 특성과의 관계에 관해서 설명한다.

## 1. 카제인의 마이셀 구조와 치즈의 제조 공정

유(乳) 중의 카제인 분자는 [그림 1-a]와 같은 표면이 요철인 콜로이드 입자로서 존재해 인산칼슘에 의해 가교된 서브마이셀([그림 1-b])이 응집한 입자이고 이 형태를 '카제인 마이셀'이라고 한다. 유청 중의 카제인 마이셀 덩어리를 광산란법으로 측정한 결과에서는 직경 60 nm~600 nm의 범위에서 작은 마이셀로부터 큰 마이셀이 분포하고 있고, 가장 분포도가 높은 것은 약 200 nm였다(De Kruif, 1998년).

그러나 전자현미경으로 측정한 마이셀 덩어리는 이 값보다 약간 작은 120 nm(Schmidt

등, 1973년)라고 하는 값이 얻어져 마이셀 덩어리의 측정은 초원심분리, 겔여과, 광산란법 또는 전자현미경 측정 등 다양한 방법에 의해 다른 값이 얻어져 확실한 값을 표시하는 것은 어렵다. 또 마이셀 입자 덩어리 분포도 계절, 비유기(泌乳期) 또는 개체유(個体乳, 젖의 종류)에 따라서도 변화한다.

카제인의 마이셀 구조는 [표 1]에 표시한 것과 같은 특징이 있고, 각각이 치즈의 제조와 관계가 깊다.

그 예를 들면 아래와 같다.

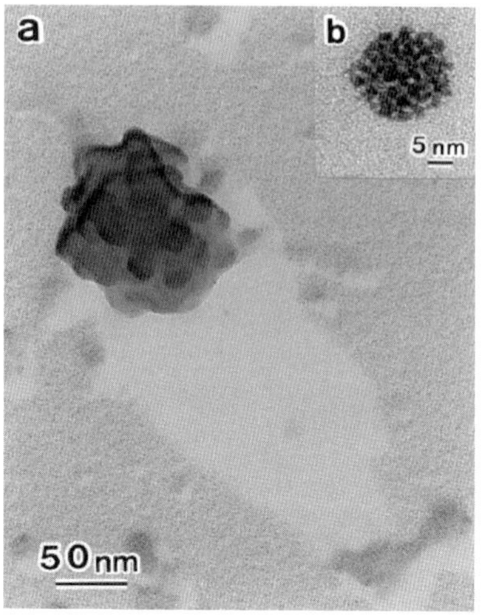


**그림 1.** 카제인 마이셀의 전자현미경상
a : 카제인 마이셀(평균 직경 120 nm)
b : 카제인 서브마이셀(평균 직경 <30 nm)

**표 1.** 카제인 마이셀의 특징과 치즈 제조와의 관계성

| 카제인 마이셀 본래의 특징 | | 치즈 제조 과정에서의 변화 |
|---|---|---|
| 카제인 마이셀은 서브마이셀의 응집체 | * 카제인 마이셀은 평균 직경 약 120 nm의 콜로이드 입자<br>* 카제인 마이셀은 직경 30 nm 이하의 서브마이셀이 인산칼슘으로 가교된 응집체 | * 인산칼슘가교는 pH가 저하하면 마이셀로부터 간단하게 해리(떨어짐)<br>* 카제인의 등전점인 pH 4.6에서는 카제인에 결합하는 인산칼슘은 유기인을 남기고 모두 해리<br>* 인산칼슘이 해리하면 서브마이셀은 유리한다. |
| 카제인 마이셀의 표면에는 κ-casein이 부분적으로 존재 | * 카제인 마이셀의 표면은 κ-casein을 포함한 서브마이셀이 부분적으로 존재한다.<br>* κ-casein의 분자에는 CGP가 존재하고 마이셀 표면은 친수성을 보인다. | * κ-casein은 고온에서 가열되면 β-Lactoglobulin과 복합체를 형성<br>* 렌넷의 작용으로 caseinoglycopeptide(CGP)가 해리한 para-κ-casein은 소수성 |
| 마이셀의 표면전하는 마이너스 전하 | * 카제인은 양성전해질로 등전점보다 산성 쪽에서는 양전하가 된다.<br>* 표면전하는 마이셀끼리의 회합을 정전기적 반발력으로 방지 | * 전하는 주위의 pH가 변하면 그것에 따라서 변화<br>* Camembert의 다음 날 아침 curd의 pH는 등전점(4.6)까지 저하 |

### 1) κ-casein의 국재성과 치즈우유의 온도살균

일반적인 유(乳)의 살균은 UHT 살균으로 100℃를 넘는 온도에서 가열처리되고 있다. 그러나 치즈유(乳)의 경우는 이 같은 온도에서는 살균하지 않는다. 그 이유는 열변성의 일종이라고 말할 수 있는 κ-casein과 β-lactoglobuline의 복합체 형성을 억제하기 때문이다.

유(乳) 중의 카제인 마이셀의 표면에는 κ-casein과 $\alpha_{s1}$- 및 β-casein으로부터 되는 서브마이셀의 존재 확률이 높고, 마이셀 표면에는 κ-casein이 국소적으로 존재한다. 한편 유(乳)의 수상(水相)에서는 수용성 단백질인 β-Lactoalbumine이나 α-Lactoalbumine 등이 존재한다.

이런 유(乳)를 60℃를 넘는 온도에서 장시간 가열하면 κ-casein과 β-Lactoalbumine은 복합체를 형성하고, 마이셀 표면은 생성된 복합체로 덮이게 된다. 그 결과, κ-casein은 렌넷의 효소반응을 받기 어렵게 된다. 이 같은 복합체 생성을 억제하기 때문에 치즈유(乳)의 살균온도는 75℃ 이하에서 행하고, 통상의 치즈 제조라면 75℃, 15초의 HTST 살균이 일반적이다. 이 조건에서 살균하면 렌넷 첨가로부터 응고까지 시간은 20~30분이지만, 90℃를 넘겨 살균처리를 하면 유(乳)응고까지의 시간은 2~3배로 된다.

이 같은 복합체 형성은 요구르트의 제조 과정에도 영향을 준다. 요구르트의 경우는 치즈유(乳)의 살균과는 반대로 고온 · 장시간의 가열처리가 좋은 결과를 준다. 그 이유는 산 응고에 의해 카제인 마이셀이 응집해서 생성하는 2차적 입자는 작아지게 되고, 그것들이 이어져 만들어지는 망목구조도 치밀하게 되기 때문이다. 반대로 가열의 정도가 작아지면 2차적 입자는 커지게 되고 망목구조는 거칠어지게 된다. 구조가 변하면 식감도 변화하고 밀접한 망목구조는 당연히 부드러운 식감으로 되고, 거친 망목은 부드러움이 결핍하게 된다. 이 때문에 요구르트 제조에서는 원료유(乳)를 살균 후에도 계속해서 가열하는 처리를 해서 치밀한 식감을 표현하도록 하고 있다.

### 2) para-casein의 소수성과 유청 배제 시의 온도 상승

κ-casein은 카제인 중에서 유일하게 그 분자 중에 당쇄를 포함한다. 이 당쇄는 원래 소수성인 카제인을 친수성의 콜로이드 입자가 되게 한다. 렌넷의 작용을 받으면 당쇄를 포함한 카제이노글리코펩타이드(caseinoglycopeptide, CGP)는 마이셀로부터 해리되어 카제인 마이셀을 친수성으로부터 소수성으로 변화시킨다. 이 당쇄가 해리된 p-κ-casein의 소수성은 그 후의 치즈 제조 과정에서도 변화하는 것은 아니고 숙성된 자연치즈에서도 보존된다.

응유의 절단 후에 가온(쿠킹)이라고 하는 조작이 있다. 이 조작은 절단한 커드 입자와 유청을 교반하면서 서서히 가열하는 작업으로 경질(hard)계 또는 반경질(semi hard)계 치즈에서 행해지고 있다. 이 조작의 본질은 소수성으로 변화한 $p$-casein으로부터 형성되는 커드를 수축시켜 유청을 배제한다. 소위 시네레시스(syneresis)라고 불리는 현상을 촉진하는 것일 뿐이다. 소수성의 $p$-casein은 주변의 물과 접촉을 피하도록 표면적을 최대한 작아지도록 자신의 체적을 수축한다. 이 성질은 가열되면 더욱 현저해진다.

이때의 가열 속도는 극히 느리다. 예를 들면 고다 치즈에서는 38℃까지 가열하는 속도는 1℃/2분이고, 체다 치즈에서는 1℃/3분, 고다 치즈에서는 1℃/5분이다. 이 작업에서 만약 가열 속도를 올리면 어떻게 될까? 한 개의 커드 입자에 주목하면 다음과 같이 변화한다. 급격한 온도 상승은 커드 입자의 내부와 표면에 온도차가 발생하고 고온의 표면만이 수축해 탈수한다. 이 결과 커드 입자의 표면은 수축·탈수가 진행된 얇은 피(껍데기)와 같은 것으로 되어 내부의 수축이 작은 고수분의 부분과 이중 구조를 가진 커드 입자로 된다. 이 같은 커드 입자로부터 되는 커드에서는 유청 배출 속도가 늦어지게 되고 최종적으로 높은 수분 함량의 커드로 된다.

이런 현상을 방지하기 위해서 가온 속도는 극히 늦게 설정하고 표면부터 내부까지 균일한 온도 상승으로 균일하게 시네레시스가 진행되도록 하는 것이다. 그것도 원래는 카제인 마이셀 표면의 친수성이 렌넷 작용에 의해 소수성으로 변화하는 데서 유래한다.

## 2. 커드 형성

살균한 유(乳)에 유산균 스타터와 렌넷을 가해 정치하면 머지않아 유(乳)는 응고해 겔을 형성한다. 이 절단 전의 겔화를 유럽의 치즈 장인은 정킷(Junket)[1]이라고 부르고 절단 후의 커드와 구별하고 있다.

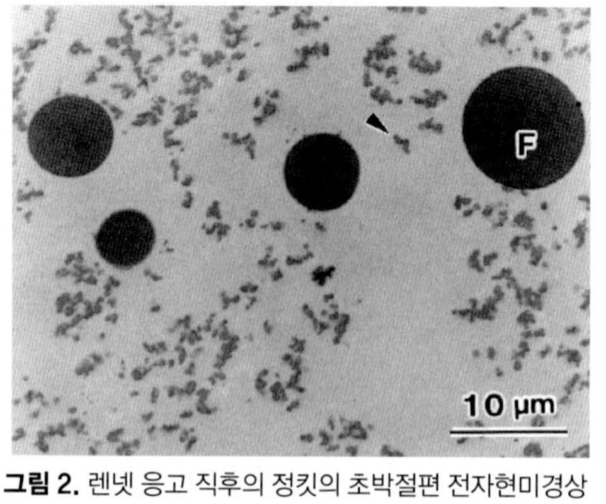

**그림 2.** 렌넷 응고 직후의 정킷의 초박절편 전자현미경상

카제인 마이셀이 응집한 2차 입자(화살표)로부터 생긴 망목구조.
F : 지방구

[그림 2]는 정킷의 투과전자현미경, 초박절편상이다.[2] 지방구(F)의 주변에 있는 작은 입자가 카제인(화살표)이다. 이것은 초박절편상

이기 때문에 정킷을 형성하는 카제인의 응고체가 형성하는 3차원 망목구조의 단면을 관찰하게 된 것이다. 이 망목구조를 주시하면 그 절단편의 크기는 1 ㎛를 넘는 것도 있다. 유(乳) 중의 카제인 마이셀의 직경은 약 120 nm이기 때문에 상당한 카제인 마이셀이 응집해 2차원적인 입자를 형성하고, 그것이 더욱더 연결되어서 망목구조를 형성하게 되는 것이다. 이 데이터를 주사전자현미경으로 관찰해 보자.

[그림 3]은 렌넷 첨가 30분 후의 유(乳)응고 직후로부터 20시간 후의 이튿날 아침 커드까지의 카제인 마이셀의 응집 방식을 같은 배율로 비교하고 있다.[3] 이것은 카망베르의 제조 과정의 것이기 때문에 강제적인 유청 배제는 시키지 않고 전용 용기 중에 유청이 자연히 빠져나가는 그대로의 커드 구조를 관찰하고 있다. [그림 3-a]의 응고 직후에 관찰되는 작은 입자(CM)는 응고 초기의 카제인 마이셀이고, 유(乳) 중의 크기에 가깝다.

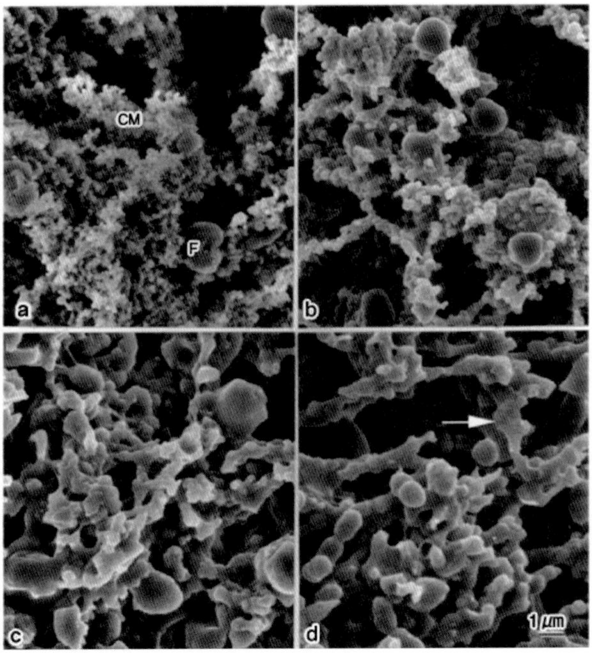


**그림 3.** 카망베르 커드의 시간 흐름에 따른 변화

a. 렌넷 첨가로부터 30분 후, pH 6.35, 응고 직후의 Junket
b. 렌넷 첨가로부터 105분 후, pH 5.92
c. 렌넷 첨가로부터 195분 후, pH 5.25
d. 렌넷 첨가로부터 1200분 후, pH 4.63. 화살표는 유산균을 나타냄.
a의 응고 직후는 카제인 마이셀(casein micelle, CM)의 원형이 남아 있지만 시간의 흐름에 따라서 카제인 마이셀이 응집해 2차 분자로 성장하고 d에서는 실과 같은 상태로 이어진다.
(눈금바는 공통)

약간 패인 곳이 있는 커다란 성분은 지방구(F)로, 카제인의 망목 중에 보존되어 있다. [그림 3-b]에서는 카제인 마이셀의 응집이 진행되어 마이셀이 2차적인 입자를 형성한다. 그 응집의 정도는 어떤 한계가 있어 무한하지는 않다.

[그림 3-c]에서는 카제인은 그 표면이 녹은 부드러운 끈과 같이 보인다. 이 단계의 pH는 5.25까지 저하해 있다. 이 pH는 고다 치즈의 경우에는 유청 배제가 종료되는 성형 단계이다. pH 5.2 전후의 커드는 다른 pH 영역의 커드와는 다른 독특한 성질을 나타낸다. 그 하나로 후술하는 섬유성의 발현이 있다. d의 렌넷 첨가로부터 20시간 경과한 커드의 카제인은 응집체의 경계도 알 수 없게 되고 실같이 연결되어 그것이 복수로 되어 망목구조를 형성하고 있다. 이것의 pH는 카제인의 등전점인 4.6까지 저하해 있다.

이상과 같은 경과를 거쳐 만들어지고 있는 커드의 망목구조이지만 이 변화의 요인은 렌넷의 작용으로 카제인이 친수성에서 소수성으로 변하게 된다. 소수성의 *p*-casein은 물과 접촉을 피하고 자신의 표면적을 가능한 한 작아지도록 소수성 부분을 내측으로 해서 응집한다. 이 응집으로 만들어진 2차 입자는 원래 마이셀 직경의 5~6배의 직경을 가진 덩어리로 되고 원래의 마이셀 형태는 이제 존재하지 않는다. 커드, 치즈 중의 카제인의 존재 단위는 서브마이셀로 되어 있다.

이 같은 커드의 내부에서는 서브마이셀 사이를 가교하고 있는 인산칼슘의 일부가 해리되어 있다. [표 1]에서 보여 준 것같이 인산칼슘은 pH가 저하하면 간단히 해리된다. 인산칼슘의 해리의 정도는 pH로 정해지고, 해리된 인산칼슘 함량은 유청 배제가 종료하는 pH로 정해진다. 이때, 해리되지 않고 남은 인산칼슘은 계속해서 서브마이셀 사이를 가교하기 때문에 그 양에 비례해서 서브마이셀 간의 가교점이 결정된다. 가교점이 작으면 단순한 서브마이셀의 응집체로 되고, 많으면 3차원 망목구조가 형성된다. 망목구조의 형성은 치즈의 탄성과 보형성(保形性)을 부여해 열 용융성 등의 물성에도 영향을 준다.

## 3. 카망베르 치즈의 숙성 전후의 구조변화[3)]

흰곰팡이계 치즈를 대표하는 카망베르 치즈는 숙성 후에 보이는 부드러운 조직이 특징이고, 일본에서도 인기 있는 자연치즈의 하나이다. 카망베르의 숙성은 흰곰팡이 유래의 단백질 분해효소에 의한 암모니아의 생성에 의한 것이다. 숙성의 정도는 pH를 측정하는 것으로 판정할 수 있다.

[그림 4]는 카망베르의 매트에 가까운 외측의 부분과 중심부 2개소의 pH를 경시적으로 측정한 결과이다.

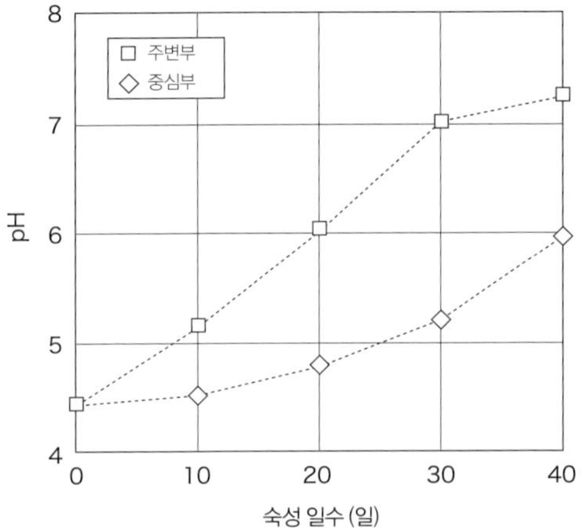


**그림 4.** 카망베르 치즈의 조직 pH의 경과 일수에 따른 변화

카망베르의 숙성이 스타트하는 pH는 4.6으로 그때의 커드의 망목구조가 [그림 3-d]이다. 숙성이 시작되어 표면이 흰곰팡이로 덮이게 되면 외측 부분부터 pH는 곧바로 상승하기 시작해 30일째에 pH 7.0에 도달한다.

중심 부분은 그다지 상승하지 않고 40일째에 pH 6.0에 도달한다. 이때가 되면 치즈 전체가 먹기에 적당한 부드러운 조직으로 된다.

숙성 30일의 시점에서도 주변부는 충분히 먹을 때의 부드러운 조직으로 되어 있지만, 중심부의 2~3 cm의 원형의 부분은 커드 그대로이다. 가게 앞에 진열되어 있는 것은 이 정도의 제품이 많다.

숙성 전·후 조직을 비교한 것이 [그림 5]이다. [그림 5-a, c]는 초저온 주사전자현미경(Cryo-TEM)으로 관찰했다. [그림 5-b, d]에서는 동결한 치즈의 할단면(割断面, torn surface)의 레프리카(replica)막을 투과전자현미경으로 관찰한 것이다. [그림 5-b, d]에서는 시료를 건조하지 않았기 때문에 물도 얼음(유리 형태의 물)으로 남아 있어 물의 존재 상태에 대한 지식도 얻을 수 있다.

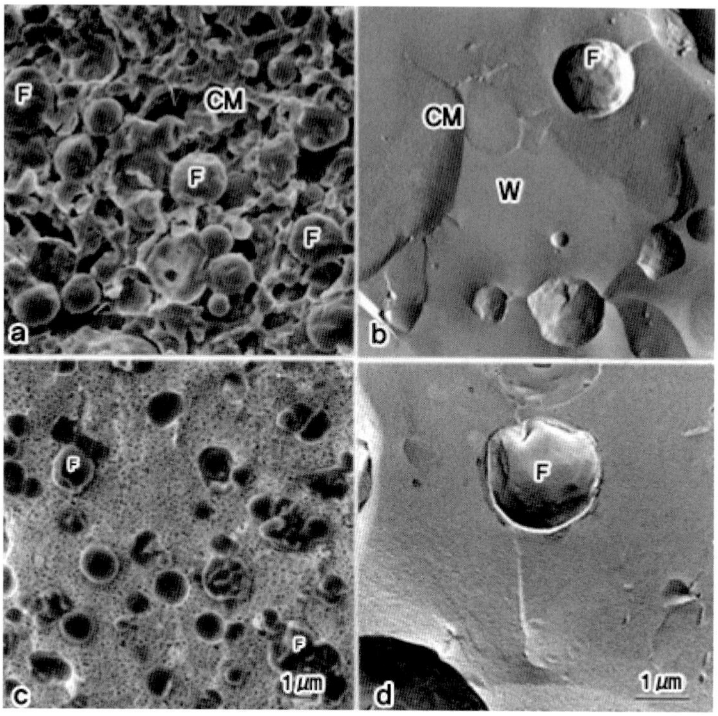


a. 중앙부의 초저온 주사전자현미경의 상. 카제인 마이셀(CM)에 의해 응집체가 망목을 형성하고 검게 나타나 있는 수상부(화살표)와 분리되어 있다. F: 지방구
b. a와 같은 부위의 투과전자현미경/생물표본의 상. 카제인 마이셀(CM) 응집체와 수상(W)의 경계를 명료하게 알 수 있다. 지방구(F)는 양쪽 모두 포함되어 있다.
c. 주변부의 초저온 주사전자현미경의 상. 수상은 단백질과 물이 균일하게 혼합되어 있다. 수상의 검고 작은 점은 관찰시료 동결 시에 빙결정이 생긴 흔적으로, 본래는 d와 같이 균일하다. F: 지방구
d. c와 같은 부위의 투과전자현미경/생물표본의 상. 카제인은 수상에 균일하게 분산. F: 지방구
(눈금바 1 ㎛는 a, c 및 b, d가 공통)

**그림 5.** 숙성 약 3주간의 카망베르 치즈의 중앙부와 주변부 구조의 전자현미경상

상단의 a, b는 미숙성의 중심부, 하단 c, d는 주변부의 숙성이 진행되어 부드러운 조직으로 된다. a는 카제인 마이셀(CM)의 응집체가 망목구조를 만들고 지방구(F)는 그 망목구조 중에 보존되어 있다. 화살표의 어두운 부분은 유청이 존재하기 때문에 관찰한 시점에서는 건조되어 있기 때문에 융간(사이가 벌어진 것)으로 볼 수 있다. b에서는 a에서 융간이었던 곳이 유청(W)이라는 것을 알았다. 미숙성 커드상 부분에서는 유청의 수분과 카제인이 명료하게 나뉘어 있다. 이것이 숙성한 c, d에서는 수분과 카제인은 균일하게 혼합되어 연속상을 만들고 그 가운데 지방구가 분산해 있다.

숙성 전·후의 관계를 더욱더 확대해 보면, [그림 6]과 같이 된다. 미숙성의 a의 카제인 응집체 중에는 직경 30 nm 이하의 미립자, 즉 서브마이셀이 있기 때문에 마이셀의 형태는 확인할 수 없다. 카제인이 존재하는 최소단위는 우유 중에서는 카제인 마이셀이었지만, 커드에서는 서브마이셀이 존재 단위로 되어 있다는 것을 알았다. 이것은 모든 자연치즈에 공통적이다.

이것이 숙성한 b로 되면 2, 3개 연결된 서브마이셀도 산발적으로 보이지만 거의 모든 서브마이셀은 흩어지게 되어 일정한 간격으로 분산되어 있다. 이것이 부드러운 페이스트상 조직의 정체이다. b에서는 a의 사진에서 보이는 망목구조는 존재하지 않는다.

pH가 알칼리 측으로 상승해 가면 카제인 응집체의 망목구조는 서서히 없어져 서브마이셀이 수상(水相)으로 균일하게 분산된 구조로만 된다.

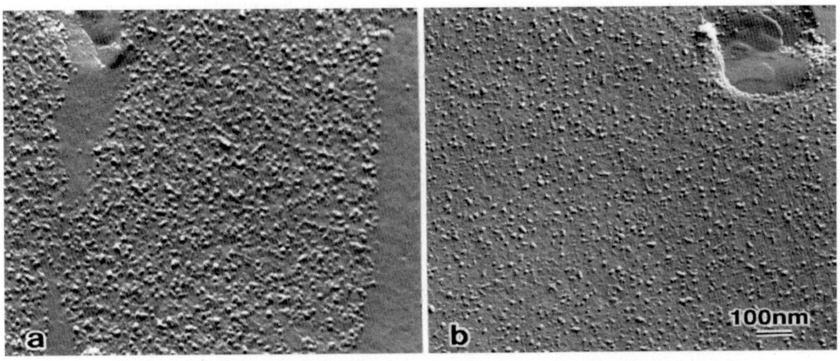


**그림 6.** 카망베르 치즈 중앙부와 주변부의 단백질 부분의 확대 전자현미경상

a. 중앙부의 카제인 마이셀 응집체 부분의 확대상. 서브마이셀과 동등한 크기의 미립자가 촘촘히 박혀 있다.
b. 주변부의 페이스트 모양을 한 조직의 확대상. 수상 중에 카제인 미립자가 균일하게 분산되고 그중에 지방구도 존재한다.
(눈금바는 공통)

이 같은 망목구조가 소실해 페이스트상 조직이 발현되는 pH는 어떤 값이 되는가. 두 개 조직의 경계 부분의 pH를 측정했다. 페이스트상 조직에서 가장 중심에 가까운 곳의 pH는 6.2. pH가 6.2를 넘으면 조직은 페이스트상으로 변한다. 역으로 커드상 조직에서 페이스트에 가장 가까운 장소는 pH 5.4였다. pH가 0.8 변화하는 데는 [그림 4]에 표시한 것처럼, 약 1주일 정도 걸린다. pH가 5.4에서 6.2로 변화하면 왜 커드상의 조직이 부드러운 조직으로 변화하는 걸까 ?

20시간 이상 걸려 커드의 pH는 4.6 부근이다. 그 시점에서는 카망베르의 커드는 렌넷 커드이면서 요구르트와 같은 등전점에서 응고한 산 커드라고도 말할 수 있다. 이 커드가 성숙해서 pH가 상승하면 카제인 표면의 전하가 등전위로부터 우유 중의 카제인과 같이 다시 마이너스의 전하를 가지게 된다. 우유의 pH 6.8의 카제인 마이셀은 -20 mV 정도의 전위를 가지고 있다. [그림 6-b]의 카망베르에서는 더욱더 높은 pH 7을 넘기 때문에 -20 mV 이상의 전위를 가지고 있는 것으로 생각된다. 마이너스 전하를 가진 서브마이셀은 유

(乳) 중의 카제인 마이셀이 존재했던 것같이 정전기적 반발력이 작용해서 입자 간에 반발로 브라운 운동을 한다. 이 현상이 pH 6.2를 경계로 그때까지 접근한 그대로의 서브마이셀이 반발하기 시작해 균일하게 분산한 상태로 된다. [그림 6-a]부터 [그림 6-b]에서의 변화는 이 같은 현상이 발생한 결과이다.

[그림 6-b]에는 서브마이셀이 2, 3개 연결되어 있는 곳도 드문드문 보인다. 이 연결된 서브마이셀은 유청으로 유출되지 않고 커드 중에 남은 인산칼슘이 서브마이셀을 가교한 결과일 것이다. 이 생각을 더욱더 발전시켜 "인산칼슘의 양에 비례해서 연결된 서브마이셀을 형성하는 것이 가능하다."라고 하는 것이 된다.

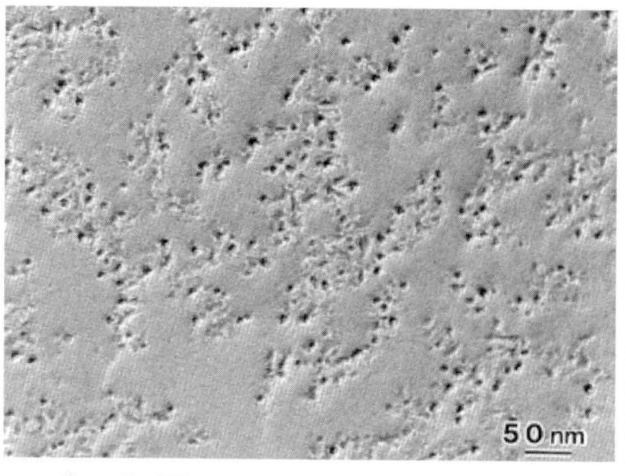


**그림 7.** 숙성한 스테빌라이즈 치즈의 전자현미경상
서브마이셀이 느슨하게 결합해서 망목구조를 형성하고 있다.

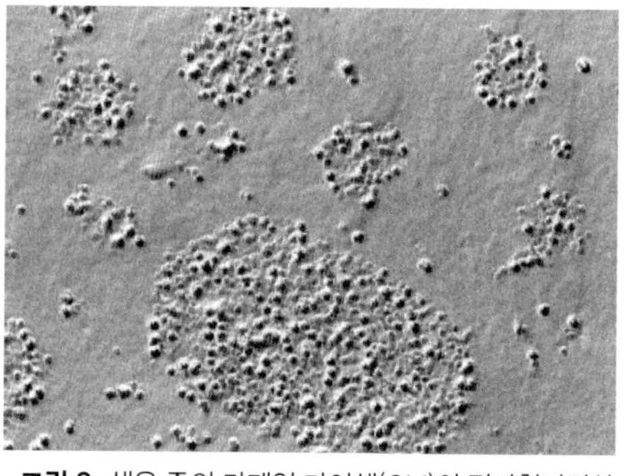

**그림 8.** 생유 중의 카제인 마이셀(CM)의 전자현미경상
서브마이셀의 응집 상태는 스테빌라이즈 치즈보다 고밀도

이 생각을 발전시켜 '카망베르의 형태 유지성'을 컨트롤한 새로운 타입의 흰곰팡이 치즈인 '스테빌라이즈 치즈(Stabilized cheese), 안정화 연질 치즈'가 있다. 카망베르의 특징인 부드러운 조직은 역으로 결점이 되는 경우가 있다. 예를 들면 잘라 분리한 카망베르를 바로 먹지 않고 한참 되면 그 자른 입구가 변형하고, 때로는 유출되어 나오는 것도 드문 것은 아니다. 차갑게 한 것이 온실에 있게 되면 자연히 부드럽게 되어진다. 이 같은 약점을 개량한 것이 스테빌라이즈 치즈로 보존성을 안정화한 치즈라고 말할 수 있다. 이 치즈는 1969년경 프랑스의 봉그렌(Bongrain)사에서 개발된 것으로 동사에서는 전통적인 제품과 구별되기 때문에 타원형의 포장을 사용하고 있다. 종전의 카망베르 치즈는 먹을 때의 기간이 제조 후 30~45일로 길지는 않지만, 스테빌라이즈 치즈는 더욱 2주간 정도의 유통기한이 연장될 수 있다.

치즈의 보형성을 결정하는 망목구조를 카망베르의 때와 같은 관찰 수법으로 보면 [그림 7]과 같다. 이 망목구조는 카망베르의 경우와 비교해 서브마이셀의 응집의 정도가 훨씬 고밀도이다. 참고로 [그림 8]에 우유 중의 마이셀 중의 서브마이셀의 연결 방법을 표시했다. 양자를 비교하면, 유(乳) 중의 서브마이셀의 연결 방식을 부드럽게 한 것이 안정화된 것같이도 보일 수 있다.

서브마이셀이 부드럽게 응집한 안정화된 골격구조의 형성은 인산칼슘에 유래하는 가교점의 수가 많은 것이 틀림없다. 그것을 입증하기 위해서 실제로 안정화 및 카망베르 치즈의 칼슘과 인 함량을 측정해 비교한 것이 [표 2]이다. 카망베르 드 노르망디(Camembert de Normandie)가 전통적 제법의 카망베르 치즈이고, 스프렘(Supreme) S와 제랄드 클래식(Gerard classic)은 스테빌라이즈 치즈(Stabilized cheese)이다.

**표 2.** 스테빌라이즈 치즈와 카망베르 치즈의 성분 구성 (치즈 100 g당)

| 품명 | 고형분 (g) | 지방 (g) | 지방/고형 (%) | 단백질 (g) | 염분 (g) | Ca (mg) | Ca/고형 (mg/100 g) | Ca/단백질 (mg/100 g) | 지수비교 | P (mg) | P/고형 (mg/100 g) | P/단백질 (mg/100 g) | Na (mg) | K (mg) | Mg (mg) |
|---|---|---|---|---|---|---|---|---|---|---|---|---|---|---|---|
| Camembert de Normandie | 51.3 | 26.1 | 50.9 | 23.3 | 2.0 | 157 | 306.0 | 673.8 | 100 | 220 | 428.8 | 944.2 | 790 | 137 | 10.9 |
| Supreme S | 52.9 | 32.3 | 61.1 | 17.4 | 1.8 | 220 | 415.9 | 1,264.4 | 188 | 220 | 415.9 | 1,264.4 | 700 | 104 | 13.5 |
| Gérard Classic | 44.4 | 23.2 | 52.3 | 18.5 | 1.7 | 196 | 441.4 | 1,059.5 | 157 | 183 | 412.2 | 989.2 | 690 | 89 | 13.5 |
| 일본산 Camembert 치즈 | 44.0 | 23.0 | 52.3 | 18.7 | 1.2 | 147 | 334.1 | 786.1 | 117 | 190 | 431.8 | 1,016.0 | 480 | 135 | 15.6 |
| 우유 | 12.3 | 3.7 | 30.1 | 3.2 | - | 110 | 894.3 | 3,437.5 | 510 | 91 | 739.8 | 2,843.8 | 40 | 140 | 10.0 |

칼슘의 실측값 'Ca'은 각각의 치즈의 수분, 고형분치에 영향을 받기 때문에 'Ca/단백질' 값으로 비교한다. 카망베르 드 노르망디는 673.8 mg이지만, 이것을 100으로 해서 지표화하면, 스프렘 S가 188, 제랄드 클래식이 각각 1.9배, 1.6배로 되어 있다. 같은 양상으로 우유의 값과 비교하면 스프렘 S의 'Ca/ 단백질'은 우유의 37%로 되어 있기 때문에 전체 칼슘의 약 1/3이 치즈 중에 남고 2/3는 유청 중으로 이동한 것으로 된다. 치즈 조직에는 남은 인산칼슘이 만드는 가교점에 기초한 망목구조가 형성되게 된다.

가교점의 수는 생유 마이셀일 때가 최고로 많고, 커드 형성 과정의 pH 저하에 따라서 감소해 20시간을 경과한 다음 날 아침 커드의 등전점에 도달하면 거의 0으로 된다. 그러나 이 시점에서는 이미 렌넷 응고한 커드이고 동시에 산 응고의 pH 영역도 되고, 가교점이 감소해 있다는 것이 곧바로 표면화해 겔(gel)이 솔(sol)로 되는 것은 아니다. 이것이 표면화하는 데는 전술한 것같이 숙성이 진행되어 pH가 6.2 이하로 된 시점이다.

이상과 같은 인산칼슘 유래의 가교점에 기초한 망목구조의 존재가 치즈 자체의 온도가 높아져도 형태가 붕괴되지 않고 초기의 형태를 계속 유지할 수 있는 요인이다.

## 4. 스트링 치즈(갈라지는 치즈)의 조직성과 구조

스트링 치즈(string cheese)는 pH가 어느 일정 범위로 된 커드를 온수 중에 반죽하는 파스타 필라타 치즈에 속하고 반죽한 커드를 한쪽 방향으로 늘린 후 냉각 경화시켜 제조하는 비열성형 치즈이다.

만들어진 치즈를 연신 방향에 따라서 갈라진 면에는 다수의 가느다란 사상물이 관찰되는 것이 최대의 특징이다. 여기서는 스트링 치즈의 사상 조직이 언제 어떻게 만들어지고, 섬유성 발현의 요인을 구조면에서 조사한 결과[4, 5]에 관해서 기술한다.

실 모양으로 찢긴 표면을 확대([그림 9-a])하면 확실히 실이 있는 것으로 볼 수 있다. 그러나 봉상 치즈의 횡단면을 확대한 면([그림 9-b])을 보면, 연근과 같은 구멍이 있을 뿐 '실'에 상당하는 둥그런 단면은 관찰되지 않고, 단백질은 연속적으로 연결되었다. 또 이 구멍은 실제로 치즈에는 존재하지 않고 관찰시료를 만들 때의 탈수 조작으로 수분이나 지방분이 씻겨 나온 결과 단백질만이 연근과 같은 조직으로 남은 것이다. 별도의 관찰 방법으로 동결한 시료를 그대로 관찰한 결과([그림 10-a, b]) '연근의 구멍' 중에는 지방과 유리수가 들어 있다는 것을 알았다. 유리수로는 끓인 물속에서 커드를 치댈 때 커드 중으로 뜨거운 물이 포집되고 이것이 커드에 곧바로 침투되지 않고 분리된 상태로 존재한 물이다. 이 같은 수분은 만들어진 직후의 제품을 륜절(단면이 둥글게 절단)하면 그 절단면으로부터 나오는 경우가 있다.

스트링 치즈는 [그림 9]와 같은 구조를 하고 있지만 이 같은 구조는 통상의 치즈에는 없는 스트링만의 특징이다. 특징적인 이 구조는 커드를 끓인 물속에서 반죽해서 신장할 때에 만들어지지만, 이때 각 성분(단백질, 지방, 유리수)은 어떻게 작동하는 것인가에 관해서 생각해 보고자 한다.

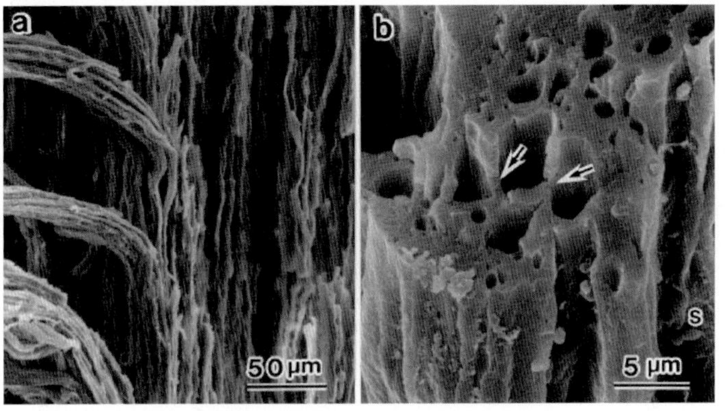


**그림 9.** 스트링 치즈의 주사 전자현미경상

a. 임계점건조법으로 관찰한 섬유 상태의 조직
b. 같은 방법으로 관찰한 섬유 상태의 조직의 단면과 측면  s: 유산균

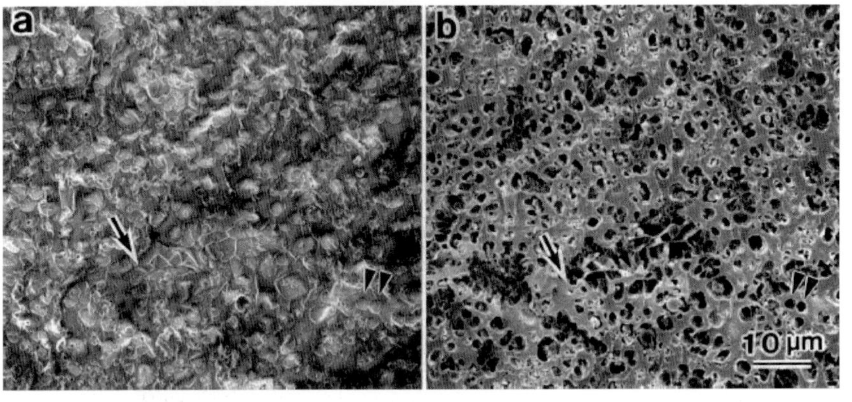


**그림 10.** 초저온 주사전자현미경으로 관찰한 승화 전후의 스트링 치즈의 횡단면

a는 절단 직후로 b는 a와 같은 시야를 승화 후에 관찰. 화살표는 동일 위치를 나타낸다.
a. 동결절단 직후는 단백질, 지방, 유리수의 성분이 모두 존재한다.
b. 승화 후의 관찰면에는 물이 존재하지 않는다. (눈금바는 공통)

우선, 분리한 물과 기름방울로 되어 존재하는 지방분은 반발하여 서로 끌어당기지 않는다. 한편 단백질은 그 구성 단위인 서브마이셀이 서로 끌어당기기 때문에 외력에 대해서 저항하는 힘을 발휘한다. 이 같은 성질의 각 성분을 포함한 커드를 연신하면 단백질은 저항력을 발휘하면서 신장된다. 그렇게 하면 단백질의 연속된 상으로 싸인 지방구와 유리된

물은 단백질 중에 연신 방향으로 배열되게 된다. 이와 같이 해서 만들어진 스트링 치즈를 손으로 찢으면 어떻게 될까?

양손으로 치즈를 좌우로 나누면 치즈의 성분 중에서 가장 약한 힘으로 파괴되는 곳으로부터 찢어지기 시작한다. 단백질은 서브마이셀이 끌어당기고 있기 때문에 간단하게 끊어지지 않는다. 부서진 곳은 오로지 지방구와 유리수의 부분이고 단백질 부분에는 갈라지는 힘이 전달되어 간다. 갈라지는 힘은 단백질과 접하는 지방구 또는 유리수와의 경계에서 갈라진 틈을 만들면서 다방향으로 분산하면서 전파한다. 이때 [그림 9-b]의 화살표와 같은 가느다랗고 잘록한 단백질과 접하는 장소에서 단백질과 지방구 또는 유리수와의 경계면이 붕괴될 때에 일제히 쪼개지게 된다. 이 같은 현상이 여러 곳에서 일어나면 단백질의 주위를 둥글게 둘러싸는 것같이 분열하는 곳이 생길 수도 있다. 그 결과, 그 부분은 독립된 '실'과 같이 된다.([그림 9-a]의 좌측에서 볼 수 있는 세 가닥의 실 참조)

스트링 치즈의 제법은 pH가 5.4~5.2의 범위가 된 치즈 커드를 끓인 물속에서 치대면 연신한다. 이 범위에서의 pH라고 하는 것이 스트링 치즈를 만드는 데에 대단히 중요한 조건이고, 이 pH 범위에서 벗어나면 연신이 어렵게 된다. [그림 11]은 pH 6.0, 5.5, 5.2 및 4.9로 된 각각의 커드를 같은 조건에서 반죽, 연신한 치즈의 세포구조이다.[5] 단백질상은 서브마이셀에서 구성되어 있다는 것을 알 수 있다. 서브마이셀은 점과 같이도 보이지만 이것을 입체적으로 보면 점이 아니고 봉과 같이 지면에서 수직으로 세워져 있는 것으로도 판단된다. 또 이 망목구조에는 연신 방향에 늘어선 것 같은 규칙성, 방향성은 없고, 랜덤한 망목이었다.

[그림 11-a]는 망목의 간격이 좁고 d는 최고로 넓은 것처럼 보인다. b 와 c 는 양자의 중간으로 몇 개가 연결된 입자를 많이 볼 수 있다. 이 네 종류 중에서 망목이 좁은 pH 6.0의 커드는 뜨거운 물속에서 이겨도 딱딱해서 끌어당겨도 거의 늘어나지 않는다. 힘을 줘서 무리하게 끌어당기면 바로 끊어진다. 반대로 d의 pH 4.9의 커드는 가지고 있는 커드를 밑으로 매달면 자체의 무게로 밑으로 늘어진다. b와 c는 저항이 있으면서도 잘 늘어날 수가 있지만 b가 최적 조건의 상한 부근으로 c가 중간 pH이다.

이 물성의 차이는 서브마이셀이 연결되어 만들어진 망목구조에서 유래한다. 망목구조가 서브마이셀 간의 가교점에 따라 변화되는 것은 전술한 카망베르, 스테빌라이즈 치즈와 유사하다. 스트링 치즈 · 커드의 연신 최적 조건의 pH 영역에서는 생우유 중의 인산칼슘 함량의 약 2/3 양이 제거되어 남은 1/3이 카제인과 결합하고 있다.

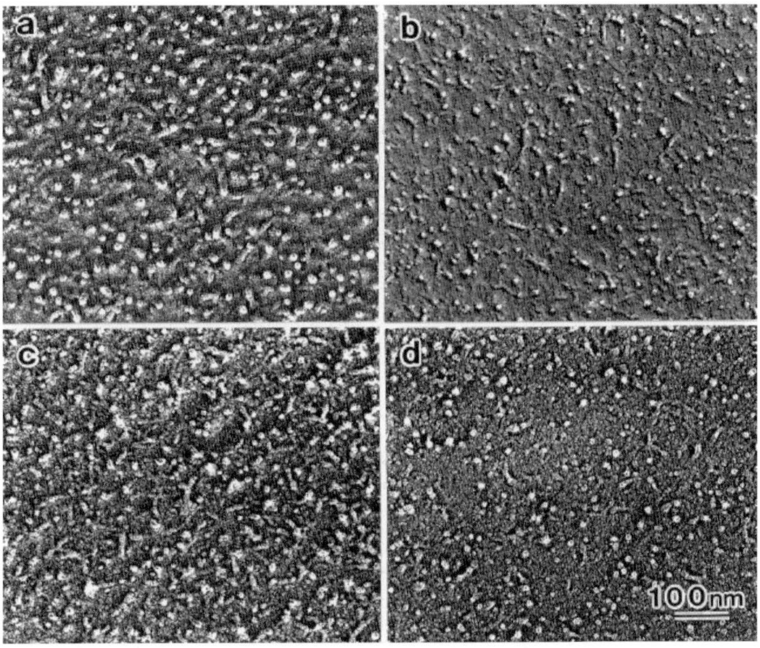


**그림 11.** Freeze-fracture법으로 관찰한 스트링 치즈의
단백질 매트릭스의 전자현미경 Freeze-fracture법의 원판상

a. pH 6.0　　b. pH 5.5　　c. pH 5.2　　d. pH 4.9　(눈금바는 공통)

이 카제인에 결합하고 있는 칼슘과 인 함량을 측정해 'Ca/P 몰비'를 산출하면 거의 1로 된다.[5] 그래서 pH와 Ca/P 몰비의 양특성값의 연신에 대한 기여의 정도를 확인했다.[5]

우선 탈지유를 이온교환막 전기투석법으로 탈염하면 처음에 가용성의 일가 이온이 제거되고, 이어서 카제인에 결합하고 있는 마이셀성 인산칼슘이 서서히 해리한다. 이 과정에서 다양한 Ca/P 몰비의 우유가 얻어진다. 이 유(乳)를 농축해 스타터 첨가 없이 렌넷 첨가 후, 가열하여 높은 pH를 유지하는 커드를 만들어 이것을 통상적인 방법에 의해 연신시켜 스트링 치즈를 만들었다.

[그림 12]는 칼슘 탈염률과 카제인 결합성 Ca/P의 몰비 관계를 표시하고 있다. 탈염함에 따라서 탈지유의 Ca/P 몰비(백환: 흰색원)는 통상의 방법으로 만든 스트링 치즈(흑환)와 같이 저하했다. 탈지유로부터 연신 가능하게 된 치즈 시료는 칼슘 탈염률이 55%로부터 70%

이고, Ca/P 몰비는 1.1부터 0.9의 범위로, 이때의 커드 pH는 6.15로부터 5.95이다. 이것은 높은 pH에서도 Ca/P 몰비가 약 1이면 신장이 가능하다는 것을 나타낸다.

이상에서 스트링 치즈의 신장 조건은 pH보다도 Ca/P의 몰비 쪽이 중요한 인자이고 pH는 Ca/P의 몰비를 1로 제어하기 위한 조작인자로 판명했다. 그래서 카제인에 결합하는 Ca/P 몰비가 1로 되면 인산칼슘에 의한 가교 결합 외에 2차적으로 파생하는 소수결합이 서브마이셀 사이에 생겨 더욱더 망목구조 형성에 기여하는 것으로 생각된다.

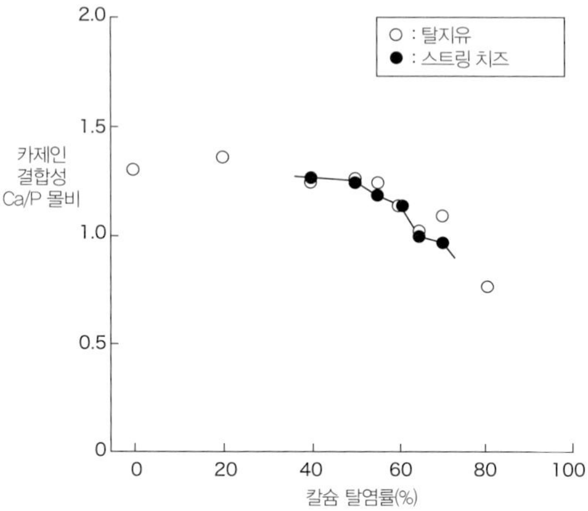


**그림 12.** 칼슘 탈염률과 카제인 결합성 칼슘과 인의 몰비

## 5. 가공치즈의 열용융성과 구조

가공치즈는 복수의 자연치즈를 원료 치즈로 해서 배합해 소수성의 *p*-casein을 친수성으로 변화시키는 용융염을 첨가해서 융해한다. 친수성으로 된 카제인은 물과 균일하게 혼합해서 연속상을 형성해 그 안에 지방구가 유화해 있다([그림 13]). 지방구의 크기는 융해 공정에 사용하는 소위 '유화솥'의 교반 능력에 좌우된다. 교반효율이 높은 경우의 지방구는 그 입경이 1 μm 정도까지 작아지게 되고 입에서 녹지 않는 까슬까슬한 식감을 준다. 한편 교반효율이 낮은 경우에는 입자의 직경이 50 μm 정도까지 크게 되어 이에 붙는 끈적끈적한 식감을 주는 경향이 있다.

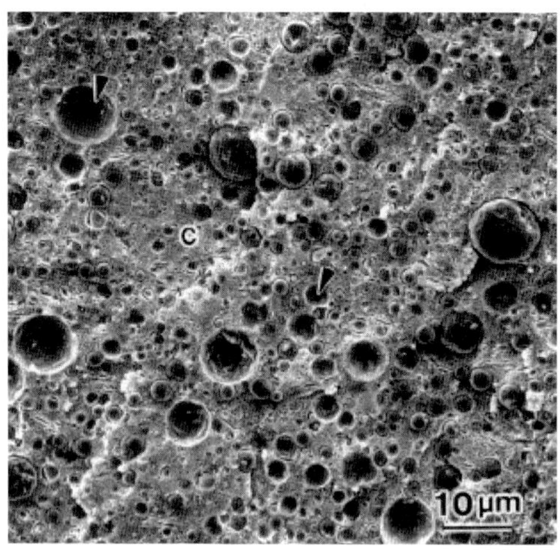


**그림 13.** 가공치즈의 주사 전자현미경상
C. 단백질, 물에서 생겨나는 연속상
화살표 : 지방구

가공치즈는 사용한 용융염의 종류에 의해서도 얻어지는 치즈의 물성이 크게 변화한다. 가공치즈의 '열용융성'은 요리용의 소재로서도 중요한 특성이다. 예를 들면 자연치즈와 같이 녹는 성질을 가지는지 또는 가열해도 녹지 않고 그 형태를 유지하는지, 목적으로 하는 요리에 따라서 기대되는 물성도 변화된다. 가공치즈가 녹는다는 것은 자연치즈와 같은 성질 그대로인 것이라는 것이고, 녹지 않는 치즈가 새로운 물성이 부여된다는 것이 된다. 이것들은 치즈를 제조하는 경우에 첨가하는 용융염의 종류를 의도적으로 선택함으로써 제어가 가능하다.

가공치즈 용도의 용융염에는 나트륨염이 잘 사용된다. 구체적으로는 일인산나트륨(sodium monophosphate), 다인산나트륨(sodium polyphosphate) 및 구연산나트륨 등이 있다. 폴리인산나트륨에는 인산나트륨이 2개 결합한 이인산나트륨(sodium diphosphate), 몇 개 연결된 단쇄 다인산나트륨(short chain sodium polyphosphate), 수십 개 연결된 장쇄 다인산나트륨(long chain sodium polyphosphate) 등 많은 종류가 있다. 이것들은 단품으로 사용하지 않고 두세 종류를 조합해서 사용하는 것이 일반적이다.

[그림 14]는 녹는 가공치즈(a)와 녹지 않는 가공치즈(b) 중에서 단백질이 물에 수화된 연속상을 형성하는 서브마이셀의 분산 상태를 투과전자현미경으로 관찰한 것이다.[6] b의

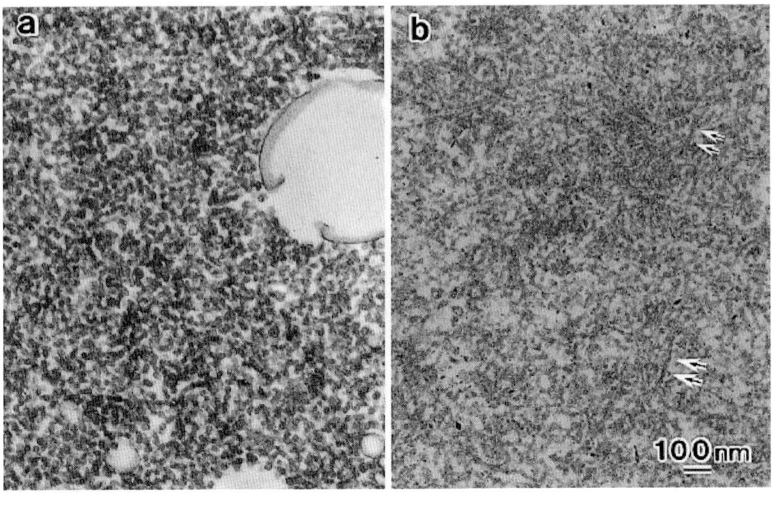


**그림 14.** 가공치즈의 아주 얇게 자른 조각의 전자현미경상

a. 녹는 가공치즈. 서브마이셀은 단순히 집합하고 있을 뿐 망목구조는 없다.
b. 녹지 않는 가공치즈. 화살표와 같이 이어진 서브마이셀이 망목구조를 형성. 서브마이셀의 크기는 a보다 작다.
(눈금바는 공통)

녹지 않는 가공치즈에서는 화살표로 표시한 것처럼 연결된 서브마이셀이 특징이다. 이 연결된 서브마이셀의 존재는 단백질, 수연결상(水連続相)으로 망목구조가 형성되어 있다는 것을 말하고 있다.

또 양쪽 시료의 서브마이셀의 크기를 비교하면 b의 녹지 않는 치즈가 작은 입자로 되어 있다. 이것은 녹지 않는 치즈의 경우에는 이인산나트륨 등의 카제인을 녹이는 성질이 있는 용융염을 사용하고 있기 때문에 서브마이셀의 표면의 일부가 용해해 서브마이셀의 직경은 작아지게 되었다. 그 결과 녹은 부분이 접착제의 역할을 해서 서브마이셀 사이를 상호 연결시키게 된다. 이것에 따라서 자연치즈에는 없었던 새로운 서브마이셀 사이의 상호작용이 생겨 한층 더 망목구조가 만들어진다. 그 결과 가열해도 녹지 않는 형태를 유지할 수 있는 것이다.

한편 a의 녹는 치즈의 경우, 서브마이셀은 연결되어 있지 않다. 독단의 입자가 결합해 있기 때문이다. 녹는 치즈의 경우는 구연산나트륨과 같은 자연치즈에서 서브마이셀 사이의 상호작용을 그다지 변화시키지 않는 용융염을 사용해서 얻어질 수 있다.

이 같은 두 종류의 가공치즈는 같은 원료 치즈의 배합이어도 용융염의 종류를 변화시키는 것만으로 구별해서 제조할 수 있다.

* * *

옛날의 치즈 장인은 서브마이셀의 존재도, 인산칼슘의 가교 구조도 아무것도 알지 못하고 치즈의 제조 공정을 구축했음에 틀림없다. 그럼에도 불구하고 현대의 과학기술로 카제인 마이셀의 미세구조를 해석하고 치즈의 제조기술과 비교하면 양자는 대단한 정합성과 필연성을 가진다는 것에 감동을 느낀다.

이곳에 올린 카망베르, 스트링 및 열용융성 가공치즈의 기본은 서브마이셀이라고 하는 직경 30 nm 이하의 미소입자의 상호작용을 컨트롤한다고 하는 점에서 공통점이 있다. 이것은 단백질의 고차 구조를 제어하는 것도 있고, 그야말로 식품에서 '나노 테크놀로지'라고도 말할 수 있다. 금후, 새로운 상호작용을 창조하는 것으로 신규 물성, 식감을 갖는 치즈를 만드는 것도 가능할 것이다.

## 참 / 고 / 문 / 헌


1) 泉圭一郎：チーズ・その伝統と背景, サイエンティスト社, 12-13, 2002.

2) 種谷真一, 木村利昭, 相良康重：食品そのミクロの世界, 槇書店. 60, 1991.

3) 木村利昭, 井越敬司, 村山重信：ミルク&チーズサイエンティス~とけるチーズの秘密~ミクロの視点ヵら, デリィマン社, 27, 43-44, 53, 64, 2007.

4) 木村利昭, 相良康重, 加固正敏：農化, 64, 177-178, 1990.

5) T. Kimura, Y. Sagara *et al.*: *Michwissenschaft*, 47, 545-612, 1992.

6) T. Taneya, T. Kimura, *et al.*: *Michwissenschaft*, 35, 479-481, 1980.

4-2

# 1차 기능

주부(中部)대학 응용생물학부
네기시 하루오(根岸晴夫)

## 1. 영양 성분

치즈는 영양학적으로 우수한 유제품이다. [표 1]에 표시한 것처럼 주요한 영양 성분은 단백질과 지방이다. 영양 성분의 조성은 원료유의 품종, 비유(泌乳) 시기, 지방 함량 등 외에 치즈의 제조 방법에 따라서도 변동한다. 치즈의 숙성도도 약간은 영양 조성에 영향을 미친다. 치즈의 성분은 제조 시에 응고한 카제인과 함께 콜로이드상의 미네랄, 지방 및 지용성 비타민류가 커드에 잔존해 치즈 성분으로 구성된다. 한편, 유청 단백질, 유당 및 수용성 비타민·미네랄은 유청 중에 옮겨져서 커드로부터 배제되기 때문에 치즈에의 잔류량은 미미하다.

치즈 단백질 함량은 치즈의 종류에 따라서 달라 약 4~40%의 범위에 있다. 이 값은 치즈의 제조 방법과 관련되어 있다. 치즈 제조 과정에서 유청 단백질의 태반은 유청으로 이행되기 때문에 치즈 중의 유청 단백질은 전체 단백질의 미량인 2~3%이다. 유청 단백질 중, 면역기능이나 항균작용이 있는 락토페린, 뼈강화 작용을 나타내는 우유염기성단백질(乳塩基性, MBP) 등은 카제인과 상호작용하기 때문에 치즈 커드 중에 일부가 잔존하지만, 대부분이 카제인 단백질이다. [표 2]에 표시한 것처럼 치즈의 아미노산 조성은 우유와 거의 동일하지만, 단백질 부분에서 트레오닌(threonine) 함량이 약간 적고(우유: 4.1%,

**표 1.** 각종 치즈의 영양 성분 구성[1, 2]

| 치즈 종류 | 문헌 | 에너지 kcal/100 g | 수분 g/100 g | 단백질 g/100 g | 지방 g/100 g | 탄수화물 g/100 g | 회분 g/100 g | 콜레스테롤 mg/100 g |
|---|---|---|---|---|---|---|---|---|
| Brie | 1,3 | 319 | 48.6 | 19.2 | 26.9 | trace | | 100 |
| Caerphilly | 1,3 | 375 | 41.8 | 23.2 | 31.3 | 0.1 | | 90 |
| Camembert | 4 | 310 | 51.8 | 19.1 | 24.7 | 0.9 | 3.5 | 87 |
| Cheddar(일반) | 4 | 423 | 35.3 | 25.7 | 33.8 | 1.4 | 3.8 | 100 |
| Cheddar (저지방) | 1,3 | 261 | 47.1 | 31.5 | 15.0 | trace | | 43 |
| Cheshire | 1,3 | 379 | 40.6 | 24.0 | 31.4 | 0.1 | | 90 |
| Cottage (cream 함유) | 4 | 105 | 79.0 | 13.3 | 4.5 | 1.9 | 1.3 | 2 |
| Cream | 4 | 346 | 55.5 | 8.2 | 33.0 | 2.3 | 1.0 | 99 |
| Denmark Blue | 1,3 | 347 | 45.3 | 20.1 | 29.6 | trace | | 75 |
| Edam | 4 | 356 | 41.0 | 28.9 | 25.0 | 1.4 | 3.7 | 65 |
| Emmental | 4 | 429 | 33.5 | 27.3 | 33.6 | 1.6 | 4.0 | 85 |
| Feta | 1,3 | 250 | 56.5 | 15.6 | 20.2 | 1.5 | | 70 |
| fromage Frais | 1,3 | 113 | 77.9 | 6.8 | 7.1 | 5.7 | | 25 |
| Gouda | 4 | 380 | 40.0 | 25.8 | 29.0 | 1.4 | 3.8 | 83 |
| Gruyere | 1,3 | 409 | 35.0 | 27.2 | 33.3 | trace | | 100 |
| Mozzarella | 1,3 | 289 | 49.8 | 25.1 | 21.0 | trace | | 65 |
| Parmesan | 4 | 475 | 15.4 | 44.0 | 30.8 | 1.9 | 7.9 | 96 |
| Blue | 4 | 349 | 45.6 | 18.8 | 29.0 | 1.0 | 5.6 | 90 |
| Process | 4 | 339 | 45.0 | 22.7 | 26.0 | 1.3 | 5.0 | 78 |
| Ricotta | 1,3 | 144 | 72.1 | 9.4 | 11.0 | 2.0 | | 50 |
| Roquefort | 1,3 | 375 | 41.3 | 19.7 | 32.9 | trace | | 90 |
| Stilton | 1,3 | 411 | 38.6 | 22.7 | 35.5 | 0.1 | | 105 |

치즈: 3.5%), 1973년 FAO/WHO의 산정 방식에 의하면 아미노산 스코어가 92이고 우유에 비해 약간 낮게 되어 있다. 그러나 1985년 FAO/WHO/UNU의 방법에 의하면 어느 쪽도 100으로 동등하다. 단백질 부분의 함황아미노산에 관해서는 우유 및 치즈는 양쪽 다 3.5%로 차이가 없다. 치즈 제조의 숙성 과정에서 카제인은 서서히 수용성 펩타이드와 유리 아미노산으로 분해되기 때문에 치즈 단백질의 소화흡수성은 높다. 치즈로부터 생성되는 펩타이드 중에는 호르몬형조절작용, 혈압상승억제작용 및 면역방어·신경계통의 조절작용 등의 생리활성 펩타이드류의 존재가 알려져 있다.

**표 2.** 우유와 치즈의 아미노산 구성(%)[2]

| | 아미노산 | 생우유 | 자연치즈 Cheddar |
|---|---|---|---|
| 단백질<br>(g/100 g 가식부) | | 2.9 | 25.7 |
| | Ile | 150 | 1,400 |
| | Leu | 280 | 2,500 |
| | Lys | 240 | 2,100 |
| 함유 아미노산 SAA | Met | 75 | 700 |
| | Cys | 26 | 210 |
| | 합계 | 100 | 910 |
| 방향족 아미노산 AAA | Phe | 140 | 1,400 |
| | Tyr | 110 | 1,400 |
| | 합계 | 250 | 2,800 |
| | Thr | 120 | 910 |
| | Trp | 38 | 320 |
| | Val | 190 | 1,800 |
| | His | 80 | 790 |
| | Arg | 93 | 870 |
| | Ala | 93 | 740 |
| | Asp | 230 | 2,000 |
| | Glu | 560 | 5,400 |
| | Gly | 54 | 470 |
| | Pro | 280 | 2,900 |
| | Ser | 140 | 1,300 |
| 1973년 FAO/WHO | 아미노산 score | 100 | 92 |
| | 제한 아미노산 | | Thr |
| 1985년 FAO/WHO/UNU | 아미노산 score | 100 | 100 |

아미노산: mg/100 g 가식부

치즈 중의 탄수화물 양은 미미하다. 우유 중의 주요한 탄수화물인 유당은 제조 과정에서 유청으로 옮겨져 그 후 숙성 과정에서 감소하기 때문이다([표 1]). 그린 커드에 잔존한 유당은 유산균 발효에서 유산으로 분해되기 때문에 치즈는 $\beta$-galactosidase(lactase)가 결손된 유당불내증의 사람도 안심하고 섭취 가능한 식품이다.

치즈의 지방 함량은 [표 1]에 표시한 것처럼, 원료유의 종류나 제조 방법에 따라서 변화한다. 지방 함량의 다양화는 치즈의 굳기, 부착성, 입맞음, 혹은 향 등의 식미성에 영향을 준다. 특히 유리 지방산과 그 대사산물이 중요한 향기물질로 되어 다양한 치즈의 특징을 만들어내고 있다. 일반적으로 치즈의 지방은 포화지방산 66~74%, 모노불포화지방산 23~30%,

다가 불포화지방산 2.5~4%로부터 구성되기 때문에 치즈는 총지방과 포화지방산의 공급원이라고 할 수 있다. 치즈의 콜레스테롤 함량은 지방산에 대응하고 있어 치즈의 종류에 따라서 약 10~100 mg/100 g의 범위에 있다. 그 외에 치즈 중에는 항산화나 항암효과 등의 생리작용이 기대되고 있는 공액 리놀산(CLA)이 포함되어 있다. CLA는 리놀산(C18:2)의 입체 및 시스·트랜스 이성체로 공역불포화의 이중결합을 포함한다. 주요한 이성체는 *cis*-9, *trans*-11-octadecadienoic acid로 유제품에서는 총 CLA의 82% 이상을 점하고 있다. 평균하면 우유와 유제품 중의 CLA 농도는 0.2~1.6 g/100 g 지방의 범위이다.

**표 3.** 각종 치즈의 비타민 구성(μg/100 g당)

| 치즈 종류 | 문헌 | Retinol | Carotene | 비타민 D | 비타민 E | Thiamine | Rivoflavin | Niacin | 비타민 $B_6$ | 비타민 $B_{12}$ | 엽산 | panto thenic acid | 비타민 K | Biotin |
|---|---|---|---|---|---|---|---|---|---|---|---|---|---|---|
| Brie | 1,3 | 285 | 210 | 0.20 | 0.8 | 0.04 | 0.43 | 0.43 | 0.15 | 1.2 | 58 | 0.35 | | 5.6 |
| Caerphilly | 1,3 | 315 | 210 | 0.24 | 0.8 | 0.03 | 0.47 | 0.11 | 0.11 | 1.1 | 50 | 0.29 | | 3.5 |
| Camembert | 4 | 230 | 140 | trace | 0.9 | 0.03 | 0.48 | 0.7 | 0.08 | 1.3 | 47 | 0.49 | 1 | |
| Cheddar (일반) | 4 | 310 | 210 | 0 | 1.6 | 0.04 | 0.45 | 0.1 | 0.07 | 1.9 | 32 | 0.43 | 12 | |
| Cheddar (저지방) | 1,3 | 165 | 100 | 0.11 | 0.4 | 0.03 | 0.53 | 0.09 | 0.13 | 1.3 | 56 | 0.51 | | 3.8 |
| Cheshire | 1,3 | 350 | 220 | 0.24 | 0.7 | 0.03 | 0.48 | 0.11 | 0.09 | 0.9 | 40 | 0.31 | | 4.0 |
| Cottage (cream함유) | 4 | 35 | 20 | 0 | 0.1 | 0.02 | 0.15 | 0.1 | 0.03 | 1.0 | 21 | 0.48 | 2 | |
| Cream | 4 | 240 | 170 | trace | 1.2 | 0.03 | 0.22 | 0.1 | 0.03 | 0.1 | 11 | 0.42 | 12 | |
| Denmark Blue | 1,3 | 280 | 250 | 0.23 | 0.8 | 0.03 | 0.41 | 0.48 | 0.12 | 1.0 | 50 | 0.53 | | 2.7 |
| Edam | 4 | 240 | 150 | trace | 0.8 | 0.04 | 0.42 | 0.1 | 0.06 | 2.8 | 39 | 0.17 | 14 | |
| Emmental | 4 | 200 | 180 | trace | 1.3 | 0.02 | 0.48 | 0.1 | 0.07 | 1.0 | 10 | 0.72 | 8 | |
| Feta | 1,3 | 220 | 33 | 0.50 | 0.4 | 0.04 | 0.21 | 0.19 | 0.07 | 1.1 | 23 | 0.36 | | 2.4 |
| fromage Frais | 1,3 | 100 | trace | 0.05 | 0.0 | 0.04 | 0.4 | 0.13 | 0.10 | 1.4 | 15 | trace | | trace |
| Gouda | 4 | 260 | 170 | 0 | 0.8 | 0.03 | 0.33 | 0.1 | 0.05 | 1.9 | 29 | 0.32 | 12 | |
| Gruyere | 1,3 | 325 | 225 | 0.25 | 0.6 | 0.03 | 0.39 | 0.04 | 0.11 | 1.6 | 12 | 0.35 | | 1.5 |
| Mozzarella | 1,3 | 240 | 170 | 0.16 | 0.3 | 0.03 | 0.31 | 0.08 | 0.09 | 2.1 | 19 | 0.25 | | 2.2 |
| Parmesan | 4 | 230 | 120 | trace | 0.8 | 0.05 | 0.68 | 0.1 | 0.05 | 2.5 | 10 | 0.50 | 15 | |
| Blue | 4 | 270 | 170 | trace | 0.6 | 0.03 | 0.42 | 0.8 | 0.15 | 1.1 | 57 | 1.22 | 11 | |
| Process | 4 | 240 | 230 | trace | 1.1 | 0.03 | 0.38 | 0.1 | 0.01 | 3.2 | 27 | 0.14 | 2 | |
| Ricotta | 1,3 | 185 | 92 | trace | 0.0 | 0.0 | 0.19 | 0.09 | 0.03 | 0.3 | trace | trace | | trace |
| Roquefort | 1,3 | 295 | 10 | trace | 0.6 | 0.04 | 0.65 | 0.57 | 0.09 | 0.4 | 45 | 0.5 | | 2.3 |
| Stilton | 1,3 | 355 | 185 | 0.27 | 0.6 | 0.03 | 0.43 | 0.49 | 0.16 | 1.0 | 77 | 0.71 | | 3.6 |

치즈 중에 포함된 비타민의 조성을 [표 3]에 나타냈다. 치즈는 비타민 A의 공급원으로서 우수하다. 미미하게 포함된 엽산의 공급원으로서도 중요하다. 치즈 중에는 거의 모든 우유의 지용성 비타민은 포함되어 있지만 수용성 비타민은 유청 쪽으로 손실되기 때문에 우유 중의 농도보다도 낮다. 비타민 B군의 손실은 치즈 숙성 중에 작용하는 미생물에 의한 합성으로 인해 어느 정도는 보충된다. 특히 에멘탈과 같은 경질 치즈에는 프로피온산균에 의한 비타민 $B_{12}$의 합성이 현저하다. 비타민 C는 거의 치즈에 포함되어 있지 않다.

치즈에는 미네랄로서 칼슘, 인, 마그네슘 외에 아연, 철, 요소, 셀렌(Selen) 및 동 등 생체에 중요한 미네랄 성분이 포함되어 있어 식이성 미네랄의 공급원으로서 우수하다([표 4]). 경질 치즈 20 g의 섭취에 의해서 약 160 mg의 칼슘 보급이 가능하다.(세계적으로 추천되고

**표 4.** 각종 치즈의 미네랄 구성(mg/100 g당)

| 치즈 종류 | 문헌 | Na | K | Ca | Mg | P | Fe | Zn | Cu |
|---|---|---|---|---|---|---|---|---|---|
| Brie | 1,3 | 700 | 100 | 540 | 27 | 390 | 0.8 | 2.2 | |
| Caerphilly | 1,3 | 480 | 91 | 550 | 20 | 400 | 0.7 | 3.3 | |
| Camembert | 4 | 800 | 120 | 460 | 20 | 330 | 0.2 | 2.8 | 002 |
| Cheddar(일반) | 4 | 800 | 85 | 740 | 24 | 500 | 0.3 | 4.0 | 0.07 |
| Cheddar(저지방) | 1,3 | 670 | 110 | 840 | 39 | 620 | 0.2 | 2.8 | |
| Cheshire | 1,3 | 550 | 87 | 560 | 19 | 400 | 0.3 | 3.3 | |
| Cottage (cream함유) | 4 | 400 | 50 | 55 | 4 | 130 | 0.1 | 0.5 | 0.03 |
| Cream | 4 | 260 | 70 | 70 | 8 | 85 | 0.1 | 0.7 | 0.01 |
| Denmark Blue | 1,3 | 1,260 | 89 | 500 | 27 | 370 | 0.2 | 2.0 | |
| Edam | 4 | 780 | 65 | 660 | 40 | 470 | 0.3 | 4.6 | 0.03 |
| Emmental | 4 | 500 | 110 | 1,200 | 32 | 720 | 0.3 | 4.3 | 0.76 |
| Feta | 1,3 | 1,440 | 95 | 360 | 20 | 280 | 0.2 | 0.9 | |
| Fromage Frais | 1,3 | 31 | 110 | 89 | 8 | 110 | 0.1 | 0.3 | |
| Gouda | 4 | 800 | 75 | 680 | 31 | 490 | 0.3 | 3.6 | 0.02 |
| Gruyere | 1,3 | 670 | 99 | 950 | 37 | 610 | 0.3 | 2.3 | |
| Mozzarella | 1,3 | 610 | 75 | 590 | 27 | 420 | 0.3 | 1.4 | |
| Parmesan | 4 | 1,500 | 120 | 1,300 | 55 | 850 | 0.4 | 7.3 | 0.15 |
| Blue | 4 | 1,500 | 120 | 590 | 19 | 440 | 0.3 | 2.5 | 0.02 |
| Process | 4 | 1,100 | 60 | 830 | 19 | 730 | 0.3 | 3.2 | 0.08 |
| Ricotta | 1,3 | 100 | 110 | 240 | 13 | 170 | 0.4 | 1.3 | |
| Roquefort | 1,3 | 1,670 | 91 | 530 | 33 | 400 | 0.4 | 1.6 | |
| Stilton | 1,3 | 930 | 130 | 320 | 20 | 310 | 0.3 | 2.5 | |

있는 3-A-day를 실천하면, 우유 200 ml에서 220 mg, yogurt 100 ml에서 120 mg, 치즈 20 g에서 160 mg, 합계 약 500 mg의 칼슘을 섭취할 수 있다.) 치즈 칼슘의 생체 이용성은 우유 중의 칼슘과 동등하고, 작은 물고기, 야채에 포함되어 있는 칼슘보다도 흡수율이 높다. 치즈 숙성 과정에서 $\beta$-casein에서 분해 생성되는 카제인 포스포펩타이드(Casein phosphopeptides, CPP)에는 칼슘의 생체에의 흡수를 도와주는 작용이 있다. 치즈는 고령화에 따른 골다공증 발생의 예방이나 치료에 대해서 우수한 칼슘 공급원이라고 말할 수 있다. 한편, 치즈 등의 유제품은 거의 철의 공급원으로는 되지 않는다. 철 결핍증은 많은 나라에서 확인되고 있어 철을 강화해 영양 가치를 높인 체다와 가공치즈 등이 개발되어 있다.

## 2. 단백질 구성 성분의 종류와 구조

전 세계에서 생산되고 있는 거의 모든 치즈는 원료유에 스타터 유산균과 응유효소 렌넷을 작용시켜 만들어진다. 렌넷은 주성분인 키모신과 미량 포함되어 있는 펩신 등의 단백질 분해효소(protease)로부터 구성되어 있다. 치즈 제조에는 유단백질이 가장 중요하다. 유단백질의 주요 성분인 카제인 마이셀에 렌넷을 첨가해서 응고시켜 커드를 제조하고, 그 후 숙성시켜 다양한 종류의 치즈가 만들어진다. 치즈 원료로서 사용되는 우유 등의 카제인 마이셀은 $\alpha_{s1}$, $\alpha_{s2}$-, $\beta$-casein 및 $\kappa$-casein으로 구성되어 있다. 카제인은 우유 중에서 마이셀 구조를 하고 있어 소수성 성질이 강한 $\alpha_{s1}$, $\alpha_{s2}$-casein 및 $\beta$-casein의 표층을 $\kappa$-casein이 덮고 있는 서브마이셀 구조를 하고 있다. $\kappa$-casein의 N-말단 측의 친수성 영역은 물과 접촉하는 외측에 위치하고 있다. 그 결과, 카제인 마이셀은 우유 중에서 열역학적으로 안정한 구조를 보존하고 있다.

1 10 Glu-Val-Leu-Asn-Glu-Asn-Leu-
H.Arg-Pro-Lys-His-Pro-Ile-Lys-His-Gln-Gly-Leu-Pro-Gln-____________________

21 30
Leu-Arg-Phe-Phe-Val-Ala-(B, C, D, E변이체)
-Pro-Phe-Pro-Glu-Val-Phe-Gly-Lys-Glu-Lys-Val-Asn-Glu-Leu
________________ (A변이체)

41 46 48 50 Ala (A, B, C, E변이체) Gln (A, B, C, D변이체)
Ser-Lys-Asp-Ile-Gly-*Ser*P-Glu-*Ser*P-Thr-Glu-Asp-Gln- - Met-Glu-Asp-Ileu-Lys- -Met
*Thr*P (D변이체) Glu (E변이체)

61 64 66 67 68 70 75
Glu-Ala-Glu-*Ser*P-Ile-*Ser*P-*Ser*P-*Ser*P-Glu-Glu-Ile-Val-Pro-Asn-*Ser*P-Val-Glu-Gln-Lys-His-

81 90
Ile-Gln-Lys-Glu-Asp-Val-Pro-Ser-Glu-Arg-Tyr-Leu-Gly-Tyr-Leu-Glu-Gln-Leu-Leu-Arg-

101 110 115
Leu-Lys-Lys-Tyr-Lys-Val-Pro-Gln-Leu-Glu-Ile-Val-Pro-Asn-*Ser*P-Ala-Glu-Glu-Arg-Leu-

121 130
His-Ser-Met-Lys-Glu-Gly-Ile-His-Ala-Gln-Gln-Lys-Glu-Pro-Met-Ile-Gly-Val-Asn-Gln-

141 150
Glu-Leu-Ala-Tyr-Phe-Tyr-Pro-Glu-Leu-Phe-Arg-Gln-Phe-Tyr-Gln-Leu-Asp-Ala-Tyr-Pro-

161 170
Ser-Gly-Ala-Trp-Tyr-Tyr-Val-Pro-Leu-Gly-Thr-Gln-Tyr-Thr-Asp-Ala-Pro-Ser-Phe-Ser-

181 190 Glu (A, B, D변이체) 199
Asp-Ile-Pro-Asn-Pro-Ile-Gly-Ser-Glu-Asn-Ser- -Lys-Thr-Thr-Met-Pro-Leu-Trp.OH
Gly (C, E변이체)

**그림 1.** 우유 $\alpha_{S1}$-casein의 아미노산 배열(1차 구조)[3, 4]

인산화 부위는 이탤릭체의 아미노산명에 P와 밑줄로 표시했다. A형 변이체는 $Glu_{14}$~$Ala_{26}$까지가 탈락해 있고, C형 변이체는 $Glu_{192}$가 Gly에, D형 변이체에는 $Ala_{53}$이 Thr에 치환되고, 동시에 인산화되고 있다. E형 변이체에는 $Gln_{59}$와 $Glu_{192}$이 각각 Lys와 Gly에 치환되어 있다.

$\alpha_{s1}$-casein[3, 4]은 우유 중에서 가장 많은 단백질로 카제인의 약 38%를 점하고 있다. $\alpha_{s1}$-casein은 199개의 아미노산 잔기로 되어 1분자당 8~9개의 인산을 결합하고 있다([그림 1]). 분자량은 23,614 Da으로 동일 분자 내에 친수성과 소수성의 양쪽 영역을 포함해 '양친매성구조'를 갖는다. $\alpha_{s1}$-casein은 높은 Ca 감수성을 나타내고, 중성 pH, 0.1% 농도에서는 5 mM의 $CaCl_2$로 침전한다.

1 10
H.Lys-Asn-Thr-Met-Glu-His-Val-*Ser*P-*Ser*P-*Ser*P-Glu-Glu-Ser-Ile-Ile-*Ser*P-Gln-Glu-Thr-Tyr-

21 30
Lys-Gln-Glu-Lys-Asn-Met-Ala-Ile-Asn-Pro-Ser-Lys-Glu-Asn-Leu-Cys-Ser-Thr-Phe-Cys-

41 50
Lys-Glu-Val-Val-Arg-Asn-Ala-Asn-Glu-Glu-Glu-Tyr-Ser-Ile-Gly-*Ser*P-*Ser*P-*Ser*P-Glu-Glu-

61 70
*Ser*P-Ala-Glu-Val-Ala-Thr-Glu-Glu-Val-Lys-Ile-Thr-Val-Asp-Asp-Lys-His-Tyr-Gln-Lys-

81 90
Ala-Leu-Asn-Glu-Ile-Asn-Gln-Phe-Tyr-Gln-Lys-Phe-Pro-Gln-Tyr-Leu-Gln-Tyr-Leu-Tyr-

101 110
Gln-Gly-Pro-Ile-Val-Leu-Asn-Pro-Trp-Asp-Gln-Val-Lys-Arg-Asn-Ala-Val-Pro-Ile-Thr-

121 130
Pro-Thr-Leu-Asn-Arg-Glu-Gln-Leu-*Ser*P-Thr-*Ser*P-Glu-Glu-Asn-Ser-Lys-Lys-Thr-Val-Asp-

141 150
Met-Glu-*Ser*P-Thr-Glu-Val-Phe-Thr-Lys-Lys-Thr-Lys-Leu-Thr-Glu-Glu-Glu-Lys-Asn-Arg-

161 170
Leu-Asn-Phe-Leu-Lys-Lys-Ile-Ser-Gln-Arg-Tyr-Gln-Lys-Phe-Ala-Leu-Pro-Gln-Tyr-Leu-

181 190
Lys-Thr-Val-Tyr-Gln-His-Gln-Lys-Ala-Met-Lys-Pro-Trp-Ile-Gln-Pro-Lys-Thr-Lys-Val-

201 207
Ile-Pro-Tyr-Val-Arg-Tyr-Leu.OH

**그림 2.** 우유 $\alpha_{S2}$-casein의 아미노산 배열(1차 구조)[3, 4]

인산화 부위는 특별히 정해져 있지 않기 때문에, 인산화 아미노산이 명확하게 되어 있지 않은 $\alpha_{S2}$-casein A-11P의 인산화 부위를 표시했다. 인산화 부위는 이탤릭체의 아미노산명에 P와 밑줄로 표시했다.

$\alpha_{s2}$-casein[3, 4]은 카제인의 약 10%를 점유하고 있다. $\alpha_{s1}$-casein과 전기영동 이동도가 가깝기 때문에 오랫동안 $\alpha_{s1}$-casein과의 구별이 되어 있지 않았지만, 1977년에 $\alpha_{s1}$-casein은 아미노산 잔기 수가 207개, 인산기를 10~13개 결합해서, 분자량은 25,230 Da으로 '양친매성구조'를 가진다([그림 2]). $\alpha_{s2}$-casein은 인 함량이 높기 때문에 칼슘 감수성이 카제인 중에서 가장 높고, 미량의 2 mM의 $CaCl_2$로 침전한다.

1 10
H.Arg-Glu-Leu-Glu-Glu-Leu-Asn-Val-Pro-Gly-Glu-Ile-Val-Glu-*Ser*P-Leu-*Ser*P-*Ser*P-*Ser*P-Glu-

γ1 - 카제인(f29−209) (C변이체)
21 28 29 30 Ser Lys
Glu-Ser-Ile-Thr-Arg-Ile-Asn-Lys-Lys-Ile-Glu-Lys-Phe-Gln- -Glu- -Gln-Gln-Gln-
*Ser*P Glu
(A, B변이체)

41 50
Thr-Glu-Asp-Glu-Leu-Gln-Asp-Lys-Ile-His-Pro-Phe-Ala-Gln-Thr-Gln-Ser-Leu-Val-Tyr-

61 Pro ($A^2$, $A^3$변이체)
Pro-Phe-Pro-Gly-Pro-Ile- -Asn-Ser-Leu-Pro-Gln-Asn-Ile-Pro-Pro-Leu-Thr-Gln-Thr-
His (C, $A^1$, B변이체)

81 90
Pro-Val-Val-Val-Pro-Pro-Phe-Leu-Gln-Pro-Glu-Val-Met-Gly-Val-Ser-Lys-Val-Lys-Glu-

( $A^1$ , $A^2$, B, C변이체) γ3 - 카제인(f108−209)
101 105 His107 108 110
Ala-Met-Ala-Pro-Lys- -Lys-Glu-Met-Pro-Phe-Pro-Lys-Tyr-Pro-Val-Glu-Pro-Phe-Thr-
Gln ($A^3$변이체)
γ2 - 카제인(f106−209)

121 Ser (A, C변이체) 130
Glu- -Gln-Ser-Leu-Thr-Leu-Thr-Asp-Val-Glu-Asn-Leu-His-Leu-Pro-Leu-Pro-Leu-Leu-
Arg (B변이체)

141 150
Gln-Ser-Trp-Met-His-Gln-Pro-His-Gln-Pro-Leu-Pro-Pro-Thr-Val-Met-Phe-Pro-Pro-Gln-

161 170
Ser-Val-Leu-Ser-Leu-Ser-Gln-Ser-Lys-Val-Leu-Pro-Val-Pro-Gln-Lys-Ala-Val-Pro-Tyr-

181 190
Pro-Gln-Arg-Asp-Met-Pro-Ile-Gln-Ala-Phe-Leu-Leu-Tyr-Gln-Glu-Pro-Val-Leu-Gly-Pro-

201 209
Val-Arg-Gly-Pro-Phe-Pro-Ile-Ile-Val.OH

**그림 3.** 우유 β-casein의 아미노산 배열(1차 구조)과 plasmin에 의한 절단 부위[3, 4]

$A^1$, $A^2$, $A^3$, B, C는 유전적 변이체의 아미노산이다. 이탤릭체로 표시된 SerP는 인산화되어 있는 부위이다.
화살표로 표시된 28과 29잔기째, 105와 106잔기째 및 107과 108잔기째는 인산화되어 있는 한 주요 절단 부위이다.
각각의 절단 부위로부터 γ1-Casein(f 29−209), γ2-Casein(f 106−209) 및 γ3-Casein(f 108−209) 이 생성된다.

$\beta$-casein[3, 4]은 $\alpha_{s1}$-casein 다음으로 우유 중에서 많은 단백질로, 카제인의 약 34%를 점한다. 발린(valine)이나 류신 등의 소수성 아미노산 잔기가 많고, 카제인 성분 중에서는 가장 소수성이 높다. $\beta$-casein은 209개의 아미노산 잔기로부터 되어 N-말단 측 21잔기의 친수성이 강한 부분과, C-말단 측의 소수성이 높은 부분으로 명확히 나뉘어 전형적인 '양친매성구조'로 된다([그림 3]). 분자량은 $A^1$변이체는 24,023 Da, $A^2$는 23,983 Da이다. $\beta$-casein도 Ca 감수성이 있지만, $\alpha_{s1}$-casein 및 $\alpha_{s2}$-casein보다도 낮다. $\gamma$-casein은

$\beta$-casein에 내재성 프로테아제의 플라스민이 작용해서 생기는 성분으로 $\beta$-casein의 C-말단 측의 절편이다. N-말단 측의 절편은 프로테오스 펩톤이다. 최근에는 $\gamma$-casein은 독립한 카제인의 성분으로서 취급되지 않고 $\beta$-casien에 포함시킨다.

1 ... 10
PyroGlu-Glu-Gln-Asn-Glu-Glu-Gln-Pro-Ile-Arg-Cys-Glu-Lys-Asp-Glu-Arg-Phe-Phe-Ser-Asp-

21 ... 30
Lys-Ile-Ala-Lys-Tyr-Ile-Pro-Ile-Gln-Tyr-Val-Leu-Ser-Arg-Tyr-Pro-Ser-Tyr-Gly-Leu-

41 ... 50
Asn-Tyr-Tyr-Gln-Gln-Lys-Pro-Val-Ala-Leu-Ile-Asn-Asn-Gln-Phe-Leu-Pro-Tyr-Pro-Tyr

61 ... 70
Tyr-Ala-Lys-Pro-Ala-Ala-Val-Arg-Ser-Pro-Ala-Gln-Ile-Leu-Gln-Trp-Gln-Val-Leu-Ser-

81 ... 90
Asn-Thr-Val-Pro-Ala-Lys-Ser-Cys-Gln-Ala-Gln-Pro-Thr-Thr-Met-Ala-Arg-His-Pro-His-

101 ... 105 ↓ 106 ... 110
Pro-His-Leu-Ser-Phe-Met-Ala-Ile-Pro-Pro-Lys-Lys-Asn-Gln-Asp-Lys-Thr-Glu-Ile-Pro-

121 ... 130
Thr-Ile-Asn-Thr-Ile-Ala-Ser-Gly-Glu-Pro-*Thr*-Ser-*Thr*-Pro-*Thr*- [Ile (B변이체) / Thr (A변이체)] -Glu-Ala-Val-Glu-

141
Ser-Thr-Val-Ala-Thr-Leu-Glu- [Ala (B변이체) / Asp (A변이체)] -*Ser*P-Pro-Gln-Val-Ile-Glu-Ser-Pro-Pro-Glu-Ile-Asn-

161 ... 169
Thr-Val-Gln-Val-Thr-Ser-Thr-Ala-Val.OH

**그림 4.** 우유 $\kappa$-casein의 아미노산 배열(1차 구조)과 chymosin에 의한 절단 부위[3, 4]

N-말단의 아미노산은 Pyroglutamic acid이다. A, B는 유전적 변이체의 아미노산이다.
이탤릭체로 표시한 SerP는 인산화되어 있는 부위, Thr은 당쇄를 결합하고 있는 부위이다.
화살표로 표시한 105, 106 잔기간은 Chymosin에 의해 특이하게 절단된 부분이다.

$\kappa$-casein[3, 4]은 전 단백질의 약 15%를 점하고 있다. $\kappa$-casein은 169개의 아미노산 잔기로 되어 있고, 단백질 부분의 분자량은 19,039 Da이다. 카제인의 성분 중에서 당류를 결합하고 있는 유일한 당단백질이다([그림 4]). $\kappa$-casein의 N-말단 측 2/3는 소수성이 강하고, 치즈 제조에서 특별히 중요하다. 한편, C-말단 측 1/3은 당쇄와 인산기를 결합하고 있기 때문에 강한 친수성을 나타내고 카제인 마이셀의 안정화 인자이다.

## 3. 숙성 중 단백질 분해 과정

렌넷의 주요 효소 키모신은 $\kappa$-casein의 $Phe_{105}$-$Met_{106}$ 결합을 특이적으로 절단해 $p$-$\kappa$-casein($\kappa$-CN f 1-105)으로 펩타이드 절편(f 106-169)이 생긴다([그림 4]).[3, 4] C-말단 측 106-169 잔기의 산성 펩타이드 부분은 카제인의 글리코펩타이드(CGP)로 부른다. 키모신에 의한 $\kappa$-casein의 분해로 카제인 마이셀은 불안정하게 되고 20℃, 칼슘 존재하에서 응고해 커드가 형성된다. 커드로부터 유청 성분을 배출해 압착, 성형한 것이 그린 치즈이다. 사이즈가 작은 CGP는 유청 중으로 이동하기 때문에 치즈 중에는 남아 있지 않다. 원료유에 첨가한 렌넷의 대부분은 유청 중으로 배출되지만, 5~10%가 커드 중에도 존재한다. 렌넷의 활성은 치즈 제조 시의 커드의 쿠킹 온도나 잔존량의 영향을 받는다. 에멘탈 등의 쿠킹 온도가 높은 치즈(55℃)에서는 키모신 활성은 거의 실활되기 때문에 단백질 분해에의 기여는 거의 없다. 체다, 고다 치즈에서는 쿠킹 온도가 낮기(각각 39℃, 36℃) 때문에 높은 렌넷 활성이 잔존한다. 체다 치즈에서는 우유 중에 첨가한 키모신의 6% 정도가 커드에 잔존하나, 잔존하는 응고효소 렌넷은 우유에 원래 포함되어 있는 플라스민(plasmin)이나 카텝신(cathepsin) D 등과 함께 숙성 초기의 치즈 단백질 분해에서 중요한 역할을 한다.[5, 6]

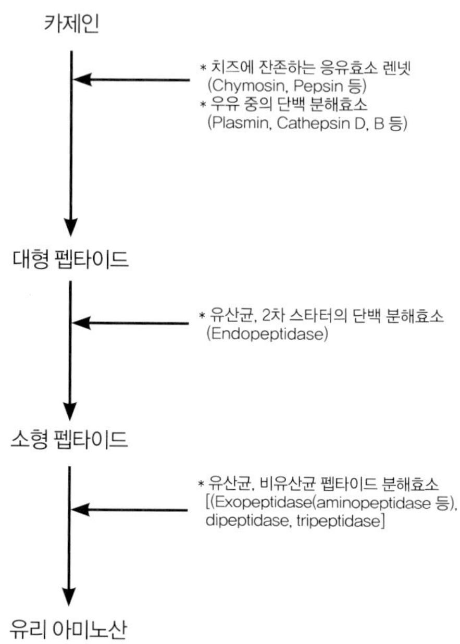


**그림 5.** 치즈 숙성 중의 우유단백질 분해 경로[4-6,8]

커드를 구성하는 $\alpha_{s1}$-casein, $\alpha_{s2}$-casein 및 $\beta$-casein은 응유 과정에서는 응유효소의 작용을 받지 않지만, 숙성 개시와 함께 분해된다. 치즈 숙성 중의 단백질 분해 과정은 [그림 5]에 표시한 것같이 처음에는 ① 응유효소 렌넷(키모신, 펩신, 미생물이나 식물 유래의 산성 프로테아제), ② 유 내재성 효소(플라스민, 카텝신 D, B, 그 외 체세포 프로테아제), ③ 스타터 유래효소, ④ 비 스타터 유래효소 또는 ⑤ 2차 스타터(예를 들면, *P. camemberti*, *P. roqueforti*,

*Propinibacerium* sp.. *B. lines* 등)나 ⑥ 숙성 촉진을 위해 첨가되는 외인성 프로테아제, 펩티다제 등의 효소의 작용에 의해 진행한다.[6]

우유에는 다수의 내재성 효소가 존재해 그중에서도 치즈 숙성 중의 단백질 분해에서 중요한 일을 하는 것이 '플라스민(plasmin)'이다. 플라스민은 트립신 같은 세린 분해효소이고, 최적 pH는 7.5 부근, 최적 온도는 37℃이다. [그림 6]에 표시한 것같이 플라스민은 처음에 $\beta$-casein의 $Lys_{28}$-$Lys_{29}$, $Lys_{105}$-$His_{106}$ 및 $Lys_{107}$-$Glu_{108}$의 세 곳을 절단한다. 그 결과 $\beta$-CN(f 29-209) ($\gamma$1-CN), $\beta$-CN(f 106-206) ($\gamma$2-CN) 및 $\beta$-CN (f 108-209) ($\gamma$3-CN)이 생긴다. 그것과 함께 대응하는 N-말단 측의 proteose peptone(pp) 5 [$\beta$-CA(f 1-105) 와 $\beta$-CN(f 1-107)] pp8 fast $\beta$-CN(f 1-28) 및 pp8 slow[$\beta$-CN(f 29-105) 와 $\beta$-CN(f 29-107)]을 생성한다.[3, 4, 6]

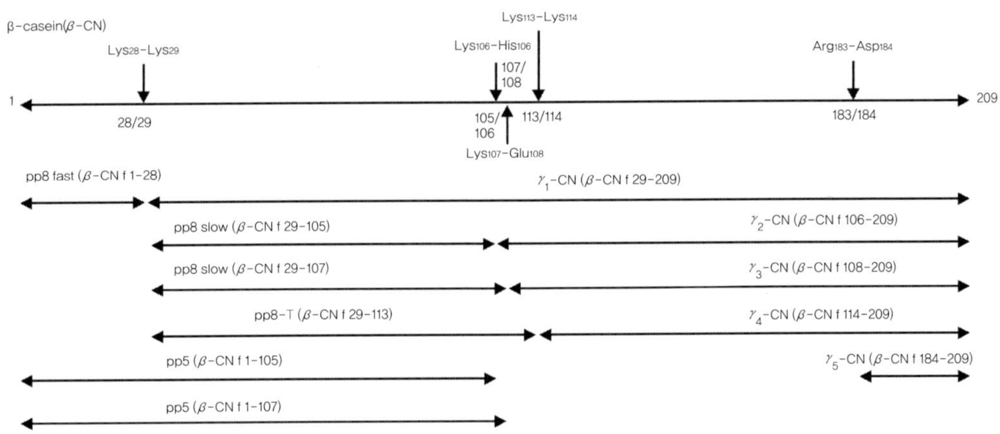


**그림 6.** Plasmin에 의한 $\beta$-casein의 가수분해와 생성하는 주요 펩타이드[3, 4, 6]

pp5 : Proteose peptone component 5
pp8 : Proteose peptone component 8

키모신이나 플라스민 등의 작용으로 카제인에서 생성된 커다란 사이즈와 중간 사이즈 펩타이드는 다시 유산균 스타터 유래의 프로테아제와 펩티다제에 의해서 중간 또는 짧은 사이즈의 펩타이드와 아미노산으로 가수분해된다. 유산균 스타터는 치즈의 주요한 펩티다제를 만들고, 계속해서 짧은 펩타이드를 가수분해하여 아미노산을 유리시킨다. 비 스타터 유산균도 같은 형태로 숙성 중에 작용한다. 또한 다양한 치즈의 고유한 풍미는 2차 스타터에 의해서 형성된다. 2차 스타터는 프로테아제 활성과 펩티다제 활성도 동시에 가지고 있어서 단백질 분해에 크게 기여한다. 이와 같은 과정을 거쳐 다수의 펩타이드가 치즈 중에 생성된다.[4~8]

## 4. 숙성형 치즈 중의 펩타이드의 종류와 구조

치즈로부터 실제로 분리된 펩타이드로서 체다, 에멘탈, 파르미지아노 레지아노, 페타 및 고다 치즈의 펩타이드를 소개한다.

### 1) 체다 치즈

체다 치즈의 펩타이드 프로파일이 가장 잘 연구되어 있다.[5, 6, 9~11] [그림 7]에 비수용성 펩타이드의 배열을 나타냈다.[5, 6, 9] 체다 치즈의 주요한 불용성 펩타이드는 $\alpha_{s1}$-casein에 키모신이 작용 또는 $\alpha_{s1}$-casein에 플라스민이 작용해서 생성한다. 더욱이 유산균 표층 펩티다제(peptidase)에 의해서 분해되는 펩타이드도 존재한다. 체다 치즈의 $\alpha_{s1}$-casein은 키모신에 의해 빠르게 $Phe_{23}$-$Phe_{24}$ 결합이 분해된다. 더욱더 큰 C-말단 측 펩타이드인 $\alpha_{s1}$-CN(f 24-199)은 키모신의 작용으로 $Leu_{101}$-$Lys_{102}$ 결합이 분해된다. 분해 속도는 완만하게 $Phe_{32}$-$Gly_{33}$, $Leu_{109}$-$Glu_{110}$, $Phe_{23}$-$Pro_{29}$ 결합 및 $Leu_{40}$-$Ser_{41}$도 분해된다. 같은 형식으로 $\alpha_{s1}$-CN(f 24-199)은 플라스민의 작용에 의해서 $Lys_{103}$-$Tyr_{104}$와 $Lys_{105}$-$Val_{106}$이 분해된다. 체다 치즈의 비수용성 획분에서는 사이즈가 큰 C-말단 펩타이드인 $\alpha_{s1}$-CN(f 24-199), $\alpha_{s1}$-CN(f 33-199), $\alpha_{s1}$-CN(f 102-199), $\alpha_{s1}$-CN(f 99-199), $\alpha_{s1}$-CN(f 104-199) 및 $\alpha_{s1}$-CN(f 106-199)이 동정되어 있다. $\alpha_{s1}$-CN(f 1-23)은 유산균 표층 펩티다제의 'Lactocepin'에 의해서 $Gln_{9}$-$Gly_{10}$, $Gln_{13}$-$Glu_{14}$, $Glu_{14}$-$Val_{15}$ 및 $Leu_{13}$-$Asn_{17}$ 결합이 서서히 분해되고, $\alpha_{s1}$-CN(f 1-9), $\alpha_{s1}$-CN(f 1-13) 및 $\alpha_{s1}$-CN(f 1-14)이 축적한다. $\beta$-casein은 주로 플라스민에 의해서 $Lys_{28}$-$Lys_{29}$, $Lys_{105}$-$Gln_{106}$, $Lys_{107}$-$Glu_{108}$이 분해되고, $\beta$-CN(f 29-209), $\beta$-CN(f 108-209)의 단편(각각, $\gamma1$, $\gamma2$- 및 $\gamma3$-CN)을 생성하며, $\gamma$-casein은 체다 치즈의 비수용성 획분에 존재한다. $\gamma$-casein에 대응해서 프로테오스

펩톤 8 fast[β-CN(f 1-28)], 8 slow[β-CN(f 29-105/107)] 및 5 fast[β-CN(f 1-105/107)]의 분해물이 생성된다.

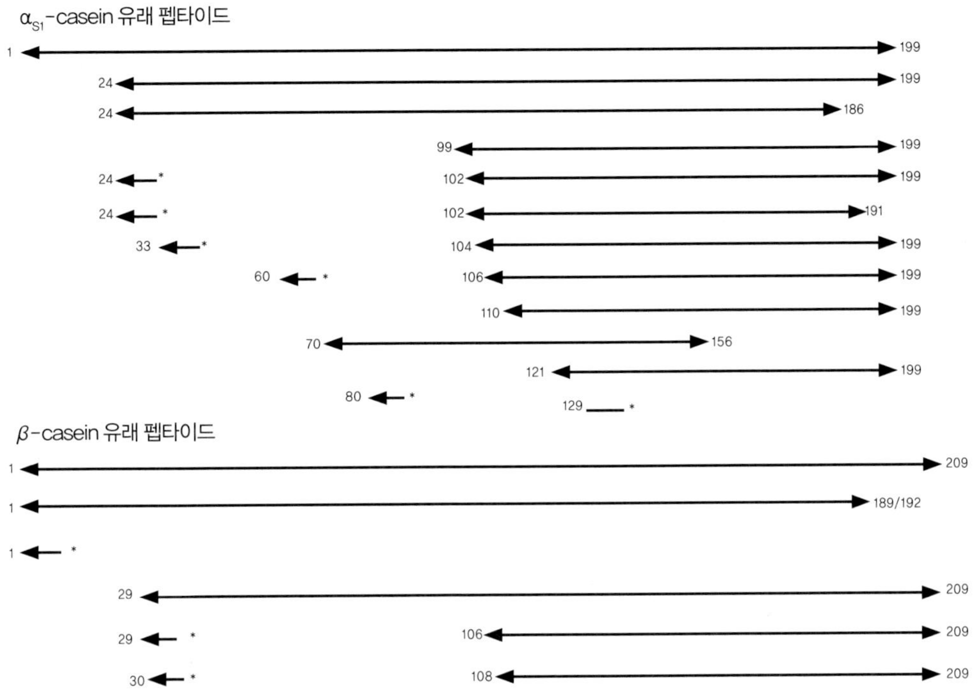


**그림 7.** 체다 치즈로부터 분리된 우유 $\alpha_{S1}$-, β-casein 유래의 불용성 펩타이드[5, 6, 9]

$\alpha_{s1}$-casein의 농도는 숙성 중에 감소하고 있는 것 같으나 이때까지 $\alpha_{s1}$-casein 유래의 큰 펩타이드는 체다 치즈에서는 동정되어 있지 않다. 미량으로 4개의 작은 펩타이드가 수용성 분획에서 동정되었다.[5, 6] 수용성 펩타이드는 치즈의 종류의 특징이고, 스타터나 비 스타터 유산균의 프로테아제와 펩티다제의 특이성에 관여하고 있다고 생각되고 있다. [그림 8, 9] 및 [그림 10]에서 수용성 펩타이드를 표시했다. 체다 치즈[5, 6, 10, 11] 대부분의 수용성 펩타이드는 β-casein의 N-말단 측 반절(특히 53~91 잔기 부근)로부터 생성되고 있다. 작은 펩타이드는 $\alpha_{s1}$-csein의 N-말단 측 반절로부터 생성되고 있다. 이런 N-말단 측은 키모신 절단 부위($\alpha_{s1}$-casein에 작용), 플라스민 절단 부위(β-casein에 작용) 혹은 유산균 표층 펩티다제의 절편 부위에 대응하고 있다. 체다 치즈의 수용성 획분의 펩타이드

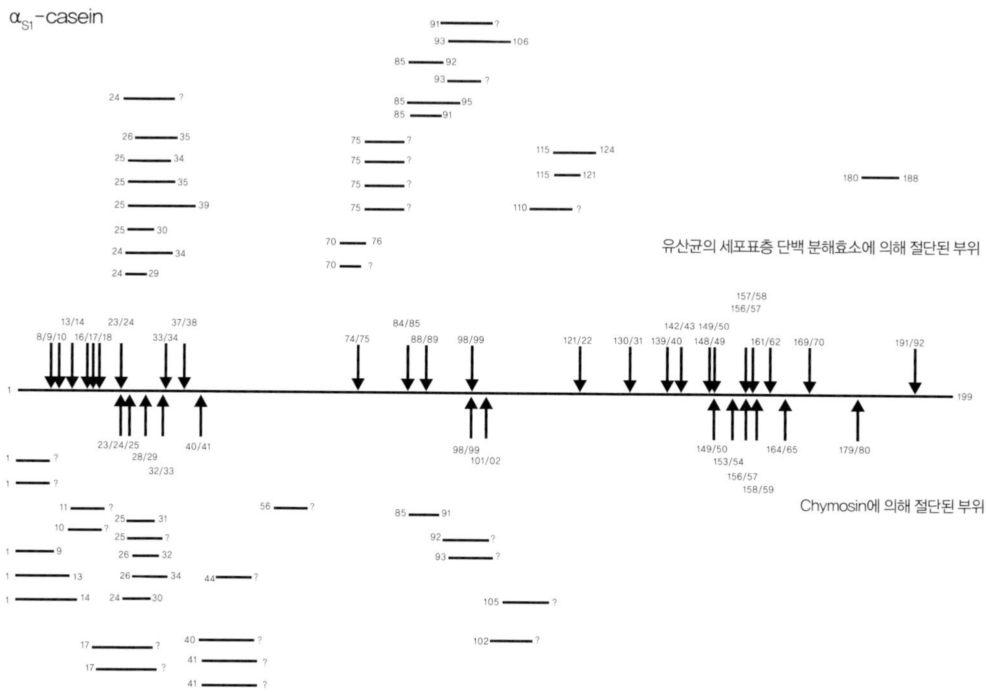


**그림 8.** 체다 치즈로부터 분리된 우유 $\alpha_{S1}$-casein 유래의 수용성 펩타이드 배열과 절단 부위[5-6,10]

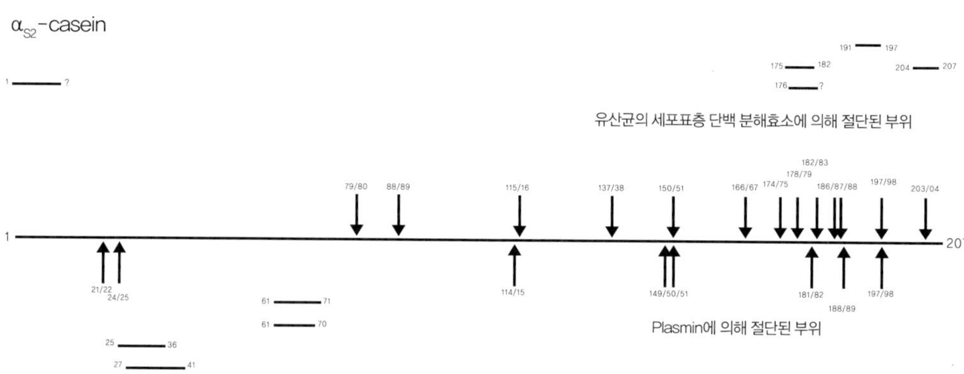


**그림 9.** 체다 치즈로부터 분리된 우유 $\alpha_{S2}$-casein 유래의 수용성 펩타이드 배열과 절단 부위[5-6,10]

에서는 완전한 펩신 또는 키모신 절편 부분이 포함되지 않기 때문에 이 펩타이드는 카제인에 직접적으로는 아니고, 아마도 커다란 펩타이드를 전구체로 해서 락토세핀(Lactocepin)이나 기타의 유산균 프로테아제의 작용으로 생성되는 것으로 생각된다. *p*-$\kappa$-casein[$\kappa$-

CN(f 1-105)]은 숙성 중에 분해되지 않는다.

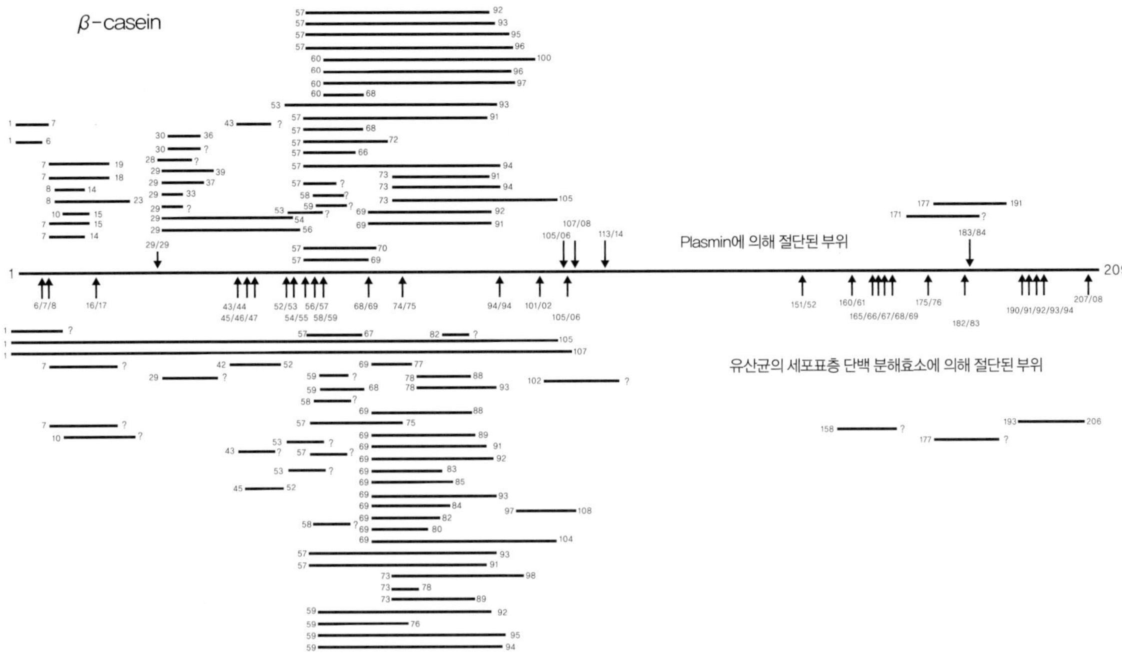


**그림 10.** 체다 치즈로부터 분리된 우유 β-casein 유래의 수용성 펩타이드 배열과 절단 부위[5-6,11]

## 2) 에멘탈 치즈

에멘탈 치즈의 수용성 펩타이드에 관해서는 Gagnaire 등[12]에 의해서 91개의 펩타이드가 동정되었다. 그 내역은 $\alpha_{s1}$-casein으로부터 51, $\beta$-casien에서 28, $\alpha_{s2}$-casein에서 9 및 $\kappa$-casein으로부터 1개의 펩타이드가 보고되어 있다.

이런 펩타이드의 배열은 [표 5]에 나타낸 것처럼, 생성에는 β, $\alpha_{s2}$- casein에 대응하는 플라스민의 작용 외에 $\alpha_{s1}$-casein에 대해서 카텝신 D나 스타터 유래의 세포표층 프로테아제의 작용으로 생각된다. 더욱이 비 스타터 유산균의 펩티다제 등이 작용해서 각각의 펩타이드가 생성된다.

**표 5.** 에멘탈 치즈로 부터 분리된 펩타이드 배열[6,12]

| 기원으로 하는 casein 성분 | | | | | | |
|---|---|---|---|---|---|---|
| $\alpha_{s1}$-casein | | | $\beta$-casein | | $\alpha_{s2}$-casein | $\kappa$-casein |
| $\alpha_{s1}$-CN (f 1-6) | $\alpha_{s1}$-CN (f 5-24) | $\alpha_{s1}$-CN (f 14-21) | $\beta$-CN (f 1-6) | $\beta$-CN (f 33-52) | $\alpha_{s2}$-CN (f 1-21) | $\kappa$-CN (f 20-24) |
| $\alpha_{s1}$-CN (f 1-7) | $\alpha_{s1}$-CN (f 6-9) | $\alpha_{s1}$-CN (f 14-23) | $\beta$-CN (f 1-28) | $\beta$-CN (f 64-67) | $\alpha_{s2}$-CN (f 1-24) | |
| $\alpha_{s1}$-CN (f 1-8) | $\alpha_{s1}$-CN (f 6-13) | $\alpha_{s1}$-CN (f 15-19) | $\beta$-CN (f 7-28) | $\beta$-CN (f 64-68) | $\alpha_{s2}$-CN (f 7-21) | |
| $\alpha_{s1}$-CN (f 1-9) | $\alpha_{s1}$-CN (f 6-14) | $\alpha_{s1}$-CN (f 15-21) | $\beta$-CN (f 8-28) | $\beta$-CN (f 64-69) | $\alpha_{s2}$-CN (f 16-19) | |
| $\alpha_{s1}$-CN (f 1-13) | $\alpha_{s1}$-CN (f 6-21) | $\alpha_{s1}$-CN (f 15-23) | $\beta$-CN (f 11-14) | $\beta$-CN (f 74-79) | $\alpha_{s2}$-CN (f 35-66) | |
| $\alpha_{s1}$-CN (f 1-14) | $\alpha_{s1}$-CN (f 6-24) | $\alpha_{s1}$-CN (f 16-21) | $\beta$-CN (f 11-28) | $\beta$-CN (f 74-82) | $\alpha_{s2}$-CN (f 116-122) | |
| $\alpha_{s1}$-CN (f 1-16) | $\alpha_{s1}$-CN (f 7-13) | $\alpha_{s1}$-CN (f 16-22) | $\beta$-CN (f 11-29) | $\beta$-CN (f 82-88) | $\alpha_{s2}$-CN (f 153-162) | |
| $\alpha_{s1}$-CN (f 1-21) | $\alpha_{s1}$-CN (f 7-14) | $\alpha_{s1}$-CN (f 16-23) | $\beta$-CN (f 11-32?) | $\beta$-CN (f 95-102) | $\alpha_{s2}$-CN (f 184-188) | |
| $\alpha_{s1}$-CN (f 1-22) | $\alpha_{s1}$-CN (f 7-16) | $\alpha_{s1}$-CN (f 17-23) | $\beta$-CN (f 12-28) | $\beta$-CN (f 95-107) | $\alpha_{s2}$-CN (f 194-199) | |
| $\alpha_{s1}$-CN (f 1-23) | $\alpha_{s1}$-CN (f 7-23) | $\alpha_{s1}$-CN (f 19-23) | $\beta$-CN (f 12-28)(-1p) | $\beta$-CN (f 193-209) | | |
| $\alpha_{s1}$-CN (f 3-9) | $\alpha_{s1}$-CN (f 8-13) | $\alpha_{s1}$-CN (f 24-30) | $\beta$-CN (f 13-28)(-1p) | $\beta$-CN (f 199-202) | | |
| $\alpha_{s1}$-CN (f 3-14) | $\alpha_{s1}$-CN (f 8-14) | $\alpha_{s1}$-CN (f 25-30) | $\beta$-CN (f 15-25)(-1p) | | | |
| $\alpha_{s1}$-CN (f 4-7) | $\alpha_{s1}$-CN (f 8-23) | $\alpha_{s1}$-CN (f 25-32) | $\beta$-CN (f 15-28) | | | |
| $\alpha_{s1}$-CN (f 4-9) | $\alpha_{s1}$-CN (f 9-14) | $\alpha_{s1}$-CN (f 31-34) | $\beta$-CN (f 16-25) | | | |
| $\alpha_{s1}$-CN (f 4-13) | $\alpha_{s1}$-CN (f 10-14) | $\alpha_{s1}$-CN (f 31-35) | $\beta$-CN (f 16-28) | | | |
| $\alpha_{s1}$-CN (f 4-14) | $\alpha_{s1}$-CN (f 10-16) | $\alpha_{s1}$-CN (f 32-35) | $\beta$-CN (f 18-25) | | | |
| $\alpha_{s1}$-CN (f 5-21) | $\alpha_{s1}$-CN (f 10-23) | $\alpha_{s1}$-CN (f 34-38) | $\beta$-CN (f 29-31) | | | |

밑줄은 phosphopeptide에 상응한다. -1P는 탈인산화를 나타낸다.

### 3) 기타 치즈

그 외의 치즈로부터 분리된 펩타이드를 [표 6]에 표시했다. 파르미지아노 레지아노 치즈[13, 14, 15]의 단백질 분해는 장기간의 숙성에 의해 진행한다. 키모신은 쿠킹 처리에서 거의 실활되기 때문에 주로 호온성 *Lactobacillus protease*와 플라스민의 작용이 고려되고 있다. 숙성 개시 1개월에 $\beta$-casein은 급격히 가수분해되어 $\gamma$1-casein의 감소한 반면에 $\gamma$2-casein과 $\gamma$3-casein은 계속 증가한다. 이것은 프라스민이 중요한 역할을 담당하고 있다는 것을 나타낸다. 대부분의 올리고 펩타이드[예를 들면, $\beta$-CN(f 1-20), $\beta$-CN(f 7-28), $\beta$-CN(f 2-6), $\beta$-CN(f 8-28), $\beta$-CN(f 9-28), $\beta$-CN(f 2-20), $\beta$-CN(f 3-20), $\beta$-CN(f 4-20), $\beta$-CN(f 5-20), $\beta$-CN(f 5-14), $\beta$-CN(f 5-28)]는 $\beta$-casein의 1-20과 6-28영역에서 파생한다. 5개의 phosphopeptide[$\alpha_{s1}$-CN(f 63-74), $\alpha_{s1}$-CN(f 64-74), $\alpha_{s1}$-CN(f 70-78), $\alpha_{s1}$-CN(f 71-78), $\alpha_{s1}$-CN(f 64-84)]는 $\alpha_{s1}$-casein의 64-84 영역에서 생성한다. 3개의 phosphopeptide[$\alpha_{s2}$-CN(f 6-18), $\alpha_{s2}$-CN(f 7-18), $\alpha_{s2}$-CN(f 8-18)]는 $\alpha_{s2}$-Casein

의 1-21/24 영역에서 생성된다. 더욱이 $\alpha_{s2}$-casein의 C 말단 부분에서부터 1개의 펩타이드[$\alpha_{s2}$-CN(f 172-178)]가 생성된다.

**표 6.** 그 외의 치즈로부터 분리된 펩타이드

| Parmigiano Reggiano 치즈[5, 6, 13, 14, 15] | | | Feta 치즈[5, 6, 15] | | | Gouda 치즈[4] |
|---|---|---|---|---|---|---|
| $\alpha_{s1}$-casein | $\alpha_{s2}$-casein | $\beta$-casein | $\alpha_{s1}$-casein | $\beta$-casein | $\kappa$-casein | $\alpha_{s1}$-casein |
| $\alpha_{s1}$-CN (f 63-74) | $\alpha_{s2}$-CN (f 6-18) | $\beta$-CN (f 1-20) | $\alpha_{s1}$-CN (f 1-14) | $\beta$-CN (f 164-180) | $\kappa$-CN (f 196-105) | $\alpha_{s1}$-CN (f 1-9) |
| $\alpha_{s1}$-CN (f 64-74) | $\alpha_{s2}$-CN (f 7-18) | $\beta$-CN (f 7-28) | $\alpha_{s1}$-CN (f 4-14) | $\beta$-CN (f 191-205) | | $\alpha_{s1}$-CN (f 1-13) |
| $\alpha_{s1}$-CN (f 70-78) | $\alpha_{s2}$-CN (f 8-18) | $\beta$-CN (f 2-6) | $\alpha_{s1}$-CN (f 24-30) | | | $\alpha_{s1}$-CN (f 1-14) |
| $\alpha_{s1}$-CN (f 71-78) | $\alpha_{s2}$-CN (f 172-178) | $\beta$-CN (f 8-28) | $\alpha_{s1}$-CN (f 24-32) | | | |
| $\alpha_{s1}$-CN (f 64-84) | | $\beta$-CN (f 9-28) | $\alpha_{s1}$-CN (f 40-49) | | | |
| | | $\beta$-CN (f 2-20) | $\alpha_{s1}$-CN (f 91-98) | | | |
| | | $\beta$-CN (f 3-20) | $\alpha_{s1}$-CN (f 102-109) | | | |
| | | $\beta$-CN (f 4-20) | | | | |
| | | $\beta$-CN (f 5-20) | | | | |
| | | $\beta$-CN (f 5-14) | | | | |
| | | $\beta$-CN (f 15-28) | | | | |

페타(Feta) 치즈[16]에서는 수용성 획분의 대부분의 펩타이드[$\alpha_{s1}$-CN(f 1-14), $\alpha_{s1}$-CN(f 4-14), $\alpha_{s1}$-CN(f 24-30), $\alpha_{s1}$-CN(f 24-32), $\alpha_{s1}$-CN(f 640-49), $\alpha_{s1}$-CN(f 91-98), $\alpha_{s1}$-CN(f 102-109)]는 $\alpha_{s1}$-casein에서 생성된다. 2개의 펩타이드[$\beta$-CN(f 164-168), $\beta$-CN(f 191-205)]는 $\beta$-casein의 C말단으로부터 생성, 1개의 펩타이드[$\kappa$-CN(f 96-105)]는 $\kappa$-casein으로부터 생성된다. 이 펩타이드는 키모신과 *Lactococcus*속 유산균의 세포표층 프로테아제의 작용에 의한다.

블루 치즈(Blue cheese)[5]에서는 대단히 강한 단백질 분해가 일어나 $\alpha_{s1}$-casein, $\beta$-casein은 완전히 분해되었다. 최초의 단백질 분해는 주로 키모신에 의해서 일어나고 주요한 펩타이드는 $\alpha_{s1}$-CN(f 24-199)이다. 블루 치즈의 pH 4.6에서 가용성의 작은 펩타이드에 관해서는 거의 연구되어 있지 않다. 고다 치즈[4,7]에서는 $\alpha_{s1}$-casein이 키모신의 작용으로 생성된 $\alpha_{s1}$-CN(f 1-23)에 스타터 유산균의 작용에 의해 생성되는 $\alpha_{s1}$-CN(f 1-9), $\alpha_{s1}$-CN(f 1-13), $\alpha_{s1}$-CN(f 1-14)의 3개의 펩타이드가 검출되어 있다.

이러한 다수의 펩타이드류에는 장래에 다양한 생리 기능이 발견될 가능성이 높을 것으로 생각된다.

## 참/고/문/헌


1) O'Brien, N.M. and O'Conner, T.P. : Nutrional aspects of cheese. Cheese Chemistry. Physics and Microbiology, Vol. 1. Third edition. Edited by Fox, PF, McSweeney, P.L.H., Cogan, T.M. and Guinee, T.P. Elsevier Academic Press, London, 573-581, 2004.
2) 香川芳子監修, 五訂增補, 食品成分表 2006, 女子栄養大学出版部, 東京
3) Holland, B., Unwin, I.D. and Buss, D.H. Milk Products and Eggs: The Fourth Suplement to McCance and Widdowson's The composition of Foods, 4th edn, Royal Society of Chemistry/Ministry of Agriculture, Fisheries and Food, Cambridge, UK. 1988.
4) 科学技術庁資源調会編, 五訂 日本食品標準成分表, 2000.
5) Sousa, M.J., Ardö, Y., McSweeney, P.L.H.: Advances in the study of proteolysis during cheese ripening. *Int. Dairy J.,* 11: 327-345, 2001.
6) Upadhyay, V.K., McSweeney, P.L.H., Magboul, A.A.A.: Proteolysis in cheese during ripening. cheese Chemistry, Physics and Microbiology. Vol.1. Third edition. edited by Fox. PF, McSweeney, P.L.H., Cogan, T.M. and Guinee, T.P. Elsevier Academic Press, London, 391-433, 2004.
7) 井越敬司: 総説 乳発酵食品におけるタンパク質分解. ミルクサイエンス. 53: 1-8, 2004.
8) Law, J. and Haandrikman, A.: Review article. Proteolytic enzymes of lactic acid bacteria. *Int. Dairy Journal.* 7: 1-11, 1997.
9) Mooney, J.S., Fox. P.F., Healy, A. *et al.*: Identification of the principal water-insoluble peptides in Cheddar cheese. *Int. Dairy J.,* 8: 813-818, 1998.
10) Singh, T.K., Fox, P.F., Healy, A.: Isolation and identification of further peptides in the diafiltration retentate of the water-soluble fraction of Cheddar cheese. *J. Dairy Res.,* 64:433-443, 1997.
11) Singh, T.K., Fox, P.F., Healy, A.: Water-soluble peptides in Cheddar cheese: Isolation and identification of peptides in the diafiltration retentate of the water-soluble fraction. *J. Dairy Res.,* 62: 629-640, 1995.
12) Gagnaire, V., Molle'. D., Herrouin, M., *et al.*: Peptides identified during Emmental cheese ripening: origin and proteolytic systems involved. *J. Agric. Food Chem.* 49: 4402-4413, 2001.
13) Addeo, F., Chianese, L., Salzano, A., *et al.*: Characterization of the 12% trichloroacetic acid-insoluble oligopeptides of Parmigiano-Reggiano cheese. *J.*

*Dairy Res.* 59:401-411, 1992.

14) Addeo, F., Chianese, L., Sacchi, R., *et al.*: Characterization of the oligopeptides of Parmigiano-Reggiano cheese soluble in 120 g trichloroacetic acid/1. *J. Dairy Res.* 61: 365-374, 1994.

15) Addeo, F., Garro, G., Intorcia, N., *et al.*: Gel electrophoresis and immunoblotting for the detection of casein proteolysis in cheese. *J. Dairy Res.* 62: 297-309, 1995.

16) Michaelidou, A., Alichanidis, E., Urlaub, H., *et al.* : Isolation and identification of some major water-soluble peptides in Feta cheese. *J. Dairy Sci.,* 81: 3109-3116, 1998.

4-3

# 2차 기능

도쿄세이에이(東京聖栄)대학 건강영양학부
이지츠 타다시(井筒 雅)

식품의 2차 기능으로는 식품이 사람의 감각기에 영향을 미쳐서 발현하는 기호 특성을 의미해 '감각기능'으로 불리게 되었다. 2차 기능에 관여하는 식품의 특성에는 외관(형태, 크기), 색, 향기, 맛, 물성, 온도 등이 있고, 이런 인자에 따라서 그 식품의 맛이 좌우된다.

식생활이 단지 공복을 채우기 위한 것은 아니고 그 식품의 섭취를 촉진하기도 하고 식생활에 윤택을 가져다주고 하루하루의 생활이 즐거움으로 되도록 하는 데에 중요한 기능을 한다. "맛 없으면 식품이 아니다."라든가 "먹기 위해 산다."라고 말하기도 하지만, 이 같은 먹는 즐거움을 유지하는 것이 식품의 2차 기능이다. 여기서는 특히 물성 중심으로 치즈의 맛에 관한 과학에 대해 기술한다.

## 1. 편리성에 의한 치즈의 분류와 특징

치즈의 분류법에는 숙성의 정도와 방법에 따른 분류, 사용한 미생물이나 곰팡이의 종류에 따른 분류, 경도에 의한 분류 등 여러 가지가 있지만, 이곳에서는 경도와 숙성 방법에 의한 분류의 예 및 가공치즈의 주요한 종류를 [표 1]에 표시했다.

### (1) 신선 타입(Fresh type)

문자와 같이 숙성시키지 않고 신선한 상태로 먹는 치즈이다. 이 타입은 비교적 수분 함량이 높고, 입상 또는 페이스트 상을 나타내고 있다. 소프트한 가벼운 신맛이 있고 상쾌한 풍미가 있는 것이 많다.

**대표 예 : 코티지(Cottage), 쿠알크(Qualk), 크림(Cream), 모차렐라(Mozzarella), 마스카르포네(Mascarpone) 및 스트링(String) 치즈 등.**

### (2) 흰곰팡이 타입

흰곰팡이로 숙성시켜 균체로 표면이 덮여 있는 연질 치즈이다. 이 치즈는 흰곰팡이의 활동에 의해 표면에서부터 내부로 향해 숙성이 진행된다. 흰곰팡이는 특히 단백질을 분해하는 능력이 높고, 숙성 타입의 치즈 중에서도 가장 빨리 먹을 수 있다. 그러나 맛있게 먹는 유통기한도 짧게 된다. 그 때문에 일본에서는 유통기한을 늘리기 위해서 플라스틱 용기나 깡통에 넣어서 가열처리해 흰곰팡이의 활성을 저하시킨 상품이 주류로 되어 있다.

**표 1.** 치즈의 경도에 의한 분류

| 딱딱함 | 타입 | 숙성 방법 |
|---|---|---|
| 연질 | ① 신선 | 비숙성 |
|  | ② 흰곰팡이 | 곰팡이 숙성 |
|  | ③ 세척 | 표면 세정<br>세균 숙성 |
|  | ④ 쉐브르(염소젖) | 곰팡이 숙성<br>세균 숙성 |
| 반경질 | ⑤ 푸른곰팡이 | 곰팡이 숙성 |
|  | ⑥ 반경질 | 세균 숙성 |
| 경질 | ⑦ 경질 | 세균 숙성 |
| 초경질 |  | 세균 숙성 |
| (가공) | * 카툰(종이박스) 포함<br>* 슬라이스<br>* 6P<br>⑧ + 베이비<br>* 스틱<br>* 녹다<br>* 잘려 있다 | (숙성형 치즈를 사용) |

**대표 예 : 카망베르(Camembert), 블루(Blue), 브리야-사바란(Brillat-Savarin) 및 바라카(Baraka) 등.**

### (3) 세척 타입(Wash type)

표면에 접종해서 생육시킨 세균으로 표면에서 내부로 향해 숙성이 진행된다. 이 세균의 작용에 의해서 강렬한 냄새를 발하기 때문에 숙성 중(3~4개월간)에는 수일 동안 표면을 염수나 그 지역의 술(와인이나 맥주)로 씻는다. 냄새는 강하지만 내부는 마일드한 향이 풍부하다. 이 냄새는 일본의 식품에서는 '냄새나는 포(건어물)'에 필적한 것이다.

**대표 예 : 림버거(Limberger), 리바로(Livarot), 퐁레베크(Pont l'Eveque) 및 마루알르(Maroilles) 치즈 등.**

### (4) 산양 타입

염소젖으로 만든 치즈의 총칭이다. 물성은 부드럽고 염소젖 특유의 강한 개성이 있는 풍미이다. 또 형상은 원주형, 원뿔형이나 끝이 없는 피라미드형의 것도 있다. 신선한 것부터 경질 타입까지 있어 숙성이 진행되면 향기도 맛도 풍부하게 된다.

**대표 예 : 발런쎄(Valencay), 바농(Banon), 생 모르 드 투렌느(Saint-Maure de Touranine) 및 셀르 쉬르 쉐르(Selles-sur-Cher) 치즈 등.**

### (5) 푸른곰팡이 타입

일반적으로 블루 치즈라 불리고 내부로부터 자란 푸른곰팡이에 의해 숙성이 진행된다. 푸른곰팡이 생육에는 산소가 필요하지 않기 때문에 치즈의 내부에는 부정형의 미세한 간격을 만들어 통기성 구조로 되어 있다. 치즈의 단면은 생육한 푸른곰팡이가 대리석 모양을 형성한다. 일반적으로 이 타입은 염분 함량이 높지만 이것은 푸른곰팡이 생육 속도를 억제해 치즈의 풍미의 특징을 빚어내기 때문이다. 잘 숙성한 것은 강렬한 풍미가 있고 맛도 풍부하게 된다.

**대표 예 : 로퀴포르(Roquefort), 스틸튼(Stilton) 및 고르곤졸라(Gorgonzola) 치즈 등.**

### (6) 반경질 타입

수분 함량이 38~48%의, 비교적 경질의 치즈이다. 치즈 전체에 분포하는 세균과 효소에 의해 숙성이 진행되어 3~6 개월에 마일드한 맛으로 완성된다. 형태, 크기, 지방분 등이 다른 다양한 종류가 있다.

**대표 예 : 고다(Gouda), 생 폴(Saint-Paul), 마리보(Maribo), 삼소(Samsoe), 라클레트(Raclette) 및 콩테(Comte) 치즈 등.**

### (7) 경질 타입

수분 함량이 38% 이하로 가장 경질의 치즈로 분류된다. 반경질 타입과 같이 숙성시키지만 숙성 기간은 길고 반년 이상의 시간이 걸린다. 서서히 숙성시키기 때문에 깊은 맛의 치즈가 많다. 특히 파르미지아노 레지아노(Parmigiano Reggiano) 등은 2년 이상 숙성시킨 최고의 보존식품이다. 이것은 파르메산 치즈라 불리고, 숙성 기간이 짧은(1~2년) 것은 슬라이스해서 먹지만, 긴(2년 이상) 것은 갈아서 분말상으로 해서 요리에 이용하는 것이 많다.

**대표 예 : 경질 치즈로서 에멘탈(Emmental), 그뤼에르(Gruyere), 에담(Edam), 체다(Cheddar) 치즈 등이 있고, 초경질 치즈로서는 파르미지아노 레지아노(Parmigiano Reggiano) 및 로마노(Romano) 치즈 등이 있다.**

### (8) 가공치즈

일본에서는 처음에 가공치즈가 보급되고, 그 뒤를 이어서 자연치즈가 보급되었다. 처음에는 225 g 넣을 수 있는 두꺼운 종이 박스가 수요를 확대시켜 계속해 6P나 베이비(baby), 스테이크 타입으로 그 형태를 다양화했다. 그래서 1971년에 슬라이스 타입이 등장해 그 이용이 편리해 소비량을 늘렸다. 또한 다양한 기능을 부여한 가공치즈가 개발되었고, 예를 들면 가열하면 살살 녹는 타입, 역으로 녹지 않는 타입, 녹아 실을 뽑듯이 늘어나는 타입, 만두의 껍질같이 부드러운 타입, 한 장씩 잘려 있는 타입 등 용도에 따라서 종류도 다양하다.

## 2. 물성에 관련된 연구개발

1965년 이후, 치즈의 물성에 관한 연구가 활발해져 특히 레올로지(Reology)적 수법을 이용한 역학물성을 중심으로 연구되었다. 이런 연구성과를 바탕으로 Halmos[1)]는 치즈를 포함한 유제품의 물성과 관능 특성에 관해서 설명하고 있다. 즉 물성은 관능 특성으로서의 딱딱함, 점성, 탄성 등이 복합적으로 지각되는 종합감각이지 하나의 관능 특성으로 물성을 기술하는 것이 가능한 것은 아니라고 주장하고 있다. 더군다나 물성 관련한 기기측정 수단으로서 단일 작동시험(single action tests)과 다중 작동시험(multiple action tests)을 열거하고 치발시험, 압축시험, 압출시험, 인장시험, 구부리기 시험 및 물성으로 메타시험 등의 실시 예를 나타냈다. 그래서 물성을 이해하고 각종의 기기측정을 행하는 것은 출발점이고 기기측정치를 관능 특성값과 관련시키는 것은 발판을 다지는 것이고, 더군다나 구조와 레올로지적 성질과의 보다 근본적인 해석이 필요하다고 기술하고 있다. 이렇게 함으로써 바라는 식감과 풍미를 가진 식품을 제공할 수 있다고 한다.

치즈의 물성에 관한 국제적인 움직임도 있다. 즉 무역의 신장에 따라 세계적인 식품 규격의 설정이 필요하게 되었다. 그러나 치즈나 와인과 같은 발효식품은 단순한 성분 규격만으로는 장악할 수 없다. 이 같은 배경에서 1995년 유럽위원회(EC)의 보조를 받고 유럽의 주요 연구기관에서 구성하는 치즈의 관능평가를 위한 국제협력회의가 구성되었다.[2] 참가국은 덴마크, 프랑스, 독일, 이탈리아, 노르웨이, 스위스 및 영국의 7개국이었다. 이런 노력의 목적은 세 가지였고, ① 현재 실험하고 있는 치즈의 관능평가 방법의 타당성을 비교 · 평가하는 것, ② 각 연구기관에서 사용하고 있는 치즈의 특성을 표현하는 용어를 정리하는 것, ③ 세계적으로 이용할 수 있는 치즈를 평가하는 적절한 방법을 제안하는 것으로 하고 있다. 예를 들면 물성에 관해서 각각의 평가 용어를 추출해 평가자 간의 해석의 공통성을 조사했다. 국가가 다르면 같은 용어라도 의미하는 내용이 다른 것도 있었다. 또한 적확한 용어의 선택이 필요하다고 해서 치즈를 관능평가하는 최적의 방법을 국가 간에 협력해서 개발할 수 있는 가능성을 확인했다. 물성에 관한 용어는 일곱 가지가 선택되었고 그것들은 rubbery/elastic, crumbly, grainy, hard, melting, coating/adhesive 및 dryness였다.

## 3. 물성 평가와 기기측정

일반적으로 식품의 식감이나 물성을 기기측정치로 나타낼 때는 Halmos[1]도 지적하고 있듯이, 몇 가지의 기기측정을 행하고 관능평가치와의 상관관계를 통계적으로 조사해 실용적 · 물리적 의미를 고찰하는 수순으로 연구한다.

이 같은 것 중에서 '스트링(string) 치즈'로서 시판되고 있는 치즈의 물성은 상기와는 반대의 수순으로 연구된 사례의 하나이다. 즉 물리적 의미로부터 고찰해, 실시해야 하는 기기측정을 선택해 결과를 물성과의 관계로 검증했다.[3]

'스트링 치즈(찢어지는 치즈)'는 신선 치즈의 하나인 모차렐라를 만드는 과정에서 제조되었다. 즉 우유를 두부와 같이 응고시키고 커드를 만들고 이것을 온수 중에서 50~60℃로 가열하면서 조용히 혼합해 이겨서 갓 친 떡과 같이 한 후, 한쪽으로 연신하면서 형태를 정리해 그 상태를 유지한 채로 냉수에 침지해 냉각 경화해서 제조한다. 이 가닥 치즈는 연신 방향에 따라서 갈라지는 것이 가능해서 갈라진 면에서는 다수의 가느다란 실 상태의 것이 관찰된다. 제조 기술자는 이 품질을 갈라질 때에 관찰되는 '사상물(糸狀物, 실 모양의 물질)'로 평가하고 있어 이 품질 특성을 '섬유성'으로 부르고 있다.

[그림 1]에 사상물의 생성 상태를 표시했다. 갈라질 때에 생성한 사상물의 한 줄기에 주목해서 그 상태를 모식적으로 나타내면 [그림 2-a]와 같이 된다. X-선과 평행으로 시료를 놓고 Y축 방향으로 찢으면 어떤 크기를 가진 사상물이 시료와의 사이에 각도 θ를 가지고, 손가락 등으로 끌어당기는 부분에서는 우표를 떼어내듯이 길게 사상물로 되어 간다. 그 사이에 많은 경우 각도 θ는 일정하게 유지된다. 즉 생성한 사상물의 인장력은 떼어내는 힘과 같게 되는 각도 θ로 힘이 나뉘고 정상 상태로 되는 것으로 생각할 수 있다.

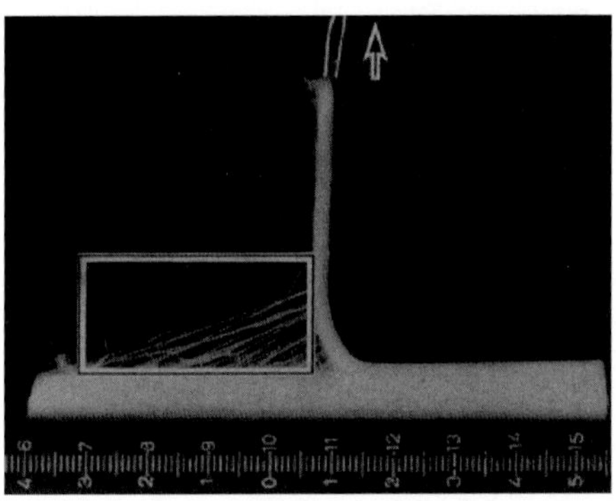

**그림 1.** 스트링 치즈의 사상물의 생성 상태

치즈를 눈금이 붙어 있는 홀더로 고정해서 위쪽 방향으로 찢고 있다. 그림 안에 있는 사각형 모양은 생성된 사상물을 나타낸다.

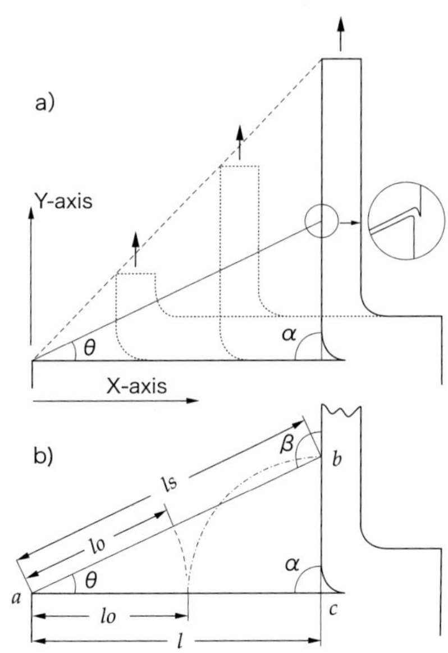


**그림 2.** 스트링 치즈를 찢었을 때에 관찰되는 사상물의 모식도

생성된 사상물은 b)그림의 선분 ab에 대응.
θ : 사상물의 각도, a : 찢는 각도, l : 찢는 거리,
lo : 사상물의 원래 길이, ls : 생성한 사상물의 길이

사상물이 생성하는 기점을 a로 하고, 인장하는 부분으로부터 떼어내는 점을 b, 떼어내는 면으로부터 시료에 수직선을 긋고 이 교점을 c로 한다([그림 2-b]). 3각형 abc는 직각 3각형이고, 선분 ac를 갈라진 거리 *l*로 하고, 떼어내는 각도를 β로 한다. 이곳에 생성된 사상물은 크기가 일정하여 균등하게 늘어난다고 하면 다음의 관계가 성립한다.

사상물의 원래 길이 *lo*는,

$$lo = l - l \tan\theta \,(\mathrm{m})$$

생성한 사상물의 길이 ls는,

$$ls = l \sec\theta \,(\mathrm{m})$$

생성한 사상물의 뒤틀림 ε는,

$$\varepsilon = (\,\mathrm{ls} - \mathrm{lo}\,)\,/\,\mathrm{lo} = \{\sec\theta\,/\,(\,1 - \tan\theta\,)\} - 1 \quad \text{------} \quad (1)$$

여기에서, 사상물의 단 면 적 A $(m^2)$
탄 성 률 E (Pa)
파괴 강도 B (Pa)
파괴뒤틀림 $\varepsilon_B$
인열 강도(찢어짐 강도) P (N/m)로 하면
사상물의 인 장 력 AεE (N)
파 괴 력 AB (N)
인 열 력 $A^{1/2}P$ (N) 로 표시가 가능하다.

즉 생성하는 사상물의 단면은 부정형이지만 많은 경우에 '정방형(正方形)'으로 간주할 수 있다. 그곳에서 사상물의 두께의 2승을 단면적 A로 해서 인열력의 산출에서는 유효장(有効長, 길이)을 $A^{1/2}$로 했다.

사상물의 인장력과 인열력은 같기 때문에

$$A\varepsilon E = A^{1/2}P \quad \text{-----} \quad (2) \quad \text{------------------------------} \quad (2)$$

다만, 뒤틀림 ε가 파괴뒤틀림 εB와 같게 되든가 또는 인장력 AεE가 파괴력 AB와 같게 되면 사상물은 떨어져 나가기 때문에 다음의 조건이 더해진다.

$$\varepsilon < \varepsilon_B \text{ 및 } A\varepsilon E < AB : \varepsilon < (B/E) \text{ ------ (3)}$$

이곳에 사상물의 크기를 d로 하면

$$d = A^{1/2} \text{ (m)}$$

(2)식은 다음과 같이 고쳐 쓸 수 있다.

$$d^2\varepsilon E = dP$$
$$\varepsilon = (P/E)\,(1 / d)$$

양변의 대수를 취하면,

$$\log \varepsilon = -\log d + \log (P / E) \text{ ------ (4)}$$

즉 (4) 식은 d와 ε를 양대수(log-log) 종이에 plot하면 절편이 log(P/E)로, 기울기가 -1의 직선으로 되는 것을 나타내고 있다([그림 3]). 이 직선과 εB든지 B/E 어느 쪽인가 작은 값과의 교점으로부터 얻어지는 d가 생성 가능한 사상물질의 최소 직경이다.

이상으로부터 '스트링 치즈'의 섬유성은 인장시험으로 구할 수 있는 탄성력, 파괴 강도, 파괴뒤틀림 및 인열 시험으로부터 구할 수 있는 인열 강도와 같은 네 가지의 레올로지 파라미터에 의해, 생성 가능한 사상물의 최소 직경을 산출할 수 있다는 것을 알았다. 즉 최소 직경이 작으면 작을수록 가는 사상물도 끊어지지 않는 것으로 관찰된다. 이것은 섬유성이 높게 되고 삶은 족발이나 조개관자에 유사한 쫄깃쫄깃한 씹는 맛이 있는 물성으로 되는 것을 의미하고 있다.

이 가설을 검증한 결과는 [그림 4]에 표시했다. [그림 4]의 위 그림은 시료제조 후 3일간 냉장고에서 보존한 후 4일째에 25℃로 온도를 조절해서 측정한 결과이다. 사상물의 크기(두께)와 사상물이 시료와의 사이에 이루는 각도 θ와의 관계를 표시하고 있다. 이론적으로는 크기가 0.15 mm 이하의 사상물은 관찰되지 않은 것으로 예측되었다.

동일 시료에 대해서 생성한 생성물을 채취해 크기와 가닥 수를 실측했다. 그 분포 상태를 [그림 4]의 밑에 있는 그림에 히스토그램으로 표시했다. 사상물의 총 가닥 수는 52가닥으로 0.15 mm 이하의 사상물이 1가닥 계측되었지만 예측과 실측은 잘 일치하는 것으로 나타냈다.

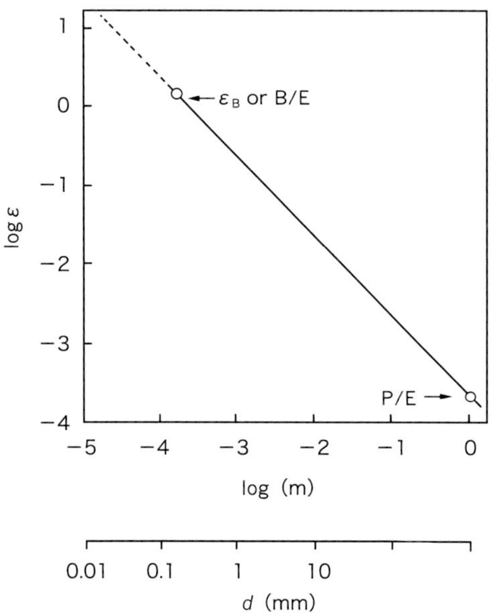


**그림 3.** 실 모양 물질의 두께와 찌그러짐의 관계

25℃에서의 측정치로부터 산출했음.

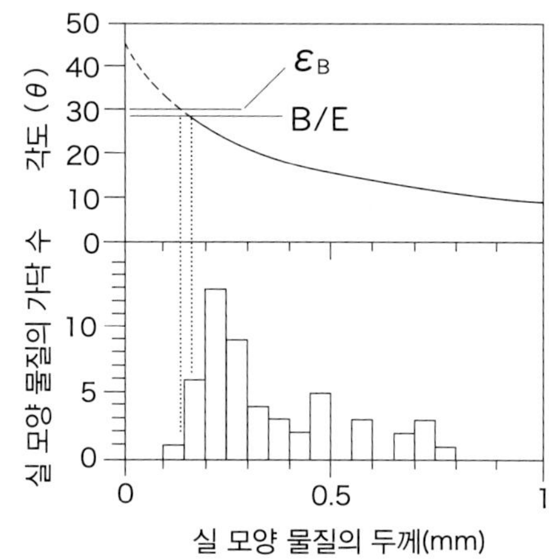


**그림 4.** 이론적으로 산출한 실 모양 물질의 두께와 실 모양 물질이 시료(재료)와의 사이에서 이루는 각도(θ)의 관계(위 그림) 및 실제 측정한 실 모양 물질의 두께의 분포 상태(아래 그림)

측정 온도 : 25℃, 실 모양 물질의 총가닥 수 : 52개 2가닥의 점선은 관찰된 실 모양 물질의 최소 직경을 나타낸다. 이 경우의 최소 직경은 0.15 mm이다.

* * *

치즈에 한정되지 않고, 식품을 저작하거나 연하하는 과정에서 물성이 종합적으로 평가된다. 여기서는 식품 조직의 파괴가 문제로 되어 '파괴의 레올로지'로도 불러야 하는 수법을 원하지만 이 분야의 연구는 거의 미정리 상태이다.

치즈의 물성으로 특히 일본인이 싫어하는 성질의 하나인 '이에 달라붙는 것'이라고 하는 부착성이 있다. 이 성질은 용어로는 EU의 국제협력회의로 채용한 'coating/adhesive'에 대응하는 말이다. '스트링 치즈'는 이 접착성이 억제된 치즈 같지 않은 치즈이다. 소프트계의 치즈의 소비 확대 및 가공치즈의 소비 유지를 생각해 부착성 제어 방법의 개발이 필요하다. 더군다나 입에서 잘 녹는 성질이나 목에서 부드럽게 넘어가는 성질에 관해서도 자유자재로 제어할 수 있는 기술의 확립을 기대하고 있다.

## 참 / 고 / 문 / 헌


1) A.L.Halmos : Food texture and sensory properties of dairy ingredients, *Food Australia,* 49(4), 169, 1997.
2) Anon : International co-operation in sensory profiling of cheese, *Milk Ind. Int.,* 100(2), 2, 1998.
3) 井筒雅, 塩谷敏明, 福島正義, 種谷新一, 繊維構造チーズのレオロジー的性質, 日化誌, 8, 1059-1065, 1991.

# 4-4 3차 기능

유키지루시(雪印)유업주식회사 기술연구소
도사코 슌이치(堂迫俊一)

일본인 소비자가 치즈에 대해서 일반적으로 품고 있는 이미지를 조사해 보면, 맛있고 칼슘이 풍부하고 흡수가 잘되며, 영양이 풍부해서 양질의 단백질을 섭취할 수 있다라고 하는 대답이 많다. 고령자들은 여기에 "골다공증에 좋다."라고 하는 대답이 높았다. 한편으로는 염분이 많을 것 같다, 많이 먹으면 살찔 것 같다라고 하는 나쁜 이미지도 품고 있었다. 그런 탓인지 2003년에 있어서 일본인의 연간 일인당 치즈의 소비량은 겨우 1.9 kg에 지나지 않는다. 국민 일인당 치즈 소비량이 높은 그리스나 프랑스에 비해서 1/10 이하이며, 유럽에서도 비교적 치즈의 소비가 적은 동유럽국가에 비해서도 1/5 정도이다.

우유나 발효유는 전 세계가 "건강을 의식해서 적극적으로 먹는다."라고 답하고 있지만, 치즈에 대해서 같은 회답을 하고 있는 것은 주로 30대 이상의 여성에 한정되어 있다. 그러면서도 "젖의 영양이나 기능으로 매일 건강에 공헌하는 치즈"라고 하는 콘셉트에는 높은 매력을 가지고 있다. 즉, 소비자에게 치즈의 영양과 기능을 이해시키면 치즈 소비는 다시 늘어날 것을 시사하고 있다. 치즈는 옛날부터 많은 사람들에 의하여 계속적으로 섭취되고 있으며, 오랜 세월을 거치면서 진보해 왔다. 이것은 단순히 맛있다고 하는 이유뿐만 아니라 의료가 발달해 있지 않았던 시대에는 치즈를 먹는 것으로 건강을 유지 · 증진해 왔음이 틀림없다. 일본에서는 치즈가 발효식품이라고 하는 것을 모르는 사람이 많다. 치즈의 건강 기능을 알고 치즈의 섭취 기회를 늘리는 것은 일본인의 건강을 유지해 가기 위해서 필수불가결하다. 최근 치즈 및 치즈 성분의 건강 기능에 관한 과학적 근거가 다수 보고되고 있다. 그래서 치즈의 건강 기능에 관한 과학적 근거에 대해서 간단히 정리해 본다.

## 1. 충치 예방 효과[1, 2, 3]

치아에 부착한 치석(플라그)에 함유된 세균이 치석 중의 당질을 대사하여 산을 생성한다. 이러한 산이 치아의 칼슘 등 미네랄을 녹여 충치(우식)가 된다. 충치 예방에 젖·유제품, 특히 경질 치즈가 효과가 있다고 하는 것은 일본의 소비자에게는 거의 알려져 있지 않다. 그러나 구미(歐美)에서는 치즈의 충치 예방 효과가 옛날부터 알려져 있으며, 다수의 보고가 있다. 이 때문에 충치 예방 효과는 후술한 것처럼 치즈의 3차 기능 중에서 과학적 근거가 확실한 기능 중의 하나이다.

동물을 이용하는 많은 검증을 포함하여 사람에 있어서도 다수의 실증 보고가 있다. 예를 들면, 12 g의 설탕이 든 커피(130 ml)를 마신 후에 15 g의 체다 치즈를 먹으면 타액 분비가 촉진되어 플라그 pH가 상승했다라고 하는 보고나, 19% 설탕액으로 입을 씻은 후 5 g의 체다 치즈를 씹으면 71%의 피험자에서 에나멜질의 탈회(脫灰: 미네랄이 용해하여 치아에 구멍이 생기는 것)가 저하하고 플라그의 pH가 상승했다고 하는 보고가 있다. 가공치즈에도 같은 충치 예방 및 에나멜 보호 작용이 있다는 것이 알려져 있으며, 이러한 효과는 치즈를 토핑한 파스타 등에서도 보고되고 있다. 중 고령자(44~64세, 평균 57세)를 대상으로 한 연구에서도 치즈 섭취량과 충치 예방과의 관계가 명확히 나타나 있다.

탈회가 일어난 후 생긴 구멍을 막는(재석회화) 것이 인산칼슘이다. 치즈에 풍부하게 함유되어 있는 인산칼슘은 산성하에서 용해도가 올라가고 에나멜질(하이드록시아파타이트)의 탈회화(脫灰化)를 감소시키기 때문에 가장 중요한 요인이라고 생각되고 있다. 그러나 다른 요인도 보고되고 있다. 그중 하나는 단백질의 완충능이며, 카제인이 에나멜질 표면에 흡착해서 보호한다. 두 번째는 충치 원인균에 대한 효과이며 카제인 마이셀이 *Streptococcus sorbrinus*의 콜로니 형성을 억제한다고 하는 보고나 타액으로 덮인 에나멜질에 $\kappa$-카제인이 흡착하면 *Streptococcus sorbrinus*의 부착을 억제한다고 알려져 있다. 이

효과는 κ-카제인 중의 카제이노글리코펩타이드(caseinoglycopeptide) 부분에서 유래하고 있다. 단, 사람에 있어서는 치즈 섭취에 의하여 플라그 pH가 상승하지만, 구강 내 세균 플라그에는 변동이 없었다고 하는 보고도 있다. 세 번째는 치즈의 물성에 기인하며, 치즈를 씹는 것으로 인해 타액 분비가 촉진되어 플라그 pH의 저하를 억제한다고 하는 설도 있다. 경질 치즈의 충치 예방 효과가 특히 높은 이유는 잘 씹는 것 때문이라고 생각되고 있다. 또한 치즈에 의한 치질(齒質) 분해 억제 효과도 요인의 하나라고 하는 이야기도 있다. 쥐를 사용한 우식유발실험에 있어서 치즈 투여군의 우식유발이 대조군과 비교하여 억제되었다. 양 군 간에서 세포 수에는 차이가 인정되지 않았던 것으로부터 치즈의 항균작용에 의한 것이 아니고 치질의 분해를 억제하기 때문이라고 추측되었다.[4] 치질분해억제에는 비정질 인산칼슘(amorphous calcium phosphate: ACP)의 공급이 중요하므로 치즈에 함유된 카제인 포스포펩타이드(casein phosphopeptide; CPP)와 ACP가 항 충치 작용을 발현하는 것으로 생각되고 있다.

WHO는 다양한 질병과 식품에 대해서 많은 문헌을 참조하고 과학적인 확실성에 대해서 convincing(확정적), probable(높은 가능성), possible(가능성), insufficient(불충분)의 순으로 분류하고 있다. 경질 치즈의 충치 예방 효과는 무설탕 껌과 함께 probable로 분류되어 있다.[5] 덧붙여 확정적으로 분류되어 있는 것은 불소 코팅이며, possible에는 우유, 자일리톨, 식물섬유가 분류되어 있다([표 1]). 따라서 식품 중에서 가장 과학적인 근거가 높은 것이 치즈이다.

**표 1.** WHO/FAO가 평가한 충치와 식사의 인과관계에 관한 과학적 근거의 세기

| 근거 | 리스크 저하 | 무관계 | 리스크 증가 |
|---|---|---|---|
| Convincing | 불소 피복 | 전분 섭취(가열 혹은 생 전분 식품으로 쌀, 감자, 빵 등. 단, 설탕이 들어간 과자류나 스넥은 제외) | 설탕의 양, 설탕 섭취 빈도 |
| Probable | 경질 치즈, 무설탕 껌 | 신선한 과실 | |
| Possible | 자일리톨, 우유, 식물섬유 | | 영양 결핍 |
| Insufficient | 신선한 과실 | | 건조 과실 |

또한 치즈가 충치 예방에 유효하다고 해서 칫솔질을 게을리 해도 좋다고 하는 것은 아니라는 것을 부기해 둔다.

## 2. GI값 저하효과[1,6]

GI(glycemic index)값이란 글루코스를 섭취했을 때 경시적으로 상승하는 혈당 커브의 면적과 어떤 식품을 섭취했을 때 혈당치 상승 커브 면적과의 비이다. 건강한 사람에서도 높은 GI값 식품을 계속 섭취하면, 인슐린 저항성을 나타낼 위험이 있지만, 당뇨병 환자의 경우는 보다 심각하다. 당뇨병 환자는 인슐린 저항성이 높기 때문에 고 GI값 식품을 섭취하면 인슐린 저항성을 보다 더 높여 약의 투여가 필요하게 된다. 또한 1일 중 인슐린 레벨이 높은 상태가 지속되면 지방산이 산화되어 당질의 산화를 촉진한다. 이 때문에 VLDL(very-low-density lipoprotein) 콜레스테롤의 합성이 진행되어 지방의 축적이 일어난다. 그 결과 비만이 된다.

고 GI값 식품이란 GI값이 70 이상인 것, 저 GI값 식품은 55 미만의 식품을 가리킨다. 고 GI값 식품으로는 백미나 빵(70~90), 과자류(70~80), 감자(80~100) 등이 대표적이다. 한편, 유제품(27~33) 및 과일(28~43)은 대표적인 저 GI값 식품이다.

치즈는 당질 함량이 낮으므로 GI값이 낮고, 당뇨병 환자에게는 유용한 식품이다. 치즈의 효과는 이것뿐만이 아니다. 당질이 많은 식품과 함께 치즈를 섭취한 경우에는 위 내에서의 당질의 체류 시간을 연장시킴으로써 GI값은 낮게 유지된다. 백미와 다른 식품과의 비교에서는 백미의 GI값을 100으로 했을 때, 카레라이스는 82로 저하한다. 또한 GI값 92의 빵은 치즈와 함께 섭취하면, 71로 내려간다. 이러한 혈당치의 관리에 치즈나 유제품이 유효하다. 그리고 당뇨병 환자뿐만 아니라 건강한 사람에 있어서도 비만은 metabolic syndrome(대사증후군)의 방아쇠라고 생각되고 있으므로 통상의 균형이 잘 잡힌 식사에 저 GI값 식품을 더하는 것이 중요하다. '3-A-Day' 운동 중에서 1일 3회 유제품을 섭취하는 것이 장려되고 있지만, 대사증후군을 예방하기 위해서도 중요하다.

## 3. 순환기계 질환에의 영향[1)]

콜레스테롤은 본래 건강을 유지하기 위해서는 필수 생체 성분이며, 식사로부터 섭취되지만 70%는 간장이나 소장에서 합성된다. 혈액 중의 콜레스테롤, 특히 저밀도 리포단백질(LDL) 콜레스테롤이 너무 증가하면, 혈관 내벽에 부착하여 혈액의 흐름을 폐쇄한다. 이 때문에 심장에의 혈류가 감소하고, 심장병의 위험을 높인다. 지금까지 유지방은 다른 식품지방에 비하여 콜레스테롤이나 포화지방산을 많이 함유하고 있기 때문에 혈청 콜레스테롤을 상승시킨다고 지적받아 왔다. 이를 이유로 젖 · 유제품의 섭취에 대해서 반론을 제기하는 사람들이 있다. 그러면서도 1990년 이후에 행해진 최근 연구의 대부분은 유제품의 섭취와 순환기계 질환 위험성에는 직접적인 상관관계가 인정되어 있지 않고 과학적으로 해석된 역학연구에 있어서도 유제품의 섭취가 순환기계 질환 위험성의 저감에 기여하고 있다고 하는 보고가 적지 않다.

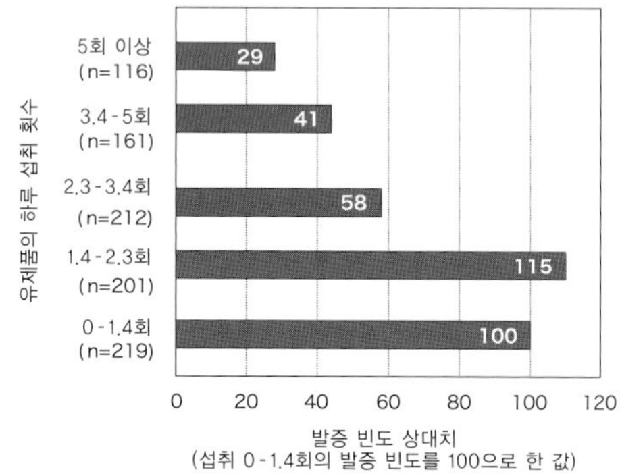


**그림 1.** 유제품 섭취 빈도와 메타볼릭 신드롬(대사성질환) 발증 빈도

BMI 25% 이상, 18-30세, 3,157명을 대상으로 조사[7)]

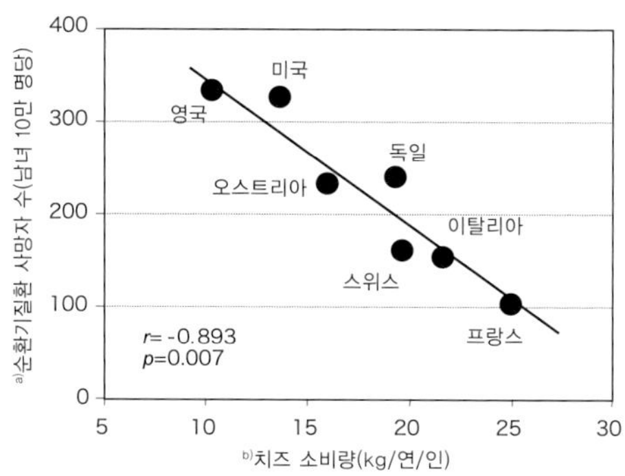


**그림 2.** 치즈 섭취량과 순환기계 질환 사망률

a) 영국심장재단(1999), b) 국제낙농연맹(1999)

여러 다른 나라와 지역에서 이루어져 온 대규모의 역학조사나 코호트(Cohort) 연구(피험식을 먹은 사람과 먹지 않은 사람에서 어떤 질환의 발증률을 비교하는 추적 조사연구)의 데이터를 종합적으로 해석한 예에서는 젖이나 유제품의 섭취가 순한기계 질환의 위험성을 억제한다고 하는 객관적인 결론이 도출되었다. 대규모로 장기간에 걸쳐 10건의 코호트 연구를 종합적으로 해석하고 40만 명의 피험자를 대상으로 8,500건의 순환기계 질환증의 예를 대상으로 한 것으로서 주목받고 있다. 그 결과 양자에 확실한 인과관계는 없고 오

히려 뇌졸중이나 심장발작의 발증은 젖·유제품을 적극적으로 섭취하고 있는 그룹에서 15% 저하하였다. 또한 캐나다에서는 퀘벡시에서 실시한 순환기 연구 데이터를 사용하여 유제품의 섭취와 순환기계 질환 위험성의 관계를 조사하였다. 1985년에 순환기계 질환을 가지고 있지 않았던 2,000명을 대상으로 하여 그 후 13년간을 추적 조사한 결과 217명이 순환기계 질환을 나타내었다. 1985년 시점에서 유제품의 섭취는 하루 평균 1.5±1.3 portion(치즈 47%, 2% 지방유 35%, 무조정유 13%, 그림 19%, 요구르트 5%)였다. 중앙치인 1.2 portion/일에서 유제품 섭취군을 2개의 그룹으로 나누었을 경우, 유제품 섭취가 많은 그룹은 수축기 혈압, 혈장 LDL 콜레스테롤, 아포 B(아포리포 단백질의 일종) 농도가 유의하게 저하되었다. 유제품 섭취량이 많은 그룹에서는 13년간에 걸친 순환기계 질환 위험성 중 28항목이 저감되어 있어서 유제품의 섭취가 순환기계 질환 위험성을 저감할 가능성이 있다. CARDIA(coronary artery risk development in young adults) 연구로 불리는 미국에 있어서의 대규모 연구는 18~30세의 3,157명에 대해서 1985~1986년부터 1995~1996년까지의 10년에 걸쳐서 인슐린과 유제품 섭취 상황의 관계를 조사하였다. BMI가 25 kg/$m^2$의 사람에서는 유제품을 하루에 2.3회 이상 섭취하면 위험성은 약 반으로 줄어들고 하루에 5회 이상 먹은 사람의 위험성은 약 30%로 저하하였다([그림 1]).[7]

특히 치즈는 다른 유제품에 비해서도 혈청 콜레스테롤 상승을 억제하는 효과가 높다. 와인을 잘 마시는 프랑스 사람들은 지방 섭취량이 많음에도 불구하고 순환기계 질환이 적다고 하는 '프렌치 파라독스'가 알려져 있으며 종래의 붉은 와인(적포도주)의 소비가 순환기계 질환의 예방에 기여할 가능성이 시사되어 왔다. 마찬가지로 치즈의 소비량과 순환기계 질환과의 상관에 대해서 해석해 보면, [그림 2]에 나타낸 것처럼 치즈 소비량과 순환기계 질환에 의한 사망률과의 관계에는 적포도주와 같이 극히 높은 부의 상관이 있음을 밝혔다. Roupas 등[8]은 쥐에 체다 치즈를 먹이면 총 콜레스테롤이 저하하고 LDL 콜레스테롤도 저하한다는 것을 보고하고 있다. Biong 등[9]은 치즈와 버터를 섭취했을 때, 혈청 콜레스테롤치에 미치는 영향을 23~54세의 남녀로 조사하여 동량의 유지방 섭취량이라도 치즈로 섭취한 쪽이 혈청 콜레스테롤치가 낮았다고 보고하고 있다. 동일하게 14명의 건강한 남성(20~31세: 평균 23세, 체중 67~83 kg: 평균 73 kg)에게 섭취 에너지의 20%를 유제품으로부터 섭취시키고 혈청 콜레스테롤에의 영향을 조사하였다.[10] 유제품으로써 무조정

우유, 버터 또는 치즈를 섭취 지방량과 동일하게 되도록 3주간 섭취한다고 하는 시험을 크로스오버(cross over) 실험(예를 들면 A, B 2군으로 나눈 A군에 시험식을, B군에 컨트롤식을 동일 기간 투여한 후, A군에 컨트롤식을 B군에 시험식을 동일 기간 투여하는 실험)으로써 실시하였다. 그 결과 치즈를 섭취한 경우의 혈청 LDL 콜레스테롤의 상승은 다른 유제품에 비해 유의하게 낮았다. 또한 이탈리아인 507명을 대상으로 실시한 우유, 발효유, 치즈의 섭취와 심근경색의 발증에 관한 연구에서는 어느 유제품도 발증 위험을 상승시키지 않는다는 것이 밝혀졌다.[11] 오스트레일리아에서는 19명의 참여자(남성 14명, 여성 5명, 연령 56±8세, 평균 총 콜레스테롤 5.6±0.8 mmol/l)에 숙성시킨 체다 치즈를 4주간 섭취시켰다. 혈청 콜레스테롤 및 LDL 콜레스테롤은 포화지방산 함량이 낮은 통상식을 섭취시킨 경우와 같은 값을 나타내었다.[12]

젖·유제품, 특히 치즈를 섭취하는 것이 혈청 콜레스테롤치 상승을 억제하는 메커니즘에 대해서는 아직 해명되어 있지 않다. 치즈는 숙성이라고 하는 발효 과정을 거친 자연식품이며, 유산균이나 효소에 의한 다양한 펩타이드 등이 함유되어 있으며, 이러한 다종다양한 성분이 복합적으로 순환기계 질환의 예방 기능에 관계한다고 하는 것이 시사되고 있다.

## 4. 비만에의 영향[1,13]

동맥경화성 질환의 위험성을 높이는 복합형 위험증후군을 '대사증후군'이라고 부르며, 순환기계 질환의 중요한 위험인자로서 인식되고 있다. 그 진단 기준으로는 내장 지방 축적, 즉 허리 둘레가 남성에서는 85 cm 이상, 여성에서는 90 cm 이상을 요주의로 하고, 그중에서 ① 혈청지질 이상(트리글리세라이드: 150 mg/100 ml 이상, 또는 HDL 콜레스테롤: 40 mg/100 ml 미만), ② 혈압치(최고 혈압: 130 mmHg 이상, 또는 최저 혈압: 85 mmHg 이상), ③ 고혈당(공복 시 혈당치: 110 mg/100 ml 이상)의 3개 항목 중 2개 항목 이상에 해당하는 경우가 대사증후군으로 진단된다.[14] 미국에서는 성인의 25%, 60세 이상의 남녀의 50%에 해당한다. 또한 일본에서도 후생노동성이 실시한 2005년 국민건강 영양조사 결과[15]에 의하면, 40~74세의 남성 50%가, 여성 25%가 대사증후군 아니면 그 예비군(내장 지방이 진단 기준 이상으로 상기 ①~③의 항목의 하나만 해당)이다.

소비자 조사에 의하면, "치즈는 지방이 많으므로 살 찔 것 같다."라고 생각하고 있는 사람이 많다. 그렇지만 아래에 설명하는 것처럼 이 메시지는 오해이다. 치즈를 함유하는 젖·유제품에는 비만을 억제하는 효과가 있다는 것은 다수의 임상연구에서 검증되어 있다.

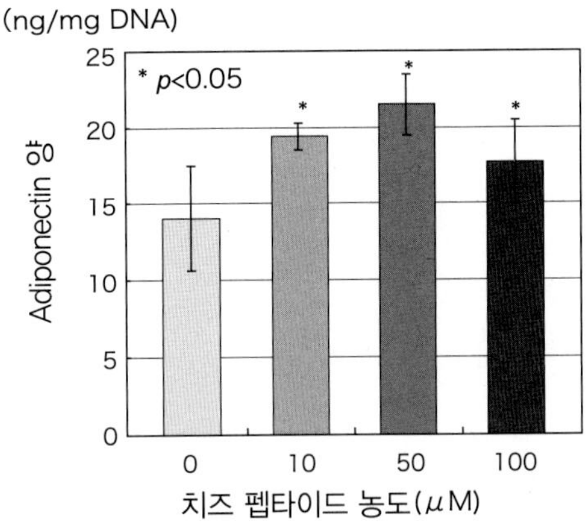


**그림 3.** 치즈에서 추출된 항산화 펩타이드에 의한 adiponectin 생산[17]
(쥐의 복강지방세포에 치즈 펩타이드를 첨가하고, 생산된 adiponectin 양을 측정)

Zemel 등[16]은 32명의 비만 성인에게 하루의 섭취 칼로리를 500 kcal 줄인 기준 식사를 제공하고 여기에 400~500 mg의 칼슘을 보충으로서 강화한 군(저Ca군), 800 mg의 칼슘을 보충으로서 강화한 군(고Ca군) 및 1,200~1,300 mg의 칼슘을 유제품으로서 강화한 군(유제품군)으로 체중 변화를 조사하였다. 24주간 섭취를 계속한 결과, 저Ca군에서 체중이 5.4% 감소, 고Ca군에서는 8.6% 감소, 유제품군에서는 실로 10.9%의 체중감소가 인정되었다. 같은 임상시험은 그 후 많은 연구자들에 의해서 실시되었다. 어느 경우에도 유제품을 섭취한 비만자에서는 체중의 감소가 인정되고 특히 하루 섭취 칼로리를 감소시키고 그 위에 우유, 요구르트 혹은 치즈를 1일 3식 이상 섭취한 경우에 현저한 효과가 인정되고 있다. 성인만이 아니고 유아기에 젖·유제품을 잘 섭취하면 그 후 18세경까지 체지방이 축적되기 어려운 경향이 있다.

이처럼 치즈를 함유하는 유제품에는 비만을 억제하는 효과가 있지만, 그 메커니즘에 대해서는 아직 완전히 해명되어 있지 않다. 유력한 인자로서, 칼슘이 생각되고 있다. 지방세포 내의 칼슘은 지방 대사를 억제하고 지방 분해를 촉진한다. 그러나 고칼슘을 섭취해도 보충으로서 섭취하는 것보다 유제품으로서 동량의 칼슘을 섭취한 편이 비만 억제 효과는 훨씬 높다. 그래서 칼슘 이외에도 비만 억제에 기여하고 있는 인자가 있다고 생각하게 되었다. 젖에 함유된 안지오텐신(angiotensin) 변환효소(ACE) 저해인자나 아미노산, 특히 분지쇄 아미노산(BCAA)도 관여한다고 하는 생각도 있다. ACE 저해인자는 지방세포의 지질대사에 관여할 가능성이 시사되고 있으며, BCAA는 근육합성을 촉진하고 그 결과 에너지 소비가 높아져 비만 억제에 연결된다고 생각되고 있다.

아미노산이나 펩타이드가 숙성 중에 대량으로 생산되는 *Latobacillus helveticus*를 사용한 숙성 고다 치즈를 쥐에게 투여하면 카제인, 유지방 및 미네랄 조성을 합친 컨트롤식을 투여한 경우보다 장관막 지방이 유의성 있게 적었다고 하는 결과도 있다.[17] 이 치즈보다 항산화 활성이 높은 펩타이드를 단리하여 지방세포 배양액에 첨가하면, 지질대사를 촉진하는 아디포넥틴(adiponectin)의 생성이 증가하였다([그림 3]). 이러한 치즈 숙성 과정에서 생성되는 항산화 활성이 높은 펩타이드도 비만 억제에 관여하고 있을 가능성이 있다.

## 5. 암 억제 효과[1,18]

유제품을 섭취하면 암, 특히 유방암이 될 위험성을 높인다고 지적하는 사람이 있다. 그 근거로는 유제품은 포화지방산을 함유하는 지방이 많은 것, 인슐린 유사 성장인자(IGF), 에스트로겐류 등 성호르몬 유사 물질이 함유되어 있다는 것을 들고 있다. 칼로리 섭취량이 너무 높으면 암 위험성은 높아지지만, 지방과 암 발생 위험 간에는 아무런 상관이 없다. 지방을 너무 섭취하면 칼로리 섭취량이 높아지지만, 칼로리 양이 통상 범위 이내라면 지방을 섭취해도 유방암이 발생할 위험은 올라가지 않는다. 실제 지방 섭취량과 유방암 발생의 관계에 대해서 발표된 많은 논문을 정밀조사해 보면, 대부분의 경우에서 양자에 상관이 없다는 것이 밝혀져 있다.

IGF는 세포의 증식이나 분화에 중요한 역할을 하기 때문에 유방암 발생에의 관계를 시사하는 사람도 있다. 그러나 폐경 전에 혈액 중의 IGF-1 농도가 높은 레벨에 있었던 여성에 있어서는 유방암 발생 위험과 상관이 있었지만, 폐경 후에는 상관이 없게 된다. 타액, 소화관, 담즙산, 췌장액 등이 하루에 분비하는 내인성 IGF-1은 약 380 μg인 것에 비해, 우유에 함유되어 있는 IGF-1은 수 ng/ml 이하이다. 가령 우유를 하루에 1.5리터 마신다고 해도 그것에 유래하는 IGF-1은 10 μg/일 이하에 지나지 않는다. 치즈를 하루 50 g 먹었다고 해도 그것에 유래하는 IGF-1은 고작해야 2 μg이다. 따라서 젖 · 유제품을 섭취해도 그것에 유래하는 IGF-1은 내인성 IGF-1의 양에 비하여 1/100 이하이며, 유방암 발생 위험과는 관계하지 않는다고 생각된다.

성호르몬인 에스트로겐이나 프로게스틴이 고농도로 존재하면 유방암의 위험성은 높아진다. 생리 중의 여성은 하루 약 1 mg의 에스트라디올(estradiol)과 0.7 mg의 에스트로겐을 만들어 낸다. 폐경 후에도 40~200 μg의 에스트론(estrone)을 분비하고 있다. 이에 대해서 젖 · 유제품으로부터 섭취된 에스트로겐은 많아도 0.05 μg/일이며, 여성이 하루에 만들어 내는 성호르몬의 양에 비하면 훨씬 적고 무시할 수 있는 양이다. 게다가 젖 유래의 성호르몬은 생체 이용성이 낮고 간장에서 불활성화된다. 이 때문에 젖 · 유제품에 함유된 성호르몬도 유방암 발생 위험군과는 관계가 없다고 생각된다.

지금까지 발표된 다수의 논문을 정밀조사하고 유제품 섭취와 유방암 발생 위험과의 관계를 통계학적으로 조사한 결과에 의하면, 우유를 섭취하고 있었던 경우의 위험계수는 1.12, 치즈를 섭취하고 있던 경우는 1.26으로 유의한 차는 없었다. 별도의 그룹에 의한 조사결과에서도 유제품 섭취와 유제품 섭취와 유방암 발생과의 사이에는 상관이 없었다고 보고되고 있다. 또한 최근 수행된 해석에서도 과거 실시된 역학조사로부터는 유제품 섭취와 유방암 발생에는 관계가 있다고는 말하기 어렵다고 하는 결론이 도출되어 있다.

이처럼 치즈나 우유를 섭취하면 유방암 발생 위험이 높아진다고 하는 염려는 기우라고 하는 것이 밝혀져 있지만, 치즈로 암을 적극적으로 억제하는 효과는 없는 것일까. 유제품 섭취와 유방암 발생의 관계를 정밀 조사한 결과에서는 양자에 상관이 없다고 하는 결론이 나와 있지만, 정밀 조사한 논문 중에는 부의 상관이 인정되어 있는 예도 있다. 암 세포를 피하에 접종한 쥐에 가공치즈를 먹이면 암 세포의 증식이 억제되었다고 하는 보고가 1988년에 발표되어 있다.[19] 몇 가지의 가능성이 생각되는데, 그 한 가지는 'lactoferrin, LF'이다. LF는 유청 부분에 함유되어 있지만, 유청을 배제하고 제조된 치즈에도 LF는 잔존해 있다. 약제로 대장암을 유발시킨 쥐에 0.2~2%의 LF를 첨가한 사료를 투여하면, LF를 투여하지 않은 쥐의 발암률이 57.5%였던 것에 대해 15~25%로 감소하였다.[20]

또 한 가지 가능성이 공액 리놀산(conjugated linolic acid, CLA)이다. 지방 섭취량이 일본보다 훨씬 높은 많은 나라에서는 수소 첨가한 트랜스지방산을 너무 많이 섭취하면 심질환의 위험성을 높인다라고 하는 이유로 수소 첨가한 트랜스지방산의 섭취를 제한하는 움직임이 있다. 젖에도 박센산(vaccenic acid) 등 트랜스지방산은 함유되어 있지만, 이들은 소의 제1 위의 장내 균총(lumen flora)의 역할로 생성된 것이다. 이들 천연형 트랜스 지방산은 심질환에는 어떤 영향도 미치지 않을 뿐만 아니라 박센산이 HT-29 결장암 세포의 증식을 23% 저해한다고 하는 결과도 있다. 천연형 트랜스지방산은 생체 내에 있는 CLA 합성의 중요한 전구체이다. CLA에는 체지방 저감작용, 면역 조절작용이라는 건강 기능이 있다는 것이 알려져 있지만, 특히 암 억제 효과에 대해서는 많은 보고가 있다. 쥐를 phorbol ester로 처리하고 피부암을 유발시켜 1.0 또는 1.5%의 CLA를 첨가한 사료를 투여하면, 피부암의 진행이 억제된다. 또한 쥐 실험에서 미리 0.5%의 CLA를 함유한 먹이로 사육하면, 발암물질을 투여해서 발생하는 대장암의 초기 병소의 수가 감소한다는 것도 나타내고 있다. CLA를 0.8% 함유하는 사료를 쥐에게 투여하면 컨트롤(CLA 함량 0.1%)과 비교하여 유선종양 발생 및 종양 수가 약 50%까지 감소한 것도 알려져 있다. 또한 이고시(井越) 등[21]은 곰팡이계 치즈 추출물이 인간 백혈병 세포주 HL-60의 증식을 억제한다는 것을 알아내고 치즈에 함유된 팔미트산과 올레인산이 관여하고 있을 가능성을 보고[23]했다.

이와 같이 치즈가 암 억제에 유효하다는 것은 시사되어 있지만, 사람에서의 임상적 데이터는 명확하지 않다. 앞으로의 연구가 기대된다.

## 6. 골다공증 예방 효과[1,3]

뼈는 칼슘이나 인 등으로 되어 있는 미네랄(골염, 骨塩)과 콜레겐이 주성분인 단백질(골기질)로 구성되어 있다. 뼈의 대사에는 오래된 뼈를 파괴하는 역할(뼈 흡수)을 하는 파골세포와 새롭게 뼈를 형성하는(골 형성) 골 아세포가 관여하고 있으며, 양자가 균형을 취하며 움직이는 것이 중요하다. 오래된 뼈에 파골세포가 작용하여 칼슘을 유리시키고 콜라겐을 분해한다. 뒤이어 골 아세포가 칼슘을 침착시키고 콜라겐을 생산하여 새로운 뼈가 형성된다. 이와 같이 뼈는 언제나 변화하고 있으며, 이를 뼈의 '리모델링'이라고 한다([그림 4]).

리모델링에 있어서 파골세포의 역할과 골 아세포의 역할은 연령에 따라 변화한다. 유아기는 골 아세포의 역할이 파골세포의 역할보다 강하고 뼈 양이 증대한다. 20세 전후에서 뼈 흡수와 뼈 형성은 거의 평형으로 되지만, 연령과 함께 뼈 형성보다 뼈 흡수의 비율이 높게 되고 뼈 양은 서서히 저하해 간다. 고령이 되면, 뼈 형성이 약해지게 되므로 뼈 양은 한층 더 저하하고 골다공증이 되는 케이스가 많다. 특히 여성에서는 폐경과 함께 성호르몬 분비의 저하에 의하여 급격하게 뼈 양이 저하하고, 골다공증이 되는 위험이 남성의 약 7배 높다. 골다공증이 되면, 골절의 위험이 높아지고 소위 '늘 드러누워 있는' 상태로 될 경우도 있다.

이와 같이 인간 발달 단계에 수반되는 뼈 양의 감소 변화는 누구도 피해 갈 수는 없다. 따라서 젊었을 때 어떻게 뼈 양을 증가시켜 놓을 수 있을까 하는 것이 극히 중요하다. 이를 위해서는 적당한 운동과 균형 잡힌 식사가 필수적이다. 그러나 가장 뼈 증가에 관심을 가지지 않으면 안 될 젊은 여성의 뼈 양이 무리한 다이어트나 운동부족의 영향으로 저하하고 골다공증 예비군으로 되고 있다고 하는 현실이다. 2010년에 골다공증 환자 수는 1,200만 명에 달할 것이라고 예측되고 있다.[24]

젖·유제품의 섭취 빈도가 높으면 골다공증에 걸리기 어렵다고 하는 것은 잘 알려져 있으며, 다수의 보고가 있다.[25] 소녀기에 우유 섭취량이 많으면, 골 염량이 높고 최대 뼈 양을 높이는 데 유효하다.[26] 10~12세의 소녀 195명에 칼슘 1,000 mg을 보충제로서 투여한 경우와 동량의 칼슘을 치즈로부터 섭취시켰을 경우, 치즈를 섭취한 쪽이 뼈는 강화된다.[27] 우유를 다량 섭취해도 살이 찌거나 체지방이 너무 증가하는 일은 없다. 25세 이전에 우유를 섭취하는 섭취 빈도가 높으면, 중년 이후의 골밀도에 좋은 영향을 준다.[28] 또한 칼슘 섭취량과 뼈의 관계에 대해서 발표된 다수의 논문을 정밀조사하고 그 대부분의 경우에서 칼슘 섭취량이 높으면 뼈 건강을 증진시켜, 칼슘 섭취량과 유제품 섭취량과는 상관

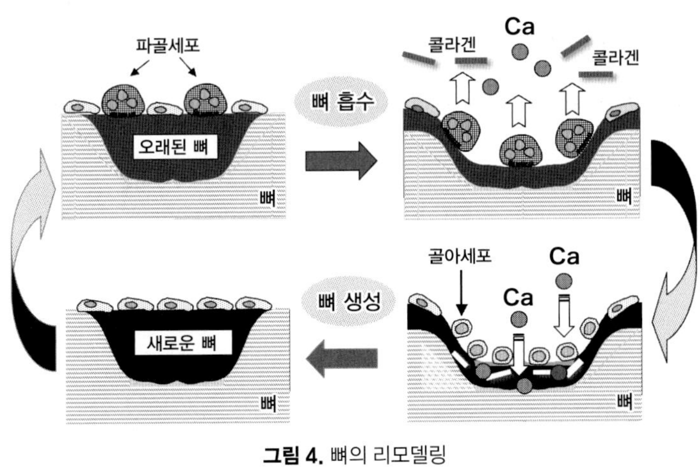


**그림 4.** 뼈의 리모델링

관계가 있다는 것도 보고되어 있다.[29]

치즈는 생체 이용성에 뛰어난 칼슘이 풍부한 식품이다. 자연치즈나 가공치즈에 함유된 칼슘의 생체 이용성이 높다고 하는 것은 오래전부터 알려져 있으며, 그 이유의 하나로서 숙성 과정에서 생성하는 카제인 포스포펩타이드(CPP)에 의한 칼슘 흡수의 촉진작용이라는 것이 시사되고 있다. 또한 칼슘 함량이 높은 식품을 섭취한 후, 혈중 갑상선 호르몬(PTH) 농도를 조사하면, 치즈는 우유보다 뼈 흡수를 촉진하고 뼈 형성을 억제하는 PTH의 생산을 억제하는 작용이 뛰어나다고 하는 것도 확인되어 있다.

뼈의 구성 성분으로서 칼슘과 함께 중요한 것이 콜라겐이다. 뼈를 철근 콘크리트라고 한다면, 칼슘은 콘크리트이며 콜라겐은 철근이다. 콜라겐이 없으면 뼈는 부서지기 쉽고 유연함을 잃어버린다. 콜라겐을 증가시키기 위해서는 단백질의 흡수가 불가결이다. 우유에는 우유 염기성 단백질(MBP)이라고 불리는 등전점이 염기성인 다수의 단백질로부터 이루어진 획분이 함유되어 있다. MBP는 골 아세포의 역할을 높이고 파골세포의 과잉 움직임을 억제하는 작용이 있으며, 뼈 대사의 균형을 바로잡는 것으로 뼈 건강에 유효하다는 것은 동물실험이나 사람을 이용한 임상시험에서부터 확인되어 있다.[30] MBP는 골 아세포에 의한 콜라겐 생산을 높이는 것으로부터, 칼슘과 함께 섭취할 필요가 있다. MBP는 유청 단백질의 일부이지만, 치즈 중에도 함유되어 있다.

이처럼 치즈는 흡수성에 뛰어난 칼슘이 풍부하고, 그 칼슘의 흡수를 높일 수 있는 CPP가 함유, 양질의 단백질이 풍부하게 함유되어 있을 뿐만 아니라 골 아세포에 의한 콜라겐 생산을 촉진하고 파골세포의 지나친 움직임을 억제하는 MBP가 함유되어 있다. 식사 섭취량이 감소해 있는 고령자분들이 일상적으로 필요한 칼슘과 단백질을 식사로부터 섭취하는 것은 소량의 섭위에서 많은 칼슘과 단백질을 섭취할 수 있는 치즈가 이상적이다. 또한 치즈는 여러 가지 다양한 식재와 함께 섭취할 수 있는 영양가 풍부한 식품이며, 무리한 다이어트와 함께 수반되는 골밀도의 저하가 문제가 되고 있는 젊은 여성에게도 유용하다.

* * *

치즈는 유산균 발효에 의한 pH를 저하시킨 후에 응유효소를 작용시켜 카제인을 커드로서 회수한다. 이때, 유청은 제거되므로 유청에 함유된 유당이나 유청 단백질의 대부분은 제거된다. 그러나 이미 기술한 것처럼 뼈의 건강에 빠질 수 없는 MBP나 면역기능을 높여 암 억제 효과가 시사되고 있는 LF 등 생리적으로 중요한 유청 단백질은 커드에 잔존해 있다. 얻어진 커드는 숙성이라고 하는 발효를 거쳐 제품으로 되지만, 숙성 기간 중에 응유 효소 및 유산균이나 곰팡이가 만들어 내는 효소에 의하여 다양한 성분이 생산된다. 그 대표적인 것이 펩타이드나 아미노산이다. 이들은 치즈의 맛에 중요한 역할을 수행하는 것뿐만 아니라 여러 가지 3차 기능을 담당한다. 고다 치즈의 펩타이드 프로파일을 망라해서 조사한 결과에서 모든 논문에 발표되어 있는 다양한 생리기능 펩타이드가 함유되어 있었다.[1] 또한 스타터로서 사용하고 있는 유산균 및 그 죽은 균체에도 생리 기능이 있다라는 것이 알려지기 시작하였다. 에멘탈 치즈의 스타터로서 사용되고 있는 프로피온산균은 1,4-디히드록시-2-나프토산(1,4-dihydroxy-2-naphthoic acid; DHNA)을 생산하고 비피더스균이 증식을 촉진한다.[31] 지질구분에 함유된 CLA가 암 억제 효과를 시작으로 한 생리 기능을 가지는 것은 이미 기술한 대로이다. 우유, 요구르트 및 치즈의 피부미용 효과가 3-A-Day의 홈페이지[32]에 소개되어 있다. 젖으로부터 분리한 세라미드(ceramide)를 헤어레스(hairless) 쥐에게 섭취시키면, 피층으로부터 수분 증발이 억제된다고 하는 것도 알게 되었다.[33] 앞으로 치즈와 피부미용과의 관계에 대해서 계속적인 연구의 진행이 기대된다. 또한 숙성형의 치즈를 먹인 쥐는 알코올에 의하여 수반되는 간장 장해가 완화된다는 것도 보고[34]되어 있다.

치즈는 인류의 진화와 함께 진보해 온 발효식품이다. 맛있는 것뿐만 아니라 인류의 건강증진에 기여해 왔기 때문에 현대에 이르기까지 사람들에게 계속 사랑받아 왔다. 오늘날 치즈의 건강 증진 기능이 주목받기 시작하여 연구가 진행되게 되었다. 지금까지의 과학적 근거에 의하면, 유아기에서 고령자에 걸쳐 모든 세대가 건강을 유지하기 위하여 섭취해야 할 식품이다. 특히 비만 경향이 있고 콜레스테롤이 좀 높은 대사증후군 예비군, 뼈 양을 높이지 않으면 안 됨에도 불구하고 비만이 염려인 젊은 여성, 충분한 단백질이나 칼슘을 먹지 않으면 안 되는데 소식으로 영양 섭취가 불충분한 고령자, 윤택한 피부를 가지고 싶은 여성, 이빨을 닦아도 충치가 되기 쉬운 분들 등은 매일 치즈를 섭취하는 것을 추천하고 싶다. 또한 술을 마실 때 치즈를 안주로 하는 것은 단지 술을 즐긴다고 하는 것뿐만 아니라 과음에 의한 간장장해 경감이라고 하는 관점에서도 합리적인 식습관이라고 말할 수 있다.

# 참/고/문/헌


1) 堂迫俊一, 川上 浩, 吉岡俊满, 他: チーズ栄養保健機能. 乳業技術 55: 21-23, 2005.

2) Kashket S., DePaola D.P.: Cheese consumption and the development and regression of dental caries. *Nutr. Rev.* 60:97-103, 2002.

3) O' Brien N.M., O' Connor T.P.: Nutritional aspects of cheese. in Cheese Chemistry, Physics and Microbiology, Third ed., Vol.1, ed. Fox P.F., *et al.,* Amsterdam, Elsevier Academic Press, 573-581, 2004.

4) Krobicka A., Bowen W.H., Pearson S., *et al.*: The effects of cheese snacks on caries in desalivated rats. *J. Dent. Res.* 66:1116-1119, 1987.

5) Diet, nutrition and the prevention of chronic diseases, Report of the joint WHO/FAO expert consultation, WHO Technical Report Series No.916, 105-128, 2003.

6) Brand-Miller J., Foster-Powell K.: Diets with a low glycemic index: from theory to practice. *Nutrition Today* 34:64-72, 1999.

7) Pereira M.A., Jacobs D.R., Van Horn L., *et al.*: Dairy consumption, obesity, and the insulin resistance syndrome in young adults. *JAMA*. 287:2081-2089, 2002.

8) Roupas P., Royle P., Descamps R., *et al.*: The impact of cheese consumption on markers of cardiovascular risk in rats. *Int. Dairy J.* 16:243-251, 2006.

9) Biong A.S., Muller H., Seljeflot I., *et al.*: A comparison of the effects of cheese and butter on serum lipids, haemostatic variables and homocysteine. *Brit. J. Nutr.* 92:791-797, 2004.

10) Tholstrup T., Hoy C-E., Andersen L.N., *et al.*: Dose fat in milk, butter and cheese affect blood lipids and cholesterol differently? *J. Am. College Nutr.* 23:169-176, 2004.

11) Tavani A., Gallus S., Negri E., *et al.*: Milk, dairy products, and coronary heart disease. J. Epidemiol. Commun. Health 56:471-472, 2002.

12) Nestel P.J., Chronopulos A., Cehun M.: Dairy fat in cheese raises LDL cholesterol less than that in butter in mildly hypercholesterolaemic subjects. *Eur. J. Clinc. Nutr.* 59:1059-1063, 2005.

13) Zemel M.B.: The role of dairy foods in weight management. *J. Am. College Nutr.* 24:573S-546S, 2005.

14) メタボリックシンドロームの診断基準. http://www.uralynet.com/ms/msgl.htm

15) 厚生労働省健康局總務課生活習慣病對策室：平成１７年国民健康・栄養調査結果の概要. http://www.mhlw.go.jp/houdou/2007/05/h0516-3a.html

16) Zemel M.B., Richards J., Mathis S., *et al.*: Dairy augmentation of total and central fat loss in obese subjects. *Int. J. Obesity* 29:391-397, 2005.

17) Higurashi S., Kunieda Y., Matsuyama H., *et al.*: Effect of cheese consumption on the accumulation of abdominal adipose and decrease in serum adiponectin levels in rats fed a high-calorie diet. *Int. Dairy J.* 17:1224-1231, 2007.

18) Parodi P.W.: Dairy product consumption and the risk of breast cancer. *J. Am. College Nutr.* 24:556S-568S, 2005.

19) 四ノ宮成祥, 谷口眞理子, 島崎英幸, 他: チーズおよびその成分蛋白による Meth A線維肉腫に対する抗腫瘍効果の検討. *Oncologia* 21(6): 1-8, 1988.

20) Tsuda H., Sekine K., Ushida Y., *et al.*: Milk and dairy products in cancer prevention: focus on bovine lactoferrin. *Mutation Res.* 462:227-233, 2000.

21) 井超敬司, 大倉典之, 鈴木桂太, 他: チーズのガン細胞増殖抑制効果およびアポトーシス誘導効果. 日本農藝學會2007年度大會

22) 井超敬司, 大倉典之, 鈴木桂太, 他: チーズのガン細胞増殖抑成分の分離, 精製ならびにその構造. 日本畜産學會第107回大會

23) 堂迫俊一: 骨粗鬆症陽豫防食. アクテイブシニア社会の食品開発指針. 津志田藤二朗, 高城孝助, 大久保貞之, 他編集, 東京, サイエンスフォーラム 91-98, 2006.

24) 骨の健康づくり委員会: 骨量と生活習慣について: http://www.hone-kenko.org/iinkai/bone.html

25) National Dairy Council: Bone health/osteoporosis Dairy's role in adolescent bone health. http://www.nationaldairycouncil.org/NationalDairyCouncil/Nutrition/Reducing /adolescentBoneHealth.htm

26) Cadogan J., Eastel R., Jones N., *et al.*: Milk intake and bone mineral acquisition in adolescent girls: randomized, controlled intervention trial. *BMJ* 315:1255-1260, 1997.

27) Cheng S., Lyytikainen A., Kroger H., *et al.*: Effects of calcium, dairy products, and vitamin D supplementation on bone mass accrual and body composition in 10-12-y-old girls: a 2-y randomized trial. *Am. J. Clin. Nutr.* 82:1115-1126, 2005.

28) Murphy S., Khaw K-T., May H., *et al.*: Milk consumption and bone mineral density in middle aged and elderly women. *BMJ* 308:939-941, 1994.

29) Heaney R.P.: Calcium, dairy products and osteoporosis. *J. Am. College Nutr.* 19:83S-99S, 2000.

30) Kawakami H.: Biological significance of milk basic protein (MBP) for bone health. *Food Sci. Technol. Res.* 11:1-8, 2005.

31) 國立健康・榮養研究所 HP: http://hfnet.nih.go.jp/contents/detail479.html
32) 3-A-Day HP: http://www.3aday.jp/3aday/skin/index.html
33) 春田裕子, 渡邊達也, 上野 宏, 他: 牛乳スフィンゴミエリン高含有素材がヘアリスマウスの皮層に与える影響. 第61回日本榮養・食糧學會, 2007.
34) 門岡幸男, 川 功博, 川上 浩: チーズの熟成によるアルコール性肝障害低減作用 日本農藝化學會 2006年度大會

4-5

# 치즈와 유청에 함유된 단백질의 면역과학

신슈(信州)대학 대학원 농학연구과
오타니 하지메(大谷 元)

우유 및 유제품과 면역계와의 관계에서 오래전부터 알려져 있는 것으로 우유 앨러지가 있다. 우유 앨러지는 소화가 잘 안 되었거나 부분 소화된 우유단백질이 장관에서 흡수되어 그것에 특이적인 혈청 항체가 과잉으로 생산되는 것이 계기가 된다. 예를 들면, IgE 클라스의 항체가 원인이 되는 즉시형(I형) 알레르기에서는 생산된 우유단백질에 대한 항체가 비만세포 표면의 IgE 수용체에 결합하여 체류하고 그 IgE에 우유단백질이나 그 부분 펩타이드가 결합하면 그것이 자극이 되어 비만세포가 탈과립을 일으킨다. 그 결과, 비만세포로부터 히스타민이나 루코트리엔(leucotriene) 등의 화학정보 전달물질이 방출되어 복잡한 경로를 거쳐 아토피성 피부염이나 천식 등의 각종 알레르기 증상이 생긴다.[1]

우유 앨러지의 초기 연구에서는 우유에 함유되어 있지만, 사람의 젖에는 함유되어 있지 않은 주요 유청 단백질인 'β-락토글로브린'이 주 원인물질로 생각되고 있다. 그러나 그 후의 연구에 의하여 치즈 중의 주요 단백질인 카제인이나 β-락토글로브린 이외의 유청 단백질도 알레르기의 원인이 될 수 있음이 임상적으로 확인되었다.[2] 프로테아제를 우유단백질에 작용시키면, 일반적으로 알레르겐성이 저하하는 것으로부터 우유단백질의 프로테아제 처리는 우유 앨러지의 예방이나 치료용 인공 유(乳) 제조를 위한 유효한 수단이 되고 있다.[2] 일반적으로 치즈는 키모신으로 조제한 커드를 숙성시킨 것이며, 숙성 과정에서 키모신이나 스타터 미생물이 생산하는 프로테아제가 커드 중의 단백질에 작용한다. 그러나 치즈의 숙성 과정에 있어서 우유단백질의 분해는 한정적인 것이며, 우유 앨러지 환자에 대해서 치즈는 알레르기 발생능(알레르겐성)을 완전히 잃어버린 것은 아니다.

한편, 일본에서는 1980년대부터 식품이 가진 건강유지 기능이나 질병예방 기능이 주목받게 되었다. 식품학 영역과 의학 영역의 연구자에 의한 국가적 프로젝트를 시작으로 많은 연구자에 의한 식품이 가진 생체조절 기능에 관한 연구가 정력적으로 실행되어 식품성분이 건강 유지나 질병의 예방에 기여한다고 하는 과학적 근거가 축적되었다. 1991년 일본에서는 식품과 건강과의 연결에 관한 건강 강조 표시를 인정하는 제도[특정 보건용 식품 제도, 특보(特保)]가 세계에서 처음으로 법률적으로 도입되었다. 그 후 다시 영양 기능식품이라고 하는 생각도 도입되어 현재로는 특정 보건용 식품과 영양 기능식품을 합쳐서 '보건기능식품'이라고 하는 명칭을 사용하여 법률적으로 일반 식품과 구별하고 있다.

젖은 본래 탄생 직후의 포유류에게는 유일한 먹을거리이며, 젖 성분은 목적에 맞는 식품 기능을 가지고 있다. 1979년 Brantl et al[3]이 우유 카제인의 소화물 중에 opioid 활성이 있다는 것을 알아낸 것을 단서로 하여 우유단백질 유래의 생체 조절 펩타이드에 관한 연구는 일약 세계적으로 각광을 받고 많은 연구 성과를 낳았다. 미네랄의 흡수 촉진을 목적으로 한 특정 보건용 식품이나 혈압의 상승을 억제하는 것을 목적으로 한 특정 보건용 식품은 우유단백질을 원료로 사용하여 만들어지고 있다.

젖의 가장 중요한 식품 기능은 영양계의 공급과 함께 생체 방어기능의 미숙한 신생아에의 생체 방어 성분의 공급이다. 그 때문에 젖에는 다량의 면역글로브린이 함유되어 수동면역으로서 그들이 감염 방제에 기여하고 있다. 그러나 최근, 우유단백질에 능동면역계의 조절 작용도 준비되어 있다는 것이 밝혀져 왔다.

여기서는 우유를 원료로 해서 만드는 치즈와 그 부산물로서 생기는 유청 중의 주요 단백질이나 그 소화에 의하여 생기는 펩타이드의 면역조절 기능에 대하여 해설한다.

## 1. 식품 성분에 의한 면역계를 통한 생체 방어기구

우리들은 병원성 생물이나 종양세포에 공격받을 가능성에 언제나 노출되어 있다. 그러나 그들에게 공격받을 가능성이 극히 적은 것은 면역기구가 준비되어 있기 때문이다. 면역기구는 기능적으로 자연 면역기구와 획득 면역기구로 대별된다.[1] 전자는 병원성 생물(면역용어로 항원이라고 함)에 대한 최초의 방어기구이며, 라이소자임(lysogyme)이나 peroxidase와 같은 효소, 트랜스페린이나 인터페론과 같은 생리활성 단백질 및 식세포나 내추럴 킬러(NK) 세포와 같은 세포에 의한 항원에 비특이적인 기구이다. 후자는 이전에 침입한 항원과 특이적으로 반응하도록 만들어진 항체나 킬러 T세포에 의한 처리기구이며, 한번 만난 항원에 대한 정보를 림프구가 기억하고 다시 그 항원이 침입하면 재빠르게 항체나 킬러 T세포가 만드는 것에 기초를 두고 있다.

한편, 면역기구는 그것을 노리는 조직에 의한 전신면역(말초면역)과 국소면역(점막면역)으로 대별된다. 전자는 비장이나 림프절을 유도 조직으로 하고 후자는 점막 관련 림프 임파 조직을 유도 조직으로 한다.[4] 식품으로서 섭취한 치즈나 유청 중의 단백질이나 펩타이드가 접할 수 있는 면역유도 조직은 점막 관련 림프 조직의 하나인 장관 관련 림프 조직이다. 장관 관련 림프 조직은 Peyer's patch, 장간막 림프절, 점막 고유층 및 장관상피 등으로부터 구성되어 있으며, 그들 조직에는 NK세포, 빈식세포 및 림프구 등의 면역 담당 세포가 준비되어 있다.[4]

NK세포는 '태생부터 살인청부업자'이며, 처음 만난 바이러스 감염세포나 종양세포를 파괴한다. 마크로파지, 수상세포 및 호중구(好中球)는 빈식(貧食) 세포이며, 항원을 세포 내로 집어넣어 분해하는 것과 함께 마크로파지나 수상세포는 항원의 분해 단편을 림프구에 제시하는 것이나 여러 종류의 사이토카인을 생산하는 것에 의하여 획득 면역에도 관계한다. 림프구는 항체 생산세포인 형질세포로 분화하는 B세포, 항체 생산을 조절하는 헬퍼 T세포나 서프레서 T세포, 바이러스 감염세포나 암세포에 작용하는 킬러 T세포 등으로 분류된다.[1] 예를 들면, 장관에 침입한 항원은 Peyer's patch의 M세포에서 Peyer's patch 내에 가두어져 수상세포에 빈식(貧食)되고 그 분해 파편이 T세포에 표출된다. 동시에 B세포도 항원을 인식하고 항원 표출세포나 헬퍼 T세포가 생산하는 사이토카인 작용을 받아 세포 표면에 그 항원과 특이적으로 결합할 수 있는 막형(膜型) IgA를 발현하고 sIgA 양성 B세포로 분화한다. sIgA 양성 B세포는 Peyer's patch에서 방출되어 유도 조직인 장간막 림프절을 경유하여 점막 고유층으로 이동해서 Peyer's patch에서 인식한 항원과 반응하는 sIgA를 생산한다. 또한 Peyer's pathch 의 sIg 양성 B세포는 순환귀소경로(포밍이라고 함)에 의해 림파구나 혈관을 경유해서 비강, 인후, 기관지, 누선, 유선 등의 점막조직에 운반되고 거기서 peyer's patch로 인식한 항원에 특이적인 sIgA를 생산고 그들 조직의 생체방어에 기여한다.[4] 그들 조직의 생체 방어에 기여한다.

식물로서 섭취한 식품 성분에는 항미생물 작용이나 종양세포에 대해서 세포 상해작용을 가지는 것, 면역 담당 세포의 분화나 사이토카인의 생산을 조절하는 것이 있다. 그들 중에서도 전자의 성분은 소화관 내에서 직접적 병원미생물이나 종양세포에 작용해서 그들을 무해화할 가능성이 있다. 또한 후자의 성분은 항원이 M세포로부터 Peyer's patch에 가두어지는 것과 같이 Peyer's patch를 시작으로 한 점막 면역계에 영향을 미칠 가능성이 있다.

칼슘 비감수성인 $\kappa$-카제인에서 카제이노글리코펩타이드(CGP, 글리코마크로펩타이드) 영역을 효소적으로 유리시켜 얻어지는 커드를 숙성해서 만드는 치즈는 $\alpha_{s1}$-카제인, $\alpha_{s2}$-카제인 및 β-카제인의 칼슘 감수성 카제인과 파라-$\kappa$-카제인 및 그들의 소화에 의하여 생기는 다양한 펩타이드가 포함된다. 또한 커드를 회수한 후, 잔사인 유청에는 β-락토글로브린, $\alpha$-락토알부민, 면역글로브린 등의 유청 단백질이나 CGP가 포함된다. 일반적으로 단백질이나 펩타이드의 장관으로부터의 흡수기구를 고려하면, 치즈나 유청 중의 단백질이나 펩타이드가 장관까지 흡수되어 전신면역기구에 영향을 미치는 가능성은 극히 낮지만,[5] 그들 단백질이나 펩타이드가 장관에서 병원성 생물에 접하는 것이나 장관 관련 림프조직에 있는 면역 담당 세포에 접할 수는 있다. 따라서 우유단백질이나 그 소화에 의하여 생기는 펩타이드의 생체방어 활성이 소화관에서 불활성화되지 않는 한, 그들 펩타이드는 그 분자량에 좌우됨이 없이 생체방어에 관계할 가능성이 있다. 그래서 치즈와 유청 중의 주요 단백질이나 그들의 소화에 의하여 생기는 펩타이드에서 발견되는 자연 면역계 및 획득 면역계에 미치는 작용과 의의를 고찰한다.

## 2. 치즈 중의 주요 단백질 및 펩타이드의 면역 조절작용

### 1) 칼슘 감수성 카제인과 파라-κ-카제인 소화에 의하여 생기는 항균성 펩타이드와 세포상해성 펩타이드[6)]

칼슘 감수성 카제인과 파라-κ-카제인 및 그들 소화에 의하여 생기는 펩타이드의 항미생물 작용과 세포상해 작용을 [표 1]에 나타내었다.[6)] $\alpha_s$-그룹의 카제인이나 파라-κ-카제인의 소화물로부터 항균성이나 세포상해성을 가지는 펩타이드가 분리되어 있지만, β-카제인의 소화물로부터는 분리되어 있지 않다.

$\alpha_{s1}$-카제인의 키모신 소화에 의하여 생기는 'isracidin'(f 1-23에 상당)은 포도상구균이나 효모에 작용한다. 본 펩타이드는 $\alpha_{s1}$-카제인에 키모신이 작용하는 것에 의하여 생기는 것으로부터 치즈의 숙성 과정에 생성하는 가능성은 높다. 'α-casecidin'는 어느 쪽도 디 또는 트리펩타이드(Arg-Pro-Lys, Leu-Lys-Lys, Tyr-Lys)이며, C-말단에 염기성 아미노산을 가지며, 소수성 아미노산도 함유하고 있다. 본 펩타이드는 백혈병 환자 유래의 주화세포(株化細胞)에 necrosis(괴사)를 유도하지만, 그 작용은 혈청이 공존하면 기능하지 않는다. casocidin-1은 $\alpha_{s2}$-카제인의 f 165-203에 상당하는 항균성 펩타이드이며, N-말단 영역과 C-말단 영역의 2개의 펩타이드로 분단해도 양 펩타이드 모두 항균 활성을 유지하고 있다.

**표 1.** 치즈 중의 칼슘 감수성 카제인 및 para-κ-casein의 소화에 의하여 생긴 항균성 및 세포상해성 펩타이드[6)]

| 단백질 영역(명칭) | 표적미생물 및 세포 |
|---|---|
| $\alpha_{s1}$-casein<br>f 1-23(isracidin) | *Streptococcus carnsus, Candida albicans* |
| $\alpha_{s1}$-casein<br>f 1-3,101-103,104-105(α-casecidin) | 인간 백혈병 환자 유래 주화 T 및 B세포에 necrosis |
| $\alpha_{s2}$-casein<br>f 165-203(casocidin-1) | *Streptococcus carnsus, Escherichia coli* |
| $\alpha_{s2}$-casein<br>f 164-179 | *Escherichia col, Streptococcus thermophilus* |
| $\alpha_{s2}$-casein<br>f 183-203 | *Escherichia coli, Streptococcus thermophilus, Bacillus cereus, Listeria innocua* |
| 파라-κ-casein<br>f 17-21 (κ-casecidin) | *Staphylococcus aureus, Bacillus cereus, Eschericia coli, Salmonella typhimurium*<br>우유세포, 인간 백혈병 환자 유래 주화 T 및 B세포에 apoptosis 유도 |

한편, 파라-κ-카제인의 트립신 소화에 의하여 생기는 f 17-21에 상당하는 'κ-casecidin'(Phe-Phe-Ser-Asp-Lys)은 항균 작용과 세포상해 작용의 쌍방을 가지며, 그들 작용의 발현에는 N-말단의 Phe와 C-말단의 Lys가 불가결하다. 일반적으로 저분자의 항균성 펩타이드의 활성 발현에는 염기성 아미노산이나 소수성 아미노산이 중요한 역할을 담당하고 있다고 전해지고 있지만, κ-casecidin도 예외는 아니다.

### 2) 칼슘 감수성 카제인과 파라-κ-카제인 소화에 의해 생기는 면역조절 펩타이드[7-9]

칼슘 감수성 카제인 및 파라-κ-카제인과 그들의 소화에 의하여 생기는 펩타이드의 면역 조절작용을 [표 2]에 나타내었다.[7-9] 모든 칼슘 감수성 카제인 및 파라-κ-카제인의 소화물로부터 식작용의 촉진, 림프구의 증식, 사이토카이닌의 생산 및 항체의 생산에 영향을 미치는 펩타이드가 분리되어 있다. 또한 그들 펩타이드는 트리펩타이드부터 아미노산 잔기 수가 100개를 넘는 펩타이드까지 있음과 동시에, 저농도와 고농도에서는 반대의 작용을 나타내는 것도 있다. 칼슘 감수성 카제인이나 파라-κ-카제인 유래의 식작용 촉진 펩타이드나 림프구 증식 촉진 펩타이드는 여러 종류가 있으므로 치즈의 섭취에 의한 면역계의 활성화가 기대된다.

**표 2.** 치즈 중의 칼슘 감수성 casein 및 para-κ-casein의 소화로 생기는 면역조절 펩타이드[7]

| 단백질 영역(명칭) | 작용 |
|---|---|
| $\alpha_{s1}$-casein<br>f 1-23 (isracidin) | 식작용과 면역응답의 촉진 |
| $\alpha_{s1}$-casein<br>f 194-199 (immunocasokinin) | 식작용의 촉진 |
| $\alpha_{s1}$-casein<br>f 59-79 (casein phosphopeptide) | 림프구에 mitogen 활성 |
| β-casein<br>f 1-25 (casein phosphopeptide) | 세포배양계로 IgA 생산을 촉진, IL-5와 IL-6 생산 촉진, 면역조절 활성 중심은 SerP-X-SerP, Toll-like receptor-4를 넣어 면역 담당 세포에 결합, NC 마우스의 allergy 증상 경감 |
| 시판되는 casein phosphopeptide<br>(CPP-Ⅰ 및 CPP-Ⅲ) | 마우스와 새끼돼지의 장관 IgA 레벨의 증강, 사람의 분변(糞便) IgA 및 돼지 초유 IgA 레벨의 증강 |
| β-casein<br>f 60-66 (β-casomorphin-7) | 저농도로 림프구의 증식 억제/고농도로 촉진 |
| β-casein<br>f 63-68 (β-immunopeptide) | 식작용의 촉진 |
| β-casein<br>f 193-202 (β-casokinin-10) | 저농도로 림프구의 증식 억제/고농도로 촉진 |

| | |
|---|---|
| β-casein<br>f 192-209 (C말단 immunopeptide) | 림프구에 mitogen 활성 |
| κ-casein<br>f 38-39 (κ-immunopeptide) | 림프구의 증식 촉진 |
| κ-casein<br>f 1-105 (para-κ-casein) | 인간 hybridoma에 의한 IgM 생산을 촉진 |
| κ-casein<br>f 25-34 (casokisin-C) | 다형핵 백혈구의 식작용을 촉진 |
| κ-casein<br>f 17-21 (κ-casecidin) | 저농도로 림프구의 증식 억제/고농도로 apoptosis |

카제인 포스포펩타이드(CPP)를 가지는 칼슘 흡수 촉진작용은 우유 유래의 생체조절 펩타이드 중에서도 가장 빨리 주목받고 있었던 것이며, 칼슘 흡수 촉진작용에 착안한 특정 보건용 식품이 개발되어 있다는 것은 이미 기술한 대로이다. CPP는 [그림 1]에 나타낸 것처럼, SerP-X-SerP 영역을 통해 쥐의 면역 담당 세포인 Toll상 수용체(Toll-like receptor)-4에 결합하고 IL-5나 IL-6의 생산을 재촉함에 의하여 IgA 생산을 촉진한다. 특정 보건용 식품에 함유된 CPP 표품(우유 β-카제인 f 1-28과 $\alpha_{s2}$-카제인 f 1-32를 주성분으로 하는 펩타이드 혼합물로 CPP-I 및 CPP-III라고 이름이 붙어 있는 것)을 쥐나 새끼돼지의 사료에 첨가하여 공급하면, 쥐에서는 사료 단백질, 복강 내 주사한 단백질 및 경구 투여한 세균 리포폴리사카라이드에 대한 장관 IgA와 총 IgA 레벨이, 새끼돼지에서는 근육 내 주사한 단백질에 대한 장관 IgA

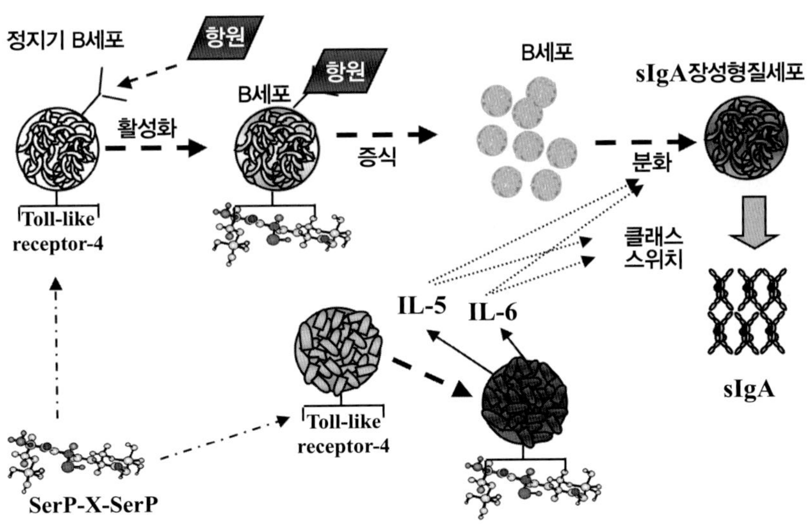


**그림 1.** Casein phosphopeptide(CPP)에 의한 sIgA 생산 촉진(모식도)

와 총 IgA 레벨이 CPP 무첨가 사료에서의 사육의 경우보다도 유의하게 높게 되고 새끼돼지에서는 출하 일수가 단축된다. 그러나 양 동물 모두에게서 IgG나 IgM 클라스의 항체 레벨은 CPP 무첨가 사료에의 사육의 경우와 거의 같으며, CPP에 대한 항체는 장관에 있어서도 혈액에 있어서도 거의 검출되지 않는다. 또한 출산 1개월 전의 돼지를 그 돼지가 분만한 새끼돼지가 이유(젖을 끊을 때)할 때까지의 기간, CPP 첨가 사료에서 사육하면 무첨가 사료에서 사육한 경우보다도 초유의 IgA나 IgG 레벨이 유의하게 높게 된다.

한편, 건강한 참여자가 CPP를 1개월간 경구섭취하면 분변 IgA 레벨이 상승하는 경향이 있다. 또한 알레르기 자연발생 쥐를 CPP 첨가 사료로 사육하면 무첨가 사료에서 사육한 경우보다도 사료 단백질인 오보알부민(ovoalbumin)에 대한 장관 IgA 레벨은 현저하게 높아지고 혈청 IgE 레벨은 현저하게 낮게 되는 것으로부터, 알레르기 증상은 경감된다. 이러한 것으로부터, CPP의 경구섭취는 점막IgA 응답을 재촉하고 감염 방어나 알레르기 증상의 경감에 기여한다는 것이 시사되었다. 우유 및 유제품의 섭취에 의해 장관에서 CPP가 생성되는 것과 함께 생성된 CPP는 장관의 프로테아제에 대해서 저항성을 가지는 것은 주지의 사실이며, 치즈 섭취에 의한 장관 IgA 생산의 강화가 기대된다.

## 3. 유청 중의 주요 단백질 및 펩타이드의 면역 조절작용

### 1) 카제이노글리코펩타이드와 유청 단백질의 소화에 의해 생기는 항균성 및 세포상해성 펩타이드[6]

카제이노글리코펩타이드(CGP)와 주요 유청 단백질 및 그들의 소화에 의하여 생기는 펩타이드의 항미생물 작용과 세포상해 작용을 [표 3]에 나타내었다.[6] CGP 및 $\alpha$-락토알부민이나 락토페린의 소화물로부터 항균성이나 세포상해성을 가지는 복수의 펩타이드가 분리되어 있지만, 우유 유청 중에 가장 많은 단백질인 $\beta$-락토글로브린의 소화물로부터는 분리되어 있지 않다.

CGP와 락토페린은 함께 당 사슬을 가지고 있으며, 항바이러스 활성의 발현에는 그들 단백질의 당 사슬이 관계하고 있는 경우가 많다.

**표 3.** Caseinoglycopeptide(CGP) 및 주요 유청 단백질의 소화에 의해 생겨나는 항균성 및 세포상해성 펩타이드[6]

| 단백질 영역(명칭) | 표적미생물 및 세포 |
|---|---|
| κ-casein<br>f 106-169(CGP) | 콜레라 독소의 receptor로의 결합 저해, 인플루엔자 바이러스에 의한 적혈구 응집반응의 저해, 방선균과 연쇄구균의 적혈구로의 결합 저해 |
| α-lactalbumin<br>f 1-5 | *Bacillus subtilis, Micrococcus luteus, Staphylococcus lentus, Staphyococcus epidermidis* |
| α-lactalbumin<br>f 17-31과 f 109-114의 SS 결합물 | *Bacillus subtilis, Staphylococcus aureus, Staphylococcus epidermidis, Staphylococcus zooepidemicus, Klebsiella pneumonia* |
| α-lactalbumin<br>f 61-68과 f 75-80의 SS 결합물 | *Bacillus subtilis, Staphylococcus aureus, Staphylococcus epidermidis, Staphylococcus zooepidemicus, Klebsiella pneumonia* |
| Lactoferrin | 바이러스, 세균, 원충, 콜레라 독소의 receptor로의 결합 저해 |
| Lactoferrin<br>f 17-41 (lactoferricin B) | *Bacillus, Streptococcus, Stapylococcus, Listeria, Escherichia, Klebsiella, Pseudomonas, Salmonella, Proteus, Candida, Cryptococcus, Penicillium* 속의 일부 THP-1(인간 백혈병 주화세포)에 apoptosis |
| Lactoferrin<br>f 20-25 | 미생물 |
| Lactoferrin<br>f 1-16과 f 43-48의 SS 결합물 | *Salmonella salford, Escherichia coli, Staphylococcus aureus, Listeria monocytogenes* |
| Lactoferrin<br>C-말단에서 90 잔기 | 바이러스 |
| Lactoferrin f 472-538 | 충치균 |

한편, 천연 펩타이드의 항균 활성의 발현에는 염기성 아미노산과 소수성 아미노산이 중요한 역할을 담당하고 있다는 것을 이미 기술했지만, α-락토알부민 유래의 항균성 펩타이드에 있어서도 f 1-5에 상당하는 펜타펩타이드(Glu-Gln-Leu-Thr-Lys)는 C-말단에 염기성 아미노산인 Lys가 있으며, 소수성 아미노산도 함유되어 있다. 본 펩타이드는 전술한 κ-casecidin과 같이 겨우 5잔기의 아미노산으로부터 구성되어 있음에도 불구하고 염기성 아미노산과 소수성 아미노산에 더하여 산성 아미노산과 수산기를 가지는 아미노산을 함유하고 있다.

락토페린은 1분자당 2개의 철 원자와 결합할 수 있으므로 철 요구성이 높은 세균의 철 이용성을 저하시킴에 의하여 정균작용을 발현한다. 또한 락토페린은 N-lobe 영역에 염기성 아미노산의 집중역을 가지며, 그 영역을 통해서 그람 음성균의 리포폴리사카라이드에 손상을 가하는 것으로 항균작용을 발현한다. '락토페리신B'(Arg-Arg-Trp-Gln-Trp-Arg)는 Arg와 Trp를 통하여 미생물 세포막의 인지질에 결합해서 살균작용을 발현한다.

또한 락토페린 소화물로부터는 C-말단 영역에 위치하는 항균성 펩타이드도 분리되어 있으며, 유청의 섭취에 의한 락토페린의 항미생물 작용이 기대된다.

### 2) 카제이노글리코펩타이드와 주요 유청 단백질의 소화에 의해 생기는 면역조절 펩타이드[9, 10]

CGP와 주요 유청 단백질의 소화에 의하여 생기는 펩타이드의 면역 조절작용을 [표 4]에 나타내었다.[9, 10] 유청 중의 주요 단백질인 β-락토글로브린과 두 번째로 많은 α-락토알부민의 소화물로부터 다수의 식작용 촉진 펩타이드가 분리되어 있다. 이들 펩타이드의 크기는 여러 가지이며, 양 단백질 분자에 폭넓게 분포해 있는 것으로부터 유청이 섭취에 의하여 장관에 있어서 식세포의 활성화가 기대된다. 한편, CGP와 락토페린은 림프구의 증식 조절 작용, 각종 사이토카인의 생산조절 작용, 면역글로브린의 생산조절 작용, 항알레르기 작용 등 다양한 면역 조절작용이 있으며, IgG에는 획득액성(獲得液性) 면역 조절작용이 있다.

CGP는 응유효소로 커드를 만들 때 최초로 유리하는 펩타이드이며, 유청 중의 주요 펩타이드 중의 하나이다. CGP는 쥐 비장세포나 장관 Peyer's patch 세포배양계에서 B세포와 T세포의 증식을 저해하고 IgG의 생산을 억제한다. κ-카제인은 당 사슬을 가지는 것을 이미 기술했지만, κ-카제인의 당 사슬은 모두 CGP의 영역이다. CGP의 B세포와 T세포의 증식 억제기구는 펩타이드 사슬에 결합해 있는 당 사슬의 구조에 의하여 달라진다. [그림 2]에 나타낸 것처럼, B세포의 증식 억제기구는 펩타이드 1분자당 시알산을 1개 포함하는 당 사슬을 2개 가진 CGP가 항원표출 세포에 결합해서 IL-1 대신으로 IL-1 리셉터 안타고니스트를 생산시키는 것에 의하여 생긴다. T세포의 증식 억제작용은 B세포의 경우와 같은 기구에 더해서 펩타이드 1분자당 시알산을 2개 함유하는 당 사슬을 2개 가진 CGP가 CD4 양성 T세포에 결합해서 IL-2 리셉터의 발현을 저해하는 것에 의하여 생긴다. 그러나 성인이 유청을 먹어도 CGP는 위에서 소화되기 때문에 장관 림프구에의 작용은 거의 없는 것으로 생각되고 있다.

한편, 감염된 쥐에게 항생물질과 함께 락토페린을 경구투여하면, 연명효과가 나타나는 것, 락토페린은 쥐의 직장암을 억제하는 것, 새끼돼지 엔도톡신 쇼크에 대해서 락토

**표 4.** Glycomacropeptide 및 주요 유청 단백질과 그 소화에 의해 생기는 면역조절 펩타이드[9, 10]

| 단백질 영역(명칭) | 작용 |
|---|---|
| κ-casein<br>f 106-169(caseinoglycopeptide) | 림프구의 증식 억제, macrophage에 의한 IL-1 receptor antagonist의 생산 유도, Helper-T세포 표면으로의 IL-2 receptor의 발현 저지, 수신 피부 anaphylaxis 반응의 억제, 비만세포에 의한 histamine 유리 억제 |
| α-lactalbumin<br>f 18-20 및 f 50-51(immunopeptide) | B세포와 T세포의 증식 촉진 |
| α-lactalbumin<br>f 18-20, 50-52, 99-108, 104-108, 105-110 | 식작용의 촉진 |
| β-lactoglobulin<br>f 9-14, 15-20, 22-25, 32-40, 78-80, 81-83<br>f 94-100, 102-103, 104-105, 106-111, 142-146 | 식작용의 촉진 |
| Lactoferrin | 염증반응의 조절, 보체계의 조절, 식작용의 촉진, 비만세포에 의한 histamine 유리 억제, 수신피부 anaphylaxis 반응의 억제, 각종 cytokine의 생산 조절, 림프구의 증식의 조절, IgM 생산의 촉진 |
| IgG<br>유리 IgG 및 Fc 영역<br>IgG와 대장균과의 복합체 | 면역글로브린, 특히 IgA 생산의 촉진<br>항원제시 세포 및 B세포의 분화의 억제, 면역글로브린의 생산 억제, Th0세포의 Th1세포 및 Th3세포로의 분화 촉진, Th2세포로의 분화 억제, 제어성 T세포의 유도, Fc ε receptor의 발현 저해, 자연세포성 면역의 촉진 |

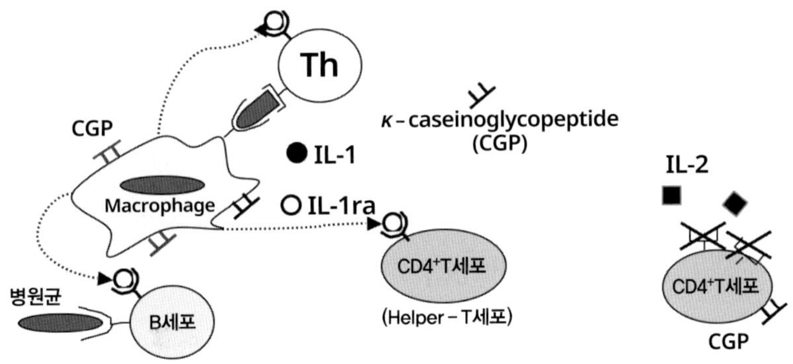


CGP가 macrophage에 결합하는 것에 의해 macrophage는 IL-1 대신 IL-1리셉터 길항물질을 생산한다. 본 성분은 B세포와 T세포의 IL-1리셉터에 결합하지만, IL-1처럼 정보 전달을 행하지 않기 때문에 B세포와 T세포의 활성화나 증식이 억제

CGP는 CD4⁺T세포에 결합해, CD4⁺T세포 표면의 IL-2리셉터의 발현을 저해하고 증식을 억제

**그림 2.** Caseinoglycopeptide(CGP)에 의한 면역억제[9)](모식도)

페린의 경구투여가 연명효과를 나타내는 것 등이 확인되고 있다. 또한 쥐의 락토페린 경구투여가 비장세포에 의한 IFN-γ와 IL-10의 생산을 촉진한 것이나 포도상구균에 감염된 쥐에게 락토페린을 경구투여하면 신장의 포도상구균 수가 감소한다는 것이 확인되어 있고, 락토페린의 이러한 작용은 항균작용에 기인하는 것이 아니고 빈식세포의 활성화에 의한 것으로 생각되고 있다. 이러한 것으로부터 유청의 경구섭취에 의한 락토페린의 생체 방어 작용이 기대된다.

IgG를 쥐의 사료에 첨가하면, 사료 단백질에 특이적인 장관과 혈액의 IgG나 IgA 레벨이 IgG 무첨가 사료로 사육한 경우보다도 유의하게 낮아지고, 마크로파지나 NK세포의 수나 기능이 유의하게 높아진다. 그러나 쥐 비장세포 배양계에 IgG나 그 Fc 프래그멘트를 가하면 배양 상징(上澄)액 중의 면역글로브린 레벨, 특히 IgA 레벨이 현저하게 높아지고, 비장세포의 IL-5와 IL-6에 대한 mRNA의 발현이 그들 무첨가의 경우보다도 높게 된다. 일반적으로 면역 담당 세포에는 FcγRI, FcγRIIb 및 FcγRIII 등의 IgG 수용체가 존재하고 있다. 쥐가 IgG를 경구섭취한 경우, 장관 내에서 IgG가 항원과 결합해서 Peyer's patch에 갇힌 경우는 Peyer's patch의 항원 표출 세포에 FcγRIIb를 통해서 결합하는 것으로 면연 글로브린의 생산은 촉진된다. 면역계를 시작으로 생체 방어계에는 다양한 단백질이 관여하고 있지만, 그들의 단백질의 합성 양은 게놈으로부터의 전사에 의하여 발현되는 mRNA 양에 의하여 결정된다. 쥐를 IgG와 이들과 결합할 수 있는 대장균을 첨가한 사료 및 IgG의 Fc 프래그멘트를 첨가한 사료로 사육해서 Peyer's patch 세포 유전자의 망라적인 해석을 실시하면, [그림 3]에 나타낸 것처럼 이들 IgG나 Fc 프래그멘트 무첨가 사료로 사육한 경우와 비교한 경우와 비교해서 전자에서는 항원 표출 세포, Th2세포 및 B세포의 분화의 지표가 되는 분자 mRNA의 발현이 현저하게 저하하고 제어성 T세포의 지표가 되는 분자의 mRNA의 발현 양이 현저하게 증가한다. 그러나 후자에서는 이들 분자의 mRNA 발현 양에는 거의 변화가 보이지 않는다. 또한 양자 모두에게 IgE 수용체를 구성하는 α-서브유닛, β-서브유닛 및 γ-서브유닛의 mRNA의 발현 양과 류마티스환자의 B세포에 다량 발현하는 Fc receptor-like 3의 mRNA의 발현 양이 현저하게 저하한다. 이러한 것은 유청의 경구섭취에 의한 세포 레벨에서 액성면역 응답을 조절할 수 있다는 것을 시사하고 있으며, 유청의 면역조절 식품 소재로서 앞으로의 이용이 기대된다.

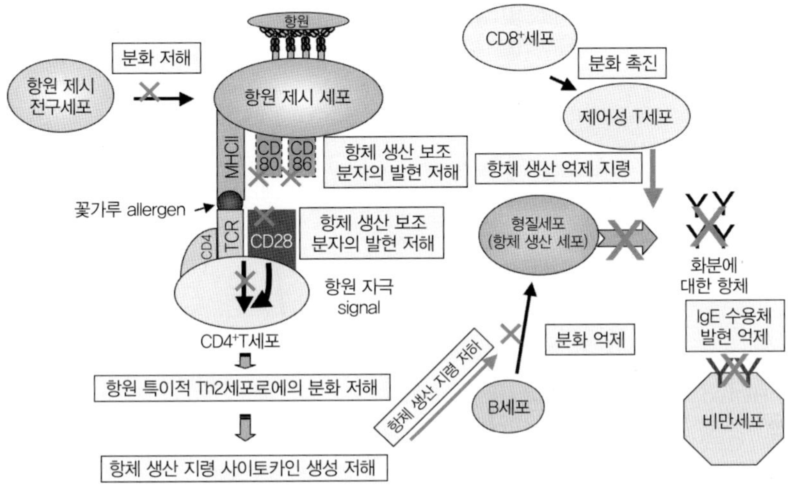


**그림 3.** 우유 IgG/대장균 복합체 첨가사료로 사육한 마우스 Peyer's patch 세포의 전사체학(transcriptome) 해석에 기초해 우유 IgG/대장균 복합체의 항체 생산 억제작용 부위와 IgE 수용체의 발현 억제[10](모식도)

* * *

치즈 및 유청 중의 주요 단백질의 소화에 의하여 생기는 항균성 펩타이드는 어느 것이나 펜타펩타이드 이상의 크기이며, 그 스펙트라도 그람 음성균, 그람 양성균, 곰팡이, 효모 및 바이러스로 다양하다. 또한 이들 펩타이드는 각 단백질의 N-말단 영역이나 C-말단 영역 부근 것이 많고, 치즈나 유청의 단백질 소화 과정에 있어서 비교적 빠른 시기에 생성하는 것으로 생각된다. 또한 이로부터 이들 활성은 우연히 준비된 것이 아니고 우유단백질에 목적에 맞게 편입되어 있다는 것이 시사되었다.

한편, 미생물이나 이상세포에 직접 작용하는 항미생물 작용이나 세포상해 작용을 가지는 펩타이드는 항체나 효소 이외는 이전 α-락토알부민 유래의 펩타이드이며, β-카제인이나 β-락토글로브린 유래의 펩타이드에 세포상해 작용이 보인다고 하는 것은 흥미 깊은 부분이다.

치즈 및 유청 중의 주요 단백질 및 그 소화에 의하여 생기는 펩타이드의 면역계에 미치는 작용은 촉진적으로 작용하는 것과 억제적으로 작용하는 것으로 대별된다. 즉, [그림 4]에 나타낸 것처럼 치즈 중의 칼슘 감수성 카제인의 소화에 의하여 생기는 CPP와 유청 중에 가장 많은 β-락토글로브린은 획득 액성 면역계에 대해서 촉진적이며, 유청 중에서

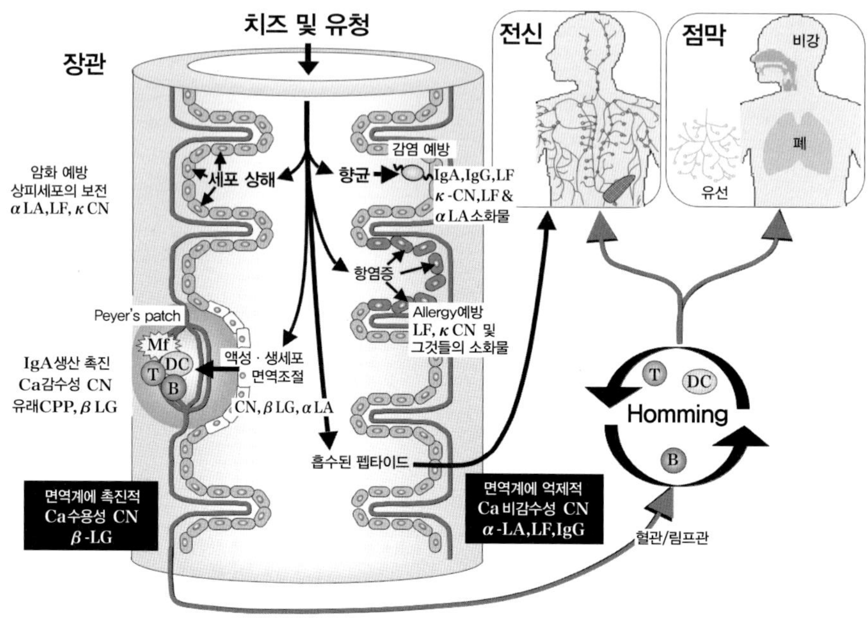


**그림 4.** 치즈와 유청 중의 단백질 및 그 소화에 의해 생기는 펩타이드의 면역조절[10](모식도)

두 번째로 많은 단백질인 $\alpha$-락토알부민과 락토페린 및 칼슘 비감수성 카제인의 소화로 생기는 CGP는 획득 액성 면역계에 억제적으로 자연세포성 면역계에 촉진적이다. 또한 IgG는 항원과 결합해 있든지(항원과의 복합체) 항원과 결합해 있지 않든지에 따라 액성 획득면역계에의 작용이 다르다.

최근, 이들 단백질을 실험동물이나 가축의 사료에 첨가하여 투여하면 생체방어계가 개선된다고 하는 보고가 다수 있다. 앞으로 치즈나 유청을 원료로 한 알레르기나 자기면역 질환의 예방이나 감염 예방을 위한 식품이 개발되어 우리들의 건강 유지에 기여할 것을 기대하고 싶다.

## 참/고/문/헌


1) 多田富雄監譯: 免疫學イラストレイテイッド, 南江堂, 東京, pp.9-44, 1986.

2) 大谷 元: アレルギー輕減化食品として酸酵乳, 細野明義編, 酸酵乳の科學, アイ・ケイコーポレーション川崎, 148-164, 2002.

3) Brantil V., Teschemacher H., Henschen A., and Lottspeich F.: Hoppe-Seyler's Z. *Physiol. Chem.,* 360:1211-1216, 1979.

4) 清野 宏・石川博通・名倉 宏編:粘膜免疫, 腸は免疫の司令塔, 中山書店 東京, pp.2-133, 2002.

5) 沖中重雄・武藤泰敏: 消化・吸收, 消化管機能の調節と適應, 弟一出版, 東京, pp.222-228, 1976.

6) 大谷 元: 食品・食品添加物研究誌, 209, 112-120, 2004.

7) 大谷 元: 乳業技術, 55, 10-20, 2005.

8) 大谷 元: 化學と生物, 41, 428-430, 2003.

9) 大谷 元: ミルクサイエンス, 55, 1-14, 2006.

10) 大谷 元: 食品工業, 50(11), 53-60, 2007.

# Part 5
# 유청 성분의 고도 이용

# 5-1 치즈 유청과 그 성분별 조제기술

요츠바(よつ葉)유업주식회사 중앙연구소/치즈연구소
모토지마 히데마사(元島英雅)
노하타 카즈아키(野畠一晃)

2005년 일본에서는 38,214톤의 자연치즈가 생산되었다. 그 내역은 고다(14,758톤), 체다(11,259톤), 카망베르(4,133톤), 모차렐라(1,512톤), 마스카르포네(1,136톤), 크림 치즈(860톤) 및 코티지(824톤) 등으로 되어 있다(일본유업연감, 2007년판). 이들 자연치즈 생산에 따라 유청이 상당량 부수적으로 생산되지만, 일본 대형 메이커 유청의 대부분은 유청 파우더로 가공되고 있다고 생각된다. 2008년부터 일본산 자연치즈 증산의 기운이 높아져 유청의 처리에 관해서 다시 관심이 모아지고 있다.

해외에 있어서는 유청의 뛰어난 영양 특성이나 생리학상의 가치가 다시 평가되기 시작한 것과 공업적인 분리기술이 발달한 것으로부터 치즈 유청을 단순히 유청 파우더로 하는 것이 아니고 성분마다 분획하여 제품화되어 가고 있다. 그러나 세계적으로 보면, 꽤 많은 유청이 아직 이용되지 않고 폐기되고 있다고 추정되고 있다. 유청을 어떻게 처리할까는 치즈 공장 자체의 경제성에 직결해 있으므로 일본에 있어서도 공장 규모에 맞추어 합리적인 처리 방법의 검토가 필요하다.

## 1. 유청의 종류와 성분

### 1) 유청, 그 종류와 성분[1~4]

유청은 치즈 또는 카제인을 제조할 때 커드로부터 분리되는 수상 부분으로 약간 녹황색의 반투명에서 백탁상 용액이다([그림 1]). 유청에는 우유 영양가의 약 50%에 상당하는 부분이 포함되어 있음에도 불구하고 종래 치즈 제조 시의 '부산물'로서 귀찮은 존재로 취급받아 왔다. 그 때문에 치즈 유청은 일반적으로 폐기물의 인상이 강하며, 생물화학적 산소요구량(BOD)은 32,000~60,000 mg/kg이나 되므로 환경에 대한 부하가 커 직접 폐기는 어렵다. 유청의 고형분은 일반적으로 6~7%이며, 그중 유당이 약 70%를 점유한다. 또한 유청 단백질로 총칭되는 가용성 단백질 13%, 회분 10%, 그 외 지방 및 유용성 비타민이 소량 함유되어 있다. 이들 성분은 원료유의 조성, 제조하는 치즈의 종류 및 제조 조건 등에 따라 다르다.

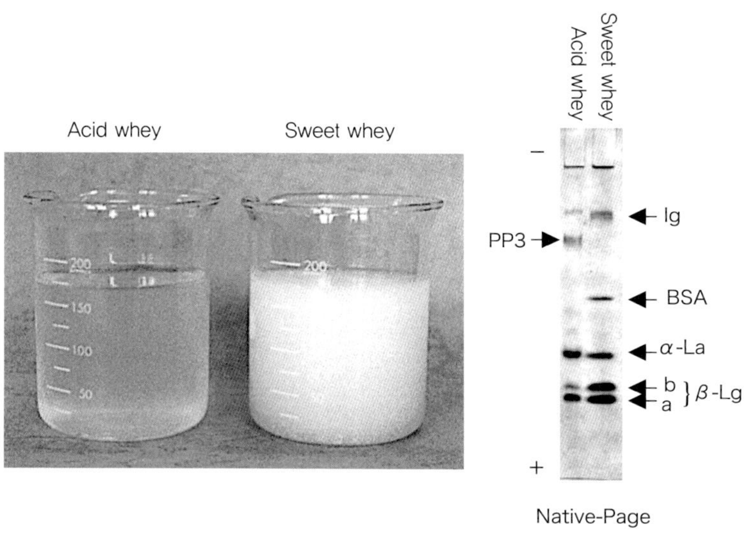


**그림 1.** Cheddar 치즈 유래의 감성 유청(우)과 신선 치즈 유래의 산유청(좌)의 비교

감성 유청은 흐리고 신선 치즈 유래의 산유청은 투명에 가깝다.
비변성 PAGE(폴리아크릴아미드젤 전기영동)에 의해 β-Lg 및 α-Lg이 주요 단백질인 것을 알 수 있다.

Ig: 면역글로브린, PP3: Proteose peptone component 3,
BSA: 소 혈청알부민, α-Lg: α-락토알부민, β-Lg: β-락토글로브린 유청은 감성(甘性) 유청(sweet whey) 및 산유청(acid whey)으로 대별된다. 감성 유청은 렌넷 응고에 의한 치즈(체다나 고다 등) 제조 시나 렌넷 카제인 제조의 부산물로서 생기는 유청으로 렌넷 유청이라고도 불린다. 그 pH는 6.0~6.5이다. 카망베르 치즈의 유청은 감성 유청이지만, 약간 pH가 낮다(pH 5.8~6.0).

한편, 산유청은 코티지 치즈, 쿠알크(신선 치즈), 크림 치즈 등의 제조 혹은 산 카제인 제조의 부산물로서 만들어지는 유청(산 카제인 유청)으로 그 pH는 4.2~4.7이다. 성분적으로는 감성 유청도 산유청도 유사하지만, 감성 유청에서는 렌넷 응고 시에 카제인 결합 칼슘 및 인의 대부분이 커드와 함께 침전하고 커드 쪽으로 이행하는 것으로 이들 함량은 적다. 산유청에서는 인산의 일부, 칼슘이 유청으로 이행하므로 칼슘과 인의 함량이 높다([표 1]).

**표 1.** 감성 유청과 산유청의 성분 구성(g/리터)

| 성분 | 감성 유청 | 산유청 |
|---|---|---|
| 전고형분 | 63.0~70.0 | 63.0~70.0 |
| 유당 | 46.0~52.0 | 44.0~46.0 |
| 단백질 | 6.0~10.0 | 6.0~8.0 |
| 칼슘 | 0.4~0.6 | 1.2~1.6 |
| 인산 | 1.0~3.0 | 2.0~4.5 |
| 젖산 | 2.0 | 6.4 |
| 염소 | 1.1 | 1.1 |

(문헌 1로부터 작성)

### 2) 유청의 성분별 분획 조제법과 제품[1~8]

유청의 성분별 조제공정, 유청으로부터 파생하는 제품의 개략을 [그림 2]에, 대표적인 유청 제품의 조성을 [표 2]에 나타내었다. 유청으로부터는 유청 파우더가 제조되는 것 이외에 유당, 유청 단백질 농축물(WPC), 유청 단백질 분리물(WPI), 밀크 칼슘 그리고 WPI의 일종으로 락토페린이나 락토퍼옥시다제 등이 제조되고 있다. 또한 유청을 배지로서 다양한 바이오매스, 발효산물을 생산할 수 있는 것 이외에 유당을 화학수식 혹은 효소수식하는 것, WPI를 효소분해해서 펩타이드화하는 것 등도 포함하면 극히 다양한 제품의 원료로서 이용 가능하다.

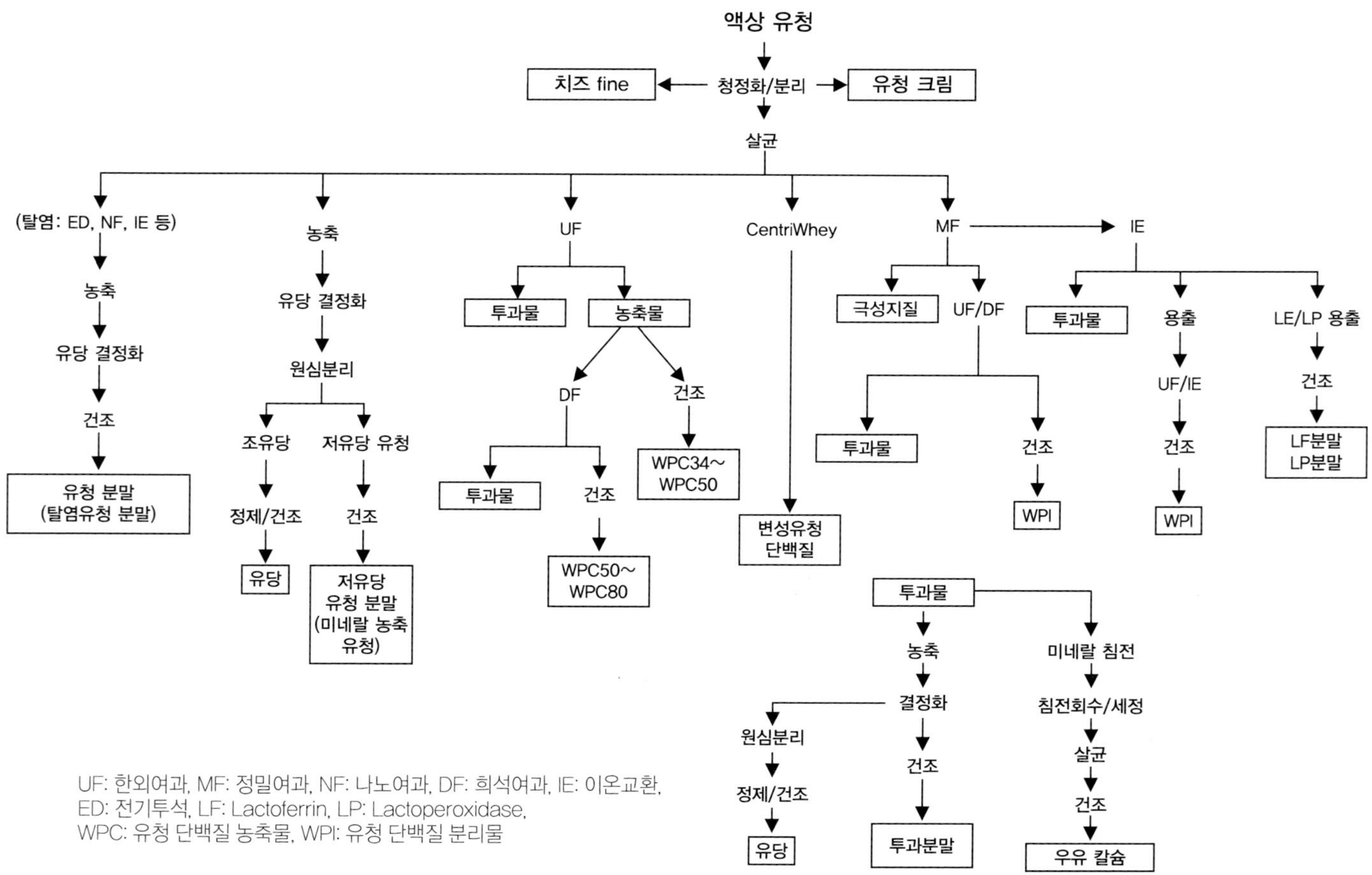


UF: 한외여과, MF: 정밀여과, NF: 나노여과, DF: 희석여과, IE: 이온교환,
ED: 전기투석, LF: Lactoferrin, LP: Lactoperoxidase,
WPC: 유청 단백질 농축물, WPI: 유청 단백질 분리물

**그림 2.** 유청의 성분별 가공기술과 주요 제품군[2,8]

**표 2.** 대표적인 유청 제품의 성분 구성(100 g당)[8]

| | 감성 유청 분말 | 산성 유청 분말 | 저유당 유청 분말 | 탈염 유청 분말 | WPC 34 | WPC 50 | WPC 80 | WPI | 유당 |
|---|---|---|---|---|---|---|---|---|---|
| 지방(g) | 1 | 0.5 | 2 | 2 | 3 | 4 | 5 | 0.13 | 0.1 |
| 당질(g) | 72 | 68 | 52 | 79 | 49 | 36 | 3 | 1.5 | 98 |
| 단백질(g) | 12 | 12 | 23 | 13 | 35 | 50 | 80 | 90 | 0.2 |
| Na(mg) | 876 | 928 | 2,495 | 24 | 551 | 472 | 183 | 250 | 11 |
| K(mg) | 2,118 | 2,111 | 4,400 | | 1,651 | 1,400 | 337 | 300 | 25 |
| Ca(mg) | 594 | 1,958 | 852 | 80 | 536 | 498 | 637 | 600 | 28 |
| P(mg) | 810 | 1,353 | 1,150 | 180 | 528 | 450 | 379 | 210 | 2.3 |
| 회분(g) | 8 | 11 | 15 | 1.2 | 6 | 7 | 4 | | 0.1 |
| 수분(g) | 4.5 | 4.5 | | | 4 | 4 | | | 2.4 |

미국유제품협회 편, 미국유청제품 입문서 1997년판에서 발췌

## 2. 분리기술의 발전

유청의 가공에 이용되는 기본적인 공정으로서는 농축, 등전점 침전, 결정화, 원심분리, 건조, 전기투석, 각종 막 처리 및 각종 크로마토그래피 등의 기술이 적용된다. 이들 중, 특히 막 처리 기술과 크로마토그래피 기술의 발달이 유청의 성분별 분획기술의 발전에 크게 기여하였다.

### 1) 막 분리[4, 5]

막 처리 기술은 1970년대부터 유청 처리에 도입되어 현재 다양한 막처리법이 실용적으로 도입 사용되고 있다. 식품공업에 이용되고 있는 막의 총 면적의 70%는 유업(乳業)에 이용되고 있다고 추측되고 있다. 유업에서 실제로 이용되는 막 처리는 주로 한외여과막(ultrafiltration, UF), 역삼투(reverse osmosis, RO), 나노여과(nanofiltration, NF), 정밀여과(microfiltration, MF)의 4개 범주로 분류된다. 그 종류와 유청 처리에 있어서 이용 분야를 [표 3]에 정리하였다. 막장치로서는 스파이럴(spiral)식 모듈, 튜브식 모듈 및 평막식 모듈 등이 있다. 또한 MF는 막히기 쉽고 지금까지 적용 범위가 적었지만, UTP(uniform transmembrane pressure) 기술에 의하여 장시간 운전이 가능하게 되어 카제인의 분리나 유청의 처리 등에 이용되고 있다.

**표 3.** 막여과의 종류와 유청 처리의 이용 예

| 막여과의 종류 | 구멍 지름과<br>분획분자량 | 특징 | 유청 처리에서의 이용 예 |
|---|---|---|---|
| 역삼투여과<br>(reverse osmosis, RO) | 0.001 ㎛ 미만<br>분획분자량<br>125Da 미만 | 특징: 물만이 투과한다.<br>주로 비가열적인 농축에 이용된다.<br>재질: 폴리머<br>운전압: 3~4 MPa | 유청의 예비 농축<br>유청 단백질의 농축<br>투과물의 예비 농축 |
| 나노여과<br>(nanofiltration, NF) | 0.0001~0.001 ㎛<br>분획분자량<br>250~400Da | 특징: 저분자의 이온이 통과하도록 설계된 RO막이다.<br>재질: 폴리머<br>운전압: 2~3 MPa | 유청과 단백질의 농축과<br>부분적 탈염 |
| 한외여과<br>(ultrafiltration, UF) | 0.001~0.1 ㎛<br>분획분자량<br>1,000~1,000,000Da | 특징: 분획분자량이 1000~100만 정도까지, 여러 종류가 있다.<br>재질: 폴리머<br>운전압: 0.3~0.8 MPa | 단백질, 펩타이드의 농축<br>단백질, 펩타이드의 막투석 |
| 정밀여과<br>(microfiltration, MF) | 0.1~10 ㎛ | 특징: 입자, micelle, 회합체 등의 여과에 사용된다. UTP 기술에 의해 장기간 운전이 가능.<br>재질: 폴리머, 세라믹제 등<br>운전압: 0.0~0.2 MPa | Casein fine의 분리<br>Casein과 유청의 분획<br>유청의 청정화<br>WPI 등의 제균 여과 |

### 2) 흡착 크로마토그래피

흡착 크로마토그래피는 칼럼에 충진된 수지 내부의 세공에 분포하는 관능기에 대해서 성분을 흡착시켜, 그것을 특정 조건에서 용출하는 것에 의해서 분리하는 방법으로 이온교환 크로마토그래피, 소수(疏水) 크로마토그래피 및 친화 크로마토그래피 등이 있다. 또한 장치의 형식에 따라 유동식(dtirred-tank), 고정상식(fixed-bed), 확장상식(expanded-bed), 방사류식(radial-flow) 및 모사이동상식(simulated moving-bed, SMB) 등으로 분류된다. 유청의 분획에 있어서는 특히 이온교환 크로마토그래피가 많이 이용된다.

## 3. 유청 파우더의 제조

### 1) 카제인 파인의 회수와 수지의 분리[1, 2]

유청으로부터 직접 생산되는 1차 생산품의 기본적인 처리 공정은 탈염, 유당과 단백질의 회수, 분말화를 위한 농축, 건조로 대별할 수 있다. 이와 같은 기본 공정 전에 우선 행하는 것이 지방 및 '카제인 파인'(유청에 부유해 있는 미세한 커드로 치즈 파인, 파인 커드, 치즈 더스트라고도 불린다.)의 분리이다. 유청으로부터 지방 분리를 방해하는 것으로 카제인 파인은 우선적으로 제거하지 않으면 안 된다. 감성 유청 및 산유청에는 0.05~0.3% 정도의 카제인 파인이 함유되어 있다. 카제인 파인의 분리에는 사이클론, 원심분리 또는 진동식 회전체 등이 사용된다. 카제인 파인은 치즈와 같이 프레스되므로 가공치즈에 이용되기도 하고 숙성 후에 가공용으로 이용되기도 한다. 한편, 유청 크림은 감성 유청에 0.2~0.8% 함유되어 통상 크림 세퍼레이터(분리기)로 회수된다. 유청 크림은 지방분이 25~30%로 치즈용 원료유를 표준화할 때 이용할 수 있지만, 체다 치즈 등에서는 박테리오파지의 문제가 생길 가능성이 있으므로 사용에는 주의가 필요하다.

### 2) 유청의 살균

치즈 유청에는 일반적으로 스타터에 유래하는 유산균이 함유되어 있다. 그 때문에 처리 중에 유산균의 증식에 의한 pH가 저하하지 않도록 살균할 필요가 있다. 통상, 유청 단백질은 가열변성을 하기 쉬우므로 HTST 살균을 행한다.

### 3) 유청의 탈염[1, 2]

치즈 유청에는 10% 정도의 미네랄염이 함유되어 있으므로, 식품 원료용으로서의 용도가 제한되어 있다. 그러나 유청을 부분적으로(25~30%) 또는 고도로(90~95%) 탈염하는 것으로 다양한 응용 분야에 적용할 수 있다. 부분적으로 탈염된 유청 파우더는 베이커리 제품이나 아이스크림, 쿠알크 치즈의 제조에 이용될 수 있다. 고도로 탈염된 것은 육아용 제조분유 등 많은 제품에 사용될 수 있다.

### (1) 탈염의 원리

탈염은 무기염을 제거함과 함께 젖산이나 구연산과 같은 유기산이온의 양도 감소시킨다. 부분적인 탈염은 주로 나노여과용의 RO막이 사용된다. 이 막은 반경이 나노미터($10^{-9}$ m) 레벨의 입자만을 통과할 수 있도록 설계되어 있다. 또한 고도로 탈염할 경우에는 전기투석법(electrodialysis: ED) 혹은 이온교환법(ion exchange: IE)이 이용된다.

### (2) 나노여과(NF)[1~2]

NF에서는 감성 유청 중의 염소 농도는 70% 감소하는 것에 대해, 나트륨이나 칼슘의 감소는 30~35%이다. 유청의 가공에 NF 장치를 도입하는 목적은 다음과 같다.

- 감성 유청 파우더의 염미(鹽味)를 감소시킨다.
- 전기투석이나 이온교환에 의한 유청의 탈염을 보다 완전하게 하기 위한 전처리
- 염산이나 젖산을 이용한 산 카제인 유청으로부터 사용 산의 제거
- 치즈 제조 시에 가염(加鹽)된 유청(salt whey)으로부터의 식염 제거

### (3) 전기투석법(ED)[2]

ED는 직접전류와 전압을 구동력으로서 용액 중의 이온을 전기적으로 제거하는 방법이다. ED 장치는 음이온 교환막과 양이온 교환막으로 상호 구분된 많은 셀로 구성되어 있다. 현재로는 이온교환법보다도 코스트, 폐수처리상 유리하므로 ED 쪽이 많이 채용되고 있다. 통상 ED 전에 유청을 20~30%까지 농축한 편이 전력을 절약할 수 있다. 또한 통상 70% 이하의 탈염률에서 이용된다. ED법에서는 1가 이온은 다가 이온보다도 이동하기 쉽고 제거되기 쉽다. 탈염공정 중의 최초 단계에서는 인산염이나 구연산염은 그다지 해리상태로 존재하지 않으므로 나트륨, 칼륨, 염소 등의 겉보기 탈염 속도는 칼슘, 마그네슘, 인산염, 구연산염보다도 높다. 그러나 이들 염류도 막의 선택과 조합시킴에 의하여 거의 희망치에의 탈염이 가능하다. 이와 같이 처리된 유청 파우더는 맛에 어떤 독특함이 없고 단백질의 body(풍부한 맛과 향기를 지닌다는 요리 용어임), 질감, 안정성, 영양가도 양호하다. 탈염 유청 파우더는 육아용 조제분유의 원료로 널리 이용되고 있다.

### (4) 이온교환법(IE)[2)]

전기투석법(ED)과 대조적으로 이온교환법(IE)에서는 액체 중의 미네랄을 흡착해서 다른 이온종과 교환할 수 있는 수지 비드를 사용한다. 첫 공정은 수지의 재생, 그 다음으로 유청의 통액(通液) 2단계로 이루어진다. 운전은 유청을 우선 강산성 양이온교환수지 칼럼에 통과시키고, 이어서 약염기성 음이온교환수지 칼럼에 통과시킨다. 이온교환 칼럼은 별도로 묽은 염산이나 수산화나트륨 용액으로 재생시킨다. 이온교환법의 문제점은 재생용의 약품 코스트이다.

재생용의 약품 코스트를 억제하는 방법으로써 SMR(스웨덴 유업연구소) 프로세스이다. 유청을 우선 탄산수소이온($HCO_3^-$)형으로 재생한 약염기성 음이온 교환체의 수지를 충진한 칼럼에 통과시킨다. 이것으로 유청 중의 음이온은 $HCO_3^-$로 치환된다. 다음에 이 유청을 암모늄이온($NH_4^+$)형의 약산성 이온교환체의 수지를 충진한 칼럼에 통액하면, 유청의 양이온은 $NH_4^+$로 치환된다. 결과로써 유청에는 탄산수소암모늄($NH_4HCO_3$)이 남는다. 이것은 가열에 의해서 암모니아와 이산화탄소 및 물로 분해되므로 처리한 유청을 농축 공정에서 가열하는 것으로 기화시켜 회수하고, 새로운 재생용액($NH_4HCO_3$용액)으로서 재이용할 수 있다. 이 방법은 이온교환 수지의 재생에 필요한 약품을 재이용하므로 운전 코스트가 저렴하고 유청의 회수율이 좋으며, 90% 이상 탈염 가능 등의 이점이 있다.

## 4) 유청의 농축 · 건조[2)]

유청의 농축은 일반적으로 박막하강식 다중 효용관을 이용하여 행해진다. 현재 여기에 더해서 예비농축으로서 RO 혹은 NF 장치가 농축공정의 앞에 설치되어 있다. 유청을 전 고형분 45~65%로 될 때까지 농축한 후 약 30%까지 신속하게 냉각한다. 그리고 재킷이 붙어 있는 탱크로 옮겨 다시 15~20°C까지 교반하면서 냉각한다. 6~8시간 냉각을 계속하고 미세한 유당결정을 생성시킨다. 농축 유청은 유당의 과포화용액이므로 특정 온도 및 농도 조건에 의하여 유청이 효용관으로부터 나오기 전에 유당이 석출해 버리는 일이 있으므로 주의가 필요하다. 또한 고형분을 65% 이상으로 높이면, 점도가 너무 높아 흐르지 않게 된다. 이러한 결정화가 끝난 농축 유청을 분무건조기로 건조시킨다. 결정화 공정에 의해서 흡습성이 높은 비결정질인 유당이 $\alpha$형 유당-수화물로 변화하고 비흡습성의 제품이 된다.

## 4. 유당의 제조[2)]

### 1) 유당의 제조

유청의 주성분은 유당이므로 유청 중의 유당을 어떻게 제품화하는가는 유청 공장의 경제성에 크게 영향을 미친다. 이하 원료의 상이에 따른 2개의 기본적인 방법이 있다.

- 가열하지 않고 농축한 유청, 즉 RO 농축 유청으로부터 유당을 결정화시킨다.
- 한외여과(UF)한 투과액 또는 그 이외의 방법으로 단백질을 제거한 유청을 농축 후 유당을 결정화시킨다.

어느 방법에서도 결정 분리 후에 '당밀(molasses)'로 불리는 잔액이 생기지만, 이것은 가축사료용으로 건조해서 이용하는 경우가 많다. 고순도 유당을 제조하는 경우에는 우선 유당을 열수에 재용해하고 활성탄, 여과조제 등을 첨가하고 유당용액을 여과하여 결정화시키고 분리 · 건조 · 파쇄 공정을 거쳐 제조한다.

### 2) 투과액의 분무건조[9)]

UF의 투과액으로부터 투과액 분말을 제조하는 경우도 공정으로서는 농축, 결정화, 분무건조, 진동상식건조기로 최종 건조한다. 우선 UF 투과액을 다중효용농축관을 이용하여 50~60%까지 농축한다. 농축 시의 $Ca(PO_4)_2$ 복합체의 부착에 주의할 필요가 있다. 이를 방지하기 위해서는 이온교환으로 탈염해 두든지 가열 침전해 둘 필요가 있다. 농축물은 그대로 분무건조할 수 있지만, 흡습성이 높으므로 미리 유당을 결정화할 필요가 있다. 투과액 파우더는 값싸기 때문에 설비투자와 분말화에 요하는 에너지가 적은 것이 바람직하다. Niro사는 TIXOTHERM process라고 하는 건조법을 개발하였다. 이 방법에서는 종래와 같은 냉각, 결정화, 분무건조를 위한 거대한 플랜트 설비가 필요하지 않다. 이 프로세스에서는 Roshinaire · paddle식 process라고 불리는 재킷식의 수평가열 튜브를 이용한다. 이 장치에서 UF 투과액을 약 86%까지 농축 후, 2개의 auger가 붙어 있는 스크류식 컨베이어로 유지, 경화, 안정화를 진행한다. 유당은 이 장치 중에서 과포화로 되고 거의 100% 결정화하지만, 이 프로세스는 종래 시설의 단지 25% 정도의 면적을 필요로 하며, 30% 에너지 절약과 75% 설비비 절약이 가능하다고 한다.

## 5. 유청 단백질 농축물 및 유청 단백질 분리물의 제조

### 1) 유청 단백질 농축물(whey protein concentrate, WPC)[1~8]

근래 20여 년간의 분획기술의 발전에 따라 다양한 유청 단백질의 제조가 가능하게 되었다. 미변성 유청 단백질을 분리하는 방법으로서 막분리법이나 이온교환법 등이 있으며, 얻어진 미변성 유청 단백질은 양호한 기능성(용해성, 기포성, 유화성, 겔화성)을 가지고 있다.

WPC는 일반적으로 고형분 중에 함유된 단백질 함량이 25% 이상인 것의 총칭이며, 유청을 한외여과한 후의 유출액을 건조시켜 만든 파우더이다. WPC는 농축 유청 단백질, 농축 유청 프로테인이라고도 불린다. 일본의 유등성령에 있어서는 WPC는 '유제품' 중의 '단백질 농축 유청 파우더'로서 정의되며, 유고형분 95% 이상, 유단백질 15~85%로 되어 있다. 일반적으로 단백질 함량(고형분 중의 단백질 %)에 의하여 분류되고 용도에 따라 35%에서 80%까지의 제품이 있다([표 2]).

예를 들면, 단백질 80%의 WPC를 제조하는 데는 원료 유청을 우선 한외여과해서 20~30배로 농축하고 고형분 25%로 한다. 그다음 이 농축물 중의 유당이나 회분을 제거하고 단백질 농도를 높이기 위하여 희석여과(diafiltration: DF)를 행한다. DF란 여과하면서 원료 측에 물을 가해서 막을 투과할 수 있는 저분자량 성분(기본적으로는 유당과 회분)을 흘려내는 수단이다. WPC는 유아용 및 다이어트용의 영양식품, 어육 제조, 음료, 아이스크림 등의 유제품 및 제과 등에 첨가하고 영양 강화나 기능성 향상을 위해 사용된다.

### 2) 변성 유청 단백질의 생산[1, 2]

WPC의 제법으로서 옛날부터 행하여지고 있는 수법으로 유청 단백질을 가열 변성해서 회수하는 방법이 있다. 제품으로서는 '락토알부민'으로 불리고 있지만, 이 용어는 유청 단백질의 $\alpha$-락토알부민을 의미하는 것은 아니다. Centri-Whey 프로세스라고 하는 제법에서는 유청을 pH 조정하고 플레이트식 열교환기로 가열 후 90~95℃까지 젖산이나 식품용 염산을 가해서 다시 pH를 내린다. 튜브 내에서 응고한 단백질을 연속식 분리기로 회수한다. 이 유청 단백질은 소프트 치즈나 반경질 치즈용의 치즈 밀크에 첨가해도 렌넷 응고에는 영향을 미치지 않고 커드의 조직은 보다 균일하게 된다고 한다. 법적으로 인정된 경우에 카망베르 치즈에 이 제조기술을 이용하면, 치즈의 수량을 12% 향상시킬 수 있다고 한다.

### 3) 유청 단백질 분리물(whey protein isolate: WPI)[1~8]

WPI는 WPC 중 특히 단백질 이외의 성분을 제거하고 단백질 순도가 90%를 넘는 것을 이야기하며 지방과 유당은 1% 미만, 회분은 약 2% 정도의 함량이다. WPI는 분리 유청 단백질, 분리 유청 프로테인이라고 불리며, 이온교환법 혹은 막 처리에 의하여 제조된다. 특히 지질을 충분히 제거한 WPI는 머랭(meringue) 등의 whip 제품 등에 있어서 난백(卵白) 대체품으로서 이용할 수 있는 것 외, 과즙 음료, 스포츠 음료나 특별한 영양식품 등에도 이용할 수 있다. 이러한 탈지물은 UF 처리 후 정밀여과에 의해서 지방을 회수하고 다시 UF 처리함에 의하여 얻어진다. 이온교환법에서 제조한 WPI보다도 막 처리에서 얻어진 WPI가 카제이노글리코펩타이드(CGP)를 함유하고 있으므로 보충제용 원료로서 선호된다.

### 4) 개별 기능성 단백질의 분획생산

이미 유청에 함유되어 있는 단백질 성분을 공업적으로 분획할 다양한 방법이 개발되어 부가가치가 높은 제품으로서 시장을 계속 확대하고 있다. 주된 예를 아래에 나타낸다.

#### (1) β-락토글로브린(β-lactoglobulin, β-Lg)과 α-락토알부민(α-lactoalbumin, α-La)[10]

β-Lg는 유청 단백질 중의 50%를 차지하는 주성분이다([표 4]). pH 1 미만에서는 분자량 약 18,000의 1량체, pH 3~7에서는 2량체를 형성하여 존재한다. 특히 겔화한 성상이 중요하며, 육류, 어묵제품의 제조에 β-Lg를 강화한 WPI가 사용된다. 또한 낮은 pH에서 높은 용해성과 투명성을 가지며, 산성의 단백질 강화 음료에 이용할 수 있다. whip성도 강하고 충분히 난백의 대체품이 된다. β-Lg의 분획 방법은 오래전부터 다양한 방법이 알려져 있

고, WPI의 일종으로서 상업적으로 생산되고 있다. 전형적인 β-Lg는 등전점 침전 후 UF 처리 또는 투석으로 얻어진다([그림 3]).

한편, α-La는 유청 단백질 중의 약 20%를 차지한다. 분자량은 약 14,000이다. 사람 젖에는 β-Lg가 함유되어 있지 않으므로 α-La를 강화한 WPI는 사람 젖의 조성에 가까우며, 육아용 조제분유의 원료로서 가치가 있다. 통상의 WPC에 비하여 필수 아미노산, 특히 트립토판 함량이 현저하게 많고 면역, 신경계, 소화계의 발달 등에 효과가 있다.

**표 4.** 유청에 포함되는 주요 기능성 단백질의 함유량

| 성분 | 함량(g/kg 유청) |
|---|---|
| β-lactoglobulin | 3.2 |
| Caseinoglycopeptide | 1.5 |
| α-Lactoalbumin | 1.2 |
| 면역글로브린 | 0.7 |
| 소 혈청 albumin | 0.4 |
| Lactoferrin | 0.1 |
| Lactoperoxidase | 0.03 |

W. Strohmaier: *bull. Int. Dairy Federation* 389, 29-35(2004)부터 작성. 함량은 문헌에 따라서 많은 변동이 있다.

α-La의 제법으로서는 선택적인 침전, 막 처리, 이온교환, 겔 여과 등을 이용한다. 경제적인 제법으로는 60% 이하의 함량이다. 공업적인 예로서는 우선 α-La를 침전시켜, 원심분리로 침전을 회수하고, 그 후 가용화시키고 나서 UF 농축, 건조한다고 하는 방법이 보고되어 있다([그림 3]).

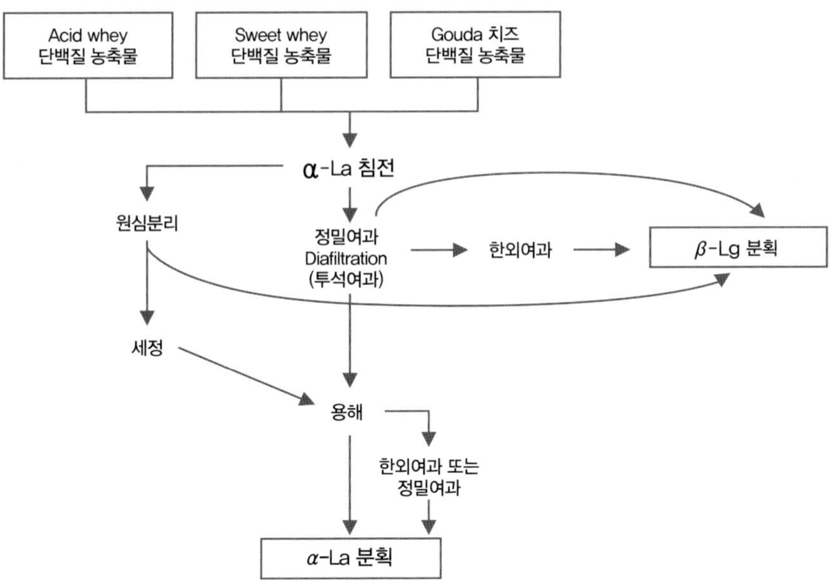


**그림 3.** β-Lactoglobulin과 α-Lactalbumin의 분획 예

G. Gésan-Guiziou, *et al.*: *J. Dairy Res.* 66, 225-236(1999)로부터 작성.

### (2) 락토퍼옥시다제(Lactoperoxidase, LP)와 락토페린(lactoferrin, LF)[2,7,11,12]

유청 중에 LP는 20~30 mg/L, LF는 약 35 mg/L 정도 함유되어 있다. LP도 LF도 중성 영역에서는 정(+)으로 하전해 있는 염기성 유(乳)단백질로 양이온교환 칼럼으로 흡착할 수 있다. 수지의 단백질 흡착량이 40~45 g/L이기 때문에 100,000 L의 유청을 100 L의 이온교환 수지로 한 번에 처리할 수 있어 효과적으로 생산할 수 있다. 이온교환 칼럼에 통과시키기 전에 칼럼의 눈 막힘을 방지하기 위하여 유청은 정밀여과로 먼저 처리할 필요가 있다. 감성 유청을 pH 조절하지 않고 칼럼에 통과시키고 그 후 저염농도(1.6%)의 NaCl 용액으로 세정하면 LP가 용출한다. 그다음에 고농도(5%)의 NaCl 용액을 흘리면 LF가 용출되어 나온다. 이들을 각각 정밀여과로 제균하고 동결건조 또는 분무건조한다([그림 4]). 2003년에는 세계에서 약 79톤의 LF 생산이 있었으며, 공업적으로 생산하고 있는 독일의 Milei사의 프로세스가 보고되어 있다.[7] 이미 LF는 폭넓게 이용되고 있고 구강점막 질환이나 치주질환 환자에의 응용 등, 차차 새로운 기능이 밝혀지고 있다. 한편, LP에는 항균성, 항바이러스성, 항종양성 등이 있으며, 충치 예방용의 치약, 구강세정제, 신생아의 감염예방, 냉장이 어려운 지역에서의 식품보존제 및 열대에서의 감염예방 등의 용도가 알려져 있다.

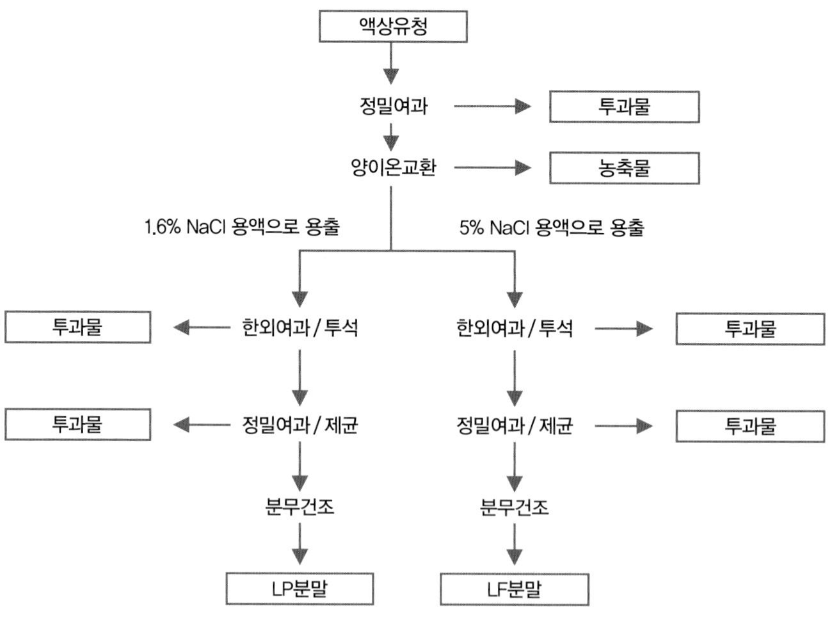


**그림 4.** Lactoperoxidase와 lactoferrin의 공업적 제조법[2]

### (3) 카제이노글리코펩타이드(caseinoglycopeptide, CGP)[13]

대부분의 치즈는 그 제조 공정에 렌넷(효소명: 키모신)을 사용하지만, 이 효소는 κ-카제인의 C-말단 측 105번째의 Phe와 106번째의 Met 간의 펩타이드 결합만을 절단하고 그 결과 분자량 약 8 kDa에서 64잔기의 펩타이드가 유리한다. 이 펩타이드를 카제이노글리코펩타이드(CGP)라고 부른다. CGP는 유청으로 이행하고 κ-카제인의 남은 부분(파라-κ-카제인)은 치즈 커드로 이행한다. 유청 중에는 β-Lg와 α-Lg 다음으로 많고, 유청 단백질의 약 20~25%를 점유하고 있다. CGP 분자의 약 50%에는 당 사슬이 결합해 있으며, 카제이노글리코매크로펩타이드(CGMP), 혹은 단순히 글리코매크로펩타이드(GMP)라고도 불린다. 이 당 사슬의 대부분에는 N-아세틸노일아민(시알산)이 결합해 있다.

CGP의 상업적인 제법의 대부분은 특허화되어 있지만, 이온교환 및 UF를 이용한 방법이 일반적이다. 분자량의 차를 이용한 막에 의한 농축 방법도 제안되어 있다. CGP의 분자량은 이론적으로는 당 사슬의 결합 정도에 따라서 7,000~10,000이지만, 실제 용액에서는 회합(會合)하고 있으며, pH 7에서는 20,000~30,000, pH 3.5에서 10,000~30,000이 된다. 따라서 pH 4 이하에서 분획분자량 20,000~50,000의 UF막으로 처리하면, CGP만이 투과하고 그 이외의 유청 단백질의 대부분은 농축물로 남는다. 또한 CGP의 열 안정성이 높은 것을 이용하여 산성하에서 다른 유청 단백질을 가열처리해서 분리하고 그 후 중화해서 UF 처리한다고 하는 방법도 있다. CGP는 식욕억제 작용, 항충 효과 등이 알려져 있으며, 페닐알라닌을 함유하지 않으므로 페닐케톤요증 환자용식 등으로도 이용된다.

### (4) 면역글로브린(immunoglobulin, Ig)[14]

Ig는 lactoperoxidase, lactoferrin lysozyme과 함께 우유 중의 항균 시스템을 구성하는 성분으로서 중요하다. 초유에는 특히 Ig 함량이 높고 분만 후 24시간에서 급속하게 감소한다. Ig 중 80~90%는 면역글로브린 G(IgG)이며, 유청 단백질의 13% 정도를 차지한다. 통상의 HTST 살균(72℃ 15초)이나 63℃ 30분의 저온살균에서는 항체로서의 기능은 거의 잃어버리므로, 강한 가열처리를 하지 않은 유청에서는 활성을 가진 형태로 함유된다. Ig는 항촉작용, 충치의 연쇄구균 등의 병원균 중화작용, 면역력 향상, 설사 예방, 어린아이나 젖먹이 아이의 로타바이러스에 의한 설사 방지 등 다양한 효능이 보고되어 있다. 사람의 병원균 26종류를 면역한 소에 유래하는 유청으로부터 생산한 Ig를 풍부하게 함유하는 특수한 파우더는 면역 밀크 혹은 스터리 밀크®[겸송(兼松) 웰니스]로서 일본에서는 알려져 있다. Ig의 공업적 생산도 다양한 방법이 보고되어 있지만, 통상적으로 유청으로부터 막 처리 혹은 막 처리와 크로마토그래피의 조합으로 행해진다([그림 5]).

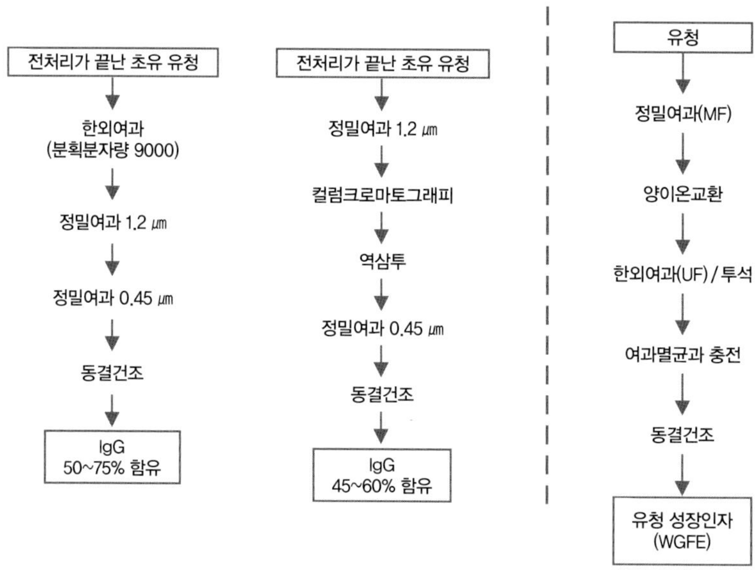


**그림 5.** 면역글로브린과 유청 성장인자의 제조법

각각 H. Korhonen: *Bull. Int. Dairy Federation*, 389, 78-84(2004), G. W. Smithers: *Bull. Int. Dairy Federation*, 389, 16-17(2004)부터 작도

## 6. 그 이외 유청 중의 기능성 성분의 분획기술

### 1) 인지질(극성지질)(phospholipids, polar lipids)[15]

유청 중의 인지질은 함량이 적을 뿐만 아니라 대두 레시틴이나 난백 레시틴 등의 값싸고 풍부한 인지질 자원이 있기 때문에 지금까지 별로 주목받지 못했다. 유청에서부터 인지질의 회수법은 두 종류가 있다. 첫 번째는 WPC를 제조할 때 유청을 세공경 0.2 ㎛의 정밀여과로 처리하고 인지질 분획을 얻는다고 하는 것이다. 이 방법은 원래, UF막의 눈막힘을 방

지하는 것으로 유청 중의 작은 지방구, 리포좀, MFGM 단편 등을 제거할 필요로부터 발달하였다. 또한 두 번째의 방법은 칼슘 가열응집법(thermocalcic aggregation)이다.[1] 웨스트파리어 프로세스에서는 10℃에서 유청을 원심분리 후 NaOH 용액으로 pH 6.4~6.9로 조정하고 40~60℃까지 가온하여 여기에 염화칼슘을 첨가하여 특수한 클래리파이어로 제거한다. 여기서 유청 중의 인지질의 대부분은 제거(회수)할 수 있다.[2] 유청 유래의 인지질은 건강식품 소재로서 이용 가능하다.

### 2) 유청 성장인자 추출물(whey growth factor extract, WGFE), 밀크 성장인자(milk growth factor)[7, 16, 17]

우유나 초유 중에는 다양한 성장인자, 호르몬, 사이토카인류가 함유되어 있다. 밀크 성장인자는 원래 세포배양에 사용하는 소 태자(胎仔) 혈청(FBS)의 대용품 개발로서 연구되었다. 우유나 초유 및 그 유청에는 상피세포 성장인자(Epidermal Growth Factor: EGF) 등의 다수의 성장인자가 함유되어 있다. 유청으로부터 추출하는 방법은 다음과 같다. 우선 0.1~0.8 ㎛의 정밀여과막으로 유청을 청정화하고 계속해서 양이온교환 칼럼을 흡착시킨다. 흡착되는 물질은 성장인자, 염기성 유단백질(주요 성분은 LF와 LP), Ig이다. 이것을 알칼리 조건하에서 용출시키고 다음에 UF로 농축한다. 투석 후 여과멸균하고 마지막으로 동결건조하는 것으로 유청 성장인자 추출물(WGFE)을 얻는다([그림 5]).[7] WGFE는 원래 유청 단백질의 5%에 해당하는 양이지만, 세포분열 유기활성의 90%를 함유한다. WGFE는 피부 거칠어짐의 예방, 소화관의 건강, 특히 클론병 환자의 구강치료, 골다공증 예방 등에 효과가 있다고 알려져 있다.

### 3) 밀크 칼슘, 혹은 밀크 미네랄[18]

유청으로부터 막 처리로 얻어지는 염류도 천연의 미네랄원으로서 제품화되어 있다. 밀크 칼슘을 생산할 경우, 산 카제인이나 산유청 쪽이 체다 치즈 유청 등의 감성(甘性) 유청보다도 약 3배 이상의 칼슘을 함유하고 있으므로, 원료로서 바람직하다. 밀크 미네랄이라고 불리는 경우도 있다. 유청 투과물을 나노여과로 투석하고 역삼투로 농축, 건조함으로써 밀크 미네랄을 얻을 수 있다. 이 파우더는 칼슘 함량이 나트륨 함량보다도 매우 높다.

### 4) 오스테오폰틴(osteopontin: OPN)[19]

OPN은 프로테오스 펩톤(proteos-pepton) 분획에 존재하는 분자량 약 6만의 고도로 인산화된 산성 당단백질이다. 261잔기의 아미노산으로 이루어져 있으며, 그 수식되기 전의 분자량은 29,283이다. 골기질에 존재하는 단백질로서 동정되어 있으며, 다양한 장기, 뼈, 정상 조직 및 종양 조직에 존재한다. OPN은 뼈 흡수조절에 관계하고 있다. OPN은 우유 중에 약 20 mg/L 함유되어 있으며, 유청 중에도 함유되어 있다. 예를 들면, 산유청(pH 4.5)을 원료로 한 경우, 음이온교환크로마토그래피에서 90~95%의 순도의 것이 얻어진다. 충치 예방등에 이용 가능하므로 이미 Arla Foods사(덴마크)가 제품화해 있다.

### 5) 밀크 올리고당(milk oligosaccharide)[20]

우유 중에는 밀크 올리고당이 극소량 함유되어 있다. 그중에서도 시아릴락토스가 가장 많고 그 함량은 우유 중에서 30~60 mg/L 정도이다. 수용성이므로 치즈 제조 시에는 유청 중으로 이행한다. 유청으로부터의 시아릴락토스의 분획은 특허상으로는 몇 가지 방법이 제시되어 있지만, 상업적인 생산은 거의 행해지고 있지 않다.

### 6) 락토포린(프로테오스 펩톤 성분 3)[21] (lactophorin, proteose-peptone component 3)

락토포린은 간노(菅野) 등이 유청 중에 유리하여 존재하는 MFGM 가용성 분획으로서 찾아낸 당단백질이다. 물질적으로는, 종래 proteose-peptone 성분 3, milk mutin 복합체라고 불리는 당단백질과 동일하다. 유청 중에는 회합하여 존재하고 분획분자량 30만의 UF막으로 농축할 수 있다. 높은 유화성과 인간 로타바이러스 감염 방어활성 등이 알려져 있지만, 상품화되어 있지 않다.

### 7) 소 혈청알부민(BSA)

소 혈청알부민은 유청의 고형분 중 0.5% 정도 함유되어 있지만, 상업적인 생산은 이루어져 있지 않다.

## 7. 유청으로부터의 2차 파생 제품[1~5, 22]

앞 페이지에서는 유청 성분의 성분별 분획 조제법에 대해서 서술했지만, 유청을 이용해서 파생적으로 생기는 제품은 매우 많이 존재한다.

### 1) 유당의 수식(修飾)

유당 분해효소를 이용한 유청 시럽(유당 가수 분해물)의 생산, 락툴로스(lactulose) 생산, 타가토스(tagatose, tagalose) 생산, 올리고당 생산(lactosucrose, galactosyllactose 등), 락티톨(lactitol) 생산 및 락토비온산(lactobionic acid) 생산 등이 알려져 있다. 2007년에 모스크바에서 '유당과 그 파생물'에 관한 국제 심포지움이 개최되었다.[23]

### 2) 배지로서의 유청

유청은 오래전부터 식품용 알코올 생산을 위하여 효모의 배지로서 높은 관심을 받아왔으나, 실제 알코올의 상업적 생산은 오스트레일리아 등에서 이루어지고 있을 뿐이다. BEL사(프랑스)는 유청 배지로부터 효모를 생산하고 있다. 또한 메탄, 부탄올, 아세톤, 젖산, 아미노산, 비타민, 미생물 다당류, 미생물 유지, 페니실린 등의 생산에 이용 가능하다.

### 3) 유청 단백질 가수분해물(whey protein hydrolysates)[7,8]

WPC 혹은 WPI를 프로테아제로 가수분해한 제품이 판매되고 있다. 제품으로서는 WPC 80%와 WPI의 가수분해물이다. 분해율은 4~20% 정도이다. 가수분해율이 높으면 내열성이 증가하고 단백질의 알레르겐성이 저감하지만, 현저한 감미가 생긴다. 낮은 가수분해를 실시한 것은 기포성이나 겔화 특성이 개선된다. 가수분해물은 종종 기능성 펩타이드를 함유하며, 기능성 소재로서 상품화되어 있다. 또한 가수분해물을 다시 분획해서 시스테인 함량을 높인 부분을 끄집어낸 유(乳)펩타이드 '시스테인 · 펩타이드' 등도 DMV사(네덜란드)로부터 상품화되어 있다. 시스테인은 체내에서 글루타치온의 생성에 관여하고 피부미용 효과가 있다고 알려져 있다.

### 4) 가축사료[3,8]

미국에서 생산되는 유청 파우더의 최대 수입국은 중국으로, 주로 돼지 등의 가축사료로 이용된다. 또한 유청을 액상인 채로 가축용 음료로 사료화하는 것은 소규모 치즈 공장에 있어서 현실적인 유청 처리법으로서 중요시되고 있다. 일본에서도 유청을 먹인 '유청 돼지' 등의 상품화가 성공하고 있다. 또한 유당을 락토실우레아(lactosylurea) 등으로 변환함으로써 영양적으로 개선해서 사료화하는 경우도 있다.

### 5) 유청 치즈[1, 2, 3]

유청으로부터 치즈를 제조할 수도 있다. 북유럽이 원산인 mysost는 유청 전체를 농축하므로 유청의 이용도가 높지만, 용도는 제한된다. 유청에 젖과 크림을 가하여 농축하여 만든다. Ricotta는 유청에 젖을 가하고 pH를 산성으로 하여 가열, 응고시킨 단백질을 회수하여 치즈로 한다. 이 경우 단백질을 제거한 유청이 새롭게 생기므로 처리가 필요하다.

### 6) 유청 음료

유청을 원료로 음료를 만든다고 하는 것이 유청의 성분을 모두 이용한다고 하는 의미에서 가장 바람직한 처리이지만, 성공 예는 극히 적다. 스위스의 rivella 등이 유명하다. 이것은 유청에 허브 추출물 등을 첨가해서 음료화한 것이다.

* * *

이상과 같이 유청으로부터는 세계적으로 다양한 종류의 제품이 분획 생산되고 있다. 그러나 소개한 성공별 제조 방법의 대부분은 대규모 치즈 생산 시에만 경제성을 가지는 것이다. 소량의 유청 처리의 경우에는 적용이 어려운 것이 현실일 것이다. 그 해결 방법은 유청을 이용한 직접적인 상품을 개발하는 것이지만, 이것은 곤란함이 많다. 소규모 치즈 제조에 있어서 유청의 처리는 앞으로도 중요한 문제일 것이라고 말할 수 있다.

# 참 / 고 / 문 / 헌


1) J.G. Zadow (ed.): Whey and lactose processing, Elsevier Applied Science, New York. 1992.
2) Tetra Pak Processing Systems: Chapter 15, Whey processing, In Dairy Processing Handbook 2nd edition (CD-ROM version), pp.345-365, Lund, Sweden. 2003.
3) F.V. Koshikowski, V. V. Mistry: Cheese and Fermented Milk Foods, 3rd Edition, Vol.1 and Vol.2, F.V. Koshikowski, L. L. C. 1997.
4) International Dairy Federation: Whey, Proceeding of second International Whey Conference, held in Chicago, USA, International Dairy Federation, Special. Issue 9804. 1998.
5) International Dairy Federation: New applications of membrane processes, International Dairy Federation, Special. Issue 9201. 1992.

雜誌(特輯號)

6) International Dairy Federation: New processing technologies for the future, *Bull. Int. Dairy Federation,* 374. 2002.
7) International Dairy Federation: Advances in fractionation and separation: processes for novel application, *Bull. Int. Dairy Federation,* 389. 2004.

總說 등

8) U.S. Dairy Council: Reference manual for U.S. Whey and lactose products. 2004. (Download version)
9) J. Písecký: *Int. Dariy J.* 15:531-536, 2005.
10) D. E. W. Chatterton *et al.: Int. Dariy J.* 16:1229-1240, 2006.
11) H. Wakabayashi *et al.: Int. Dariy J.* 16:1241-1251, 2006
12) J.-W. Boots, R. Floris: *Int. Dariy J.* 16:1272-1276, 2006.
13) C. Thomä-Worringer *et al.: Int. Dariy J.* 16:1324-1333, 2006.
14) R. Mehra *et al.: Int. Dariy J.* 16:1262-1271, 2006.
15) R. Rombaut, K. Dewettinck: *Int. Dariy J.* 16:1362-1372, 2006.
16) S. F. Gauthier *et al.: Lait* 86:99-125, 2006.
17) Y. Pouliot, S. F. Gauthier: *Int. Dariy J.* 16:1415-1420, 2006.
18) M. Harju: *Int. J. Dariy Technol.* 54:61-63, 2001.
19) N. Azuma *et al.: Int. Dariy J.* 16:370-378, 2006.

20) R. Mehra, P. Kelly: *Int. Dariy J.* 16:1334-1340, 2006.
21) 栗城均, 元島英雅 : *Milk Science* 54:159-161, 2005.
22) J-L. Audic, *et al.*: *Lait* 83:417-438, 2003.
23) International Dairy Federation symposium "Lactose and its derivatives" Moscow, 14-16 May 2007.

# 5-2 기능성 올리고당

오비히로(帯広)축산대학 대학원 축산학연구과
우라시마 타다오(浦島 匡)

## 1. 소 밀크 올리고당

포유동물의 젖은 당질 분획의 80% 이상이 락토스(Gal β 1-4 glc)로 이루어져 있지만, 한편으로 소량이면서도 밀크 올리고당이라고 불리는 다당류인 락토스 단위를 환원말단측으로 하는 올리고당 군도 함유하고 있다.[1,2] 소의 경우, 분만 직후의 초유는 1 g/L 이상의 밀크 올리고당을 함유하지만,[3] 일반 젖에는 흔적량 정도밖에 함유하지 않는다.[4] 한편 사람의 경우 초유에는 22~24 g/L, 평상시의 젖에는 12~13 g/L의 밀크 올리고당을 함유하고 있다.[5,6] [그림 1]에는 소 초유에서 지금까지 보고되어 있는 12종류의 산성 올리고당과 10종류의 중성 올리고당의 화학구조를 나타내었다.[2,7,8] 밀크 올리고당의 종류에는 종에 따라서 크게 다르다. 사람 젖에는 지금까지 93종류의 밀크 올리고당이 발견되어 있으며, 130종류 이상이 존재한다는 것이 알려져 있다.[5,6]

소의 초유에 함유되어 있는 밀크 올리고당의 태반은 Neu5Ac(α2-3) Gal(β1-4-)Glc(3'-SL), Neu5Ac(α 2-6)Gal(β1-4-)Glc(6'-SL), Neu5Ac(α2-6)Gal(β1-4-)GlcNAc(6'-SLN) 및 Neu5Ac(α2-8)Neu5Ac(α2-3)Gal(β1-4)Glc(DSL)가 점하고 있지만, 그중 70%는 3'-SL로 이루어져 있다.[3,9] [그림 2]에 분만 직후부터 1주일 후까지의 소 초유 중의 3'-SL, 6'-SL 및 6'-SLN 함량의 변동을 나타내었다.[3] 그들은 분만 직후에 높고 48시간 이후

에는 급격하게 함유량이 저하한다.[3)]

이와 같이 밀크 올리고당을 사람이 섭취한 경우, 그것이 소화 · 흡수되는가에 대해서는 충분하게 알려져 있지 않다. 올리고당의 대부분은 소장의 소화효소에는 저항성이 있고 그들의 일부는 대장에서 장내 세균에 의한 발효가 일어난다.[10, 11)] 사람 밀크 올리고당의 일부는 수용체가 개재(介在)하는 endocytosis에 의해서 직접 흡수된다고 생각되고 있다.[12)] 쥐의 젖먹이 새끼는 시알산 함유 올리고당이 pinocytosis나 endocytosis에 의해 장관세포 내에 흡수되어 세포 내의 lysosome인 neuraminidase로 소화해서 시알산을 이용하는 것으로 예상되고 있다.[13)] 밀크 올리고당의 일부는 소장을 통과해서 대장에서 흡수되는 성분도 있고, 다음에 서술하는 것처럼 생리 기능을 발휘한다고 예상된다.

소 밀크 올리고당은 그 함유량으로부터 초유에서 분획한 성분의 산업적인 이용이 앞으로 가능할 것이라고 예상되지만, 한편으로 치즈 유청으로부터 그들을 분획 · 농축하고 이용하는 기술의 개발이 기대된다. 3'-SL을 중심으로 하는 밀크 올리고당에는 후술한 생리적 의의가 시사되고 있으며, 그것으로부터 치즈 유청보다 분획한 밀크 올리고당을 이용하여 항 감염증이나 면역기능 조절, 뇌 활성화 등의 기능을 부여한 식품 또는 사료의 개발이 기대된다.

| ① 중성 올리고당 | ② 산성 올리고당 |
|---|---|
| GalNAc(β1-4)Glc | Gal(β1-4)Glc-3'-$PO_4$ |
| Gal (β1-4)GlcNAc | Neu5Ac(α2-3)Gal |
| Gal(β1-4)GlcNAc<br>\|<br>Fuc(α1-3) | Neu5Ac(α2-3)Gal(β1-4)Glc<br><br>Neu5Ac(α2-6)Gal(β1-4)Glc |
| GalNAc(α1-3)Gal(β1-4)Glc | Neu5Gc(α2-3)Gal(β1-4)Glc |
| Gal(α1-3)Gal(β1-4)Glc | Neu5Gc(α2-6)Gal(β1-4)Glc |
| Gal(β1-3)Gal(β1-4)Glc | Neu5Ac(α2-6)Gal(β1-4)GlcNAc |
| Gal(β1-4)Gal(β1-4)Glc | Neu5Gc(α2-6)Gal(β1-4)GlcNAc |
| Gal(β1-6)Gal(β1-4)Glc | Neu5Ac(α2-3)Gal1-3Gal1-4Glc |
| GalNAc(β1-3)Gal(β1-4)Glc | Neu5Ac(α2-8)Neu5Ac(α2-3)Gal(β1-4)Glc |
| Gal(β1-4)GlcNAc(β1-6)<br>\|<br>Gal(β1-4)Glc<br>\|<br>Gal(β1-3) | Neu5Ac(α2-6)Gal(β1-4)GlcNAc-1-$PO_4$<br><br>Neu5Ac(α2-6)Gal(β1-4)GlcNAc-6-$PO_4$ |

**그림 1.** 지금까지 구조 결정되어 있는 소의 중성 및 산성 밀크 올리고당

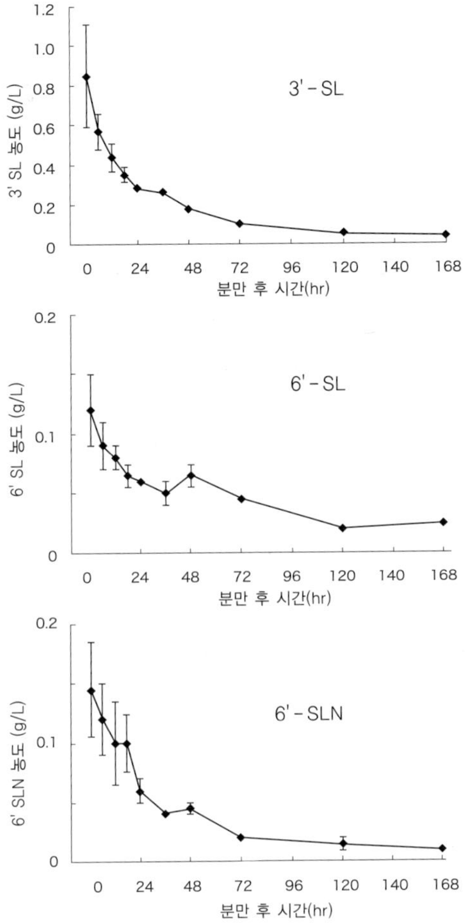


**그림 2.** 비유 초기의 대표적인 소의 산성 밀크 올리고당 함량의 변동[3]
[값은 평균 ±SD(n=4)로 나타냈음]

## 2. 밀크 올리고당의 감염 방어효과

치즈 유청 등으로부터 분획 · 농축한 소 밀크 올리고당의 대부분은 소화 · 흡수되지 않으므로 수용체 유사체로서 병원균이나 병원균이 생산하는 독소가 위장관에 부착하는 것을 저지하는 것이 기대된다. 기대되는 기능의 하나가 3'-SL에 의한 *Helicobacter* (H.) *pyroli* 의 위벽에의 항부착(抗付着) 및 위벽에 부착한 동 균의 치환 작용이다.[14] 위종양이나 위암을 일으키는 *H. pyroli*의 위벽에의 접착은 동 균과 숙주상피세포 표층의 당단백질, 당지질 상의 시당 사슬과의 상호작용에 의하여 일어난다. 한편으로 *H. pyroli* CCUC17874주에 의한 사람 적혈구 응집반응의 저해를 각종 시아란 함유 올리고당의 첨가에 의하여 확인하는 hapten(부착소, 附着素) 당(糖) 시험에 의하여, 3'-SL에도 저해활성이 있음이 발견되어 있다.[14] 한편, 6'-SL 등 Neu5Ac α2-6-잔기를 함유하는 시알산 함유 올리고당은 그러한 저해활성은 검출되지 않았다.[14] 이 결과는 *H. pyroli*의 위벽에의 감염저해나 동 균의 배제로, 3'-SL을 우선적으로 함유하는 밀크 올리고당이 이용할 수 있는 가능성을 나타내고 있다.

사람에게 특이적인 병원체인 *Neisseria (N.) meningitidis*에 의한 감염은 type IV형 섬모를 매개하여 행해지지만, 그 감염에 의해서 수막염이나 패혈증이 일어나게 된다. *N. meningitidis*로부터 단리된 type IV형 섬모의 소 티로글로블린(Thyroglobulin)이나 사람 타액선 agglutinin(응집소)에 대한 결합은 소 산성 밀크 올리고당에 의해 저해되지만,[15] 이 결과는 그들 올리고당이 동 균의 결장점막의 부착을 저해하는 것을 시사하고 있다.

*Spanish brown*종의 소 초유, 이행유(移行乳), 보통의 정상유(正常乳) 및 말기유로부터 에탄올 침전 및 원심분리에 의해서 조제한 밀크 올리고당을 함유하는 분획의 첨가에 의해서 enterotoxin 생산성 대장균주(K99, FK, F41, F17, B16, B23 및 B64)에 의한 적혈구 응집반응이 저해된다는 것이 보고되어 있다.[16] 이것은 소 밀크 올리고당이 이들 병원체의 장관에의 부착을 저해할 가능성을 시사하고 있다.

## 3. 밀크 올리고당, 카제이노글리코펩타이드에 의한 뇌 활성화 효과

밀크 올리고당의 일부는 흡수되는 것에 의하여 영양 성분으로서 이용될 가능성도 있다. 치즈 유청으로부터 조제한 소 시알산 함유 올리고당을 성숙한 쥐에게 투여하고 그 수영 학습행동과 뇌 내 지질조성과의 관계에 착목한 실험도 행해지고 있다.[17] 그 결과, 시알산 함유 올리고당을 투여한 군의 수영 학습행동은 유리 시알산 투여군이나 락토스 투여군과 비교해서 향상하는 경향이 인정되었다. 또한 시알산 함유 올리고당을 투여한 쥐에서는 뇌 내의 인지질이나 ganglioside GM3가 유의하게 증가하는 것이 명백하게 확인되었다. 인지질이나 GM3는 뇌 내 지질을 구성하는 중요한 성분이며, 유아기에서 급격하게 증가한 후, 일정 수준이 되고, 그 후 고령화에 따라 감소한다는 것이 알려져 있다. 이 결과는 뇌 내 ganglioside 등의 생합성 소재로서 이용될 가능성을 나타내고 있다. 또한 육아용 조제분유나 기능성 식품의 뇌 활성 인자로서 소 밀크 올리고당의 이용 가능성을 시사하고 있지만, 시알산 함유 올리고당의 시알산이 쥐와 같이 사람에게도 같은 방법으로 흡수 이용되는가 하는 것을 조사할 필요가 있다.

한편 모유 영양아의 뇌 내 ganglioside나 시알산 결합 당단백질에 결합한 시알산의 함량은 인공 영양아의 그것보다도 유의하게 높다고 하는 보고도 있으며,[18] 사람 유아에 있어서 시알산 함유 올리고당의 시알산이 흡수되어 뇌 내 물질의 생합성에 이용되고 있을 가능성을 시사하고 있다. 사람 젖에는 육아용 조제유의 원료인 우유보다도 시알산 함유 올리고당 양이 높으므로, 육아용 조제유에 소의 시알산 함유 올리고당 첨가의 필요성을 시사하고 있다.

또한 치즈 유청으로부터 조제되는 카제이노글리코펩타이드(CGP)를 뇌 활성화 소재물질로서 활용하는 것의 유용성을 시사하는 보고도 있다.[19] 돼지의 젖먹이 새끼에게 시알산을 결합시킨 CGP를 첨가한 조합유를 35일간 투여한 결과, 학습행동과 기억이 향상한 것으로 알려졌다. 또한 투여한 군에 있어서 전두엽에 있어서 단백질 결합성 시알산의 함량이 향상하는 것과 함께 뇌 내의 당단백질 NCAM의 폴리시알화를 관장하는 효소 $\alpha$ 2,8-시아릴트란스퍼라제IV와 UDP-N-아세틸글루코사민-2-에피머라제/N-아세틸만노사민 키나제의 유전자의 mRNA 발현이 상승하는 것이 확인되었다. 이들 결과는 뇌 활성화 인자로서의 CGP를 육아용 조제유에 첨가하는 것에 대한 의미를 시사하고 있다.

## 4. 밀크 올리고당에 의한 면역조절 기능

인간 밀크 올리고당의 일부는 흡수되고 순환 과정에서 면역조절에 관계하는 것이 예상되고 있다. 예를 들면, 시아릴 $Le^{a}$[Neu5Ac($\alpha$2-3)Gal($\beta$1-3)[Fuc($\alpha$ 1-4-)]GlcNAc] 또는 시알산 $Le^{x}$[Neu5Ac($\alpha$2-3)Gal $\beta$1-4-[Fuc($\alpha$1-3)]GlcNAc]를 함유하는 인간 산성 올리고당은

P-selectin을 개재(介在)한 혈소판-내피세포의 접착을 저해하고 내피세포상에서의 백혈구의 회전을 억제해서 항염증 작용을 수반하는 것이 알려져 있다.[20] 우유나 양젖을 원료로 하는 치즈 유청 등으로부터 분획한 소 산성 밀크 올리고당이나 양 산성 밀크 올리고당이 면역조절 기능을 시사하는 자료도 있다.

트리니트로벤젠설폰산으로 유도한 결장염 발증 쥐에 대해서 유도 전에 2일간 양 밀크 올리고당을 500 mg/kg/일 투여한 경우, 결장의 염증은 그것을 투여하지 않은 쥐보다도 작고 또한 염증성 사이토카인을 유도하는 인듀서블 옥시드니트릭신타제, 시클로옥시게나제, 인터루킨-1-β 및 뮤신3 등의 결장에서의 발현 수준의 낮음이 보고되어 있다.[21] 이것은 양 밀크 올리고당의 항염증성을 시사하지만, 그와 같은 효과는 동 올리고당의 투여에 의한 장내 세균총(叢)의 개선, 즉 프리바이오틱(prebiotic) 작용에 기인하는 것인지도 모른다.

## 5. 밀크 올리고당이나 락토스를 원료로 하여 제조되는 올리고당에 의한 prebiotics 효과

모유 영양아는 출생 후 1주일 이내에 비피더스균이 약 95~99.9%를 점유하는 장내 균총(비피더스 플로라)을 형성하는 것이 알려져 있다. 우유를 유아에 섭취시킨 경우에 장관 내의 비피더스 플로라의 점유율은 극히 낮으므로 우유에 함유되어 있지 않은 인간 밀크 올리고당에 장관 내에서 비피더스균을 증식·정착시키는 것과 같은 prebiotics 작용이 있음이 예상되어 왔다. 또한 최근 *Bifidobacterium (B.) infantis*는 유일한 탄소원으로서 인간 밀크 올리고당을 첨가한 경우 그것을 잘 발효하는 한편, 또 다른 장내 세균인 *Lactobacillus gasseri*는 그들을 완전히 발효하지 않는 것도 보고되어 있다. 그러면서도 실제로 어떠한 구조의 올리고당에 그와 같은 작용이 있는가에 대하여 오랜 기간 밝혀지지 않았다. 최근 Kitaoka 등은 비피더스균의 새로운 갈락토스 대사 경로에 근거를 두고 락토-N-비오스 I[Gal(β 1-3)GlcNAc]가 진짜 비피더스 인자라고 하는 '락토-N-비오스 가설'을 제안하고 있다.[22,23]

이 가설은 Derensy-Dron 등[24]이 *B. bifidum*의 무세포 추출물로부터 락토-N-비오스를 α-D-갈락토피라노스-1-인산(Gal-1-p)과 GlcNAc로 변환하는 락토-N-비오스포스포리아제 효소를 발견한 것에 착목하여 제안되었다. 이 효소는 동시에 갈락톨-N-비오스를 Gal-1-p와 GalNAc로 변환하는 것도 가능하다. Kitaoka 등은 이 효소를 *B. bifidum*의 무세포 추출물로부터 정제함과 함께, *B. longum* JCM1217주의 게놈으로부터 상당하는 유전자를 클론화하고 대장균 조작체로부터 동 효소를 발현시키는 것에 성공하였다. 기타오카(北岡)와 야마모토(山本) 등은 *B. longum*의 게놈에 있어서 동 효소의 구조유전자를 함유하는 유전자 클러스터에 주목하고 무틴 타입 I형 당 사슬 및 락토-N-비오스를 함유하는 밀크 올리고당을 대사하는 갈락토스 대사경로([그림 3])에 관여하는 각종 효소와 트랜스포터의 동정을 시험하고 있다.

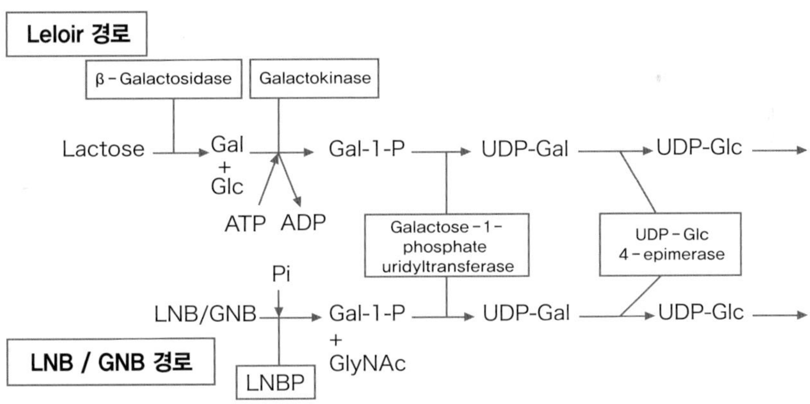


**그림 3.** Leloir 경로와 lacto-N-biose phosphorylase 유전자 클러스터에 의한 galactose 대사 경로의 비교[23]

상기의 가설이 실증되기 위해서는 락토-N-비오스를 함유하는 올리고당을 사용하여 *in vivo* 및 *in vitro* 수준에서 비피더스균의 증식 촉진, 정착을 조사하는 것이 필요하다는 것은 말할 필요도 없다. 동시에 새로운 prebiotics에의 산업적인 전략을 위하여 락토-N-비오스를 함유하는 올리고당의 대규모 레벨에의 조제기술의 개발이 기대된다. 한편으로 현재의 기술에서는 락토-N-비오스를 함유하는 당이나 인간 밀크 올리고당과 같은 구조를 가지는 올리고당의 조제기술이 산업 레벨에서는 확립되어 있지 않다. 프리바이오틱(prebiotic) 소재로서의 대체 올리고당이 치즈 유청 중의 고형분의 70%를 차지하는 락토스를 원료로 해서 조제 · 이용되고 있다. 그것에는 4'-또는 6'-갈락토실락토스를 주성분으로 하는 갈락토 올리고당이나 락툴로스(lactulose), 락토수크로스(lactosucrose) 등이 있다.[25]

갈락토올리고당의 조제는 유산균, 효모 및 곰팡이 등을 기원으로 하는 각종 β-갈락토시다제를 사용한 '갈락토스 전이반응'에 의해서 행해지고 있다. 이 반응에서는 β-갈락토시다제는 락토스의 기질 농도가 40~50%로 높은 경우는 가수분해뿐만 아니고 락토스를 수용체로 해서 갈락토스 전이반응이 일어난다. 갈락토스 올리고당의 대량 제조에서는 기원이 다른 두 종류 이상의 동 효소를 연속적으로 작용시켜 고수율로 조제하고 있다. 갈락토 올리고당은 100℃, 3시간 또는 120℃, 30분의 가열에서도 분해되지 않고 산성 하에서 가열변성도 적다.

락툴로스는 락토스를 알칼리성 조건에서 처리하는 이성화 반응에 의하여 조제되고 있다. 이 두 당은 락토스의 환원말단 글루코스가 프락토푸라노스로 변화한 것이며, 설탕의 48~62%의 감미성과 비피더스균의 증식 활성을 나타내고 간성혼수(肝性昏睡)의 특효약으로서도 알려져 있다.

락토스크로스는 락토스와 스크로스를 원료로 해서 β-프락토프라노시다제를 작용시켜 조제된다. 그 화학구조는 Gal(β1-4-)GLc(α1-β2)Fru이다. 시판되고 있는 유과(乳菓) 올리고당은 이 락토스크로스를 주성분으로 하고 그 함량이 55% 이상의 제품에서는 설탕의 55%의 감미도이다.

상술한 것처럼 올리고당을 육아용 조제유에 첨가한 경우, 유아의 장내 플로라의 90%를 비피더스균이 점유하고 그 점유율은 모유 영양아에는 미치지 않지만, 비피더스균 증식촉진 활성을 충분히 가지고 있다. 그 메커니즘은 락토-N-비오스 I 단위를 함유한 올리고당과 같은 갈락토스 대사 경로에 의한 것이라고는 생각되지 않고 비피더스균에 의한 그들 대사 경로에 관심이 모아지고 있다. 또한 올리고당에 의한 prebiotic 효과는 정착할 비피더스균의 균주의 차이에서 유아와 성인에서는 다르다는 것도 생각되고 있다. 인간 밀크 올리고당은 자연 상태에서 성인에 의해서 섭취되는 것은 아니고, 성인용 prebiotics 소재로서는 상술한 올리고당으로 충분히 용도를 충족하고 있다고 생각된다.

## 6. 밀크 올리고당의 화학수식, 의약품으로의 이용 가능성

치즈 유청이나 초유에서 분획한 산성 밀크 올리고당을 화학 수식하여 감염예방 · 치료제로서 의약품 목적으로 사용하는 것도 기대된다. 세균이나 바이러스 또한 세균 효소에 흡착하는 유리 올리고당을 폴리머에 결합시키면 그것들에의 흡착능은 현저하게 향상하고 유리의 것보다도 훨씬 저농도에서 감염 저해제로서 기능하는 것이 알려져 있다. Tsuchida 등[26]은 밀크 유래의 시알산 함유 올리고당을 폴리머에 공유 결합시키고 인플루엔자 바이러스와의 결합능을 해석하고 있다. 이러한 폴리머는 항 바이러스성 필터에 이용하는 것도 생각된다. 또한 Terabayashi 등[27]은 소 밀크 올리고당의 주성분인 3'-SL의 환원 말단에 아미노기를 도입하고 그 염화라우릴산과의 축합생성물이 MDCK세포에의 인플루엔자 바이러스의 침입에 의한 세포 독성을 저해하는 것을 보고했다. 이것은 인플루엔자 바이러스의 숙주 침입 저해 목적으로 소 산성 밀크 올리고당을 원료로 하는 동 축합생성물의 이용 가능성을 시사하는 것이다.

## 7. 밀크 올리고당 관련 화합물 조제의 시도

여기서는 치즈 제조에 관계한 기능성 올리고당을 주제로 하고 있으므로 주로 치즈 유청으로부터 분획 가능한 밀크 올리고당이나 카제이노글리코펩타이드 또한 락토스를 원료로 해서 제조된 올리고당의 기능성을 중심으로 기술하였다. 한편으로 기능성 소재로서 이용하기 위해서 인간형 또는 소형의 밀크 올리고당 관련 화합물을 효소적인 방법이나 대장균 조작체의 배양에 의해서 조제하는 시도도 있다.

Murata 등[28]은 소 혈청 유래 β1,3-N-아세틸글루코사미닐트란스페라제를 사용하여 UDP-GlcNAc 공여체로부터 락토스에의 위치 특이적 GlcNAc 전이반응을 이용하여 락토-N-트리오스II [GlcNAc(β1-3)Gal(β1-4)Glc]를 합성하였다. 계속해서 유전자 조작체 *B. circulans* ATCC31882 유래 β-갈락토시다제를 이용하여 β-니트로페닐-β-D-갈락토피라노시드나 락토스를 공여체로 해서 락토-N-테트라오스[Gal(β1-3)GlcNAc(β1-3)

Gal(β-1-4)Glc]나 락토-N-네오테트라오스[Gal(β1-4)GlcNAc(β1-3)Gal(β1-4)Glc]의 선택적 합성에 성공해 있다. 또한 Murata 등[29]은 돼지 간장 유래 α-L-푸코시다제를 이용하여 *p*-니트로페닐-α-L-푸코피라노시드를 공여체, N-아세틸락토사민[Gal(β1-4)GlcNAc]을 수용체로 한 당 전이반응을 행하고 밀크 올리고당의 부분 단위인 Fuc(α1-2)Gal(β1-4)GlcNAc의 합성에 성공했다. 이 반응의 위치 선택성은 낮고 α-1-2 결합 3당 이외에 α1-3과 α1-6 결합이성체도 동시에 생성되고 그 생성비는 36:27:37이었다. 한편 Ajisaka 등[30]은 Neu5Ac-α-pNP를 당 공여체, N-아세틸락토사민을 당 수용체로 해서 Newcastle 병 바이러스 유래의 노이라미니다제를 사용하여 전이반응을 행하고 밀크 올리고당의 부분단위인 Neu5Ac α2-3 galNAc의 합성에 성공해 있다.

Endo 등[31]은 *H. pyroli*의 전체 게놈 배열에서 β1-4 갈락토스 전이효소의 유전자 검색을 수행하고 발견된 동 유전자를 고도로 발현시킨 유전자 조작 대장균을 당 사슬 생산 시스템에 넣어 N-아세틸락토사민의 효율적 생산에 성공해 있다. 또한 같은 방법으로 *H. pyroli*에 존재하는 α1,3 푸코스 전이효소 유전자를 고도로 발현시킨 유전자 조작 대장균을 작성하고 당 사슬 생산 시스템에 집어넣음에 의하여 밀크 올리고당의 부분 단위인 Lex(Galβ1-4[Fuc α1-3]GlcNAc)의 효율적 생산을 가능하게 했다.[32] 한편, Dumon 등[33]은 *H. pyroli*의 α1,3 푸코스에 전이효소 유전자를 도입한 유전자 조작 대장균 배양법에 의하여 밀크 올리고당 관련 화합물인 Gal(β1-4)GlcNAc(β1-3)Gal(β1-4)[Fuc(α1-3)]Glc, Gal(β1-4)[Fuc(α1-3)]GlcNAc(β1-3)Gal(β1-4)[Fuc(α1-3)]Glc 및 Gal(β1-4)GlcNAc(β1-3)Gal(β1-4)[Fuc(α1-3)GlcNAc(β1-3)Gal(β1-4)[Fuc(α1-3)]Glc의 생산에 성공하였다.

또한 동물세포의 당 사슬 합성계를 이용하여 세포배양에 의해서 각종 올리고당 사슬을 만들려고 하는 시도가 있다. Sato 등[34]은 COS-7세포, HL60세포 등의 동물세포의 배양계에 락토스, N-아세틸글루코사민 및 N-아세틸락토사민의 도데실기를 결합한 아날로그를 첨가하고 ganglioside a 계열, alpha 계열 및 그로보시드 계열의 약 40종류의 올리고당 사슬의 합성을 확인하였다. 이와 같은 시도에 유선(乳腺) 세포를 사용한다면 밀크 올리고당에 유사한 락토 계열, 네오락토 계열의 올리고당 사슬을 만들게 할 수도 있을는지 모른다.

## 8. 기능성 올리고당 이용의 장래 전망

치즈 유청으로부터 분획되는 락토스를 원료로 해서 조제된 갈락토올리고당, 락토수크로스, 락툴로스 등은 prebiotics로서 실제로 식품에 첨가되고 있다. 한편, 치즈 유청으로부터 조제된 밀크 올리고당이나 카제이노글리코펩타이드는 항(抗)파일로리균 소재, 대장균 독소 중화제, 뇌 활성화 소재, 면역조절 소재 등의 점에서 기능성 식품소재로서 이용될 잠재적인 가능성이 있지만, 현 상태에서의 이용은 적다. 초유에 함유된 밀크 올리고당의 이용은 가까운 미래의 문제이다. 또한 장래에 있어서는 치즈 유청 또한 초유로부터 조제되는 올리고당이 의약품 소재로서 이용될 수 있는 가능성도 있다. 또한 실험 단계이지만, 밀크 올리고당 관련 화합물을 인공적으로 조제할 시도도 행하여지고 있다.

남아도는 우유에 대한 대책과 맞물려 치즈 증산이 2008년부터 일본 국내에 실시되게 되어 있지만, 동시에 부생되는 치즈 유청을 이용하는 기술의 개발도 요구되고 있다. 치즈 유청으로부터 밀크 올리고당이나 카제이노글리코펩타이드를 효율적으로 분획하는 기술의 개발과 함께 그들의 기능성에 착목하여 기능성 소재로서 이용하는 것도 전략적으로 필요한 일일 것이다.

## 참 / 고 / 문 / 헌


1) Jennes R., Regehr E.A., Sloan, R.E.: Comparative biochemical studies of milks. Ⅱ. Comp. *Biochem. Physiol.* 13, 339-352, 1964.

2) Urashima T., Saito T., Nakamura T. *et al.*: Oligosaccharides of milk and colostrum in non-human mammals. *Glycoconj. J.* 18, 357-371, 2001.

3) Nakamura T., Kawase H., Kimura K. *et al.*: Concentrations of sialyloligosaccharides in bovine colostrum and milk during the prepartum and early lactation. *J. Dairy Sci.* 86, 1315-1320, 2003.

4) Gopal P.K., Gill H.S.: Oligosaccharides and glycoconjugates in bovine milk and colostrum. *Br. J. Nutr.* 84, Suppl. S69-S74, 2000.

5) Newburg D.S., Neubauer S.H.: Carbohydrates in milks: analysis, quantities and

significance, in, Handbook of Milk Composition, Jensen, R.G. ed., Academic Press, San Diego, pp.273-349, 1995.

6) Boehm G., Stahl, B.: Oligosaccharides, in, Functional Dairy Products, Mattila-Sandholm, T., Saarela, M. eds. Woodhead Publishing Ltd, Cambridge, pp.203-243, 2003.

7) Nakamura T., Urashima T.,: The milk oligosaccharides of domestic farm animals. *Trends Glycosci. Glycotech.* 16, 135-142, 2004.

8) Watanabe Y., Kimura K., Nakamura T. *et al.*: Concentrations and compositions of the bovine milk oligosaccharides. Proceedings. The 23rd International Carbohydrate Symposium. Whistler, Canada, p.78, 2006.

9) Mcjarrow P., van Amelsfort-Schoonbeek J.: Bovine sialyl oligosaccharides: seasonal variations in their concentrations in milk, and a comparison of the colostrums of Jersey and Friesian cows. *Int. Dairy J.* 14, 571-579, 2004.

10) Brand-Miller J.C., McVeagh P., McNeil Y. *et al.*: Digestion of human milk oligosaccharides by healthy infants evaluated by the lactulose hydrogen breath test. *J. Pediatr.* 133, 95-98, 1998.

11) Newburg D.S.: Oligosaccharides in human milk and bacterial colonization. *J. Pediatr. Gastroenterol. Nutr.* 30, S8-S17, 2000.

12) Gnoth M.J., Rudloff S., Kunz C. *et al.*: Investigations of in vitro transport of human milk oligosaccharides by a Caco-2 monolayer using a novel high performance liquid chromatograph-mass spectrometry technique. *J. Biol. Chem.* 276, 34363-34370, 2001.

13) Dickson J.J., Messer M.: Intestinal neuraminidase activity of suckling rats and other mammals. Relationship to the sialic acid content of milk. *Biochem. J.* 170, 407-413, 1978.

14) Johansson P., Nilsson J., Angstrom J. *et al.*: Interaction of Helicobacter pylori with sialylated carbohydrates: the dependence on different parts of the binding trisaccharide Neu5Ac α 3 gal β 4 glcNAc. *Glycobiology*, 15, 625-636, 2005.

15) Hakkarainen J., Toivanen M., Leinonen A. *et al.*: Human and bovine milk oligosaccharides inhibit Neisseria meningitidis pili attachment *in vitro*. *J. Nutr.* 135, 2445-2448, 2005.

16) Martin M.J., Martin-Sosa S., Hueso P.: Binding of milk oligosaccharides by several enterotoxigenic Escherichia coli strains isolated from calves. *Glycoconj. J.* 19, 5-11, 2002.

17) Sakai F., Ikeuchi F., Urashima T. *et al.*: Effects of feeding sialyllactose and galactosylated N-acetylneuraminic acid on swimming learning ability and brain lipid composition in adults rats. *J. Appl. Glycosci.* 53, 249-254, 2006.
18) Wang B., McVeagh P., Petocz P. *et al.*: Brain ganglioside and glycoprotein sialic acid in breastfed compared with formula-fed infants. *Am. J. Clin. Nutr.* 78, 1024-1029, 2003.
19) Wang B., Yu B., Karim M. *et al.*: Dietary sialic acid supplementation improves learning and memory in piglets. *Am. J. Clin. Nutr.* 85, 561-569, 2007.
20) Schumacher G., Bendas B., Stahl B. *et al.*: Human milk oligosaccharides affect P-selectin binding capacities: *In vitro* investigation. *Nutrition,* 22, 620-627, 2006.
21) Daddaowa A., Puerta V., Requena P. *et al.*: Goat milk oligosaccharides are anti inflammatory in rats with hapten-induced colitis. *J. Nutr.* 136, 672-675, 2006.
22) Kitaoka M., Tian J., Nishimoto M.: Novel putative galactose operon involving lacto-N-biose phosphorylase in Bifidobacterium longum. *Appl. Environ. Microbiol.* 71, 3158-3162, 2005.
23) 北岡本光, 西本完：ビフイズス菌の新規ガラクトース代射經路とビフイズス因子の關係. ミルクサイエンス, 55, 171-174, 2007.
24) Derensy-Dron D., Krzewinski F., Brassart C. *et al.*: β-1,3-Galactosyl-N-acetylhexosamine phosphorylase from Bifidobacterium bifidum DSM 20082: characterization, partial purification and relation to mucin degradation. *Biotechnol. Appl. Biochem.* 29, 3-10, 1999.
25) 斉藤忠夫, 浦島 匡：生理活性オリゴ糖の效用, ミルクの先端機能(吉川正明, 細野明義, 中澤勇二, 中野 覺編) pp.175-187, 弘學出版, 東京, 1998.
26) Tsuchida A., Kobayashi K., Matsubara N. *et al.*: Simple synthesis of sialyllactose-carrying polystyrene and its binding with influenza virus. *Glycoconj. J.* 15, 1047-1054, 1998.
27) Terabayashi T., Morita M., Ueno M. *et al.*: Inhibition of influenza-virus-induced cytopathy by sialylglycoconjugates. *Carbohydr. Res.* 341, 2246-2253, 2006.
28) Murata T., Morimoto S., Zeng X. *et al.*: Enzymatic synthesis of alpha-L-fucosyl-N-acetyllactosamines and 3'-O-alpha-L-fucosyllactose utilizing alpha-L-fucosidases. *Carbohydr. Res.* 320, 192-197, 1999.
29) Murata T., Inukai T., Suzuki M. *et al.*: Facile enzymatic conversion of lactose into lacto-N-tetraose and lacto-N-neotetraose. *Glycoconj. J.* 16, 189-195, 1999.

30) Ajisaka K., Fujimoto H., Isomura M.: Regioselective transglycosylation in the synthesis of oligosaccharides: comparison of β-galactosidase and sialidases of various origins. *Carbohydr. Res.* 259, 103-115, 1994.

31) Endo T., Koizumi S., Tabata K. *et al.*: Cloning and expression of β 1,4-galactosyltransferase gene from Helicobacter pyroli. *Glycobiology* 10:809-813, 2000.

32) Koizumi S., Endo T., Tabata K. *et al.*: Large-scale production of GDP-fucose and Lewis X by bacterial coupling. *J. Ind. Microbiol. Biotechnol.* 25, 213-217, 2000.

33) Dumon C., Priem B., Martin S.L. *et al.*: *In vivo* fucosylation of lacto-N-neotetraose and lacto-N-neohexaose by heterologous expression of Helicobacter pylori α 1,3-fucosyltransferase in engineered Escherichia coli. *Glycoconj. J.* 18, 465-474, 2001.

34) Sato T., Hatanaka K., Hashimoto H. *et al.*: Synthesis of oligosaccharides using cell function. *Trends Glycosci. Glycotech.* 19, 1-17, 2007.

# 5-3 기능성 유청 된장

미야자키(宮崎)대학 농학부
무구루마 미치오(六車三治男)

치즈의 본고장인 유럽에서는 옛날부터 여러 가지 치즈를 만들어 많이 소비하고 있다. 근래 일본에서도 우유 영양의 에센스라고 이야기할 정도로 높은 영양 특성을 가지는 치즈의 소비량은 증대하고 있다. 건강과 식생활의 인식이 높아감에 따라 치즈가 더욱더 우리들의 식탁에 놓일 기회도 늘어날 것이라고 생각된다. 그것에 수반하여 얻어지는 부산물인 치즈 유청을 효율적으로 이용하는 것은 유업계에 있어서 큰 과제 중 하나이다.

우유 유청 단백질의 주요 구성 성분은 β-락토글로브린, α-락토알부민, 혈청알부민, 면역글로브린, 락토페린, 락토퍼옥시다제 등이다. 유청 단백질은 다양한 기능성을 가지며, β-락토글로브린이나 α-락토알부민은 장관에서의 칼슘 흡수 촉진,[1] 혈압 강하에 관여하는 안지오텐신 변환효소(ACE) 저해활성을 가진다.[2-7] 또한 락토페린은 간염의 발생이나 진행을 억제하는 기능을 가진다고 알려져 있다.[8] 락토퍼옥시다제의 생리 기능으로서 항균 활성, 항바이러스 활성, 항암세포 활성 등도 알려져 있다.[9-11] 여기에 일본인 영양원으로서 부족해 있는 양질의 칼슘을 함유하고 있는 것뿐만 아니고 유청 단백질 중의 유(乳)염기성 단백질이 뼈 형성을 촉진함과 함께 뼈 흡수를 억제하는 것이 밝혀져 있다.[12-14] 이와 같이 치즈 유청에는 신체의 형성이나 생체 방어에 관한 기능성 성분이 많이 함유되어 있고 일상의 식생활을 통해서 섭취하는 식품에의 첨가식품 소재로서 그 가치는 매우 높다. 이 부산물인 치즈 유청을 유효하게 이용할 시도는 이전부터 행하여지고 있지만, 보다 더

고도 이용이 요구되고 있다.

지금까지 양질의 영양소를 함유하는 탈지분유를 이용해 일본에서 영양 소요량에 아직 도달해 있지 않은 영양소인 칼슘도 풍부하게 함유하고, 양조기술에 따른 젖 유래의 생리활성 기능성도 부가된 새로운 형태의 된장 연구개발을 실시하여 왔다.[15-17] 이 '기능성 밀키 · 된장'은 탈지분유를 일부 가한 된장으로, 크리미한 풍미를 가지는 것과 함께 필수 아미노산이 증가하고 칼슘 함유량도 높고 고혈압 예방효과가 기대되는 ACE 저해활성도 가지고 있었다. 게다가 ACE 저해활성을 나타내는 펩타이드 본체의 일부를 동정함과 함께 동물실험에서도 혈압 강하작용을 확인하였다.[17]

여기서 유청 파우더의 유효 이용을 목적으로 탈지분유를 이용한 기능성 된장의 제조에서 얻어진 성과를 참조해서 치즈 유청 파우더를 이용한 기능성 된장 제조를 실시하였다. 여기서는 유청 된장의 개발 과정과 발효 숙성 과정에서 발현한 생리활성 기능에 대해서 기술한다.

## 1. 유청 된장의 조제

### 1) 공시 재료

유청 된장의 조제를 위하여 A사 및 B사에 의하여 제조 또는 수입된 다섯 종류의 유청 파우더를 사용하였다.

A사 제품: 유청, 유청 단백질 농축물(WPC)

B사 제품: 유청, 유청 단백질 농축물(WPC), 탈염 유청

이들 제품의 일반 성분 및 미네랄 분석치를 [표 1]에 나타내었다. 유청은 치즈 유청을 그대로 농축 건조한 표품이며, 양사 유청도 단백질이 약 12%, 유당이 72~78% 함유되어 있다. WPC는 유청을 한외여과막 처리하고 단백질 농도를 약 80%까지 높인 제품이다. 탈염 유청은 치즈 유청을 이온교환 수지 및 전기투석에 의하여 탈염하고 농축 건조한 표품이

다. [표 1]에 나타낸 것처럼, 그 미네랄 함량은 다른 표품에 비교해서 매우 낮고, 특히 칼슘 함량에 있어서 그 차는 현저하였다.

**표 1.** 유청 및 유청 단백 농축물의 일반 성분 및 미네랄 분석값

| 시료명 | | 일반 성분(%) | | | | | 미네랄(mg%) | | |
|---|---|---|---|---|---|---|---|---|---|
| | | 수분 | 단백질 | 조지방 | 당질 | 회분 | Ca | P | Na |
| A | 유청 | 2.3 | 12.1 | 1.1 | 78.4 | 6.1 | 440 | 550 | 530 |
| | WPC | 3.1 | 76.5 | 6.0 | 11.6 | 2.8 | 430 | 334 | 366 |
| B | 유청 | 3.0 | 11.8 | 4.9 | 72.4 | 7.9 | 580 | 650 | 890 |
| | WPC | 5.6 | 78.2 | 5.6 | 7.8 | 2.8 | 298 | 302 | 206 |
| | 유청(탈염) | 3.0 | 11.2 | 4.0 | 80.8 | 1.0 | 60 | 150 | 150 |

### 2) 담그는 방법 및 배합

된장 원료로서 콩류로는 대두를, 곡류로서 쌀·보리를 사용하였다. 식염 원료는 일본산인 보통 소금을 사용하고, 목표로 한 담그는 식염 농도를 10.5%, 수분을 약 43%로 하였다. 유청 파우더를 혼합한 된장의 제조는 된장 원료 중 대두, 쌀, 보리의 사용량을 줄이고 유청 파우더로 대체하였다. 유청 파우더의 대체율은 20%로 하였다. 누룩 균(麴菌)으로 아스페르질러스 오리제(*Aspergilius oryzae*)를 사용하여 조제한 쌀누룩(米麴), 보리누룩(麥麴) 1.4에 대해서 1의 비율로 대두 증자(蒸煮) 물 및 식염을 혼합하고 그 위에 내염성 효모로서 자이고사카로마이세스(*Zygosaccharomyces rouxii*) 및 내염성 유산균으로서 페디오코카스 하로피라스(*Pediococcus halophilus*)를 혼합하고 누룩 혼합재료를 넣었다. 숙성 공정에서는 넣은 누룩 혼합재료를 20~25°C의 제조실에서 발효 숙성하였다. 유청 파우더의 혼합은 제조 공정의 도중에 실시하고 유청 파우더를 혼합 후 약 2개월간 숙성하였다.

## 2. 유청 된장의 분석 방법

### 1) 기준 된장 분석법에 의한 일반 성분 분석

대조구인 통상의 맞춤 된장과 각종 유청 파우더를 함유하는 시험구 된장 품질평가의 지표가 된다. 일반 성분 분석은 '된장기준분석법'[18]에 따라 실시하였다.

### 2) 칼슘 함량의 측정

된장 중의 칼슘 함량은 정해진 방법에 따라 건식회화(灰化) 처리를 실시하고 무기질 정량용 시료용액을 조제한 후, 과망간산칼륨 적정법에 의하여 실시하였다.

### 3) DPPH 라디칼 소거활성에 의한 항산화 활성의 측정

된장 3 g에 80% 알코올 12 ml를 가하고 이것을 균질화 시킨 후 원심분리(7,000 g, 15분, 4°C)하였다. 이 상징액을 필터 여과하고 여과액을 DPPH 라디칼 소거활성의 측정에 이용하였다. 측정은 DPPH 라디칼 측정법[19]에 준해서 실시하였다. 즉, 400 μM DPPH, MES(2-morpholino-etanesulphonic acid) buffer, 20% 에탄올을 동량씩 가해 혼액을 제조하였다. 혼액을 0.9 ml 분주하고 80% 에탄올을(300-a) μl과 분석시료를 a μl 가해 20분간 반응시켰다. 그 후 시마즈(島津)제 Bio Spec-1600형 분광광도계를 사용하여 520 nm의 흡광도를 측정하였다.

### 4) 안지오텐신 변환효소(ACE) 저해활성의 측정

된장 3 g에 증류수 12 ml를 넣고 균질화 시킨 후 원심분리(7,000 g, 15분, 4°C)하였다. 상징액은 필터 여과하였으며, 그 여과액을 ACE 저해활성 측정에 이용하였다. ACE 저해활성의 측정은 Cushman 등의 방법[20]에 준해서 토끼 폐 유래 ACE와 HHL(히프릴-L-히스티질-L-로이신)을 이용하여 측정하였다. 즉, 시료 6 μl에 60 mU/ml ACE 용액 20 μl 및 7.6 mM HHL 50 μl을 첨가하고 37°C에서 30분간 반응시켰다. 그 후, 염산 0.554 ml을 가해서 반응을 정지했다. 계속해서 초산에틸 1.5 ml을 가해서 ACE 작용에 의하여 유리한 마뇨산(馬尿酸, hippuric acid)을 진탕추출하고 2,500 rpm에서 15분간 원심분리를 실시하였다. 분리된 상부 초산에틸층을 1 ml 분취하고 가열(100°C, 10분간)에 의하여 증발 건고시켰다. 건고한 마뇨산은 1M 염화나트륨 수용액 1 ml에 용해하고 분광광도계(흡광도 228 nm)에서 측정하였다. 저해율은 시료의 흡광도 S, 시료 대신에 증류수를 가하여 같은 방법으로 반응시킨 값을 C, 미리 ACE의 반응을 정지시켰을 때의 값을 B로 하고 다음 식에 의하여 구하였다.

$$저해율(\%) = [(C-S)/(C-B)] \times 100$$

상기 식으로 구해지는 저해활성이 50%를 나타낼 때의 저해물질 농도(된장 1 mg당 단백질량, IC50)를 계산하였다.

### 5) 각종 유청 성분의 누룩 추출액에 의한 분해

각종 유청 성분을 40%(w/v)가 되도록 증류수를 가하고 교반하였다. 보리누룩(麥麴) 5 g에 3배 양의 증류수를 가해 6시간 추출하고 5,800 g로 30분간 원심분리 후 그 상징액을 누룩추출액으로 하였다. 각종 유청 성분과 누룩추출액의 단백질 농도가 100:1이 되도록 첨가하고 30°C, 24시간 반응시켰다. 반응 후, 2,300 g, 15분간 원심분리하고 얻어진 상징액을 시료로 하였다.

단백질 정량은 Biuret법[21]과 UV법[22]을 이용하여 실시하였다. 단백질 성분 분자종의 동정은 SDS-폴리아크릴아미드 겔 전기영동법(SDS-PAGE)에 의하여 실시하였다.[23] 유청 성분 소화물의 상징액 분획의 분자량 분포를 겔 여과 고속액체 크로마토그래피(HPLC)에 의하여 분석하였다.

### 6) 동물실험

8주령의 수컷 쥐(자연발증 고혈압 쥐: SHR)를 일본 찰스 리버사로부터 구입 후 2주간 새로운 환경에 적응시키고 증류수를 사용한 2주간의 경구투여와 꼬리 동맥압 측정 훈련을 실시하고 12주령이 되어서 실험에 사용하였다.

각 군에 5마리를 사용하고 된장 1 g에 대해서 동량의 증류수를 가해 균질화 시킨 시료를 존대를 이용하여 2 ml 경구 투여하였다. 대조에는 증류수를 같은 형식으로 경구 투여하였다. 투여 전과 투여 후의 3, 6, 9 및 24시간 후, 측정 전에 15분간의 전 보온(38.7°C)을 실시한 후 비관혈식(非觀血式) 측정장치[(주)Softron제 BP98A]에서 수축기 및 확장기 혈압을 3회 측정하고 그 평균치를 측정혈압으로 하였다.

### 7) 관능 평가

각각의 된장에 약 9배 양의 열수(약 70°C)를 가한 스프 검체를 조제하고 전문가에 의한 관능 평가를 실시하였다.

## 3. 유청 된장의 평가와 기능성

### 1) 유청 파우더 첨가 된장의 품질 설계

유청 파우더의 첨가율을 어느 정도로 설정할까는 가장 중요한 사항이며, 된장의 특성을 계속 발휘하고 유청 파우더 이용의 유용성을 찾아낼 필요가 있다고 생각하였다. 그 때문에 유청 파우더의 일반 성분 및 미네랄 함량을 파악할 필요가 있으며, 그들을 [표 1]에 나타내었다. 된장의 원료가 되는 일본산 대두의 일반 성분은 수분 12.2%, 단백질 35.5%, 지질 19%, 당질 28.2%, 회분 5.0%, 칼슘 240 mg%, 인 580 mg%이다. 이번에 사용한 유청의 일반 성분은 대두에 비하여 수분, 지질이 적은 반면, 당질이 많고 칼슘도 풍부하였다. 또한 탈염 유청의 미네랄 함량은 낮고, 칼슘 함량은 60 mg%로 낮은 값을 나타내었다. 유청 파우더 중의 WPC의 일반 성분은 단백질 함량이 대두에 비해서 꽤 높으며, 당질 함량은 낮았다. 거기서 탈지분유를 이용한 된장의 개발에서의 경험[15-17]을 고려하여 된장의 전 배합량의 10% 이상을 유청 파우더로 치환하는 것을 기본 설계로 하였다.

다음에 유청 파우더를 첨가한 경우의 된장의 경도나 수분, 식염 농도를 조정할 필요가 있었다. 유청 파우더의 수분이 적기 때문에 유청 파우더 첨가율에 된장의 수분을 담그는 물로 보충하고 식염 농도는 종래의 된장과 같은 수준으로 조정하였다. 유청 파우더의 실용적인 첨가율 범위는 최종적으로 10~30% 이하로 하였다.

이상과 같은 관점으로부터 유청 파우더 첨가율 20%, 식염 농도 10.8%, 수분 45.2%, 식염 농도 19.3%를 목표로 누룩 원료로서 보리 및 쌀을 이용한 누룩 비율 약 14의 조합 된장을 시험 제조하였다. 숙성 기간은 상온에서 약 2개월간으로 하였다.

### 2) 발효에 수반되는 유청 된장의 일반 성분 변화

이번에 전체 시험을 통해서 평가가 높았던 A사 유청을 사용한 시험 된장의 일반 성분 분석치를 대조구의 된장과 함께 [표 2]에 나타내었다. pH는 유청구(유청 파우더 첨가 된장)가 대조구(유청 파우더 무첨가 된장)에 비해서 담근 시점에서부터 숙성 종료 후까지 낮고, 외관적으로 유청구의 색은 그 명도로부터도 밝혀진 것처럼, 황백색을 띤 옅은 색이었다. 유청구는 대조구에 비해 질소 성분이 높은 경향이며, 특히 수용성 질소나 저분자화한 포르몰(formol) 질소의 숙성 후의 증가가 현저하였다. 된장의 유기산량 지표가 되는 산도 I은 대조구가 낮고 수용성 질소성분 등이 주체적으로 관여하는 산도 II 유청구가 높은 값을 나타내었다. 또한 두 시험구의 된장은 모두 약 2%의 알코올을 생성하였으며, 왕성한 알코올 발효가 시사되었다. 두 시험제조 된장은 모두 된장으로서 거의 정상적인 분해 및 발효작용이 이루어지고 있음이 확인되었다.

**표 2.** A회사 제품의 유청을 사용한 된장의 일반 성분 분석값

| 분석 항목 | 대조구 | | 유청구 | |
|---|---|---|---|---|
| | 숙성 0일 | 숙성 2개월 | 숙성 0일 | 숙성 2개월 |
| 식염(%(w/w)) | 10.5 | 10.9 | 10.6 | 10.7 |
| 수분(%(w/w)) | 38.0 | 42.8 | 37.5 | 43.5 |
| pH | 5.8 | 5.3 | 5.7 | 5.4 |
| 명도(明度) (Y%) | 44.7 | 22.0 | 44.1 | 33.4 |
| 전질소(%) | 1.6 | 1.9 | 1.8 | 2.0 |
| 수용성 질소(%) | 0.4 | 0.9 | 0.5 | 1.2 |
| Formol 질소(%) | 0.1 | 0.4 | 0.1 | 0.6 |
| 전당(%) | 27.0 | 20.9 | 32.0 | 22.5 |
| 산도 I (ml) | 2.7 | 7.9 | 2.7 | 7.2 |
| 산도 II (ml) | 2.8 | 7.7 | 2.8 | 0.5 |
| 에탄올(%(w/w)) | 0.0 | 2.0 | 0.0 | 2.0 |

이와 같이 유청 첨가 된장은 색조나 일반 성분 등에 있어서 종래의 된장과 확실한 차이를 나타내고 있다. 또한 WPC를 첨가한 된장의 발효에 수반하는 색상에서는 WPC 첨가구가 다른 시험구와 비교해서 그 진행이 빨랐다. 이것은 아마 WPC의 질소(단백질 등)의 함량이 관계하고 질소분이 많을수록 착색하기 쉽다고 생각되었다. 한편, 유청구의 착색은

대조구에 비교해서 늦고, 2개월의 발효 기간이 경과한 제품의 색은 대조구에 비하여 백색이었다.

된장의 단단함이나 시네레시스를 관찰한 결과, 유청을 첨가하면 담그는 초기부터 부드럽다. 아마 WPC의 특성이 된장의 부드러움에 관계한 것으로 생각되었다.

### 3) 유청 된장의 관능 평가

된장의 관능 평가를 실시해 본 결과, 유청 첨가율 약 10% 이상에서 된장은 종래의 것과 달리 종래의 된장의 풍미가 약해짐과 함께 크리미한 풍미로 되었다. 전문가에 의뢰한 관능평가시험으로서 유청 첨가율 20%의 된장을 이용하여 수행한 결과를 [표 3]에 나타내었다.

관능평가는 전문 패널 2명이 향기와 맛에 대해서 평가하였다. 그 결과 WPC 구에서는 유제품취의 향이 나고 맛도 우유의 특징이 강하게 나오는 경향이 인정되었다. 이처럼 WPC 첨가구에서는 유청 자체의 향이나 맛이 강하고 유청 자체가 발효한 것 같은 향과 맛도 합쳐서 좋은 평가가 이어지지 않았다. 한편, 유청구의 된장은 염분이 조금 강하게 느껴지지만, 향에 감미가 합쳐져 대조구의 된장에 가깝다는 평가를 받았다.

**표 3.** A회사 제품의 유청 및 WPC를 사용한 된장의 관능 평가

| | 향 | 맛 | 종합평가 |
|---|---|---|---|
| 대조구 | 보통 | 보통 | 좋음 |
| 유청구 | 향 없음 | 염분이 강함, 보통의 된장 | 가장 좋음 |
| WPC구 | 유제품 냄새 | 강한 우유 냄새, 우유 같음 | 조금 나쁨 |

### 4) 유청 첨가 된장의 칼슘 함량

현재 국민의 영양소요량 중, 부족해 있는 것은 칼슘이다. 우유는 100 ml 중에 100~120 mg의 칼슘을 함유하며 칼슘 함량이 높을 뿐만 아니라 그 흡수나 생체 이용성이 뛰어나다. 이번에 사용한 각종 유청 파우더도 탈염 유청의 그것은 100 g당 60 mg으로 낮지만, 그 이외는 100 g당 298~580 mg의 양질의 칼슘을 함유하고 있다. 여기서 각 제품의 칼슘 함량을 측정한 결과 칼슘 함량은 유청 파우더를 첨가한 된장 모두에서 컨트롤에 비하여 높았다([그림 1]). 특히 B사의 유청(무탈염)을 첨가한 된장에서는 대조구에 비교해서 그 함

량이 약 5배 높았다. 또한 A사의 제품에서도 3배 이상의 값을 나타내었다. B사의 탈염 유청을 첨가한 된장에서도 대조구보다 높은 칼슘 함량을 나타내었다.

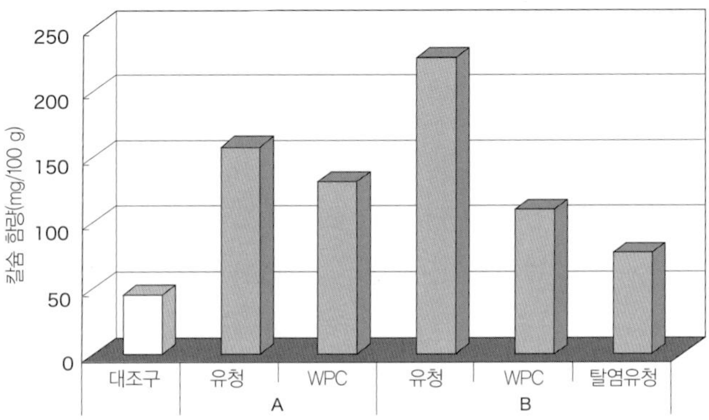


**그림 1.** 유청을 이용한 된장의 칼슘 함량

탈지분유를 이용한 기능성 된장의 뼈에 대한 영향을 Wister계 수컷 쥐를 이용하여 조사한 결과에서는 기능성 된장의 투여에 의하여 골밀도가 증가하는 경향이 인정된 것으로부터[17] 본 연구에서 얻어진 유청 된장도 골밀도를 증가시킬 가능성이 시사되었다.

최근 식품에 의한 골다공증의 예방에 유청 단백질 중의 유(乳) 염기성 단백질이 뼈 형성의 촉진에 개입하여 효과가 있다고 하는 것과[24] 골밀도를 개선하고 건강한 젊은 여성의 뼈 대사를 증진하는 것이 보고되어 있다.[25] 이번에 조제한 유청 된장에는 유 염기성 단백질 분획도 함유되어 있는 것으로부터 골다공증 예방효과가 기대된다.

### 5) DPPH 라디칼 소거활성

근년 일본에서는 특히 고령화 · 장수화가 급속하게 진행하고 고령자의 건강대책의 시점은 노화방지에 집중되고 있다. 거기서 최근 주목을 받고 있는 것이 '항산화식품인자'이다. 암을 비롯하여 생활 습관병이라고 불리는 질병의 주원인은 산화 스트레스라고 알려져 있다.

따라서 각종 된장의 항산화 활성을 간이신속한 방법인 DPPH 분광측정법을 이용하여 측정하였다. 또한 평가는 이미 알고 있는 항산화물질인 Trolox 상당량으로 구하였다. 대조구의 된장도 대두 성분 유래의 항산화 활성을 가지고 있었다.[26] 각종 유청 된장의 항산화 활성도 대조구와 동등 또는 그 이상의 항산화 활성이 인정되었다([그림 2]). 특히 탈염유청을 첨가한 된장의 항산화 활성이 높은 경향을 나타내었다. 대두 발효식품인 납두(納豆)에도 항산화가 인정되어 있는 것으로부터 대두 발효식품의 된장에 유청 파우더가 첨가되어 발효하는 것으로부터 보다 항산화 기능을 높일 수 있을 것이라고 생각된다.

최근 탈지유의 *L. helveticus* 발효 상징액이 항산화 활성을 가지는 것과,[27] α-락토알부민이나 혈청알부민의 가수분해물에도 항산화 활성을 발현하는 펩타이드가 존재하는 것이 보고되어 있다.[28] 또한 우유를 젖산 발효하는 것에 의해서도 항산화 활성이 발현하는 것으로부터,[29] 유청 된장의 발효 과정에서 그들 성분이 생성되고 대조 된장보다도 항산화능이 높아진 가능성이 시사되었다.

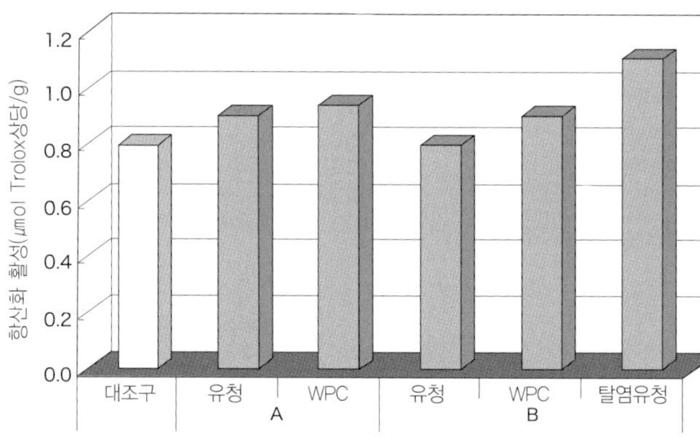


**그림 2.** 유청을 이용한 된장의 항산화 활성

## 6) 안지오텐신 I 변환효소(ACE) 저해활성

된장에는 많은 생체조절 기능 성분의 존재가 알려져 있으며, 대두 단백질의 부분 분해물인 펩타이드의 기능으로서는 상기 항산화능 이외에 혈압상승 억제, 항콜레스테롤 작용 등이 보고되고 있다.[30] 또한 대두 이소플라본의 유방암 예방효과[31]나 혈압상승 억제에 관여하는 된장에 존재하는 항레닌(renin) 활성도 보고되어 있다.[32] 그중에서도 ACE 저해활성을 가지는 펩타이드에 관한 연구가 주목받고 있다.[33] 저자 등도 축산식품의 식육에 존재하는 신규 ACE 저해 펩타이드를 보고하고 있다.[34-36] 된장의 생리활성 기능의 평가로서 혈압조절에 관여하고 있는 레닌-안지오텐신계 안지오텐신 I로부터 승압물질인 안지오텐신 II의 생성을 촉매하는 ACE 저해활성을 측정하는 것에 의하여 고혈압 예방효과를 검토하였다.

유청을 이용한 된장의 50% ACE 저해활성 발현에 요하는 단백질 농도(IC50치: 숫자가 낮을수록 활성이 높다.)를 측정하면, 유청을 이용한 된장의 ACE 저해활성은 대조구의 통상의 된장에 비해서 어느 것도 높게 나타났다. 특히 A사의 유청 된장은 통상 된장보다도 5배 이상이나 높은 ACE 저해활성을 나타내고 있었다([그림 3]). 유청 단백질 유래의 ACE 저해 펩타이드가 보고되어 있는 것으로부터,[37] 유청 된장에도 발효·양조 과정에서 그들 펩타이드가 생성되고 ACE 저해활성이 발현한 것이 예상된다.

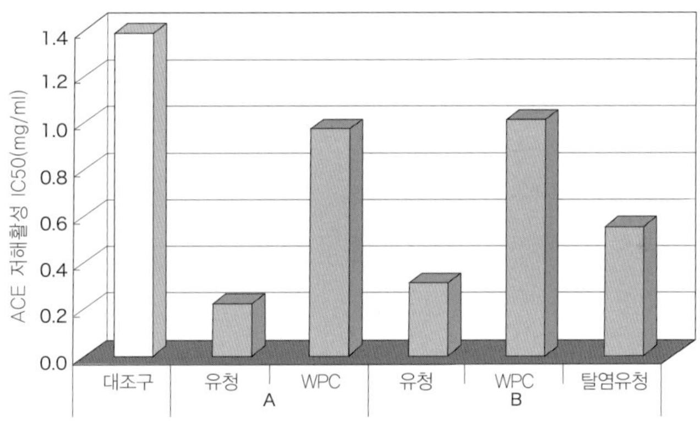


**그림 3.** 유청을 이용한 된장의 ACE 저해활성

## 7) 누룩균 효소에 의한 유청 단백질의 분해

된장의 제조 과정에서 유청 파우더에 생기는 변화를 추측하기 위하여 누룩 추출액에 의한 유청 단백질의 소화에 미치는 모델 실험을 실시하였다. 우선 유청을 이용한 누룩 추출액에 의한 단백질의 소화를 SDS-PAGE로 검토하였다([그림 4]). 그 결과, 반응액의 분석에서 유청 성분인 BSA, $\alpha$-락토알부민이나 $\beta$-락토글로브린이 가수분해되어 저분자화하는 것이 밝혀졌다. 또한 누룩 추출액에 의한 유청 소화물의 분자량 분포를 겔 여과 칼럼인 TSK-G2000W 칼럼을 이용한 HPLC 분석에 의하여 측정하였다. 그 결과, 분자량 약 250~3,000의 저분자화한 펩타이드의 분획이 함유된 것이 인정되었다([그림 5]).

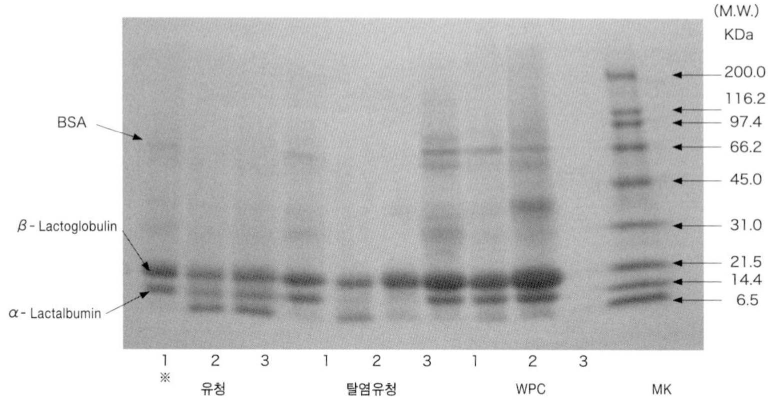


**그림 4.** B회사 제품의 유청을 사용한 누룩 추출액에 의한 단백질 소화

※ 1 : 유성분 단독, 2 : 유성분에 누룩 추출액을 첨가, 3 : 2의 상징액

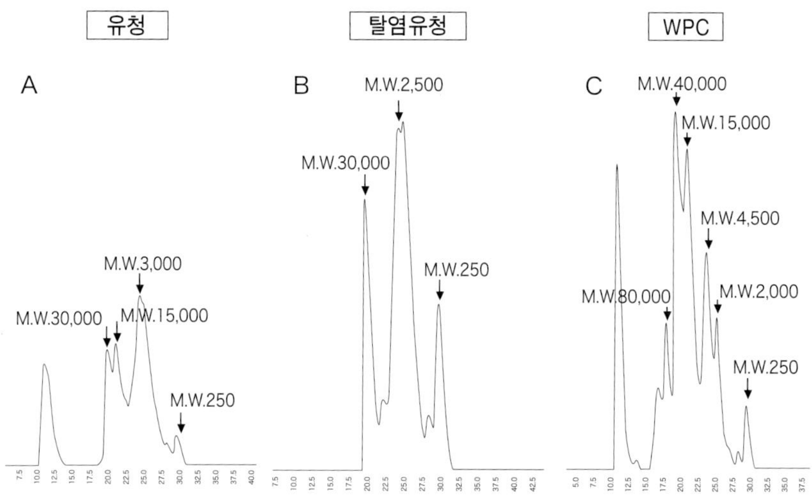


**그림 5.** B회사 제품의 유청을 사용한 단백질 소화물의 분자량 분포

## 8) ACE 저해 펩타이드의 단리 · 정제와 동정

누룩 추출물에 의해서 소화된 저분자 분획을 모아 겔 여과나 역상 칼럼을 이용하여 HPLC에 의해 단리 · 정제를 수행한 결과, 매우 높은 ACE 저해활성을 가지는 단일 피크가 검출되었다.

**① β-Lactoglobulin의 아미노산 배열**

```
21  SLAMAASDIS  LLDAQSAPLR
41  VYVEELKPTP  EGDLEILLQK
61  WENGECAQKK  IIAEKTKIPA
```

41　42

**Val-Tyr** (MW =280.3) $IC_{50}$=6.167 μg/ml (22 μM/ l )

**② 우유단백질 성분의 존재 위치**

| 펩타이드 | 우유단백질 성분 | 아미노산 배열 중의 위치 |
|---|---|---|
| **Val-Tyr** | β-Lactoglobulin | 41～42잔기 |
| | Lactoferrin | 81～82잔기<br>399～400잔기 |

**그림 6.** 혈압 강하작용 펩타이드의 아미노산 배열과 그 존재 위치

Protein sequencer를 이용하여 해석한 아미노산 배열의 결과로부터 그 피크는 분자량이 280.3의 Val-Tyr(VY)인 것이 확인되었다. 또한 homology 검색의 결과로부터 이 펩타이드는 β-락토글로브린의 41~42잔기에 상당하는 것이 확인되었다([그림 6-①]). 이 펩타이드는 디펩타이드이며, 생체 내에서는 거의 소화되지 않고 흡수되어 작용할 가능성이 시사되었다. 또한 이 펩타이드는 인간 급성 경구 투여 시의 혈장 Val-Tyr 농도 변화가 보고되어 있으며, 실제 생체 내에 흡수된다는 것이 보고되어 있다.[38] 이러한 것으로부터, 이 펩타이드를 함유하는 유청 된장을 섭취하는 것으로 생체에서의 혈압 강하작용을 나타낼 가능성이 시사되었다.

[그림 6-②]에 상기 이외의 상동성(相同性)을 나타내는 위치를 나타내었다. Val-Tyr은 락토페린의 81~82잔기 및 399~400잔기에도 상동 배열이 인정되었다.

### 9) 자연발증 고혈압 쥐(SHR)에 의한 유청 된장의 동물실험

SHR을 이용하여 ACE 저해활성이 가장 높았던 A사의 유청을 사용한 된장의 혈압상승 억제효과를 검토하였다. 유청 된장을 투여한 SHR에 있어서 수축기혈압의 변화를 [그림 7]에 나타내었다. 투여 전의 혈압은 191±5.2 mmHg였다. 물의 투여에 비교하여 유청 된장을 투여하면, 투여 후 3시간에서 181±5.4 mmHg로 혈압이 저하하고 투여 후 6시간에서

도 그 효과가 지속되었다.

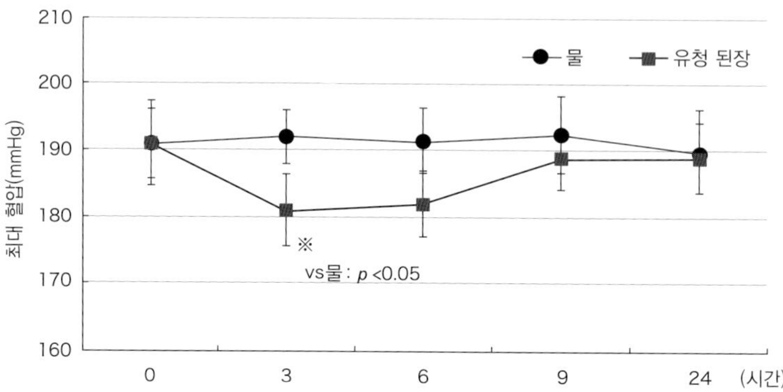


**그림 7.** 유청 된장의 자연발증 고혈압 래트(Rat) 투여시험

이상과 같이 SHR을 이용한 동물실험의 결과에서도 기능성 유청 된장은 ACE 저해활성의 발현에 의한 것으로 생각되는 혈압상승 억제 효과가 확인되었다.

체내에서 안지오텐신 I이 ACE의 작용에 의해서 안지오텐신 II로 대사된다. 이 안지오텐신 II는 생체 내에서 가장 강력한 승압 물질이며, 혈관평활근을 수축시키는 직접적인 승압작용을 가지고 있을 뿐만 아니라 부신에서의 aldosterone 분비를 자극하여 나트륨이나 물의 저장량 증대를 일으켜 간접적인 혈압상승에도 관여한다.[39] 또한 치근, 혈중 안지오텐신 II가 인슐린을 비롯하여 생활습관병에 관여하고 있는 다양한 종류의 인자와 함께 밀접하게 crosstalk하여 작용하고 그 병태 생리에 관여하고 있다는 것이 서서히 밝혀지고 있다.[40] 탈지분유를 이용한 된장의 인간 시험에서는 탈지분유 함유 기능성 된장 섭취군에 있어서 혈중 안지오텐신 II 수준의 유의한 저하가 인정되었다.[42] ACE 저해제는 현저한 혈압강하 작용을 초래하지 않는 수준에서도 심혈관계나 신장을 포함하는 주요 장기의 장기장해를 감쇠시켜 동맥경화, 심부전이나 심근경색의 예방에 효과가 있다고 생각되므로 유청 된장도 이들 질환에 대해서 예방효과를 가질 가능성이 시사되었다.

* * *

건강과 식생활의 인식이 높아져 감에 따라 치즈는 우리들의 식탁에 올라올 기회가 늘어가고 있다. 이에 따라 얻어지는 부산물인 치즈 유청을 효율적으로 이용하는 것은 유업계에 있어서 큰 문제의 하나이다. 거기서 몇 개의 유청 파우더를 이용하여 된장을 만들고 그 기능성에 관한 연구를 실시하였다. 그 결과, 유청을 이용한 된장은 칼슘 함량이 증가하고 신체의 건강 유지에 공헌하는 항산화 활성이나 ACE 저해활성 등의 생리활성 기능이 부여되는 것이 밝혀지게 되었다. 또한 동물시험에 의한 혈압상승 억제 효과도 확인할 수 있었다. 통상의 영양, 기능성용의 보조제와는 달리, 일상성(日常性)이 높고 거기에 식염을 함유하는 유청 된장에 이와 같은 기능이 부여되는 것이 효과의 면에서 큰 이점이 기대된다.

## 참 / 고 / 문 / 헌


1) Pantako O.T., and Amiot J. *Reprod. Nutr. Dev.,* 41, 227-238, 2001.

2) FizGerald R.J., and Mesisel H. *Nahrung,* 43, 165-167, 1999.

3) Murakami M., Tonouchi H., Takahashi R., Kitazawa H., Kawai Y., Negishi H., and Saito T. *J. Dairy Sci.,* 87, 1967-1974, 2004.

4) Tsai J.S., Lin Y.S., Pan B.S., and Chen T.J. *Process Biochem.,* 41, 1282-1288, 2006.

5) Muguerza B., Ramos M., Sanchez E., Manso M.A., Miguel M., Alexandre A., Delgando M.A., and Recio I. *Int. Dairy J.,* 16, 61-69, 2006.

6) Lourenco Costa E., Antonio Rocha J., and Netto F.M. *Int. Dairy J.,* 17, 632-640, 2007.

7) Chen G.W., Tsai J.S., and Sun Pan B. *Int. Dairy J.,* 17, 641-647, 2007.

8) Choe Y.H., Lee S.W. *J. cell Biochem.,* 76, 30-36, 1999.

9) Shin K., Hayakawa H., and Lonnerdal B. *J. Appl. Microbiol.,* 90, 489-493, 2001.

10) Pourtois M., Binet C., Van Tieghem N., Courtois M., Vandenabbeele A., and Thiry L. *J. Biol. Buccale.,* 18, 251-253, 1990.

11) Odajima T., Onishi M., Hayama, Motoji N., Momouse Y., and Shigematsu A. *Biol. Chem.,* 377, 689-693, 1996.

12) kawakami H. *Food Sci. Technol. Res.,* 11, 1-8, 2005.

13) Yamamura J., Aoe S., Toba Y., Motouri M., Kawakami H., Kumegawa M., Itabashi A., and Takada Y. *Biosci. Biotech. Biochem.,* 66, 702-704, 2002.

14) Aoe S., Koyama T., Toba Y., Itabashi A., and Takada Y. *Osteoporos. Int.,* 16, 2123-2128, 2005.

15) 六車三治男 畜産コンサルタント, No. 476, 57-63, 2004.

16) 九壽米木 一裕, 中村豊郎, 菱沼 毅, 六車三治男 日本釀造協會誌, 100, 216-223, 2005.

17) 六車三治男, 森 榮裕, 河原 聡, 丸山眞杉, 中山健男, 九壽米木 一裕, 菱沼毅, 中村豊郎 食品工業, 48, 2-15, 2005.

18) 味噌技術ハンドブック, 全國味噌技術協會編, 1995 · 12改定 付錄 pp.1-35.

19) 須田郁夫, 篠原和毅 · 鈴木健夫 · 上野川 修一編著 食品機能研究法, 光琳, 218-223, 2000.

20) Cushman D.W., and Cheung H.S. *Biochem. Pharmacol.,* 20, 1637-1648, 1971.

21) Gornall A.D., Baradawill C.J., and David M.M. *J. Biol. Chem.,* 177, 751-766, 1949.

22) Murphy J.B., and Kies M.W. *Biochem. Biophys. Acta,* 45, 382-384, 1960.

23) Laemmli U.K. *Nature,* 227:680-685, 1970.

24) Seto H., and Nagata T. *Clinical Calcium,* 16, 43-49, 2006.

25) Uenishi K., Ishida H., Toba Y., Aoe S., Itabashi A., and Takeda Y. *Osteoporosis International,* 18, 385-390, 2007.

26) Gorinstein S., Lojek A., Ciz M., Pawelzik E., Delgado-Licon E., Medina O.J., Moreno M., Salas L.A., and Goshev I. *Int. J. Food Sci. Technol.,* 43, 629-637, 2008.

27) Singh B., and Chand R. *Milchwissenschaft,* 61, 63-65, 2006.

28) Bayram T., Pekmez M., Arda N., Yalcin A.S. *Talanta,* 75, 705-709, 2008.

29) Pena-Ramos E.A., and Xiong Y.L. *J. Dairy Sci.,* 84, 2577-2583, 2001.

30) 河村幸雄, 大久保一良編 ダイズのヘルシーテクノロジー, 光琳, pp.182, 1998.

31) Sliva D. *Agro Food Industry Hi-Tech,* 16, 40-41, 2005.

32) Takahashi S., Ogasawara H., Watanabe T., Kumagai M., Inoue H., and Hori K. *Biosci. Biotech. Biochem.,* 70, 2913-2918, 2006.

33) 岩下敦子, 高橋裕司, 河村幸雄 日本釀造協會誌, 89, 869-872, 1994.

34) Katayama K., Tomatsu M., Kawahara S., Yamauchi K., Fuchu H., Kodama Y., Kawamura Y., and Muguruma M. *J. Agric. Food Chem.,* 52, 771-775, 2004.

35) Katayama K., Jamhari, Mori S., Kawahara S., Miake K., Kodama Y., Sugiyama M., Kawamura Y., Nakayama T., Maruyama M., and Muguruma M., *J. Food Sci.,* 72, S702-S706, 2007.

36) Katayama K., Anggraeni H.E., Mori T., Ahhmed A.M., Kawahara S., Sugiyama M., Nakayama T., Maruyama M., and Muguruma M. *J. Agric. Food Chem.,* 56, 355-360, 2008.

37) Saito T. *Advances in Experimental Medicine and Biology,* 606, 295-317, 2008.

38) Matsui T., Tamaya K., Seki E., Osajima K., Matsumoto K., and Kawasaki T. *Clin. Exp.*

*Pharm. Physiol.,* 29, 204-208, 2002.

39) 松尾壽之, 鹿取 信, 大石幸子, 加藤久雄, 三宅可浩 キニンとアンギオテンシン生體調節の分子機構, 講談社サイエンテイフイック, 2, 4-7, 23-24, 1994.

40) 堀內正嗣, 血管醫學, 5(4), 7-16, 2004.

41) 森戸夏美, 浦田秀則 血管醫學, 5(4), 17-24, 2004.

42) 六車三治男, 丸山眞杉, 中山健男, 九壽米木 一裕 平成17年度脫脂粉乳の新規需要開拓 に關する情報收集 · 研究報告書, (社) 日本酪農乳業協會, pp.116-124, 2006.

Part 6

# 치즈의 제반 제도와 지적재산권

6-1

# 치즈의 규격 기준과 표시 규제

국제낙농연맹 일본국내위원회(JIDF)
이시다 요이치(石田洋一)

## 1. 일본 내 법규

### 1) 유등성령(乳等省令)

자연치즈 및 가공치즈에 대해서는 「유(乳) 및 유제품의 성분규격 등에 관한 성령(省令)」(1951년 후생성령 제52호)에 이하와 같이 규정되어 있다.

**제2조 16 '치즈'란 자연치즈 및 가공치즈를 말한다.**

**제2조 17 '자연치즈'란 다음의 것을 말한다.**

(ⅰ) 유(乳), 버터밀크(버터를 제조할 때 생긴 지방립 이외의 부분을 말한다), 크림 또는 이들을 혼합한 것의 대부분 모든 또는 일부의 단백질을 효소 그 이외의 응고제에 의하여 응고시킨 응유(凝乳)로부터 유청의 일부를 제거한 것 또는 이들을 숙성한 것

(ⅱ) 전 항에 올린 것 이외, 유(乳) 등을 원료로 하여 단백질의 응고작용을 포함하는 제조기술을 이용해서 제조한 것으로서 동 항에 올린 것과 같은 화학적, 물리적 및 관능적 특성을 가지는 것

제2조 18 이 성령(省令)에 있어서 '가공치즈'란 자연치즈를 분쇄, 가열 융해하여 유화한 것을 말한다.

여기에 유등성령(乳等省令)의 별표 2「유(乳) 등의 성분규격 및 제조, 조리 및 보존 방법의 기준」(三)(4)에서는 가공치즈의 성분규격은 유 고형분이 40% 이상에서 대장균군 음성으로 규정되어 있다.

### 2) 공정경쟁규약[1)]

표시에 대해서는 치즈 공정거래협의회에서「자연치즈, 가공치즈 및 치즈 식품의 표시에 관한 공정경쟁규약」[2004년 11월 공취위(公取委) 고시 제9호](공정경쟁규약), 동 시행규칙(2004년 11월 공취위 승인)을 정하고 있다.

치즈류의 표시에 대해서 중요한 점을 다음에 나타낸다.

**표 1.** 자연치즈, 가공치즈 및 치즈푸드의 표시에 관한 공정경쟁규약에 규정하는 치즈류의 정의

| 종류별 또는 명칭 | | 정의 |
|---|---|---|
| 치즈 | '종류별' 자연치즈 | 이 규약에서 '자연치즈'란 식품위생법(1947년 법률 233호)에 근거한 우유(乳) 및 유제품의 성분규격 등에 관한 성령(1951년 후생성령 제52호. 이후「유등성령」이라 함.) 제2조 제17항에 규정하는 '자연치즈'를 말한다.<br>한편, 당해 '자연치즈'에는 향 및 맛을 부여할 목적으로 우유에서 유래하지 않는 맛과 향을 내는 물질을 첨가할 수 있는 것으로 한다. |
| | '종류별' 가공치즈 | 이 규약에서 '가공치즈'란 유등성령 제2조 제18항에 규정하는 '가공치즈'이며 유등성령 별표 2 (三) (4)의 성분규격에 일치하는 것을 말한다.<br>한편, 당해 '가공치즈'에는 다음에 거론하는 것을 첨가할 수 있도록 한다.<br>① 식품위생법에서 인정하는 첨가물<br>② 지방량 조정을 위한 크림, 버터 및 버터오일<br>③ 맛, 향, 영양 성분, 기능성 및 물성을 부여하는 목적의 식품(첨가량은 제품의 고형분 중량의 1/6 이내로 한다. 단, 전② 이외의「유등」의 첨가량은 제품 중의 유당 함량이 5%를 넘지 않는 범위로 한다. |
| '명칭' 치즈푸드 | | 이 규약에서 '치즈푸드'란 유등성령 제7조 제2항 제4호에서 말하는 우유(乳) 또는 유제품을 주원료로 하는 식품이며 1종 이상의 자연치즈 또는 가공치즈를 분쇄하고, 혼합하고, 가열용융하며, 유화해서 만들어지는 것으로, 제품 중의 치즈 중량이 51% 이상의 것을 말한다.<br>한편, 당해 '치즈푸드'에는, 다음에 거론하는 것을 첨가할 수 있는 것으로 한다.<br>① 식품위생법에서 인정하는 첨가물<br>② 맛, 향, 영양 성분, 기능성 및 물성을 부여하는 목적의 식품(첨가량은 제품의 고형분 중량의 1/6 이내로 한다.)<br>③ 우유로부터 유래하지 않는 지방, 단백질 또는 탄수화물 (첨가량은 제품 중량의 10% 이내로 한다.) |

(치즈 공정거래협의회 일부 변경)

### (1) 일괄표시

치즈류의 용기 또는 포장에 필요한 표시사항을 일괄해서 외부로부터 보기 쉬운 장소에 국문으로 명료하게 표시하지 않으면 안 된다.(공정경쟁규약 제3조) 일괄 표시사항의 양식은 [표 2]와 같다.(공정경쟁규약 시행규칙 제10조)

**표 2.** 일괄표시 사항의 양식

| * 자연치즈 또는 가공치즈의 경우 |
|---|
| 종류별 |
| 원재료명 |
| 내용량 |
| 유통기한 |
| 보존 방법 |
| 원산국(주1) |
| 제조자(주2) |
| *** 치즈푸드의 경우** |
| 명칭 |
| 무지방고형분 |
| 유지방분 |
| 유지방분 이외의 지방분 |
| 우유단백질 이외의 단백질분 |
| 유당 이외의 탄수화물분 |
| 원재료명 |
| 내용량 |
| 유통기한 |
| 보존 방법 |
| 원산국[1] |
| 제조자[2] |

(주1) 수입품에 대해서는 원산국을 표시한다.
(주2) 수입품에 대해서는 이 양식 중「제조자」를「수입자」로 한다.

### (2) 특정 표시사항(자연치즈 또는 가공치즈의 경우)

- 국명을 표시하는 경우: 상품명에 표시하는 경우는 당해 일본산 치즈 부분의 중량은 제품 중의 치즈 부분의 중량의 75% 이상일 것. 또한 해당 중량의 비율을 보기 쉬운 장소에 명료하게 표시할 것. 상품명 이외에 표시하는 경우는 당해 일본산 치즈 부분의 제품에 점유하는 중량의 비율을 보기 쉬운 장소에 명료하게 표시할 것. 단, 어느 경우에도 당해 비율이 100%인 경우는 비율의 표시를 생략할 수가 있다.
- 원산지를 표시할 경우: 국명 표시의 규정 '75% 이상'을 '60% 이상'으로 치환한다.
- '체다', '고다', '에멘탈' 그 이외 이들에 유사한 명칭을 표시하는 경우: 국명 표시의 규정 '75% 이상'을 '60% 이상'으로 치환한다.(공정거래규약 시행규칙 제11조 1(1), (2), (3))
- 블루 치즈, 카망베르 치즈 그 외의 향미가 현저하게 강한 치즈를 함유하는 것을 표시하는 경우: 당해 치즈 부분의 제품 중의 치즈에 점하는 중량의 비율을 보기 쉬운 장소에 명료하게 표시한다.(공정경쟁규약 시행규칙 제11조 2)

## 2. 자원 유효이용의 법규

본서「3.6 치즈의 포장기술 11. 환경 · 자원에 관해서(283페이지 참조)」에는 치즈의 용기 · 포장이 환경 · 자원에 미치는 영향에 대해 기술되어 있다. 환경을 배려한 용기 · 포장을 설계하는 것은 현대 치즈 제조기술의 관점에서 중요한 관심사가 되고 있다. 이하 이들에 관한 법 체제를 간단히 기술한다.

**표 3.** 2005년도 식품순환자원의 재생 이용 등의 실시율

| | 연간 발생률 (만 t) | 재생 이용 등의 실시율(%) | 발생 억제 (%) | 감량화 (%) | 재생 이용 (%) | 재생 이용의 용도별 만드는 비율 | | | |
|---|---|---|---|---|---|---|---|---|---|
| | | | | | | 비료화 | 사료화 | 유지 및 유제품화 | 메탄화 |
| 식품제조업 | 495 | 81 | 5 | 3 | 73 | 48 | 48 | 3 | 1 |
| 식품도매업 | 74 | 61 | 4 | 1 | 56 | 44 | 47 | 8 | 1 |
| 식품소매업 | 263 | 31 | 4 | 2 | 25 | 51 | 35 | 12 | 2 |
| 외식산업 | 304 | 21 | 4 | 4 | 13 | 53 | 25 | 20 | 2 |
| 식품산업계 | 1136 | 52 | 4 | 3 | 45 | 49 | 44 | 6 | 1 |

자료: 농림수산성 식료·농업·농촌정책심의회식품산업부회식품 리사이클 소위원회(2007년도)

### 1) 식품 리사이클법

**(1)** 식품 순환자원의 재생 이용 등의 촉진에 관한 법률(2000년 법률 제116호. 2001년 5월 1일 시행)(이하 식품 리사이클법)에 대해서 요점을 기술한다.

#### ① 요지

식품의 팔고 남은 것이나 먹다 남은 것에 의하여 또는 식품의 제조 과정에 있어서 대량으로 발생하고 있는 식품 폐기물에 대해서 발생 억제와 감량화에 의하여 최종적으로 처분되는 양을 감소시키고 또한 사료나 비료 등의 원재료로서 재생 이용하기 위하여 식품 관련사업자(제조, 유통, 외식 등)에 의한 식품 순환자원의 재생 이용 등을 촉진한다.

#### ② 법률의 개요

기본 방침: 주무대신(主務大臣, 한국의 주무장관에 해당)은 식품 순환자원의 재생 이용 등을 종합적 · 계획적으로 추진하기 위하여 기본방침으로는 재생 이용 등을 실시해야만 하

는 양에 관한 목표를 2006년도까지 20%로 정한다.

주무대신은 재생 이용 등이 기준에 비추어 현저하게 불충분하다고 인정될 때는 식품관련 사업자(연간 식품폐기물 등의 발생량이 100 t 이상의 것)에 대해서 권고, 공표 및 명령을 할 수도 있다.

**(2)** (개정식품 리사이클법) 식품 리사이클법이 시행된 2001년도부터 2005년도까지 식품폐기물의 발생량이 약간 증가 또는 거의 증감 없는 추이로 가는 중에서 식품 순환자원의 재생 이용 등 비율은 어느 업종에 있어서도 향상이 보인다. 특히 식품제조업이 높은 실적을 올리고 있고 식품산업 전체의 재생 이용 등의 비율의 향상에 공헌하고 있다. 한편 식품소매업이나 외식산업에 있어서 실적은 식품산업 전체 중에서는 저조하게 진행되고 있다.

이러한 상황으로부터, 식품 순환자원의 재생 이용을 한층 촉진하기 위하여 식품 관련 사업자, 특히 식품 유통에 있어서 소비자와 가장 가까이에 위치하는 사업자에 대한 지도감독의 강화와 대응의 원활화 조치를 위하여 동 법의 일부를 개정하는 법률이 2007년 6월 13일 공포되고 공포일로부터 6개월을 넘지 않는 범위 내에 있어서 정령(政令)에서 정한 날로부터 시행되는 것으로 되었다.

현재 농림수산성 및 환경성에서는 기본 방침 및 식품 관련 사업자의 판단의 기준이 되어야만 하는 사항의 개정을 진행시키고 있다.[2] 현재 검토 중인 방향은 식품 관련 사업자를 중심으로 보면 다음과 같다.

**① 제도적 기반의 충실 강화**

식품폐기물 등을 다량으로 발생시키는 식품 관련 사업자에 대한 정기보고 의무의 창설, 프랜차이즈 체인 사업을 전개하는 식품 관련 사업자의 일체적 취급, 재생 이용 사업계획이 주무대신의 인정을 받은 경우에 일반폐기물에 관한 수거운반의 허가를 불필요로 하는 「폐기물 처리 및 청소에 관한 법률」(1970년 법률 제137호)의 특례, 재생 이용이 곤란한 경우 등에 열 회수를 평가한다.

② 식품 관련 사업자의 목표

식품 순환자원의 재생 이용 등의 실시율을 2012년까지 식품제조업에 있어서는 85%, 식품도매업에 있어서는 70%, 식품소매업에 있어서는 45%, 외식산업에 있어서는 40%로 향상시키는 것을 목표로 한다.

### 2) 용기포장 리사이클법

용기포장 폐기물을 자원으로 되살리기 위하여 1995년 용기포장에 관련한 분별수집 및 재상품화 촉진에 관한 법률(이하 용기포장 리사이클법)이 공포되고 1997년 4월부터 실시되었다. 그리고 2006년 6월에는 3R(reduce, reuse, recycle)을 추진하기 위하여 동 법의 일부를 개정하는 법률이 공포되었다.

#### (1) 식품 관련 사업자를 중심으로 하여 용기포장 리사이클법의 요점을 기술한다.

- '글라스제 용기' 'PET 병' '종이로 제조한 용기포장' '플라스틱제 용기포장' 어느 것인가의 용기나 포장을 사용하여 상품을 판매하고 있는 사업자는 용기포장 리사이클법이 정하는 '특정사업자'로서 재상품화 의무가 생긴다. 여기서는 수입업자도 포함된다. 또한 이들 특정 용기를 제조하고 있는 사업자도 '특정사업자'로서 재상품화 의무가 생긴다. 대상이 되는 상품을 취급하는 어느 단계의 사업자가 '특정사업자'로 되는지는 경우에 따른다.
- 소규모 사업자는 법률의 대상 외가 된다. 제조업 등에서는 상시 종업원 수 20인 이하, 또한 연간 매상고 2억 4천만 엔 이하의 경우.
- 용기포장의 재상품화에는 세 가지 루트가 있다. 즉, 지정법인 루트, 독자 루트, 자주(自主)회수 루트이지만, 그중 지정법인 루트는 주무대신이 지정한 지정법인에게 재상품화를 위탁하는 방법이다. 위탁요금을 지불하고 재상품화를 대행받는 것이다.
- 법률에서 정한 의무를 이행하지 않은 경우 벌금이 부과된다.

#### (2) 용기포장 리사이클 개정법의 개요

용기포장 리사이클법의 일부를 개정하는 법률의 시행은 2006년 12월, 2007년 4월, 2008년 4월의 3단계이다. 2007년 4월 시행의 소매업 관계에 대해서는 다음과 같다.

- 지정된 소매업에 속하는 사업을 행하는 자(지정용기 포장이용 사업자)는 국가가 정하는 판단의 기준이 될 수 있는 사항에 근거하여 용기포장의 사용의 합리화를 위한 대처를 수행하는 것이 의무.
- 우선 지정용기 포장이용 사업자는 용기포장의 사용 원단위의 저감에 관한 목표를 정하고 그 목표를 달성하기 위한 대처를 계획적으로 수행하는 것이 의무. 예를 들면, 용기포장의 유료화, 포인트제 등의 실시, 자기 가방 등의 이용 촉진, 말 걸기, 얇고 · 경량화된 용기포장의 사용, 적절한 사이즈의 용기포장의 사용, 상품의 저울에 달아 팔기, 간이포장화의 추진.
- 연간 50 t 이상의 용기포장을 이용한 용기포장 다량 이용 사업자는 사업소관 성청(省廳)에 의무의 실시상황을 정기적으로 보고할 필요가 있다.
- 지정용기 포장이용 사업자란 각종 상품소매업, 직물 · 의복 · 신체주변품 소매업, 음식료품소매업, 자동차부분품 · 부속품소매업, 가구 · 집기 · 기계기구 소매업, 의약품 · 화장품 소매업, 서적 · 문방구 소매업, 스포츠용품 · 완구 · 오락품 · 악기 소매업, 담배 · 끽연구(喫煙具) 전문소매업.

## 3. 국제식품법규(Codex 규격)

### 1) Codex 규격

1962년 국제식량농업기관(FAO)과 세계보건기구(WHO)는 소비자의 건강과 이익을 보호하기 위해 공정한 식품무역을 추진할 목적을 가지고 FAO/WHO 합동 식품규격위원회(Joint FAO/WHO Codex Alimnetarius Commission, CAC)를 발족시켰다. CAC는 각종 국제적으로 합의된 식품의 규격기준의 설정(Codex 규격)에 임해 왔다.

1995년 1월부터 종래의 GATT 「관세와 무역에 관한 일반협정」에 의해 대상 분야를 넓히고 보다 강력한 조정 기능을 가지는 세계무역기구(WTO)가 발족하였다. 이 기관 설립의 관련 협정인 「위생 · 식물검역 조치의 적용에 관한 협정」(SPS협정) 및 「무역의 기술적 장벽에 관한 협정」(TBT협정)에서는 '식품의 위생규제가 자유로운 무역에 미치는 영향을 최소한으로 누르는 것을 목적으로 이 Codex 규격과의 조화를 각국에 구한다'라고 되어 있으므로 본 규격의 중요성이 증가하였다.

CAC 조직에는 전반(全般)문제부회(部會)가 10부회, 식품부회가 11부회 및 6개의 지역 조정부회가 설치되어 있다. 치즈가 포함되는 유(乳)·유제품의 규격은 식품부회의 하나이다. '유·유제품부회'(Codex Committee on Milk and Milk Products, CCMMP)에 있어서 검토되고 최종적으로는 CAC의 총회에서 승인되어 규격이 된다. 전반문제부회는 각종 식품에 공통적인 규격을 작성한 규격안에 대해서 담당 분야의 규정(식품위생, 식품첨가물, 표시 등)이 적절한가를 검토하고 필요에 따라 개정안을 작성한다.[3)]

CCMMP의 개별 규격안에서 특히 참조되는 규격은, 표시에 대해서는「Codex포장식품표시 일반규격」(Codex General Standard for the Labelling of Prepacked Foods(world-wide Standard), CODEX STAN 1-1985, Rev. 1-1991) 및「유(乳) 용어의 사용에 관련된 일반 규격」(Codex General Standard for the use of Dairy Terms, CODEX STAN 206-1999)이다. 또한 식품첨가물에 대해서는「Codex 분류명 및 국제번호 시스템」(Class Names and the International Numbering System for Food Additives, CAC/GL36-1989, Rev. 6-2001) 및「Codex 식품첨가물 일반규격」(Codex General Standard for Food Additives, CODEX STAN 192-1995, Rev. 8-2007, GSFA)이다.

### 2) 자연치즈의 Codex 규격

#### (1) Codex 치즈의 일반 규격(CODEX STAN A-6-1978, Rev.1-1999, Amended 2006)

##### ① 적용 범위

본 규격은 직접 소비용 또는 추가적으로 가공용이며, 본 규격의 제2항의 치즈의 정의에 합치하는 모든 제품에 적용된다. 본 규격의 규정에 따른다는 것을 조건으로 해서 개별 치즈 규격 또는 그룹 치즈 규격에 있어서는 본 규격의 규정보다도 더 위에 특정 규격을 포함시킬 수 있다. 그 경우, 그 특정한 규정에 따르는 것이 필요하다.

##### ② 제품 설명

치즈란 숙성 또는 비숙성의 연질(soft), 반경질(semi-hard), 경질(hard) 및 초경질(extra-hard)의 제품으로, 코팅되어 있는 경우가 있으며, 유청 단백질/카제인의 비율이 유(乳)의 그것을 넘지 않는, 아래의 방법에 따라 얻어지는 제품을 말한다.

(i) 유(乳), 탈지유, 부분탈지유, 크림, 유청 크림 또는 버터밀크, 혹은 이들의 혼합물인 단백질을 렌넷 또는 다른 적절한 응고제의 작용에 의하여 완전 또는 부분적으로 응고시켜 응고 후에 유청을 부분적으로 제거한다. 치즈 제조는 유(乳)단백질(특히 카제인 부분)이 농축을 수반하고 그 결과로서 치즈의 단백질 함량은 해당 치즈를 제조하기 위하여 사용한 상기 유(乳)원료의 혼합물 단백질 함량보다도 확실히 높게 된다.

(ii) 유(乳) 및/또는 유(乳)로부터 얻어진 제품 중의 단백질의 응고를 불러일으키는 가공기술에 의하여 (i)에 규정되어 있는 제품과 같은 물리적·화학적 및 관능적 특성을 가지는 최종 제품을 제조한다.

그것에 이어 ③ **필수성분 및 품질요소**, ④ **식품 첨가물**, ⑤ **오염물질**, ⑥ **위생**, ⑦ **표시**, ⑧ **샘플링**의 규정이 있다.

### (2) 개별 치즈의 규격

1966년부터 1978년에 걸쳐서 각각 선택된 계 35개별 치즈 규격 중, 제22회 CAC(1977년) 및 제23회 CAC(1999년)에 있어서 19의 개별 치즈 규격의 폐지가 승인되었다. 유지된 16의 개별 치즈 규격 중, extra-hard grating 치즈 규격을 제외한 15의 규격의 개정이 진행되었다. 거기에 더해서 모차렐라의 개별 치즈 규격의 작성이 제22회 CAC에서 승인받았다. 제7회 CCMMP(2006년)에서 개별 치즈 규격의 개정작업이 끝나고 제30회 CAC(2007년)에서 승인되었다.

개별 치즈 규격이 정해진 치즈는 체다, 단보, 에담, 고다, 하바티, 삼소, 에멘탈, 디르짓, 산, 포란, 프로포란, 코티지, 그로미에, 크림, 카망베르, 브리, 모차렐라 및 엑스트라 하드(extra-hard) grating cheese의 합계 17종류이다.

한 가지 예로서 부속자료 III에 고다 규격(CODEX STANDARD FOR GOUDA CODEX STAN 266-1966)의 개요를 나타내었다.

### 3) 가공치즈의 Codex 규격

1978년에 채택된 가공치즈 규격의 재검토는 제1회 CCMMP(1994년)에 개시되어 복잡한 경과를 거쳐 진행되어 왔지만, 지금도 신규격이 결정되어 있지 않다. 특히 제5회 CCMMP(2002년)에 있어서 가공치즈 제품이나 조제품을 제외한 가공치즈만의 규격을 확립하는 것과 국제낙농연맹(IDF)을 리더로 하는 초안 작성 그룹이 제안한 가공치즈 규격안을 작성하는 것이 동의되었다. 그 후, 제7회 CCMMP(2006년 뉴질랜드가 리더국)에서는 워킹 그룹안이 제출되었지만, 거듭 검토가 필요하다고 하여 스텝 2(규격안을 사무국이 작성하는 단계)로 돌려보내졌다. 따라서 현행 가공치즈의 규격은 종래의 것이다. 규격은 3개로 나뉘어 있으며,

- 종명이 붙은 가공치즈, 스프레더블 가공치즈 Codex 일반규격(CODEX STAN A-8(a)-1978)
- 가공치즈, 스프레더블 가공치즈 Codex 일반규격(CODEX STAN A-8(b)-1978)
- 가공치즈 조제식품 가공치즈 푸드, 가공치즈 스프레드(CODEX STAN A-8(c)-1978)

CCMMP는 제9회 CCMMP(2010년)까지 신규격의 작성을 목표로 하고 있다. 참고로 제8회 CCMMP(2008년)의 의제 4(b) 가공치즈 규격안의 개요를 부속자료 IV에 첨부하였다.

- 제품을 저수분의 것과 고저(高低) 수분의 것으로 나누고 다시 고형부 중의 지방 비율로 각각 3개로 나누고 있으며, 전체적으로 6개의 카테고리가 있다. 치즈 함량을 6개의 카테고리마다 원료의 50% 이상, 34% 이상, 1/4로 바꾸고 있다. 치즈 함량이 이것으로 좋은가?
- 상기 치즈의 함량을 제품 중량 베이스로 계산하는가, 고형분 베이스로 계산할 것인가?
- 식품 첨가물로써 안정제의 사용을 인정해야만 하는가? 등을 검토하고 있다.

## 4. AOC, DOP 제도

프랑스의 AOC(Application d'Origine contrôlée 제도: 원산지 호칭 관리제도), 이탈리

아의 DOP(Denominazione di Origine Protetta: 원산지 보호지정), EU의 이사회규칙 (EEC/2081/92)에 근거로 한 PDO(Protected Designations of Origin)(원산지 명칭 보호) 및 PGI(Protected Geographical Indications: 지리적 표시보호)에 대하여 기술한다.

### 1) AOC 제도[4,8]

프랑스의 농업제품, 와인, 치즈, 버터 등에 부여되는 인증이다. 치즈에 대해서는 500종 이상인 프랑스 치즈 중에서 2006년에서는 44종만이 AOC 표시가 인정되어 있다. AOC는 제품이 아래와 같은 기준을 충족하고 있는 것을 보증하고 있다.

- 유(乳)는 지리적으로 결정된 지역에서 생산한 것이며, 제조도 숙성 공정의 일부도 그 지역에서 행해지고 있다.
- 고품질을 유지하기 위하여 몇 세기나 계속된 전통적인 제조 방법으로 생산되고 있다.
- 치즈의 전형적인 성상, 예를 들면 크기, 린드(rind), 딱딱함 혹은 최저 지방률이 엄밀하게 지켜지고 있다.
- 제조는 엄격하게 관리위원회에 의하여 감독받고 있는 가이드라인에 따라 행해지고 있다.

예를 들면, 카망베르 드 노르망디(Cammember de Normandie), 칼바도스(Calvados), 외르(Eure), 망슈(Manche), 오른(Orne) 및 생마르탱(Saint-Martin) 지역에서만 생산된다. 지방률은 고형분 중 최저에서도 45%이며, 직경은 10.5~11 cm가 되지 않으면 안 된다고 하는 기준을 충족하고 있다.

AOC 치즈는 린드나 용기포장에 붙이는 표시(로고)가 정해져 있어, 일반 치즈와의 식별이 용이하다.

INAO(Institut National de 1'Origine et de la Qualité)의 통계(2006년)에 의하면, 44품종의 AOC 치즈의 내역은 부속자료 I에 나타내었다. AOC 치즈의 합계 생산량은 198,761 t이며, 프랑스에 있어서 숙성 치즈의 약 18%에 상당한다. 생산량이 많은 상위 4종은 다음에 나타내었다.

- 콩테(Comte) 45,770 t
- 로쿼포르(Roquefort) 18,863
- 캉탈(Cantal) 16,921
- 르블로숑(Reblochon) 16,805

### 2) DOP 제도

이탈리아 무역진흥회 자료에 의하면, 현재 DOP 치즈는 31종이며, 그 명칭과 생산지는 부속자료 II에 나타내었다. 개개의 치즈 성상에 대해서는 이탈리아 무역진흥회 'Naturalmente Italiano'(2007)를 참고하기 바란다. 참고로 그 이외의 DOP 제품에서는 엑스트라 · 버진 · 올리브오일(36), 야채 · 과일 · 곡물(9), 베이커리 제품(1), 식육가공품(20), 조미료, 에센스(6) 등 계 104로 되어 있다.

이탈리아 DOP 치즈의 상위 5품종의 생산량(2004)은 다음에 나타내었다.[5]

- 그라나 파다노 149,153 t
- 파르미지아노 레지아노 116,856
- 고르곤졸라 47,634
- 페코리노 로마노 38,184
- 모차렐라 디 부팔라 캄파나 27,632

### 3) EU의 지리적 표시 보호제도[6]

1992년 유럽위원회는 지리적으로 구별된 지역에 있어서 확실한 특징을 가진 고품질 농산물에 대해서의 가치를 높이고 또한 농촌지역에서의 농업생산의 다양성을 촉진하기 위한 규칙으로서「농산물 및 식품을 위한 원산지 명칭 및 지리적 표시의 보호에 관한 이사회규칙(EEC/2081/92)」을 정했다. 또한 전통적인 제품의 제조 방법을 보호하기 위해「농산물 및 식품을 위한 특성의 증명에 관한 이사회규칙(EEC/2082/92)」을 정했다. 이사회규칙(EEC/2081/92) 관계규정에서는 PDO(Protected Designations of Origin)「원산지호칭보호」는 제품이 가진 명칭이 그 지역에 관계한 것이며, 이하 2개의 조건을 충족할 필요가 있다.

- 제품의 품질이나 특성이 원산지의 특별한 지리적 환경에 의하여 본질적 또는 독점적이지 않으면 안 된다. 지리적 환경이란 기후, 지질 등 그 지역 고유의 자연적 인적 요인이다.
- 제품은 그 제품이 가진 명칭의 지리적 지역에서 원료의 생산, 최종 제품으로 되기까지의 가공 등 생산 공정이 이루어지지 않으면 안 된다.

**표 4.** PDO, PGI 치즈의 국별 등록건수(2005년)

| | 치즈 | |
|---|---|---|
| | PDO | PGI |
| 벨기에 | 1 | 0 |
| 덴마크 | 0 | 2 |
| 독일 | 4 | 0 |
| 그리스 | 20 | 0 |
| 스페인 | 17 | 1 |
| 프랑스 | 37 | 4 |
| 아일랜드 | 1 | 0 |
| 이탈리아 | 31 | 0 |
| 네덜란드 | 4 | 0 |
| 오스트리아 | 6 | 0 |
| 포르투갈 | 11 | 1 |
| 스웨덴 | 0 | 1 |
| 영국 | 8 | 3 |
| 계 | 140 | 12 |

PGI(Protected Geographical Indications)「지리적 표시보호」는 제품이 가진 명칭이 그 지역에 관계한 것이며, 이하 2개의 조건을 충족할 필요가 있다.

- 제품은 그 제품이 가진 명칭과 지역에서 제조되지 않으면 안 된다. PDO와 달리, 그 제품이 가진 명칭의 지리적 지역에서 최종 제품으로 될 때까지의 생산 공정 중 하나의 공정이 이루어지면 충분하다.

예를 들면, 그 제품에 사용된 원료는 다른 지역에서 생산되어도 상관없다.

- 제품이 가진 명칭이 그 명칭의 지역에 관련하는 것이 필요하지만, 그 특징은 PDO의 경우보다 본질적 · 독점적일 필요는 없고 특별한 품질, 평판 그 외 특성이 그 명칭의 지역에 귀속할 수 있는 것이라면 충분하다.

EEC/2081/92가 적용되는 제품은 식육, 육제품, 치즈, 동물 유래의 생산물, 유지제품, 과일, 야채 등 많은 분야가 있다.

통일표시(로고 마크)는 정해져 있지만, 국가에 따라 머리문자가 다르다. PDO는 그 국가의 언어에 따라서 프랑스에서는 AOP, 이탈리아에서는 DOP이다. 프랑스의 AOC 치즈는 동시에 AOP의 등록이 되어 있는 것이 대부분이다.

PDO의 로고 마크

PGI의 로고 마크

## 5. 수입무역제도

농림수산성의 치즈 수요표(2006년도)에 의하면, 일본의 치즈 총 소비량은 270,059 t(전년도 대비 +3.1%)였다. 그중, 자연치즈의 수입량은 204,374 t(전년도 대비 +3.4%), 가공치즈 수입량은 9,421 t(전년도 대비 +4.5%)였다.

① 자연치즈는 1951년부터 수입 자유화 되었다. 우루과이라운드 합의에 의하여 자연치즈에 대해서 실시 기간에 지금까지의 세율 35% 중 15%를 단계적으로 삭감하고 최종 연도인 2000년도에 29.8%로 하였다. 특정 용도의 자연치즈(가루 치즈, 냉동 · 세편 치즈)는 각각 그때까지의 세율 35% 중 25%, 36%를 단계적으로 삭감하고 최종 연도인 2000년도에 26.3%, 22.4%까지 내렸다.[7]

② 관세할당제도에 있어서 끼워팔기 제도

일본산 자연치즈의 안정적인 사용을 도모하면서 가공치즈의 제조 코스트를 내리기 위하여 1970년 관세할당제도에 있어서 끼워팔기 제도를 발족하였다. 관세할당제도란 일정 수입 수량의 범위 내 테두리에 한정하여 무관세 또는 저세율(1차 세율)을 적용하고 수요자(가공치즈 원료용 자연치즈에 관해서 말하자면 가공치즈 메이커)에게 값싼 수입품의 제공을 확보하는 한편, 이 일정 수입 수량이 테두리를 넘는 수입분에 대해서는 고세율(2차 세율)을 적용함에 의하여 일본 내 생산자의 보호를 도모하는 방식이다. 또한 끼워팔기 제도란 각 수요자에게 1차 세율에 의한 수입 수량의 테두리의 일부를 할당하는 데 있어서 수입 자연치즈와 합쳐서 일정 비율로 일본 산 자연치즈를 원료로서 사용하는 것을 조건으로 하고 있는 제도이다. 관세할당제도의 발족 초기에는 1차 세율이 10%, 2차 세율이 35%로 일본 산 1 : 수입 2의 끼워팔기 비율로 적용되었지만, 1972년에 1차 세율을 무관세로 하고 1995년부터는 우루과이라운드 합의에 근거한 관세 인하에 대응하여 끼워팔기 비율을 일본 산 1 : 수입 2.5로 완화해서 현재까지 운용되고 있다.

③ 가공치즈는 1989년도부터 관세율을 60%로 하여 자유화를 실시하고 관세율은 1990년도에 50%, 1991년도에는 40%로 인하되어 있다.[7]

**표 5.** 실행 관세율

| 품목번호 | 품명 | 실행 관세율 |
|---|---|---|
| 0406.10-020 | 신선 치즈 및 curd<br>(건조 고형분이 48% 이하의 것: 냉동, 4 g 이하의 얇은 조각, 5 kg 초과 포장 등) | 22.4% |
| 10-010 | 신선 치즈 및 curd<br>(상기 이외의 것: TQ 내) | 무세 |
| 10-090 | 신선 치즈 및 curd<br>(상기 이외의 것: TQ 외) | 29.8% |
| 20-100 | 내림 치즈(작게 분쇄한 치즈) 및 가루 치즈<br>(가공치즈) | 40% |
| 20-200 | 내림 치즈(작게 분쇄한 치즈) 및 가루 치즈<br>(그 외의 것) | 26.3% |
| 30-000 | 가공치즈 | 40% |
| 40-010 | 블루베인드 치즈 (TQ 내) | 무세 |
| 40-090 | 블루베인드 치즈 (TQ 외) | 29.8% |
| 90-010 | 그 외의 치즈 (TQ 내) | 무세 |
| 90-090 | 그 외의 치즈 (TQ 외) | 29.8% |

## 참 / 고 / 문 / 헌


1) チーズ公正取引協議會「ナチュラルチーズ, プロセスチーズ及びチーズフードの表示基準に關する公正競爭規約及び關係規則集」(平成16年)

2) 農林水産省「食品循環資源の再生利用等の促進に關する基本方針の改正等について」(平成19年)

3) 日本食品添加物協會「新食品添加物マニュアル」(平成16年)

4) INAO (Institut National de 1'Origine et de la Qualité)

5) Bonazzi G., Manghi E. "*Ann. Fac. Medic. Vet. di Parma* (Vol. XXV, 2005)"

6) 山崎良人, 關 將弘「EUの地理的表示保護制度などについて」畜産の情報2004年8月

7) ジェトロ「アグロトレードハンドブック2006」

8) 是永東彦「フランスにおける高品質チーズの形成と意義」, 畜産振興事業團

## 부속자료 I　　프랑스의 AOC 치즈

(2006년 현재)

| | | 치즈명 | | 유종 | 원산지(일부) |
|---|---|---|---|---|---|
| * | 1 | 브로슈 | Brocciu | 양젖 | 코르시카 |
| 쉐브르 | 2 | 바농 | Banon | 염소젖 | 프로방스 |
| | 3 | 샤비슈 뒤 푸아투 | Chabichou du Poitou | | 푸아투샤랑트 |
| | 4 | 쉐브로땅 | Chevrotin | | 사부아 |
| | 5 | 마코네 | Maconnais | | 부르고뉴 |
| | 6 | 크로탱 드 샤비뇰 | Crottin de Chavignol | | 산토르 |
| | 7 | 펠라르동 | Pelardon | | 랑그도크 |
| | 8 | 피코동 | Picodon | | 론알프 |
| | 9 | 풀리니 생 피에르 | Pouligny-Saint-Pierre | | 산토르 |
| | 10 | 로카바두르 | Rocamadour | | 미디피레네 |
| | 11 | 생 모르 드 투렌느 | Sainte-Maure de Touraine | | 산토르 |
| | 12 | 셀르 쉬르 쉐르 | Selles-sur-Cher | | 산토르 |
| | 13 | 발랑세 | Valencay | | 산토르 |
| 세척 | 14 | 에푸아스 | Epoisses | 우유 | 부르고뉴 |
| | 15 | 랑그르 | Langres | | 샹파뉴 |
| | 16 | 리바로 | Livarot | | 바스노르망디 |
| | 17 | 마루알르 | Maroilles | | 피카르디 |
| | 18 | 몽도르 바슈랭 뒤 오두 | Mont d'Or ou Vacherin du Haut-Doubs | | 리오네 또는 프랑슈콩테 |
| | 19 | 뮌스테르 | Munster | | 알자스로렌 |
| | 20 | 퐁레베크 | Pont l'Eveque | | 바스, 오트노르망디 |
| 흰곰팡이 | 21 | 브리 드 모 | Brie de Meaux | 우유 | 일드프랑스 |
| | 22 | 브리 드 믈렁 | Brie de Melun | | 일드프랑스 |
| | 23 | 카망베르 드 노르망디 | Camembert de Normandie | | 바스, 오트노르망디 |
| | 24 | 샤우르스 | Chaource | | 샹파뉴 |
| | 25 | 뇌샤텔 | Neufchatel | | 오트노르망디 |
| 푸른곰팡이 | 26 | 블루 도베르뉴 | Bleu d'Auvergne | 우유 | 오베르뉴 |
| | 27 | 블루 드 젝스(블루 드 오-쥐라) | Bleu de Gex (Bleu du haut Jura) | | 프랑슈콩테 |
| | 28 | 블루 데 코스 | Bleu des Causses | | 랑그도크루시옹 |
| | 29 | 블루 뒤 베르코르 사스나쥬 | Bleu du Vercors-Sassenage | | 론알프 |
| | 30 | 푸름 당베르 | Fourme d'Ambert | | 오베르뉴 |
| | 31 | 푸름 드 몽브리종 | Fourme de Monbrison | | 오베르뉴 |
| | 32 | 로퀴포르 | Roquefort | 양젖 | 랑그도크루시옹 |

| | | | | | |
|---|---|---|---|---|---|
| 반경질 | 33 | 아봉덩스 | Abondance | 우유 | 론알프 |
| | 34 | 캉탈 | Cantal | | 오베르뉴 |
| | 35 | 라귀올 | Laguiole | | 오베르뉴 |
| | 36 | 모르비에 | Morbier | | 프랑슈콩테 |
| | 37 | 오소이라티 | Ossau-Iraty | 양젖 | 아키텐 |
| | 38 | 르블로숑 | Reblochon | 우유 | 론알프 |
| | 39 | 생 넥테르 | Saint-Nectaire | | 오베르뉴 |
| | 40 | 살레 | Salers | | 오베르뉴 |
| | 41 | 톰 데 보슈 | Tomme des Beauges | | 사부아 |
| 경질 | 42 | 보포르 | Beaufort | 우유 | 론알프 |
| | 43 | 콩테 | Comte | | 프랑슈콩테 |
| | 44 | 그뤼에르 | Gruyere | | 스위스, 프리브르 |

* 신선 타입

(우유 : 29, 염소젖 : 12, 양젖 : 3)

## 부속자료 II 이탈리아의 DOP 치즈

(2005년 현재)

| | 치즈명 | | 생산지역 |
|---|---|---|---|
| 1 | 아지아고 | Asiago | VENETO |
| 2 | 비토 | Bitto | LOMBARDIA |
| 3 | 브라 | Bra | PIEMONTE |
| 4 | 카치오카발로 실라노 | Caciocavallo Silano | CALABRIA, BASILICATA 외 |
| 5 | 카네스트라토 풀리에제 | Canestrato Pugliese | PUGLIA |
| 6 | 카스치오타 두르비노 | Casciotta d'Urbino | MARCHE |
| 7 | 카스텔바뇨 | Castelmagno | PIEMONTE |
| 8 | 피오레 사르도 | Fiore Sardo | SARDEGNA |
| 9 | 폰티나 | Fontina | VALLE D'AOSTA |
| 10 | 포마이 데 뮤트 델타 발레 브렘바나 | Formai de Mut Dell'Alta Valle Brembana | LOMBARDIA |
| 11 | 고르곤졸라 | Gorgonzola | LOMBARDIA, PIEMONTE |
| 12 | 그라나 파다노 | Grana Padano | EMILIA ROMAGNA, LOMBARDIA 외 |
| 13 | 몬타지오 | Montasio | FRIULI-VENEZIA GIULIA, VENETO |
| 14 | 몬테 베로네제 | Monte Veronese | VENETO |

| 15 | 모차렐라 디 부팔라 캄파나 | Mozzarella di Bufala Campana | CAMPANIA 외 |
|---|---|---|---|
| 16 | 무라차노 | Murazzano | PIEMONTE |
| 17 | 파르미지아노 레지아노 | Parmigiano Reggiano | EMILIA ROMAGNA, LOMBARDIA |
| 18 | 페코리노 로마노 | Pecorino Romano | LAZIO, SARDEGNA 외 |
| 19 | 페코리노 사르도 | Pecorino Sardo | SARDEGNA |
| 20 | 페코리노 시칠리아노 | Pecorino Siciliano | SICILIA |
| 21 | 페코리노 토스카노 | Pecorino Toscano | TOSCANA 외 |
| 22 | 프로볼로네 발페다나 | Provolone Valpedana | TRENTINO ALTO ADIGE, LOMBARDIA 외 |
| 23 | 콰르티롤로 롬바르도 | Quartirolo Lombardo | LOMBARDIA |
| 24 | 라구자노 | Ragusano | SICILIA |
| 25 | 라스케라 | Raschera | PIEMONTE |
| 26 | 로비올라 디 로카베라노 | Robiola di Roccaverano | PIEMONTE |
| 27 | 스프레사 데레 주디카리에 | Spressa delle Guidicarie | TRENTINO ALTO ADIGE |
| 28 | 탈레지오 | Taleggio | LOMBARDIA, PIEMONTE 외 |
| 29 | 토마 피몬티스 | Toma Piemontese | PIEMONTE |
| 30 | 발레다오스타 프로마초 | Valle d'Aosta Fromadzo | VALLE D'AOSTA |
| 31 | 발텔리나 카제라 | Valtellina Casera | LOMBARDIA |

## **부속자료 Ⅲ** 고다(Gouda) Codex 규격(CODEX STAN 266-1966) (개요)

### 1. 적용 범위

본 규격은 직접소비 혹은 가공원료용 고다이며, 본 규격 2항의 제품설명에 합치하는 것에 적용된다.

### 2. 제품 설명

고다란 치즈 규격에 적합한 숙성한 경질 또는 반경질의 치즈이다. Body는 약간 백색 또는 상아색(담황백색)에서 담황색 또는 황색을 띠고, (엄지손가락으로 누르면) 딱딱한 조직으로 커팅에 적합하며, 매우 많다고는 말하기 어렵지만, 바늘 귀 크기에서 완두콩 크기(거의가 직경 10 mm까지)의 거의 둥근 가스 홀이 있으며, 그 가스 홀은 치즈 내부에 규칙정연하게 분포해 있다. 오프닝(개공부)과 균열은 거의 대부분 허용되지 않는다. 형상은 측면 凸형의 편평한 원통형, 편평한 블록형 또는 로프형이다. 치즈는 dry rind(건 외피)가 있는 상태로 제조되고 판매되지만, 코팅되어 있는 것도 있다. 플랫 블록형이나 로프형의 고다는 무 rind[*1]로도 판매된다.

직접소비용 고다인 그 특징 있는 향과 body를 형성시키는 숙성 방법은 요구되는 숙성 정도에 의하지만, 통상 10℃에서 17℃ 사이에서 3주간이다. 다른 숙성 조건(숙성 촉진효소 첨가를 포함)이 이용되는 경우도 있지만, 단 앞에서 기술한 숙성 방법에서 형성된 물리적 · 생화학적 및 관능적 특성과 같은 특성을 나타내는 것이 조건이다. 기술상 및 무역상의 필요성이 정당하다면, 가공원료용 고다와 저중량(2.5 kg 미만)의 고다는 같은 숙성도를 나타낼 필요는 없다.

## 3. 필수성분 및 품질 요소

### 3.1 원재료

소의 젖 혹은 물소의 젖 또는 이들의 혼합유 및 이들의 젖으로부터 얻어지는 제품

### 3.2 허가 원료

- 무해한 젖산 생성균 및/또는 풍미 생산균의 스타터 컬처 및 그 이외의 무해한 미생물 배양
- 렌넷 또는 다른 안전하며 적절한 응유효소
- 염화나트륨 및 식염 대체품으로서 염화칼륨
- 음용 가능한 물
- 숙성 공정을 촉진하기 위한 안전하며 적절한 효소
- 안전하며 적절한 가공 조제
- 쌀, 옥수수 및 감자 가루 및 전분: 치즈 일반규격의 규정에 관계없이 이들 물질은 커트, 슬라이스, 슈레드(shred) 제품에만 표면처리용 고결방지제와 같은 기능으로 사용할 수가 있다.

---

*1 이것은 판매 전에 rind가 제거되어 있다는 의미는 아니다. 그렇지 않고 치즈는 rind가 형성되지 않는 방법으로 숙성 및/또는 보존된다("rindless" 치즈). 숙성용 필름이 rindless 치즈의 제조에 이용된다. 숙성 후 필름은 치즈를 보호하는 코팅(피막)으로도 된다. rindless 치즈는 Codex 치즈 일반규격의 첨부자료 참조.

### 3.3 성분

| 유(乳) 성분 | 최소 함량 | 최대 함량 | 표준 함량 |
|---|---|---|---|
| 고형분 중 유지방 | 30% | 제한 없음 | 48-55% |
| 고형분 | 고형분 중의 지방 함량에 따라 아래 수치에 따른다. | | |
| | 고형분 중의 지방 함량 | 해당하는 최소 고형분 함량 | |
| | 30% 이상 40% 미만 | 48% | |
| | 40% 이상 48% 미만 | 52% | |
| | 48% 이상 60% 미만 | 55% | |
| | 60% 이상 | 62% | |

상기 기재한 유지방 함량 및 고형분 함량의 최소치 및 최대치를 넘은 성분의 변경은 유(乳) 용어 사용에 관한 일반규격의 4.3.3항에 준거해 있다고 보지 않는다.

## 4. 식품 첨가물

정당성이 인정된 아래 표의 첨가물 기능 분류만이 규정된 제품 구분에 사용될 수 있다.

| 첨가물 기능 분류 | 정당 사용 | |
|---|---|---|
| | 치즈(오른쪽을 제거) | 표면/린드 |
| 착색료 | X | - |
| 표백제 | - | - |
| 산미료 | - | - |
| 산도조정제 | X | - |
| 안정제 | - | - |
| 증점제 | - | - |
| 유화제 | - | - |
| 산화방지제 | - | - |
| 보존료 | X | X |
| 기포제 | - | - |
| 고결방지제 | - | X |

X = 본 분류의 첨가물의 사용은 기술적 정당성을 인정할 수 있다.
- = 본 분류의 첨가물의 사용은 기술적 정당성을 인정할 수 없다. (개별 식품 첨가물 리스트 생략)

## 5. 표시

Codex 포장식품 표시 일반규격 및 유(乳) 용어 사용에 관한 일반규격의 규정에 더해 하기 특정 규정을 더한다.

### 5.1 식품의 명칭

고다라고 하는 명칭은 제품이 본 규격과 합치한다면 Codex 포장식품 표시 일반규격인 4.1항에 근거하여 적용된다. 판매국에서 관습의 경우 대체물 사용이 가능하다.

### 5.2 원산국

원산국(여기서 의미하는 것은 제조국이며, 명칭이 발생한 나라라고 하는 의미는 아니다)은 명기한다. 다른 나라에서 실질적인 변형*1을 받을 때 변형을 수행한 나라가 본 표시 목적의 원산국이 된다.

### 5.3 유지방 함량의 명기

### 5.4 날짜의 각인

포장식품 표시 일반규격의 4.7.1항에 관계없이 최종 소비자에 최종 소비로서 구입되는 것을 의도하지 않는 제품에서는 유통기한 정보 대신에 제조일을 명기한다.

### 5.5 비소매용 용기의 표시

## 6. 샘플링법 및 분석법

*1 예를 들면, 재포장, 커팅, 슬라이싱, 슈레딩(shredding), 그래이팅(grating)은 본질적인 변형으로 인정하지 않는다.

## 부속자료 Ⅳ　　　　제안 가공치즈 규격안(스텝 3) (개략)

### 1. 적용 범위

이 규격은 섹션 2 '제품설명'에 적합하고 직접소비 혹은 가공에 공급되는 '가공치즈'(품종명이 붙은 가공치즈를 포함)라고 하는 명칭을 가진 제품에 적용된다.

### 2. 제품 설명

가공치즈란 반고형으로 스프레더블[*2]한 또는 고형으로 슬라이스 가능한 유제품이며,

(i) 치즈(Codex 규격 A-6-1978)에 다른 원료나 허가된 첨가물을 첨가하고 또는 첨가 않고,

(ii) 그 혼합물의 용융과 유화에 의하여

(iii) 열과 원료 중에 잘 혼합된 용융염의 도움을 받아서 얻어진 균질, 매끈하고 안정한 수중유적형(水中油滴型) 유화물을 가리킨다.

품종명이 부착된 가공치즈란 그 제조에 있어서 하나 또는 그 이상의 일반에게 인정된 치즈 품종을 사용하는 것을 특징으로 하는 위에서 정의한 가공치즈를 말한다.[*3]

### 3. 필수 성분과 품질 요건

#### 3.1 원재료

(i) 치즈

(ii) 지방 함량이 높은 유제품[예를 들면 버터, 버터오일, ghee(남아시아 요리에 쓰이는 일종의 버터), 크림, 크림 파우더]

(iii) 유(乳) 및 상기 이외의 유제품(예를 들면 유농축물, 버터밀크, 분유류, 유단백질류, 유청분말류, 유당)

---

*2 이 문장에 있어서 '스프레더블'이란 소비자가 스프레드하기 쉬운 조직, 예를 들면 냉장 상태에서 끄집어내어 곧 빵에 바를 수 있는 조직을 제품이 가지고 있다고 하는 것을 가리킨다.

*3 예로서 '가공 체다 치즈', '체다 가공치즈', '가공 체다'

## 3.2 허가 원료

- 염화나트륨, 식염대체물로서 염화칼륨
- 물
- [안전하면서도 적절한 가공 조제]*4
- [젤라틴, 전분: 이들 물질은 안정제와 같은 기능을 위해서만 사용, 또한 섹션 4에 기재된 안정제를 사용하는 경우도 고려한 후 적정 제조기준에 따라 기능성을 발휘하는 데 필요량만을 사용할 수 있다.]
- 식초
- 비타민 A, D 및 다른 영양소

## 3.3 조성

### 3.3.1 다른 유제품에 대한 치즈 함량

#### 3.3.1.1 가공치즈

이하에 규정하는 세 가지 원료 카테고리의 상대적인 양은 [제품중량 베이스] / [고형분 베이스] / [제품중량 및 고형분 베이스]로 계산된다.

**수상(水相) 중 수분(MFFB)이 비교적 낮은 제품**

| 고형분 중 유지방분 | 치즈 함량 |
|---|---|
| < 40% | 3.1로 규정된 세 가지 원료 카테고리 중에서 카테고리 (a), 즉 치즈가 최대 함량일 것 |
| 40≦ <55% | 3.1로 규정된 세 가지 원료 카테고리 중에서 카테고리 (a), 즉 치즈가 (b), (c)의 합계량과 같거나 그것 이상인 것 |
| ≧ 55% | 3.1로 규정된 세 가지 원료 카테고리 중에서 카테고리 (a), 즉 치즈가 최대 함량일 것 |

**수상(水相) 중 수분(MFFB)이 비교적 높은 제품**

| 고형분 중 유지방분 | 치즈 함량 |
|---|---|
| < 40% | 3.1로 규정된 세 가지 원료 카테고리 중에서 카테고리 (a), 즉 치즈가 최대 함량일 것 |
| 40≦ <50% | 3.1로 규정된 세 가지 원료 카테고리 중에서 카테고리 (a), 즉 치즈가 최대 함량일 것 |
| ≧ 50% | 3.1로 규정된 세 가지 원료 카테고리 중에서 카테고리 (a), 즉 치즈가 '적어도 25%'를 구성할 것 |

*4 [ ] 내는 검토 중인 규정임. 이하의 [ ]도 같음.

3.3.1.2 품종명이 붙은 가공치즈

3.3.1.1과는 별도로 섹션 7.1.3에서 규정되는 품종명이 붙은 가공치즈에 있어서는 [제품중량 베이스]/[고형분 베이스]/[제품중량 및 고형분 베이스]에서 원료 중의 적어도 [60]%가 품종명이 붙은 치즈로 구성되지 않으면 안 된다.

섹션 3.1에서 규정된 세 가지의 원료 카테고리 중에서 카테고리(iii)는 [제품중량 베이스] / [고형분 베이스] / [제품중량 및 고형분 베이스]에서 15%를 초과하면 안 된다.

### 3.3.2 최종 제품 조성

- 고형분 중 유지방분(FDM)

  최소치: 규정하지 않음

  최대치: 75%

- 고형분(DM)

  고형분 중 유지방분에 따라서 아래와 같이 규정한다.

수상 중 수분(MFFB)이 비교적 낮은 제품

| 고형분 중 유지방분 | 고형분 |
|---|---|
| 55≦ <75% | 54% |
| 50≦ <55% | 50% |
| 40≦ <50% | 42% |
| 30≦ <40% | 34% |
| <30% | 29% |

수상 중 수분(MFFB)이 비교적 높은 제품

| 고형분 중 유지방분 | 고형분 |
|---|---|
| 55≦ <75% | 40% |
| 40≦ <50% | 35% |
| 30≦ <40% | 30% |
| <30% | 25% |

여기서 정한 FDM이나 DM의 최대치나 최소치를 벗어난 조성은 유(乳) 용어 사용에 관한 일반규격이 섹션 4.3.3에 부적합하다고 본다.

## 4. 식품 첨가물

다음 표에 나타내는 첨가물 기능분류만이 대응하는 가공치즈 제품에 사용된다.

| 첨가물 기능분류* | 사용에 있어서 기술적 정당성: | | | |
|---|---|---|---|---|
| | 가공치즈 | 섬유상태로 슬라이스 가능한 조직을 가진 가공치즈 | MFFB가 비교적 높은 (3.3.2 참조), 길게 늘어나는 가공치즈 | FDM이 30% 이하의 가공치즈 |
| 착색료 | X | X | X | X |
| 유화(또는 용융)염 | X | X | X | X |
| 산도조정제 | X | X | X | X |
| 보존료 | X | X | X | X |
| 유화제 | X | X | X | X |
| 안정제 | - | [X] | [X] | [X] |
| 결착방지제** | X | X | X | X |

(개별 식품 첨가물 리스트 생략)

* 증점제는 가공치즈에는 사용할 수 없다.
** 슬라이스, 절단, 잘게 자름, 가루로 된 제품의 표면에만 사용된다.
X = 당핵분류의 첨가물은 그 사용에 기술적 정당성이 인정된다.
- = 당핵분류의 첨가물은 그 사용에 기술적 정당성이 인정되지 않는다.

## 5. 오염물질

## 6. 위생

## 7. 표시

### 7.1 식품의 명칭

7.1.1 수상(水相) 중 수분(MFFB)이 비교적 높은 가공치즈 제품의 명칭은 정확하며 소비국에 있어서 오인을 초래하지 않는 방법으로 제품의 본질을 나타내는 수식어를 동반해야 한다. 여기에 더하여 지방 함량을 나타내는 적절한 수식어를 사용해도 좋다.

저지방과 같은 영양 강조 표시는 명칭의 일부를 구성할 수가 있지만, 영양 강조 표시 사용의 가이드라인(CAC/GL23-1997)에 일치하지 않으면 안 된다. 비교영양 강조 표시에 대해서는 고형분 중 지방 함량의 최소치 40%가 참조 기준이 된다.

7.1.2 품종명이 붙은 가공치즈의 명칭은 '가공치즈' 또는 '가공 치즈'로 하고 공란에는 이 규격의 섹션 2와 3.1에 따라서 적절한 치즈 품종명을 넣는다. 판매국에서 수용되는 경우는 '치즈'의 단어를 생략할 수가 있다.

7.1.3 품종명이 붙은 치즈의 함량이 섹션 3.3.1.2로 결정된 최저 양에 충족하지 않는 제품의 명칭은 '…들어간 가공치즈' 나 '…풍미 가공치즈'로 하고 공란에는 치즈 품종명을 넣고 그 존재를 강조해도 좋다.

### 7.2 치즈 함량의 표시

[소매 판매국에서 필요한 경우], 치즈의 배합 퍼센트를 명기할 것.

## 8. 샘플링법 및 분석법

6-2

# 치즈의 지적재산권

가나가와(神奈川)공과대학
구도 츠토무(工藤 力)

## 1. 지적재산권에 대해서

### 1) 지적재산입국[1)]

근래 몇 년간 지적재산, 지적재산권이라고 하는 언어가 빈번하게 사용되고 있지만, 이것은 다음 사정에 의한다. 2002년 7월 3일에 지적재산 전략회의가 총리대신에게 답신한 「지적재산 전략강령」에 근거한 지적재산 기본법이 같은 해 제155회 임시국회에서 성립하고 2002년 법률 제122호로서 12월 4일 공포되어 2003년 3월 1일부터 시행되었다. 이 「지적재산 전략강령」에 의해 답신(答申)받은 전략은 다음과 같다.

종래 일본의 고도 경제성장의 원동력으로 된 것은 근면한 국민성과 중공업을 중심으로 한 '대량생산형 물건 만들기'이며, 그 토대는 구미(歐美)의 기술을 도입해서 개량하고 강고한 팀워크에 의하여 생산기술을 향상시키는 일본형 생산 시스템이었다. 그러나 최근에는 값싼 노동 코스트와 생산기술의 향상을 배경으로 한 아시아 제국 추격, 글로벌한 사회의 정보화의 진전 등에 의하여 과거의 성공을 지탱하였던 경제 모델로부터 벗어나 새로운 성장 모델을 구축하는 것이 요구되고 있다. 즉, 경제 · 사회 시스템을 종래의 중공업을 중심으로 한 대량생산형 물건 만들기 시스템에서 부가가치가 높은 무형자산(발명, 저작권, 디자인, 음악, 영화 등)의 창조에도 적응한 시스템에의 변경이 요구되고 있다.

중공업을 중심으로 한 '대량생산형 물건 만들기'에서는 조화가 이루어진 팀워크가 중요한 요소였지만, 부가가치가 높은 무형자산의 창조에는 개인의 자유로운 발상과 창조성이 열쇠가 된다. 일본의 밝은 미래를 열고 나가기 위해서는 모든 면에서 창조성을 중시하는 환경정비를 향한 개혁이 필요하며 21세기에는 국제협조를 도모하면서 지적재산 전략을 실행하고 '지적재산입국'을 지향할 필요가 있다.

'지적재산입국'이란 발명 및 창작을 존중한다고 하는 국가의 방침을 명시하고 물건 만들기에 더해서 기술, 디자인, 브랜드, 음악, 영화 등의 가치 있는 정보 만들기, 즉 무형자산의 창조를 산업의 기반으로 앉힘에 의하여 일본 경제 · 사회의 재활성화를 도모한다고 하는 비전으로 보강된 국가전략이다. 그 전략을 실현하기 위하여 물건 만들기 기반의 재건축과 함께 경제활동의 글로벌화, 정보화의 진전, 고용의 유동화 등에 대응해서 정부, 대학, 기업, 개인 등의 모든 레벨에서의 지적 창조활동을 자극함과 함께 그 결과로서 얻어지는 발명, 저작물 등의 성과를 지적재산으로서 적절히 보호하고 제품, 서비스 등의 부가가치의 원천으로써 유용하게 활용하는 경제 · 사회 시스템을 구축할 필요가 있다. 구체적인 전략으로서 창조전략, 보호전략, 활용전략 및 인적 기반의 충실이 제시되고 있다. 문부과학성의 조사[2]에 의하면, 논문보다 특허를 우선하는 연구자가 대학에서는 7.7%에서 38%로 증가하고, 공적 기관에서는 14.5%에서 41%로 증가한 결과로 되었다.

보호전략으로서는 신속하면서도 적격한 심사 · 심판의 실현, 저작권의 적절한 보호, 기업 비밀의 보호 강화, 분쟁 처리에 관한 기반의 강화, 해외에 있어서 보호 강화가 제시되고 있다. 활용전략으로서는 대학 등에 있어서 지적재산 활용의 추진, 지적재산의 평가, 활용의 촉진, 중소 · 벤처기업 등의 지원이 제시되고 인적 기반의 충실로서는 전문 인재양성이 제시되고 있다.

### 2) 지적재산권

앞에서 기술한 것처럼 21세기는 지적재산권을 존중하는 시대이다. 지적재산권에는 [그림 1][3]에 나타낸 것처럼, 지적 창작물에 관한 7개의 권리 및 영업 표식에 관한 3개의 권리가 존재한다. 이 중에서 특허권, 실용신안권, 의장권 및 상표권을 '산업재산권'(구 명칭은 공업소유권)이라고 한다.

### (1) 지적 창조물에 관한 권리

#### ① 특허권

특허권의 대상이 되는 것이 '발명'이다. 발명은 "자연법칙을 이용한 기술사상의 창작 중, 고도의 것을 말한다."라고 특허법 제2조[4]에 정의되어 있다. 즉, 발명은 자연계의 현상, 질서를 지배하고 있는 법칙을 이용해서 지금까지 없었던 새로운 것을 생각해 내기도 하고 만들어 내기도 하는 것[5]이다.

자연법칙을 이용하는 것은 게임의 룰과 같은 인위적인 약속, 교육 방법과 같은 정신활동, 인간의 심리현상에 근거하는 경험칙인 심리법칙 등을 이용하는 것이 아닌 것을 의미하고 있다. 또한 고도란 최선단의 기술을 의미하는 것이 아니고 나중에 기술하는 실용신안과 구별하는 것이다.

치즈에 관계하는 주된 특허권으로서는 치즈 그 자체, 치즈의 제조 방법, 치즈를 이용한 식품, 그 식품의 제조 방법, 치즈를 제조하는 장치, 치즈를 이용한 식품을 제조하는 장치 등이 존재하고, 특허권은 치즈에 관계하는 지적재산권 중에서 가장 중요한 권리이며, 구체적으로는 뒤에 기술하는 것과 같다.

#### ② 실용신안권

실용신안권의 대상이 되는 것이 '고안'이다. 고안이란 "자연법칙을 이용한 기술사상의 창작을 말한다."라고 실용신안법 제2조[4]에 정의되어 있다.

[그림 1]에 나타낸 것처럼, 고안은 물품의 형상, 구조, 조합에 관한 것이며, 발명과 같이 화학물질, 화학물질의 용도, 방법 등은 고안의 대상이 되지 않는다.

치즈에 관계하는 고안으로서는 치즈 제품의 포장재, 치즈 제품의 수납 용기 등이 대상이 된다.

또한 실용신안은 1994년 이후 심의되는 것 없이 출원한 모든 고안이 등록되므로 실용신안권을 취득하는 의미가 줄어들었다.

#### ③ 의장권

의장권의 대상이 되는 것이 '의장'이다. 의장이란 "제품의 형상, 모양, 색채 또는 이들의

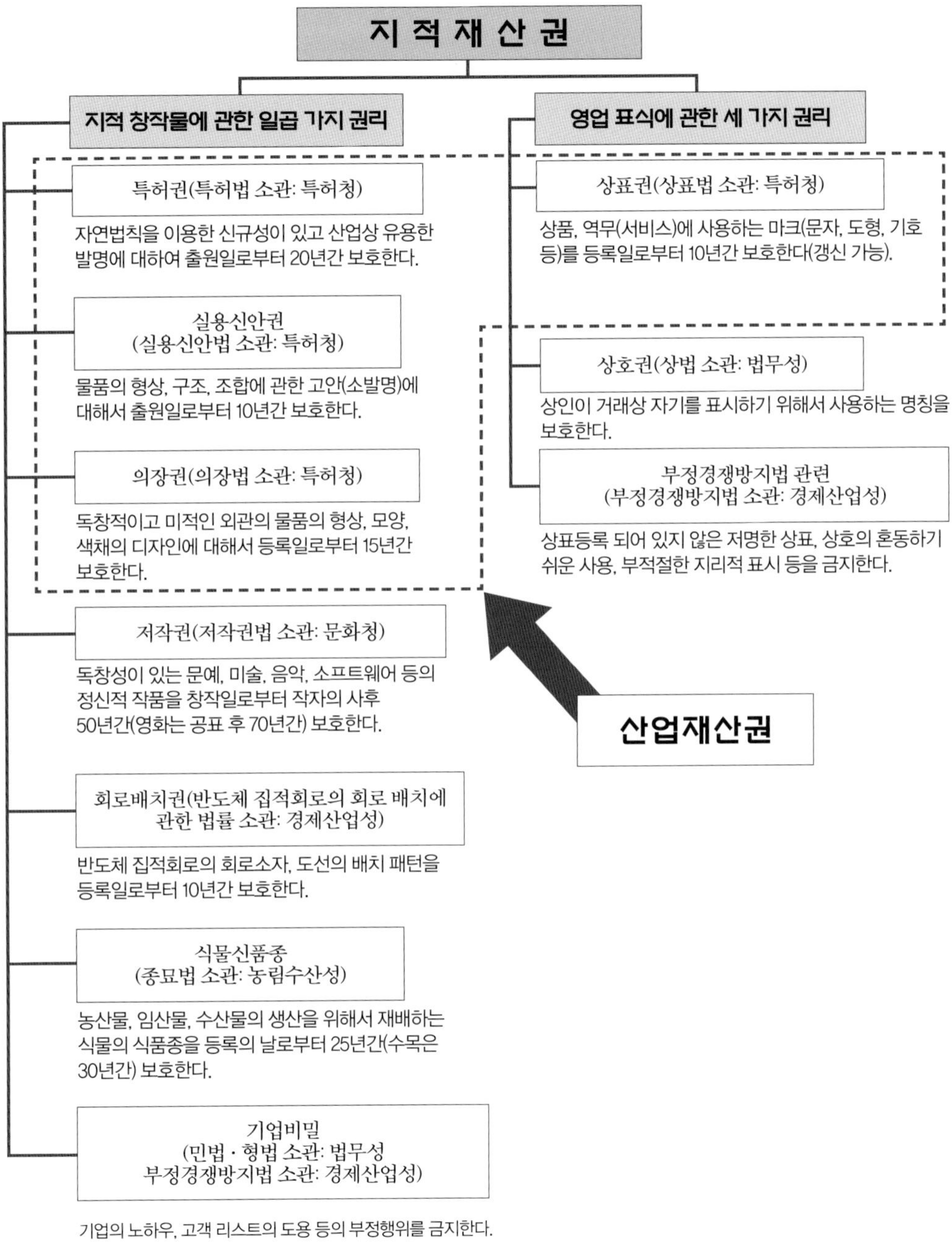


**그림 1.** 지적재산권의 개요

결합에 있어서 시각을 통해서 미감을 일으키는 것"이라고 의장법 제2조[4]에 정의되어 있다. 즉, 의장권은 일반에 이야기되고 있는 디자인에 관계하는 권리이며, 치즈에 관계하는 의장으로서는 치즈 제품의 포장재의 디자인, 치즈 제품의 수납 용기의 디자인 등이 대상이 된다.

### ④ 저작권

저작권의 대상이 되는 것이 '저작물'이다. 저작물이란 "사상 또는 감정을 창작적으로 표현한 것이며, 문예, 학술, 미술 또는 음악의 범위에 속하는 것"이라고 저작권법 제2조[4]에 정의되어 있다. 저작권은 다른 권리와 같이 소관하는 기관에 출원함이 없이 저작물이 완성된 시점에서 권리가 발생한다. 치즈에 관한 저작물로서는 치즈, 치즈의 제조, 치즈의 분석 등에 관한 연구논문, 간행물 등이 대상이 되고 본서도 저작권의 대상이 된다.

### ⑤ 회로배치권

회로배치권의 대상이 되는 것이 '회로배치'이다. 회로배치란 "반도체 집적회로에 있어서 회로소자 및 이들을 접속하는 도선의 배치를 말한다."라고 반도체 집적회로에 관한 법률 제2조[4]에 정의되어 있다. 치즈에 관계하는 회로 배치로서는 치즈 제조용의 기기, 장치에 사용하는 회로 등이 대상이 된다.

### ⑥ 식물신품종

식물신품종의 대상이 되는 것은 '농림수산식물'이다. 농림수산식물이란 "농산물, 임산물 및 수산물의 생산을 위해 재배되는 종자식물, 양치식물류, 선태류, 다세포 조류(藻類), 그 이외 정부령으로 정하는 식물을 말한다."라고 종묘법 제2조[4]에 정의되어 있다. 이 권리는 치즈와의 관계가 거의 없다고 생각된다.

### ⑦ 기업비밀

기업비밀은 기업이 소유하고 있는 노하우, 고객 리스트 등이며, 그 비밀의 도취(盜取), 부정한 사용 등이 형법, 민법, 부정경쟁방지법에 의하여 처벌된다. 즉, 기업비밀을 도취한 경우는 도취죄(형법 제 235조[6]), 도취한 기업비밀을 사용한 경우는 불법행위(민법 제 709조[6]), 부정한 경쟁(부정경쟁방지법 제3조 및 제4조[4])으로서 처벌된다.

기업비밀로서 인정받기 위해서는 비밀로서 관리되고 있을 것, 사업에 유용한 정보일 것 및 비공개일 것의 세 가지 조건이 충족되지 않으면 안 된다. 치즈 그 자체, 치즈의 제조법에 관계하는 노하우 등의 기업비밀은 각 기업에서 소유하고 있다고 생각되므로 그 관리에는 충분히 주의할 필요가 있다.

### (2) 영업표식에 관한 권리

#### ① 상표권

상표권의 대상이 되는 것이 '표장'이며, 상표법 제2조[4]에 다음과 같이 정의되어 있다.

제2조 이 법률에서 '상표'란 문자, 도형, 기호 또는 입체적 형상 또는 이들의 결합 또는 이러한 색채의 결합(이하 '표장'이라고 한다.)이며, 다음의 것들을 말한다.

(ⅰ) 업(業)으로서 상품을 생산하고 증명하며 또는 양도하는 자가 그 상품에 대해서 사용하는 것.

(ⅱ) 업(業)으로서 노무나 서비스를 제공하고 또는 증명하는 자가 그 노무나 서비스에 대해서 사용하는 것(전 항에 올린 것을 제외.)

즉, 상품명 또는 노무나 서비스명으로서 사용하는 명칭, 트레이드 마크, 서비스 마크를 의미하고 있다. 치즈에 관계하는 상표로서는 상품명 등이 해당한다.

#### ② 상호권

[그림 1]에 나타낸 것처럼 '상호'란 "상인이 거래상 자기를 표시하기 위하여 사용하는 명칭이며, 상인은 그 이름, 씨명 그 이외의 명칭을 가지고 그 상호로 할 수가 있다."라고 상호법 제11조[6]에 정의되어 있으며, 다른 상인과 오인될 명칭 등의 사용이 금지되어 있다(상법 제12조[6]).

③ 부정경쟁방지법 관련

부정경쟁방지법에 관련하는 영업표식으로서 [그림 1]에 나타낸 것처럼, 3개의 항목이 존재한다. 최초의 항목인 상표등록 되어 있지 않은 저명한 상표는 일본 내에서 널리 알려져 있는 미등록상표의 것이며, 예를 들면, 오사카(大阪)의 도톤보리(道頓堀, 오사카의 유명 번화가)에 있는 게 요리점의 게의 간판 등이 해당한다.[7] 제2항은 앞에서 기술한 상호권과 같다. 제3항의 부적절한 지리 표시는 예를 들면 일본산 치즈에 프랑스산 치즈와 같은 표시를 하는 것이다.

### 3) 지적재산권의 정리

이상 기재한 것이 지적재산권이며, 지적재산권은 토지, 건물 등과 같이 재산이므로, 양도, 임대 등이 가능한 무형의 재산이며, 그중에서도 특허권은 제4의 경영자원으로 불리며[8] 중시되고 있다. 예를 들면, 대학에 있어서 연구성과는 대학의 재산이며, 그 재산으로부터 발명을 발굴하여 특허를 취득하고 그 특허를 유효하게 사용하지 않으면 안 된다. 따라서 21세기는 연구성과를 단지 학회에서의 발표 또는 학회지에의 투고에 의하여 종료한다고 하는 시대는 아닌 것이다. 즉, 연구자가 연구성과로부터 특허를 취득하지 않고 학회에서 발표하는 것 또는 학회지에 투고하는 것은 그 연구자가 소속하는 조직의 재산을 무상으로 제3자에게 제공하는 것이 되는 것이다. 결론으로서 21세기에 있어서 연구자는 연구성과로부터 특허를 취득하고 취득한 특허를 유효하게 활용하는 것을 생각하지 않으면 안 된다.

## 2. 21세기의 치즈에 관한 특허발명 및 공개발명

21세기는 앞에서 기술한 것처럼 모든 기술 분야에 있어서 지적재산이 중시되는 시대이며, 치즈에 관계하는 기술 분야에 있어서도 같다. 21세기에 발명된 치즈에 관한 기술(특허출원일이 2001년 1월 1일 이후의 발명으로서 우선권을 주장하고 있지 않은 것에 한함) 중에서 2007년 3월 말까지 발행된 특허공보 및 공개특허공보의 특허청구 범위에 게재된 발명에 근거하여 다음에 기재하지만, 지면 관계상 특허 받은 발명 및 2007년에 공개된 발명의 내용을 순서대로 기재하고 그 이외의 발명에 대해서는 [표 1]에 2006년 공개된 발명 19건,[9] [표 2]에 2005년 공개된 발명 26건,[9] [표 3]에 2004년 공개된 발명 24건,[9] [표 4]에 2003년 공개된 발명 15건,[9] [표 5]에 2002년 공개된 발명 13건[9]의 공개번호 및 발명의 명칭을 기재하는 정도로 하였다. 또한 각 표에 기재되어 있는 발명의 명칭에는 예를 들면 사료용 조성물, 락토페린의 제조 방법 등과 같은 치즈에 관계없는 내용의 것도 있지만, 치즈를 원료로서 사용하고 있는 발명, 치즈 제조의 부산물을 이용하고 있는 발명 등도 있으며, 치즈와 뭔가의 관계가 있는 발명이다.

또한 이하의 특허공보 및 공개특허공보에 기재된 발명은 각 공보에 기재되어 있는 발명의 내용을, 기재되어 있는 용어를 사용하여 기재하고 있으므로 용어가 통일되어 있지 않다.

**표 1.** 2006년 공개된 치즈에 관한 발명

| 공개번호 | 발명의 명칭 |
|---|---|
| 특개 2006-345865호 | 발효유제품 및 그 제조 방법 |
| 특개 2006-314296호 | 치즈 풍미부여재 및 이것을 이용한 가공식품 |
| 특개 2006-304761호 | Vancomycin 내성장구균(VRE)과 내성황색포도구균(MTSA) 등에 대한 억제 성분을 가지고, 나트륨이온을 포함한 하스카프 산물 |
| 특개 2006-296422호 | 치즈 형태의 식품 및 그 제조 방법 |
| 특개 2006-280218호 | 내(耐)냉동성 치즈식품 |
| 특개 2006-262862호 | Rare 치즈케익 및 그 제조 방법 |
| 특개 2006-254742호 | 치즈류 및 또는 치즈 형태의 식품 |
| 특개 2006-238882호 | 대두에서 제조된 가공치즈 |
| 특개 2006-223209호 | 치즈 형태의 식품 및 그 제조 방법 |
| 특개 2006-180725호 | 토스트 풍미를 가진 분말 치즈 및 그 제조 방법 |
| 특개 2006-121922호 | 치즈가 들어간 생선묵 및 그 제조 방법 |
| 특개 2006-115764호 | 가공치즈류 및 가공치즈류의 제조법 |
| 특개 2006-115702호 | 가공치즈류 및 그 제조 방법 |
| 특개 2006-101744호 | 복수색모양식품의 제조 방법 |
| 특개 2006-75012호 | 자연치즈 및 그 제조법 |
| 특개 2006-67811호 | 치즈 슈레더 |
| 특개 2006-55165호 | 잘게 부순 치즈의 제조 방법 및 그 사용 방법 |
| 특개 2006-55007호 | 크림 상태의 치즈 및 그 제조법 |
| 특개 2006-7호 | 크림이 풍부한 치즈두부의 제조 방법 |

**표 2.** 2005년 공개된 치즈에 관한 발명

| 공개번호 | 발명의 명칭 |
|---|---|
| 특개 2005-348697호 | 가공치즈류 및 그 제조법 |
| 특개 2005-341894호 | 치즈된장의 제조 방법 |
| 특개 2005-295857호 | 내열성 치즈 및 그 제조 방법 |
| 특개 2005-270106호 | 저단백질 크림 치즈 |
| 특개 2005-261434호 | 모차렐라 타입의 스트링 치즈 제품 |
| 특개 2005-261303호 | 자연치즈의 제조 방법 |
| 특개 2005-253439호 | 곡물분 조정품 및 그 제조 방법 |
| 특개 2005-198556호 | 치즈가 붙은 김의 제조 방법 및 그 제품 |
| 특개 2005-192568호 | 유청 단백질 폴리머제 크림 치즈 |
| 특개 2005-176838호 | 왁스코팅 붙은 치즈 |
| 특개 2005-168414호 | Tyrosine 함유식품의 처리 방법 |
| 특개 2005-151996호 | 박테리오신을 이용해서 조제한 치즈 flavor 시스템 |
| 특개 2005-151870호 | 치즈가 들어간 드레싱 |
| 특개 2005-137325호 | 빙어알이 들어간 진미식품 및 그 제조 방법 |
| 특개 2005-130858호 | 고품질의 대두 함유 치즈 제품의 조제 방법 |
| 특개 2005-130856호 | 고품질 대두 함유육 및 육류제품의 조제 방법 |
| 특개 2005-124579호 | 산성환경 중에 고 에스테르펙틴을 이용해서 단백질을 안정화하기 위한 가공 |
| 특개 2005-110647호 | 해양심층수를 이용한 유제품 제조 |
| 특개 2005-80577호 | 용융염 무첨가 치즈 및 그 제조법 |
| 특개 2005-73695호 | 고분산성유청 칼슘 구성물 및 그 제조 방법 |
| 특개 2005-73576호 | 약산성 유가공품의 제조 방법 및 약산성 유가공품 |
| 특개 2005-65610호 | 산마 치즈 진미 및 그 제조 방법 |
| 특개 2005-52043호 | 유당분해효소, 그것을 생산하는 미생물 및 유제품 |
| 특개 2005-40051호 | 치즈 가공품의 제조 방법 |
| 특개 2005-34122호 | 치즈식품 |
| 특개 2005-21020호 | 건조 자연치즈 및 그 제조 방법 |

**표 3.** 2004년 공개된 치즈에 관한 발명

| 공개번호 | 발명의 명칭 |
|---|---|
| 특개 2004-357710호 | 입자 상태의 치즈 커드 산물 |
| 특개 2004-357522호 | 수중유적형의 발효유제품 양식품의 제조법 |
| 특개 2004-350541호 | 스모크 자연치즈 |
| 특개 2004-321183호 | 저장 안정한 슈레더/치즈 |
| 특개 2004-321002호 | 심이 들어간 소시지의 제조 방법 |
| 특개 2004-313177호 | 레귤러 타입의 가공치즈의 제조 방법 |

| | |
|---|---|
| 특개 2004-307344호 | Lactoferrin의 제조 방법 |
| 특개 2004-290100호 | 가공치즈 및 그 제조 방법 |
| 특개 2004-290087호 | 건조 치즈 및 그 제조 방법 |
| 특개 2004-275022호 | 유제품(자연치즈 등)을 생선묵과 융합시킨 제품 및 그 제조 방법 |
| 특개 2004-267116호 | 치즈 함유식품 및 그 제조 방법 |
| 특개 2004-267091호 | 모차렐라 치즈의 제조 방법, 모차렐라 치즈의 제조 장치 |
| 특개 2004-267013호 | 음료용 구성물 |
| 특개 2004-248667호 | 치즈 스타터의 제조 방법 및 유제품 |
| 특개 2004-242580호 | Rare 치즈케익 및 그 제조 방법 |
| 특개 2004-236588호 | Rare 치즈케익 제조 방법 및 레어 치즈케익 |
| 특개 2004-180639호 | 식품용의 보열성 보형제 |
| 특개 2004-154131호 | 콜레스테롤을 저하 및 동화하는 능력을 가진 산 및 담즙산염내성의 *Lactobacillus* 분리주 |
| 특개 2004-129648호 | 대두에서 제조된 가공치즈 |
| 특개 2004-105048호 | 살균이 끝난 연질 자연치즈 및 그 제조 방법 |
| 특개 2004-97066호 | 건조 치즈의 제조 방법 |
| 특개 2004-33093호 | 세균 유래 응유효소 및 해당 효소를 이용한 치즈의 제조 |
| 특개 2004-8191호 | 식물성 소재를 이용한 가공치즈 양조성물 및 그 제조법 |
| 특개 2004-8156호 | 얇은 조각 상태의 가루 치즈 |

**표 4.** 2003년 공개된 치즈에 관한 발명

| 공개번호 | 발명의 명칭 |
|---|---|
| 특개 2003-299480호 | 충치 예방용 세균, 충치 예방용 식품, 충치 예방용 구강세정제 및 요구르트의 제조 방법 |
| 특개 2003-299439호 | 위에 뿌리는 치즈와 그 제조 방법 |
| 특개 2003-259804호 | Fresh 풍미가 있는 가공치즈의 제조 방법과 그 장치 |
| 특개 2003-164257호 | 크림 치즈 상태의 식품, 그 제조법 및 용도 |
| 특개 2003-144111호 | 다층구조의 식품포장체 및 그 제조 방법 |
| 특개 2003-102404호 | 식품의 품질개량제 |
| 특개 2003-102381호 | 내열성 및 내수성을 가진 치즈 및 그 제조 방법 |
| 특개 2003-79313호 | 상온 단시간에 의한 스모크 치즈의 제조 방법 |
| 특개 2003-61583호 | 치즈가 들어간 카스타드 크림 및 그 제조법 |
| 특개 2003-52306호 | 치즈 함유 가소성유지 구성물 |
| 특개 2003-47403호 | 치즈 및 그 제조법 |
| 특개 2003-47402호 | 중성 올리고당 함유 육아용 조제유 |
| 특개 2003-33136호 | 가공치즈 |
| 특개 2003-18957호 | 가공치즈 및 그 제조 방법 |
| 특개 2003-157호 | 입자부착식품과 그 제조 방법 |

**표 5.** 2002년 공개된 치즈에 관한 발명

| 공개번호 | 발명의 명칭 |
|---|---|
| 특개 2002-369666호 | 식품첨가제 및 그것을 함유해서 이루어진 식품구성물 |
| 특개 2002-369654호 | 식품조제에 있어 전자파조사에 의한 물성조정 제조 방법과 그 장치 |
| 특개 2002-345431호 | 기름에 담근 로스트 식품 |
| 특개 2002-335903호 | 유(乳)류를 포함한 음식품의 미질(맛의 질) 개선제 및 미질 개선 방법 |
| 특개 2002-335867호 | 치즈파이 |
| 특개 2002-315505호 | 슬라이스 스모크 치즈 및 그 제조법 |
| 특개 2002-315504호 | 일체형 스모크 치즈 및 그 제조법 |
| 특개 2002-281896호 | 섬유상 스모크 치즈 및 그 제조 방법 |
| 특개 2002-272376호 | 초콜릿 등의 식료품 |
| 특개 2002-262770호 | 미강과 유(乳)를 원료로 한 고기능성 발효식품 및 그 제조 방법 |
| 특개 2002-253176호 | 살라미 및 치즈가 들어간 대롱어묵 |
| 특개 2002-240862호 | 이중포장 성형식품 포장체 |
| 특개 2002-209515호 | 가공치즈 및 그 제조 방법 |

## 1) 특허발명

21세기에 발명해서 특허출원하고 특허로서 인정된 발명(이하 특허발명이라고 기재한다)은 다음의 11건[9]이다.

### (1) 특허 제3894912호(발명의 명칭: 용융염 무첨가 치즈 및 그 제조법)

본 특허발명은 단백질당 칼슘 함량이 18 mg/g 이하의 치즈 및/또는 카제인 소재를 배합해서 원료치즈를 조제하고 용융염을 첨가하지 않고 가열 혼합하는 것을 특징으로 하는 용융염 무첨가 치즈 제조법 및 앞에서 기술한 방법에 의하여 제조된 용융염 무첨가 치즈이다.

### (2) 특허 제3828113호(발명의 명칭: 가공치즈의 제조 방법)

본 특허발명은 가열 용융성을 가지며, 실처럼 길게 잘 늘어나는 성질이 양호한 가공치즈의 제조 방법에 관한 것이며, 구연산나트륨과 폴리인산나트륨을 1:3~3:1의 배합비율로 배합하고 앞에서 기술한 배합물을 원료 치즈에 대해서 0.7~1.4중량%의 비율로 혼합하고 전기 혼합물을 가열 용융하면서 믹싱 타입의 교반날개 선단의 회전 속도를 2~5 m/초의 교반 속도로 교반을 행하는 것을 특징으로 하는 가공치즈의 제조 방법이다.

### (3) 특허 제3779662호(발명의 명칭: 치즈 제조에 있어서 응유(凝乳)효소 첨가 시기, 커드 절단 시기의 예측 방법)

본 특허발명은 치즈 제조에 있어서 응유효소 첨가 시기, 커드 절단 시기를 예측하는 방법이며, 원료유의 전고형분, 유지방분 및 단백질 농도가 적어도 하나, 스타터 첨가율, 배양 시간 및 배양 개시 후의 원료유의 pH 변화에 근거하여 뉴럴 네트워크를 이용하여 응유효소 첨가 시기 및/또는 커드 절단 시기를 예측하는 방법이다.

### (4) 특허 제3766054호(발명의 명칭: 연질 자연치즈 및 그 제조 방법)

본 특허발명은 전 질소 1 g당 80 mg 이하의 β-락토글로브린을 함유하는 연질 자연치즈이며, 앞에서 기술한 연질 자연치즈는 다음의 ( i ) 및 ( ii )의 공정에 의하여 제조된다.

( i ) 원료유를 정밀여과 처리하고 원료유로부터 얻어지는 연질 자연치즈의 β-락토글로브린의 함유량을 전질소 1 g당 80 mg 이하로 저감하는 공정

( ii ) 앞에서 기술한 정밀여과 처리한 원료유를 이용하여 β-락토글로브린의 함유량이 전질소 1 g당 80 mg 이하의 연질 자연치즈를 제조하는 공정

### (5) 특허 제3748266호(발명의 명칭: 식품류를 내포한 백색곰팡이 치즈 제품의 제조 방법)

본 특허발명은 성형된 치즈 커드 사이에 식품류를 끼우고 치즈 커드를 결착하도록 숙성시켜 일체화시키는 것을 특징으로 하는 백색곰팡이 치즈 제품의 제조 방법 및 전술한 방법에 의하여 제조되는 식품류를 내포한 백색곰팡이 치즈 제품이다.

### (6) 특허 제3747366호(발명의 명칭: 자연치즈 및 그 제조법)

본 특허발명은 자연치즈의 제조법에 있어서 치즈 함유량의 적어도 0.2%의 염량을, 해양심층수 유래의 염 또는 해양심층수 유래의 결정염을 사용하는 것에 의하여 치즈의 숙성 기간을 단축하는 것을 특징으로 하는 자연치즈의 제조 방법 및 전술한 방법에 의하여 제조되는 잡미가 없고 감칠맛이 강하고 또한 풍미가 양호한 자연치즈이다.

### (7) 특허 제3742774호(발명의 명칭: 치즈 및 그 제조 방법)

본 발명은 치즈 표면에 당류[유당, 과당, 서당(설탕), 글루코스, 갈락토스, 아미노당 및 당유도체로부터 이루어지는 군으로부터 선택되는 1종 이상의 당류], 구연산, 사과산, 초산, 푸마르산, 주석산, 호박산, 젖산 및 글루콘산으로부터 이루어진 군으로부터 선택된 1종 이상의 카르복실기를 가지는 약산 및/또는 그 염을 부착하고 있는 것을 특징으로 하는 치즈의 제조 방법 및 전술한 방법에 의하여 제조되는 치즈이며, 당류를 0.02~3.0중량%의 비율로 치즈 표면에 부착시켜 카르복실기를 가지는 약산 및/또는 그 염을 0.1~2.0중량%의 비율로 치즈 표면에 부착시킨다.

전술한 방법에 의하여 제조한 치즈를 식품에 토핑하는 것에 의하여 가열 조리용식품으로서 사용하는 것도 가능하다.

### (8) 특허 제3715268(발명의 명칭: 자연치즈의 제조 방법)

본 특허발명은 유청 단백질이 열변성하지 않는 가열처리 조건에서 살균한 원료유를 감압하에서 농축해서 농축유를 제조하는 공정 및 미농축 원료유(乳)에 앞에서 기술한 농축유를 첨가하는 조유(調乳) 공정으로부터 이루어지는 것을 특징으로 하는 자연치즈의 제조 방법이며, 전술한 방법에 의하여 자연치즈의 수량을 증가시키는 것이 가능하다.

### (9)특허 제3674530호(발명의 명칭: 치즈의 제조 방법)

본 특허발명은 생유, 저온 살균유, 고온 살균유 또는 초고온 살균유의 어느 것인가의 원유에 *Paenibacillis sp.*(FERM P-18138)를 함유하는 물을 1중량% 이상 첨가하고 30~38℃로 가온, pH가 6~4로 된 지점에서 커드를 분리하고 숙성하는 것을 특징으로 하는 치즈의 제조 방법이다. 커드의 숙성은 20%의 포화식염수에 침적하여 수행하며, 전술한 방법은 통상 치즈 제조 가능한 균을 함유하는 물을 첨가하는 것에 의하여 숙성되고 감칠맛이 있는 치즈를 제조할 수가 있다.

또한 FERM P-18138의 표시는 기탁번호이며, 발명에 사용하는 미생물을 기탁하고 있다고 하는 것을 나타내고 있다. 발명에 사용하는 미생물이 신규 미생물인 경우, 그 신규 미생물을 특허청장관이 지정하는 기관에 기탁하지 않으면 안 된다. 특허청장관이 지정하는 기관에 기탁한 경우, 그 기관이 수탁증을 발행하고 기탁번호가 부여된다. 이하의 기재에 있어서도 동일하다.

**(10) 특허 제3643932호(발명의 명칭: 치즈 커드의 제조 방법)**

본 특허발명은 0~25℃로 유지한 원료유 또는 유단백질의 수용액에 응유효소를 첨가하고 15분~6시간 그 온도를 유지해서 응유효소를 작용시킨 후, 트랜스글루타미나제를 첨가하고 25~60℃의 온도로 승온, 10분~3시간 그 온도를 유지해서 효소반응시켜 원료유 또는 유단백질의 수용액을 응고시키고 그 후 유청을 분리하는 것을 특징으로 하는 치즈 커드의 제조 방법 및 전술한 치즈 커드를 이용해서 제조되는 치즈이다.

**(11) 특허 제3624218호(발명의 명칭: 칡두부)**

본 특허발명은 칡분말(갈분, 葛粉)을 혼합한 전분에 우유 및 생크림으로 희석한 치즈를 첨가해서 혼련하고 냉각해서 고화하는 것을 특징으로 하는 칡두부이며, 혼련하기 전에 여러 종류의 조미료를 배합하는 것도 가능하며, 전술한 칡두부는 종래에 없는 매끄러운 식감 및 깊은 맛을 가진다.

## 2) 공개발명

21세기에 특허출원되고 2007년 3월 말까지 공개된 발명(이하 공개발명이라고 기재함)은 전술한 특허발명의 공개발명을 제외하고 102건[9] 존재하지만, 2007년 1월부터 3월까지에 공개된 최신 발명 6건[9]을 순서대로 아래에 기재한다.

또한 공개란 특허출원한 발명이 특허로서 인정받을 수 있을까 어떨까에는 관계없이 발명을 특허출원한 날부터 원칙으로서 1년 6개월 후에 특허출원한 발명의 내용을 공표하는 것이다. 따라서 공개된 발명 중에는 심사에 의하여 특허로서 인정받지 못하는 것 또는 단순히 특허출원한 것뿐으로 특허를 취득하기 위한 심사청구를 하지 않는 것(방어출원이라고 불리고 있음)도 포함하고 있다. 또한 전술한 것처럼 공개특허공보에 기재되어 있는 발명은 특허로서 인정받을지 어떨지의 심사가 이루어지지 않으므로 특허청구의 범위의 기재가 부적절한 것도 존재한다.

### (1) 특허공개 2007-61100호(발명의 명칭: 방법)

본 발명은 알, 알을 주성분으로 하는 제품 또는 유제품[버터, 유(乳), 크림, 치즈, 크림 치즈, 아이스크림, 냉과(冷菓), 요구르트, 요구르트 음료, 버터지방 또는 무수 유지방의 어느 것인가]을 제조하는 데 있어서 지질 아실트랜스페라제를 첨가하고 전술한 제품 또는 유제품의 성분으로부터 전술한 효소에 의하여 생성되는 유화제를 사용하는 것을 특징으로 하는 방법이며, 전술한 방법에 의하여 제조되는 제품 또는 유제품 및 지질 아실트랜스페라제의 용도도 본 발명에 포함하고 있다. 본 발명에 있어서 지질 아실트랜스페라제에 의하여 생성하는 유화제는 스테롤에스테르 또는 스타놀에스테르이며, 스테롤에스테르로서는 α-시토스테롤에스테르, β-시토스테롤에스테르, 스티그마스테롤, 에르고스테롤에스테르, 캔페스테롤에스테르 또는 콜레스테롤에스테르의 1종 또는 2종 이상이며, 스타놀에스테르로서는 β-시토스테롤 또는 ss-시토스타놀의 1종 또는 2종 이상이며, 지질 아실트랜스페라제는 미생물(예를 들면, 스트렙토코커스속, 락토바실러스속에 속하는 미생물 등) 유래의 것이다. 또한 전기발명의 명칭은 발명의 내용을 명확히 표시해 있지 않으므로 부적절하다.

### (2) 특허공개 2007-54066호(발명의 명칭: 저장 안정한 산성화 식품조성물 및 그 조제 방법)

본 발명은 낮은 pH 및 높은 수분 함량에 있어서도 안정하게 저장할 수 있는 식품 조성물(크림 치즈를 포함)을 제조하는 방법 및 전술한 방법에 의하여 제조되는 식품조성물이다. 구체적으로는 최종 pH가 5.0 이하이며, 또한 수분활성이 약 0.9 이상인 식품조성물의 제조에 있어서 pH 4.0에 있어서 산성화제 1 g당 적어도 약 0.005 몰/리터의 산성화능을 가지는 산미가 낮은 산성화제를 첨가하고 식품조성물을 제조한다. 전술한 산성화제는 고산성화 식품성분, 산성 전기투석 조성물, 식용무기산, 무기산의 식용금속산염 또는 그들의 혼합물이며, 고산성화 난(卵)단백질, 고산성화 대두단백질, 고산성화 곡물단백질 또는 고산성화 유(乳)단백질 어느 것인가의 고산성화 식품 성분을 함유하고 있다.

전술한 산성 전기투석 조성물은 전 음이온 또는 전 양이온 농도가 1.8 N 이하인 수용액을 음이온막과 양이온막과의 사이에 양(兩)극막을 포함하는 적어도 1개의 전기투석 셀을 가지며, 전기투석 셀이 anode 전극과 cathode와의 사이에 배치되어 있는 막 전기 투석 시스템과 접촉시켜 수용액의 pH를 적어도 2.0 변화시켜 개개의 음이온 또는 양이온 농도가 0.9 N 이하이며, 유리 염소 함량이 1 ppm 이하로 되도록 anode 전극과 cathode 전극과의 사이에 넣어 제조한다.

### (3) 특허공개 2007-20536호(발명의 명칭: 풍미 물질이 첨가된 portion type의 곰팡이에 의한 표면숙성 연질 치즈 및 그 제조 방법)

본 발명은 풍미 물질이 portion cut 전에 첨가되고 portion cut 후에 풍미 물질이 절단면에 노출하는 것을 특징으로 하는 portion type의 곰팡이에 의한 표면숙성 연질 치즈이다. 전술한 치즈는 풍미 물질을 치즈 커드에 첨가해서 portion cut하고 절단면에 밀착포장하는 것처럼 각 portion을 개별포장하고 숙성 후에 가열 살균처리하는 것에 의하여 제조된다.

### (4) 특허공개 2007-16012호(발명의 명칭: 심장병의 예방과 컨트롤에 이용되는 조성물)

본 발명은 3염화크롬6수화물, 3염화크롬, 초산크롬, 황산크롬, 피크린산크롬, 니코틴산크롬, 아미노산킬레이트크롬, GTF크롬, 이스트크롬, 크롬효모, 무기3가 크롬 및 유기3가 크롬으로부터 이루어진 군으로부터 선택되는 적어도 1종의 3가 크롬화합물 및 락토페린으로부터 이루어진 조성물이며, 심장병 예방 및 컨트롤에 사용된다.

전술한 성물은 생유, 보존제, 농축유, 치즈, 분말 등에 혼합하는 것이 가능하며, 락토페린과 3가 크롬 화합물과의 몰비가 1:200에서 1:1인 것을 바람직한 것으로 보고 있다.

### (5) 특허공개 2007-6721호(발명의 명칭: 치즈상 식품 및 그 제조 방법)

본 발명은 유청 단백질 및 평균 분자량 1만~10만의 콜라겐 가수분해물을 함유하는 치즈상 식품이며, 전술한 치즈상 식품은 평균 분자량 1만~10만의 콜라겐 가수분해물, 유청 단백질, 유지 및 산성원료를 가열 용융해서 제조된다.

### (6) 특허공개 2007-94호(발명의 명칭: 철 첨가 유청 단백질 농축물 및 그 제조법)

본 발명은 유청 단백질 1중량부에 대하여 0.001~0.05중량부의 철을 함유하고 철의 수렴미(收斂味)가 없는 철 첨가 유청 단백질 농축물이며, 전술한 농축물은 철의 흡수성 및 빈혈의 개선에 유효하다. 또한 전술한 농축물은 유청 및 철 이온을 함유하는 수용액을 혼합하여 한외여과하든지 또는 한외여과한 유청 및 철 이온을 혼합하든지 어느 쪽인가의 방법에 의하여 제조된다.

이상 21세기에 발명되고 특허출원된 최신 치즈에 관한 기술을 정리하여 기재하였지만, 치즈 그 자체의 발명, 치즈의 제조 방법의 발명, 치즈를 이용한 식품의 발명 및 치즈를 이용한 식품의 제조 방법의 발명이 다수 출원되어 있다. 2001년의 특허공개가 없는 것은 21세기에 발명되고 특허출원한 발명은 출원으로부터 1년 6개월 경과하지 않으면 안 되기 때문이다.

또한 전술한 특허발명 및 공개발명은 특허전자도서관의 데이터베이스에 매년 약 12만 건 축적되는 특허공보[10] 및 매년 약 35만 건 축적되는 공개특허공보[10]로부터 검색한 결과이며, 검색에서 빠졌을 가능성도 있다는 것을 포함한다.

## 참 / 고 / 문 / 헌


1) 小池晃著, 「知的財産戰略大綱と知的財産基本法」, 初版, 日本法令®, 平成14年12月20日

2) 朝日新聞, 平成13年9月28日, 朝刊

3) 經濟産業省特許廳監修, 「産業財産權標準テキスト: 特許編」, 第6ページ, 社團法人發明協會, 2007年3月

4) 社團法人發明協會編, 「知的財産權法條文集: 平成19年1月1日施行版」, 社團法人發明協會, 2006年9月

5) 松村明 · 三省堂編集所編, 「大辞林」, 第2版, 三省堂, １９９５年１１月

6) 菅野和夫ら編, 「小六法®: 平成１８年版」, 有斐閣, 平成17年12月

7) 經濟産業省特許廳監修, 「産業財産權標準テキスト: 商標編」, 第53ページ, 社團法人發明協會, 2007年3月

8) 經濟産業省特許廳監修, 「書いてみよう特許明細書 · 出してみよう特許出願-創造的研究成果を特許に」, 裏表紙, 獨立行政法人工業所有權情報 · 研修館, 2007年3月

9) 特許電子圖書館のホームページにて検索

10) 經濟産業省特許廳編, 「特許行政年次報告書: 2006年版」, 社團法人發明協會, 2006年10月

Part 7

# 가까운 미래의 치즈학

# 7-1 치즈 제조기술의 변천과 진보

메이지(明治)유업주식회사 식품개발연구소
아이자와 시게루(相澤 茂)

## 1. 치즈의 발상: 기원전 6000년경부터 로마 시대까지

포유동물(소, 물소, 양, 산양, 말, 낙타 등)을 가축으로서 사육해서 그 젖을 식용으로 한 문화권에 있어서 치즈의 제조법은 자연발생적으로 만들어진 것이다. 고대에 있어서 유제품으로서는 발효유가 먼저 만들어졌다고 생각되고 있다. 착유(搾乳) 환경에서 들어간 유산균의 작용으로 실온에 방치되는 것으로 자연이 이끄는 대로 발효유가 만들어졌다. 그 발효유를 바구니 등에 넣는 것으로 수분(유청)이 배출되고 치즈가 얻어졌을 것이다. 한편, 아라비아 상인이 가축의 위장에 젖을 넣어 운반할 때, 덩어리 치즈가 만들어졌다고 하는 민간 이야기도 있지만, 포유동물의 위장 유래의 응유효소를 사용하는 치즈 제조법의 발상을 시사하고 있다. 이와 같은 치즈의 발상은 기원전 6000년경, 지역은 목축이 발달한 티그리스강 유역 근처라고 이야기되고 있다.

서기 약 60년에 로마 시대의 관원이자 지주이기도 했던 Columella가 당시 치즈의 제조법에 대해서 상세하게 기술하고 있는데, 요점은 다음과 같다.

(i) 젖을 굳히는 데 통상 어린 양이나 어린 소의 제4 위를 사용한다(엉겅퀴의 꽃, 샤프란의 씨앗, 무화과의 즙을 사용하는 경우도 있다).

(ii) 따뜻한 곳에 둔다.

(iii) 버드나무 가지로 엮은 바구니 등의 형틀에 옮긴 후 가능한 한 빨리 유청을 뺀다(때로는 무거운 것을 올려두기도 한다).

(iv) 형틀로부터 커드를 끄집어내어 암냉소의 청결한 선반에 둔다.

(v) 소금을 뿌린다.

(vi) 단단하게 되면 다시 무거운 것을 올리거나 소금을 뿌리거나 한다.

(vii) 9일 후, 응달에서 천천히 건조한다.

이상은 의도적으로 유산균을 스타터로서 넣지 않고 원료유 중의 미생물을 그대로 이용하여 발효시키고 있는 것 이외는 현대 치즈 제조공정 그대로이다.

## 2. 가내공업 중에서의 발전: 19세기 중반까지

치즈는 메소포타미아에서 발상한 후, 북상하여 로마를 경유하여 유럽에 전해졌다. 그 후, 지역마다 특징이 있는 다양한 제품이 개발되었다([표 1]). 그러나 제조법으로서는 19세기 후반까지 간단한 도구를 이용한 농가마다의 가내공업적인 것에 멈춰 있었다([그림 1, 2]). 이들 전통적 제조법은 현재에도 프랑스의 AOC 치즈나 스위스의 에멘탈, 이탈리아의 그라나 등의 소규모 생산 치즈로 계속 전승되어 남아 있다.

**표 1.** 치즈 연표

| | |
|---|---|
| BC 20 | Rouefort 제조(프랑스) |
| 23~79년 | Cantal에 대한 기록 |
| 700년대 | Fourme d' Ambert에 관한 기록 |
| 855년 | Munster 제조 |
| 960년 | Maroilles 제조 |
| 1000년대 | Neufchatel의 기록 |
| 1200년 | Grana, Gorgonzola 제조(이탈리아) |
| 1288년 | Gruyere 제조(프랑스) |
| 1500년 | Cheddar 제조(영국) |
| 1622년 | Emmental 제조(스위스) |
| 1697년 | Gouda 제조(네덜란드) |
| 1750년 | Stilton 제조 |
| 1791년 | Camembert 제조(프랑스) |
| 1800년 | Limburger 제조(벨기에) |

그림 1. 치즈 만드는 모습을 그린 그림(이탈리아 15세기)

그림 2. 프랑스의 카망베르 치즈 제조 모습

## 3. 근대화, 공업화(19~20세기)

가내공업적으로 행해지고 있던 치즈 만들기가 공업화되어 간 것은 18세기 후반의 산업혁명 이후이다. 그리고 그 이후 근대화가 진행되고 치즈 제조를 포함한 현대 유제품공업의 기반이 되는 주된 기반기술은 19세기 말부터 20세기 초두에 걸쳐서 확립되었다. 치즈 제조기술의 근대화는 주로 다음 세 가지 점에 있어서 진행하였다. 1) 원료유의 살균, 2) 유산균의 인위적 사용, 3) 제조공정의 장치화이다. 20세기 중반 이후에는 4) 분업화, 5) 장치의 자동화, 연속식 등이 진행되었다([표 2]).

표 2. 치즈 제조기술 연표

| | |
|---|---|
| 1851년 | 뉴욕 치즈공장 |
| 1857년 | 파스퇴르(Louis Pasteur)가 유산균의 분리와 살균의 원리 발견 |
| 1860~1880년 | 치즈업계에 공장 생산 방식이 도입됨 |
| 1870년 | 잉글랜드 최초의 공장 |
| 1874년 | 한센(Chr. Hansen)이 렌넷 제조 개시(덴마크) |
| 1890년경 | Storch와 Weigman이 발효유제품에서 유산균 분리를 실시함 |
| 1900년경 | 산도적정법이 개발됨<br>저온살균법이 도입됨 |
| 1900~1910년 | 유산균의 순수배양에 의한 스타터의 개발<br>치즈용 우유의 저온살균 시작 |
| 1906년 | 마샤르(Marschall)가 유산균 스타터 개발 |

### 1) 원료유의 살균

가열살균법의 원리를 알아내고 식품에 최초로 응용한 것은 루이 파스퇴르(Louis Pasteur, 1822~1895)이다. 그는 1860~1864년 와인도 가열살균(57.2℃ 몇 분)해서 산패나 이상발효의 방지에 성공하였다. 상업적으로는 그 몇 년 후에 맥주의 살균에 응용되고 있다. 곧바로 유제품에도 응용되고 독일의 Soxhlet이 가정용 우유 살균기를 고안하고(1886), 미국의 Stranse가 공장 생산에 의한 살균우유를 판매하였다(1892년). 1900년대에 들어와 특히 미국에서는 저온 살균우유가 대량으로 공급되게 되었다. Pasteurisation(저온살균법)의 보급과 함께 1930년 이후 공장에 있어서 치즈의 원료유를 살균해서 사용하는 것이 이루어지게 되었다. 병행해서 발효를 일으키는 유산균의 공급 방법에 대해서도 종래로부터의 원료유 유래에 의한 방법에서 개혁해 가야 할 필요가 있었다.

### 2) 유산균의 인위적 사용

치즈의 창세기부터 1900년경에 이르기까지 치즈의 발효 공정, 숙성 공정에 있어서는(착유 시에 환경으로부터 이행한) 미살균유에 존재하는 유산균 등의 미생물이 기여하였다. 가내공업적 유제품 제조에서는 가축의 사육으로부터 착유, 유제품의 제조까지 일관해서 같은 농가 내에서 이루어져 왔기 때문에 환경미생물은 거의 안정한 균총(菌叢)을 유지한 상태로 우유에 혼입되고 사우어(sour) 크림, 발효 버터, 요구르트, 치즈 등의 발효 제품의 제조를 가능하게 해 왔다. 오히려 전근대(前近代)에 있어서는 젖이 유산균 등의 환경미생물을 자연의 오염균으로 함유하고 있는 것은 당연하며 보관 상태에 따라서 자연스럽게 발효유로 이행하여 발효유를 전제로 한 유제품 쪽이(그렇지 않은 경우보다도) 일반적이었다라고도 말할 수 있다. 또한 발효유제품 쪽이 세균적 보존성에 대해서도 양호하였다. 단, 발효유제품 생산의 공업화가 진행됨에 따라 균총에 의한 품질의 불안정함은 큰 과제였다. 생산 당일의 유청을 일부 채취해 두고 하룻밤 배양해서 그다음 날 치즈용 젖에 더한다고 하는 방법도 이루어졌다. 20세기에 들어와 치즈용 젖도 살균유가 주류를 이루게 되고 스타터 균주도 공업적으로 공급되는 체계가 정비되게 되었다.

그 후 스타터로서의 유산균의 인위적 사용과 적정 산도법이 도입되고, 발효가 인위적으로 조절되게 되었다. 현재, 특수한 전통적 방법으로 만들어지는 치즈를 제외하고 치즈 메이커는 스타터 균주 공급자로부터 스타터 균주의 공급을 받고 있는 경우가 많다. 그 스타터에는 기지의 균주로부터 구성된 확정 균주(defined culture)와 구성 균주가 미지인 미확정 균주(undefined culture)가 있다. 미확정 균주는 전통적 제법으로 만들어져 온 치즈에서 채취하기 때문에 특히 유럽에서 사용 실적이 있지만, 근대화 전의 치즈 중의 균총을 반영하고 있다.

**표 3.** 시판되는 스타터의 구성 균주의 예

| | 포함된 유산균주 |
|---|---|
| A사의 확정 균주 | *Lactococcus lactis* subsp. *lactis*: 3균주,<br>*L. lactis* subsp. *lactis* viovar *diacetylactis*: 1균주 |
| B사의 미확정 균주 | 적어도<br>*L. lactis* subsp. *lactis*: 1균주<br>*L. lactis* subsp. *cremoris*: 8균주<br>*Leuconostoc*: 1균주 |
| C사의 미확정 균주 | 적어도<br>*L. lactis* subsp. *cremoris*: 11균주,<br>*L. lactis* subsp. *lactis* viovar *diacetylactis*: 1균주<br>그 외<br>*Lactococcus*: 1균주 |

### 3) 제조 공정의 기계화

스위스 치즈 메이커가 동으로 만든 케틀이나 보일러(장작에 의한), 교반기 등을 도입한 것을 계기로 1850년경에 유럽에서 치즈의 기계화된 공장 생산 방식이 널리 퍼졌다. 1851년 미국 뉴욕주의 치즈 공장에 최초로 기본이 되는 공장 생산 시스템이 도입되었다. 영국에서는 1870년에 13곳의 농장에서 집유(集乳)하는 치즈 공장이 세워졌다.

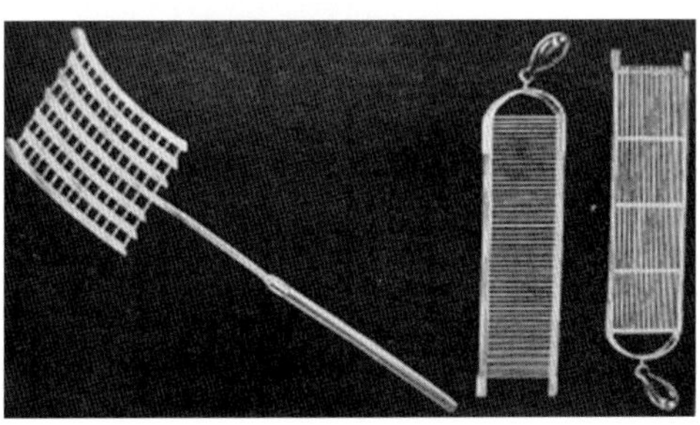

**그림 3.** 커팅 나이프

**그림 4.** Cheddar용 몰드와 유청받이

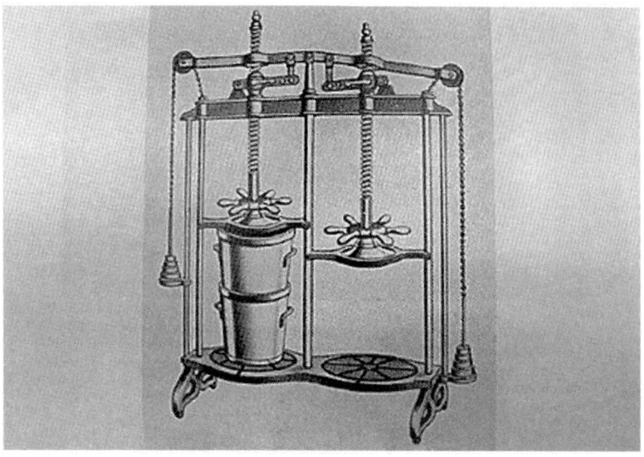

**그림 5.** 압착기

**그림 6.** 재킷 부착 금속제 각형 치즈 vat

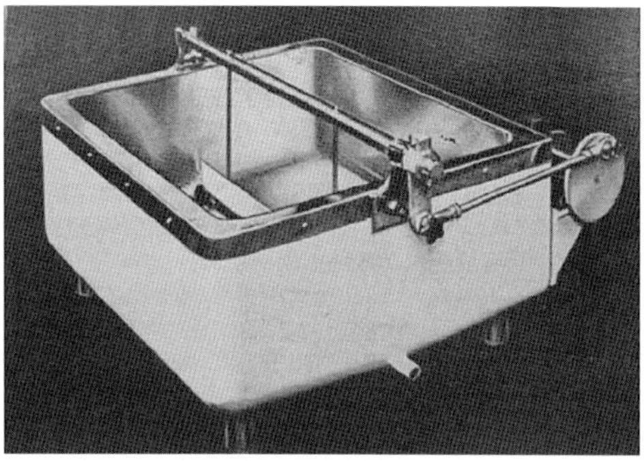

**그림 7.** 교반기가 붙어 있는 치즈 vat

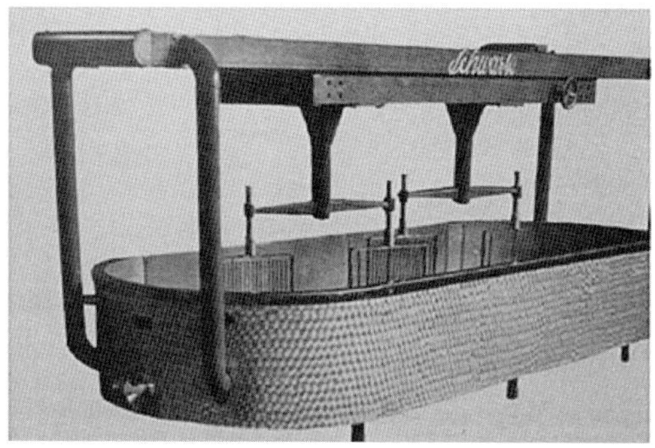

**그림 8.** Mechanical vat

치즈 제조를 위한 주된 장치의 발전에 대해서 보면, 1940년경까지의 가내공업적 치즈 제조에서는 단순한 도구가 사용되었다. [그림 3]에 커드 절단용 나이프, [그림 4]에 체다 치즈용 성형틀과 유청용의 받는 용기, [그림 5]에 압착(프레스)기를 나타낸다.

원료유(乳)에서부터 치즈 커드를 만드는 것에 사용한 치즈 배트(vat)도 근대화 이전은 직화(直火)로 가열하는 동으로 만든 솥 등이 사용되었다. 1851년에 설립된 미국의 치즈 공장에서는 상자형, 동제(銅製), 재킷(Jaket) 부착 배트가 처음으로 사용되었다[공장이 설립된 뉴욕주의 지명을 따서 Oneida Vat라고 명칭을 붙였다([그림 6])]. 뒤이어 모터에 의한 교반장치가 설

**그림 9.** 1925년경의 치즈 공장 제조실

치되고([그림 7]), 1900년대 초에는 'Mechanical vat'라고 불리는 기계적으로 구동하는 커드 나이프와 교반 날개를 갖춘 개방식이지만 대용량(1,000~8,000 L)의 장치가 개발되었다([그림 8]). [그림 9]에는 1925년경의 치즈 공장의 풍경을 나타내었다.

## 4. 20세기 중기 이후의 발전

세계의 치즈 생산량은 국제낙농연맹(IDF) 자료에 의하면 최근 40년간 3배의 생산량에 이르고 있다([그림 10]). 또 생유 생산량의 약 30%가 치즈 생산에 사용되고 있다.

치즈 생산량의 증대는 생산 장치의 자동화나 연속생산 방식의 개발, 미생물 연구의 진전 등에 의한 기술혁신에 의하여 가능하게 되었다.

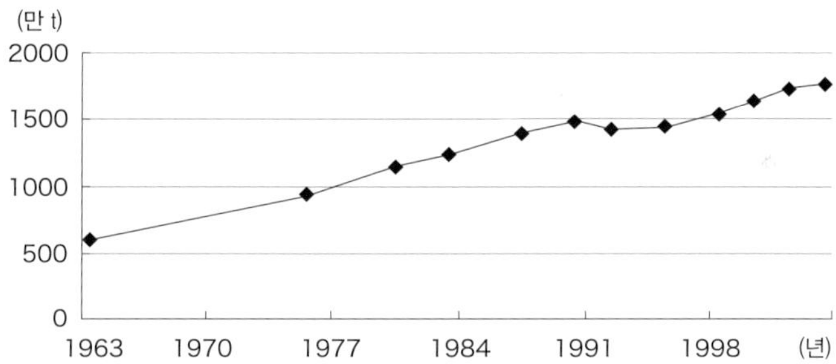


**그림 10.** 세계 치즈 생산량의 추이(IDF 자료)

### 1) 연속생산 방식의 개발

대용량 batch식 방식에서 대량생산과 생력화(省力化)를 진행하기 위하여 커드를 연속적으로 처리하는 연속생산 방식이 개발되고 실용화되고 있다.

#### (1) Dry salt hard 치즈용 시스템

주로 체다 치즈의 생산에 사용되는 시스템이다. 체다는 세계에서 가장 생산량이 많은 치즈이며, 체다·채이셔 등의 영국 원산 치즈, 몬트레이 잭·콜비 등의 미국 원산 치즈도 같은 종류이다. 제조법의 특징은 유청 배출 후의 커드를 블록상으로 겹치거나 반전시키거나 하면서 커드 입자가 결착하여 매트상이 되는 것을 촉진시키고(체다링), 그 커드를 엄지 손가락 크기로 세절하고(밀링), 가염은 건염(dry salt)을 사용하는 것에 있다. 대표적인 시스템으로 Tetra Pak사의 ALFOMATIC 시스템([그림 11~13]), APV사의 Cheddarmaster 시스템, Scherping system사의 Draining Conveyor와 Mellowing Conveyor를 갖춘 시스템([그림 14]) 등이 있다. 밀폐형의 커드 제조용 탱크를 몇 기 준비하여 커드를 연속적으로 생산하고 상하에 3~4층으로 이루어진 그물상의 수지(樹脂)제 컨베이어 벨트상에 커드를 공급하고 컨베이어상에서 유청 배출, 체다링, 밀링, 가염이 이루어진다. 이 수지제의 그물상 벨트 컨베이어로 이루어진 장치가 'ALFOMATIC', 'Cheddarmaster', 'Draining Conveyor'라고 이름이 붙여져 있다. 이 장치를 나온 커드는 블록 포머(block former)([그림 15])라고 하는 성형 칼럼[탑(塔)]에 들어가고 저(低)부의 커드는 자중으로 성형되고 칼럼의 아래로부터 절단되고 포장되어 숙성고에 들어간다.

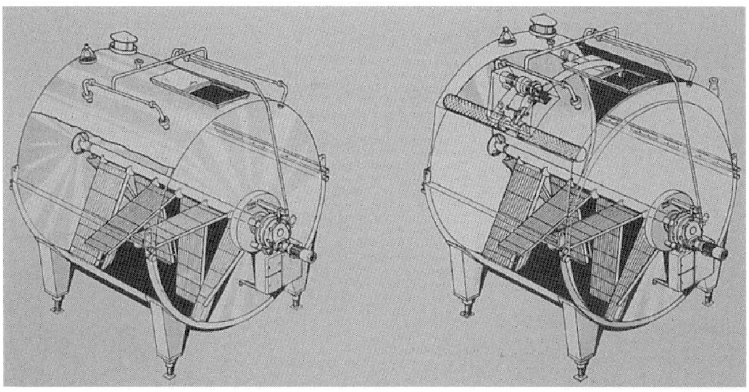

**그림 11.** 근대적인 밀폐형 횡형 커드 메이킹 탱크
(Tetra Pak사 자료)

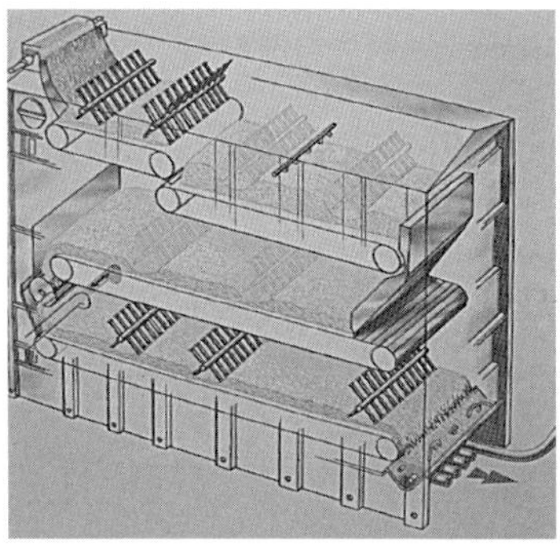

**그림 12.** ALFOMATIC
(Tetra Pak사 자료)

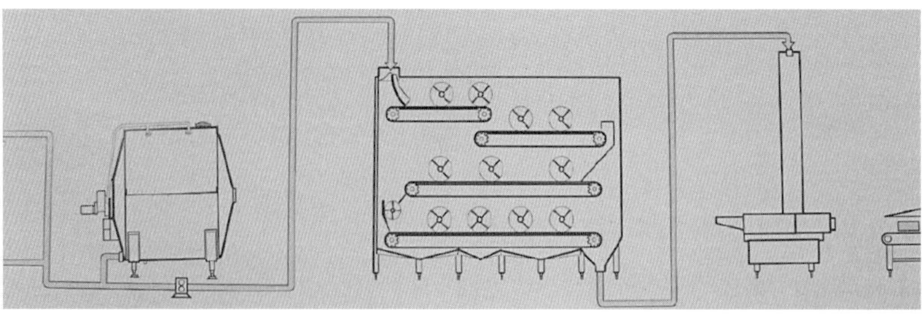

**그림 13.** ALFOMATIC 시스템
(Tetra Pak사 자료)

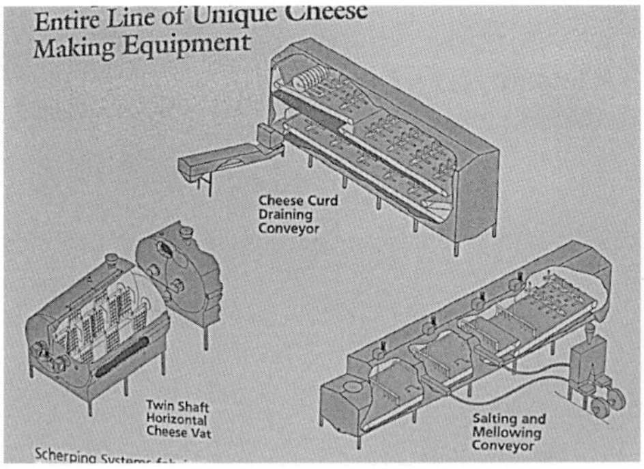


**그림 14.** Scherping systems 회사의 생산 시스템
(Scherping systems사 자료)

**그림 15.** 블록 형성기
(Tetra Pak사 자료)

### (2) Brain salt semi-hard 치즈용 시스템

주로 고다용으로 개발된 시스템이다. 고다, 에담 등의 네덜란드 원산 치즈, 단보, 핀보, 사무소 등의 덴마크 원산 치즈, 노르베지아, 얄스버그 등의 노르웨이 원산 치즈가 동 종류의 치즈이다. 고다 타입 치즈의 제조법의 특징은 절단 후 일부 유청 배제 후에 온수를 가해서 세절한 커드를 씻는 것, 따뜻한 유청 중에서 커드를 가압해서 커드 입자를 결착시키는 것(예비압착), 성형틀 중에서 다시 가압하여 유청 배제, 성형하는 것(본 압착), 성형 후 커드를 염수(brin)에 담그고 가염하는 것이다. 대표적인 시스템으로 Tetra Pak사의 CASOMATIC 시스템([그림 16, 17])이 있다. 치즈 배트에서 생산된 커드는 유청과 함께 유청 배출 칼럼(drainage column)으로 보내지고, 이 칼럼 내에서 예비 압착, 유청 배출, 성형이 이루어지며, 성형틀에 충진된다. 그 후 성형틀에 들어 있는 상태로 본 압착되고 성형틀에서 나와 염수에 담그고 가염된다.

**그림 16.** CASOMATIC 시스템의 칼럼(Tetra Pak사 자료)

**그림 17.** 본(本)압착기의 정렬(Tetra Pak사 자료)

### (3) 소프트 치즈용 시스템

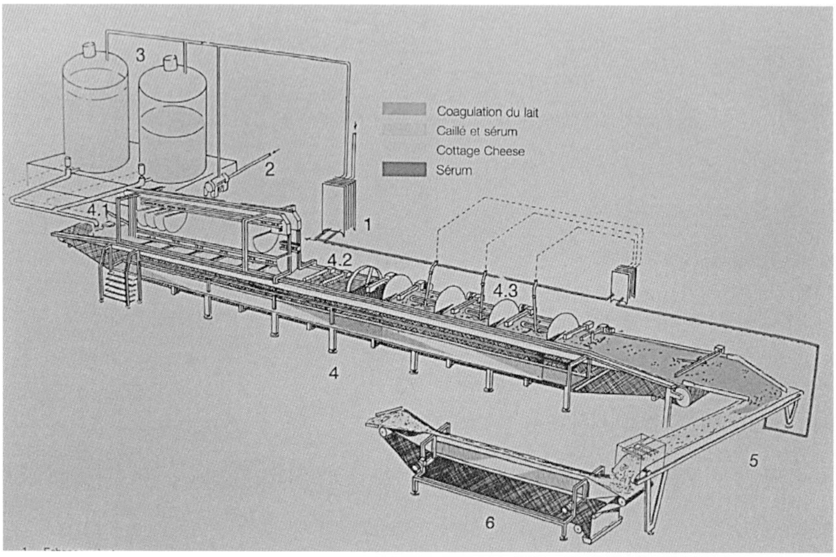


그림 18. ALPMA 회사의 응고기를 사용한 Cottage 치즈 생산 라인
(ALPMA사 자료)

그림 19. SERVI 회사의 생산 시스템
(SERVI사 자료)

그림 20. 근대적 치즈 공장의 오퍼레이터실
(Tetra Pak사 자료)

카망베르, 코티지, 프로마주 블랑 등의 소프트 치즈용으로 개발된 시스템이다. 대표적인 것으로 ALPMA사의 coagulator 시스템([그림 18]), 500 L 전후의 치즈 배트를 truck 방식으로 레일 위를 이동시켜 처리하는 SERVI사의 생산 시스템([그림 19]) 등이 있다. ALPAMA사의 coagulator 시스템은 수지제의 거대한 컨베이어 벨트를 휘어서 반원형의 스테인리스 판으로 구분하여 나누고 그 1구획을 치즈 배트로서 사용하는 것이다. 벨트는 천천히 구동하고 구획이 절단, 교반 등의 섹션을 통과하는 것으로 커드가 처리된다.

이상과 같이 공업적 치즈 생산에 있어서는 최대 연간 7만 톤까지 생산할 수 있는 공장이 소수의 오퍼레이터로 연속 운전 가능할 정도로 장치산업화가 진행되어 있다([그림 20]).

## 2) 스타터, 렌넷에 있어서 발전 · 유전자 변형기술의 도입

스타터의 공급으로는 공업화가 진행되고 현재로는 많은 치즈 메이커가 스타터 배지로부터 유산균, 그 이외의 치즈용 세균, 백색곰팡이, 푸른곰팡이를 구입하고 있다. 대표적인 스타터 배지 공급처로서는 DANISCO사, CHR.HANSEN사, DSM사 등이 있다. 스타터 배지 공급처는 고객(치즈 메이커)의 요망에 대응할 수 있도록 몇 종류의 스타터 배지를 가지고 있다. 물건을 준비해 두는 주된 관점으로서는 ① 치즈 품종에의 대응(고다용, 체다용 등), ② 치즈 풍미에의 대응(치즈의 향이나 풍미의 경향), ③ 산생성 능력 등 생산성에의 대응, ④ 박테리오파지에의 대응이다. 제품으로서는 단일 균, 순수배양한 단일 균을 몇 종류 조합해서 설계한 복합 스타터 균주(확정 균주), 전통적으로 사용해 온 균주(미확정 균주)를 엄밀히 보관하고 배양, 분취해서 제품화한 스타터 균주가 있다.

오늘날 많은 스타터 균주 제품은 DVS(Direct Vat Set 또는 DVI: Direct Vat Inoculation)가 주류를 이루고 있다. 종래 원료유에 첨가하는 유산균 스타터는 치즈 메이커 자신이 탈지유 등에 유산균을 접종해서 배양하고 당일 치즈 생산에 필요한 양을 조제해 왔다. 접종하는 유산균 균주를 공급처로부터 구입하는 것이다. 오늘날에도 이 방법은 많이 실시되고 있지만, 한편 구입한 스타터 배지를 직접 원료유에 첨가해서 제조하는 방법(DVS)이 권장되어 왔다. DVS가 권장되는 이유는 ① 첨가용 스타터(벌크 스타터라고 칭함)을 조제하는 공정이 불필요, ② 박테리오파지 오염의 기회가 적다, ③ 공급처가 설계한 균총 및 특성이 유지된다라고 하는 세 가지 점이다. 단 약간의 가격 상승은 있다.

치즈 제조에 있어서 가끔 일어나는 스타터의 산 생성능력 부족의 원인이 박테리오파지라는 것이 1933년에 Whitehead(뉴질랜드)에 의해서 최초로 증명되었다. 스타터나 커드 조제 중의 유(乳)가 박테리오파지에 오염되어 스타터 유산균이 사멸하여 감소하면, pH가 충분히 저하하지 않고 커드의 응집이 불충분하게 되어 치즈가 생산되지 않는다고 하는 중대한 사고로 된다.

박테리오파지 오염방지 대책으로서는 제조 장치의 세정, 살균을 충분히 실시하고 장치는 가능한 한 밀폐된 설계로 하는 것이 중요하다. 스타터의 면으로부터는 ① 박테리오파지 내성이 있는 균주를 사용한다, ② 박테리오파지 감수성이 다른 균주와 일정 기간 로테이션해서 사용한다, ③ 박테리오파지 감수성이 다른 균종, 균주를 조합해서 구성한 스타터를 사용한다라고 하는 대책이 실행되고 있다. 큰 공장에서는 유청 중의 박테리오파지의 종류와 양에 대해서 감시를 계속하고 산 생성 불량 사고가 일어나기 전에 대책을 취하는 체재로 되어 있다.

렌넷은 옛날에는 어린 소의 네 번째 위의 건조물을 염장해서 사용하였다. 현재 렌넷을 공급하고 있는 것도 스타터 배지 공급처이다. 공업적으로 이용되는 calf(어린 소 유래) 렌넷에는 두 종류가 있다. 액체와 동결건조시킨 분말품이다. 어린 소의 네 번째 위를 분쇄하고 효소성분을 이온교환 장치로 추출해 막농축, 막제균을 거쳐(분말품은 동결건조시켜) 제품화된다.

세계적인 치즈 생산량의 증대에 의하여 calf 렌넷은 가끔 공급 부족하여 가격이 비등할 수도 있다. 안정공급이 가능한 대체품의 개발이 1960년경부터 시작되었다. 현재 실용화되어 있는 것은 곰팡이의 일종인 *Rhizomucor miehei*가 생산하는 효소(소위 뮤코 렌넷)로 코스트 다운을 위해 calf 렌넷의 일부를 치환하는 방법으로 사용되고 있다. 전량을 치환한 경우는 치즈에 쓴맛이 나는 경우가 있다. 또한 유전자 변형 기술을 응용해서 효모 등의 미생물에 calf 렌넷의 응집효소(키모신)와 같은 것을 생산시키는 기술이 개발되어 소위 GMO(Genetically Modified Organisms) 렌넷, recombinant 렌넷, 발효 렌넷 등으로 상품화되어 1990년대에는 해외에서 실용화되었다.

유전자 변형 렌넷의 대표적인 제품에 CHY-MAX(CHR.HANSEN사), Maxiren(DSM사)가 있다.

### 3) 한외여과에 의한 치즈 제조

유(乳)로부터 치즈를 만드는 공정은 유(乳)의 고형분 농축 공정이라고도 인식되고 있다. 1969년에 프랑스의 과학자 Maubois, Mocquot 및 Vassal에 의해서 제창된 방법: 'MMV 프로세스'는 이 농축 공정으로서의 치즈 제조에 한외여과(UF, Ultrafiltration)를 응용한 것이다. 이것은 UF막을 이용해서 3~5배로 농축한 탈지유에 크림을 가한 것을 원료로 하고 유산균 스타터로 렌넷을 첨가해서 치즈를 만드는 제법이다. 종래는 유청 중에 유출해 있던 단백질의 일부가 치즈 커드 중에 들어가 수율이 향상하는 것, 농축유가 원료로 되기 때문에 치즈 배트 등의 제조 장치가 콤팩트하게 되는 것, 스타터나 렌넷의 사용량을 저감할 수 있는 것 등을 메리트로 들 수 있다.

현재 실제 치즈 생산에 있어서는 크림 치즈, 쿠알크(Quark) 등에서는 원심식의 분리기 대신 커드와 유청의 분리에 사용되고 있다. 카망베르 등의 소프트 치즈에는 단백질 수율 향상, 장치의 축소화를 목적으로 원료유로서의 농축유 제조용에 사용되고 있는 실적이 있다. 또한 최종 제품의 고형분까지 농축한 UF 조제액에 스타터, 렌넷을 첨가해서(유청의 배출이 필요 없는) 포장 후 숙성하는 방법으로 페타(feta) 치즈의 생산도 행해지고 있다([그림 21]. Tetra Pak사 BAF Cheese Line에서 제조된 페타 치즈).

**그림 21.** UF로 제조된 페타 치즈
(Tetra Pak사 자료)

### 4) 숙성의 촉진

숙성형 치즈의 생산에 있어서 숙성 공정은 일정 월수, 일정 온도 조건하에서 치즈를 보관해 둔다고 하는 단순한 공정이지만, 숙성의 진행에는 시간이 걸리기 때문에 대량의 치즈를 숙성시키기에는 상응한 수용량의 숙성고의 설치와 보관료 등의 비용이 든다. 숙성에 장기간을 요하는 치즈(예를 들면 파르메산의 경우, 1~2년)일수록 가격이 비싸지고 또는 시장의 수요 변화에도 대응하기 어렵게 된다. 숙성 기간을 단축하는 기술이나 숙성을 촉진하는 기술의 개발은 코스트 저감의 목적으로 검토되어 왔다. 치즈가 숙성하는 것은 효소의 작용에 의한 유(乳)의 성분인 지방, 단백질, 당질이 분해되어 아미노산, 아민, 알데히드, 초산, 유리지방산 등의 풍미 성분이 생성된다.

그 효소의 주된 유래는 다음의 다섯 가지이다. ① 원료유, ② 렌넷, ③ 스타터 유산균, ④ 비 스타터 유산균, ⑤ 곰팡이, 효모, 그 이외의 세균. 근래 연구에서는 치즈 커드에 둘러싸인 유산균이 숙성 기간 중에 서서히 사멸해서 용균(溶菌)하고 균체 내 효소가 균체 외로 방출되어 치즈 성분을 분해하는 것이 알려졌다. 숙성 온도를 올리는 것, 단백질 분해효소(프로테아제)나 지방 분해효소(리파제)를 첨가하는 것, 스타터로 adjunct culture(산을 생성하고 커드를 형성시키기 위한 스타터와는 별도로 풍미 생성을 빠르게 하기 위하여 사용되는 부가적 스타터)를 병용하는 것, 스타터 균의 효소 생산능력을 유전자 조작기술에 의하여 높이는 것, 스타터 유산균을 고압처리하는 것 등이 검토되어 왔다.

현재로는 숙성 온도를 일시적으로 올린다(상한으로 14℃ 정도이다.), adjunct 스타터의 사용, 라파아제의 첨가에 의한 숙성 기간의 단축화가 널리 실용화되어 있다.

## 참 / 고 / 문 / 헌


1) 「ラルース · チーズ辭典」 三洋出版貿易株式會社, 1979.
2) J.G. Davis 「Cheese」 J.&A.CHURCHILL Ltd., 1965.
3) Patric F Fox 「Cheese Chemistry, physics and Microbiology」 third edition, Elsevier Academic Press, 2004.
4) Adnan Y. Tamime 「Mechanisation and Automation in Dairy Technology」 Sheffield Academic Press, 2001.
5) 中澤勇二, 細野明義 編 「新説チーズ科学」 食品資材研究会, 1989.
6) 林弘通 「二十世紀乳加工技術史」 幸書房, 2001.
7) 川城巖 食品工學シリーズ 「食品工業の衛生工學」 光琳書院, 1966.
8) 前野正久 大條方義 「牛乳加工法」 朝倉書店, 1950.

7-2

# 가까운 미래의 치즈 제조기술

모리나가(森永)유업주식회사 식품종합연구소
이치하시 노부오(市橋信夫)

세계에는 대대로 계승되어 온 전통적인 제법으로 독특한 치즈의 맛을 계속 지키고 있는 작은 낙농가가 존재하는 한편, 그들의 몇 천 몇 만 배의 규모로 제조 공정을 합리화하고 효율화해 있는 대규모 치즈 메이커도 존재한다. 이 제조 공정의 합리화는 수십 년간에 비약적으로 진보한 치즈 제조기술의 결과이다. 여기서는 근래 특히 주목받고 있는 치즈 제조기술과 그 장래 가능성에 대하여 기술한다.

## 1. 치즈 수량 증가에 대한 노력

### 1) 유청 단백질의 회수

품질을 유지해 가면서 제품 수량을 최대화하려는 시도는 치즈 메이커에 있어서는 가장 중요한 과제 중의 하나이며, 지금까지 세계적으로 다양한 노력이 이루어져 왔다. 그중의 하나로, 유청 중에 유출하는 고형분을 최소한으로 하여 수량을 증가시킨다고 하는 방법이 있다. 이 방법에서는 치즈 배트 및 칼 모양의 최적화나 커드를 자르는 적정한 타이밍, 사용하는 렌넷이나 스타터의 종류 등의 검토가 공업적으로 응용되고 있다. 또한 수량을 증가시키는 별도의 방법으로서 통상의 제조 방법에서는 유청으로 유출하는 유청 단백질을 치즈 커드에 가두어 달성하는 방법도 검토되어 왔다. 이 방법은 한외여과(Ultrafiltration, UF)막으로 원료유(乳)를 농축하고 유고형분(=단백질 농도)을 높이는 것으로 응고 후의 카제인 네트워크 중에 유청 단백질을 잔류시키는 것에 의한다. 이 막 처리 기술의 이용은 특히 크림치즈나 쿠알크 등의 신선 치즈의 수량을 올리는 데 공업적으로 성공을 거두고 있다.

유청으로 배출되는 단백질량을 최소로 하기 위하여, 원료유에 트랜스글루타미나제(transglutaminase)를 첨가해서 유청 단백질을 카제인에 화학적으로 결합시키고 커드에 가두어 넣는 시도가 Cozzolino 등에 의해서 연구되었다.[1] 트랜스글루타미나제는 글루타민 잔기의 $\gamma$-카르복시아미드기와 리진(lysine) 잔기의 $\varepsilon$-아미노기와 같은 아민과의 가교를 촉매하는 효소이며, 카제인 및 유청 단백질($\alpha$-락토알부민, $\beta$-락토글로브린)은 함께 트랜스글루타미나제의 기질로서 반응할 수가 있다. 이 반응을 이용하는 것으로 유청 중에 배출되는 유청 단백질을 제로에 가깝게 하는 것에 성공하고 있으며, 그 위에 원료유에 유청 단백질을 첨가하는 것으로 둘러싸는 양을 증가시켜, 수량을 상승시키는 것에도 성공하고 있다.

그러나 풍미 및 물성의 관점에서 보면, 과잉 유청 단백질을 카제인 네트워크에 가두는 것이 숙성 중의 단백질 분해 지연의 원인이 된다고 하는 보고도 있으며, 유청 단백질을 가두고 있지 않은 표준품과는 다른 품질 특성을 가진다. 특히 모차렐라 치즈에서는 용해성의 저하, 스트레치성의 저하 등 기능성에 중대한 결함이 생기고, 제품에 악영향을 준다고 보고되어 있다.

### 2) 포스포리파아제(phospholipase)의 사용

근래, 포스포리파아제를 원료유에 첨가하는 것으로 치즈의 수량을 증가시키는 새로운 방법이 보고되었다. 포스포리파아제 A1은 인지질인 sn-1 에스테르 결합에 작용하고 리소인지질(lysophospholipid)과 지방산으로 분해한다([그림 1]). 인지질의 가수분해가 치즈 수량에 영향을 미치는 상세한 기구는 아직 밝혀져 있지 않지만, 분해산물인 리소인지질이 효과적인 유화제로서 작용하고 지방의 단백질 네트워크에 가두는 양을 증가시킨다. 그렇지 않으면 리소인지질이 단백질과 상호작용하고 원래의 인지질로서 존재하는 경우보다 커드에의 잔존량이 늘어나기 때문이라고 추측되고 있다. Høier 등은 시판

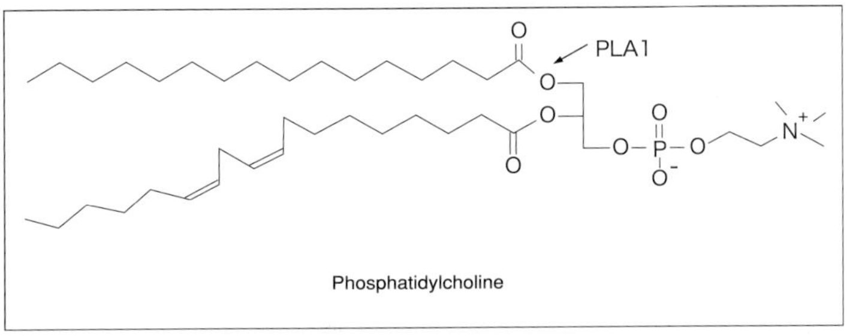


**그림 1.** 인지질 phosphatidylcholine의 phospholipase A1(PLA1)에 의한 분해[2]

포스포리파아제(Chr Hansen사제 Yieldmax™ PL)를 모차렐라 치즈의 제조에 응용하였다.[2] 치즈 제조에 있어서 치즈에의 지방 회수율은 원료유의 조성 및 치즈의 종류에 의존하지만, 일반적으로 85~95%이다.

그러나 모차렐라 치즈에 있어서는 스트레칭 공정에 있어서 반죽 열수에 지방의 유출을 피할 수 없고 회수율이 90%를 넘는 것은 드물다. 모차렐라 치즈 제조 시의 원료유에 포스포리파아제를 첨가한 경우, 유청과 반죽 열수의 지방 유출량이 감소하고 치즈 수량 및 지방 회수량의 증가와 높은 고형분 중 지방 함량을 얻을 수가 있다. 그 결과 수분의 증가분을 보정한 후의 수량은 평균해서 1.8% 개선되었다고 보고되고 있다. 또한 포스포리파아제의 첨가는 모차렐라 치즈의 용해성이나 스트레치성 등의 기능성에 악영향을 주지 않는 것이 시사되고 있다.

## 2. 막 기술의 치즈 제조에의 응용

### 1) 정밀여과(Microfiltration, MF)막에 의한 균의 제거

MF막의 유제품에의 이용은 비교적 새로운 시도이며, 아직 광범위하게는 공업적으로 이용되고 있지 않다. 그러나 일정 막간차압(膜間差壓, UTP)이나 GP(Gradient Permeability) 막과 같은 세라믹 막의 개량 등의 기술적 진보에 수반하여 근년, 유(乳)로부터 세균, 체세포, 지방, 카제인 분리에의 MF막의 이용에 관심이 높아지고 있다.

고다 치즈나 에멘탈 치즈와 같이 수개월 단위로 숙성하는 치즈에 있어서는 가끔 낙산균

(酪酸菌)과 같은 아포균(芽胞菌)이 원인으로 생기는 '후 팽창'이 문제로 되고 있다. 낙산균의 포자는 HTST 살균(75℃, 15초)에서는 멸균되지 않으므로 지금까지 초산염이나 라이소자임(lysogyme)의 첨가, 보다 일반적으로는 원심제균기를 제조 공정에 넣는 것에 의한 제거가 시행되어 왔다. 그러나 근래 MF막에 의한 아포의 제거가 주목받고 있으며, Tetra Pak사는 표준 1.4 ㎛의 포아 사이즈의 MF막을 사용해서 원료유의 제균을 행하는 '박토케치 시스템(Bactocatch system)'을 개발하였다. [그림 2]에 Maubois가 보고한 박토케치의 흐름도를 나타내었다.[3)]

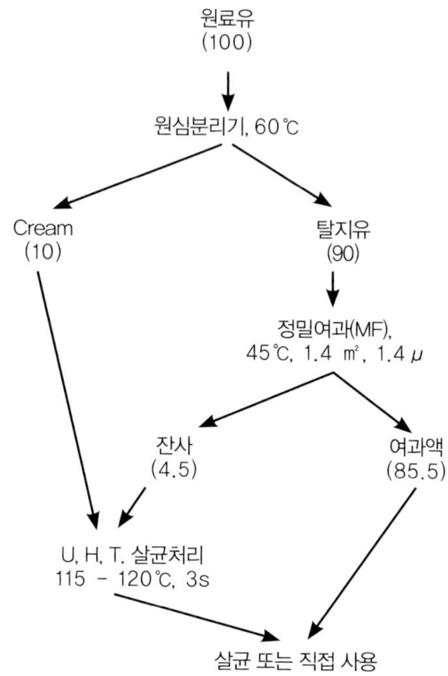


**그림 2.** 박토케치 시스템(Bactocatch system)[3)]
( ) 내의 수치는 존재율(%)

박토케치(Bactocatch)의 사용으로 원료유의 포자 수가 100개/L에서는 98.4%, 1,000~4,900개/L에서는 99.6% 제균된다고 하는 양호한 결과가 나타나 있다. 또한 일반세균의 제거율도 99.8~99.9%로 높고 HTST 살균의 사멸율 97.8~99.7%보다 효과적이다.[4)] 이와 같이 박토케치에 의한 유(乳)의 처리는 앞으로 유제품의 위생 면 및 유통기간 연장이라고 하는 의미에서 큰 효과를 가져온다고 생각된다. 그러나 한편으로 양질의 치즈 제조라고 하는 면에서는 세균류가 전혀 없는 극히 청결한 유(乳)로부터 어떻게 풍미가 뛰어난 치즈를 만들까 하는 새로운 문제도 동시에 일어나고 있다. MF 처리에 의한 제균유에 있어서 유산균 스타터가 어떻게 생육하는가를 알기 위해서는 지금까지 이상으로 광범위한 연구가 필요하다. 즉, 연구는 개개의 치즈에 대해서 행할 필요가 있다고 생각된다. 예를 들어 전형적인 카망베르 풍미를 생성시키기 위해서는 메치오닌으로부터 휘발성 유황화합물을 산생(産生)하는 미생물의 첨가가 필요하며, 또한 에멘탈 치즈의 치즈 눈(cheese eye: 치즈 숙성 중에 생기는 수많은 구멍)을 균등하게 생성시키기 위해서는 중온균, 고온균, 프로피온산균과 함께 특정 논 스타터(non-starter) 유산균 첨가가 필요하다는 것 등이 알려져 있다.

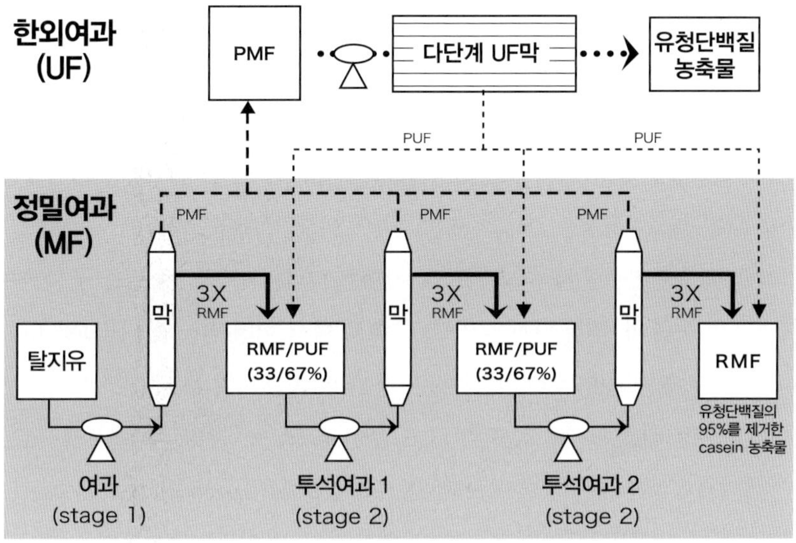


**그림 3.** MF막 및 UF막을 조합한 casein 분획 시스템[5)]
PMF는 MF막 투과액, PUF는 UF막 투과액 및 RMF는 MF막 농축액을 나타냄.

현재 MF막은 젖의 처리 이외에 '브라인(brine)(가염에 사용된 포화식염수)'의 제균에도 이용된다. 브라인은 사용을 계속하는 것에 의해서 유기물의 축적이나 호염성 효모 및 곰팡이가 번식하기 때문에 정기적으로 갱신할 필요가 있다. 그러나 중규모의 치즈 공장에서조차 500 m[3)] 이상의 브라인조를 보유하고 있으며, 모든 브라인을 새롭게 다시 교체하는 것은 비용이나 환경에의 부하 문제에서 곤란하며, 지금까지 브라인의 세균오염을 막을 방법으로서 보존료의 첨가나 정기적인 열처리 등에 의한 관리가 이루어져 왔다. 그러나 그렇게 해도 충분하다고는 말할 수 없고 브라인에 함유된 미네랄 등의 밸런스가 무너지기도 하고 사멸한 미생물의 사체가 배제되지 않고 균체 내 효소와 잔류하는 등의 문제가 있었다. 따라서 브라인 청정화에 MF막을 이용하면, 거의 미네랄 평형을 무너뜨림 없이 미생물을 100% 가까운 제거율로 없애는 것이 가능하게 된다. 그 때문에 특히 대량의 브라인을 사용하는 대규모 치즈 메이커에 대해서는 유효한 수단이며, 근래 광범위하게 이용되고 있다.

### 2) 카제인 분획

MF막은 제균 이외에 '카제인'을 분획할 목적으로 이용되고 있다. 약 0.1 ㎛의 공극 크기의 MF막으로 탈지유를 처리하면, 카제인 마이셀을 선택적으로 분리(분획)하는 것이 가능하다. 그 결과 치즈 제조의 렌넷 첨가 전에 목적으로 하는 치즈의 고형분(=단백질 농도)까지 원료유의 고형분을 높여 둠에 의하여 유청을 배출시키지 않고 또한 유청 단백질을 과잉 함유하지 않는 치즈 제조가 가능하게 되었다. Nelson 등은 MF막에 의한 단백질의 분획과 UF막에 의한 농축, 정용여과(diafiltration)에 의한 정제를 조합한 시스템을 개발하였다.[5] 본 시스템은 유(乳) 원료를 최대한으로 활용하기 위하여 막 기술을 구사하고 있으며, MF막은 카제인의 농축과 유청 단백질의 분리를 위해서 이용되고 있다([그림 3]).

또한 카제인의 농축률은 용도에 따라서 조정되고 유단백질의 표준화의 목적으로 사용될 경우에는 1.3~1.8배로 농축, 소프트 치즈, 반경질 치즈, 경질 치즈의 생산효율을 높이기 위하여 이용되는 경우에는 1.5~3.5배로 농축시킨다. 6~8배의 농축률의 경우는 새로운 풍미, 물성, 식감을 가진 치즈를 특별한 설비를 이용해서 제조할 수단으로서 사용할 수 있다. MF막을 사용해서 고농축한 원료유와 신규 설비를 사용한 치즈 제조에 대해서는 코넬대학의 Ardisson-Korat 등에 의하여 보고되어 있고, MF막에 의한 원료유의 처리를 치즈 배트를 사용하지 않는 연속제법과 조합한 모차렐라의 새로운 제조 공정을 나타내었다([그림 4]).[6] 이 경우 원료유는 pH가 6.0으로 조정된 콜로이드성 인산칼슘의 일부를 가용화한 후 MF막으로 6~9배로 농축되었다. pH 조정은 과잉의 칼슘이 치즈에 잔존하는 것을 막고 치즈가 딱딱하게 되지 않게 하기 위함이다. 이렇게 농축한 원료유에 glucono-δ-lactone 및 렌넷을 첨가하고 연속적으로 응고, 가온, 스트레칭하여 모차렐라 치즈를 얻었다. 얻어진 치즈의 성분 조성은 농축률에 관계없이 표준 제법에서의 치즈와 동등하였지만, 렌넷 첨가량의 감소 및 스타터를 사용하지 않은 것이 원인으로 단백질 분해가 늦고 용해성에 결함이 있었기 때문에 제조 공정에 개량의 여지도 남아 있다. 그러나 이 새로운 제법에는 치즈 배트를 사용하지 않는 것에 의한 공간 절약, 렌넷 사용량의 감소라고 하는 이점이 있다. 또한 MF막에 의하여 사전에 제거된 유청은 종래의 유청과 비교해서 카제이노글리코펩타이드(CGP, 글리코매크로펩타이드라고도 함), 젖산, 렌넷 등을 함유하지 않는, 또한 풍미, 색조 및 보존성이라고 하는 면에서도 양호하다고 하는 이점도 있다.

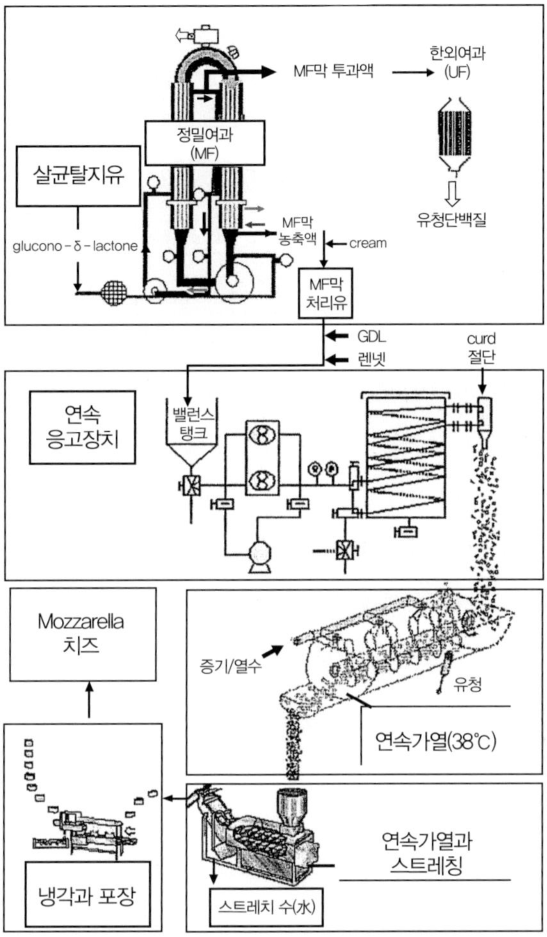


**그림 4.** MF막을 이용한 Mozzarella 치즈 연속 제조설비[6]

### 3) $\alpha_s$/β-카제인비(比)의 조제

유(乳)를 저온(5℃ 이하)에서 유지하면 β-카제인이 카제인 마이셀로부터 유리하여 가용화하는 것이 알려져 있다. 여기서 MF막을 사용해서 저온에서 β-카제인을 분리하면 $\alpha_s$/β-카제인비는 상승하고, 또한 투과액으로부터 β-카제인을 정제할 수 있다. 가까운 장래 비용적인 면에서 서로 잘 맞는다면, 이 조작에 의해서 다양한 $\alpha_s$/β-카제인비의 치즈 제조용 유(乳)를 조제할 수 있게 될 것으로 기대된다. 단리(單離)한 β-카제인 파우더를 원료유에 첨가하고 렌넷 응고 및 치즈의 물성에 미치는 영향이 St-Gelais 등에 의하여 연구되고 있다.[7] 그 결과 β-카제인을 첨가한 경우, 응고할 때까지의 시간이 길고 제조된 고 β-카제인의 치즈에서는 숙성 중 단백질 분해가 억제되었다. 이와 같이 $\alpha_s$/β-카제인비를 조작한 치즈는 숙성 중에 생성하는 펩타이드나 아미노산 등의 단백질 분해물의 구성 및 양의 변화가 최종 제품의 풍미에 강하게 영향을 미친다고 생각된다. 앞으로 β-카제인 함량을 조정한 유(乳)로부터 만들어지는 새로운 풍미, 물성을 가진 신제품 개발이 기대된다.

### 4) 지방구(脂肪球)의 분획

MF막을 사용하는 것에 의하여 지방구를 입자경의 차에 따라 분획하는 방법이 검토되고 있다. 지방구의 사이즈를 작게 하는 것은 균질기를 사용하면 가능하지만, 지방구에 기계적 스트레스가 가해지면, 막 단백질이 파괴되어 지방 분해가 촉진된다고 하는 악영향도 있다. 지방구는 통상 0.1~0.5 ㎛의 직경 분포를 하고 있지만, Goudedranche 등은 MF막을 이용해서 2 ㎛를 경계로 소지방구와 대지방구로 분획하여 치즈 제조에 응용했다.[8] 그 결과 소지방구를 사용한 치즈는 표준지방 및 대지방구를 사용한 치즈와 비교해서 조직이 매끄럽게 되었다고 보고하고 있으며, 앞으로 계속적인 연구가 기대되는 분야이다.

## 3. 저지방 치즈의 제품화

### 1) 수분 함량의 증가

저지방 식품의 수요는 건강을 의식하는 소비자의 욕망을 배경으로 특히 구미(歐美)를 중심으로 확대되고 있다. 그러면서도 '저지방 치즈'의 시장은 과거 20년간에 기대될 정도로 크게 성장하지 않았다. 이것은 당초 개발된 저지방 식품의 풍미나 조직이 소비자를 만족시키는 데 있어 충분하지 않았기 때문이다. 그러나 현재까지 저지방 치즈의 생화학적 및 물리화학적 연구에 의하여 풍미, 조직 및 기능성을 개량할 기술은 크게 진보하여 많은 저지방 치즈가 시장에서 입수 가능하게 되었다.

그렇기는 하지만, 저지방 치즈의 결점은 지금까지도 물성과 풍미의 양쪽에서 보고되고 있다. 물성의 결점으로서는 딱딱한 고무 같은 식감이나 건조한 표면, 입상의 조직이 알려져 있다. 특히 모차렐라 치즈에 있어서 용해성이나 스트레치성의 결여도 큰 품질상의 문제로 되어 있다. 풍미의 결점으로서는 지방 유래의 풍미 성분의 결여나 효소반응의 제어에 의한 풍미 부족을 들 수 있다. 체다 치즈에 있어서 저지방화를 검토할 경우, 우선 제일 처음으로 딱딱한 물성으로 되지 않도록 제거된 지방분을 단백질이 아닌 수분으로 치환하는 방법들이 행해지고 있다. Johnson 등은 고품질의 저지방 치즈를 제조하기 위하여 수분보지를 최적화하는 몇 개의 최적화 공정을 보고하고 있다.[9] 응고한 커드는 통상보다 딱딱한 상태까지 유지한 후에 커팅하고(렌넷 첨가 후 50분간), 쿠킹 온도는 37℃에서, 교반은 5분간만으로 하고 유청 배출과 가염을 높은 pH로 행함에 의하여 과도한 시네레시스를 억제하고 일정한 수분을 유지하였다. 이렇게 하여 얻어진 50% 지방 저감 체다 치즈는 수분 48~49%, 제조 후 10일간에 1.9~2.0%의 젖산 함량, pH 5.0~5.1이 되고 제조 후 2개월(7~8℃ 보관)에 표준지방 체다 치즈와 동등한 물성 및 풍미를 형성했다고 보고되고 있다.

## 2) 지방 대체품의 이용

수분 함량을 높이는 대신에 지방 대체품의 사용은 이전부터 검토되어 오고 있다.[10] 지방대체품은 미세화하고 변성한 유청 단백질 또는 당질을 성분으로 하지만, 이들이 수분을 감싸 넣음에 의하여 매끄러움이나 크림감을 치즈에 부여하고 표준지방 치즈의 물성에 근접할 수 있다고 하는 것이 보고되어 있다. 유청 단백질을 주성분으로 하는 대체품을 사용하여 제조한 저지방 체다 치즈는 높은 수분으로 부드러운 물성을 가지게 되었다. 한편, 당질을 주성분으로 하는 대체품은 표준지방 치즈의 단백질 매트릭스와 동등하게는 되지 않았지만, 레올로지(rheology: 물질의 변형과 유동) 특성을 개량할 수가 있었다. 저지방 모차렐라 치즈를 제조하기 위하여 지방을 제거하면, 용해성 및 스트레치성이 모자라는 치즈가 된다. 저지방 모차렐라 치즈로의 지방 대체품의 사용은 수분을 2% 증가시키고 용해성을 증가시킬 수 있게 되었다. 이와 같이 저지방 대체품을 사용해서 표준지방 치즈와 동등 또는 그것에 가까운 물성의 치즈를 제조하는 것에 관해서는 성과가 오르고 있다. 그럼에도 불구하고 풍미에 관해서 이야기하자면, 현재까지 지방 유래의 풍미를 완전히 대체하는 것은 이루어져 있지 않고 앞으로 계속적인 연구가 필요하다.

### 3) 원심분리에 의한 지방 제거

근래, 풍미가 양호한 저지방 치즈 제조에 관한 특이한 연구가 이루어졌다.[11, 12] 지금까지 체다 치즈에서 지방을 제거하면 그 향기도 제거되어 버린다고 생각하고 있었지만, 대부분의 숙성 체다 치즈의 향기는 유상(油相)이 아니고 수상(水相)에 존재한다고 하는 보고가 있었다. 따라서 숙성 체다 치즈에서 원심분리에 의하여 지방을 제거하고 향을 남긴 채로 저지방 치즈를 제조하는 기술이 개발되었다. 30℃에서 23,500×g, 5분간의 원심분리에 의하여 55%의 지방이 분리되었다. 분리된 지방은 약간의 향기를 가지고 있지만, 거의 풍미를 가지고 있지 않았다. 이 방법으로 제조된 저지방 치즈는 적어도 풍미의 강도라고 하는 면에서는 표준지방 치즈와 동등하며, 그 식감은 지방을 제거했음에도 불구하고 종래의 숙성 체다 치즈와 비교해서 부드럽고 크리미하였다([표 1]). 개발된 방법에서는 분리된 지방 함량은 원심분리 시의 압력과 온도에 의존하므로 제조자는 압력 또는 온도를 조정하는 것에 의하여 치즈의 지방 함량을 조정하는 것이 가능하다. 또한 이 방법에서는 치즈 메이커는 한 종류 이상의 숙성 치즈를 제조하는 것만으로 좋고 그 이후는 필요에 따라서 지방의 제거량을 결정하면 좋다. 또한 이 방법의 또 다른 이점은 다른 종류의 어떠한 숙성 치즈에도 응용할 수 있다고 하는 점이다. 장래 본 제조기술의 진보에 의하여 용이하게 저지방 치즈가 제조될 수 있을지도 모르겠다.

**표 1.** 표준지방 치즈 및 저지방 치즈의 관능평가 결과 (n=75)[12]

| 특성 | 표준지방 치즈 (컨트롤) | 재구성된 표준지방 치즈 | 저지방 치즈 | LSD[1] |
|---|---|---|---|---|
| 외관[2] | 6.93[a] | 6.81[a] | 6.74[a] | 0.35 |
| 풍미[2] | 7.23[a] | 6.65[b] | 6.09[c] | 0.51 |
| 식감[2] | 7.28[a] | 6.50[b] | 5.15[c] | 0.52 |
| 종합적 수용성[2] | 7.19[a] | 6.52[b] | 5.77[c] | 0.47 |
| 풍미 강도[3] | 4.46[a] | 4.78[a] | 4.72[a] | 0.34 |

[a–c] 동일 행 안의 다른 알파벳을 가진 평균치는 위험률 5%로 유의차가 있음
[1] LSD = 최소유의차
[2] 9단계 평가에 의함(1 = 매우 싫다, 9 = 매우 좋다)
[3] 7단계 평가에 의함(1 = 강하지 않다, 7 = 매우 강하다)

### 4) 새로운 저지방 치즈

생리활성을 가지는 새로운 숙성 저지방 치즈(고형분 중 지방 20%)가 핀란드의 그룹에

의하여 개발되었다.[13] 'probiotic 치즈'라고 하는 개념으로 개발된 치즈는 기존의 표준 지방 치즈를 모방하지 않은 새로운 것이었다. 사용한 스타터는 12주(株)의 혼합균주로 *Lactobacillus acidophilus* 및 *Bifidobacterium sp.*에 더하여 *Lactococcus sp.*, *Leuconostoc sp.*, *Propionibacterium sp.* 및 *Lactobacillus sp.*로 구성된다. 치즈의 숙성은 13주간을 10~18℃까지의 온도대에서 실시하고 그 후 10℃에서 4개월간 보관하였다. 제조된 저지방 치즈의 풍미는 양호하며 *Lactobacillus acidophilus* 및 *Bifidobacterium sp.*는 제조 후 7개월까지 $10^6$ cfu/g의 수준으로 생존해 있었다. 또한 숙성한 저지방 치즈에는 혈압저하에 효과가 있는 펩타이드가 존재하는 것도 시사하였다. 앞으로는 치즈가 가진 영양이나 풍미만이 아니고 이러한 보건효과도 함께 가지는 치즈의 개발도 기대된다.

그 이외에 저지방화의 시도로서 카르복시메틸셀룰로스(CMC)나 아라비아 검을 사용하여 W/O/W의 이중 유화를 만드는 연구도 행해지고 있다.[14] 이중 유화를 이용하는 것으로 저지방구의 단백질 네트워크 중에 차지한 용적을 그대로 치즈 중의 전(全) 지방 함량을 감량 가능하다고 보고되어 있다.

## 4. 그 이외의 새로운 기술

유산균을 사용하지 않고 또는 유산균과 병용해서 초산, 젖산, 구연산 등의 산을 첨가하는 제조법은 체다 치즈나 모차렐라 치즈 제조에서 일반적으로 이루어지고 있다. 산을 첨가하고 유산균을 사용하지 않는 경우는 유산균 관리의 수고를 생략할 수가 있다. 유산균을 병용하는 경우에서도 첨가량을 줄이는 것이 가능하다. 또한 어느 쪽의 경우에 있어서도 렌넷 사용량을 감량할 수가 있다. 이러한 경제적인 면뿐만 아니고 산을 첨가하는 것에 의하여 콜로이드성 인산칼슘이 용해하기 때문에 물성에도 크게 영향을 미친다. 또한 막 농축에 의하여 높아진 카제인당 콜로이드성 인산칼슘 양을 감소시키기 위해서도 유효하다. 근래 사용하는 산으로써 이산화탄소(탄산가스)를 주입하는 연구가 이루어지고 있다.[15, 16] 이산화탄소에는 세균의 번식을 억제하는 효과와 함께 유청에서부터 용이하게 제거할 수 있다는 이점이 있다. 또한 현시점에서는 과학적 이유는 명확하게 밝혀져 있지 않지만, 블록 치즈의 외측이 내측에 비하여 고(高)수분이 되기 쉽다고 하는 문제점을 이 방법에 의하여 해결했다고 하는 보고가 있다.

그 이외에 세균의 증식을 억제한다고 하는 점에서는 유(乳)의 고압처리도 연구 대상으로 되어 있다.[17] 300~600 MPa의 압력을 원료유에 가하는 것에 의하여 미생물의 불활성화에 의한 유통기간의 연장, 또는 단백질의 변성이나 효소의 활성화 및 불활성화 등에 의한 숙성에의 영향이나 기능성의 개선, 그리고 수량 증가 등도 기대되고 있다.

* * *

신기술은 세상에 도움이 되고 또한 소비자로부터 평가받는 제품을 만들려고 하는 연구자나 기술자의 매일매일의 연구 개발로부터 태어났다. 치즈 제조에 대해서도 지금까지 많은 연구자가 광범위한 연구를 수행해 오고 있고 풍미 면에서 뛰어난 것, 물성 면에서 안정한 것을 얻기 위해서 많은 기술이 개발되어 실용화되어 왔다. 그러나 그러한 오랜 연구에도 불구하고 치즈의 생화학적 및 물리화학적 성질은 아직 해명되어 있지 않은 것이 많다. 예를 들면, 제조의 근본이 되는 유(乳) 중의 카제인 마이셀의 구조조차 연구자 간에 아직 논쟁거리로 되어 있으며, 또한 풍미 양성(釀成)의 메커니즘에 관해서는 연구 도중에 있다고 말할 수 있다. 그 때문에 앞으로 치즈 제조기술개발 혁신의 여지는 많이 남아 있으며, 그 수요도 충분하다고 생각된다. 금후 개발되는 신기술에 따라서 맛있고 합리적인 가격의 새로운 치즈가 시장에 계속해서 등장하는 것이 기대된다.

## 참 / 고 / 문 / 헌


1) A. Cozzolino, P. Di Pierro, L. Mariniello *et al.*: Incorporation of whey proteins into cheese curd by using transglutaminase. *Biotechnol. Appl. Biochem.* 38:289-295, 2003.
2) E. Høier, H. Libaek, M.L. Broe *et al.*: Enhancing cheese yield by phospholipase treatment of cheese milk. *Aust. J. Dairy Technol.* 61(2):179-182, 2006.
3) J.L. Maubois: New applications of membrane technology in the dairy industry. *Aust. J. Dairy Technol.* 46(2):91-95, 1991.

4) 大矢晴彦, 渡辺敦夫: 食品膜技術 膜技術利用の出引き. 東京, 光琳, 368-369, 1999.
5) B.K. Nelson and D.M. Barbano: A microfiltration process to maximize removal of serum proteins from skim milk before cheese making. *J. Dairy Sci.* 88:1891-1900, 2005.
6) A.V. Ardisson-Korad and S.S.H. Rizvi: Vatless manufacturing of low-moisture part-skim Mozzarella cheese from highly concentrated skim milk microfiltration retentates. *J. Dairy Sci.* 87:3601-3613, 2004.
7) D. St-Gelais and S. Haché: Effect of β-casein concentration in cheese milk on rennet coagulation properties, cheese composition and cheese ripening. *Food Res. Int.* 38:523-531, 2005.
8) H. Goudédranche, J. Fauquant, and J.L. Maubois: Fractionation of globular milk fat by membrane microfiltration. *Lait* 80:93-98, 2000.
9) M.E. Johnson, J.L. Steele, J. Broadbent *et al.*: Manufacture of Gouda and flavour development in reduced-fat Cheddar cheese. *Aust. J. Dairy Technol.* 53:67-69, 1998.
10) D.J. McMahon, M.C. Alleyne, R.L. Fife *et al.*: Use of fat replacers in low fat Mozzarella cheese. *J. Dairy Sci.* 79:1911-1921, 1996.
11) B.K. Nelson and D.M. Barbano: Reduced-fat Cheddar cheese manufactured using a novel fat removal process. *J. Dairy Sci.* 87:841-853, 2004.
12) M.E. Carunchia Whetstine, M.A. Drake, B.K. Nelson *et al.*: Flavor profiles of full-fat and reduced-fat cheese and cheese fat made from aged Cheddar with the fat removed using a novel process. *J. Dairy Sci.* 89:505-517, 2006.
13) E.L. Ryhänen, A. Pihlanto-Leppälä, and E. Pahkala: A new type of ripened, low-fat cheese with biocative properties. *Int. Dairy J.* 11:441-447, 2001.
14) C. Lobato-Calleros, E. Rodriguez, O. Sandoval-Castilla *et al.*: Reduced-fat white fresh cheese-like products obtained from $W_1/O/W_2$ multiple emulsions: viscoelastic and high-resolution image analysis. *Food Res. Int.* 39:678-685, 2006.
15) B.K. Nelson, J.M. Lynch, and D.M. Barbano: Impact of milk preacidification with $CO_2$ on Cheddar cheese composition and yield. *J. Dairy Sci.* 87:3581-3589, 2004.
16) B.K. Nelson, J.M. Lynch, and D.M. Barbano: Impact of milk preacidification with $CO_2$ on the aging and proteolysis of Cheddar cheese. *J. Dairy Sci.* 87:3590-3600, 2004.
17) D.I. Stewart, A.L. Kelly, T.P. Guinee *et al.*: High pressure processing: review of application to cheese manufacture and ripening. *Aust. J. Dairy Technol.* 61(2):170-178, 2006.

7-3

# 새로운 타입의 기능성 치즈의 개발

메이지(明治)유업주식회사 식품개발연구소
마츠오 미츠로(松尾光郎)

일본 국민의 1인당 연간 치즈 소비량은 1987년의 약 1.0 kg에서 순조롭게 증가해 왔지만, 1999년에 약 1.9 kg에 달한 후 거의 변동이 없다. 치즈에는 양질의 단백질이나 칼슘이 풍부하게 함유되어 있고 영양가가 높은 식품인 것은 널리 소비자에게 인식되어 있지만, 건강 유지 · 증진을 의식하여 치즈를 먹는 소비자는 아직 많지 않은 것이 현 실정이다. 근래 치즈 및 치즈 성분이 가진 건강 기능에 관한 연구가 정력적으로 수행되어 많은 새로운 사실들이 보고되고 있다.[1] 치즈가 가진 보건 기능이 소비자에게 인식되어 그 기능을 이용한 새로운 타입의 기능성 치즈가 개발되면 한층 더 치즈의 소비 확대가 일어날 것으로 기대된다.

치즈의 보건 기능에 관한 연구는 여러 방면에 걸쳐 있으며, 장래 기능성 치즈로 될 것으로 기대되는 연구도 많이 있다. 여기서는 그들 중에서 1) 기능성 펩타이드(특히 항고혈압 작용을 가진 펩타이드에 초점을 맞춘다.), 2) 공액 리놀산(conjugated linoleic acid), 3) 치즈의 항 충치 작용에 대하여 최근의 지식 및 기능성 치즈로서의 가능성에 대하여 정리한다. 또한 probiotics의 전달 체계로서의 치즈의 가능성 및 숙성형 치즈에 probiotics를 넣을 때에 요구되는 조건 등에 대해서 기술한다.

## 1. 기능성 펩타이드

표 1. 각종 치즈 중에 함유되어 있는 기능성 펩타이드의 종류와 수[3]

| 기능성 | Gouda 1 | Gouda 2 | Cheddar | Egmont |
|---|---|---|---|---|
| 항고혈압 | 7 | 7 | 6 | 9 |
| Opioid | 1 | 0 | 0 | 2 |
| 면역조절 | 2 | 1 | 1 | 2 |
| 항균 | 1 | 1 | 1 | 1 |

유(乳)에는 새끼에 대해서 영양분을 공급한다고 하는 측면과 함께 생체 방어를 위시하여 다양한 생리기능에 관여하는 물질을 공급한다고 하는 측면이 있다. 그 때문에 소화관에 있어서 소화 프로세스를 통하여 유단백질로부터 생성하는 다양한 펩타이드에 대해서 그 생체 조절작용을 해명하려고 하는 연구가 정력적으로 시행되고 있다. 유단백질로부터 생성하는 생리활성 펩타이드의 작용으로서는 병원성 미생물로부터의 방어작용, 유용미생물의 발육 촉진작용, 칼슘 이용 촉진작용, 혈압 조정작용, opioid 작용, 면역 조절작용, 혈전 형성 저해작용, 식욕 조정작용, 혈청 콜레스테롤 저하작용 등 다양한 생리활성을 찾아내었다.[2]

다른 한편으로 치즈 중에는 발효에 수반하여 다종다양한 펩타이드가 생성한다. 치즈 중의 펩타이드 생성에 기여하는 주된 단백질 분해효소로서는 응유(凝乳)효소(키모신), 원료유 유래의 plasmin 그리고 스타터 유산균 유래의 각종 단백질 분해효소 등을 들 수 있다. 치즈마다 각 효소의 존재 비율이 다르다는 것과 제조 조건이나 숙성 조건의 상이함에 의하여 효소의 움직임이 다르므로 결과로서 다양한 펩타이드가 생성하고 치즈마다 특유의 풍미나 물성이 만들어지게 된다. 소화관 내에서의 소화 프로세스와 치즈 중에서 일어나는 단백질 분해에서는 관여하는 효소나 그 움직임이 다르지만, 함께 생리활성 펩타이드가 생성할 가능성이 충분히 생각된다. 또한 치즈 제조에 있어서 단백질 분해효소의 다양성을 고려하면, 치즈는 확실히 카제인 유래의 '기능성 펩타이드의 보고'라고 볼 수 있다.

실제로 각종 치즈에 함유된 펩타이드를 동정한 결과 지금까지 카제인 분해물로부터 발견된 항고혈압, 항균활성, 면역조절, opioid 활성을 가지는 펩타이드의 존재가 보고되어 있다([표 1]).[3] 유(乳) 유래의 기능성 펩타이드로는 항고혈압 작용을 가지는 펩타이드가 많이 보고되어 있으며, 음료 분야에 있어서는 특정 보건용 식품의 유효성분으로서 이용되고 있는 것도 있다. 항고혈압 작용은 혈압 조정에 관여하는 효소인 안지오텐신 I-변환

**표 2.** 자연치즈(물 추출물)의 angiotensin converting enzyme(ACE) 저해활성

| 치즈 | 원산국 | 숙성 기간(개월) | ACE 저해활성(%) |
|---|---|---|---|
| Cheddar 치즈 | 뉴질랜드 | 7 | 64.4 |
| | | 17 | 65.0 |
| | 캐나다 | 6 | 67.1 |
| | | 13 | 69.6 |
| Gouda 치즈 | 일본 | 1 | 51.6 |
| | | 6 | 62.4 |
| | 네덜란드 | 5 | 62.0 |
| | | 8 | 59.6 |
| | 뉴질랜드 | 3 | 38.9 |
| | | 6 | 46.1 |
| Skim 치즈 | 덴마크 | 7 | 71.2 |
| | | 12 | 68.7 |

메이지(明治)유업 측정 데이터로부터 발췌 작성

효소(angiotensin I-converting enzyme; ACE)의 작용을 저해하는 효과(ACE 저해활성)로서 평가되고 있다. 자연치즈의 ACE 저해활성은 치즈의 종류, 숙성 기간이 다른 자연치즈에 대해서 ACE 저해활성을 측정한 예이다.

ACE 저해활성은 시험관 내에서의 항고혈압 작용의 평가이므로 실제로 고혈압 증상의 개선에 효과가 있는가는 고혈압 자연 발증 쥐(SHR)를 이용한 동물시험 등에 의해서 확인하는 것이 필요하다. ACE 저해활성이 확인된 펩타이드라도 동물시험에 있어서는 현저한 혈압 강하작용을 나타내지 않는 경우가 많이 있다는 것이 보고되어 있으며, 경구 투여된 펩타이드가 펩신, 트립신 등의 소화관 효소로 다시 분해 흡수되었기 때문으로 추측하고 있다.[4] 또한 skim 치즈(탈지유로부터 제조된 지방 함량이 적고 단백질 함량이 많은 탈지치즈)를 다시 효소 처리함에 의하여 혈압 강하작용이 높아진 치즈 효소 분해물(Enzyme Modified Cheese; EMC)이 얻어진다는 것이 보고되어 있다.[5] 이렇게 해서 얻어진 EMC를 가공치즈에 응용해서 기능성을 가지게 하는 것도 가능하다. 앞으로 치즈 중의 항고혈압 펩타이드 생성에 관한 해명이 다시 진행되면 치즈 중에서 해당 펩타이드를 보다 많이 생성시키는 것에 의하여 항고혈압 작용을 높인 기능성 치즈를 개발하는 것도 가능하다고 생각된다.

유단백질 유래의 항고혈압 작용을 가지는 펩타이드의 대다수는 고혈압 치료약으로서 이용되는 약제처럼 강한 ACE 저해활성을 가지지는 않는다. 또한 자연스럽게 파생하고 오랜 식(食)경험을 가진 식품 중에 존재하므로 장기 복용한 경우에도 부작용을 나타내지

않을 것이라고 기대된다. 여기서는 수많은 기능성 펩타이드에 대해서도 초점을 맞추어 기술했지만, 치즈 중에 함유된 다른 기능성 펩타이드에 대해서도 현재 정력적인 연구가 이루어지고 있다. 이들 중에서도 새로운 보건 기능을 가진 기능성 치즈의 개발에 관여하는 지식이 얻어질 것으로 크게 기대된다.

## 2. 공액(共軛)리놀산

공액 리놀산(conjugated linoleic acid; CLA)은 리놀산의 위치 · 기하 이성체의 총칭이며, 카르복실기 말단으로부터의 탄소 6,8-, 7,9-, 8,10-, 9,11-, 10,12-, 11,13-, 혹은 12,14-의 위치에 공액 디엔 구조를 가지고 있다. 공액 디엔 구조는 시스(*cis*)형 혹은 트랜스(*trans*)형의 입체 배치를 각각 취하기 때문에 각 위치 이성체에는 각각 4개의 기하 이성체의 조합(*cis, trans; trans, cis; cis, cis; trans, trans*)이 이론상 생각되지만, 실제로 식품 중에 검출되는 이성체는 c9, t11 CLA > t7, c9 CLA > 11, 13 CLA(c/t) > 8, 10 CLA(c/t) > t10, c12 CLA 등이다. 반추동물 유래 식품(우유, 쇠고기 등)에 공액 디엔산의 존재가 확인된 것은 1930년대에까지 거슬러 올라가지만, 공액 리놀산의 기능이 주목받은 것은 가열 조리된 햄버거의 패티(쇠고기) 중에 존재하는 항변이원물질(抗變異原物質)이 원래 쇠고기 중에 함유되어 있는 공액 리놀산과 분리 · 동정되고 난 이후이다. 그 후 현재까지 공액 리놀산의 생리 기능으로서 암 억제작용, 체지방 저감작용, 지질대사 조절작용, 면역 조절작용 등 다방면에 걸친 생리 기능을 가지는 것이 시사되고 있다.[6)]

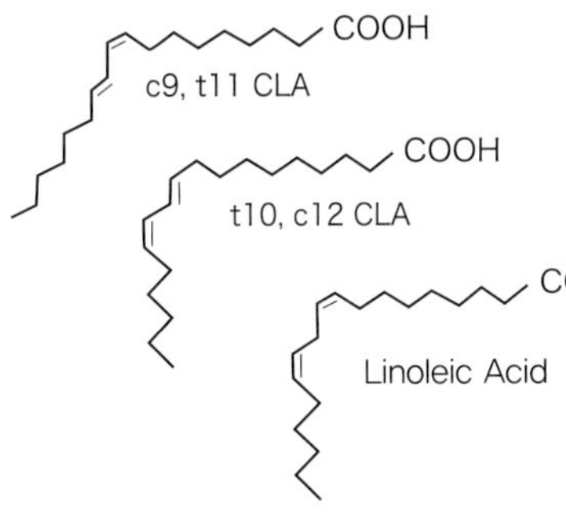


**그림 1.** c9, t11 Conjugated linoleic acid (CLA) t10, c12 CLA 및 linoleic acid [18:2(n-6)]의 화학구조[6)]

CLA 이성체 중에서 c9, t11 CLA와 t10, c12 CLA의 양 이성체([그림 1])가 CLA에 의하여 발현되는 생리 기능에 크게 기여하고 각각의 생리 기능이 주목받고 있다. 반추동물 유래 식품에는 식품 중에서도 특히 많은 CLA가 함유되어 있다고 하는 것이 알려져 있으며, 또한 함유된 CLA의 대부분(80~90%)이

c9, t11 CLA 이성체라고 하는 특징이 있다. CLA 함량 그 자체가 많다는 것 또한 CLA가 발현하는 생리 기능에 크게 기여하고 있다고 하는 c9, t11 CLA 이성체를 특히 많이 함유하고 있다는 것으로부터 유제품은 CLA가 가지는 보건 기능을 누리기 위하여 섭취하는 식품으로서 가장 기대되는 것이다. 다른 식품과 비교해서 반추동물 유래 식품에 고농도의 c9, t11 CLA가 함유된 주된 이유는 반추동물의 루멘 내에 서식하는 주요한 셀룰로스 분해균인 *Butyrivibrio fibrisolvens*의 리놀산 이성화 효소에 의해서, 리놀산의 수소 첨가반응의 중간체로서 생성되는 것에 기인하고 있다.[6]

우유 중의 c9, t11 CLA 함량은 젖소가 사양되고 있을 때 급식 사료 이외 계절, 품종, 연령, 개체차, 장내 미생물균총 등의 원인에 의해서 변동하는 것이 알려져 있다. 그리고 우유로부터 제조된 유제품에 함유된 c9, t11 CLA 함량도 또한 원료유의 그것에 크게 의존하고 있다. Lin 등은 다양한 유제품 중에 함유된 CLA 함량에 대하여 조사하고 있다([표 3]).[7] CLA는 유지방 중에 함유되어 있기 때문에 지방 함량이 높은 치즈는 유제품 중에서도 CLA의 섭취에 유효하다는 것을 이해할 수 있다.

치즈 중의 CLA 함량도 또한 원료유 중의 CLA 함량에 크게 의존하고 있지만, 치즈 중의 유산균이 CLA의 생산에 관련되어 있다고 하는 보고나 가공치즈의 제조 공정에 있어서 CLA 함량이 증가했다고 하는 보고도 있으며, 치즈 중의 CLA 함량을 증가시킬 가능성을 시사하는 것으로서 흥미 깊다. 유산균에 의한 CLA 생산에 관해서는 배지 중에 있어서 유산균에 의한 유리 리놀산으로부터의 CLA의 합성이 확인되고 있다. 치즈 중에서의 유산균에 의한 CLA의 생산에 대해서는 여러 설이 있으며, 앞으로의 연구 성과가 기대된다. 한편, 가공치즈 제조 공정에서의 CLA 함량의 증가에 대해서는 체다 치즈를 주원료로 하고 유청단백질 농축액(WPC) 및 WPC의 저분자 구분(LMW)을 첨가한 가공치즈를 제조하고 제조 조건과 CLA 농도와의 관계에 대하여 검토한 결과, 제조 조건 및 유청 구성성분이 가공치즈의 CLA 생성에 관여하고 있다고 하는 보고가 있다.[8]

치즈 중에는 다른 유제품보다 많은 CLA가 함유되어 있으며, CLA가 가지는 보건 기능을 기대하는 식품으로서 적합하다. 또한 사용하는 유산균종이나 가공치즈의 제조 조건에 따라 CLA 함량을 높일 수 있다면, CLA의 보건 기능을 강화한 기능성 치즈가 개발될 가능성이 높다.

**표 3.** 유제품 중의 conjugated linoleic acid(CLA) 함량[7)]

| 시료 | Lipid basis[1)] | | Sample basis[2)] | |
|---|---|---|---|---|
| | Means | SE | Means | SE |
| 자연치즈 | | | | |
| Blue 1 | 4.87 | 0.10 | 147.5 | 3.7 |
| Blue 2 | 7.96 | 0.12 | 228.5 | 4.1 |
| Brie | 4.75 | 0.28 | 129.4 | 31.4 |
| Cheddar-medium | 4.02 | 0.29 | 140.0 | 13.0 |
| Cheddar-sharp | 4.59 | 0.30 | 161.2 | 12.2 |
| Cougar Gold | 3.72 | 0.17 | 130.0 | 8.6 |
| Cream | 4.30 | 0.42 | 142.9 | 14.2 |
| Cottage | 4.80 | 0.30 | 19.6 | 1.2 |
| Edam | 5.38 | 0.90 | 141.7 | 20.3 |
| Monterey Jack | 4.80 | 0.38 | 142.8 | 15.0 |
| Mozzarella | 4.31 | 0.21 | 91.4 | 4.4 |
| Parmesan | 4.00 | 0.53 | 89.9 | 8.0 |
| Swiss | 5.45 | 0.59 | 160.9 | 17.2 |
| Viking | 3.59 | 0.01 | 119.5 | 0.7 |
| 가공치즈 | | | | |
| American | 3.64 | 0.15 | 91.1 | 3.0 |
| spread 1 | 4.26 | 0.22 | 85.4 | 0.1 |
| spread 2 | 4.02 | 0.05 | 39.0 | 1.6 |
| 발효유제품 | | | | |
| Buttermilk | 4.66 | 0.18 | 5.7 | 0.6 |
| Sour cream | 4.14 | 0.17 | 76.1 | 4.1 |
| Yogurt | 3.82 | 0.13 | 7.4 | 0.1 |
| 액상유 | | | | |
| 2% Milk | 4.14 | 0.37 | 8.0 | 0.8 |
| Evaporated milk 1 | 3.38 | 0.05 | 22.2 | 0.2 |
| Evaporated milk 2 | 6.39 | 0.16 | 43.5 | 0.3 |
| Whipping cream | 4.24 | 0.52 | 129.4 | 15.1 |
| Whole milk | 4.49 | 0.64 | 14.2 | 2.1 |

1) CLA (*cis*-9, *trans*-II isomer) mg/100 g of lipid
2) CLA(*cis*-9, *trans*-II isomer) mg/100 g of sample (wet weight basis)
SE: Standard Error

## 3. 치즈의 항 충치 작용

유(乳)나 유제품에 우식(충치) 위험을 저감시키는 효과가 있다는 것은 옛날부터 알려져 있다. WHO(세계보건기구)에 의한 테크니컬 리포트에 있어서도 우식 위험과 식품과의 관련성 근거 레벨에서 식품 중에 가장 높은 것으로 경질 치즈를 들 수 있다([표 4]). 그러나 일본에 있어서는 치즈가 충치 예방에 효과가 있다고 하는 사실은 거의 알려져 있지 않은 것이 실상이다. 가공치즈에 대해서도 같은 효과가 확인되어 있으며, 충치 위험을 저감시킨다고 하는 보건 기능은 치즈류가 가지는 보건 기능으로서 폭넓게 소비자에게 인식될 것으로 기대된다.

**표 4.** 충치 리스크에 관한 근거

| 충치 리스크 경감의 근거 레벨 | 물질 · 식품 |
|---|---|
| 확실(Convincing) | 불소화물<br>(불소와 다른 원소와의 화합물) |
| 유망(Probable) | 경질 치즈<br>무설탕 껌 |
| 가능성 있음<br>(Possible) | 자일리톨<br>밀크<br>식물섬유 |
| 불충분(Insufficient) | 신선한 과일 |

(WHO/FAO, 2003 자료에서 발췌)

우식의 원인으로서는 우식병원성 세균에 의한 산의 생성과 그 기질이 되는 당분(특히 설탕)의 섭취 등이 중요한 항목으로서 알려져 있지만, 균의 붕괴라고 하는 현상만을 생각해 보면 치아를 구성하는 물질의 주성분인 하이드록시아파타이트[$Ca_{10}(PO_4)_6(OH)_2$]의 무기화학적인 반응으로서 받아들일 수 있다. 즉, 치아를 구성하는 물질은 주위 환경의 칼슘 이온과 인산이온, 수소이온의 농도에 의존하였다. 하이드록시아파타이트의 용해[탈회(脫灰)라고도 함]와 결정화[재석회화(再石灰化)]의 평형 상태에 놓여 있지만, 칼슘의 농도가 증가(pH가 저하하는)하면 용해(탈회)로 기울고 우식이 일어나게 된다.[9] 치즈가 항 충치 작용을 발현하는 원인으로서는 카제인 포스포펩타이드(CPP)의 작용이 잘 알려져 있다. CPP에는 인산칼슘을 용액 상태로 유지하고 비정질 인산칼슘(Amorphous Calcium Phosphate: ACP)의 상태로 안정화시키는 작용이 있으며 구강 내에 있어서 치석(plaque) 내에서 칼슘이나 인산을 비결정 상태로 유지한다고 생각되고 있다. 이렇게 하여 만들어진 CPP-ACP 복합체는 치아를 구성하는 물질의 표면에서 칼슘이온과 인산이온의 농도를 높인 상태를 유지하고 재석회화를 촉진하는 것으로 생각되고 있다. 또한 치즈의 항 충치 작용에 관여하는 다른 요인으로서는 ① 치즈가 가진 완충능이 치아를 구성하는 물질의 표면의 pH 저하를 억제한다, ② 우식원성세균(*Streptococcus mutans*, 연쇄상구균류)의 치아 구성 물질 표면에의 부착을 억제한다, ③ 치즈를 씹는 것에 의하여 타액의 분비가 촉진되어 pH의 저하를 억제한다 등의 요인이 있다고 되어 있다.[1)]

CPP-ACP 복합체는 츄잉 검에 배합되어 일본에서는 특정 보건용 식품으로서 판매에 이르고 있지만, 원래는 치즈 속에서 발견된 물질 및 작용이다. 금후 항 충치 작용에 관여하는 기작이 상세하게 해명되면 보다 유효한 항 충치 기능을 가진 기능성 치즈의 개발에 도움이 될 것으로 기대된다. 또한 치즈가 원래 가지고 있는 항 충치 작용에 대해서도 치즈가 가진 보건 기능으로서 적극적으로 소비자에 인식되도록 노력하는 것이 중요하다.

## 4. Probiotics 치즈

Probiotics라고 하는 말은 항생물질(antibiotics)에 대한 용어: 공생(probiosis)을 기초로 해서 만들어진 말로 1989년 Fuller에 의하여 '장내 미생물 플로라의 밸런스를 개선하는 것에 의하여 숙주의 건강에 좋은 영향을 미치는 생균체'라고 정의되었다. 그 후 '사람이나 동물에 투여했을 때(숙주에 생식하는) 미생물 플로라의 개선 효과에 따라서 소화기계, 호흡기계, 비뇨기계 등을 대상으로 널리 숙주의 건강에 좋은 영향을 미치는, 살아 있는 1종 혹은 혼합 미생물'로 해석되어 발효유제품 등 미생물을 함유하는 식품에 대한 개념으로서 제창되었다.

Probiotics 균주가 그 효과를 발휘하기 위해서는 살아서 장까지 도달할 필요가 있다. 숙성형 치즈는 요구르트와 비교해서 pH가 높고 지방량도 많으며 pH 완충능도 높은 것으로부터 위산이나 담즙산 등으로부터 균주를 지켜 생존성이 저하하는 것을 막는다고 추측되고 있다. 따라서 probiotics 균주를 장까지 운반할 수 있는 운반 시스템으로서 치즈는 요구르트보다도 적합하다고 하는 지적이 있다. 근래 probiotics 균주를 신선 치즈나 숙성형 치즈에 첨가하는 연구가 많이 이루어지고 있으며, 해외에서는 probiotics 균주를 집어넣은 치즈가 시판되고 있다. 예를 들면, 핀란드의 Valio사로부터 *Lactobacillus* GG균을 사용한 저지방의 에담 혹은 스위스 타입 치즈가 시판되고 있다.

숙성형 치즈에 probiotics 균주를 집어넣을 때에는 이하의 조건을 충족시킬 필요가 있다.

### 1) Probiotics 균주의 균수가 숙성 초기 단계에서 효과가 기대되는 수준까지 증가하는 것과 함께 소비될 때까지의 숙성 기간을 통해서 유지될 것.

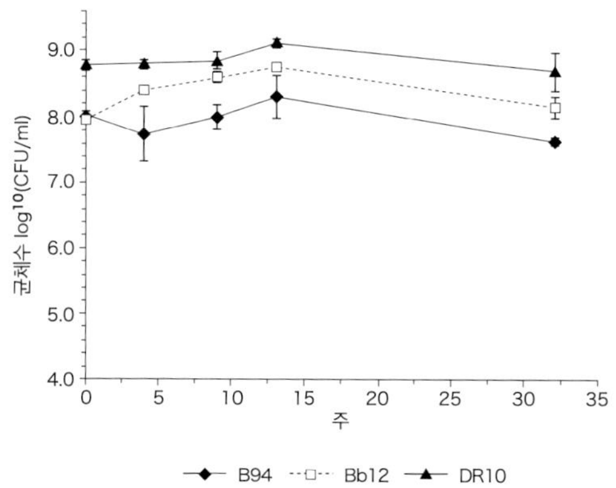


**그림 2.** Cheddar 치즈 중에서
세 종류 *Bifidobacterium*(균주 B94, Bb12, DR10)의 생존성

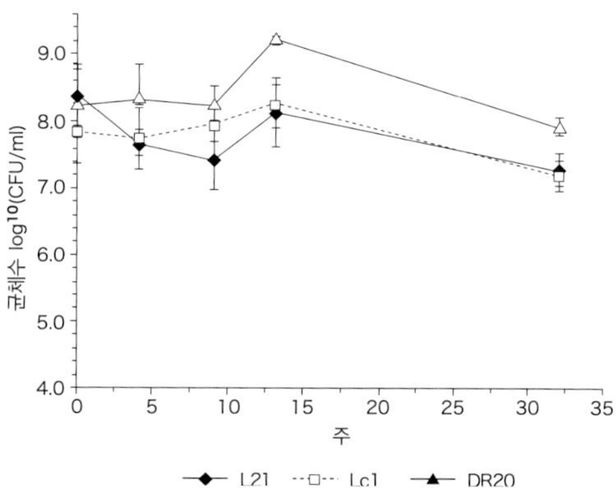


**그림 3.** Cheddar 치즈 중에서
세 종류 *Lactobacillus*(균주 L21, Lc1, DR20)의 생존성
(L21: *Lactobacillus paracasei*, Lc1: *Lactobacillus casei*, DR20: *Lactobacillus rhamnosus*)

### 2) Probiotics 균주의 첨가가 치즈 본래의 풍미, 식감, 외관에 영향을 주지 않을 것.

기존의 probiotics 균주를 사용하여 상기 적성을 스크리닝하는 연구가 많이 실시되고 있다. 그들 중에서도 몇 개의 균주에 대해서 숙성형 치즈에 집어넣은 probiotics 균주로서 사용할 수 있는 가능성이 보고되어 있다[10]([그림 2, 3]). 이들 지식을 근거로 하여 치즈를 베이스로 한 probiotics 제품이 장래 많이 개발될 것으로 기대된다.

* * *

치즈는 뛰어난 보건 기능을 가지는 식품이다. 그 기능에 대해서는 다양한 각도에서의 연구가 현재 수행되고 있으며 금후 건강에 기여하는 다종다양한 작용이 더욱 더 확실히 밝혀질 것으로 생각된다. '건강하게 사는 것'은 많은 사람들의 공통적인 바람이며, 치즈가 가지는 보건 기능을 이용해서 사람들의 건강 증진에 공헌하는 새로운 기능성 치즈가 개발될 것이 기대된다.

## 참 / 고 / 문 / 헌


1) 堂迫俊一, 川上浩, 吉岡俊満 他: チーズの榮養健康機能 乳業技術 55: 21-33, 2005.
2) 金丸義敬: 乳及び乳製品の機能性ー機能性ペプチドー 乳業技術 52: 11-29, 2002.
3) 冠木敏秀: チーズ中に含まれるペプチドの生理機能に関する研究 ミルクサイエンス 55(3): 157-160, 2007.
4) Saito T., Nakamura T., Kitazawa H. *et al.*: Isolation and Structural analysis of Antihypertensive Peptides That Exist Naturally in Gouda Cheese. *J. Dairy Sci.* 83:1434-1440, 2000.
5) 殿内秀和, 小田宗廣: チーズ酵素分解物(Enzyme Modified Cheese)の血壓降下作用および新規 ACE沮害活性ペプチドの單離 ミルクサイエンス 55(3): 145-149, 2007.
6) 山内 清, 川原聰, 竹之山愼一: 共役リノール酸に関する研究動向: 牛乳・乳製品 ミルクサイエンス 52(1): 17-31, 2003.
7) Lin H., Boylston T.D., Chang M.J. *et al.*: Survey of the Conjugated Linoleic Acid Contents of Dairy Products. *J. Dairy Sci.* 78:2358-2365, 1995.
8) Shantha N.C., Decker E.A., Utsunol Z.: Conjugated linoleic acid concentration in processed cheese. *J. Am. Oil Chem. Soc.* 69:425-428, 1992.
9) 伊藤博夫: 牛乳と虫歯(う蝕)予防の関係(1) ーカゼインホスホペプチドのう蝕抑制作用ー ミルクサイエンス 51(2): 73-75, 2002.
10) Phillips M., Kailasapathy K., Tran L.: Viability of commercial probiotic cultures (*L. acidophilus, Bifidobacterium* sp., *L. casei, L. paracasei* and *L. rhamnosus*) in cheddar cheese. *Int. J. Food Microbiol.* 108:276-280, 2006.

# 7-4 개시제(스타터) 유산균에 있어서 유전자 조합기술의 응용

도쿄(東京)농업대학 응용생물과학부
사토 에이치(佐藤英一)

전통적인 제법이 중심인 치즈 제조에 있어서도 유전자 변형기술이 도입되게 되었다. 예를 들면, 송아지 렌넷의 대체품으로 유전자 변형 키모신이 이용되고 있다. 키모신 유전자를 대장균에서 대량 발현시키고 송아지 렌넷의 부족을 해소하려고 하는 것이 노림이다. 또한 고품질의 키모신 생산을 위하여 단백질 공학에 의한 아미노산을 치환한 개량형 키모신의 생산도 실현하였다. 이들은 유전자 변형체에 의하여 생산된 물질의 이용 예이지만, 여기서는 치즈 스타터 유산균에 있어서 유전자 변형기술에 대하여 기술하는 것으로 한다.

지금까지는 어렵다고 알려진 유전자공학 · 분자생물학 수법이 유산균에도 응용할 수 있도록 되고 나서 꽤 오래되었지만, 그중에서도 치즈 스타터 유산균 *Lactococcus lactis*에 있어서 유전자 조작은 유럽을 거점으로 일찍이 착수되었으며, 유산균 유전자 공학의 모델계로서 중요한 역할을 수행하여 왔다. 특히 L. lactis IL1403주는 유산균으로서는 처음으로 전 게놈이 해독된 균주로 그때까지의 생화학적 · 유전학적 연구 성과를 기반으로 그 후의 유산균 연구를 비약적으로 발전시켰다. 이상의 경위는 치즈 제조가 유럽에 있어서 극히 중요한 산업인 것을 이야기하고 있다. 유전자 변형기술에 대해서의 기본적인 해설은 전문서에 양보하는 것으로 하고 여기서는 치즈 스타터 유산균에 있어서 유전자 조작기술의 응용에 대해서 장래의 전망과 합쳐 몇 개의 연구 예를 소개한다. 단 일본에서는(유럽에서도) 유전자 변형체를 직접 치즈 제조에 사용하는 것은 허용되어 있지 않으므로 여기에 소개하는 예는 어느 것도 실험실 수준의 연구임을 밝혀 둔다.

## 1. 파지 오염 방제기술

세균에 감염하는 바이러스인 박테리오파지(파지)는 스타터균을 용균(溶菌)하고 발효 불량이나 발효 정체를 일으키는 등, 치즈 산업에 큰 손해를 입힌다. 파지 오염 자체에 의한 손해도 손해지만, 고객으로부터의 신뢰를 잃어버리는 것으로도 끝나지 않는, 발효업계로서는 정말 무서운 존재이다. 유산균에서도 파지는 발견되고 있으며, 치즈 스타터 유산균도 예외는 아니다. 유난히 치즈 제조는 전통적으로 개방계에서 이루어지는 경우가 많고 언제나 파지 오염의 위협에 노출되어 있다고 해도 과언이 아니다. 따라서 파지 오염 대책은 중요 과제의 하나이며, 그 연구의 역사도 길다. 실제의 현장에 있어서 파지 오염 방제는 파지 증식 사이클을 억제하는 것, 현장에서 파지를 제거하는 것의 두 가지로 집약된다.[1] 지금까지 자연계에서 파지 비감수성주를 분리·육종하고 이들 균주를 교대로 사용하는 등의 방법이 시도되어 왔지만, 이와 같은 육종을 중심으로 한 방법에서는 사용할 수 있는 스타터균의 선택의 폭을 좁혀 버리게 되기도 하므로 뛰어난 성질을 가진 스타터균에 파지 내성을 도입하는 것이 이상적이다. 따라서 현재로는 파지의 내성기구에 근거한 방법이 고안되어 있다. 이 내성기구는 네 가지 타입으로 대별된다.

(ⅰ) 유산균 세포표층의 파지 수용체가 변화하는 것에 의하여 파지가 흡착하는 단계를 방해하는 타입

(ⅱ) 파지가 유산균 세포 내에 DNA를 주입하는 단계를 저해하는 타입

(ⅲ) 유산균의 염색체 DNA를 메틸화시킴에 의하여 보호하고 침입해 온 파지 DNA만을 제한효소로 분해하는 타입

(ⅳ) 파지의 증식을 저지하는 감염부전(感染不全) 타입이다.

이 중에서도 감염부전(感染不全) 유전자 Abi는 *L. lactis*로부터 20종류 발견되어 있으며, 감염 방제의 기능이 상세하게 해석되어 있다.[2] 유전자 재조합 기술을 사용하지 않고 이들 내성기구를 조합시킴으로써 거의 완전한 파지 내성을 획득하고 실제 치즈 공장에서 실적을 올리고 있다. 한편 유전자 재조합 기술을 이용해서 자연계에는 존재하지 않는 인공적으로 구축된 파지 방제 시스템도 실험적으로 개발되어 있다. 여기서는 그러한 예를 소개한다.

파지의 복제 개시점(Φori)을 포함하는 DNA 단편을 다복제(多複製) 플라스미드(muti-copy plasmid)에 집어넣고 이를 유산균에 형질전환하면, 파지의 내성이 부여되게 된다.[3] 이것은 본래라면 파지의 감염 후에 파지 DNA의 복제에 필요로 하는 인자가 플라스미드 상의 복제 개시점에 흡착되어 버려 파지 DNA의 복제가 진행되지 않게 되고 그 결과 파지의 증식을 방해한다고 하는 원리를 이용한 것이다([그림 1-A]).

또 하나의 방법은 조금 동떨어진 방법이다. 파지에 감염되었을 때에만 스위치가 ON이 되는 파지의 프로모터(PΦ)체 NA 분해효소(제한효소) 유전자를 연결해 둔다. 이것을 유산균에 형질전환하면 파지 내 감염한 유산균에서만 PΦ 프로모터가 활성화된 DNA 분해효소가 만들어지게 된다. 당연한 것이면서도 이 유산균은 죽어 버리지만, 세포 내에 축적한 파지를 둘러싸서 사멸시키기 때문에 파지에 감염되지 않은 유산균만이 살아남을 수 있다는 것이다.[4] 약간 거칠기는 하지만, '죽으려면 다 같이' 작전이라고도 말할 수 있는 파지의 증식 방제 시스템이다([그림 1-B]).

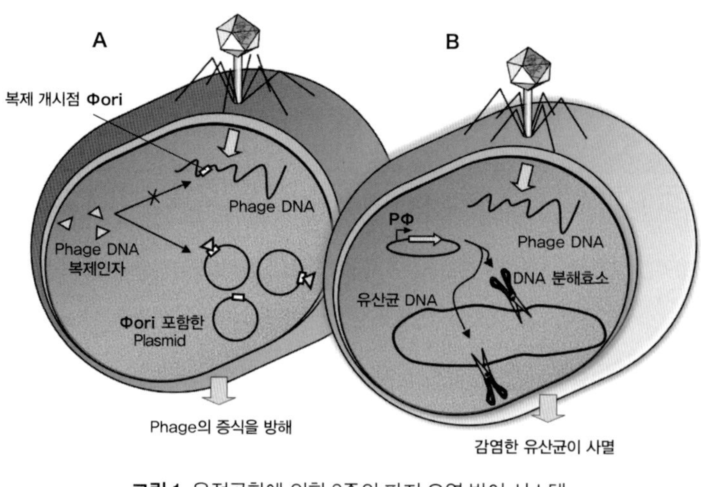


**그림 1.** 유전공학에 의한 2종의 파지 오염 방어 시스템

## 2. 치즈의 숙성 촉진기술

파지의 감염이 치즈 제조산업에 있어서 큰 위협인 것은 이미 기술했지만, 이것을 역으로 파지에 의한 용균현상을 적극적으로 이용하고 치즈의 숙성기간을 단축하는 방법이 고안되었다. 파지로부터 단리한 용균효소 유전자를 치즈 스타터 유산균에 집어넣고 인위적으로 용균을 유발시키려고 하는 것이다. 치즈의 숙성에 작용하는 펩티다제(peptidase)는 치즈 스타터 유산균의 세포 내에 존재하고 있으므로 유산균이 용해하면, 축적되어 있는 펩티다제가 방출되어 통상은 3~6개월 요하는 치즈의 숙성이 촉진되어 단축된다고 하는 형태이다. 여기서 중요한 것은 용균시킬 시기에서 멋대로 용균되어서는 상황이 좋지 않다. 그러기 위해서는 용균효소 유전자의 발현을 엄밀하게 컨트롤할 수 있는 방법을 도입하지 않으면 안 되지만, 특수한 프로모터를 이용해서 용균시키는 방법이 개발되었다. 특정 농도의 염화나트륨 존재하에서만 스위치가 ON이 되는 프로모터가 *L. lactis*로부터 발견된 것이다.[5] 이 프로모터를 이용해서 용균효소 유전자를 치즈 스타터 유산균으로 발현시키면, 식염의 첨가에 의하여 유산균의 자기 용균을 유도할 수 있다는 것이다. 실제의 치즈 제조 공정에서는 가염 후에 숙성시켜서 제품으로 하기 위해서 식염첨가가 자기 용균의 계기가 된다고 하는 이 아이디어는 극히 합리적이다.

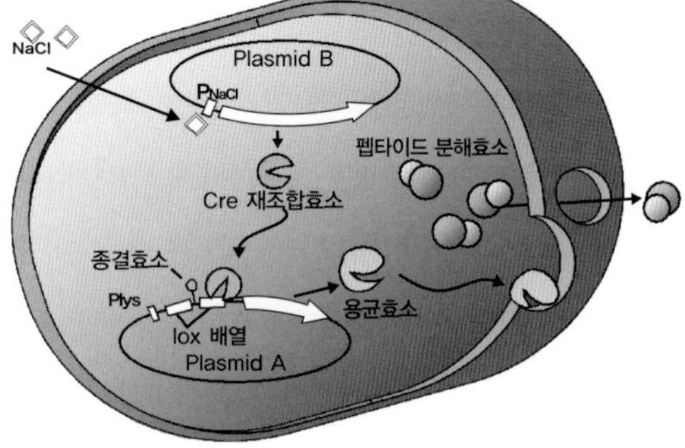

**그림 2.** 유산균의 자기 용균을 이용한 치즈 숙성 시스템

이상이 개략적인 흐름이지만, 기술적으로는 조금 더 복잡하며, 2개의 플라스미드를 사용해서 자기 용균을 컨트롤하고 있다([그림 2]). 플라스미드 A에는 용균효소 유전자가 함유되어 있지만, 불필요할 때 발현하지 않도록 프로모터(Plys)와 용균효소 유전자의 사이에는 터미네이터를 삽입해서 용균효소 유전자의 발현을 억제해 둔다. 이때 터미네이터 배열의 전후에 lox 배열이라고 불리는 짧은 DNA 배열을 삽입해 두는 것이 특색이다. 플라스미드 B에는 NaCl 유도형 프로모터(PNaCl)의 하류(下流)에 Cre 재조합효소 유전

자를 연결한 것을 삽입해 둔다. 앞에서 기술한 것처럼 치즈 제조 공정에서는 가염 후에 숙성이 시작되지만, 식염의 첨가에 의하여 PNaCl 프로모터 활성이 유도되고 Cre 재조합효소가 만들어지게 된다. Cre 재조합효소는 플라스미드 B에 함유되는 lox 배열을 특이적으로 절단하기 때문에 결과적으로 터미네이터가 제거된다. 그렇게 함에 의하여 겨우 Plys 프로모터로부터 전사가 가능하게 되고 용균효소 유전자가 발현해서 치즈 스타터 유산균이 자기(自己) 용균을 개시하게 된다. 그 결과 세포 내에 축적해 있는 펩티다제가 방출되고 치즈의 숙성이 개시되는 것이다. 치즈 스타터 유산균에 시한장치를 집어넣는 것으로 상황이 좋을 때에 자기 용균을 스타트시킨다고 하는 기발한 발상이다.

## 3. 향미의 개량기술

디아세틸은 치즈의 중요한 향 성분이지만, 통상의 치즈 제조에 있어서는 구연산 자화성(資化性)이 있는 유산균에 의해서만 디아세틸이 생성되고, 거기에 생성량은 극히 미량이다. 유전자 조작기술을 이용하여 디아세틸의 생성 촉진을 시험한 연구 예가 있으며, 이것은 대사공학을 고도로 이용한 것이다. 여기서 말하는 대사공학이란, 어떤 유산균이 가지고 있는 대사경로를 조작하는 것으로 대사중간체의 흐름을 바꾸거나 혹은 특정 대사물질을 축적시키거나 하는 기술이며,[6] 종래로부터 행해지고 있는 돌연변이주의 육종도 어떤 의미에서는 같은 현상을 이용하고 있다. 그러나 이 경우는 우연성에 의한 면이 크고 돌연변이 형질이 복귀해 버리는 등의 결점이 있다. 유전자변형에 의한 대사개변(改變)은 타깃으로 하는 유전자 혹은 경로만을 저격할 수 있는 것만이 아니고 형질이 복귀할 염려도 없다. 여기에 더해서 유용한 외래 유전자를 발현시키는 것으로 그 균이 결여해 있는 대사 경로를 도입하는 것도 가능하고 응용의 폭이 더욱 넓어진다.

*L. lactis*에 있어서 대사공학의 연구 예도 몇몇 보고되어 있으며,[7,8] 디아세틸 생성 촉진은 잘 생각된 연구 예의 하나이다. *L. lactis*는 당을 대사해서 피르빈산에서 젖산을 생성하는 것뿐만 아니고 배양조건에 따라서는 초산, 에탄올, 아세토인 등 다양한 대사산물을 생성하지만, 이들의 반응 중에는 보인자로서 NADH를 필요로 하는 것이 있다. *L. lactis*에

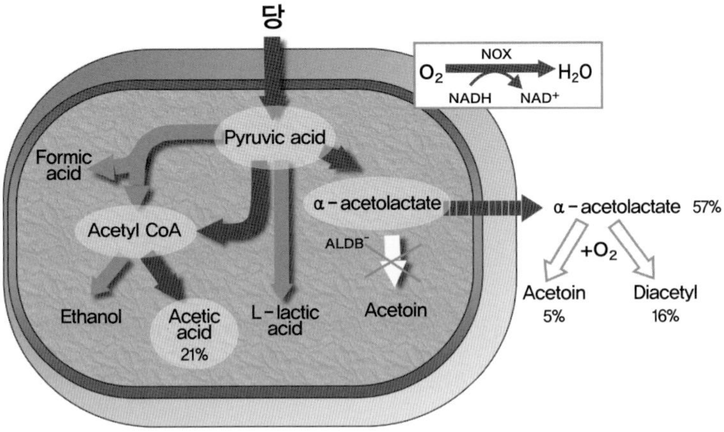


**그림 3.** 대사공학에 의한 *L. lactis*로부터의 diacetyl의 고농도 생성 시스템

NADH 옥시다제(NOX)를 강제적으로 발현시켜서 NADH가 산소로부터 물을 생성하는 반응에 소비되도록 작용시키면, 전술한 반응은 진행하지 않게 되고([그림 3]의 옅은 회색 화살표) 보인자로서 NADH를 필요로 하지 않는 반응에 의한 대사물질이 축적하게 된다([그림 3]의 진한 회색 화살표). 이 중에는 디아세틸도 포함되지만, 그 전 단계의 대사중간체인 $\alpha$-아세트젖산은 $\alpha$-아세트젖산 탈탄산효소에 의한 아세토인으로 변환되어 버린다. 거기서 다시 $\alpha$-아세트젖산 탈탄산효소 유전자를 파괴해서 이 경로를 끊어 버림에 의하여 $\alpha$-아세트젖산이 축적되고, 그 후 공기산화에 의해서 디아세틸의 생성량을 16%로까지 증가시킬 수 있게 되었다.[9]

그 이외에도 쓴맛의 기원이 되는 쓴맛 펩타이드의 생성을 저감시킨 예도 있다. 쓴맛 펩타이드를 생성시키는 프로테아제의 기질 특이성에 관한 부위를 유전자 변형에 의하여 개변시키고 우유 중의 단백질이 분해 패턴을 바꾸어 주는 것에 의하여 쓴맛 펩타이드의 생성을 억제하고 양호한 풍미의 치즈 제조에 응용하려고 하는 것이다. 처음에도 서술한 것처럼 여기서 소개한 '유전자 조작 치즈'는 실험실에서만 시험 제조가 가능해서 당연한 일이지만, 시장에는 나와 있지 않다. 그런데 필자는 유전자 변형 치즈를 시식한 적이 있다. 2001년에 아일랜드의 Cork대학에서 개최된 EuroLAB이라고 하는 국제회의에 출석했을 때의 일이다. 그 자리에서 유럽의 6개 공동연구 팀에 의한 치즈 스타터 유산균의 분자육종 프로젝트의 성과가 발표되었다. 국가를 초월한 대규모 프로젝트는 유럽의 유산균 연구에

대한 왕성한 연구 자세를 반영해 있는 것으로 정말 감탄하였다. 강연 후의 휴식 시간에는 연구의 집대성인 치즈를 대접받고 참가자가 통상의 치즈와 유전자 변형 치즈를 블라인드로 시식한 후 어느 쪽이 맛있는가를 다수결로 판정했다. 결과는 '유전자 변형 치즈'의 압도적인 승리였다.

* * *

유럽에서는 유전자 변형에 의한 유산균의 응용연구는 상당히 높은 수준에 달해 있다. 또한 최근에는 많은 유산균주에서 전 게놈의 해독이 종료해 있으며, 이제는 각각의 유산균뿐만이 아니고 그 자리에서 모든 유산균의 게놈을 통째 해독하는 메타게놈 해석의 시대를 맞이하려 하고 있다. 그러나 아무리 유전자공학의 기술이 진보해도 그 성과를 식품 제조에 응용하는 데는 유전자 조작 식품의 찬반을 묻는 의론(議論)을 해결하지 않으면 안 된다. 유산균 유전자공학에서는 세계 톱을 독주하고 있는 유럽이지만, 실은 식품에의 유전자 변형체 사용에 반대파가 많은 것도 유럽이다. 식품의 안전과 소비자의 이해가 필요 불가결한 문제이기 때문에 용이하게 결착을 볼 수 있다고는 생각하지 않지만, 장래를 눈여겨보고 그 기초 굳히기는 착실히 진행하고 있다. 특히 식품에 이용할 것을 고려하여 항생물질 내성 유전자를 마커로 하지 않는 '식품등급 벡터(food-grade vector)'를 이용한 숙주벡터(host vector)계의 개발도 진행되고 있다. 즉, 항생물질 내성 유전자의 대체로 유당 분해효소 유전자를 이용하기도 하고, 젖산균이 생산하는 박테리오신(niacin)의 유전자를 마커로 하는 등의 궁리가 이루어지고 있다. 유전자 변형한 형질이 안정하도록 젖산균의 염색체에 목적 유전자를 집어넣는 방법이나 유전자 결손주를 만드는 방법도 개발되어 어느새 극히 일상적인 실험 수단이라고 말해도 좋을 것이다.

지금까지는 발효균으로서 중요한 역할을 담당해 온 유산균이지만, 식품 제조에의 이용뿐만이 아니고 점막(粘膜)백신의 운반체로 한다고 하는 것보다 의약품에 가까운 유산균 이용이나 대사공학을 구사한 물질생산균으로서의 유산균 이용 등, 유산균의 잠재능력을 더욱더 끄집어낼 새로운 시도도 적극적으로 시행되고 있다. 이러한 현상을 배경으로 유전자 재조합 치즈가 식탁을 장식하는 날도 그렇게 먼 미래는 아니지 않을까 한다.

## 참 / 고 / 문 / 헌


1) 乳酸菌研究集談會編: 乳酸菌の科學と技術, 學會出版センター 364-372, 1996.
2) Chopin, M.-C., Chopin, A., and Bidnenko, E.: Phage abortive infection in lactococci: variations on a theme. *Curr. Opin. Microbiol.* 8:473-479, 2005.
3) Hill, C., Miller, L.A. and Klaenhammer, T.R.: Cloning, expression, and sequence determination of a bacteriophage fragment encoding bacteriophage resistance in *Lactococcus lactis. J. Bacteriol.* 172:6419-6426, 1990.
4) Djordjevc, G.M. and Klaenhammer, T.R.: Bacteriophage-triggered defense systems: phage adaptation and design improvements. *Appl. Environ. Microbiol.* 63:4370-4376, 1997.
5) Sanders, J.W., Venema, G., Kok, J. and Leenhouts, K.: Identification of a sodium chloride-regulated promoter in Lactococcus lactis by single-copy chromosomal fusion with a reporter gene. *Mol. Gen. Genet.* 257:681-685, 1998.
6) Kleerebezem, M., Hols, P. and Hugenholtz, J.: Lactic acid bacteria as a cell factory: rerouting of carbon metabolism in *Lactococcus lactis* by metabolic engineering. *Enzyme Microbiol. Technol.* 26:840-848, 2000.
7) Hols, P., Kleerebezem, M., Schnck, A., Ferain, T., Hugenholtz, J., Delcour, J. and de Vos, W.: Conversion of *Lactococcus lactis* from homolactic to homoalanine fermentation through metabolic engineering. *Nature Biotech.* 17:588-592, 1999.
8) Kleerebezem, M., Kranenburg, R., Tuinier, R., Boels, I., Zoon, P., Looijesteijn, E., Hugenholtz, J. and de Vos, W.: Exopolysaccharides produced by *Lactococcus lactis*: from genetic engineering to improved rheological properties? *Antonie van Leeuwenhoek* 76:357-365, 1999.
9) Hugenholtz, J., Kleerebezem, M., Starrenburg, M., Delcour, J., de Vos, W. and Hols, P.: *Lactococcus lactis* as a cell factory for high-level diacetyl production. *Appl. Environ. Microbiol.* 66:4112-4114, 2000.

# 치즈 이름

| 신선 | Fresh | 프로마주 퐁듀 | Fromage Fondus |
|---|---|---|---|
| 자연 | Natural | 누샤텔 | Neuchatel |
| 가공 | process | 베이커스 | Baker's |
| 프리쿡 | precook | 쿠알크 | Quark |
| 경질 | Hard | 트보로크 | Tvorog |
| 반경질 | semi hard | 라이트 | Light/Lite |
| 연질 | soft | 체스터 | Chester |
| 반연질 | semi soft | 파르메산 | Parmesan |
| 파스타 필라타 | pasta filata | 파르미지아노 레지아노 | Parmigiano Reggiano |
| 더블 크림 | double creamed | 스위스 | Swiss |
| 트리플 크림 | Triple creamed | 독일 | |
| 스프레드 | Spread | 영국 | |
| 유청 파우더 | Whey powder | 쉐브르 타입 | Cherbourg type |
| 연질 숙성 | soft ripened | 그뤼에르 | Gruyere |
| 모차렐라 | Mozzarella | 콩테 | Comte |
| 모차렐라 디 부팔라 캄파나 | Mozzarella di bufala campana | 보포르 | Beaufort |
| 크림 | creamed | 캄보졸라 | Cambozola |
| 체다 | cheddar | 스카모르차 | Scamorza |
| 고다 | Gouda | 로마노 | Romano |
| 카망베르 | Camembert | 아펜젤러 | Appenzeller |
| 에멘탈 | Emmental | 캄파뉴 | Champagne |
| 리코타 | Richotta | 페타 | Feta |
| 브리 | Brie | 림버거 | Limburger |
| 고르곤졸라 | Gorgonzola | 콜비 | Colby |
| 에담 | Edam | 콜드팩 | Cold pack |
| 블루 | Blue | | |
| 로퀴포르 | Roquefort | | |

# 치즈 타입별 제품들

| 신선 타입 치즈 | | 푸른곰팡이 | |
|---|---|---|---|
| 프로마주 블랑 | Fromage Blanc | 로퀴포르 | Roquefort |
| 쉐브르-푸레 | Chevre-Frais | 다나블루 | Danablu |
| 쉐브레트 | Chevrette | 푸름 당베르 | Fourme d'Ambert |
| 리코타 | Ricotta | 고르곤졸라 | Gorgonzolla |
| 브로치오 | Broccio | 캄보졸라 | Cambozola |
| 부르산 | Boursin | 블루 드 브레스 | Bleu de Bresse |
| 쉐브르-허브 | Chevere-Herb | **압착 타입 치즈** | |
| 커드 스트레칭 | Curd-stretching | 르블로숑 | Reblochon |
| **연질 타입 치즈** | | 생 넥테르 | Saint-Nectaire |
| 카망베르 | Camembert | 톰 드 사보이 | Tomme de Savoie |
| 브리 | Brie | 체다 | Cheddar |
| 샤우르스 | Chaource | 캉탈 | Cantal |
| 뮌스테르 | Munster | 살레 | Salers |
| 퐁레베크 | Pont l'Eveque | 고다 | Gouda |
| 탈레지오 | Taleggio | 단보 | Danbo |
| 생 마르셀랭 | Saint-Marcellin | 라크사노 | Raqusano |
| 크로탱 | Crottin | **가열 타입 치즈** | |
| 피코동 | Picodon | 보포르 | Beaufort |
| 생 모르 드 투렌느 | Saint-Maure de Touraine | 콩테 | Comte |
| 바농 | Banon | 파르미지아노 레지아노 | Parmigiano Reggiano |
| 가브론 | Gaburon | 그라나 파다노 | Grana Padano |
| 보니파스 | Boniface | 에멘탈 | Emmental |
| 스카모르차 | Scamorza | 잘스버그 | Jarlsberg |
| 롱라이프 카망베르 | Long life Camembert | | |

# 〈색인〉

## ㄱ


가공 치즈 17, 20, 23~25, 38~39, 42, 47, 50, 54~55, 57~61, 84~85, 89, 93, 211, 243~248, 250~266, 270~275, 277, 281, 292, 297~298, 300, 328, 329~330, 337, 352, 355, 360, 363, 371, 374, 403, 453~455, 462, 466~467, 475~479, 487~490, 528, 530~532

가스제어 273, 275~278

가스치환 206, 209, 276~278

가시광선 279

가열압착 타입 44~45

가열처리(Thermization) 40, 90, 94, 167, 170, 216, 241, 270~272, 274, 288~289, 297, 300, 314~315, 353, 411, 492

가온 92, 98, 103, 122, 133~134, 136, 138, 165, 177, 184, 186~187, 193, 200, 202~204, 207, 214~216, 218, 223, 225~231, 241, 274, 313, 315~316, 413, 492, 518

가축사료 86, 406, 416

갈락토올리고당 426, 429

감미유청(sweet whey) 86, 171, 398~399, 403~404, 409~410

강글리오사이드(ganglioside) 77, 82, 422~423, 428

건우락 17, 24

게놈 390, 425, 428, 536, 542

경질 치즈 17, 19, 22, 57, 84, 138, 140, 146~147, 161, 163, 222~223, 287, 297, 315, 336, 354~355, 363~364, 471, 518, 532

고 GI값 식품 365

고다(Gouda) 치즈 17, 20, 24, 42, 44, 47, 48, 54~55, 57, 84~86, 93, 103~105, 135, 138, 140, 146~151, 153~154, 163, 167, 211, 215, 226, 229, 247, 271, 273, 275, 304, 316, 318, 333, 335~336, 342, 344, 349, 354, 370, 375, 397, 399, 409, 455, 461, 471~472, 474, 500, 507, 509, 515, 527~528, 544~545

고르곤졸라(Gorgonzola) 치즈 17, 18, 41, 44, 47~48, 59, 96, 354, 464, 470, 500, 544~545

고산도 182, 282

고온단시간 살균(HTST) 92, 95, 152, 167, 181, 184~185, 192~193, 315, 403, 411, 516

고온성 스타터 111, 122~123

고혈당 368

골 기질 372, 414

골다공증 83, 265, 337, 362, 372~373, 413, 441

골밀도 373~374, 441

골아세포 373

골염 372

공액 리놀산(CLA) 80, 335, 371~372, 375, 526, 529~531

공정경쟁규약 245, 270~271, 454~455

과가열상태 282

관능적 평가 기준 209

관세할당제도 57, 466~467

구연산염 83, 93, 106, 122, 124, 248, 250~251, 263, 404

국가별 수입량 56~57

국민건강 영양조사 368

국소면역 381

균질화 82, 94, 114, 163~168, 170, 173, 185, 205, 215, 217, 230, 255, 259, 436~437

균체 외 다당(EPS; exopolysaccharide) 115, 120~121

그라나(Grana) 치즈 44, 215, 223, 225~226, 464, 470, 500, 545
그리스 치즈 17~18, 31~33
그린(green) 치즈 92, 104~105, 138, 152, 224, 247, 248, 342
글루탐산 탈탄산효소 149
기능성 식품 423, 429
기능성 올리고당 427, 429
기능성 펩타이드 415, 526~527, 529
기업 가치 282

## ㄴ

나노여과(NF) 400~402, 404~405, 413
낙농 개척사업 24
낙산 67, 80~81, 93, 150~151, 304
낙산균 94, 217, 220, 251, 295, 304~305, 515~516
내열보형성 251, 254, 257~260, 262~264
내열성 120, 133~134, 216, 241, 254, 262~264, 415, 488~489
내용물 제조기술 269~272, 281
내장 지방 축적 368
내재성 효소 105, 342~343
냉각 164~167, 170, 173, 183~184, 188~189, 191~194, 200, 202, 204~205, 214~216, 218~220, 228~230, 243, 246, 252, 264~265, 278, 292, 305, 324, 357, 405~406, 493, 519
냉장(chilled) 278, 283
네덜란드 치즈 20, 42, 229, 500, 507, 528
농축 스타터 96, 124, 125
뇌 활성화 420, 422~423, 429

## ㄷ

다가 불포화지방산 82, 335
다이아필트레이션(Diafiltration) 262
단백질 결합성 칼슘 215
당뇨병 환자 77, 365
대사공학 540~542
대장균 101, 107, 135, 221, 245, 270~271, 293, 295, 301, 304~305, 389~391, 422, 425, 427~429, 454, 536
대장균군 245, 270~271, 293, 301, 454
대장균 독소 중화제 429
대형 커드 199, 201, 203
동맥경화 83, 368, 446
동양형 치즈 90~92
드라이 커드(dry curd) 198~201, 205, 207, 211
드레싱(공정) 200, 205~208
디아세틸(diacetyl) 118, 168~169, 172, 210, 540~541
디칼슘-파라카제이네이트(2Ca-paracaseinate) 179~180, 186

## ㄹ

락타제(lactase) 처리유 107
락토-N-비오스(lacto-N-biose) 424~426
락토바실러스(*Lactobacillus*) 111~115, 117, 120~122, 174, 181, 209, 348, 424, 489, 494, 523, 533~534
락토수크로스(lactosucrose) 415, 426, 429
락토코커스 락티스(*Lactococcus lactis*) 96, 111~112, 114~115, 117~121, 143, 145, 168~169, 181, 202, 209, 503, 536
락토퍼옥시다제(Lactoperoxidase, LP) 399~400,

409~411, 413, 433
락토페리신B(lactoferricin B) 387
락토페린(lactoferrin, LF) 73~75, 332, 371, 375, 386~390, 392, 399~400, 409~411, 413, 433, 445, 487, 489, 495
락토포린(lactophorin) 414
락툴로스(lactulose) 415, 426, 429
레시틴(lecithin) 81~82, 412
레올로지 파라미터 359
렌넷(rennet) 16, 17, 22~24, 38, 71, 86, 89, 91~92, 97, 100~102, 107, 128~130, 134~136, 140~141, 146, 151, 153, 164~167, 169~171, 173, 179~186, 191, 193, 202, 210, 214~215, 217~218, 220~222, 225~232, 234~242, 249, 262, 289, 314~318, 321, 324, 327, 337, 342, 399, 408, 411, 461, 472, 501, 509~513, 518~519, 521, 523, 536
렌넷 유청 399
렌넷 카제인 86, 399
로퀴포르(Roquefort) 치즈 17, 20, 35, 44, 47, 94, 96, 151, 219, 333, 335~336, 354, 464, 469, 544~545
루멘 플로라(lumen flora, 장내 균총) 80, 372, 530
루이 파스퇴르(Louis Pasteur) 23, 501~502
리모델링 372~373
리바로(Livarot) 치즈 96, 215, 219, 226, 232, 354, 469
리셉터 안타고니스트 388
리스테리아(*Listeria*) 291~292, 295~302, 305, 383, 387
린넨스균(*Brevibacterium linens*) 96, 122, 215~216, 219, 226, 232
린드(rind) 229, 463, 472~473
림프 381~382, 384~385, 388~389

**ㅁ**

마더 스타터(mother starter) 95, 123~124
마이셀(micelle) 69~71, 79, 83, 88~89, 95, 98~100, 102, 130~132, 141~142, 152, 167, 185, 248~250, 254~255, 258~261, 263, 313~318, 320~323, 325~330, 337, 341~342, 363, 402, 518~519, 524
막 처리 106, 204, 401, 408~409, 412~413, 434, 514, 519
메타볼릭 신드롬 366
면역과학 379
면역글로브린 67, 73~74, 91, 129, 380, 382, 388~390, 398, 409, 411~412, 433
면역 조절작용 372, 383~384, 386, 388, 527, 529
면역조절 펩타이드 384, 388~389
모노인산염 248
모노칼슘-파라카제이네이트(Ca-paracaseinate) 179~181, 186~187, 191
모차렐라(Mozzarella) 치즈 39, 43, 48, 50, 55, 59, 104, 107, 122, 167, 176~184, 186, 189~192, 194~195, 215, 224, 273, 275, 333, 335~336, 353, 356, 397, 461, 488~489, 514~515, 518~519, 521, 523, 531, 544
모차렐라 디 부팔라 캄파나(Mozzarella di Bufala Campana) 176, 195, 464, 471
무지유 고형분 94, 164, 294
물류 269~272, 274~275, 277, 281~283
물성 89, 110, 120, 133, 135, 141~142, 165, 168, 171~174, 177, 179, 201, 203~204, 210, 215, 245~247, 251~254, 256, 258,

261~262, 265, 270~271, 277, 313, 318, 326, 329~330, 352, 354~356, 359~360, 364, 454, 490, 514, 518~521, 523~524, 527
물소 15, 28, 30, 39, 43, 49, 51, 90, 92, 176~180, 183, 195, 472, 499
뮤코 렌넷(Mucor rennet) 510
미각 45~46, 105, 272
미네랄 65, 67, 82~83, 86, 265, 332, 336, 363, 370, 372, 380, 400, 403, 405, 413, 434~435, 438, 517
미리스틴산(myristic acid) 79~81, 150~151
미생물 관리 283
미생물 렌넷(microbial rennet) 133~136, 221, 234~242
미생물 제어 272, 277
미확정 균주(undefined culture) 503, 509
밀링(milling) 188, 192~193, 223~224, 228, 506
밀착포장 272~273, 275~278, 495
밀크 성장인자(milk growth factor) 413
밀크 올리고당(milk oligosaccharide) 75, 414, 419~429
밀크 칼슘 399~400, 413

## ㅂ

박리성 264
박센산(Vaccenic acid) 371~372
박테리오신(Bacteriocin) 110, 119~120, 488, 542
박테리오파지(bacteriophage) 182, 403, 509~510, 537
박토케치(Bactocatch) 516
반경질 치즈 20, 47, 138, 140, 146~147, 161, 196, 273, 315, 408, 471, 518
반경질 타입 치즈 41, 47, 229, 354
발효생산 키모신 128, 135
배양 20, 22, 95~96, 112, 118, 122~126, 134~135, 185, 225, 235, 304, 370, 384, 388, 390, 413, 427, 428, 472, 491, 501~502, 509, 540
배트(vat) 23, 86, 100, 123~125, 184, 186~188, 202~207, 218, 223, 225~230, 504~505, 507, 509, 511, 513, 518
벌크 스타터(bulk starter) 95~96, 111, 123~125, 182, 185, 202, 218, 222, 509
보존료 208~209, 473, 478, 517
보존성 22~23, 25, 32, 34, 89, 93, 110, 177, 194, 202, 205~206, 208~209, 224, 269, 271~276, 278~279, 281, 322, 502, 518
부정경쟁방지법 관련 483, 486
분자배제 크로마토그래피 248, 255~256, 258~260
분지쇄 아미노산 369
불용성 펩타이드 131, 344~345
불활성 가스 277
브라인(brine) 224, 227, 229~232, 492, 517
브리(Brie) 치즈 17, 20, 37, 40, 43, 48, 55, 151, 333, 335~336, 461, 469, 531, 544~545
브리드(breed)법 294
블루(Blue) 치즈 17~18, 20, 24, 41, 44, 47~48, 55, 85, 94, 96, 104, 122, 138, 151, 162, 215, 224, 226, 230~231, 275, 298, 333, 335~336, 349, 353~354, 455, 467, 469, 531, 544~545
비만 365, 368~370, 375, 379, 389
비 스타터 미생물 151
비 카제인태 질소 133
비타민 67, 73, 75, 81, 83, 84, 86, 179, 332, 335~336, 398, 415, 476
비피더스균(*Bifidobacterium*) 77~78, 111~113, 375, 424~426, 523, 534

비피더스 인자(bifidus factor) 78, 424
비피더스 플로라(균총) 424
빌리(viili) 114
뼈 양 372~373, 375
뼈 흡수 372~374, 414, 433

### ㅅ

사상물 324, 357~360
사이클론 403
산성 프로테아제 105, 133, 342
산유청(Acid whey) 86, 90, 171, 398~399, 403, 409, 413~414, 488
산 응고 17, 22, 29, 31, 86, 91, 161, 167, 169, 171, 199, 315, 324
산 카제인 86, 399, 404, 413
산화취 80, 82
살균 23, 92, 94~96, 100, 138, 152, 164~167, 170, 177, 181, 184~185, 189, 191~193, 199~202, 204~205, 214~215, 217~220, 225, 228~232, 240, 243, 246, 270, 272, 274~275, 277~278, 281, 283, 287~289, 292, 296~297, 299~300, 302, 305, 307, 313~316, 387, 400, 403, 411, 489, 492, 495, 501~502, 510, 516, 519
상표권 481, 483, 485
상품화 계획 272, 283
생균 수 122, 293~294
생체 방어기구 380
생체 이용성 337, 371, 374, 440
서구형 치즈 15, 18, 22, 88, 91~93
서브마이셀(submicelle) 69, 88, 99~100, 102, 130~131, 248~250, 254~255, 258~261, 313~315, 318, 320~323, 325~326, 328~330, 337
선도 269, 274, 282~283
섭취 기회 362
성형(몰딩) 90, 93, 103~104, 123, 138, 177, 189~190, 194, 196, 214~215, 218~219, 224~232, 236, 246, 264~265, 279, 318, 342, 490~491, 504, 506~507
성호르몬 370~371, 373
세라미드(ceramide) 82, 375
세척 34, 40, 43~45, 96, 105, 210, 219~220, 226, 232, 353, 469
세척 타입 34, 40, 105, 219~220, 232, 353
세팅 186, 202
세포구조 262, 326
세포상해성 펩타이드 383, 386~387
세포표층 프로테아제 346~347, 349
소비용 자연치즈 54~55, 57
소수성 70, 71, 98, 99~100, 102, 119, 131~132, 153, 248~249, 314~316, 318, 328, 337~338, 340~341, 383~384, 387
소형 커드 199, 203
수분활성(AW) 275~276, 287, 494
수세 188, 200, 204, 207
수용성 펩타이드 333, 345~347
수출입 49, 51, 54, 57
숙성 22~23, 29, 31, 34, 37~45, 47, 85, 89~90, 92~93, 95, 98, 101, 103~107, 118, 121~122, 133~134, 136, 138~141, 143, 146~153, 155, 161, 163, 177, 181, 189~190, 195~196, 198~199, 205, 214~218, 221, 224~232, 241, 245, 247, 260, 262~263, 266, 270~271, 274, 292, 297~299, 304, 313, 315, 318~322, 324, 332~334, 336~337, 342~345, 347~348, 352~355, 368, 370, 374~375, 379~380,

382~383, 403, 434~435, 438~439, 453, 460, 463, 471~472, 491~492, 495, 502, 506, 511~512, 514~516, 520, 522~524, 526~528, 533~534, 539~540, 544
숙성기구 138
숙성형 치즈 89, 93, 214~215, 225~226, 344, 353, 511, 526, 533~534
순환기계 질환 266, 366~368
쉐브르 타입(chevere tyupe) 41, 45, 47, 544
스위스(Swiss) 치즈 17, 19, 21, 48, 94, 113, 136, 138, 218, 500, 503, 531, 533, 544
스카모르차(Scamorza) 43, 179, 195, 544~545
스타터 22, 85, 92, 95~98, 105, 108, 110~116, 119, 121~125, 133~134, 138, 140, 143~144, 146~147, 149, 151~153, 155, 161, 164~166, 168~169, 171~172, 177, 180~187, 191, 199~200, 202, 206, 210, 218, 222~223, 225, 289, 298, 316, 327, 337, 342~345, 347, 349, 375, 379, 403, 472, 489, 491, 500~503, 509~513, 516, 518, 523, 527, 536~537, 539~541
스테빌라이즈(Stabilized) 치즈 322~323, 326
스테아린산 79, 150
스테판형 유화기 252
스트레치 177, 180, 514, 515, 519, 521
스트레칭 테스트 188~189
스트링 치즈 215, 278, 313, 324~328, 356~357, 359~360, 488
시네레시스(syneresis) 98, 103, 136, 172~173, 214~215, 218, 222~223, 226, 228~229, 316, 440, 521
시아릴락토스 414
시알산(sialic acid) 78, 82, 102, 388, 411, 420, 422~423, 427
시알산 함유 올리고당 420, 422~423, 427
식문화 13, 25, 27, 31, 33, 37, 58, 244
식염수 180, 183~184, 189, 194, 219, 224, 227, 229~232, 492, 517
식품등급 벡터(food grade vector) 542
식품 리사이클법 456~457
식품위생 38, 245~246, 270~272, 289~291, 299~300, 305, 307~308, 454, 460
식품포장용 합성수지규격 282
신선 타입 치즈 29, 40~41, 43, 184, 189, 353, 470, 545
실용신안권 481~483
쓴맛 95, 98, 107~108, 133~134, 152~155, 169, 172~173, 191, 206, 210, 221, 510, 541
쓴맛 펩타이드 98, 133, 153~155, 221, 541

## ㅇ

아디포넥틴(adiponectin) 369~370
아미노산 배열 70, 72, 129, 135, 148, 153~154, 338~341, 445
아미노산 조성 332
아이락(airag) 114
안전·위생성 269, 281~282
안지오텐신(angiotensin) 139, 369, 433, 436, 442~443, 446, 527, 528
안지오텐신 변환효소(ACE) 139, 369, 433~434, 436, 442~447, 528
알칼리성 밀크프로테아제(AIMP) 141~142, 146~149
암 억제 370, 372, 375, 388, 529
압착기 504, 507
압착 타입 44~45, 545
업무용 상품 55, 60~61, 244, 264
업종별 동향 60~61
에담(Edam) 치즈 20, 42, 48, 55, 85, 138, 151,

333, 335~336, 355, 461, 507, 531, 533, 544
에멘탈(Emmental) 치즈 17, 19, 37, 42, 44, 85, 94, 96, 122, 134, 139, 151, 215, 218, 220, 223~224, 226~227, 333, 335~336, 342, 344, 347~348, 355, 375, 455, 461, 500, 515~516, 544~545
에스트로겐 370, 371
엑소 펩티다제(Exopeptidase) 140, 143~145, 149, 155, 342
엔도 펩티다제(Endopeptidase) 105, 140, 143~145, 148, 155, 342
역삼투(reverse osmosis, RO) 106, 201, 401~402, 404~406, 412~413
역학조사 298, 366, 371
연유 305
염색체 DNA 120, 537
염화칼슘 70, 96, 201, 220, 227~231, 338~339, 413
영(young) 치즈 247
영국 치즈 21, 34, 228, 505, 544
영양가 86, 89, 211, 265, 374, 398, 404, 526
영양 성분 65~66, 84~85, 91, 122, 211, 245~246, 270~271, 287, 332~333, 422, 454
오르토인산염 248~249, 252
오스테오폰틴(Osteopontin, OPN) 75, 414
온도이력 281
온도제어 270~271, 273
올레인산(Oleic acid) 79~82, 139, 150~151, 372
올리고당 75, 78, 414~415, 419~429, 489
올리고엔도펩티다제 144, 148
용기 40, 113, 125, 165, 171, 189, 206, 225, 243, 253, 270, 274~285, 317, 353, 455~456, 458~459, 463, 474, 482, 484, 504
용융염 93, 243, 246~255, 257~264, 328~330, 475, 488, 490
용출 98, 103, 105, 240, 282, 400, 402, 410, 413
우유 앨러지 73, 379, 380
우유 염기성 단백질(MBP) 332, 374~375
원료유 90, 92~97, 106, 114, 123, 138, 177~179, 184~186, 190~192, 200~201, 216~218, 220, 225, 228~230, 236, 273~274, 287~288, 292, 298~300, 303~304, 315, 332, 334, 337, 342, 398, 403, 491~493, 500~502, 504, 509, 511~512, 514~516, 518~519, 524, 527, 530
원산지 명칭 보호(PDO) 195, 287, 463~466
원심 제균(bactofugation) 94, 124, 216~217, 304, 516
위생관리 159, 209, 287~291, 294~296, 303, 305~308
유 고형분 65, 93~94, 106, 122, 164, 245, 270~271, 292, 294, 407, 454, 514
유니버설 디자인 269, 284
유단백질 분해 시스템 117, 118
유당(Lactose) 65, 67, 73~78, 83, 85~86, 91, 95, 97~98, 103~106, 113~117, 121, 125, 186, 192, 216, 218~219, 225, 230, 245, 270, 294, 304, 332, 334, 374, 398~401, 403, 405~408, 415~416, 419, 422, 424~429, 434, 454~455, 475, 488, 492, 542
유당불내증 76~77, 91, 334
유등성령 162, 191, 245~246, 270~271, 282, 291~293, 299~300, 407, 453~454
유리 아미노산 140, 143, 149, 150, 333, 342
유방암 370~371, 442
유방염 68, 293~294
유산균 스타터 22, 92, 95, 97, 110~111, 115~116, 119, 121~125, 134, 149, 161, 164~166, 181, 184, 200, 218, 222~223, 225, 289, 316, 343, 501, 509, 511, 516

유산균 유전자 공학 536
유산균 표층 펩티다제 344~345
유선세포 68, 71, 74~75
유전자 재조합 221, 234~236, 238~239, 241~242, 538, 542
유전자 재조합 렌넷 234, 236, 239
유전자 재조합 키모신 221, 241
유전자 조작 식품 542
유청 단백질 68, 72~74, 86, 90~91, 95, 104, 106, 167~168, 171, 174, 201, 262~264, 332, 374~375, 379, 382, 386~389, 398~400, 402~403, 407~409, 411, 413, 415, 433~434, 441, 443, 460, 488, 492, 495, 513~514, 517~519, 521, 530
유청 단백질 가수분해물 415
유청 단백질 농축물(WPC) 86, 104, 174, 262, 399~401, 407~409, 412, 415, 434~435, 438~444, 495, 530
유청 단백질 분리물(WPI) 86, 104, 399~402, 407~409, 415
유청 된장 433~435, 438~443, 445~447
유청 분말 86, 400~401, 475
유청 성장인자 412~413
유청 성장인자 추출물(WGFE) 412~413
유청 치즈 93, 416
유청 크림 38, 400, 403, 461
유통기한 46~47, 165, 167, 174, 189~190, 199, 258, 272~273, 276~278, 283, 322, 353, 455, 474
유화기 252
육아용 조제유 423, 426, 489
응유 16~17, 22, 24, 29, 31, 34, 39, 71, 88~93, 95~96, 98~100, 102~103, 105, 107, 128~130, 132~134, 136~138, 141, 146~147, 151, 153~154, 164~169, 171, 179, 182~183, 186, 193, 195~196, 202~204, 214~215, 218, 221~223, 225, 227~238, 241, 245, 249, 270, 315, 337, 342, 374~375, 388, 453, 472, 489, 491, 493, 499, 527
응유기구 130
응유효소 16, 17, 22, 24, 31, 34, 88, 90~93, 95, 98, 100, 105, 107, 128, 130, 133~138, 141, 146~147, 154, 179, 182~183, 186, 193, 195, 218, 221, 234~238, 241, 337, 342, 374~375, 388, 472, 489, 491, 493, 499
의장권 481~484
이산화탄소 77, 115, 206, 208, 218~219, 405, 523
이온교환(법) 248, 251, 327, 400, 402, 404~414, 434, 510
인산칼슘 69, 83, 98, 130, 185, 248~250, 260~261, 263, 313~314, 318, 322~324, 326~328, 330, 363~364, 518, 523, 532
인슐린 유사 성장인자(IGF) 370
인슐린 저항성 365
인지질 78~79, 81~83, 387, 412~413, 422, 514~515
일본낙농유업협회 62
일본 수입치즈 보급협회 62
일본유업협회 62

## ㅈ

자연 면역기구 381
자외선 204, 279
잔존 산소농도 276~278
장내 세균 77, 420, 424
재단(dicing/milling) 188, 224, 228
재질시험 282
저 GI값 식품 365
저온유통(콜드 체인, cold chain) 177, 295, 299

저온처리(콜드팩, cold pack) 48, 164~165, 168, 544
저장 90, 92, 94, 123~124, 202, 216, 244, 246, 251, 257~261, 264, 282, 290, 292, 303, 446, 488, 494
저지(jersey) 65~66, 78, 93
저지종 65~66, 78
저해인자 83, 369
전기투석법(electrodialysis: ED) 106, 327, 400, 404~405
전단(Shearing) 246, 251~253, 257, 261~263, 264
전신면역 381~382
전자현미경 248, 250, 252, 255, 260, 262, 264, 313~314, 316~317, 319~322, 325, 327~329
전조리(precooked) 치즈 254, 256~259, 261
절단 23, 41, 86, 92, 101, 103, 129, 132, 136, 140~141, 148, 180~183, 186~187, 189, 193, 199~200, 202~203, 205, 207, 210~211, 214~215, 218, 222~232, 248, 250, 274, 278, 315~317, 324~325, 340~343, 345~347, 411, 478, 491, 495, 504, 506~507, 509, 519, 540
정밀여과(microfiltration, MF) 124, 216~217, 238, 304, 400~402, 408~410, 412~413, 491, 515~520
정치 92, 97, 114, 136, 164~165, 173, 186~188, 193, 200, 202, 204, 207, 214~215, 225, 227, 230~232, 261, 316
정킷(junket) 222, 316~317
종류별 55, 245, 454~455
주요 수출 상대국 52
중앙낙농협회 25, 62
중온성 스타터 111, 121, 222~223
증점제 163~165, 168, 171~172, 174, 473, 478
지방구 67, 74~75, 78~79, 81~82, 88, 94, 217, 252, 316, 318, 320~321, 325~326, 328, 413, 520, 523
지적재산권 451, 480~483, 486
지적재산 기본법 480
지적재산입국 480~481
진공포장 276~278
질소가스 190, 277

## ㅊ

차광성 206, 279
착색료 221, 473, 478
착유 23, 29~30, 67~68, 151, 177~178, 288, 290~294, 300, 303, 499, 502
체다(Cheddar) 치즈 17, 21~24, 34, 44, 48, 50, 54, 57, 84~85, 93, 95, 104~106, 113, 123, 134, 136, 139~140, 147~149, 151~154, 163, 167, 192, 211, 215, 217, 221, 223, 226, 228, 247, 262, 273, 275, 297~299, 316, 333~337, 342, 344~347, 355, 363, 367~368, 397~399, 403, 413, 455, 461, 475, 500, 503~505, 509, 521~523, 527~528, 530~531, 534, 544~545
체다링(Cheddaring) 44, 180, 188, 193, 215, 223~224, 228~229, 506
체세포 수 68, 200, 293~294
체지방 저감작용 372, 529
초기 발생 균수 209
초유 66~67, 72~75, 78, 82, 91, 384, 386, 411~413, 419~420, 422, 427, 429
총균수 293~294
최대 뼈 양 373
축종별 생유 생산량 49, 51
충진 164~165, 167, 171, 177, 188~190, 200, 206,

209, 247, 253, 265, 270, 273, 278, 280, 284, 402, 405, 507
충치 예방 효과 266, 363~365, 532
충치 원인균 363
치즈 눈(cheese eye) 94, 218, 227~228, 516
치즈 배트(cheese vat) 123~125, 188, 202~204, 207, 227~229, 504, 507, 509, 511, 513, 518
치즈 베이스(기반, 유래) 262, 398
치즈보급협의회 60, 62
치즈 스타터 유산균 536~537, 539~541
치즈 유청 85~86, 91, 102~104, 141, 397~398, 403, 413, 420~424, 426~427, 429, 433~434, 446
치즈 (총) 소비량 25, 52~53, 55, 57, 108, 244, 362, 367, 526
치즈 커드 85, 92, 141~142, 152, 154~155, 180, 183, 185~186, 193, 205, 235, 326, 332, 411, 488, 491, 493, 495, 504, 511~513
친수성 69~71, 99~101, 131, 248~249, 254, 263, 314~316, 318, 328, 337~338, 340~341

## ㅋ

카망베르(Cammembert) 치즈 17, 19~20, 24, 40~41, 43, 47, 54~55, 59~60, 85, 96, 104, 122, 211, 215, 231, 247, 280, 297~298, 313, 317~323, 326, 330, 353, 397, 399, 408, 455, 461, 463, 469, 501, 509, 516, 544~545
카제이노글리코펩타이드(caseinoglycopeptide; CGP) 69, 71, 101~102, 131~132, 248, 314~315, 342, 364, 382, 386~389, 392, 408~409, 411, 422~423, 427, 429, 518
카제인 67~74, 79, 82~86, 88~92, 95, 98~102, 105~106, 117~118, 130~134, 136, 139~143, 146, 149~150, 152~154, 167~168, 174, 178~180, 183, 185, 189, 194, 224, 236~237, 241, 247~255, 258~264, 313~318, 320~322, 327~328, 330, 332~333, 337~349, 363~364, 370, 374, 379~380, 382~385, 387~389, 391~392, 398~399, 402~404, 411, 413, 460~461, 490, 514~515, 517~520, 523~524, 527, 532
카제인 결합성 칼슘 248, 328
카제인 마이셀 69, 71, 79, 83, 88~89, 95, 98~100, 102, 130~132, 141~142, 152, 167, 185, 248~249, 255, 259~260, 263, 313~318, 320~322, 330, 337, 341~342, 363, 518~519, 524
카제인 서브마이셀 88, 99, 248~250, 254~255, 258~261, 314
카제인 파인 403
카제인 포스포펩타이드(casein phosphopeptide, CPP) 71, 83, 337, 364, 374, 384~386, 391, 532~533
카치오카발로(Caciocavallo) 179, 195~196, 224, 470
카텝신 D 142, 342, 347
카프론산 80~81, 150
칼슘 감수성 70, 71, 339, 382~384, 391
칼슘 감수성 카제인 71, 382~384, 391~392
칼슘 비감수성 382, 392
칼슘/인 비율 83
칼슘-카제이네이트(Ca-caseinate) 179~180, 191
칼슘 흡수 83, 374, 385, 433
커드(curd) 16, 29, 32, 43~44, 48, 85~86, 90, 92, 94~96, 98, 103~105, 107, 123, 133, 136, 141~142, 147, 152, 154~155, 161, 163~165, 167~171, 173, 177, 179~181, 183~191, 193~194, 196,

198~205, 207~208, 211, 214, 217~232, 235, 313~328, 332, 334, 337, 342, 357, 374~375, 379, 382, 388, 398~399, 403, 408, 411, 467, 488, 491~493, 495, 500, 504~507, 509~514, 519, 521, 545
커드 메이킹 탱크 506
커팅(cutting) 103, 184, 203~204, 207, 471, 474, 503, 521
커팅 나이프(cutting knife) 187, 207, 503~504
케파린(kepharin) 81~82
케피어(Kefir) 113~114
코덱스 규격 161~162, 171, 198, 201, 211, 289, 299, 459~462, 471~472, 474~475
코티지(Cottage) 치즈 31, 40, 48, 50, 55, 59, 85~86, 92, 136, 161~162, 198~203, 205~209, 211, 273, 275, 333, 335~336, 353, 397, 399, 461, 508~509, 531
콜레스테롤 78~79, 81, 85, 120, 211, 333, 335, 365~368, 375, 442, 489, 494, 527
콜로이드상 인산칼슘 185, 248~250, 260~261, 263
쿠미스(Koumiss) 113~114
쿠스토나형 유화기 252
쿠킹(cooking) 98, 103, 136, 184, 194, 203~204, 210~211, 223, 315, 342, 348, 521
크리머(creamer) 207~208
크리밍(Creaming) 246, 251, 253~261, 264
크림 분리기 192
크림 치즈 46~47, 55, 59~60, 85, 92, 94, 136, 161~163, 165, 167~174, 211, 275, 333, 335~336, 353, 397, 399, 488~489, 494, 511, 514, 531, 544
크림 코티지 치즈 198~200, 205~206, 211, 333, 335~336
키모신(chymosin) 71~72, 85, 88~89, 92, 95~98, 100~103, 105, 107~108, 128~136, 141~142, 144, 146~147, 149, 154~155, 167, 179~180, 182~183, 185~186, 193, 218, 221, 234~242, 248, 274, 337, 341~342, 343~346, 348~349, 379, 383, 411, 510, 527, 536
키모신전구체(prochymosin) 129, 135, 235~236

**ㅌ**

타가토스 생산 415
타액 분비 363~364, 370, 533
탄산가스 277~278, 523
탈산소제 사용 포장 276~278
탈염 262, 327~328, 400~406, 434~435, 438, 440~444
탈지분말 201
탈탄산효소 149, 541
토코페롤(tocopherol) 78~79, 81, 84
통성혐기성균 272, 275
퇴적 200, 204~205, 207, 215, 226
퇴적(matting) 204~205
투과액 171, 406, 517, 519
트랜스지방산 371~372
트리아실글리세롤(triacylglycerol) 78~82, 152
특허권 481~483, 486
특허발명 486~487, 490~493, 496

**ㅍ**

파골세포 372~374
파라-κ-카제인 101~102, 131, 141, 314~315, 342, 346, 382~385, 411
파라카제이네이트(paracaseinate) 179~181, 186~187, 191

파라카제인(p-casein) 179, 185, 248~249, 252, 255, 259~260, 315~316, 318, 328
파르메산(Parmesan) 치즈 17~18, 21, 48, 85, 105, 139, 151, 163, 247, 275, 278, 298, 333, 335~336, 355, 511, 531, 544
파스타 필라타(pasta filata) 42~43, 176~181, 183~184, 188, 191, 195~196, 223~224, 229, 324, 544
파지(phage) 95~96, 108, 119~120, 122~125, 182, 202, 304, 381, 389~390, 403, 509~510, 537~539, 543
파지 내성기구 119, 537
팔미트산(palmitic acid) 79~81, 139, 150~151, 372
퍼미아제(permease) 115, 117~118
퍼미에이트(permeate) 122
페타(Feta) 치즈 17~18, 32, 48, 298~299, 333, 335~336, 344, 349, 511, 544
펩신(pepsin) 100, 102, 129~130, 147, 182, 221, 337, 342, 346, 528
펩타이드 프로파일 148, 344, 375
펩티다제(peptidase) 105, 107, 117, 118, 134, 140, 143~145, 148~149, 155, 221, 342~345, 347, 539~540
포도상구균 292~293, 295, 303, 305, 383, 390
포밍(forming) 382
포스파티딜에탄올아민 79, 81
포스파티딜콜린(phosphatidylcholine) 79, 81, 515
포스포리파아제(phospholipase) 514~515
포장설계 269~273, 275, 279~281, 283~284, 286
포화지방산 334~335, 366, 368, 370
폴리인산염 248, 251~252
표준한천평판배양법 294
표준화 94, 184, 192, 216~217, 236, 403, 518
푸른곰팡이 20, 40~41, 43, 45, 47, 94, 96, 104, 122, 138, 215~217, 219, 230~231, 273, 297~298, 353~354, 469, 509, 545
푸른곰팡이 타입 치즈 20, 41, 43, 47, 94, 104, 138, 217, 219
품질평가 209, 435
풍미 18, 23, 34~35, 39~42, 45, 47~48, 80, 85, 91~92, 94~95, 101, 104, 106~108, 111, 118, 121, 125~126, 134, 138~139, 150, 152~153, 168~169, 172, 176, 179, 182, 185, 189, 194, 199, 202, 204~205, 208, 210~211, 214~215, 217~219, 224, 231, 244~247, 252, 261, 265, 272, 274, 276~277, 304, 343, 353~354, 356, 434, 440, 472, 479, 487~489, 491, 495, 509, 512, 514, 516, 518, 520~524, 527, 534, 541
프랑스 치즈 17, 20, 22, 37, 42, 93, 463, 465, 469, 486, 500
프로모터 236, 538, 539, 540
프로바이오틱스(probiotics) 110~111, 113, 526, 533~534
프로볼로네(Provolone) 48, 179, 196, 215, 224, 226, 229, 471
프로테아제(protease) 71, 85, 98, 100~101, 105, 107, 117, 125, 128~129, 133, 135~136, 140~144, 146~147, 153, 155, 234, 337, 341~345, 348~349, 379, 386, 415, 512, 541
프로테오스 펩톤(Proteose Peptone) 73~74, 142~143, 148~149, 341, 343~344, 398, 414
프로피온산균 44, 106, 113, 138, 215, 218, 220, 227, 336, 375, 516
프리바이오틱스(prebiotics) 120, 424~426, 429
플라그 pH 363~364
플라스미드(plasmid) 117~121, 125, 538~540
피더 스타터(feeder starter) 123~124
피로인산염(pyrophosphate) 248, 252

필수 아미노산 409, 434

ㅎ

하이드록시아파타이트 363, 532
한외여과(Ultrafiltration, UF) 40, 104, 106, 122, 170~171, 201, 216~217, 262, 400~402, 406~414, 434, 496, 511, 514, 517~519
핫팩(hot-pack) 163~167, 171, 173
항균성 펩타이드 383~384, 387~388, 391
항산화 활성 370, 436, 441~442, 447
항 충치 작용 364, 526, 532~533
향기물질 334
허리 둘레 368
헤테로형 유산발효 112, 115~116
헬베티커스 17, 19, 112, 114, 121, 226, 370, 442
헬퍼 T세포 381, 389
혈압 83, 108, 139, 333, 367~368, 380, 433~434, 437, 442~443, 445~447, 523, 526~528
혈청알부민(BSA) 73, 74, 398, 409, 414, 433, 442~443
혈청지질 이상 368
호기성균 219, 272~273, 275~276, 278
호모형 유산발효 97, 112, 115~116
홀스타인종 21, 65~66, 68, 78, 93, 178
확정 균주(defined culture) 503, 509
환경적 요인 66~67
회로배치권 483~484
획득 면역기구 381
효모 96, 101, 111, 113~114, 122, 135, 172, 208, 210, 216, 219, 221, 231~232, 235, 304, 383, 391, 415, 426, 435, 495, 510, 512, 517
효소활성 76, 105, 236, 239, 241, 272
휘발성 지방산(VFA) 67, 80, 93~94, 105
흰곰팡이 20, 40~41, 43~45, 96, 104, 138, 215~216, 218~219, 226, 231~232, 273, 280, 318~319, 322, 353, 469

## 0~9

1차 기능 332
1차 분해 140, 142~143, 146~148
1차 스타터 121
2차 기능 352
2차 분해 140, 143, 147
2차 스타터 122, 342~344
3차 기능 362~363, 375

## A~Z

Coagulator 시스템 508~509
Leloir 경로 116, 425
Soxhlet 236, 502

## 〈엮고쓴이 소개〉

### 齋藤忠夫(사이토 타다오)

도호쿠(東北)대학 대학원 농학연구과 교수

1952년 도쿄도(東京都) 태생

1975년 도호쿠(東北)대학 농학부 졸업

1981년 후쿠시마(福島)학원대학 비상근 강사

1982년 도호쿠(東北)대학 대학원 농학연구과(농예화학 전공) 박사과정 종료(농학박사)

1987년 미국 Brandeis대학 생화학부(박사연구원)

1989년 도호쿠후쿠시(東北福祉)대학 강사

1989년 도호쿠(東北)대학 농학부 조교수

1997년 도호쿠(東北)대학 대학원 농학연구과 조교수

2001년~현재 : 도호쿠(東北)대학 대학원 농학연구과 교수

**전문 연구 분야 :** 축산식품화학, 응용미생물학, 당쇄(糖鎖)생물공학

**학회 활동 :** 일본 유산균학회 이사(대회담당), 일본 낙농과학회 상임간사 · 편집간사, 일본 농예화학회 대의원 · 학술활동 강화위원 · 상임논문심사위원, 일본 식품면역학회 평의원, 일본 농예화학회 도호쿠(東北)지부회 평의원, 일본 생물공학회 북일본지부 평의원, 도호쿠 축산학회 평의원, (재)일본 유업기술진흥협회 평의원, (재)양식(糧食)연구회 평의원 등

### 堂迫俊一(도사코 슌이치)

유키지루시(雪印)유업주식회사 기술연구소 기술주사, 도쿄대학 농학부 비상근 강사

1947년 후쿠오카현(福岡縣) 태생

1974년 도쿄(東京)대학 농학계연구과(농예화학전공) 석사과정 수료

1974년 유키지루시(雪印)유업주식회사 입사, 오사카(大阪) 공장 근무

1975년 동사 기술연구소

1980년 농학박사 취득

1999년 유키지루시(雪印)유업주식회사 영양과학연구소 소장

2000년 동사 육아품 개발부 부장

2002년 동사 기술연구소 소장

2007년 동사 정년퇴직

2007년~현재 : 동사 촉탁사원 · 기술주사, 도쿄대학 농학부 비상근 강사

**전문 분야 :** 우유단백질의 이용연구, 유(乳) · 유제품의 연구개발과 매니지먼트

**학회 · 외부단체 활동 :** 국제낙농연맹 일본국내위원회 영양건강전문부회 부회장, 일본 낙농과학회 상임이사 편집위원, 유업기술 편집위원, 일본 비피더스균센터 이사 및 학술위원, 일본 식품면역학회 평의원

## 井越敬司(이고시 케이지)

도카이(東海)대학 농학부[아소(阿蘇)캠퍼스] 바이오사이언스학과 교수

1950년 도쿄도(東京都) 태생

1974년 도쿄(東京)교육대학 농학부 졸업

1976년 도쿄(東京)교육대학 대학원 농학연구과(생물화학공학 전공) 석사과정 수료

1981년 도쿄(東京)대학 대학원 농학계 연구과(농예화학 전공) 박사과정 수료(농학박사)

1981년 규슈 도카이(九州東海)대학 농학부 조수(助手)

1983년 규슈 도카이(九州東海)대학 농학부 전임강사

1987년 미국 캘리포니아 주립대학 프레스노 박사 후 연구원

1989년 규슈 도카이(九州東海)대학 농학부 조교수

1994년 규슈 도카이(九州東海)대학 교수

2008년~현재 : 도카이(東海)대학 농학부 교수

**전문 연구 분야 :** 축산물 이용학, 유(乳)발효식품과학

**학회 활동 :** 일본 낙농과학회 평의위원, 일본 영양 · 식량학회 평의원, 일본 농예화학회 서일본지부회 평의원, 일본 식품과학공학회 평의위원, 규슈 바이오 리서치 넷(bio research net) 이사

## 현대 치즈학 지은이(경칭 생략)

오타니 하지메(大谷 元) 신슈(信州)대학 대학원 농학연구과 기능성식료개발학 전공
무라야마 시게노부(村山重信) 치즈 오피즘 · 치즈 프로페셔널 협회
이토 신지(伊藤晋治) 치즈보급협의회
이시다 미츠하루(石田光晴) 미야기(宮城)대학 식산업학부 푸드 비즈니스학과
○ 사이토 타다오(齋藤忠夫) 도호쿠(東北)대학 대학원 농학연구과 생물산업 창성(創成)과학 전공
미야모토 타쿠(宮本 炻) 오카야마(岡山)대학 대학원 자연과학연구과 바이오사이언스 전공
아쿠자와 료조(阿久澤良造) 일본 수의생명과학대학 응용생명과학부 식품과학과
○ 이고시 케이지(井越敬司) 도카이(東海)대학 농학부 바이오사이언스학과
이와츠키 케이지(岩附慧二) 모리나가(森永)유업주식회사 식품기반연구소
하시모토 히데오(橋本英夫) 다카나시(タカナシ)유업주식회사 상품연구소
구메 히토시(久米仁司) 교도(協同)유업주식회사 연구소
다나카 호즈미(田中穂積) 유키지루시(雪印)유업주식회사 치즈연구소
다카미 슈헤이(高見周平) 크리스찬 한센주식회사 도쿄사무소
가와사키 요시히로(川崎功博) 유키지루시(雪印)유업주식회사 가정용상품부
사사키 히로타카(佐々木 敬卓) 유키지루시(雪印)유업주식회사 기술연구소
야나기다이라 슈이치(柳平修一) 유키지루시(雪印)유업주식회사 상품안전보증실
스즈키 아키라(鈴木 明) 유키지루시(雪印)유업주식회사 상품안전보증실
하나가타 고로(花形吾朗) 유키지루시(雪印)유업주식회사 상품안전보증실
기무라 토시아키(木村利昭) 재단법인 공업소유권협력센터
네기시 하루오(根岸晴夫) 주부(中部)대학 응용생물학부 식품영양과학과
이지츠 타다시(井筒 雅) 도쿄세이에이(東京聖栄)대학 건강영양학부 식품학과
○ 도사코 슌이치(堂迫俊一) 유키지루시(雪印)유업주식회사 기술연구소
모토지마 히데마사(元島英雅) 요츠바(よつ葉)유업주식회사 중앙연구소
노하타 카즈아키(野畠一晃) 요츠바(よつ葉)유업주식회사 치즈연구소
우라시마 타다오(浦島 匡) 오비히로(帯広)축산대학 대학원 축산학연구과 축산위생학 연구부문
무구루마 미치오(六車三治男) 미야자키(宮崎)대학 농학부 응용생물과학과
이시다 요이치(石田洋一) 국제낙농연맹 일본국내위원회(JIDF)
구도 츠토무(工藤 力) 가나가와(神奈川)공과대학 공학부 기계공학과
아이자와 시게루(相澤 茂) 메이지(明治)유업주식회사 식품개발연구소
이치하시 노부오(市橋信夫) 모리나가(森永)유업주식회사 식품종합연구소
마츠오 미츠로(松尾光郎) 메이지(明治)유업주식회사 식품개발연구소
사토 에이치(佐藤英一) 도쿄(東京)농업대학 응용생물과학부 생물응용화학과

○인은 본서의 편저자
(소속은 집필 시의 것이며, 게재 순으로 작성)

## 〈옮긴이 소개〉

### 윤세억 교수

전북대학교 농업생명과학대학 식품공학과 명예교수
1971년 고려대학교 농화학과 졸업(농학사)
1973년 고려대학교 대학원 농화학과 졸업(농학석사)
1982년 일본 나고야대학 대학원 식품공업화학과 졸업(농학박사)
1984년~2012년 전북대학교 식품공학과 교수
1992년~1993년 일본 오사카대학 화학공학과 객원연구원
1996년~1997년 독일 생명공학연구소 객원연구원
2002년~2005년 미국 코네티컷주립대학 화학과 객원교수

전문 연구 분야: 식품공학, 생물반응공학
학회 활동: 한국식품과학회 호남지부장, 한국미생물생명공학회 호남지부장, 한국식품과학회 부회장, 한국미생물생명공학회 부회장, Journal of Microbiology & Biotechnology 편집위원

### 문성필 교수

전북대학교 농업생명과학대학 목재응용과학과 교수
1981년 전북대학교 임학과 졸업
1982년~1987년 일본 규슈(九州)대학 대학원 농학연구과 임산학 전공, 석사 및 박사
1988년~현재 전북대학교 농업생명과학대학 목재응용과학과 교수
1992년~1993년 미국 Empire State Paper Research Institute (ESPRI) 박사후 연구원
2002년~2003년 뉴질랜드 University of Canterbury 화학공정공학과 객원교수
2004년~현재 ㈜피눅스 대표
2010년~2011년 미국 Mississippi State University 임산학과 객원교수
2011년~2013년 미국 Mississippi State University 임산학과 연구조교수
2015년~현재 International Academy of Wood Science, Fellow

전문 연구 분야: 목재화학, 천연물화학, 리그닌 화학
학회 활동: 한국목재공학회, 펄프종이공학회 이사, 상임이사 및 편집위원. 임산바이오에너지학회 부회장 및 이사, 일본 목재학회 정회원, 한국식품과학회 정회원, Journal of Forest and Environmental Science 편집위원, International Journal of Clinical Nutrition & Dietetics 편집위원

### 윤순일 교수

전북대학교 농업생명과학대학 식품공학과 교수
1986년 전북대학교 식품가공학과 졸업
1991년 전북대학교 대학원 식품가공학과 석사 졸업
1993년~1998년 일본 히로시마대학 대학원 생물권과학연구과 석사 및 박사
1998년~2002년 캐나다 워터루대학 화학공학과 박사후 연구원
2003년 일본 히로시마대학 대학원 생물권과학연구과 선임연구원
2004년~현재 전북대학교 농업생명과학대학 식품공학과 교수
2011년~2012년 미국 오리건주립대학 환경분자독성학과 객원교수
2020년~2021년 미국 캘리포니아대학 데이비스 식품공학과 객원교수

전문 연구 분야: 식품미생물학, 식품위생학, 발효식품학
학회 활동: 한국식품과학회, 한국미생물생명공학회, 한국식품영양과학회, 한국식품위생안전성학회, 한국나노학회, 한국분자세포생물학회, Journal of Food Chemistry & Nanotechnology 편집위원

### 김영훈 교수

서울대학교 농업생명과학대학 식품동물생명공학부 교수
2003년 고려대학교 응용동물과학과 졸업
2007년 고려대학교 대학원 유가공학 및 낙농미생물학 전공, 석사 및 박사
2008년~2009년 미국 Texas A&M 대학교 박사후 연구원
2010년 미국 Harvard Medical School/MGH 박사후 연구원
2011년 고신대학교 의과대학 미생물학교실 조교수
2012년~2019년 전북대학교 농업생명과학대학 동물자원과학과 교수
2019년~현재 서울대학교 농업생명과학대학 식품동물생명공학부 교수

전문 연구 분야: 유가공학, 프로바이오틱스, 축산미생물학, 축산식품위생학, 축산발효식품학
학회 활동: 한국축산식품학회, 한국유가공학회, 한국유산균·프로바이오틱스학회, 한국미생물생명공학회, 한국식품과학회, 한국축산학회, Journal of Microbiology and Biotechnology 편집위원, Korean Journal for Food Science of Animal Resources 편집위원, Journal of Animal Science and Technology 편집위원, Journal of Milk Science and Biotechnology 편집위원

# 현대 치즈학

**엮고쓴이** 사이토 타다오, 이고시 케이지, 도사코 슌이치
**옮긴이** 윤세억, 문성필, 윤순일, 김영훈
**펴낸이** 김동원
**펴낸곳** 전북대학교출판문화원

**초판 1쇄 인쇄** 2020. 8. 25.
**초판 1쇄 발행** 2020. 8. 31.

**전북대학교출판문화원** 전라북도 전주시 완산구 어진길 32 (풍남동2가)
**전화** (063) 219-5322
**FAX** (063) 219-5323
**출판등록** 2012년 8월 20일 제465-2012-000021호



값 30,000원

**ISBN** 979-11-6372-092-8 93570

이 도서의 국립중앙도서관 출판예정도서목록(CIP)은 서지정보유통지원시스템 홈페이지(http://seoji.nl.go.kr)와 국가자료종합목록 구축시스템(http://kolis-net.nl.go.kr)에서 이용하실 수 있습니다. (CIP제어번호 : CIP2020029104)